中国海洋学会2015年学术论文集

中国海洋学会　编

海洋出版社
2015年10月 · 北京

图书在版编目（CIP）数据

中国海洋学会2015年学术论文集/中国海洋学会编. —北京：海洋出版社，2015.10
ISBN 978-7-5027-9277-0

Ⅰ.①中… Ⅱ.①中… Ⅲ.①海洋学-文集 Ⅳ.①P7-53

中国版本图书馆CIP数据核字（2015）第245415号

责任编辑：高　英　王　倩
责任印制：赵麟苏
海洋出版社　出版发行
http://www.oceanpress.com.cn
北京市海淀区大慧寺路8号　邮编：100081
北京朝阳印刷厂有限责任公司印刷　新华书店北京发行所经销
2015年10月第1版　2015年10月第1次印刷
开本：880 mm×1230 mm　1/16　印张：25.5
字数：808千字　定价：118.00元
发行部：62132549　邮购部：68038093　总编室：62114335

目　次

两种不同复杂程度的海气耦合模式对IOD事件的模拟

王庆元[1]，李琰[2]，王亚男[1]，王国松[2]，李欢[2]，宋军[2]

（1. 天津市气象局，天津 300074；2. 国家海洋信息中心，天津 300171）

摘要： 本文将NCAR中心研制的CAM3.0大气环流模式和SOM3.0（Slab Ocean Model Version3.0）混合层海洋模式耦合运行的简单海气耦合模式，同时利用CCSM3.0（Community Climate System Model Version 3.0）气候系统耦合模式的运行结果，对IOD事件的气候态特征、季节变化特征及与其密切相关的主要因子进行分析。通过SOM3.0和CCSM3.0的海气耦合模式模拟结果分析以及与观测资料的比较，证实IOD事件是印度洋上明显存在的海洋事件且处于印度洋海温变化的第二主模态。IOD有很强的季节锁相，秋季达到峰值，并且海温异常第一模态由全海盆型变为偶极子型。对比分析表明大气环流异常引起的海表面净热量通量异常有能力产生东西印度洋偶极子型海温变化。西印度洋暖海温异常（SSTA）较东印度洋冷SSTA晚约一个季度出现，这是由于除热通量作用外，东风距平首先出现在东印度洋，会引起海水上翻使得印度洋负SSTA建立，随后负SSTA激发东印度洋Rossby波西传使得赤道西印度洋表层海温增暖。

关键词： 热带印度洋偶极子；简单海气耦合模式；数值模拟

1 引言

Saji等和Webster等于1999年提出赤道印度洋存在偶极子型模态，即热带印度洋“偶极子”（Indian Ocean Dipole，IOD）现象[1-2]，随后印度洋海表温度变率及其与大气的相互作用受到科学家们的极大关注[3-5]。但是否存在IOD事件这一问题在科学界颇有争议。Allan，Bauero-Bernal，Hastenrath，Dommenget等学者通过诊断分析等方法提出IOD是统计计算中出现的虚假现象，东西印度洋海表温度异常并不存在显著的负相关，否定了偶极子的存在[6-8]。但更多学者通过观测资料分析、数值模拟等各种手段，对发生在热带印度洋的大气和海洋物理场进行分析，认为IOD事件是客观存在的，其中Lizuka等用CGCM模式模拟验证了IOD事件的客观存在，认为热带海－气相互作用对于产生IOD事件是至关重要的[9]。研究表明年代际变化对印度洋海温异常有着强烈的影响，由于20世纪70年代中期以后的加速增暖，在此之后印度洋东西部海温异常缺乏负相关[5]。

Li等[10]，李东辉等[11]则运用全球大洋模式，通过数值模拟的方法证实了赤道印度洋表面异常东风是IOD发生，发展的主要动力学原因。但热带印度洋SST变率形成的物理过程并不十分清楚，前人的研究都是讨论整个印度洋偶极子事件形成的原因，但事实上印度洋偶极子事件中赤道东印度洋的冷（暖）SSTA首先出现于爪哇岛沿岸，而西印度洋的暖（冷）SSTA要滞后出现[12-13]。因此，就构成印度洋IOD事件的东西两极而言，其形成机制是不一样的，至少是热力过程和动力过程所起到的作用存在差异，前人的工作没有对东极和西极的海温异常形成原因分别进行讨论。

基金项目： 国家自然科学基金项目（41106004，41106159，41376014）；国家海洋局海洋公益性行业科研专项经费项目（201005019）；国家海洋局海洋－大气化学与全球变化重点实验室开放基金（GCMAC1402）。

作者简介： 王庆元（1978—），男，江西省安福县人，副研究员，主要从事中尺度预报模式和气候系统模式的研发和应用。E-mail：wqyjx@sohu.com

在本文的研究工作中，我们将用的两个海气耦合模式NCAR CAM3.0模式与板块海洋模式耦合（Slab Ocean ModelVersion3.0，SOM3.0）（简称SOM3.0模式）和全球气候系统模式（Community Climate System Model Version3.0，CCSM3.0模式）的模拟结果进行分析。其中SOM3.0海洋模式仅包含一维的热力过程而没有复杂的水平和垂直的动力过程，模拟的SST将进行通量订正，具体方法已在模式介绍中给出。CCSM3.0全球气候模式中的海洋模式为三维海洋模式，包括完整的海洋动力过程，物理过程复杂，海洋动力过程得以加强。本章首先对SOM3.0模式和CCSM3.0模式的模拟结果进行细致讨论，给出印度洋偶极子客观存在的依据和印度洋偶极子事件演变规律，形成机制。然后对两种不同海气耦合模式模拟结果间存在的差异进行细致讨论。

2 资料、模式、试验设计与分析方法

2.1 再分析资料

本文使用美国NOAA气候诊断中心提供的1951年1月至2000年12月的SST扩展重建资料，水平网格距为2.0°×2.0°，并将上述资料计算成月平均距平场。

2.2 模式介绍

现介绍NCAR研制的CAM3.0大气环流模式和包括热动力海冰部分的混合层海洋模式SOM（Slab Ocean Model）耦合运行的简单海气耦合模式，以及一个复杂的公共气候系统模式（Community Climate System Model v3.0，CCSM3.0），其中：

（1）CAM3.0模式

CAM3.0模式采用水平分辨率为T42（相当于2.182 5°×2.182 5°，全球共128×64个格点）。垂直方向26层，采用η坐标，集合了σ坐标和p坐标的优点。模式动力框架采用欧拉型，时间积分采用半隐式方案，时间步长为20 min。

（2）SOM模式

该模式又称薄层海洋模式，SOM模式中海表温度的计算公式为：$\rho_0 C_0 h = F + Q$[14]。其中，T为简单海洋模式的海表温度，ρ是海水密度，C是海水热容量（常数），h是薄层海洋深度，F是大气向海洋的净热通量，Q是海洋混合层热通量。更多关于SOM模式的细节问题可参考[15]。用大气环流模式（AGCM）与薄层海洋耦合可以粗略地模拟季节循环，上层海洋热量储存的季节变化。在一种热力学平衡的意义上，假设在控制试验和扰动试验中海洋的热输送是相同的（例如要使用通量订正，则通量订正必须相同），这类模式可表示气候系统的变化。本文中将CAM3.0大气环流模式与SOM耦合运行，从而形成一个简单的海气耦合模式。模式中海表温度计算公式中的热通量Q由观测的气候月平均海表温度驱动CAM3.0模式得到的气候月平均海表热通量计算得到，以满足上述公式的热量平衡。

（3）CCSM3.0模式

CCSM——统一气候系统模式，是由美国自然科学基金委员会（NSF）和能源部支持开发的国家和区域尺度气候模式。模式第一版在1996年完成。2004年6月，CCSM第三版（CCSM3.0）以及模式说明文件开发完成并在网上发布（http://www.ccsm.ucar.edu/ models/ccsm3.0），供使用者下载。由于CCSM系列模式是一个大气、海洋、陆地和海冰完全耦合模式，并且可以在3种不同的模式分辨率下运行，所以应用范围非常广泛。

本文用到的CCSM3.0是美国NCAR于2004年6月发布的海气耦合的气候数值模式，包括大气、海洋、陆面、海冰和耦合器5个部分．其大气模式为CAM 3.0，陆面模式为CLM3.0版本，海冰模式为CSIM5.0版本，海洋模式为Parallel Ocean Progran（POP）1.4.3版本．CCSM3.0模式中海表温度的方程为：

$$\frac{\partial T}{\partial t} = -u\frac{\partial T}{\partial x} - v\frac{\partial T}{\partial y} - w\frac{\partial T}{\partial z} + F_T^x + F_T^y + F_T^z + \frac{1}{\rho c_p}\frac{\partial I}{\partial z}, \quad (1)$$

其中 F_T 为湍流扩散项；$I(z) = Q_{sw}$，描述短波辐射穿透的函数。

本文采用的网格配置为 T42_ gx1v3，即大气采用中等分辨率的 T42L26 网格设置；海洋环流为近 1°的水平分辨率，垂直分为 40 层；陆面模式的水平分辨率与大气模式相同，海冰的水平分辨率与海洋环流模式相同。大气、海洋、陆面、海冰四个地球系统的模块通过耦合器将它们连接起来构成了一个整体。CCSM3.0 所用的耦合器为 CPL5，由 NCAR/CGD 于 2002 年完成，随 CCSM2.0 发布。耦合器的作用相当于一个网络集线器，各模块只和耦合器进行数据交换。同步协调和控制各分量之间的数据流，以此来控制整个 CCSM3.0 的运行和时间积分。由于各模式的表面通量都流经耦合器，该框架能够保证耦合系统的通量守恒。CCSM3.0 模拟性能已得到了很好的验证，具体 CCSM3.0 的细节可参考 Collins 等 2006 年的工作[16]。

2.3 试验设计

（1）首先，CAM3.0 模式在固定的太阳辐射和月平均气候态海表温度条件下运行 20 年，取后 10 年的热通量来计算 Q，具体计算过程见模式手册[17]。

（2）然后，将 CAM3.0 模式与 SOM 耦合运行，积分 90 年取后 50 年的模拟结果与 1951 年 1 月至 2000 年 12 月月平均海表温度距平的再分析资料结果进行比较分析。

（3）CCSM3.0 模式已完成 700 a 的模式耦合积分，本文选取其中后 50 a（651 a—700 a）的积分结果用于评估分析，对选取的时段没有进行特别的考虑。积分的结果下载于网站：http：//www.ccsm.ucar.edu/experiments/ccsm3.0/。

2.4 分析方法

本文分析方法主要用到经验正交分解（EOF）、小波分析、合成分析、相关分析和线性回归等方法。方法的详细介绍参见《现代气候统计诊断与预测技术》[18]。

3 结果分析

3.1 印度洋海温异常的分布特征

本节主要从数值模拟的角度来证实印度洋 IOD 事件是明显存在的物理事件，分析其的基本特征。首先对 SOM3.0 模式和 CCSM3.0 模式模拟得到的热带印度洋区域（20°S ~ 20°N，40° ~ 120°E）每个网格点上的海表温度距平值进行 3 个月的滑动平均以除去噪声因素的影响，然后对该区域的 SSTA 进行 EOF 分解。图 1 和图 2 分别给出美国气候预测中心提供的 SSTA 观测资料和 SOM3.0，CCSM3.0 模拟资料的热带印度洋 SSTA 经验正交分析得到的第一、第二和第三模态的对比图。图 1 中 a，b，c 为观测资料逐月 SSTA 的 EOF 分解前 3 个特征向量分别解释了总方差的 39.3%，11.7% 和 9%。图 1d，e，f 为 SOM3.0 模拟资料 EOF 分解前 3 个特征向量分别解释了总方差的 17.8%，13% 和 10%。由图 1 观测和模拟结果对比发现，整个热带印度洋地区，观测资料和数值模拟结果的第一模态都表现为全海盆一致型的海温距平变化。但观测资料最大值中心位于南印度洋中部、赤道东印度洋 70°E 附近，模式没有模拟出这个最大正值中心。第二特征向量场观测和数值模拟都反映了赤道东印度洋（爪哇岛至苏门答腊岛沿岸）和赤道西印度洋海温距平符号相反的分布型，即偶极子型振荡特征。模拟的最大正值中心在 55°E 附近，最大负值中心在 105°E 附近，模拟得到的海温变化分布与观测事实非常相近。第三特征向量场反映了海温变化的南北差异，5°S 以南为正值区，最大负值中心位于 10°S，100°E，模拟结果与观测事实也较为接近。

图 2d，e，f 为 CCSM3.0 模拟结果的 EOF 分解前 3 个模态，分别解释了总方差的 18.3%，11.1% 和 8.5%。第一模态特征向量的空间分布为整个热带印度洋全海盆一致型模态即印度洋海盆模，其最大正值

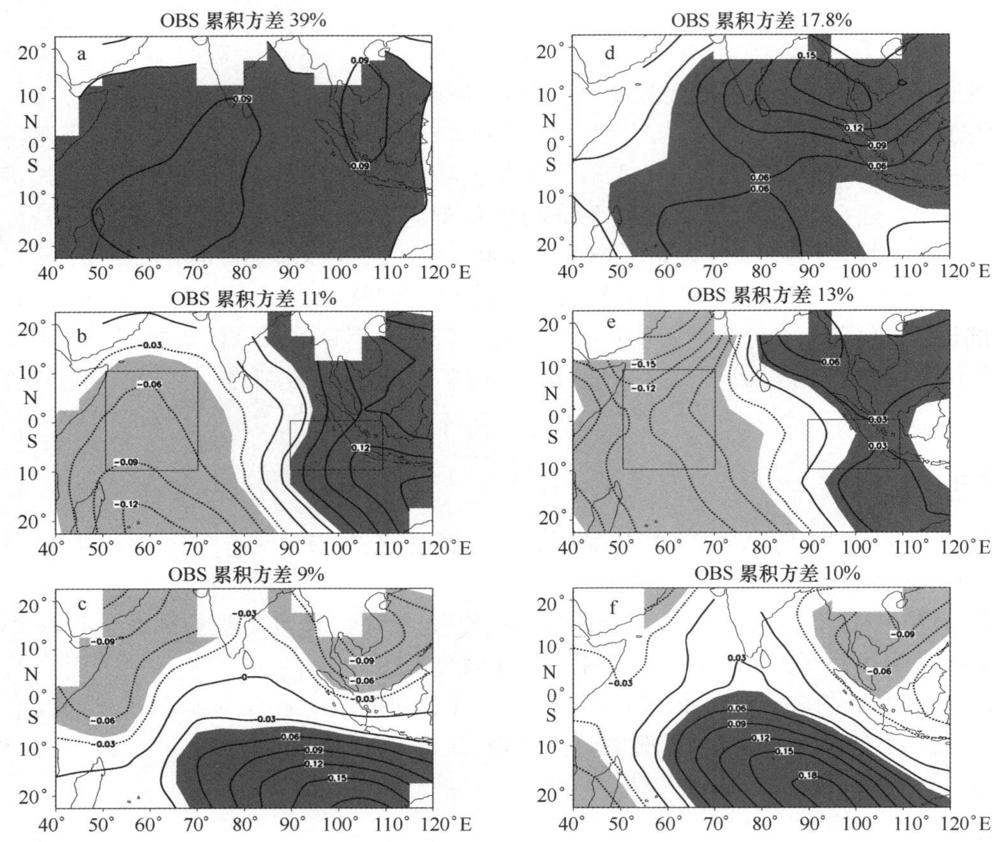

图 1　再分析资料（图 1 a，b，c）和 SOM 数值模拟（图 1 d，e，f）的印度洋 50 年逐月海温距平场 EOF 分解前 3 个模态的空间分布

区位于热带西南印度洋 10°～15°S 之间，中心位置与图 1a 接近，而 SOM3.0 并没有模拟出第一模态中位于热带西南印度洋的最大中心值。CCSM3.0 模拟的第二模态特征向量的空间分布在热带印度洋也表现为西正东负的特征，模拟出的正值区向热带西印度洋扩展与图 1b 非常接近，但 SOM3.0 第二模态中没有表现出东印度洋负值区向热带西印度洋扩展的特征。CCSM3.0 第三特征向量场也模拟出了明显的海温异常南北差异，正负值中心位置模拟结果与观测事实和 SOM3.0 都较为接近。

从两种模式模拟结果的前 3 个特征向量的方差贡献和观测资料的方差贡献相比，两种模式对第一模态的方差贡献模拟偏小，对第二和第三模态的方差贡献的模拟与观测基本一致。表明两种模式对热带印度洋海盆一致型海温异常的模拟偏弱，对印度洋偶极子模拟比较理想。而从两种模式对印度洋偶极子模态模拟的空间分布上看，两种模式都模拟出与观测一致的空间分布特征，但比较而言 CCSM3.0 模拟结果更接近观测事实。EOF 方法是气象学中常用的气象要素场的分析方法，其中前几项特征向量最大限度地表征了某一区域气候变量场的变率分布结构，它们所代表的空间分布型是该变量的典型分布型[18]。因此整体而言，不论是观测资料还是数值模拟结果都能清楚地反映出印度洋上东西海温距平呈反相翘翘板式的结构，表明 IOD 是热带印度洋上海温异常要素场的主要特征之一，是一个客观存在的物理事件，尽管处于第二空间典型场。

3.2　IOD 事件的季节演变特征

首先按照 Saji 等 1999 年对印度洋偶极子指数（IODI）的定义[1]，以赤道西印度洋（10°S～10°N，50°～70°E）海区平均 SSTA 与赤道东印度洋（10°S～0°N，90°～110°E）海区平均 SSTA 的差作为 IODI，分别计算了两种模式模拟出的 50 年印度洋偶极子指数，对其进行标准化（图略），按照 Saji 等的判断标

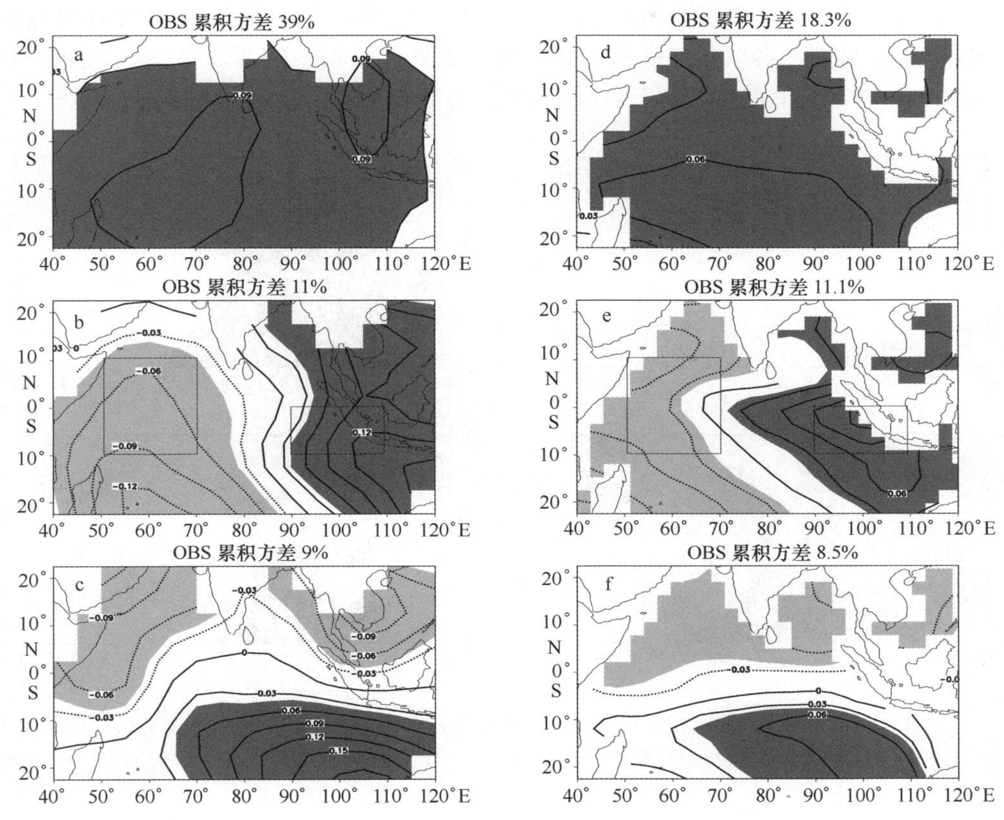

图 2 观测资料（a，b，c）和 CCSM3.0 数值模拟（d，e，f）的印度洋 50 年逐月海温距平场 EOF 分解前 3 个模态的空间分布

准，从中选出正位相 IOD 年和负位相 IOD 年。其中正（负）位相 IOD 即当赤道东印度洋为负（正）海温异常，赤道西印度洋为正（负）海温异常的东西海温异常反位相事件。SOM3.0 模拟结果中，正位相 IOD 年有第 1 年、6 年、10 年、11 年、14 年、17 年、25 年、26 年、40 年，负位相 IOD 年有第 4 年、19 年、20 年、21 年、22 年、37 年、38 年、43 年、44 年。CCSM3.0 模拟结果中，正位相 IOD 年有第 4 年、11 年、16 年、17 年、19 年、22 年、23 年、24 年、40 年、41 年，负位相 IOD 年有第 1 年、6 年、7 年、9 年、12 年、13 年、20 年、26 年、29 年、33 年、38 年。同样计算再分析资料 1950—2000 年的 IODI，选取正位相 IOD 年：1961，1963，1967，1972，1977，1982，1983，1987，1991，1994，1997；负位相 IOD 年：1954，1956，1958，1959，1960，1964，1971，1989，1992，1996，1998。

图 3、图 4 和图 5 分别给出观测资料、SOM3.0 和 CCSM3.0 模式模拟和得到的 IOD 事件春、夏、秋、冬四个季节合成了的 SSTA 演变。图 3 中，观测资料结果表明，负海温异常最开始在春季出现在印度洋苏门答腊岛至爪哇岛附近，随后在夏季加强并沿印度尼西亚海岸线向赤道移动，并且这时赤道西印度洋增暖，印度洋上出现东西反位相的偶极子型海温异常分布型，秋季 IOD 事件达到峰值，随后快速消亡。图 3 中表现出的 IOD 事件演变特征与 Saji 等选择 6 次极端 IOD 事件（1961，1967，1972，1982，1994，1997 年）合成得到的偶极子演变特征一致。由此可见 IOD 事件具有明显的季节锁相特征——夏季发生，秋季强盛，冬季衰亡。模拟结果图 4 中，春季热带印度洋上没有明显的海温异常，在东南印度洋 15°S 附近有负 SSTA 分布。夏季热带东印度洋苏门答腊至爪哇岛沿岸首先出现显著的负 SSTA，热带印度洋其他区域没有海温异常出现。在秋季热带印度洋上为显著的海温异常东负西正的正位相偶极子事件，并且强度发展到鼎盛，相比夏季东印度洋负 SSTA 向西扩展，但局限于 80°E 以东地区；到了冬季西印度洋正 SSTA 向东扩展，变成全海盆一致型海温异常模态。CCSM3.0 模拟结果图 5 中，与观测资料图 3 相似，负海温异常

首先出现在赤道东印度洋苏门答腊至爪洼岛地区。夏季负海温异常发展加强，西印度洋出现显著正海温异常，这时整个印度洋上呈现典型东西反位相偶极子型海温异常分布。秋季负海温异常加强并明显向东扩展，东极正海温异常也显著加强，此时印度洋偶极子型海温异常达到鼎盛，冬季明显减弱。

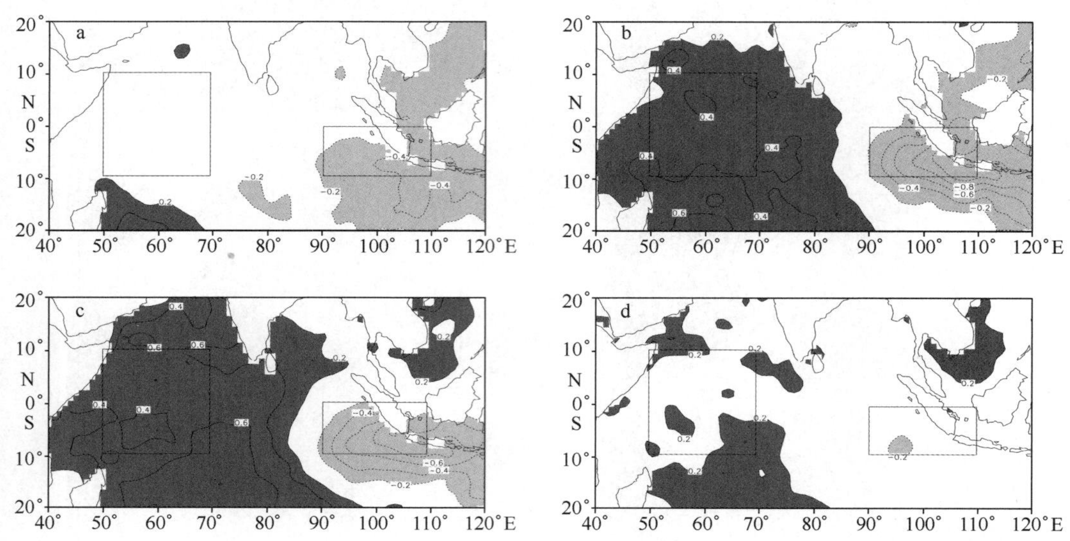

图3 观测的强IOD事件（正位相减负位相）海表温度距平的分布（a：春；b：夏；c：秋；d：冬）
（单位:℃；图中方框分别代表赤道东印度洋（10°S~10°N，50°~70°E）和赤道西印度洋（10°S~0°N，90°~110°E）区域）

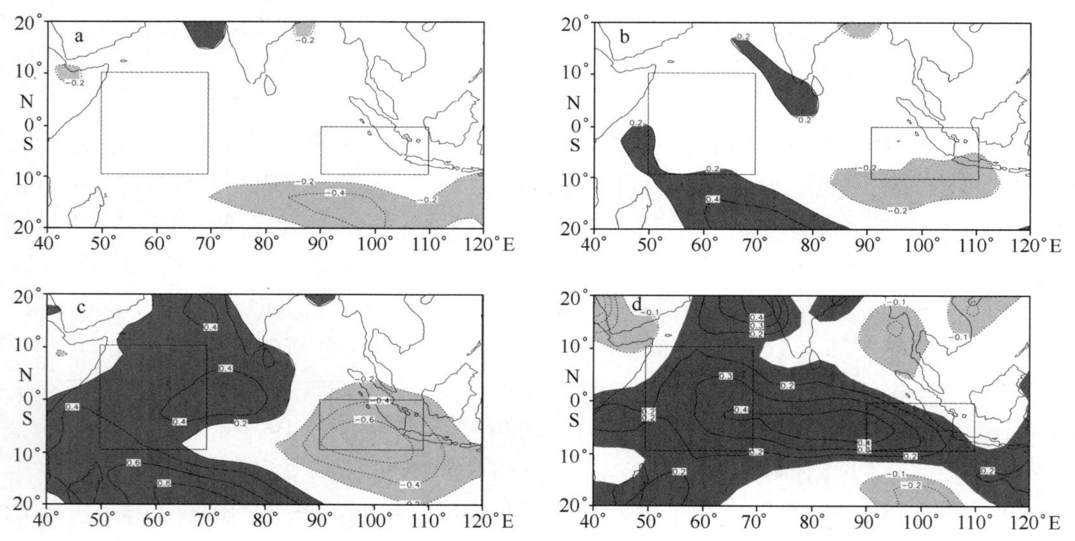

图4 SOM3.0的强IOD事件（正位相减负位相）海表温度距平分布（a：春；b：夏；c：秋；d：冬）
（单位:℃，图中方框分别代表赤道东印度洋（10°S~10°N，50°~70°E）和赤道西印度洋（10°S~0°N，90°~110°E）区域）

由之前分析可见IOD事件有显著的季节锁相，其强度随季节变化，以秋季为最强。那么我们将印度洋海温异常按季节划分，对秋季进行EOF分解（图6），结果发现无论数值模拟还是观测资料都在第一典型分布场中表现为印度洋偶极子型分布[19-20]。在其他季节冬季，春季和夏季则更多地表现出全海盆一致的分布特征（图略）。表明，秋季IOD事件表现强烈，值得我们就其对周围地区及东亚地区天气气候的影响进行探讨。

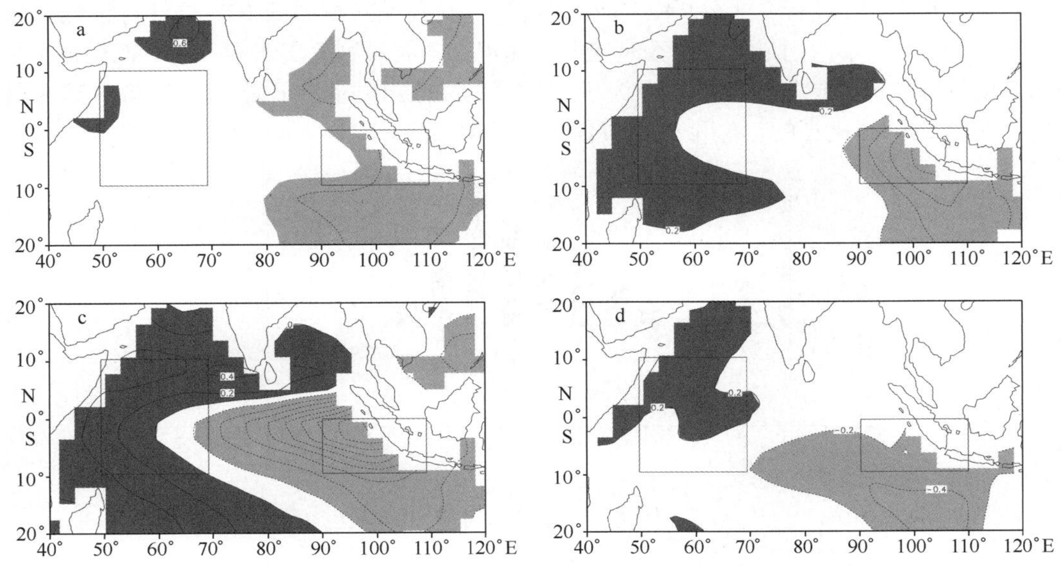

图 5 CCSM3.0 模拟的强 IOD 事件（正位相减负位相）海表温度距平分布（a：春；b：夏；c：秋；d：冬）
（单位:℃，图中方框分别代表赤道东印度洋（10°S~10°N，50°~70°E）和赤道西印度洋（10°S~0°N，90°~110°E）区域）

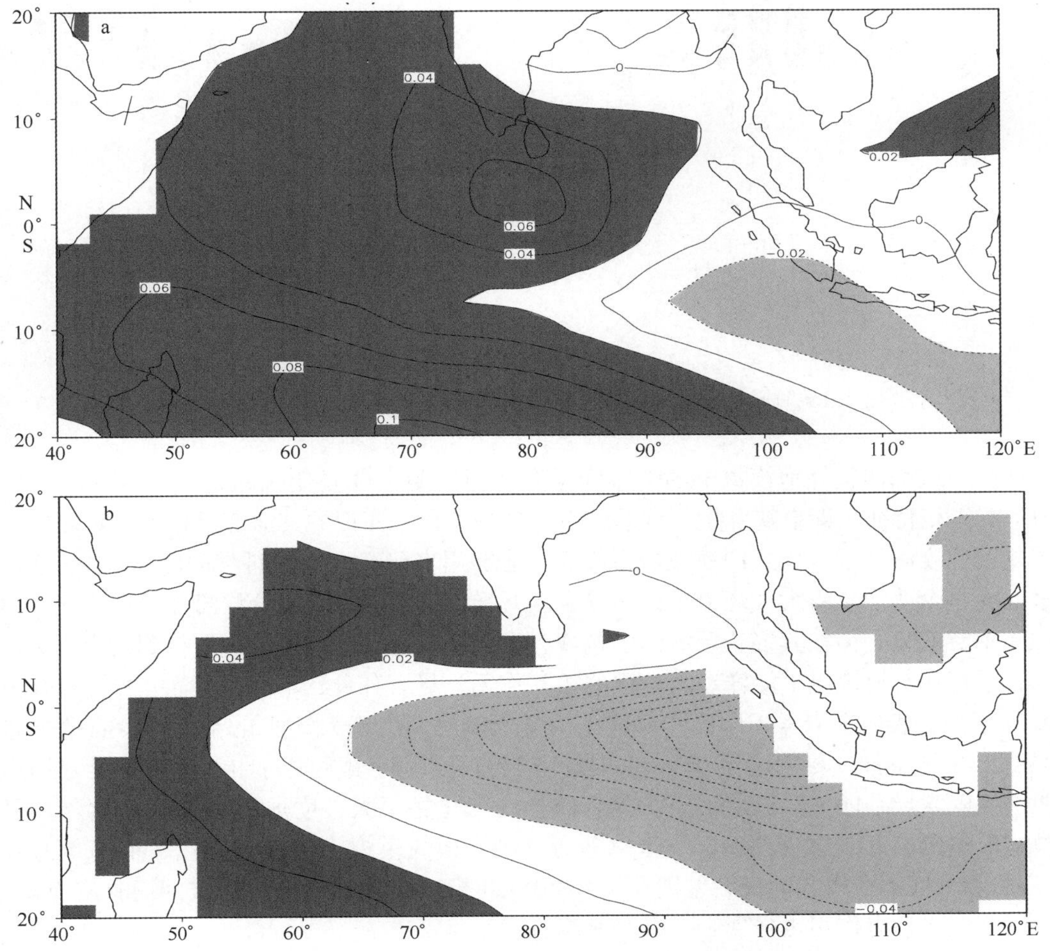

图 6 SOM3.0 模式（a）和 CCSM3.0 模式（b）模拟得到的秋季热带印度洋海温异常 EOF 分解第一模态

分别对正负偶极子事件进行合成分析（图 7），可见，两种模式模拟的 IOD 事件有很强的季节位相锁定，从夏季发展加强，秋季达到最强，冬季衰减并迅速消亡，与观测事实非常一致。但偶极子指数振幅上看，CCSM3.0 模拟的偶极子指数强度要明显大于 SOM3.0 模拟出的偶极子指数，且与观测的偶极子指数的强度接近，但 CCSM3.0 模拟的负位相 IOD 事件强度要偏强些。

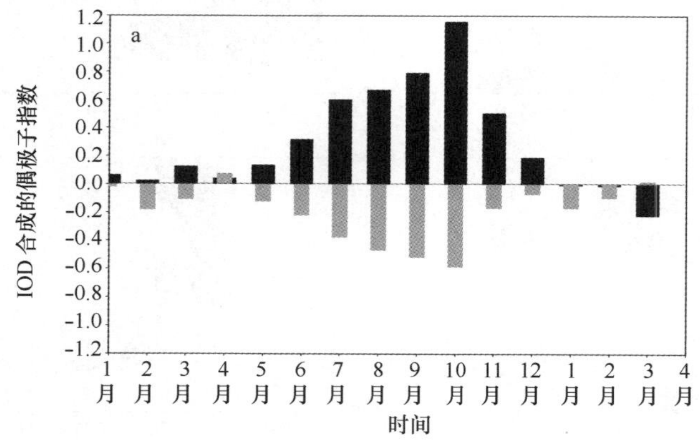

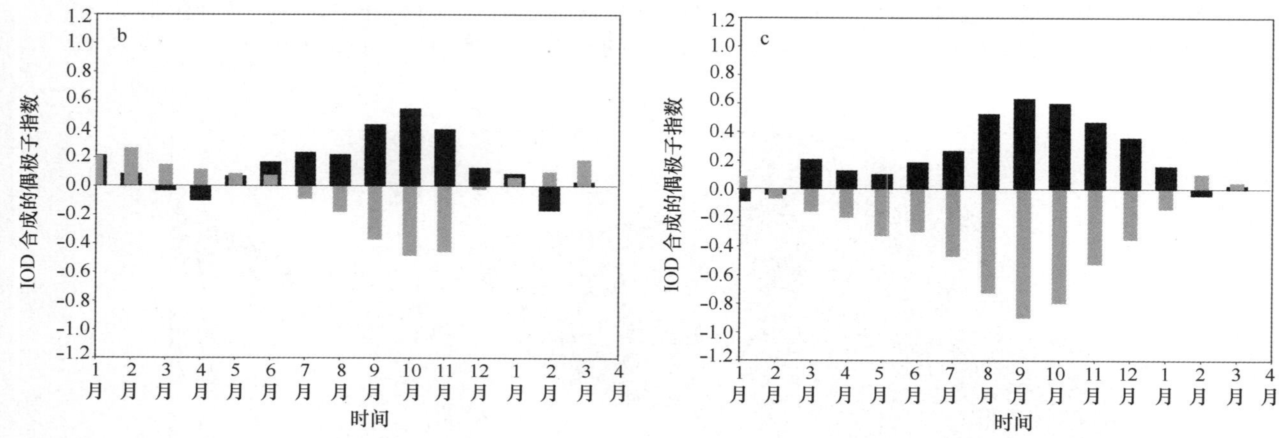

图 7　观测资料（a），SOM3.0（b）和 CCSM3.0（c）得到的正（负）IOD 合成的偶极子指数时间序列（深色为正位相 IOD，浅色为负位相 IOD）（单位:℃）

综上，两种模式都能很好地模拟出热带印度洋海表温度距平气候变化的整体一致性和偶极子性的特征，IOD 的季节锁相特征，即夏初发生，秋季成熟，冬季衰亡，模拟的其演变过程也与观测较为一致。表明两种不同复杂程度海气耦合模式的模拟能力较好，能够用来研究一定的科学问题。SOM3.0 模式是用海洋混合层来代替整个海洋，将大气环流模式与混合层海洋模式耦合，其混合层海洋是厚度 50～100 m 的薄层，热存贮有季节变化，但在其混合层海洋中包含有水平热输送，但却是由观测得到的海表温度计算得出然后被引入，不存在与海表以下海洋动力过程的相互作用。尽管如此，SOM3.0 简单海气耦合模式能很好地模拟出 IOD 事件，表明在未考虑印度洋海洋动力学影响时，由于大气变化导致的表面净热通量变化有能力产生印度洋 IOD 事件，尽管这种 IOD 事件强度较弱，但反映出大气对印度洋海温异常作用的重要作用，也表明外界因素导致印度洋表层上空大气环流场的变化将很大程度地影响到 IOD 事件。另外，简单海气耦合模式模拟出的 IOD 强度要明显小于复杂海气耦合模式模拟出的 IOD 强度，而简单海气耦合模式和 CCSM3.0 复杂海气耦合模式的最大差别在于 CCSM3.0 模式包含三维海洋模式因而具有海洋动力作用，表明海表层以下海洋动力作用也强烈影响着 IOD 事件。

3.3 与 IOD 事件相关的风场分析

我们知道风场与海表温度间的反馈过程主要有两种，一是风 - 温跃层 - 海面温度之间的动力学反馈，即常说的 Bjerknes 反馈；另一种是风 - 潜热通量 - 海面温度之间的热力学反馈以及由于海面潜热损失形成的云而间接影响的海面短波辐射等。风应力对海面温度的强迫仅与动力过程相联系。因此在本小节中我们重点分析与印度洋偶极子相关的距平风场特征。为揭示偶极子发生前、发展期和消亡期间热带印度洋异常风场的演变特征，图 9 中以矢量形式给出 SOM3.0 模拟的正位相 IOD 合成的第 3，5，7，9，11 月和翌年 1 月的 850 hPa 异常风场时间演变。图中在偶极子发生前的 3 月，仅在赤道东印度洋苏门答腊附近有弱异常东风距，5 月在赤道东印度洋上出现西向的异常风场但风速仍较弱，对应图 4a 中印度洋上没有显著的海温异常。随着时间的推移 7 月该东风异常逐渐增强，对应图 4b 中赤道东印度洋上的首先出现负海温异常。在 9 月，11 月东风距平几乎控制整个热带印度洋地区，对应这时西印度洋出现大范围正海温异常区，正位相偶极子事件强度达到鼎盛。随后，在翌年 1 月东风异常减弱，对应 IOD 事件的减弱；翌年 3 月东风异常转向为西风异常（图略），这时印度洋正偶极子事件完全消亡。

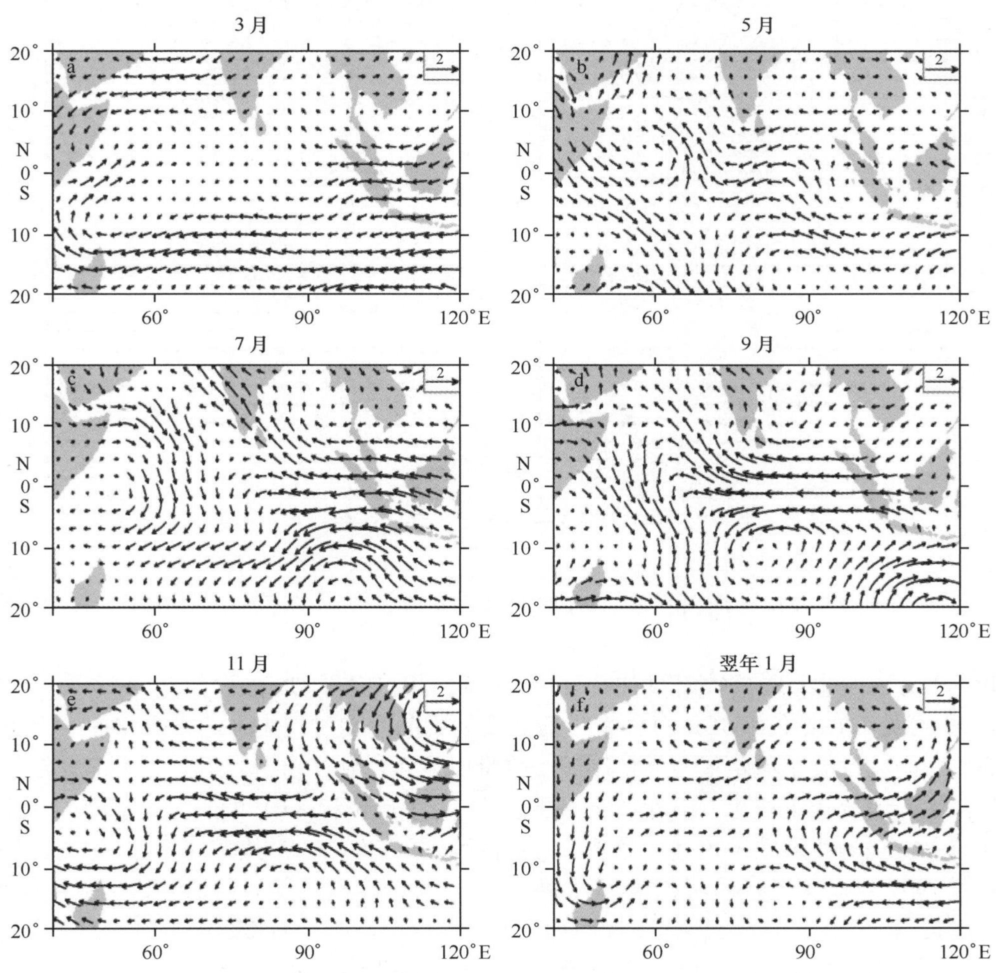

图 8 SOM3.0 模拟的正位相 IOD 不同时期 850 hPa 风场距平的水平矢量图（单位：m/s）

负位相 IOD 事件合成的异常风场时间演变与正位相 IOD 事件几乎相反（见图 9）。3 月，赤道东印度洋上为异常东风。5 月赤道东印度洋上出现弱的西风异常，并且随着时间的演变，西风异常逐渐增强，9、11 月达到最强，对应印度洋负位相 IOD 事件达到峰值。西风异常可持续到次年 1 月，翌年 3 月西风异常

转为东风异常（图略），印度洋负位相 IOD 事件结束。

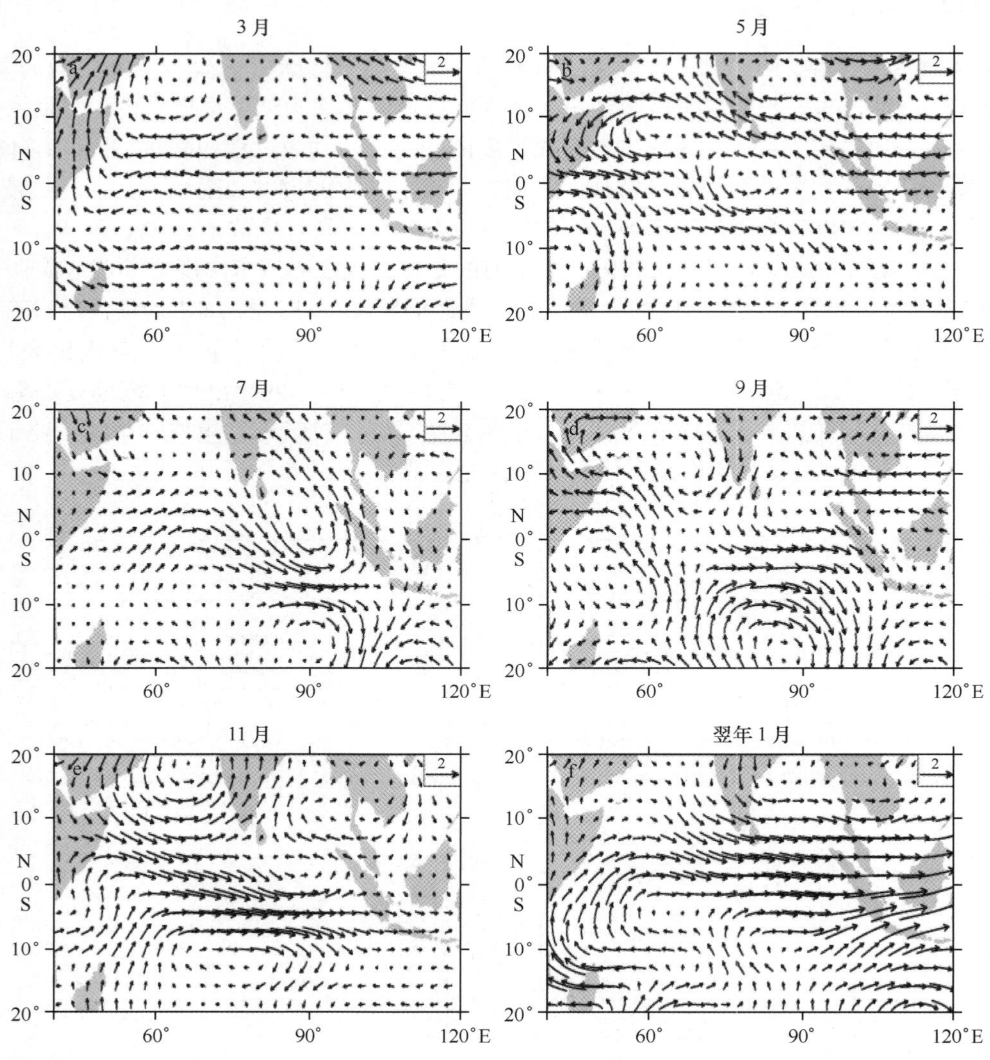

图 9　SOM3.0 模拟的负位相 IOD 不同时期 850 hPa 风场距平的水平矢量图（单位：m/s）

图 10 和图 11 分别给出 CCSM3.0 模拟的正位相和负位相 IOD 事件合成得到的 850 hPa 距平风场时间演变图。由图 10 可见，在正位相 IOD 事件发生前和发展到鼎盛期过程中，热带东印度洋上为明显的东风距平，并且随着时间的发展东风距平西伸控制整个热带印度洋。到冬季 1 月后，其表面异常东风转换为西风异常，也就预示着印度洋正位相 IOD 事件的减弱。图 11 中负位相 IOD 事件中，从 IOD 事件的前期到盛期，热带印度洋上由强的西风距平控制，冬季 13 月开始减弱，次年 2 月热带印度洋为东风距平替代。

按照 Saji 等 1999 年对东风指数（IOD－U）的定义[1]，计算模式结果的 850 hPa 东风指数。图 12 给出合成得到的印度洋正（负）位相 IODI 和 IOD－U 的时间序列。SOM3.0 和 CCSM3.0 模拟得到的正（负）偶极子指数与观测资料的正（负）偶极子指数的相关分别为 0.87(0.84) 和 0.845(0.74)，SOM3.0 和 CCSM3.0 模拟得到的东（西）风指数与观测资料的东（西）风指数的相关分别为 0.66(0.4) 和 0.45(0.48)。相关系数均超过 95% 的信度检验，表明模式模拟的海温场和风场的时间演变特征与观测基本一致，且以 CCSM3.0 的相关最好。从正负偶极子指数和东西风指数的时间序列上看，对于观测中正（负）IOD 相应的风场中，东风异常（西风异常）首先在 4 月出现，并可持续到 12 月，正（负）IOD 的海温异常在 6 月出现，并迅速发生到秋季达到盛期。风场异常超前海温场异常发生，表明风场变化是印度洋 IOD

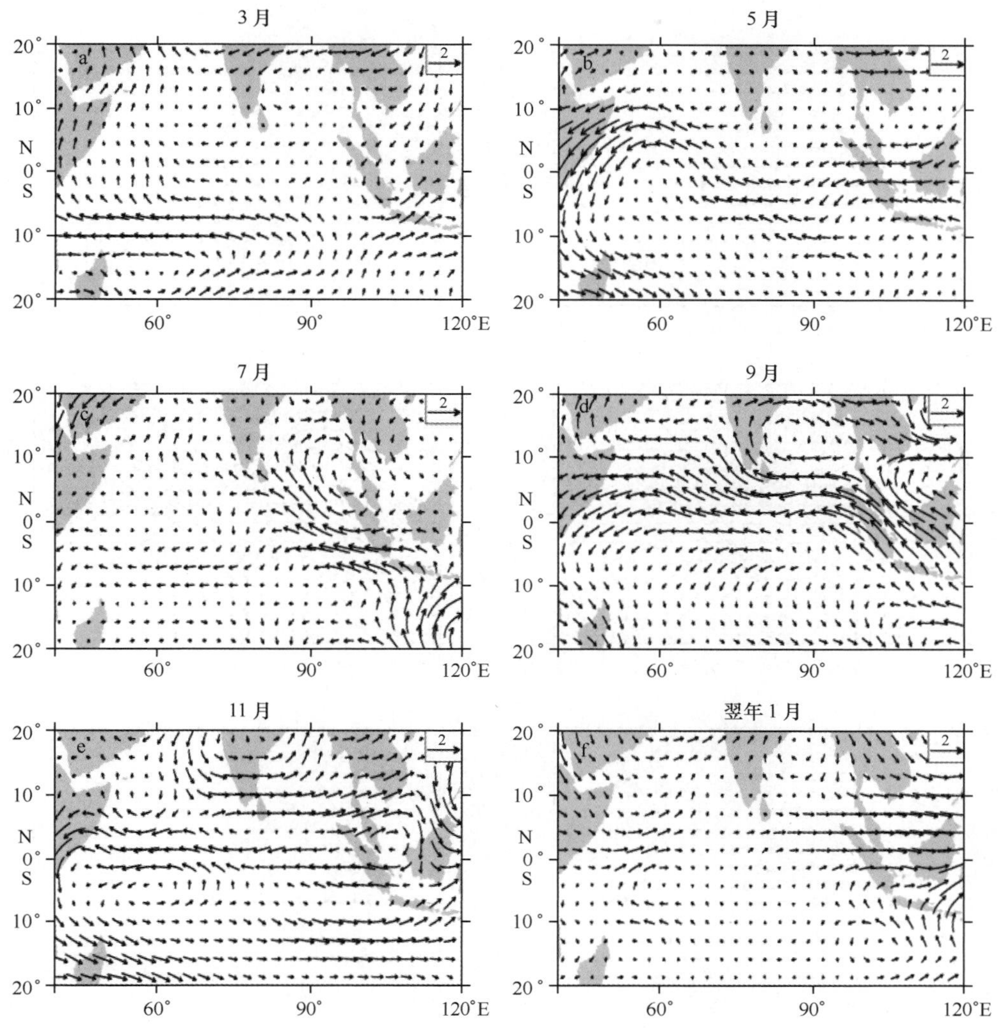

图 10　CCSM3.0 模拟的正位相 IOD 不同时期 850 hPa 风场距平的水平矢量图（单位：m/s）

事件发生的主要因子。CCSM3.0 模拟结果与观测中风场指数和 IODI 的时间演变基本一致。SOM3.0 模拟结果中，风场异常在 5 月出现，较观测晚 1 个月。而印度洋偶极子型海温异常的出现时间与观测一致在 6 月出现，并迅速发展到秋季达到盛期。

由上分析可见，当热带印度洋海表温度异常为正（负）位相偶极子结构时，赤道中印度洋上空为强大的东风（西风）异常，异常风场在夏季开始增强，秋季达到最强。可见风场的变化在导致 IOD 事件形成中起到非常重要的作用。以正位相 IOD 事件为例，当有东风距平时，由于气候态风场为东风，因此会使得东印度洋地区风速增加，蒸发潜热加强，进而导致该地区海表温度降低。由海洋和大气相互作用可知，他们的这种异常配置为各自的发展提供了正反馈机制，使得东极的负海温异常得以维持。那么对于西极海温异常的形成，Li 等[11]研究认为与东极不同，它主要由海洋动力学造成。本文的研究发现在没有海洋动力学因素赤道西印度洋仍能出现暖海温异常，表明对于印度洋西极海温异常的形成中热力学过程起到一定作用。

仔细比较海温异常季节分布的图 3、图 4 和图 5 可以发现，SOM3.0 模拟结果中东印度洋负海温异常首先出现在夏季，较观测资料和 CCSM3.0 数值模拟结果晚约一个季度且强度偏弱。另外 SOM3.0 模式中东西反位相偶极子型海温异常在秋季正式出现，而观测资料和 CCSM3.0 数值模拟结果中东西反位相偶极子型海温异常在夏季开始形成，秋季达到峰值。由上一节的分析可知，简单海气耦合模式模拟出的 IOD

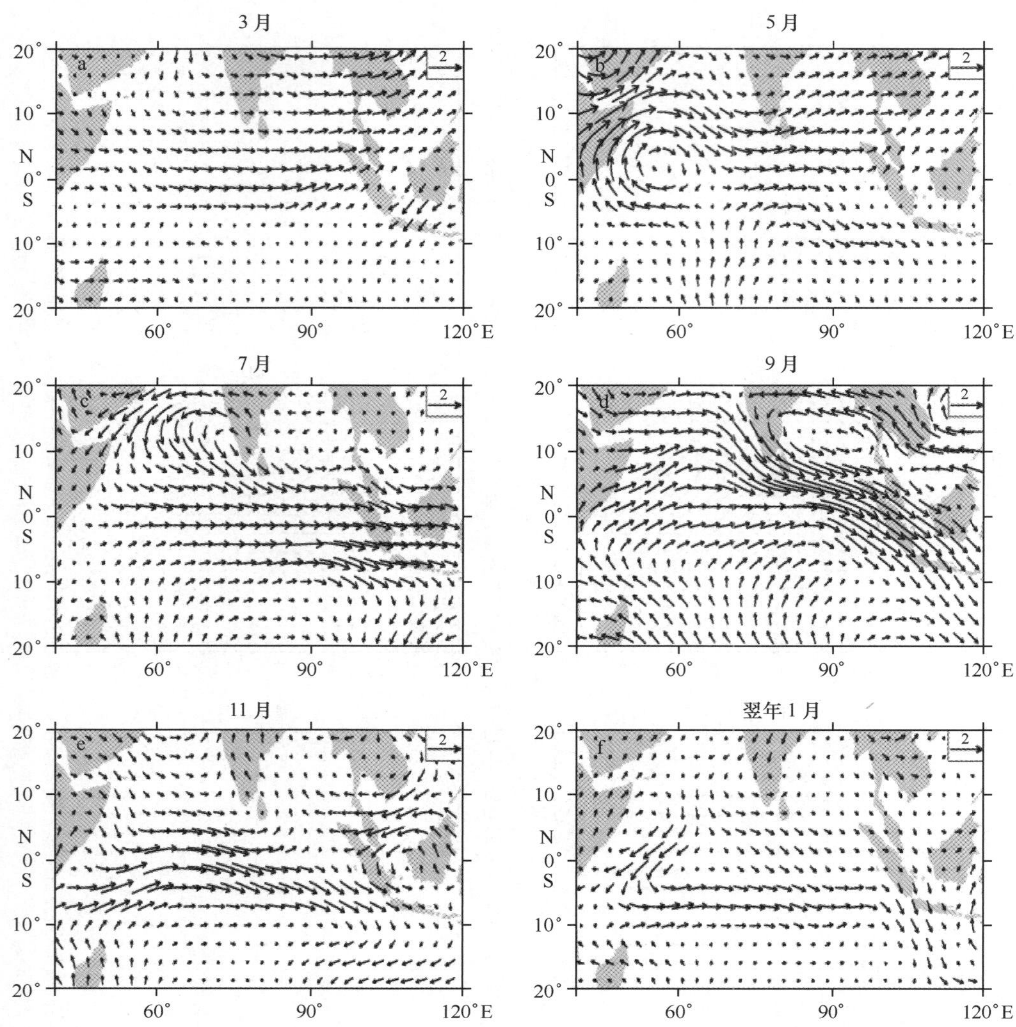

图 11 CCSM3.0 模拟的负位相 IOD 不同时期 850 hPa 风场距平的水平矢量图（单位：m/s）

强度要明显小于复杂海气耦合模式模拟出的 IOD 强度，表明海表层以下海洋动力作用也强烈影响着 IOD 事件。那么海洋动力过程也很可能影响到东印度洋负海温的出现早晚以及 IOD 的建立。

3.4 与 IOD 事件相关的海洋动力过程分析

TOPEX/Poseidon 卫星高度计算的海表面高度资料能够较好地揭示出第一斜压 Rossby 的存在[21]。人们也逐渐清楚地发现 SSH 可以显著地影响 SST，而其中 Rossby 波是一个很重要的动力机制。Rossby 波在温跃层内传播会导致海水密度的扰动，进而产生相应的海表面高度变化。因此 SSHA 是发生在次表层的 Rossby 波的一个很好的指示因子。图 13 给出观测（图 13a）和 CCSM3.0 模拟（图 13b）的热带印度洋海平面高度（SSHA）与印度洋偶极子指数（IODI）的线性回归系数分布。图中可见，对于海平面高度场而言，其回归系数的分布型和 SST 异常分布型非常相配，在赤道西南印度洋为高度正相关区，前人研究也有类似报道[22-23]。研究结果将其归于温跃层反馈机制，并指出受海洋 Rossby 波影响，因为该区域恰好是 Rossby 波西传的最终海区。来自赤道地区激发的 Kelvin 波沿苏门答腊 - 爪洼岛西岸的东南向传播是导致该海区两者强相关的动力因素[24]。海水在赤道东印度洋辐散，在西印度洋辐合，这样海水在东印度洋上翻，SSHA 下降，意味着 SSTA 降低，同样，在赤道西印度洋下沉，SSHA 升高，意味着 SSTA 增加。

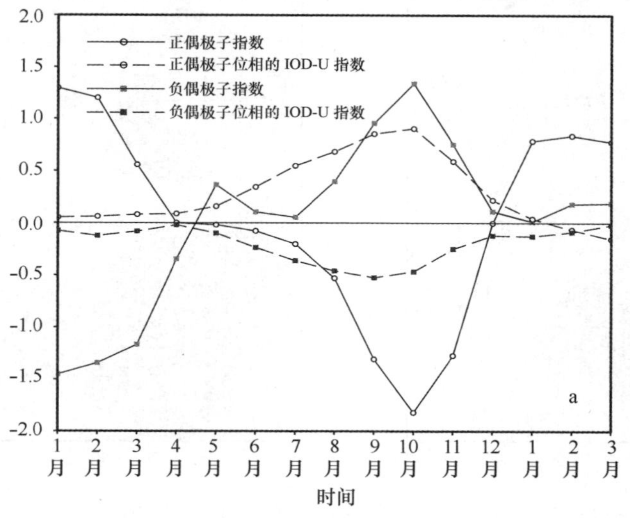

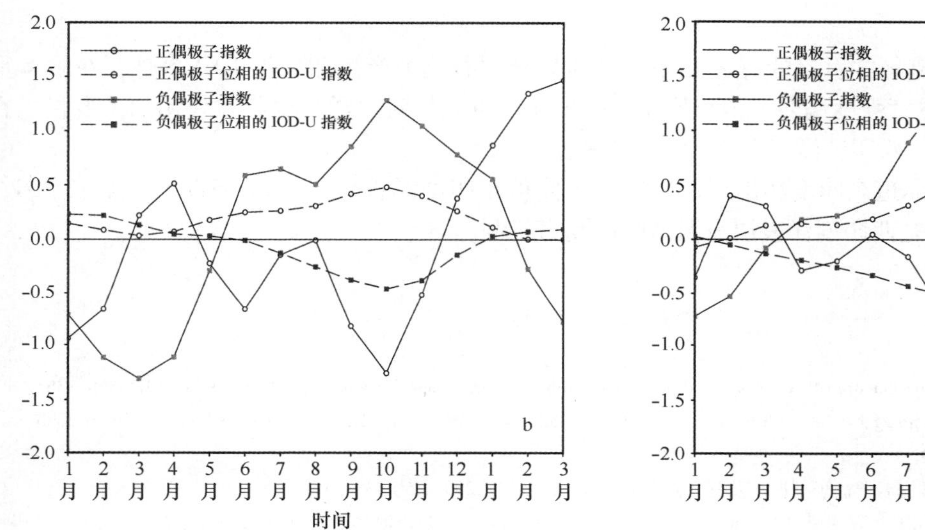

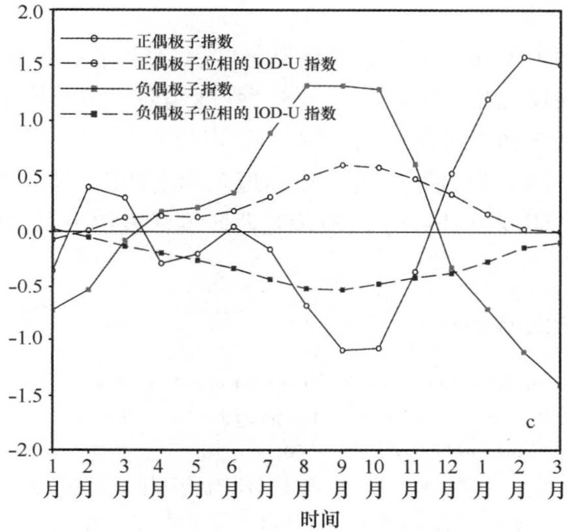

图 12 合成的印度洋正偶极子指数（空心圆实线），负偶极子指数（实心正方形实线），正偶极子位相的 IOD－U 指数（空心虚线），负偶极子位相的 IOD－U 指数（实心正方形虚线）的时间序列：观测（a），SOM3.0（b），CCSM3.0（c）

4 结论与讨论

本文将 NCAR 中心研制的 CAM3.0 大气环流模式和 SOM 混合层海洋模式耦合运行，同时利用 CCSM3.0 气候系统耦合模式的运行结果，对 IOD 事件的气候态特征、季节变化特征及与其密切相关的主要因子进行分析。主要得到以下结论：

（1）对简单和复杂的海气耦合模式数值模拟资料分析证实 IOD 事件是印度洋上明显存在的海洋事件且处于印度洋海温变化的第二主模态，占据 11% 左右的方差贡献率。

（2）利用 SOM3.0 和 CCSM3.0 两种模式确认验证 IOD 事件的气候特征有：普遍存在 1.5～2.8、4～5 和 7～8 年的周期变化；具有很强的季节锁相，在春夏季出现发展，秋季达到鼎盛，冬季迅速衰弱。在秋季 IOD 事件表现为第一典型分布型。东极海温异常首先出现，随后西极出现反位相海温异常。热带印度洋上低层风场变化在 IOD 事件的发生演变过程中起到重要作用。

（3）对比不同复杂程度海气耦合模式的结果发现，SOM3.0 简单海气耦合模式模拟结果表明在没有海

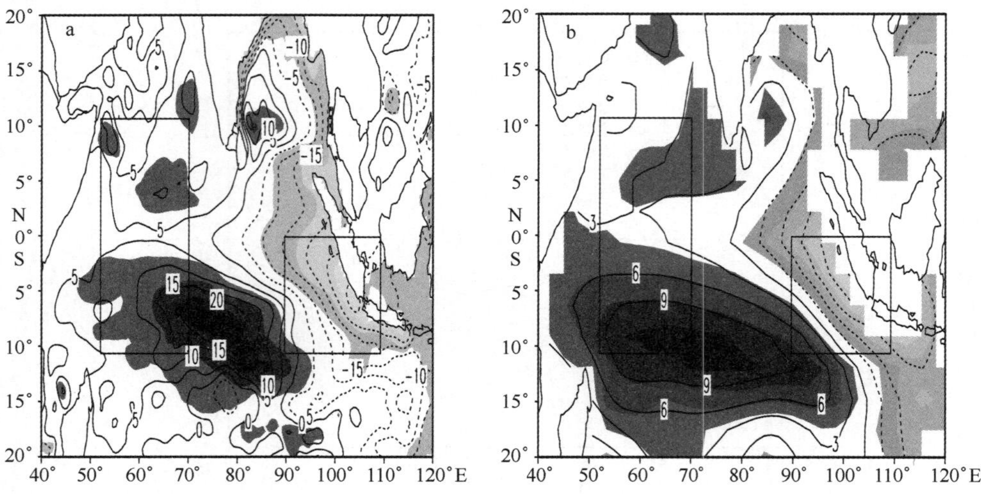

图 13 观测（a）和 CCSM3.0 模拟（b）的热带印度洋 SSHA 与 IODI 的线性回归系数分布

洋动力学作用下，大气环流异常引起的海表面净热量通量异常有能力产生印度洋 IOD 事件，在秋季形成东西反位相 SSTA 分布。尽管强度偏弱，但仍能说明印度洋上空大气对海洋海温异常作用的重要性。在没有海洋动力机制作用下用，西印度洋正 SSTA 出现较晚。

（4）风场距平首先在赤道东印度洋出现，风场作用使得东印度洋首先出现负 SSTA。随后负 SSTA 激发东印度洋 Rossby 波西传是西印度洋表层海温增暖的动力机制。

参考文献：

[1] Saji N H, Goswami B N, Vinayachandran P N, et al. A dipole mode in the tropical Indian Ocean[J]. Nature, 1999, 401: 360—363.

[2] Webster P J, Moore A M, Loschnigg J P, et al. The great Indian Ocean warming of 1997 – 98: Evidence of coupled-atmospheric instabilities[J]. Nature, 1999, 401: 356—360.

[3] 李崇银,穆明权. 赤道印度洋海温偶极子型振荡及其气候影响[J]. 大气科学,2001,25: 433—442.

[4] 李东辉,谭言科,张瑰,等. 东亚冬夏季风对热带印度洋秋季海温异常的响应[J]. 热带海洋学报,2006,25(1): 7—13.

[5] Allan R, Chambers D, Drosdowsky D, et al. Is t here an Indian Ocean dipole, and is it independent of the El Niño/Southern Oscillation? [J]. CL IV A R Exchanges, 2001(6): 18—22.

[6] Saji N H, Yamagata T. Structure of SST and surface wind variability during Indian Ocean dipole mode events: COADS observations[J]. Journal of Climate, 2003, 16: 2735—2751.

[7] Dommenget D, Latif M. Reply[J]. Journal of Climate, 2003,16 (7): 1094—1097.

[8] Hastenrath S. Dipoles, temperature gradients, and tropical climate anomalies[J]. Bull Amer Meteor Soc, 2002, 83: 735—738.

[9] Iizuka S, Matsuura T, Yamagata T. The Indian Ocean SST dipole simulated in a coupled general circulation model[J]. Geophysical Research Letter, 2000, 27: 3369—3372.

[10] Li T, Zhang Y, Lu E, et al. Relative role of dynamic and thermodynamic processes in the development of the Indian Ocean dipole: An OGCM diagnosis[J]. Geophysical Research Letter, 2002, 29(23): 251—253.

[11] 李东辉,张铭,张瑰,等. 热带印度洋偶极子发生和演变机制的数值研究[J]. 海洋科学进展,2005,23(2): 135—143.

[12] Huang B, Kinter III J L. Interannual variability in the tropical Indian Ocean[J]. Journal of Geophysical Research, 2002, 107:3199, doi: 10.1029/2001JC001278.

[13] Yu L, Rienecker M M. Indian Ocean warming of 1997—1998[J]. Journal of Geophysical Research, 2000, 105:16923—16939.

[14] Hanse J, Lacis A, Rind D, et al. Climate sensitivity: Analysis of feedback mechanisms in climate processes and sensitivity[G]. Climate Processes and Climate Sensitivity, Geophys Monogr, 1984, No. 29, Amer Geophys Union: 130—163.

[15] Kiehl J T, Hack J J, Bonan G B, et al. The National Center for Atmospheric Research Community Climate Model: CCM3[J]. Journal of Climate, 1998, 11: 1131—1149.

[16] Collins W D, Bitz C, Blackmon M L, et al. The Community Climate System Model version 3 (CCSM3.0)[J]. Journal of Climate, 2006,19:

2122—2143.

[17] Collins W D, Rasch P J and Others. Description of the NCAR Community Atmosphere Model (CAM3.0)[R]. Technical Report NCAR/TN - 464 + STR, National Center for Atmospheric Research, Boulder, Colorado, 2004: 210.

[18] 魏凤英. 现代气候统计诊断与预测技术[M]. 北京: 气象出版社,1999: 21—22.

[19] 杨建玲. 热带印度洋海表面温度年际变化主模态对亚洲季风区大气环流的影响[D]. 青岛:中国海洋大学,2007.

[20] Bequero-Bernal A, Latif M, Legutke S. On dipolelike variability of sea surface temperature in the tropical Indian Ocean[J]. Journal of Climate, 2002, 15(11): 1358—1368.

[21] Chelton D B, Schlax M G. Global observations of oceanic Rossby waves[J]. Science, 1996, 272: 234—238.

[22] Xie S P, Annamalai H, Schott F A, et al. Structure and mechanisms of South Indian Ocean climate variability[J]. Journal of Climate, 2002, 15: 864—878.

[23] Rao S A, Behera S K. Subsurface influence on SST in the tropical Indian Ocean: structure and interannual variability[J]. Dynamic Atmospheric Oceans, 2005, 39: 103—135.

[24] Murtugudde R, Busalacchi A J. Interannual variability of the dynamics and thermodynamics of the tropical Indian Ocean[J]. Journal of Climate, 1999, 12: 2300—2326.

北大西洋流海洋锋时空变化特征研究

刘建斌[1]，张永刚[1]

（1. 海军大连舰艇学院，辽宁 大连 116018）

摘要： 北大西洋流海洋锋研究有较高的海洋气象学、海洋动力学价值，特别是锋区对水下声传播的显著影响使得北大西洋流海洋锋有较高的军事应用价值。本文利用 WOA13 多年（1955—2012年）季节平均格点数据，对北大西洋流海洋锋锋区分布、锋轴线位置、锋轴线强度的时空变化特征进行了分析，对 0～800 m 水深各层锋变化特征进行了比较分析。认为北大西洋流海洋锋空间变化特征明显，时间变化特征较弱。北大西洋流海洋锋锋轴线位置受到地形因素影响密切，锋轴线随深度有相对较稳定的区域也有随深度逐渐向东移动的区域。锋轴线强度在水平方向上呈现 2－3 个极值区域；锋强度随深度变化温度锋与盐度锋表现出不同的变化特征。

关键词： 北大西洋流海洋锋；时空变化特征；WOA13

1 引言

由湾流分支北上而形成的北大西洋流[1]，携带高温高盐的亚热带水与周围海水产生较大的温盐梯度，使北大西洋流形成明显的海洋锋现象，称作北极锋（Polar Front）又叫作北大西洋流海洋锋[2]，北大西洋锋对北美、欧洲气候以及北大西洋海域水文环境产生重要影响[3]。

此外海洋锋对于水下声音的传播影响不可忽略，如卢晓亭等指出对声纳的水下探测和反探测产生显著影响[4]，Carman 等综合非均匀海洋环境及地形因素应用抛物模型分析了湾流锋附近复杂海洋环境下的声传播，并讨论了海洋环境的变化和真实海底地形变化的交互作用对低频—远程声传播的影响[5]，吕连港等利用 BEllHOP 声传播模式模拟黑潮锋区声传播特点，认为锋区对声传播损失有较大影响[6]，菅永军等利用二维 PE 模型通过对黑潮锋区实测数据的分析认为有无锋区的声传播损失最大能达 20 dB[7]，这些都对潜艇活动产生重要影响。同时北大西洋流海洋锋位于美洲与欧洲衔接地带，战略地位重要。综上所述，对于北大西洋流海洋锋的研究具有较高的海洋气象学、海洋动力学等方面科研价值以及较高的军事应用价值。

目前对于北大西洋流海洋锋的研究主要是集中在表面海洋锋特征[8]以及利用实测数据获得有限区域锋特征[9—10]两个方面。然而，目前国内外对于北大西洋流锋空间位置分布，以及其强度分布尚未有专门论述，因此本文通过对 WOA13 季节数据的分析，对北大西洋流锋区温、盐锋分布特征、锋轴线位置分布特征、锋强度空间分布特征以及相应的季节变化特征进行分析。旨在为北大西洋流海洋锋机制讨论、水下声传播研究提供基础。

2 数据与锋面分析方法

2.1 数据介绍

WOA13（World Ocean AtlaS 2013）是来自 NOAA 的国家海洋数据中心海洋气象实验室的海洋气候学

作者简介： 刘建斌（1991—），男，山东省潍坊市人，硕士研究生，从事世界大洋中尺度海洋锋研究。E-mail：ljbliujianbin@126.com

数据集产品，包涵全球多种海洋要素数据，分为年平均、季节平均、和月平均数据，是多种数据集的整合产品，包含多种实测数据，空间分辨率有：5°、1°、0.25°三种，在深度上，利用内插值的方法，从表层到最大深度 5 500 m 分为 102 层[11]。区别于卫星数据只能研究表面海洋锋的缺点，WOA 数据能够对海洋锋的三维结构进行研究。以往就有学者将 WOA 系列数据其应用到海洋锋的研究上，如何琰等用空间分辨率为 1°的 WOA09 分析了北欧海面锋区分布特点[12]。WOA13 数据是 WOA 系列的最新产品，能达 0.25°在分析精度上更优。

本文选用 1955—2012 年季节平均 0.25°网格温度、盐度数据分析北大西洋流海洋锋。需要说明的是 WOA13 数据虽然是平均格点化插值数据，在表现海洋锋强度上比实际值要低，因此本文出现的强度一般都比实际值小。但是 WOA13 数据在表现锋区，特别是锋轴线上位置、强度的变化特点上具有较好的效果，可以分析强度随空间的分布特点，随季节的变化规律等。

2.2 锋面分析方法

海洋锋表现在图像上具有弱边缘性的特点，以往对于海洋锋的提取多采取图像边缘处理的方法如基于 Candy 和数学形态的方法[13]以及基于小波分析的锋提取方法[14]等，但这些方法不仅计算量大且不能表现锋区强度信息，提取的锋轴线模糊与实际有一定的偏差，对于网格化数据并不实用。而 SHENFU DONG 等[15]在研究南极极地锋时采用绝对梯度来确定锋区强度，采用绝对梯度经线最大值连线的方法确定锋轴线并取得了很好的效果。因此本文参考上述方法对锋面进行提取分析，其中绝对梯度的定义为：

$$|\nabla T| = \sqrt{(\partial T/\partial x)^2 + (\partial T/\partial y)^2}. \tag{1}$$

在对锋轴线进行提取时，首先计算锋区每条纬线（间隔 1/4 纬度）最大值，然后将锋区纬线最大值依次连线得到锋区锋轴线，也就是说锋轴线的选取是依据其强度而不是空间位置。如果相同纬度下如果对应多个极大值点，则取最西端的点作为锋轴线上的点，由此得到了较为清晰的锋线位置。

海洋锋区水团在广阔海洋中可以看作是一个由经度、纬度、深度决定三维锋面，而且随着时间变化不断发生形变。直接对锋面进行研究比较困难，也很难清晰描述锋面的空间变化。利用锋轴线表示锋面与水平面的交线，以此来研究锋面空间变化，并用锋轴线强度作为锋面强度变化的参考。因此，本文对每层水深处锋轴线依次进行提取，从水平方向和垂直方向对锋轴线位置、强度变化特征进行分析。

3 结果与分析

3.1 温度锋

将表层至水深 800 m 处各层水深等温线画出，可以看出北大西洋流锋区存在的大致位置，以 15 m 水深为例，如图 1 所示为四季等温线分布图，其中等温线密集的区域便是锋区存在区域。从图 1 中可以看出北大西洋流锋区可以分为两部分，一部分在 40°～50°N 之间大致是西南—东北走势分布，另一部分在 50°N 以北其走势发生改变逐渐呈东西方向分布且 50°N 以北强度要明显低于 50°N 以南海洋锋强度。因此本文主要研究 50°N 以南北大西洋流锋区问题。

对锋区锋轴线依次进行提取，如图 2 所示为 15 m 水深的锋轴线分布图，锋轴线位置大致在锋区边缘呈蛇形分布且随季节之间的摆动并不明显。对比不同水深锋轴线如图 3 所示可以看出，整体上锋轴线的位置比较固定，但也存在一些区域随深度有较大改变，如 40°～44°N 区域内 400 m 以浅位置相对固定，400 m 以后开始发生偏移，到水深 750 m 处东西方向上相差近 5°。水深 150 m 处锋轴线摆动剧烈说明锋区极值分布分散，南北差异较大。

由此得到不同水深、不同季节锋轴线的位置信息，由于锋轴线是对纬线方向上绝对梯度进行提取的，每条纬线对应一个经度坐标，因而便可用纬度、深度、季节代表其锋轴线位置。依次将不同水深、不同季节锋轴线强度随纬度的分布图画出，选取 15 m、250 m 以及 550 m 水深为例如图 4～6 所示，横坐标代表纬度坐标，纵坐标分别表示四季锋轴线的强度。从图中可以看出，同一水深内，不同季节强度水平分布曲

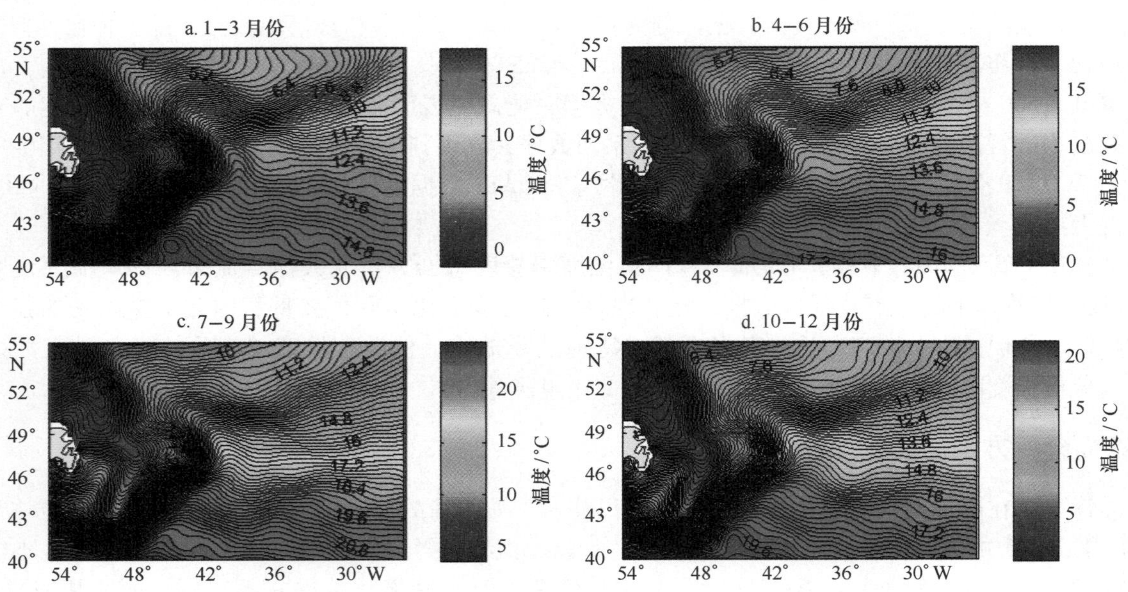

图1 15 m水深处等温线分布

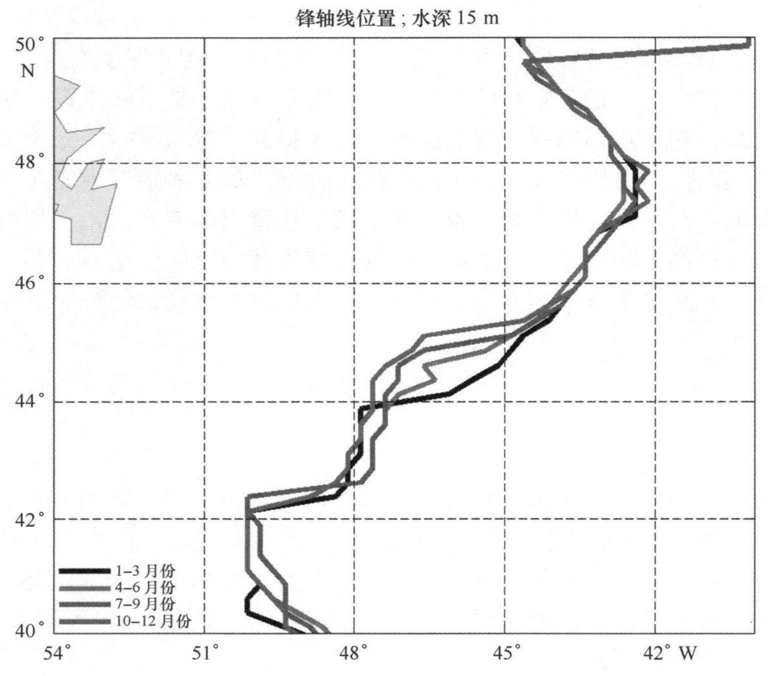

图2 15 m水深处锋轴线位置分布

线大致重合，说明水平锋轴线强度分布具有一定的季节稳定性。各个季节之间只是强度略有差异，如250米水深处锋轴线强度4—6月份最大值为0. 89℃/（14 n mile），1—3月份锋轴线上最大值强度为1. 13℃/（14 n mile）。整体看在300 m以浅锋区存在两个极值区域，一处为42°N附近，一处为46°N附近；水深500 m以深40°N附近强度开始增加，42°N处强度逐渐减弱，此时锋区存在3个极值区域分别是40°N附近、43°N附近以及46°N附近，如图6所示550 m水深处锋轴线强度分布图。

这些变化特点同样可以从图7中看出，图7为40. 5°N、42°N、43°N、46°N以及50°N附近四季锋轴线强度随深度变化图。图中300 m以浅42°N与46°N锋轴线强度要明显高于其他水域锋轴线强度。整体

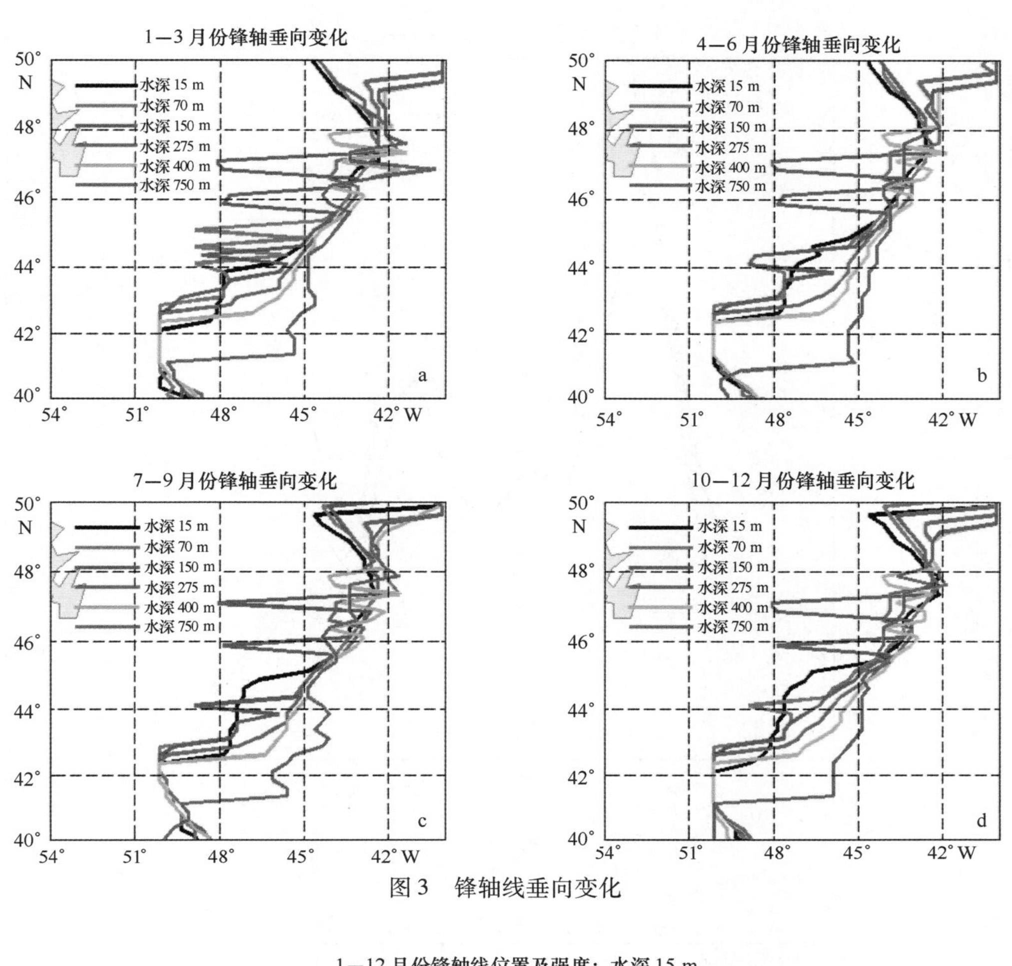

图 3 锋轴线垂向变化

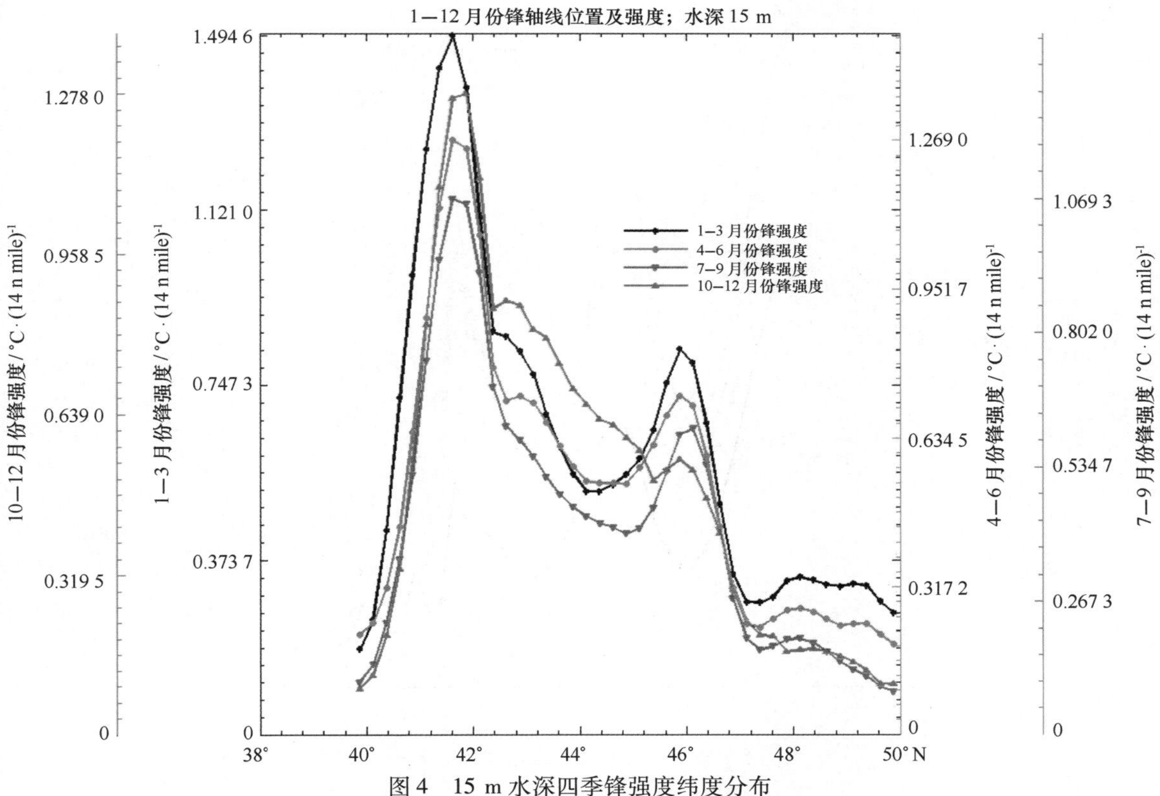

图 4 15 m 水深四季锋强度纬度分布

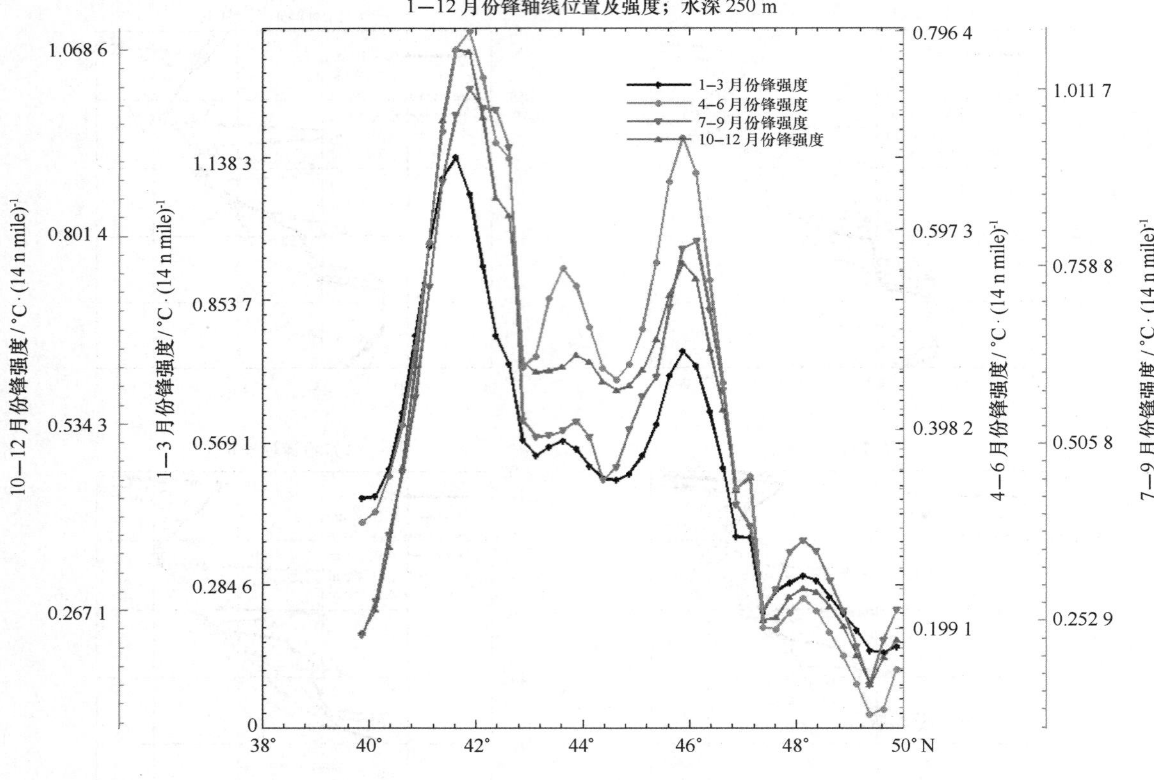

图 5　250 m 水深四季锋强度纬度分布

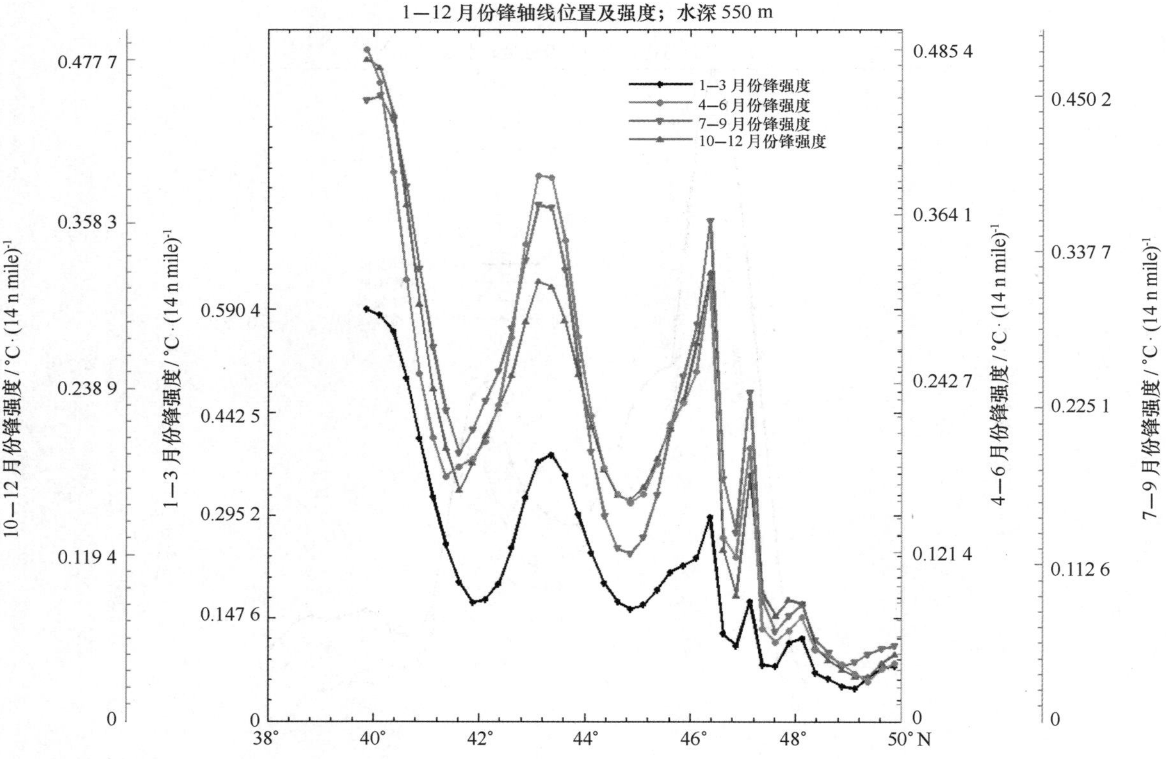

图 6　550 m 水深四季锋强度纬度分布

看锋轴线随深度是呈现先增加后减小的特点，最大强度对应深度一般在 100 m 水深处；而 40°N 附近锋轴线强度最大深度在 550 m 附近，这就使得 500 m 以深 40°N 附近锋强度值明显要高于其他纬度的锋轴线强度。造成这种现象的原因是，在 40°N，47°W 附近存在一个上升流区域，且上升流作用范围在 200 m 以深，如图 8 所示为 40°N 纬线断面，水深 400 ~ 600 m 范围内等温线弯曲程度高使得水平温度梯度增加锋强度增大。此外，在 50°N 附近锋强度随深度较其他区域较为缓慢。

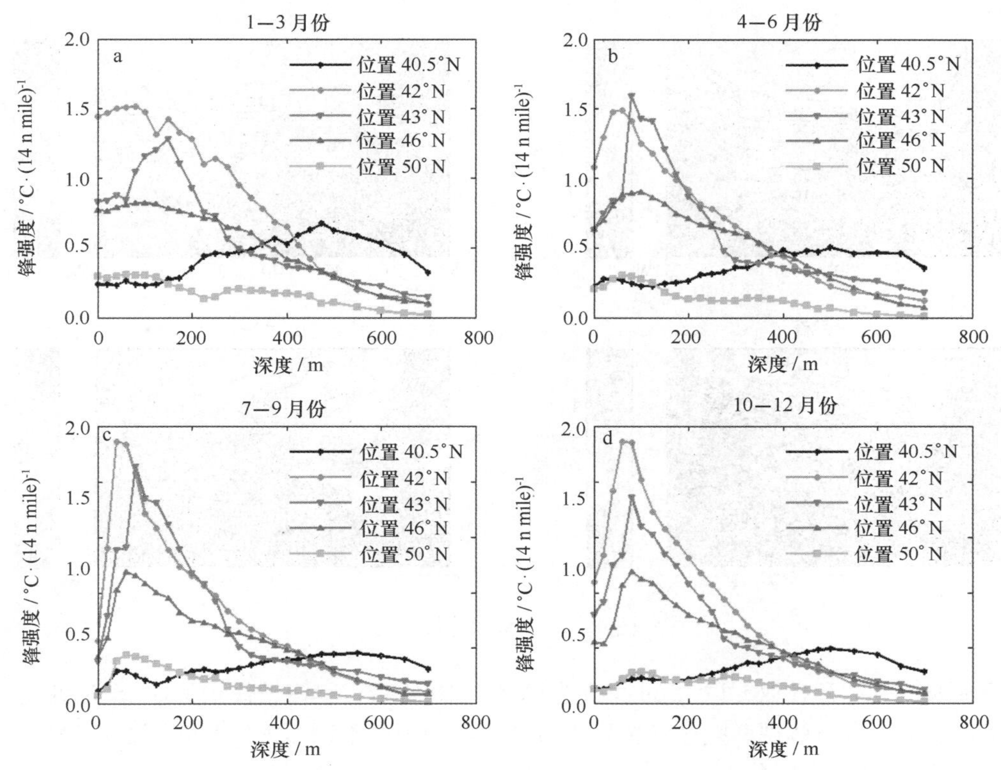

图 7 锋强度随深度的变化

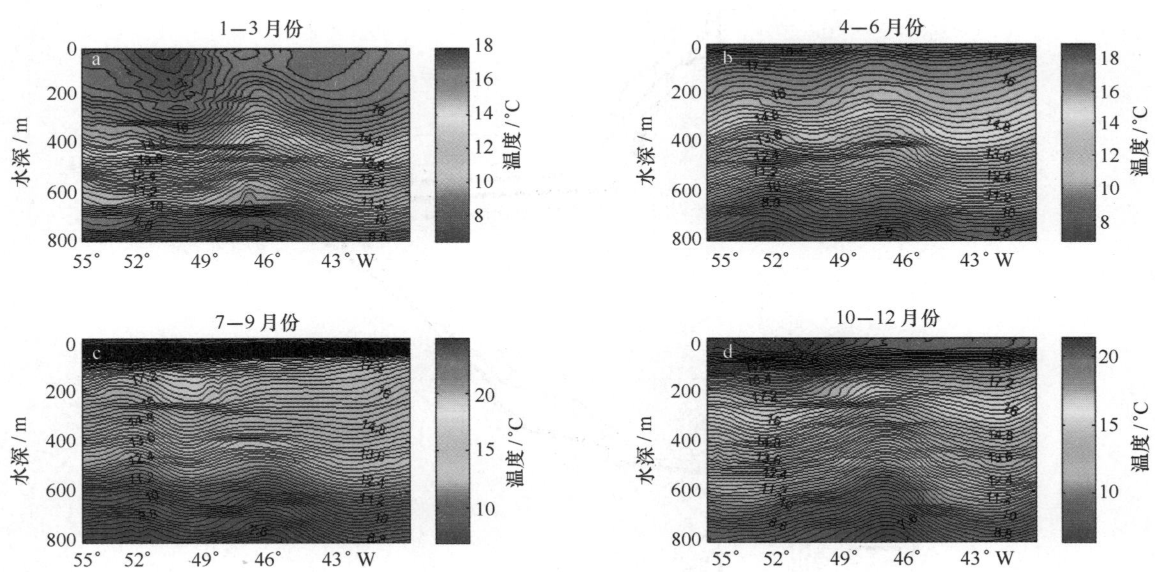

图 8 40°N 温度断面

3.2 盐度锋

北大西洋流锋区不仅温度锋特征显著，盐度锋现象也较为明显，如图 9 为 35 m 水深处等盐度线分布图。可以看出其盐度锋区也存在两部分：一部分在 49°N 以南，走势为西南—东北方向；另一部分在 49°N 以北，方向大致与 50°N 平行。现主要研究南端锋区变化特征。

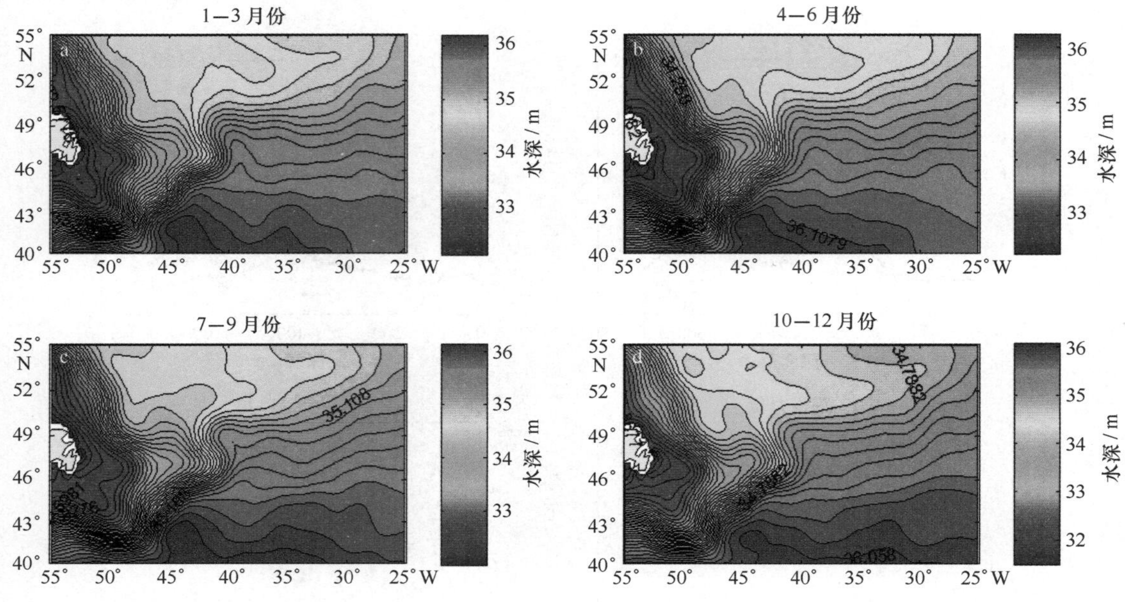

图 9　35 m 水深等盐度线

将锋区锋轴线依次进行提取，以 15 m 水深为例如图 10 所示，其锋轴线走势在 46°N 处发生较大改变，这点在温度锋轴线上也有所体现，盐度锋位置季节之间摆动同样不剧烈，但其随深度变化呈逐渐向东移动的特点。图 11 为这一区域水深分布，结合温度、盐度锋轴线分布（图 2、图 3、图 10）发现，北大西洋流锋轴线的分布和水深分布关系密切，说明地形因素对锋区、锋轴线分布产生重要影响。

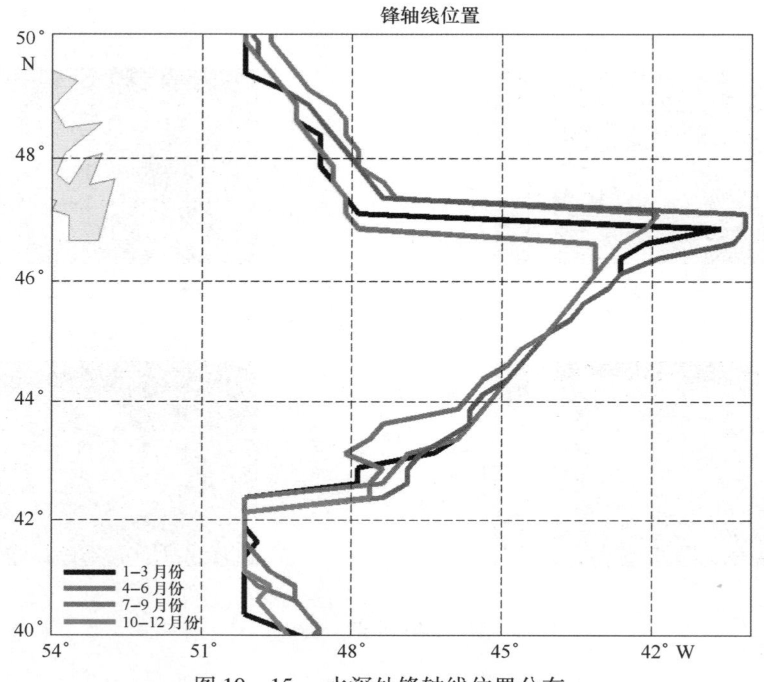

图 10　15 m 水深处锋轴线位置分布

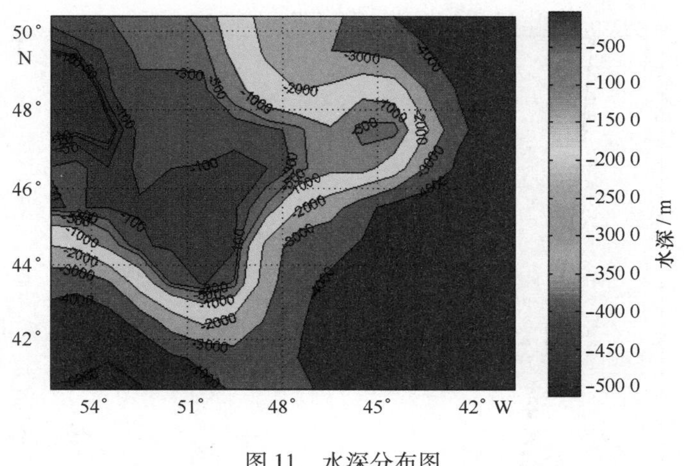

图 11　水深分布图

以 15 m 以及 500 m 水深处锋轴线为例，如图 12、13 所示，同温度锋轴线强度一样，盐度锋强度呈现一定的季节稳定性，其分布特征主要是受水深影响。在水深 200 m 以内，锋区强度分布主要是 42°N 与 46°N 附近两处极值；水深 400 m 以深锋区强度极值主要集中在 40°N、43. 5°N 以及 46°N 附近，且 40°N 处锋强度要明显高于其他区域锋强度。

将锋轴线强度随深度的变化图画出，如图 14 所示，可以看出除 40. 5°N 以及 47°N 附近外，图中其他区域锋强度随深度是不断减小的；40. 5°N 处锋强度随深度先是减小其后随深度不断增加，如前所述可能是受到上升流因素影响；47°N 在水深 100 m 附强度最大，之后随着深度增加强度减小。

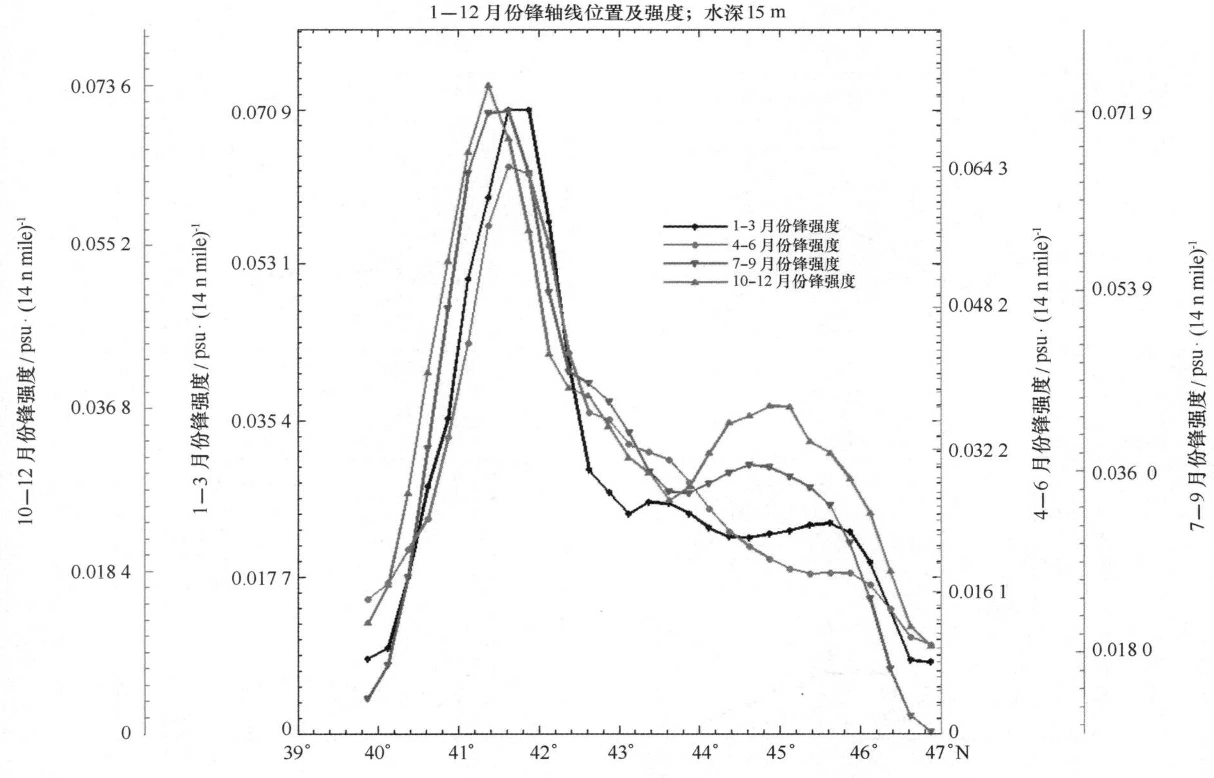

图 12　15 m 水深四季锋强度纬度分布

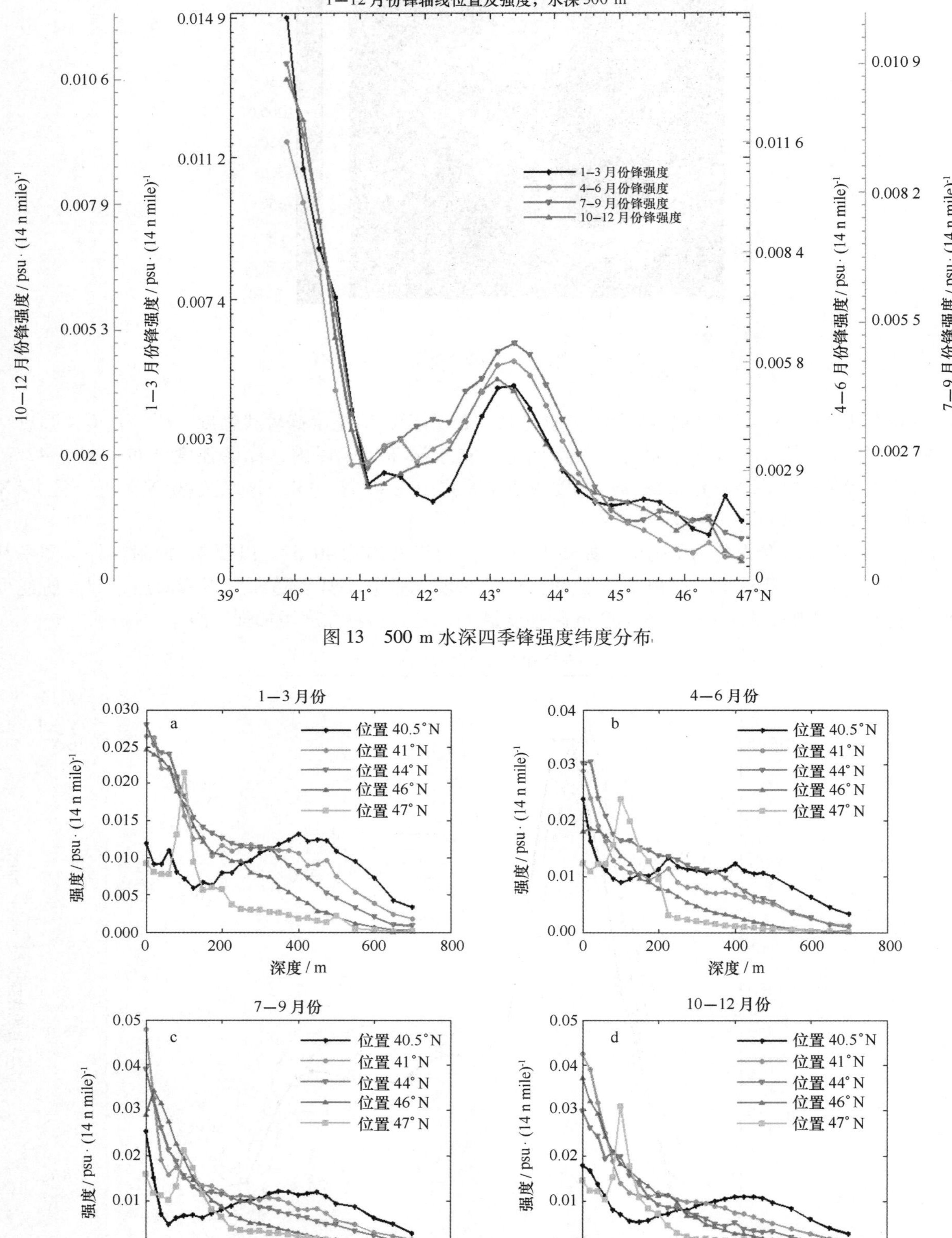

图 13 500 m 水深四季锋强度纬度分布

图 14 锋强度随深度的变化

4 结论

本文以 WOA13 数据，对北大西洋流锋温、盐锋锋轴线位置、锋轴线强度空间分布以及相应的季节变化进行分析，分别从水平和垂直两个方向，以及季节变化尺度等方面探究锋变化特征，得到如下结论：

（1）北大西洋流锋变化特征主要是其空间变化方面，其时间变化特征并不明显，说明北大西洋流锋具有一定的季节稳定性。

（2）锋轴线水平方向上走势受到地形因素影响明显。锋轴线垂直变化方面，温度锋整体看分布较稳定，但有些区域随深度变化较剧烈，如 40°～44°N 附近，400 m 以深区域，锋轴线随深度逐渐东移；盐度锋轴线随深度则具有不断向东移动的特点。

（3）锋轴线在水平方向上一般具有 2～3 个极值区域，如温度锋轴线 300 以浅在 42°N 与 46°N 附近存在两处极值，500 m 以深在 40°N、43°N 与 46°N 附近存在极值；盐度锋 200 m 以浅在 42°N 与 46°N 附近存在极值，400 m 以深在 40°N、43. 5°N 以及 46°N 附近存在 3 处极值。

（4）锋轴线强度随深度变化也具有一定的规律性，整体看温度锋随深度呈现先增加后较低的特点，最大强度对应的深度大多在水深 100 m 处，但也存在一些区域如 40°N 附近受到上升流因素的影响最大强度对应深度在 550 m 附近；整体来看，盐度锋强度随深度增加是不断减小的，也存在一些区域如 47°N 以及 40°N 附近成先增加后减小的特点。

参考文献：

[1] Mann C R. The termination of the Gulf Stream and the beginning of the North Atlantic Current[J]. Deep-Sea Research, 1967, 14(1): 337—359.

[2] Krauss W. The North Atlantic Current[J]. Journal of Grophysical Research, 1986, 91(C4): 5061—5074.

[3] Richard Hall, Róbert Erdélyi, Edward Hanna, et al. Scaife drivers of North Atlantic Polar Front jet stream variability[J]. International Journal of Climatology, 2014(10): 4121.

[4] 卢晓亭，濮兴啸，李玉阳. 我国周边海域典型海洋锋特征建模研究[J]. 海洋科学, 2013, 37(6): 37—41.

[5] Carman J C, Robinson R. Oceanographic-topographic interactions in acoustic propagation in the Iceland—Faeroes front region[J]. J Acoust Soc Am, 1993, 95(1): 1882—1894.

[6] 吕连港，袁业立. 东海 PN 断面黑潮区域声传播数值模拟[J]. 海洋科学, 2003(3): 73—76.

[7] 菅永军，张杰，贾永君. 海洋锋区的一种声速计算模式及其在声传播影响研究中的应用[J]. 海洋科学进展, 2006, 24(2): 166—172.

[8] Bashirova L D, Kandiano E S, Sivkov V V, et al. Migrations of the North Atlantic Polar front during the last 300 ka: Evidence from planktic foraminiferal data[J]. Oceanology, 2014, 54(6): 798—807.

[9] Arhan M, Colin de Verdiere A, Mercier H. Direct observations of the mean circulation at 48°N in the Atlantic Ocean[J]. Journal of Physical Oceanography, 1989, 19: 161—181.

[10] McCartney M S, Talley L D. Warm - to - cold water conversion in the northern North Atlantic ocean[J]. Journal of Physical Oceanography, 1984, 14(5): 922—935.

[11] Boyer T A. Mishonov. World Ocean Atlas 2013[EB/OL]. [2014 - 10]. Product Documentation. 2013 http://www.nodc.noaa.gov/OC5/indprod.html.

[12] 何琰，赵进平. 北欧海的锋面分布特征及其季节变化[J]. 地球科学进展, 2011, 26(10): 1079—1091.

[13] 张伟，曹洋，罗玉. 一种基于 Canny 和数学形态学的海洋锋检测方法[J]. 海洋通报, 2014, 33(2): 199—203.

[14] 薛存金，苏奋振，周军其. 基于小波分析的海洋锋形态特征提取[J]. 海洋通报, 2007, 26(2): 20—27.

[15] Shenfu Dong, Janet Sprintall, Sarah T Gille. Location of the Antarctic Polar Front from AMSR - E satellite sea surface[J]. Journal of Physical Oceanography, 2006, 36(9): 2075—2089.

基于机载 LiDAR 数据的滩涂地形形变监测

别 君[1]

（1. 中国海监北海航空支队，山东 青岛 266061）

摘要： 机载 LiDAR 技术是快速高精度获取滩涂海岸地区地形数据的高技术手段，本文探讨了在滩涂激光点云数据处理中需要注意的事项，并采用该技术手段对黄河三角州北部沿海的一段滩涂海岸进行了地形形变信息的提取与分析。

关键词： 机载 LiDAR；滩涂；地形形变

1 引言

滩涂是一个处于动态变化中的海陆过渡地带，面积大、分布集中，是重要的后备土地资源。向陆，可较快形成农牧渔业畜产用地，向海，可进一步成为开发海洋的前沿阵地。同时，滩涂海岸地区也是风暴潮灾害的易发区域，了解滩涂承灾体的地形特征，掌握承灾体的地形变化规律，是进行海洋灾害预报的基础，是科学防范各类海洋灾害的必要前提，因此，快速高效的掌握滩涂海岸地带的现状和变迁状况十分迫切和重要。

滩涂地形形变传统的测量方式是基于传统航空摄影测量和大地测量的，但由于滩涂海岸地区地形环境复杂，许多区域难以进入开展控制点的布设与测量；这种难以施测的问题同时也造成了滩涂海岸地区测量精度低下，无法满足国民经济建设要求；另外，采用这两种测量方式都具有施测周期长、工作量大、费时费力的问题。

机载 LiDAR 系统是一种大范围采集获得地面三维空间信息的新型测量系统，以飞机作为其对地的观测平台，以激光扫描测距系统作为传感装置，只需少量地面控制点，就能高效、精确的完成大区域地形数据的获取，且后处理自动化程度高，近年来已大量应用于地震[1]、滑坡[2]等地质灾害监测，该方法同样也能较好的解决滩涂地形测量面临的上述问题。

我国已陆续有单位利用机载 LiDAR 技术开展海岸滩涂的地形测绘工作。张荣华等针对激光雷达点云数据特点，根据测绘地理信息部门和海洋与渔业部门的需求，研究适应于浙江省宁波市滩涂 4D 产品生产的合理方案[3]；楼燕敏等吸取相关经验，利用机载 LiDAR 技术在舟山、海盐等多个地区开展 1:2 000 地形图项目，取得了设计的经济效益[4]。

本文选取黄河三角州北部沿海的一段滩涂作为试点，采用机载 LiDAR 技术对该滩涂区域进行地形形变信息的提取与分析。

2 研究区域概况

研究区域位于黄河入海口北侧（如图 1），包括黄河海港及其西部滩涂，东西向长约 50 km，由陆向海最宽处 16 km，此区域滩涂整体地形平坦，高差约 4.5 m，平均坡度不足万分之三。区域内大部分滩涂因人为干预形成了大规模的养殖和盐田，自然形态存在的滩涂面积约占百分之二十。

作者简介： 别君（1981—），女，湖北省仙桃市人，硕士，主要从事海洋航空遥感应用与研究。E-mail：biejun@bhfj.gov.cn

用于本次地形变化提取的机载 LiDAR 数据分别于 2010 年 11 月和 2012 年 4 月获取。

图 1　数据获取区域图

3　地形形变提取过程

3.1　噪声去除

激光点云的噪声类型一般分为低点、空中点、孤立点三类。低点即高程低于平均地面的点，形成原因多为激光束在空中被多次折射所致；空中点即悬浮在空中的点，多为打在空中的飞鸟、水滴上返回所致；孤立点即孤立存在的点。

在噪声去除时，与一般的陆地数据一样，低点、空中点与周围一定范围内点可通过高程比较进行分离；孤立点通过设置与周围一定范围内点的空间距离阈值进行分离。

当采用与陆地数据去噪相同的搜索半径和高差阈值时，滩涂上许多堤坝根部点被当做低点剔除，而这些“低点”实际为陆地向水面过渡的数据，最接近真实水面，应保留，如图 2 中紫红色点。

究其原因，研究区域内存在大面积的河道水面、养殖水面、盐田水面，因激光遇水被吸收，在这些区域一般没有数据返回，因此形成许多个小的数据空白区。在陆地与水域相接处的激光点高程最接近水面，一般较周边点的高程低，由于激光存在测距误差，若只在小范围内进行比较，少量点的高程值不一定能较好的反应区域地面高程，极易将这些宝贵的边缘点剔除掉。

经多次试验，高差阈值的改动势必影响低点去除效果，适当增大搜索半径后，误判现象得到极好改善。

3.2　地面点选取

采用迭代法选取滩涂地面点。即选择初始地面点来建立初始地面模型，初始地面点选择选取范围内的最低点，通过设定比建筑面积大的选取范围来阻止建筑物点被选入初始地面点点集，选择结束后，利用初始地面点构建初始地面三角网；然后，在初始地面三角网的基础上选取其他地面点，用以加密地面模型。入选地面点的约束条件以排除地形突变为基本原则，边加入边构建新网，当所构地面模型三角网达到一定密度时，结束选点。

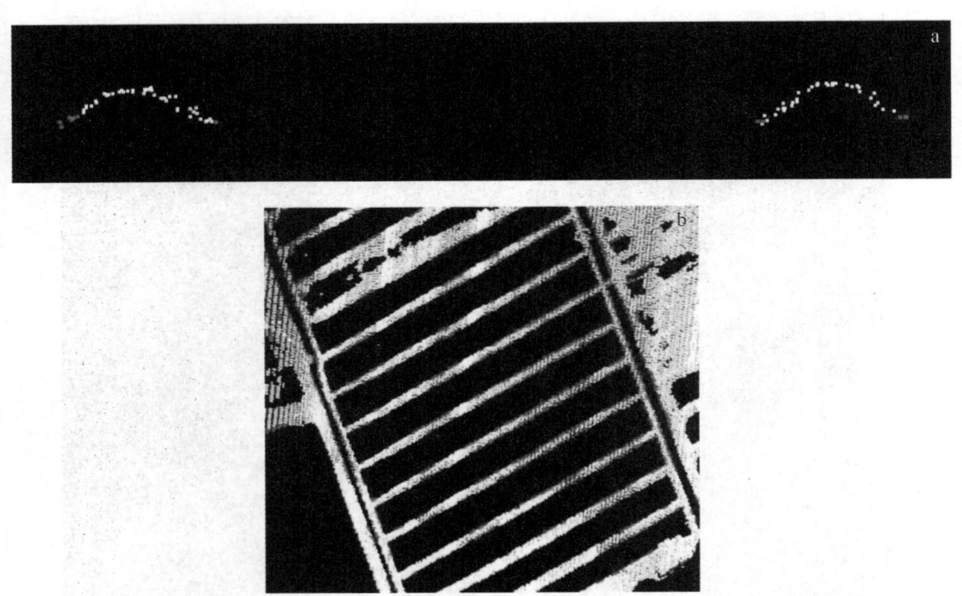

图 2　紫红色为选出的低点（a 为剖面图，b 为俯视图）

研究区整体地形平坦，没有大的起伏，但沟垅等微小地貌形态极多，这些微小地貌形态的有效保留是该区域地形构建的关键。

在地面点选取时极易出现陡坎边缘点缺失、连续土坝被断裂甚至整条被削平等现象。分析其原因，主要是堤坝地形坡度变化大，在高程及形态方面与建筑物类似，堤坝顶部点容易被当做建筑物屋顶点被滤除（如图 3、图 4）。

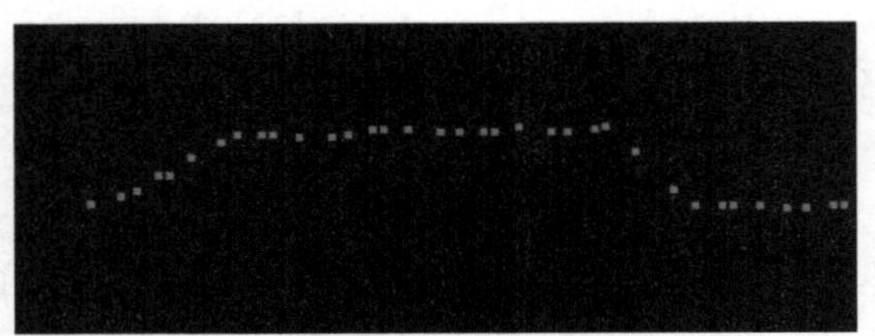

图 3　点云剖面——堤坝

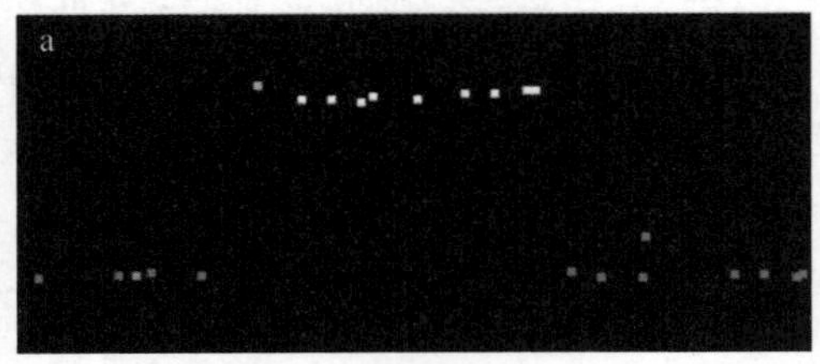

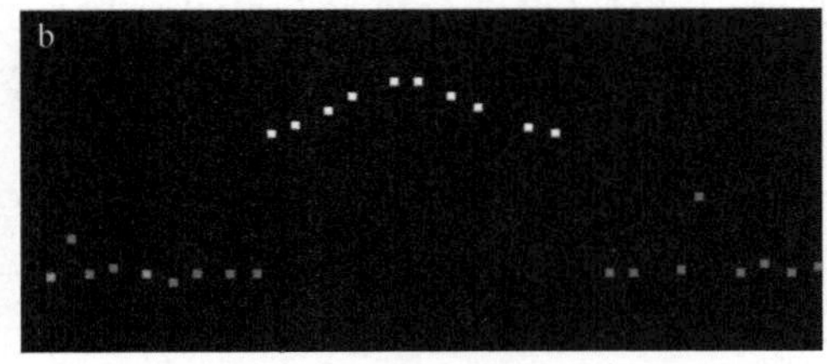

图 4　点云剖面——建筑物

根据这类情况，在滩涂激光数据中进行地面点选取时需注意以下 3 点：

（1）初始地面点选取时，搜索窗口面积需大于最大的建筑物面积，以避免建筑物屋顶点被选入。

（2）加密地面点选取时，根据堤坝坡度尽量放宽地面坡度的许可值，允许地面有较大坡度变化，以免误删掉堤坝顶部数据。

（3）尽可能将三角网构建的终止条件设到最小，必要时可取消，以最大限度的保留细微地形。

在调整了相关参数设置后所提取的滩涂养殖区地面点，在堤坝处，堤坝保持连续完整，同时建筑点滤除得较为干净。

3.3 地面模型建立

采用 Non-linear rubber sheeting 算法对两个时期的激光数据提取出的滩涂地面点进行了地面模型建立。

3.4 地形形变信息提取

在对两期模型选取同名地物进行配准后，再做相减运算，得到滩涂地形的变化，如图 5。

a. 2010 年地形　　b. 2012 年地形

c. 高程差值图像　　d. 高差分类图像红色为高程值增加，黄色为不增不减，蓝色为高程值减小

图 5　地形形变信息提取

考虑到数据获取、数据处理时带来的主客观误差，将高程变化在正负一定范围内的区域定义为不变区域（图 d 黄色部分），此范围外的分别定义为增高区域（图 d 红色部分）和降低区域（图 d 蓝色部分），并可进行面积统计。

4　地形形变提取结果及分析

将上述方法运用于整个研究区所得到的黄河海港西部滩涂地形变化如下图所示：

地形升高的区域大多数为盐田或养殖区的堤坝，由人为围建所引起，地形高程的自然变化不明显。

河道附近所显示的地形下降信息不可信，原因是河道内数据不反映地形，因设备所发射的近红外激光不可穿透水体，所以河道内数据反映的是数据获取时刻的水面高度，图 6 所示的下降为两次数据获取时刻

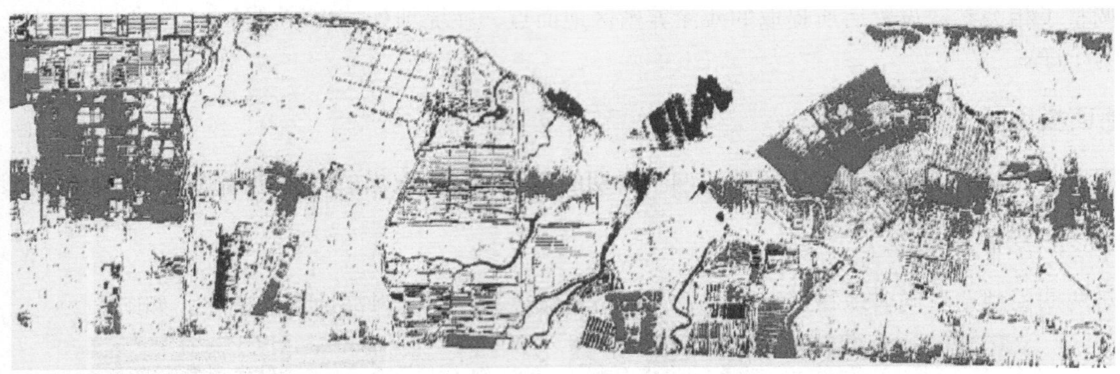

图6 2010—2012年黄河海港西部滩涂地形变化

的水位差。

5 结论

机载三维激光扫描系统技术较好的解决了海岸滩涂地形测量的诸多难点，具有快速、细致和高精度的特点，分析滩涂地区激光数据特点，进一步优化滩涂地形信息提取技术，并将其应用于滩涂地形变化监测，可以极大减轻人员劳动强度，减少时间耗费，并能获得细致的监测结果，是滩涂地形变化检测的又一种有效的技术手段。

参考文献：

[1] 马洪超,姚春静,张生德. 机载激光雷达在汶川地震应急响应中的若干关键问题探讨[J]. 遥感学报,2008,12(6):925—932.

[2] 刘圣伟,郭大海,陈伟涛. 机载激光雷达技术在长江三峡工程库区滑坡灾害调查和监测中的应用研究[J]. 中国地质,2012,39(2):507—517.

[3] 张荣华,林昀. 基于机载激光雷达的滩涂测绘关键技术研究[J]. 测绘工程,2015,24(1):33—35.

[4] 楼燕敏,吴迪. 机载LiDAR技术在浙江省滩涂海岸测量中的应用研究[J]. 测绘通报,2012,12:47—50,58.

基于光谱特征的溢油高光谱数据分析

周凯[1]，陈刚[1]

（1. 国家海洋局 北海分局，山东 青岛 266000）

摘要：近年来我国重大海洋溢油频发，海洋溢油对海洋生态环境破坏极大，成为值得关注的海洋污染。从墨西哥湾溢油等重大溢油事故中可以看出，溢油遥感监测技术需满足应急反应的信息需求，直接影响应急处置的实施以及后续的损害评估。航空遥感分辨率高、时效性强、机动性高，成为主要的溢油监测手段之一。2010 年 7 月 16 日，大连新港输油管道爆炸海上溢油，对海洋环境造成了严重影响。北海航空支队连续进行了应急监测飞行，获取了包括高光谱数据在内的大量遥感数据。高光谱数据具有空间/波谱分辨率高，波谱连续，覆盖面大的优点，适用于对溢油有关信息的提取。基于获取的 AISA 高光谱遥感数据的光谱特征，利用内部平均法（IARR），完全基于数据本身特征，不需要进行实际地面光谱及其大气环境参数等辅助数据，提取大连新港海域溢油光谱曲线，分析波峰响应特点，研究大连新港溢油光谱特征，提供评估基础信息；比对溢油与正常海水光谱曲线，差值运算确定最值敏感波段，提取敏感波段附近单波段图像，可为大连新港溢油海域海洋生态环境科学评估及相关后续工作提供支持支撑。

关键词：溢油；高光谱；光谱；分析

1 引言

航空遥感监测海洋溢油以其监测范围大、获取速度快、信息量大、机动性强等特点，成为发达国家普遍使用的方法。从墨西哥湾溢油等重大溢油事故中可以看出，溢油遥感监测技术需满足应急反应的信息需求，直接影响应急处置的实施以及后续的损害评估。国内外溢油航空遥感研究趋势是采用机载多遥感器集成技术和多遥感器信息融合技术进行溢油遥感监测。国外如挪威海洋环境监测系统、加拿大环境技术中心的激光荧光遥感系统等，美国、日本、德国等国均使用飞机搭载自主研制的扫描探测遥感器在溢油遥感方面进行了深入的研究。我国也建设了多个溢油应急监测系统，开展航空遥感等溢油监测技术研究，形成了大量具有系统性、科学性、实用性的技术创新成果。

作为多源遥感技术中的主要监测手段之一的高光谱遥感，通过多波段的连续光谱数据能准确反映溢油目标信息，成为遥感技术发展和应用的前沿。发展高光谱成像技术的重要性也为国内外遥感界所重视，各国竞相在这一领域开展研究工作，如美国的 EO－1Hyperion、AVIRIS、加拿大的 CASI、芬兰的 AISA、中国的 PHI、OMI 等相关研究[1]。我国在国家 863 计划的支持下，中国海监飞机配载的中国科学院上海技术物理研究所研制的成像光谱仪（PHI），获取了大量的海上高光谱数据，并在数据处理和信息提取方面取得了初步的研究成果，使我国的高光谱技术跨入了国际先进行列[2]，而目前中国海监北海航空支队引进并使用的芬兰产 AISA 高光谱仪是现阶段世界最先进的业务化应用的高光谱成像传感器。

基金项目：国家海洋局海洋溢油鉴别与损害评估技术重点实验室开放基金资助项目（201113）。

作者简介：周凯（1978—），男，山东省青岛市人，硕士，主要从事海洋航空遥感研究。E-mail：zhoukai@ bhfj. gov. cn

表1 机载高光谱仪（AISA）技术指标

技术参数	指标
扫描视场	37°
光谱范围	400～1 000 nm
波段数	258
光谱分辨率	优于3 nm

2 数据基本情况

2.1 数据来源及获取

2010年8月6日，中国海监B－3807飞机配载AISA高光谱仪采用穿越飞行法，航高350～600 m，航速220 km/h，在大连南部星海广场外约5 km溢油海域，获取高光谱数据1.3 GB，图1。

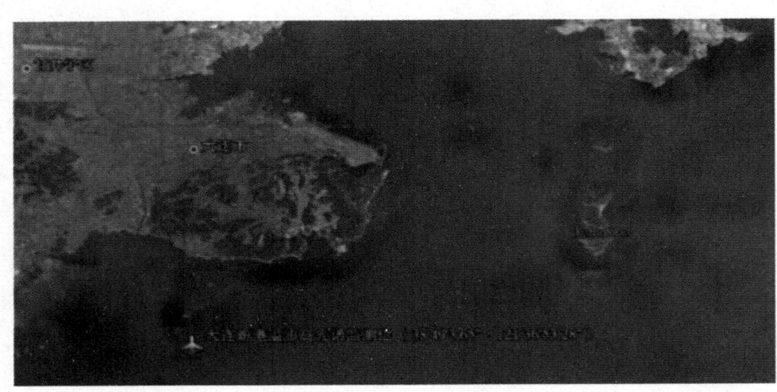

图1 高光谱数据获取区域示意图

2.2 高光谱溢油数据的光谱定标

通过实测反射辐射通量和影像密度，并对数据进行回归分析来进行校正获取原始影像文件相同环境及配置下的黑暗帧文件，研究AISA高光谱溢油数据的定标模式，根据AISA高光谱仪18.5 mm镜头厂商提供的参数文件，设置光谱范围400至1 000 nm，波段数258、波谱分辨率2.5 nm的光谱，满足定标要求。

图2 大连新港溢油高光谱立方体

从高光谱立方体图像（图 2）可以看出，溢油海区高光谱数据光谱特征一致，相应峰值明显。

3 溢油高光谱数据分析

3.1 反射率运算

不同的高光谱数据由于获取时间、地点、太阳光照等条件的差异，其辐射值相差较大，要想对这些曲线的特征进行比较，首先要对它们作归一化处理。归一化处理是将高光谱图像中的每一个像元的灰度值，统一到相同的总能量水平，或是将每个像元的光谱值统一到整体平均亮度的水平[3]。

AISA 高光谱的 *DN* 值受大气和光照的影响，需进行校正定标。由于本次监测飞行航高 350 ~ 600 m，*DN* 值大气影响小，可利用图像本身进行反射率的转换，这种方法的优点是不需要其他辅助数据。具体选用内在平均相对反射率模型 IARR，该模型将每一像元的 *DN* 值分别进行波段维平均，得到整幅图像的平均参考光谱，然后对图像中每一像元的 *DN* 值除以对应像元的平均参考光谱，便可得到每个像元的光谱相对反射率数据。

3.2 光谱特征分析

基于 ENVI 平台，利用内在平均相对反射率模型（IARR），提取大连新港海域溢油光谱曲线，采用光谱峰值法，分析波峰响应，确定大连新港溢油目标特征峰，为信息提取奠定基础[4]，图 3。

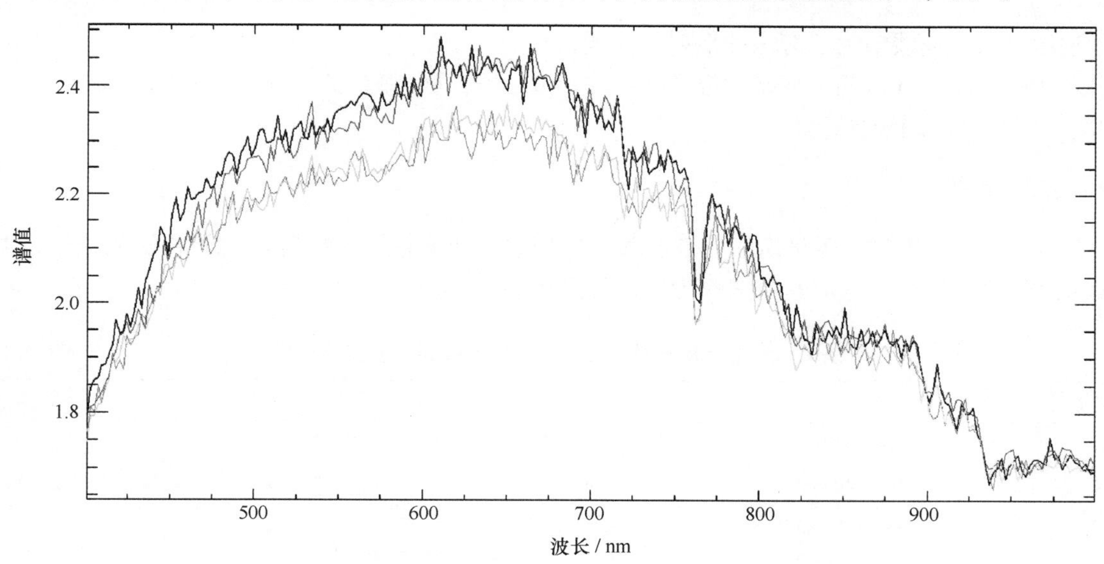

图 3　大连新港溢油不同厚度油膜反射率光谱曲线

对大连新港溢油的反射率光谱曲线进行分析，可以发现：

（1）油膜反射率曲线在 400 ~ 450 nm 区间，上升较快；在 450 ~ 610 nm 区间，上升趋缓，610 nm 处反射率达到峰值；在 610 ~ 935 nm 区间，下降明显；935 ~ 1 000 nm，下降趋缓。

（2）油膜反射率光谱曲线分别在 770 nm、935 nm 处出现两个较强吸收峰，其中 770 nm 处的吸收峰最大，为溢油光谱特征峰。

（3）不同厚度的油膜曲线走向基本一致，随厚度增加，反射率曲线呈下降趋势。

3.3 油水光谱比对分析

利用提取的大连新港溢油和海水反射率光谱曲线，分析比对其光谱特征，图 4。

比对大连新港海水和溢油反射率光谱曲线，可发现：

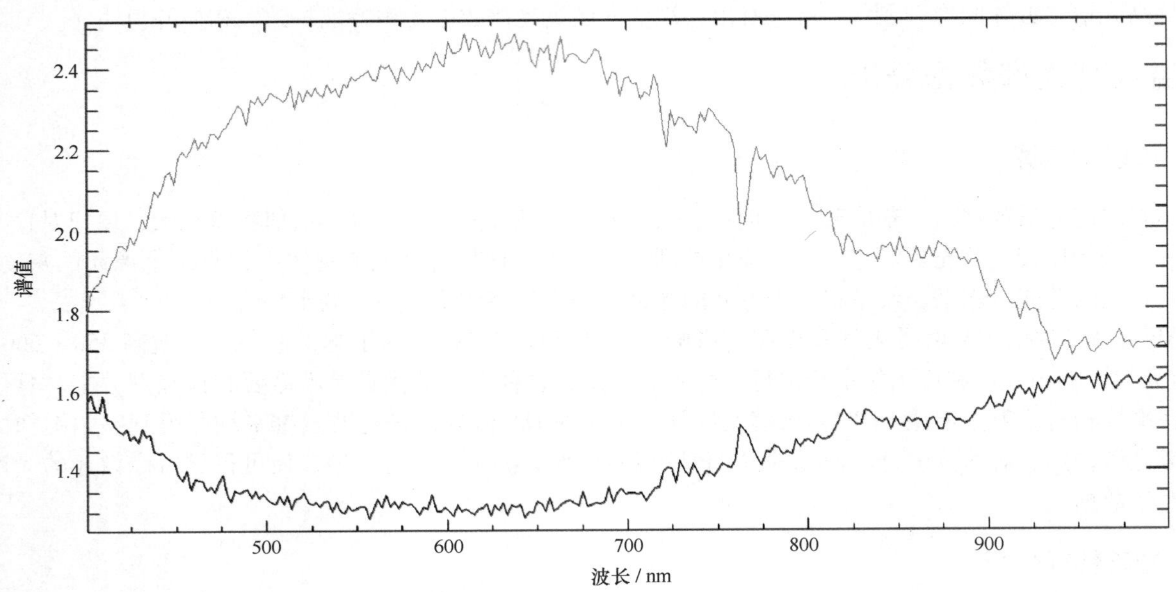

图4　溢油与海水反射率光谱曲线（上方曲线：溢油，下方曲线：海水）

（1）油膜反射率曲线值大于海水的反射率曲线值；

（2）在400～640 nm区间，海水和溢油反射率光谱曲线呈分离趋势；在640～925 nm区间，趋于接近，至925～1 000 nm趋于平行。

3.4　油水差值提取

高光谱200多波段数据，需确定敏感波段为快视提取溢油信息提供数据元，研究采用差值比对法，差值运算确定最值敏感波段，选取其数据作为溢油信息提取元[5]。

表2　大连新港海域溢油和海水反射率光谱差值运算表

波段	波长/nm	海水反射率	溢油反射率	差值
1	400.769 989	1.575 715	1.794 745	0.219 03
2	402.940 002	1.590 209	1.846 081	0.255 872
3	405.109 985	1.554 557	1.861 758	0.307 201
…	…	…	…	…
101	626.530 029	1.314 796	2.438 989	1.124 193
102	**628.859 985**	**1.303 737**	**2.485 911**	**1.182 174**
103	631.179 993	1.321 362	2.446 370	1.125 008
…	…	…	…	…
256	994.679 993	1.616 489	1.709 942	0.093 453
257	997.080 017	1.627 711	1.714 910	0.087 199
258	999.479 980	1.632 504	1.702 215	0.069 711

注：表中加粗数值为最大值。

利用提取的大连新港溢油和海水反射率光谱曲线，进行差值运算，得到大连新港海域溢油和海水反射率光谱差值曲线。

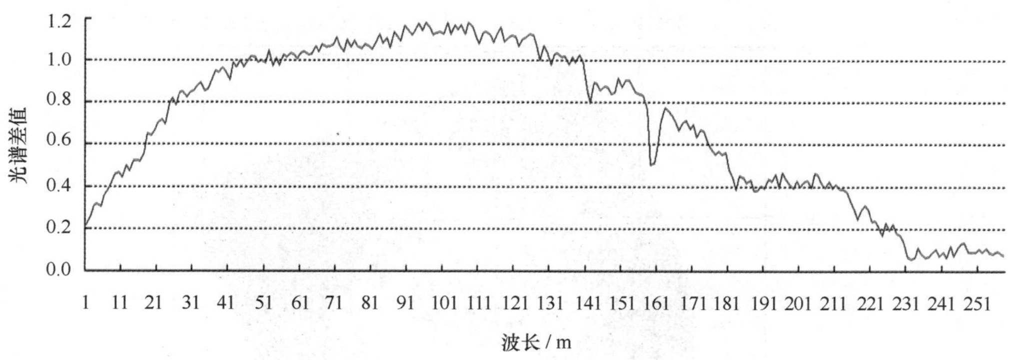

图 5　大连新港海域溢油和海水反射率光谱差值曲线

3.5　峰值波段信息反演

根据差值运算结果，得到最值点，波长 628 nm 的 102 波段油水反射率光谱差值最大，最适合用于图像解译，判别溢油、海水，图 6。

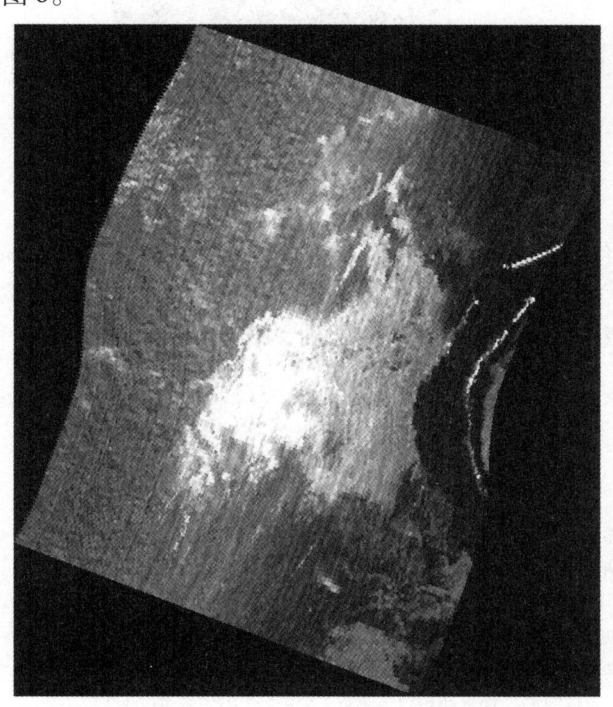

图 6　油水反射率差值最大波段图像（波长：628 nm）

利用 628 nm 波段图像，采用非监督分类法，基于最小光谱距离方程产生聚类，进行自动迭代聚类，根据统计参数对已有类别进行取消、分裂、合并处理，按照像元的光谱特性完成对溢油目标分布的分析统计[6]。

4　结语

高光谱具有较高的光谱分辨率和空间分辨率，在成像的同时还可以获取目标丰富的光谱信息，因此能更有效、更准确地进行溢油信息监测。利用对大连新港溢油高光谱数据的处理分析，研究大连新港溢油光谱信息，完全基于数据本身特征，不需要进行实际地面光谱及其大气环境参数等辅助数据，提取大连新港

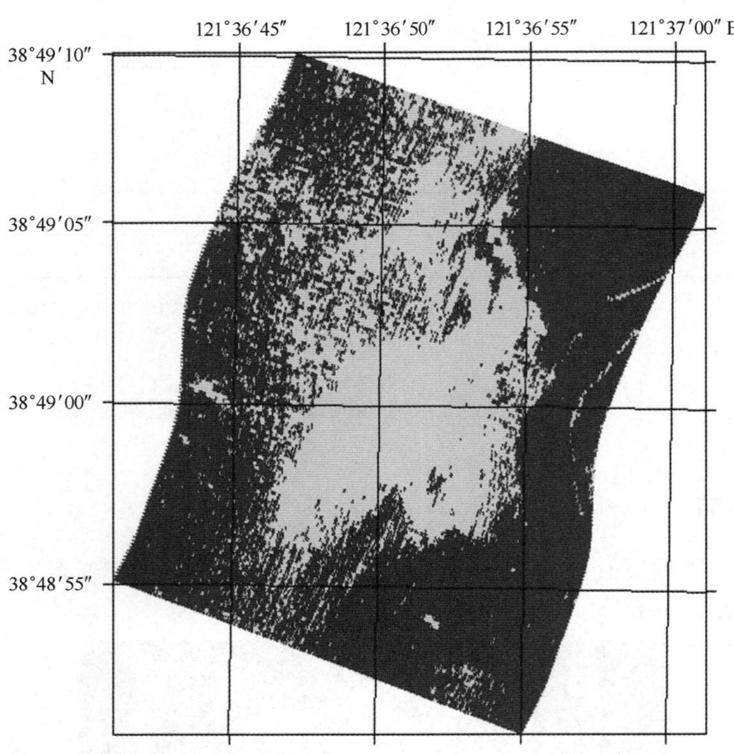

图7　大连新港高光谱数据溢油分布图

海域溢油相对反射率光谱曲线，分析波峰响应特点，确定大连新港溢油770 nm为其光谱特征峰；比对溢油与正常海水光谱曲线，差值运算确定最值敏感波段（628 nm附近），提取该波段附近单波段图像，为进一步评估提供支撑。通过多组高光谱数据的处理计算，研究结果基本一致，得到相类似的溢油光谱特征结论。

参考文献：

[1]　陈述彭，童庆禧，郭华东．遥感信息机理研究[M]．北京：科学出版社，1998.

[2]　黄韦艮，毛显谋．渤海赤潮灾害监测与评估研究文集[G]．北京：海洋出版社，2000.

[3]　宁书年，吕松棠，杨小勤，等．遥感图像处理与应用[M]．北京：地震出版社，1995.

[4]　张宗贵，王润生．基于谱学的成像光谱遥感技术发展与应用[J]．国土资源遥感，2000，3：16—27.

[5]　赵冬至，张存智，徐恒振．海洋溢油灾害应急响应技术研究[M]．北京：海洋出版社，2006.

[6]　党安荣，王晓栋，陈晓峰，等．遥感图像处理方法[M]．北京：清华大学出版社，2003.

基于图像特征的高光谱溢油数据分布解译

周凯[1]，陈刚[1]

（1. 国家海洋局 北海分局，山东 青岛 266000）

摘要：海洋溢油是海洋污染中影响范围最广，危害时间最长，对生态环境破坏最大的一种生态灾害。2010 年 7 月 16 日，大连新港输油管道爆炸海上溢油，对海洋环境造成了严重影响。北海航空支队连续进行了应急监测飞行，获取了大量遥感数据，为主管部门的处置提供了决策依据。航空遥感分辨率高、时效性强、机动性高，成为主要的溢油监测手段之一。从墨西哥湾溢油等重大溢油事故中可以看出，溢油遥感监测技术需满足应急反应的信息需求，直接影响应急处置的实施以及后续的损害评估。目前中国海监北海航空支队引进的芬兰产 AISA 高光谱仪具有空间/波谱分辨率高，波谱连续，覆盖面大的优点，适用于对溢油有关信息的提取。基于获取的 AISA 高光谱遥感图像，依据航高和视场角，计算空间分辨率；根据高光谱数据获取同步 GPS 及姿态信息，在 ENVI 平台实现高光谱遥感图像的地理纠正；运用 ISODATA 算法（基于最小光谱距离公式），非监督分类完成对溢油和海水的分析统计，解译制作大连新港溢油分布示意图件；利用主成分变换（PCA），研究高光谱多波段图像压缩技术，将具有相关性的 258 波段高光谱图像压缩到完全独立的三通道遥感图像，提取大连新港溢油高光谱彩色合成图像，较清晰的获得溢油细节，为大连新港溢油海域海洋生态环境科学评估及相关后续工作提供支持支撑。

关键词：溢油；高光谱；分布；解译

1 引言

2010 年 7 月 16 日，大连新港输油管道爆炸海上溢油，对海洋环境造成了严重影响。中国海监北海航空支队连续进行了应急监测飞行，获取了大量遥感数据，其中 8 月 6 日 11：30—15：00，北海航空支队使用海监 B－3807 飞机配载芬兰产 AISA 高光谱仪采用穿越飞行法（航高 350～600 m，航速 220 km/h），AISA 高光谱仪帧率 25 帧/s、视场角 37°，在大连南部海域（星海广场外约 5 km 海域）获取高光谱数据 1.3 GB。

2 数据分辨率

根据航高 H、视场角 θ 以及扫描行像素数 n:512，可以估算分辨率。

分辨率计算公式：

$$l = 2H \cdot \tan\frac{\theta}{2} \cdot \frac{1}{n}. \tag{1}$$

对应航高 350～600 m 的分辨率为 0.46～0.78 m。

基金项目：国家海洋局海洋溢油鉴别与损害评估技术重点实验室开放基金资助项目（201113）。

作者简介：周凯（1978—），男，山东省青岛市人，硕士，主要从事海洋航空遥感研究。E-mail：zhoukai@bhfj.gov.cn

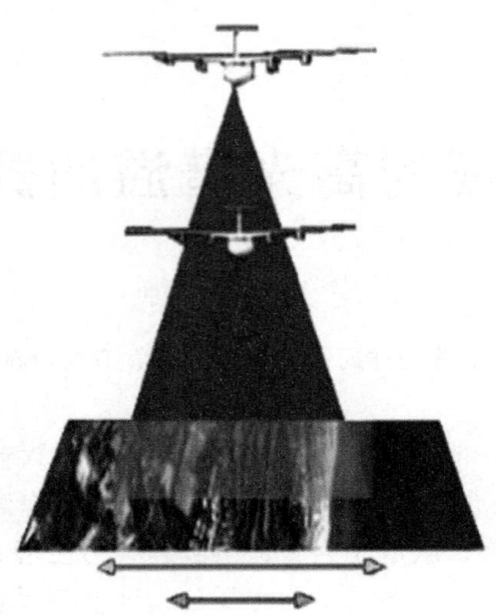

图 1　高光谱数据获取航高与幅面精度示意图

3　溢油高光谱图像分析

3.1　高光谱图像去条带

针对 2010 年 8 月 6 日中国海监 B－3807 飞机机载 AISA 获取大连新港高光谱数据，通过预处理获得可供 ENVI 平台解译的标准数据。

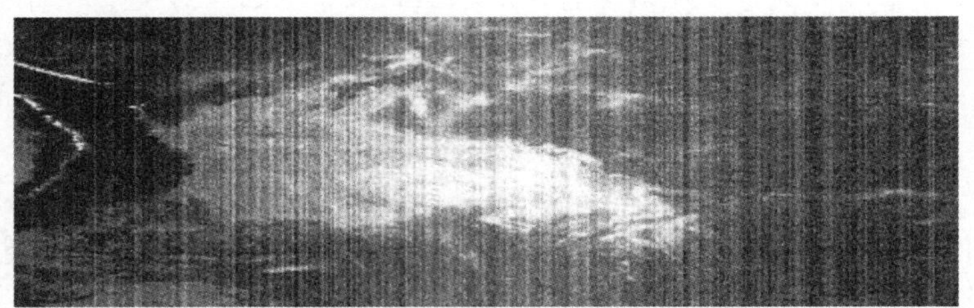

图 2　大连新港溢油 AISA 高光谱采样图像

针对高光谱的图像扫描特点，采用灰度列均衡法以达到去除扫描条带之目的，即有效空间像元为 K，图像共有 m 个扫描行[1]。校正公式为：

$$X(x,y) = X'(x,y) \times \frac{M}{M(y)}, \tag{2}$$

其中，$X(x,y)$ 为图像中第 y 行 x 列像元修正后的值，$X'(x,y)$ 为图像中第 y 行 x 列像元的测量值。M 为整幅图像的灰度平均值：

$$M = \frac{\sum_{i=0}^{k}\sum_{j=0}^{m} DN_{pixel(i,j)}}{k \times m}, \tag{3}$$

$M(y)$ 为相应的光敏元整幅图像上一列的平均值。

3.2　图像地理纠正

根据 AISA 高光谱数据记录特点，分析 GPS/INS 数据格式，条带提取与图像光谱数据同步获取 ASCII

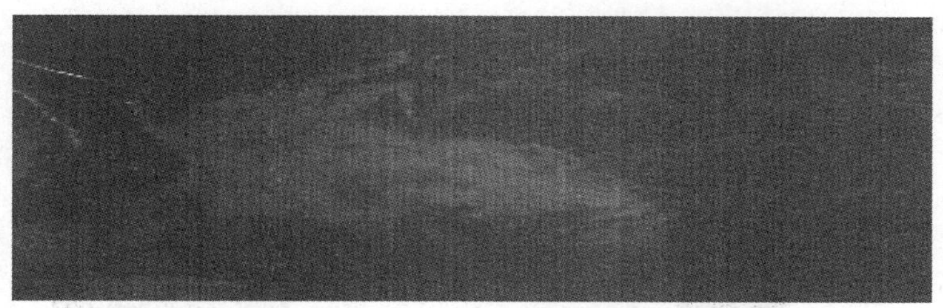

图 3　大连新港溢油 AISA 高光谱去条带图像

格式的导航数据（包含时间、纬度、经度、海拔高度、侧滚、俯仰以及方向值）。在 ENVI 系统的 Cali Geo 平台下，采用空中姿态三维校正法进行纠正，并根据 GPS 数据叠加地理参考坐标，构建适合业务化的地理校正[2]。

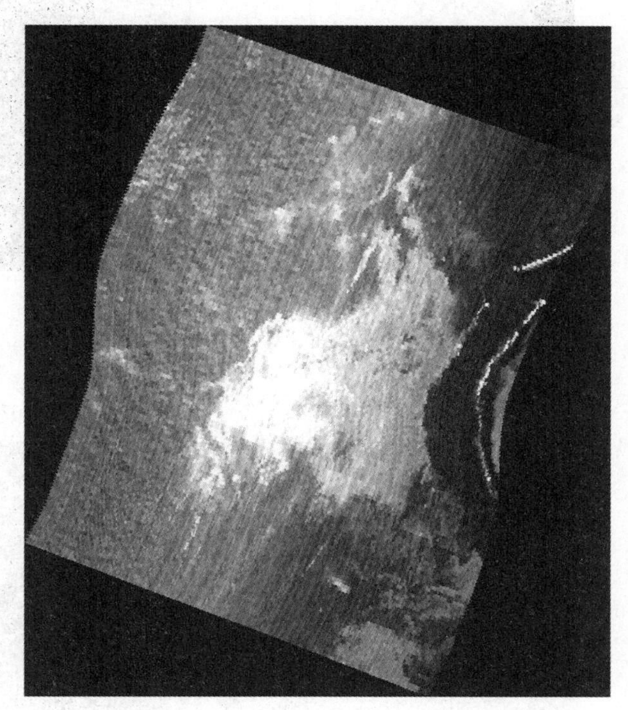

图 4　大连新港溢油高光谱几何纠正图像

3.3　高光谱波段图像合成

遥感图像解译在相当大的程度上仍依赖于目视方法。由于人眼对彩色敏感且分辨率高，故应充分利用信息丰富的彩色合成图像进行目标判读。一般的数字图像处理系统都采用三色合成原理形成彩色图像，即在 3 个通道上安置 3 个波段图像，然后分别赋予红、绿、蓝色并叠合在一起，形成彩色图像[3]。

根据高光谱相关性高、信息重叠的数据特点，基于统计特征基础上的多维正交线性变换，采用主成分分析法（PCA）降维，较多的变量转化成彼此相互独立的变量，研究综合指标，合成大连新港溢油高光谱彩色图像，分析溢油分布信息[4]。

比对分析高光谱 RGB 波段合成彩色图像和主成分分析法合成彩色图像，两者都能分辨溢油和海水，主成份分析法合成的彩色图像增强信息含量、隔离噪声、减少数据维数、细节更清晰，不同厚度溢油表观、船舶轨迹等信息量更大，研判效果更好，在实际应用中解析效果更好[5]。

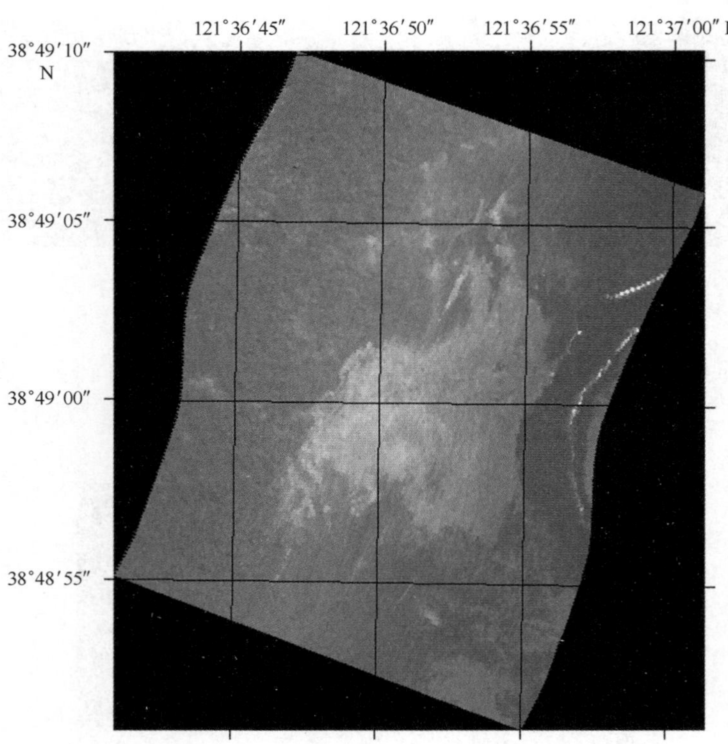

图 5　大连新港溢油高光谱 RGB 波段彩色合成图像

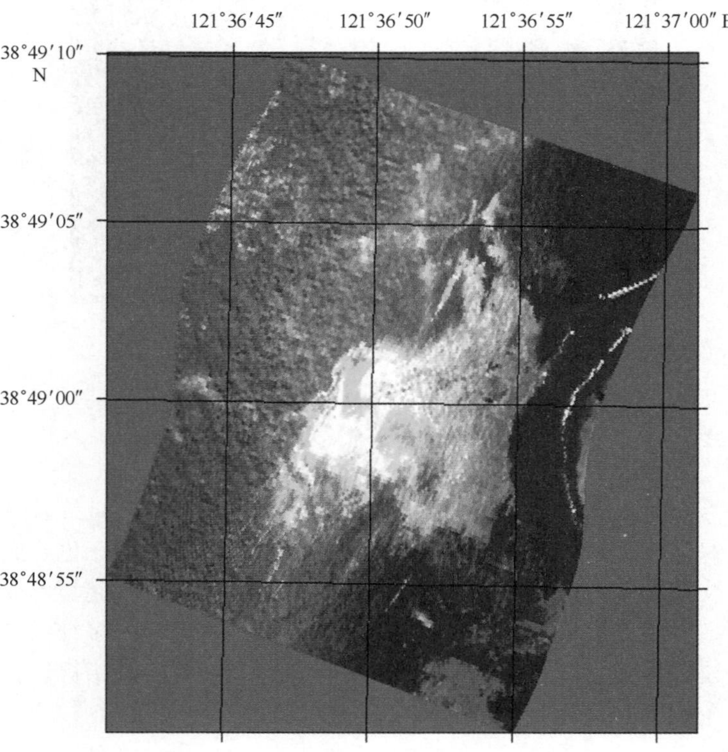

图 6　大连新港溢油高光谱主成分分析法合成彩色图像

4 溢油解译统计

利用敏感单波段图像，采用非监督分类法（ISODATA 算法），基于最小光谱距离方程产生聚类，进行自动迭代聚类，根据统计参数对已有类别进行取消、分裂、合并处理，按照象元的光谱特性完成对目标的分析统计，并将结果制作大连新港溢油航空解译二值化溢油图件实例[6]。

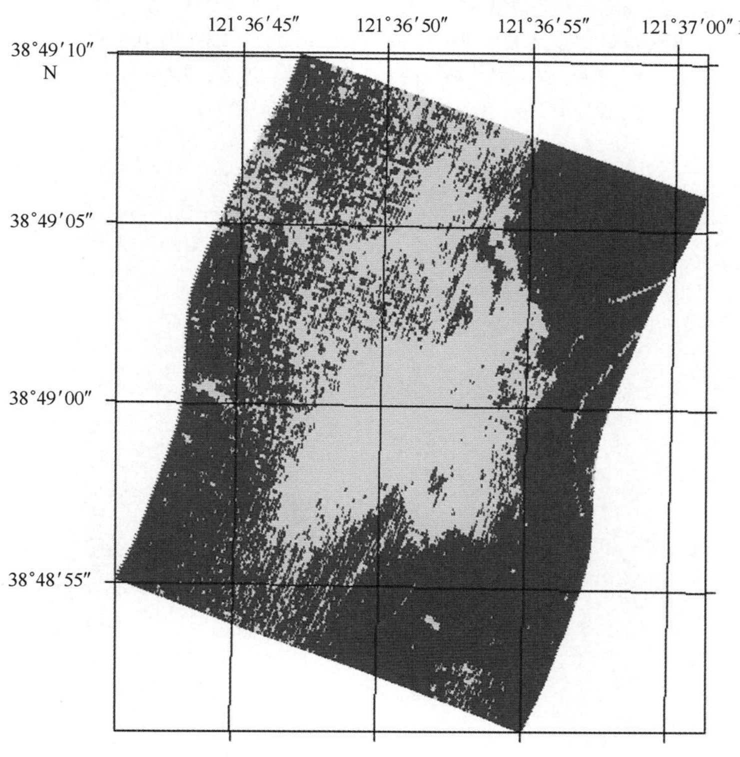

图 7　大连新港溢油高光谱二值化解译图

基于 ENVI 遥感平台，对大连新港溢油高光谱二值化解译图进行统计，可以得到科学的准确的量化溢油信息。

表 1　大连新港高光谱溢油二值化统计表

遥测类别	覆盖面积/m^2	百分比/%
溢油	111 018	62.91
正常海水	65 451	37.09

5 结语

高光谱具有较高的光谱分辨率和空间分辨率，其图像信息巨大，因此能更有效、更直观地进行溢油信息解译。利用对大连新港溢油高光谱图像的处理分析，提取航高等信息，确定其空间分辨率；利用 ENVI 遥感平台，空中三维姿态法进行高光谱遥感图像的地理纠正；运用 ISODATA 算法（基于最小光谱距离公式），非监督分类完成对溢油和海水的分析统计；分析了高光谱数据的图像信息特征，在综合考虑各波段的信息含量、波段间的相关性以及光谱的吸收特性和可分性等因素的基础上，利用主成分变换（PCA），将具有相关性的 258 波段高光谱图像压缩到完全独立的三通道遥感图像，提取大连新港溢油高光谱彩色合成图像，可较清晰的获得溢油细节。

参考文献:

[1] 陈述彭，童庆禧，郭华东．遥感信息机理研究[M]．北京:科学出版社,1998.
[2] 黄韦艮，毛显谋．渤海赤潮灾害监测与评估研究文集[G]．北京:海洋出版社,2000.
[3] 宁书年，吕松棠，杨小勤，等．遥感图像处理与应用[M]．北京:地震出版社,1995.
[4] 张宗贵，王润生．基于谱学的成像光谱遥感技术发展与应用[J]．国土资源遥感,2000,3：16—27.
[5] 赵冬至，张存智，徐恒振．海洋溢油灾害应急响应技术研究[M]．北京:海洋出版社,2006.
[6] 党安荣，王晓栋，陈晓峰，等．遥感图像处理方法[M]．北京:清华大学出版社,2003.

溢油高光谱监测数据分析

周凯[1]，陈刚[1]

（1. 国家海洋局 北海分局，山东 青岛 266000）

摘要：在对溢油的监视监测中，航空遥感是重要的监测平台，推帚式成像光谱仪是获取高分辨率的高光谱图像的重要手段。本文以推帚式成像光谱仪所获取的溢油高光谱数据为例，对比分析了高光谱数据的图像信息特征，在综合考虑各波段的信息含量、波段间的相关性以及地物光谱的吸收特性和可分性等因素的基础上，对溢油水体、正常海水二者的差值光谱曲线进行分析，提取溢油水体与正常海水差值最大的的单波段图像（波长 581. 8 nm 左右）；利用主成分分析溢油高光谱数据，将具有相关性的 124 波段高光谱图像压缩到完全独立的三通道遥感图像，较清晰地获得溢油细节；运用 ISODATA 算法（基于最小光谱距离公式），非监督分类完成对溢油和海水的分析统计。

关键词：溢油；高光谱；图像；分析

1 引言

高光谱技术，又称为成像光谱技术，是 21 世纪遥感技术的发展前沿和当今世界遥感界关注的焦点之一。高光谱技术以纳米量级的波段宽度对目标进行连续的光谱成像，获取高光谱分辨率图像[1]。与传统的遥感数据源相比，高光谱数据最显著的特点是：（1）波段多、光谱分辨率高。谱像合一是高光谱数据最显著的特点之一；（2）波段间的相关性强，相关系数大，数据的冗余现象更加明显。高光谱有上百个通道，各通道间相关性很强[2]。

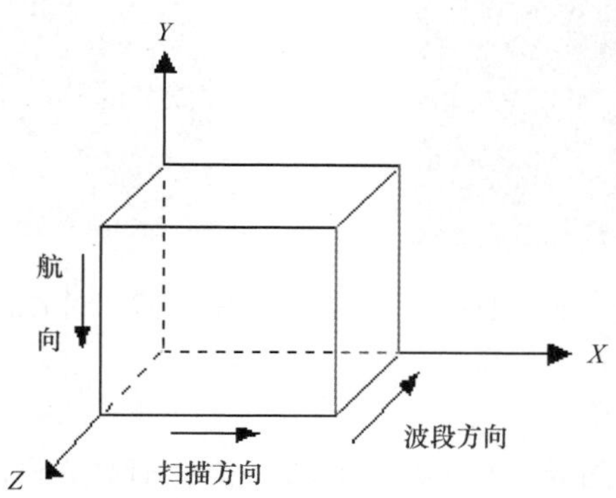

图 1　高光谱“图形立方体”

机载成像光谱仪 PHI 将成像技术与光谱技术结合在一起，在对目标对象的空间特征成像的同时，对每个空间像元经过色散进行连续 124 个波段的光谱覆盖，形成一维表征飞行方向，一维表征扫描方向，一维表征光谱波长的“图形立方体”遥感数据（图 1），每个波段对应 1 幅图像，共 124 幅图像，每幅图像

基金项目：国家海洋局海洋溢油鉴别与损害评估技术重点实验室开放基金资助项目（201113）。

作者简介：周凯（1978—），男，山东省青岛市人，硕士，主要从事海洋航空遥感研究。E-mail：zhoukai@ bhfj. gov. cn

宽度为 652 像元（一个扫描行），每个像元为 16 位。数据中除图像数据外，还包括经度、纬度、航向等 GPS 数据。由于它在成像的同时还可以获取目标丰富的光谱信息，因此能更有效、更准确地进行目标物的探测，具备确定目标细节的潜力，能更好地估算目标量，可探测溢油相关信息。

表 1　机载推帚式成像光谱仪（PHI）技术指标

技术参数	指标
推帚扫描视场（TFOV）	21°
瞬时视场角（IFOV）	不大于 1.5 mrad
光谱范围	420 ~ 850 nm
波段数	124
光谱分辨率	优于 5 nm
最高扫描率	50 帧/s

2　溢油高光谱数据预处理

2.1　图像去条带

以机载推帚式成像光谱仪（PHI）成功获取的溢油高光谱数据为例，原始高光谱数据图像由于 CCD 探测元件本身原因，造成高光谱图像的非均匀性，使图像中出现条带，图 2。

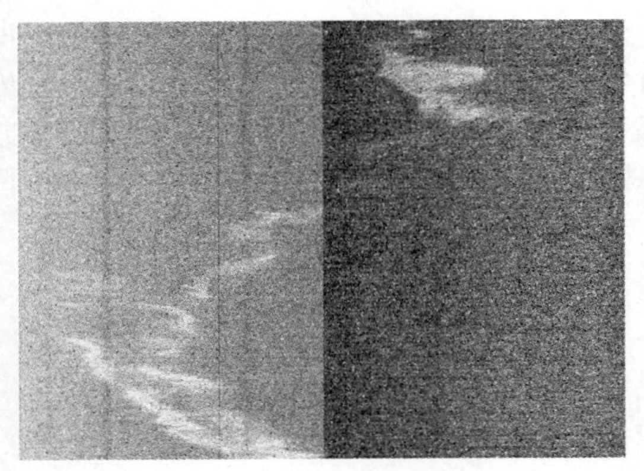

图 2　高光谱溢油原始采样数据图像（像元数 652）

图 3　高光谱溢油采样数据去条带图像（像元数 652）

为恢复图像的原有特征，须对图像进行非均匀性校正。针对高光谱的图像扫描特点对其原始数据进行 3 次卷积处理，以达到去除扫描条带之目的，去条带后的图像均匀性达到要求，如图 3 所示。

2.2　溢油高光谱数据归一化

因所选曲线来自不同的高光谱数据，而这些数据由于获取时间、地点、太阳光照等条件的差异，其辐射值相差较大，要想对这些曲线的特征进行比较，首先要对它们作归一化处理。归一化处理是将高光谱图像中的每一个像元的灰度值，统一到相同的总能量水平，或是将每个像元的光谱值统一到整体平均亮度的水平[3]，图 4。

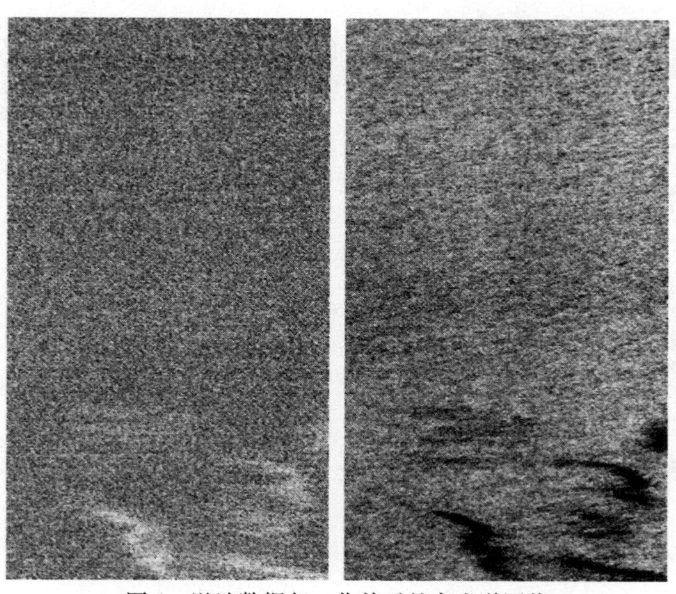

图4　溢油数据归一化前后的高光谱图像

3　溢油高光谱数据分析

3.1　单波段图像遴选

对溢油水体、正常海水二者的光谱曲线差值进行分析，可以发现：溢油水体与正常海水在570～620 nm附近差值最大[4]，图5。

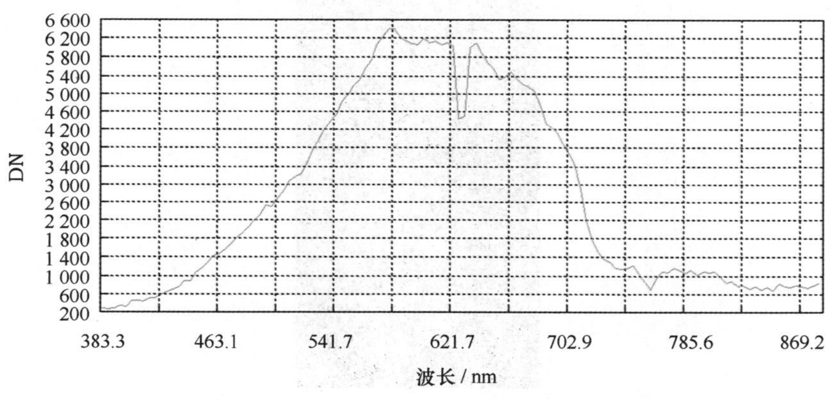

图5　溢油和海水光谱差值曲线

溢油水体、正常海水二者的光谱曲线差值最大正处于绿色光波段附近，可以提取这个范围内的单波段图像，易于区分正常海水、溢油。比对相对反射率曲线可以得到同样的结论。

3.2　主成分分析

高光谱遥感图像解译在相当大的程度上仍依赖于目视方法。由于人眼对彩色敏感且分辨率高，故应充分利用信息丰富的彩色合成图像进行目标判读。一般的数字图像处理系统都采用三色合成原理形成彩色图像，即在3个通道上分别赋予红、绿、蓝色并叠合在一起，形成彩色图像。

利用主成分分析（Principal Component）对溢油高光谱数据分析，基于统计特征基础上的多维正交线性变换，将具有相关性的124波段高光谱图像压缩到完全独立的三通道遥感图像，可以较清晰的获得溢油细节，便于解译分析[5]。

图 6　溢油单波段的高光谱图像（波长 581. 8 nm）

图 7　采用主成分分析法得到溢油的三通道合成图像

3. 3　溢油高光谱数据的分类统计

利用非监督分类（Unsupervised Classification）对溢油高光谱数据分析，运用 ISODATA 算法（基于最小光谱距离公式），完全按照像元的光谱特性进行分类，完成对溢油和海水的分析统计[6]。

图 8　采用非监督分类得到溢油识别图

4　结语

高光谱数据具有非常丰富的光谱信息，如何针对具体的应用目的选择出最佳的特征参数，是充分利用高光谱数据丰富的信息、有效地识别目标的前提。本文以溢油的高光谱数据为例，在全面分析数据的相关性、信息量及地物特征的基础上，提出了溢油图像特征的识别分析的基本思路和方法，为了检验以上方法的普遍性，我们对多组溢油高光谱数据进行了类似的分析处理，得到相似的结论。对于海量的高光谱监测数据，要实现业务化监测溢油的目标，其快视结果尤其重要，本文所阐述的方法，产出成果快，提取精度符合业务化要求，较适宜于业务化应用。

参考文献：

[1] 陈述彭，童庆禧，郭华东．遥感信息机理研究[M]．北京:科学出版社,1998.

[2] 黄韦艮，毛显谋．渤海赤潮灾害监测与评估研究文集[G]．北京:海洋出版社,2000.

[3] 宁书年，吕松棠，杨小勤，等．遥感图像处理与应用[M]．北京:地震出版社,1995.

[4] 张宗贵，王润生．基于谱学的成像光谱遥感技术发展与应用[J]．国土资源遥感,2000,3：16—27.

[5] 赵冬至，张存智，徐恒振．海洋溢油灾害应急响应技术研究[M]．北京:海洋出版社,2006.

[6] 党安荣，王晓栋，陈晓峰，等．遥感图像处理方法[M]．北京:清华大学出版社,2003.

近 20 年北戴河岸线变化监测与对策研究

邹亚荣[1]

（1. 国家卫星海洋应用中心，北京 100081）

摘要： 采用 1990—2013 年的遥感卫星数据，基于遥感与 GIS 技术，开展了北戴河海域的海岸线遥感监测，对 1990 年、1995 年、2004 年和 2013 年 4 年的监测结果进行了对比，从 1990 年至 2013 年，岸线长度变化不大，在 2004 年为最长，2012 年北戴河及领近海域进行了岸滩环境整治，通过对 2012 年与 2013 年的遥感影像分析，有效地保护了沙滩以及河口，河口宽度变化不大，但港口码头建设面积稍有增加。在此基础上，针对北戴河岸线的保护、利用提出了几点建议。

关键词： 北戴河；岸线；监测；对策；遥感

1 引言

北戴河是我国重要的滨海旅游区域，旅游已成为北戴河的支撑产业，近年来，旅游业发展迅猛，作为滨海旅游的重要依托岸线与沙滩，对其的保护与利用显得尤为重要。以常规的人工方法进行岸线等监测，时间长、费时，并且效率不高，随着遥感卫星的应用，尤其是高分卫星数据，能够长时间、快速的对岸线的进行监测，提供较为全面的岸线信息，可为岸线管理保护提供有效的信息保障。

2 数据与方法

北戴河海滨地处河北省秦皇岛市中心的西部，曲折平坦的沙质海滩，沙软潮平，背靠树木葱郁的联峰山，自然环境优美。与北京，天津，秦皇岛，兴城，葫芦岛构成一条黄金旅游带，北戴河处于旅游带的节点。北戴河海滨避暑区，西起戴河口，东至鹰角亭。北戴河海滩沙质比较好，坡度也比较平缓，是一个优良的天然海水浴场。

2.1 数据

收集了 1990 年、1995 年 TM 数据 4 景，SPOT 5 数据 2 景，高分 1 号数据 1 景，PLEIDES 4 景，资源三号 6 景。具体见表 1。

表 1 数据获取

序号	数据名	获取时间	分辨率/m
1	LT51210321990231BJC00（TM）	1990. 08. 19	30
2	LT51210331990231BJC00（TM）	1990. 08. 19	30
3	LT51210321995149HAJ00（TM）	1995. 05. 29	30
4	LT51210331995149HAJ00（TM）	1995. 05. 29	30

基金项目： 中国海洋发展研究中心科研项目，基于数字平台分析我国海岸线变迁状况及对策研究（AOCZD201304）；北戴河及领近海域岸滩环境整治效果遥感监测。

作者简介： 邹亚荣（1967—），男，江西省南昌市人，博士，主要从事海洋遥感应用研究。E-mail：zyr@ mail. nsoas. org. cn

续表

序号	数据名	获取时间	分辨率/m
5	SPOT520040830_ HIS432_ HB07 (SPOT5)	2004.08.30	2.5
6	SPOT520040830_ HIS432_ HB08 (SPOT5)	2004.08.30	2.5
7	GF1_ WFV1_ E120.0_ N39.7_ 20131118_ L1A0000113029 (GF-1)	2013.11.18	8
8	img_ phr1a_ pms_ 201310050259316_ sen_ ipu_ 20131225_ 0713-001_ r1c1	2013.10.05	0.5
9	img_ phr1a_ pms_ 201311070255493_ sen_ ipu_ 20131225_ 0727-001_ r1c1	2013.11.07	0.5
10	img_ phr1a_ pms_ 201311070256123_ sen_ ipu_ 20131225_ 0738-001_ r1c1	2013.11.07	0.5
11	IMG_ PHR1B_ P_ 201309030256464_ SEN_ 666379101-001_ R1C1_ Fusion	2013.09.03	0.5
12	ZY3_ MUX_ E119.2_ N39.4_ 20120720_ L1A0000558506	2012.07.20	6
13	ZY3_ TLC_ E119.2_ N39.4_ 20120720_ L1A0000558432-NAD	2012.07.20	2.5
14	ZY3_ MUX_ E119.3_ N39.8_ 20120720_ L1A0000558505	2012.07.20	6
15	ZY3_ TLC_ E119.3_ N39.8_ 20120720_ L1A0000558430-NAD	2012.07.20	2.5
16	ZY3_ MUX_ E119.6_ N39.8_ 20120922_ L1A0000690971	2012.09.22	6
17	ZY3_ TLC_ E119.6_ N39.8_ 20120922_ L1A0000691024-NAD	2012.09.22	2.5

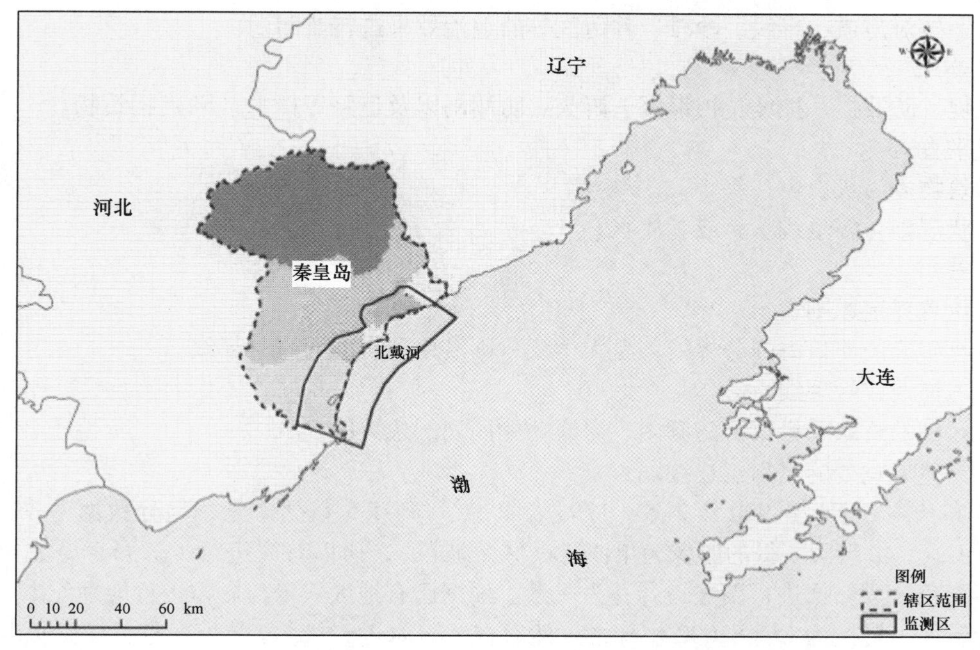

图1 研究区域

2.2 建立解译标志

解译标志指遥感图像上能具体反映和判别地物或现象的影像特征。信息解译人员可根据形状、大小、色调或颜色、阴影、位置、结构、纹理和组合等解译要素，结合图像的种类、成像时间、季节、分辨率、地理区域等进行解译分析[1-2]。

（1）基岩岸线

①伸出的海岬和深入陆地的海湾；

②水边线不规则，多锯齿；

③海岸色调灰暗。

（2）砾石/砂质岸线

砂质海岸常分为一般砂质海岸和具有陡崖的砂质海岸两类。砂质海岸一般比较平直，海滩上部因大潮潮水搬运，常常堆积成一条与岸平行的脊状砂质沉积——滩脊，滩脊的位置即为海岸线位置，一般在干燥的沙滩下限处，堆积成一条痕迹线。海岸的干燥滩面光谱反射率较高，在影像上表现为白亮的区域，滩脊痕迹线处堆积有植物碎屑、杂物等，亮度较低，海水的光谱反射率较低，含水量较高的沙滩光谱反射率也较低，在影像上表现略暗。

具有陡崖的砂质海岸一般无滩脊发育，海滩与基岩岸直接相邻，陡崖有明显的基岩海岸纹理特征，其影像表现如基岩岸线所述，陡崖下部滩面长期被海水浸没，含水量高，在影像上显示为灰色或灰白色，纹理平滑图。

（3）粉砂淤泥质岸线

粉砂淤泥质岸线位于淤泥质海岸上，这种海岸主要由潮汐作用形成，受上冲流的影响。

①滩面坡度平缓，滩面宽度可达数千米甚至更宽；

②向陆一侧植被生长茂盛；

③向海一侧植被较为稀疏；

④裸露潮滩上多有树枝状潮沟发育。

利用卫星遥感对河道、岸线、沙滩、养殖区等的整治效果进行监测。

（4）人工岸线

指由防潮堤、防波提、护坡、挡浪墙、码头、防潮闸以及道路等挡水（潮）构筑物。

①水边线平直；

②人工构筑物多为灰白色；

③地物形状规则，多呈线状，或者块状。

（5）河口岸线

河口岸线位置界定原则：

①河口具有明确的河口海陆分界线，且无争议，则沿用现有的河海分界线。

②以历史习惯线或管理线。

③以河口区域的道路、桥梁、防潮闸、海洋功能区划的边界线。

④以河口突然展宽处的突出点连线。

处理影像 17 景，分别为 1990 年 2 景、1995 年 2 景，SPOT 5 数据 2 景，高分数据 1 景，资源三号 6 景，PLEIDES 4 景。由于所获得的影像为单波段（共 7 波段），所以首先进行了假彩色合成。之后将同一年份的两景假彩色合成影像进行镶嵌，合并为一景。根据已有地区矢量与影像进行地理配准。将配准后的影像进行坐标转换，转换为 CGCS2000 坐标系。然后在 ArcCatalog 中建立数据库进行信息提取。提取出的要素有岸线、沙滩、港口、河口与养殖区五类。最后，对提取的信息进行 Topology 检查，修改拓扑错误。

3 结果分析

3.1 数据统计

对 1990 年、1995 年、2004 年和 2013 年 4 年的监测结果进行了对比，结果如表 2、图 4、图 5。从 1990 年至 2013 年，岸线长度变化不大，在 2004 年为最长，也只比 1990 年增加了约 1 000 m。

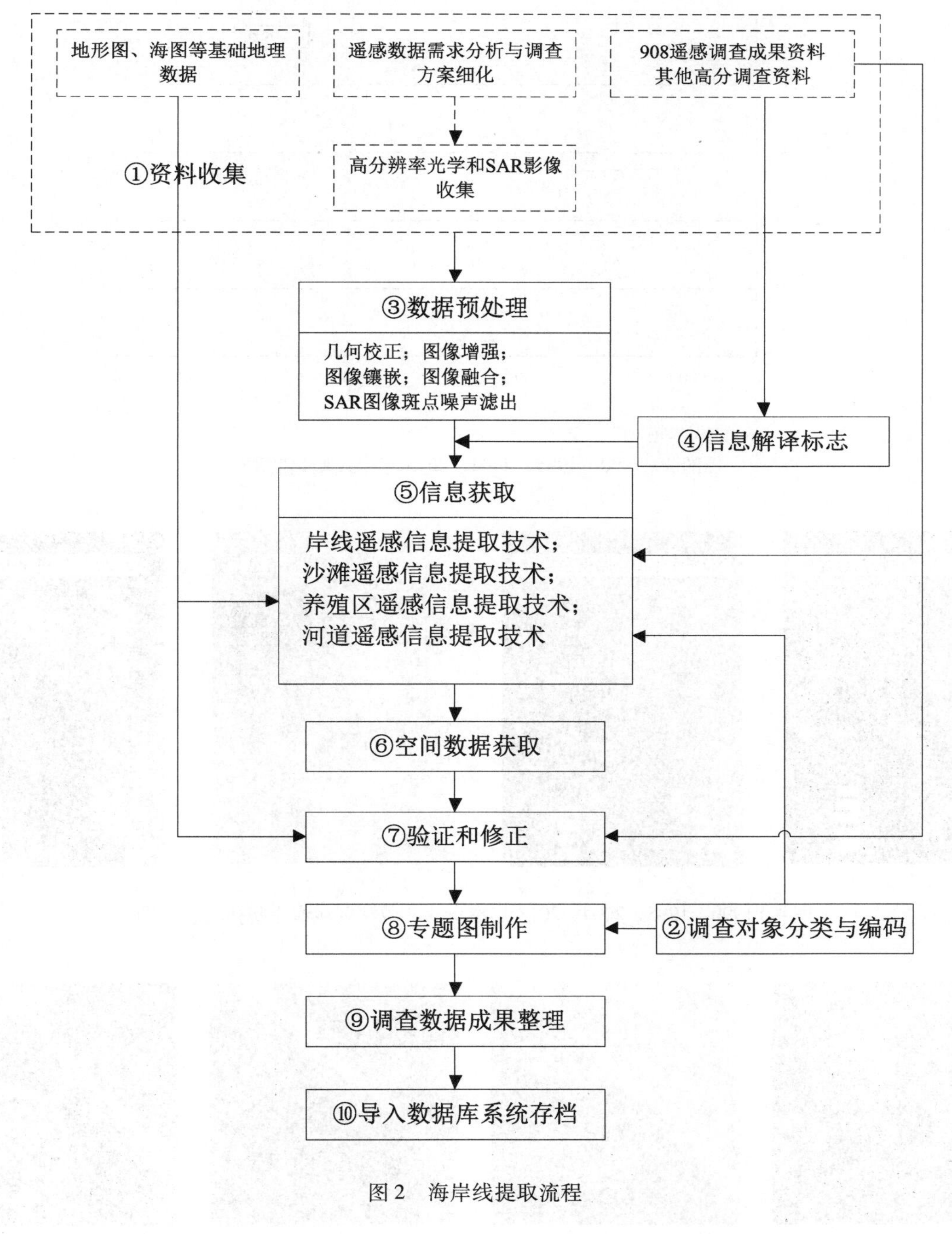

图 2　海岸线提取流程

表 2　信息统计表

年份	1990 年	1995 年	2004 年	2013 年
岸线长度/km	138. 9	135. 9	165. 7	214. 7

3. 2　2012 年整治效果监测

2012 年北戴河及领近海域进行了岸滩环境整治，通过对 2012 年与 2013 年的遥感影像分析，有效地保护了沙滩以及河口，河口宽度变化不大，但港口码头建设面积稍有增加，具体见表 3、图 6。

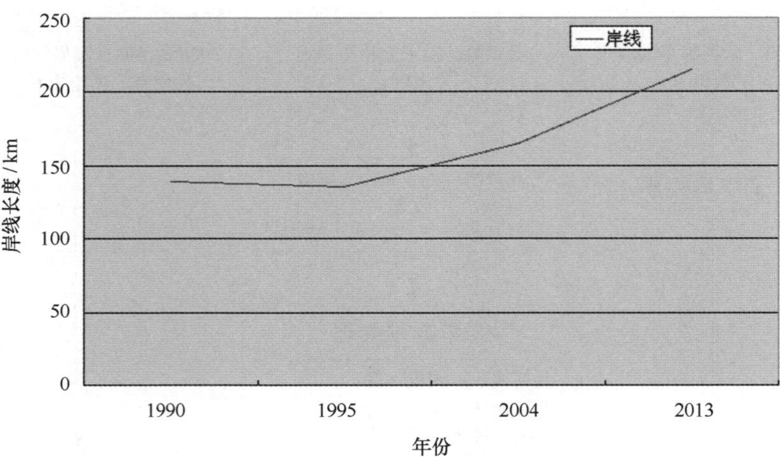

图 3　1990、1995、2004、2013 年岸线变化监测

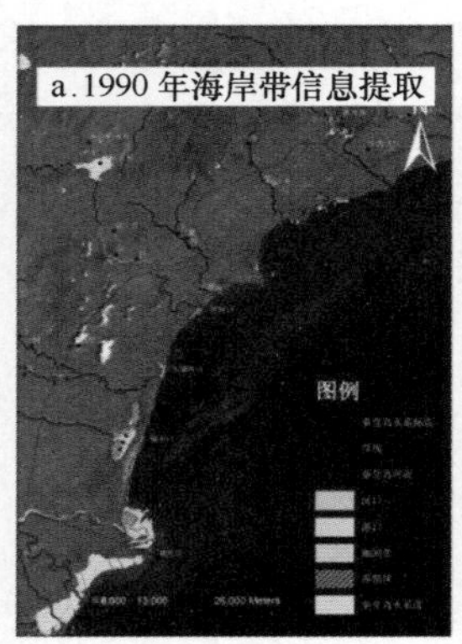

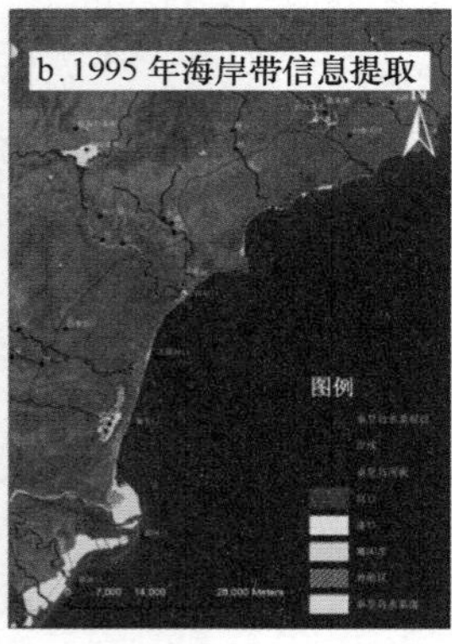

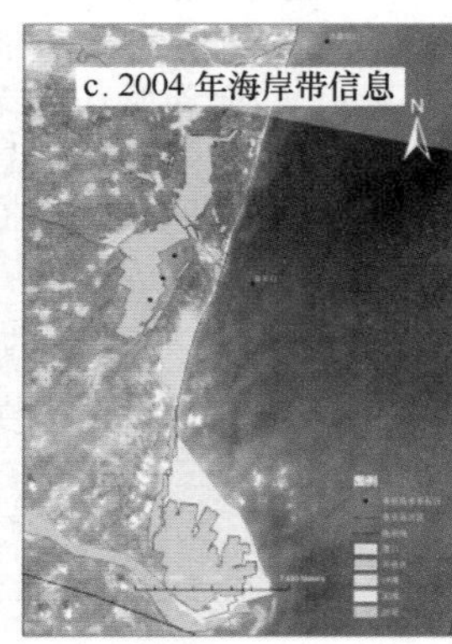

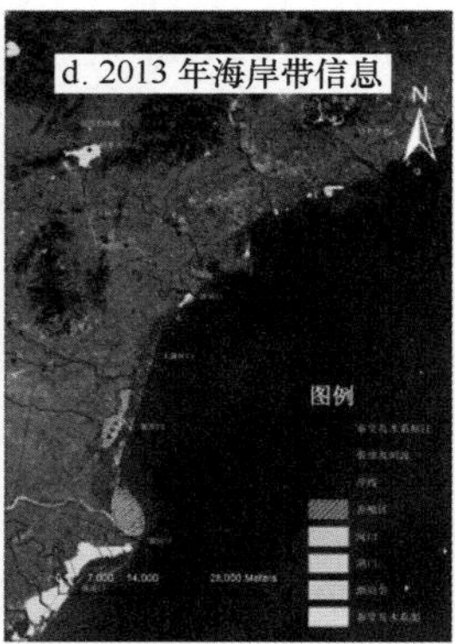

图 4　1990、1995、2004、2013 年秦皇岛北戴河区域海岸带信息提取图

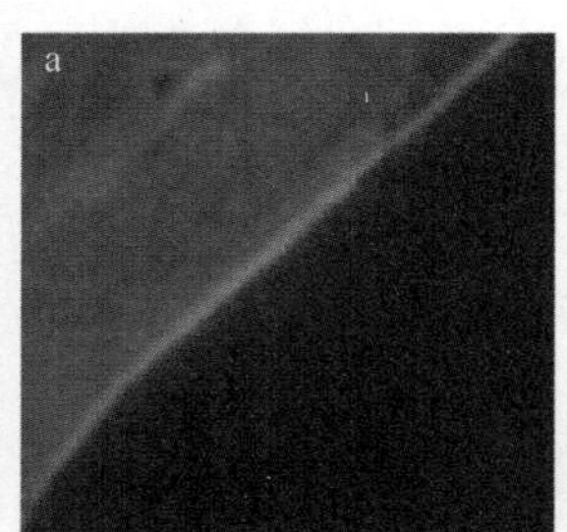

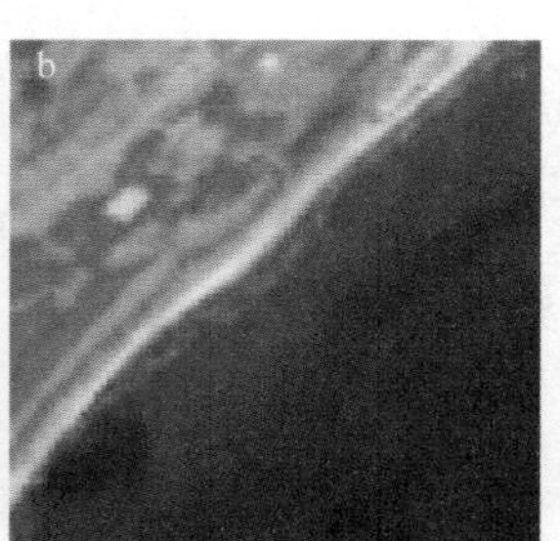

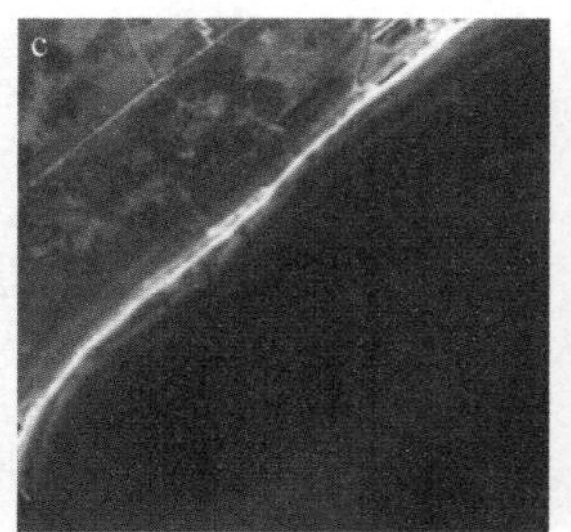

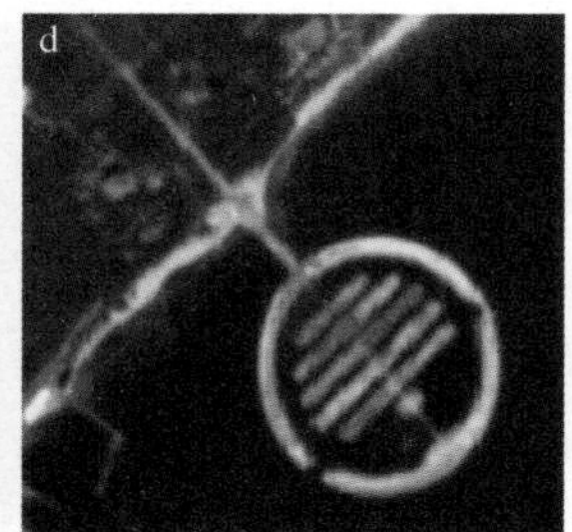

图 5　1990 - 2013 年岸线变迁图

表 3　2012 年整治效果

类型	2012 年	2013 年
岸线长度/km	224.4	214.7
沙滩面积/km^2	3.98	3.79

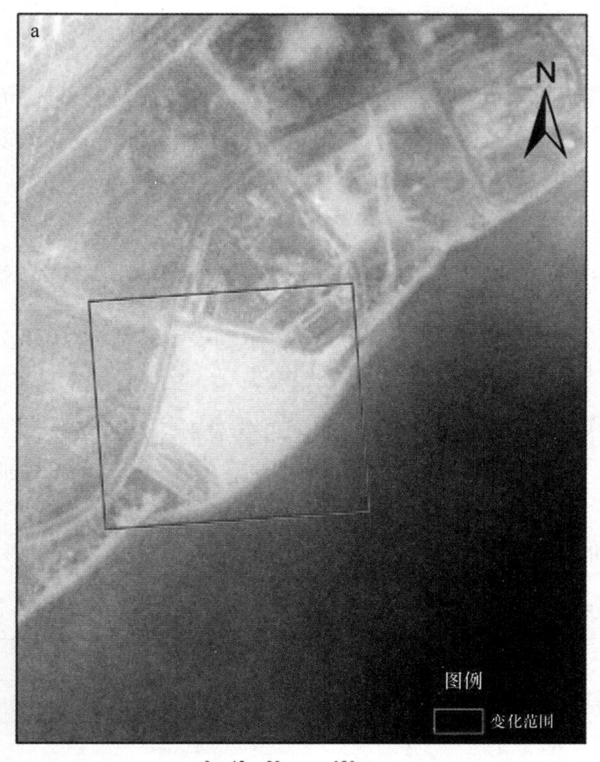

成像时间：2012 年 7 月 20 日 0 45 90 180 m 制作单位：国家卫星海洋应用中心

成像时间：2012 年 11 月 7 日 0 45 90 180 m 制作单位：国家卫星海洋应用中心

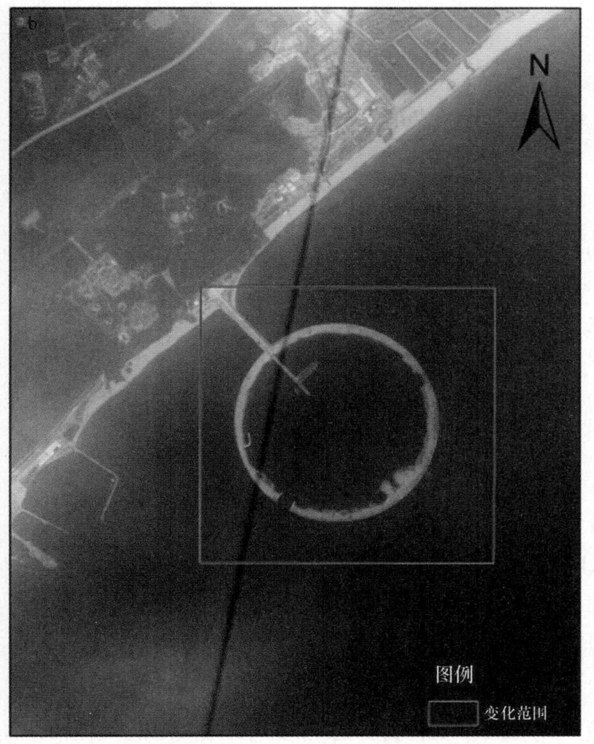

成像时间：2012 年 7 月 20 日 0 205 410 820 m 制作单位：国家卫星海洋应用中心

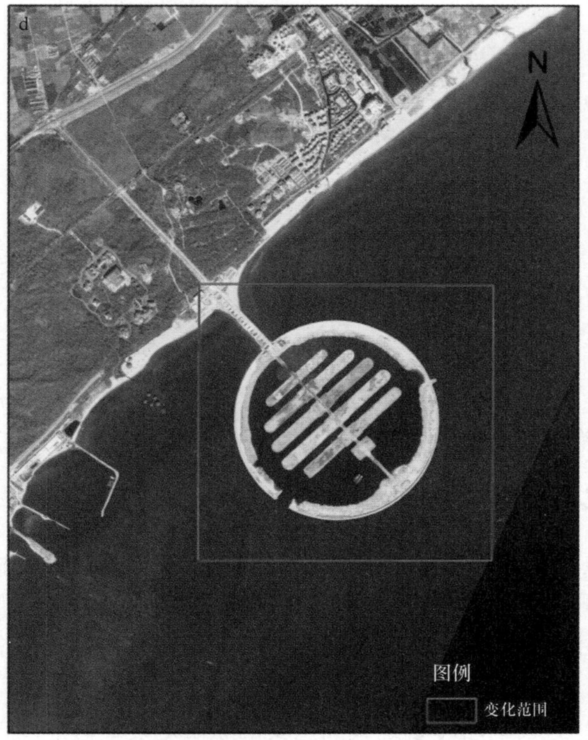

成像时间：2012 年 11 月 7 日 0 205 410 820 m 制作单位：国家卫星海洋应用中心

图 6　2012—2013 年主要岸线变化

a. 2012 年沙滩，成像时间 2012 年 7 月 20 日；b，c，d 以此类推制作单位：国家卫星海洋应用中心

3.3 精度分析

样本是分类精度评价的基本单元，可靠的样本数据将给计算统计量和进行精度评价提供必要的基础资料。在有了良好采样方案和可靠的样本数据的基础上，可在精度估计中进行统计量的选择和分析，以最终获取精度估计的参数，为此建立了误差矩阵[3]。

采用更高分辨率，PLEIDES 信息为参考图像予以印证。误差矩阵用来表示精度评价的一种标准格式，误差矩阵是 n 行 n 列的矩阵，其中 n 代表类别的数量，一般可表达为 $p_i + = \sum_{j=1}^{n} p_{ij}$，为分类所得到的第 i 类的总和，$p + j = \sum_{i=1}^{n} p_{ij}$，为实际观测的第 j 类的总和，式中 p 为样本总数，p_{ij} 是分类数据类型中第 i 类和实测数据类型第 j 类所占的组成成分。

表 8 中岸线总共有 25 个像元被判断正确；在第一行列出的其他像元数表示在参考图上的岸线被错误地指定为其他类的像元数量；在第一列的其他像元数表示在被评价图像上被错误地判读为岸线的其他类别的数量。由此可见，误差矩阵中对角线上列出的是正确分类的图像的像元数量，最右一列的总和为每类别在参考图像上的总数量，而底部的总和是每类别在被评价图上的总数量。

表 8 误差矩阵

		被评价图像					
		岸线	沙滩	养殖区	港口码头	河口	总和
参考图像	岸线	25	1	0	0	0	26
	沙滩	2	22	0	0	0	24
	养殖区	0	0	15	0	0	15
	港口码头	0	0	0	6	0	6
	河口	0	0	0	0	5	5
	总和	27	23	15	6	5	76

进行 kappa 分析，

$$k_{hat} = \frac{76(25+22+15+6+5)}{76\times 76-(27\times 26+23\times 24+15\times 15+6\times 6+5\times 5)} - \frac{27\times 26+23\times 24+15\times 15+6\times 6+5\times 5}{76\times 76-(27\times 26+23\times 24+15\times 15+6\times 6+5\times 5)}.$$

对评价指标不仅考虑到对角线上被正确分类的像元，而且考虑了不在对角线上各种漏分和错分的误差，总精度约为 95%。

4 海岸线保护对策

人类活动对海岸带岸线强烈，主要为海洋工程、港口、码头建设、围填海工程造成，由此也带来巨大的海洋环境压力，因而需要采取有效的监测与监管措施，保持海洋环境的可持续发展。围填海工程给海洋环境带来很大的影响，围填海工程在一定程度上能解决用地不足的问题。

（1）建立海岸线综合管理机制

北戴河海域是我国重要的旅游地区，海岸线的保护尤为重要，海岸线资源由多种生态系统组成，环境结构比较脆弱，易遭到破坏，同时。海岸线是海洋开发的重要环节，不可避免的受人类活动多方面因素的影响，因此，管理者应协调各种利益，建立海岸线综合管理的机制，实现海岸线资源的可持续利用。

（2）加大监测力度

海岸线的变化受到人类活动影响巨大。从遥感监测的情况看，北戴河岸线的人工岸线增加迅速，随着我国海洋环境天地空一体化立体监测体系的逐步完善，高分卫星的精细化应用，可对海岸线进行更为全面的监测，为海岸线综合管理提供全面且多层次的信息服务。

（3）加大海岸线研究投入力度

应加大北戴河岸线的科学研究，如海陆相互作用、物质通量和输送循环过程的研究，海岸带资源环境容量和海岸带生态系统动力学的研究，生态系统功能、结构及容量的研究等。通过获取并积累有关的基础学科的数据和信息，建立基础资料数据库，为相关学科的研究打造坚实的基础，进一步提升北戴河海岸线问题的研究水平，探索适于北戴河海岸线综合管理机制，为管理者提供科学的决策依据。

参考文献：

[1] 国家海洋局 908 专项办公室．海岛海岸带卫星遥感调查技术规程[Z]．北京：海洋出版社，2005.

[2] 蒋兴伟．中国近海海洋—海岛海岸带遥感影像处理与解译[M]．北京：海洋出版社，2014.

[3] 赵英时，等．遥感应用分析原理与方法[M]．北京：科学出版社，2003.

一种基于机载 SAR 的溢油提取方法

崔璐璐[1]

（1. 中国海监 北海航空支队，山东 青岛 266061）

摘要： 机载 SAR 是海面溢油监测的有效手段，在介绍了机载 SAR 图像预处理方法的基础上，提出了一种基于水平集进行溢油信息提取的改进算法。以 2010 年大连新港溢油为例，利用改进算法实现对机载 SAR 图像的油膜边缘提取，通过边缘提取结果得到油水分离结果。同时，对改进算法和提取结果进行了分析和总结。

关键词： 机载 SAR；溢油；水平集算法；图像分割

1 引言

造成海洋石油污染的原因较多，以船舶溢油、油井井喷、输油管线爆裂事故最为严重。近年来，随着海上石油工业和运输业的极大发展，溢油事故的发生几率也随之增加。SAR（合成孔径雷达）在遥感领域具有独特的观测优势。它能够多波段、多极化、多时相、多俯角地进行对地观测，具有全天时和全天候的观测能力。

SAR 进行海面油膜监测的物理机制是微波与海表面短尺度的重力波相互作用。SAR 以接受目标的后向散射系数为探测依据[1]，即 SAR 接收的海面反射信号的强弱与 SAR 本身参数与观测元的散射特性有关[2]。油膜的显著特点是对海面毛细波和短重力波的阻尼作用[3]。油膜使海面张力降低，粗糙度减小，使雷达后向散射系数降低。对应于 SAR 图像，溢油区域的灰度级降低，颜色变暗。即油膜区域的亮度低于周边海面，表现为颜色较暗的斑点、斑块或条形状。基于此特征，在 SAR 图像上进行油膜检测。

航空遥感具有分辨率高、时效性强、机动性高等方面的优点，是一种高效、灵活的海洋溢油监测技术手段。

2 数据及预处理

2.1 数据

本文使用的机载 SAR 数据由中国航天科技集团公司 704 所的机载 SAR 设备获取，获取时间为 2010 年 7 月 16 日，地点为大连新港南部的三山岛附近海域，工作波段为 C 波段。利用相关软件进行几何校正等预处理后，形成机载 SAR 图像，图 1 为图像的局部。

2.2 滤波处理

SAR 图像的成像机理使得它不能完整地描述目标的整体形状，而是表现为散射中心分布。SAR 图像上的目标表现为比较强的散射点，噪声表现为相干斑噪声。斑点噪声的存在，降低了 SAR 图像的实际分辨率，破坏了图像的纹理特征结构，使 SAR 图像的可解译性降低。这种情况在海洋上表现得尤为明显。

作者简介： 崔璐璐（1983—），女，山东省高唐县人，硕士，主要从事航空遥感数据处理和信息提取等研究。E-mail：cuilulu@ bhfj. gov. cn

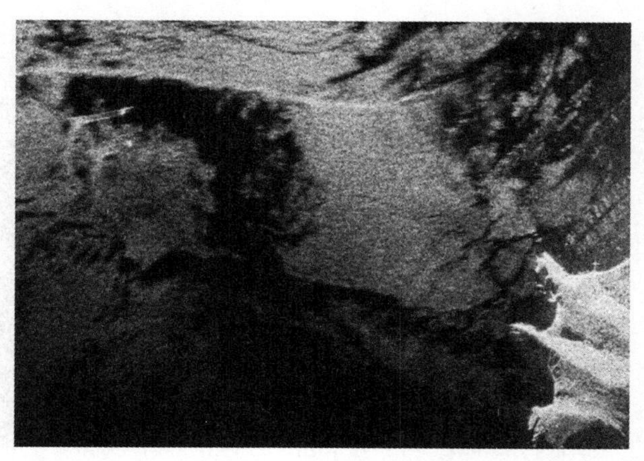

图 1　C 波段机载 SAR 原始图像

因此，在利用 SAR 影像检测溢油之前，对图像的滤波尤为重要。

本文比较了多种常用的噪声压制滤波方法，采用平滑指数 *SI* 来判断滤波效果的优劣：

$$SI = \frac{MEAN}{STD}, \tag{1}$$

其中，*MEAN* 表示由分布目标回波所形成的均质区域的像元灰度均值，*STD* 为标准差。*SI* 的值越大，表示平滑效果越好[4]。

以 5 ×5 的滤波窗口为例，利用不同的滤波方法对原始图像进行滤波处理，再分别计算滤波之后每幅图像的平滑指数。不同滤波方法的平滑指数的线性对比如图 2 所示。可以看出，利用 Gamma 滤波方法得到的平滑指数最高，约为 0. 835。本文即选取 Gamma 方法进行滤波。

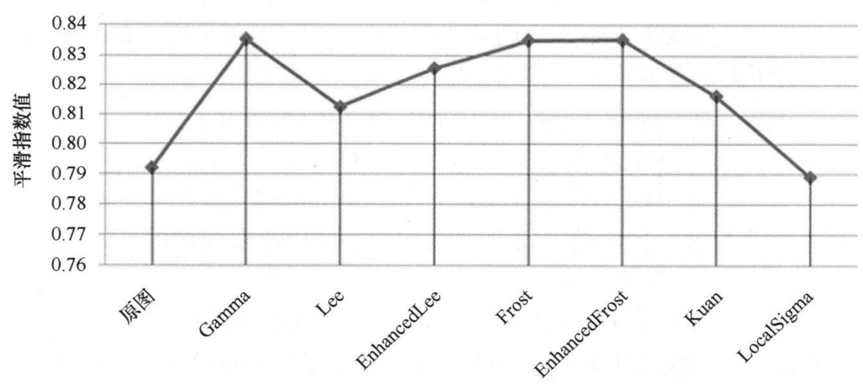

图 2　不同滤波方法 5 ×5 滤波窗口时平滑指数曲线图

选取滤波方法后，需要考虑选择滤波窗口的大小。滤波窗口越大，图像会变得越光滑，平滑指数越大，图像的纹理特征就越不明显，图像信息损失也越大。如图 3 所示。因此，滤波窗口大小的选择应综合考虑滤波效果、图像信息保留、平滑指数等多个方面。本文选取 5 ×5 的滤波窗口大小进行滤波。滤波后的效果如图 4 中所示。

2. 3　灰度均衡

在处理 SAR 图像时，有时溢油区域和周边背景像素差值很小，往往集中在灰度值 0 ~ 255 之间的某一小段区域范围内。通过灰度均衡处理，可以将像素级数分布较密集的部分扩展，既有利于溢油信息提取精度的提高，也不影响整体图像的像素分布[5]。

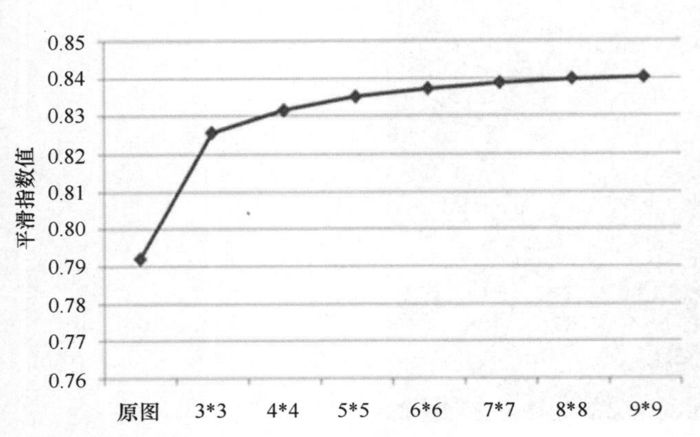

图 3　利用 Gamma 滤波方法不同滤波窗口平滑指数曲线图

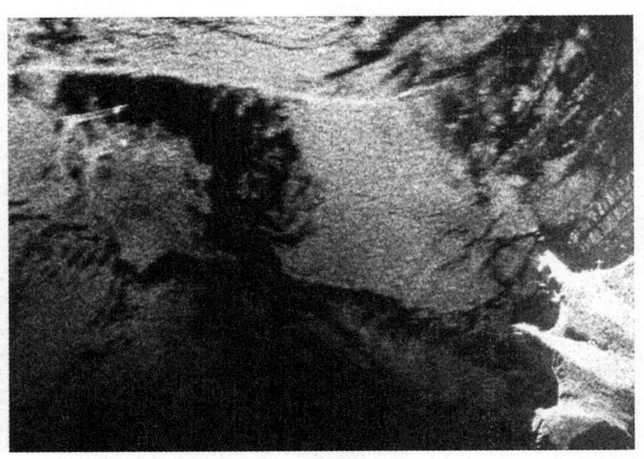

图 4　利用 5×5 的 Gamma 滤波后的机载 SAR 图像

3　油膜检测

本文利用水平集算法进行溢油信息提取。水平集图像分割算法是 1988 年由 Osher 和 Sethian 首次提出。水平集方法的应用领域比较广发，不仅可以应用于图像分割，还应用于图像去噪与增强[6]、图像修复[7]、运动目标跟踪[8—10]等。

3.1　水平集算法原理

以二维曲线为例，来说明水平集算法的基本原理。

在一个平面内有一条闭合曲线 Γ，定义一距离函数 $\phi(x,\ y)$ 表示平面内的点到曲线 Γ 的最短距离，同时规定，在曲线内部的距离函数值为负，如式 2。

$$\begin{cases}\phi(x,y) > 0 & (x,y) \in \text{outside} \quad \Gamma, \\ \phi(x,y) = 0 & (x,y) \in \Gamma, \\ \phi(x,y) < 0 & (x,y) \in \text{inside} \quad \Gamma.\end{cases} \tag{2}$$

$\phi(x,\ y)$ 这一距离函数为水平集函数，闭合曲线 Γ 为函数 $\phi(x,\ y)$ 的零水平集，其中，Γ 表示式 (3)。

$$\Gamma = \{(x,y) \mid \phi(x,y) = 0\}. \tag{3}$$

水平集的基本思想就是把曲线的状态用一个高一维的关于函数的零水平集来描述。图 5 显示了一个圆形曲线从内向外扩展时，在不同时刻的水平集函数和对应于圆形曲线的零水平集的变化情况。

下面说明水平集函数随曲线的演化过程。设有一边界曲线 $C(p,\ t)$，曲线 $C(p,\ t)$ 上的点满足表达式 (4)：

$$\{(x,y) \mid \phi(x,y,t) = 0\}. \tag{4}$$

x，y 均随时间的变化而变化，因此，x，y 均为关于时间 t 的函数，两边对时间求导可得式 (5)：

$$\phi_t + \phi_x \frac{\mathrm{d}x}{\mathrm{d}t} + \phi_y \frac{\mathrm{d}y}{\mathrm{d}t} = 0. \tag{5}$$

假设点 $(x,\ y)$ 移动的速度为 $\vec{F}$，则有：$F = \left(\frac{\mathrm{d}x}{\mathrm{d}t},\ \frac{\mathrm{d}y}{\mathrm{d}t}\right)$，代入式 (5) 得式 (6)：

$$\frac{\partial \phi}{\partial t} + \vec{F} \cdot \nabla \phi = 0. \tag{6}$$

进一步可推得水平集方程：

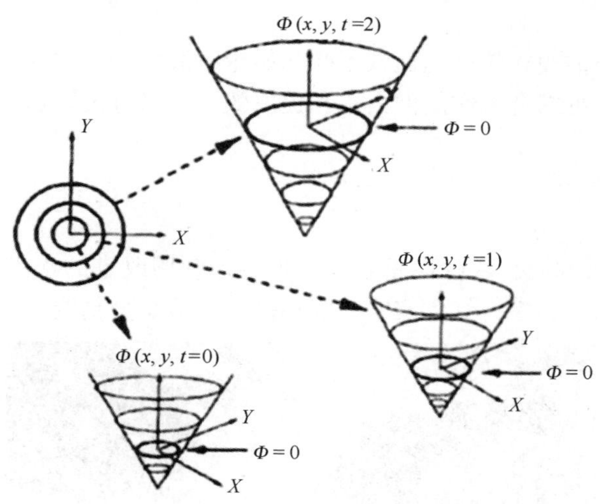

图 5　曲线演化时对应于不同时刻的零水平集

$$\frac{\partial\phi}{\partial t}+F\left(\left(\frac{\partial\phi}{\partial x}\right)^2+\left(\frac{\partial\phi}{\partial y}\right)^2\right)^{1/2},\tag{7}$$

其中，速度函数 F 主要依赖于特定的物理变量。如时间、位置、曲率、图像灰度等。通过速度函数 F 的作用不断演化水平集函数，最后的零水平集函数所形成的轮廓就是曲线演化的最终形式。此种方法通过曲线的几何特性进行演化，不需要参数化表示，称之为几何曲线演化方程。此偏微分方程的数值解如式(8)。

$$\phi^{n+1}=\phi^2-\Delta t(\max(F_{x,y},0)\ \nabla^+ + \min(F_{x,y},0)\ \nabla^-,\tag{8}$$

其中，

$$\nabla^+=[\max(D_{x,y}^{-x},0)^2+\min(D_{x,y}^{+x},0)^2+\max(D_{x,y}^{-y},0)^2+\min(D_{x,y}^{+y},0)^2]^{1/2},$$

$$\nabla^-=[\min(D_{x,y}^{-x},0)^2+\max(D_{x,y}^{+x},0)^2+\min(D_{x,y}^{-y},0)^2+\max(D_{x,y}^{+y},0)^2]^{1/2},$$

$$D_{x,y}^{-x}=\frac{\phi_{x,y}-\phi_{x-1,y}}{h},\quad D_{x,y}^{+x}=\frac{\phi_{x+1,y}-\phi_{x,y}}{h},\quad D_{x,y}^{-y}=\frac{\phi_{x,y}-\phi_{x,y-1}}{h},\quad D_{x,y}^{+y}=\frac{\phi_{x,y+1}-\phi_{x,y}}{h}.$$

其中，$F_{x,y}$为点（x，y）的速度函数。

3.2　水平集算法特点

基于水平集函数的演化理论，利用此算法进行溢油检测的优点主要包括：

（1）如果速度函数是光滑的，那么水平集函数始终保持为一个有效函数。

（2）演化曲线可以随水平集函数的演化很自然的改变拓扑结构，当拓扑结构变化时，水平集函数仍然保持为一个有效函数。

（3）水平集函数演化时始终保持为一个有效函数，因此很容易实现数值计算。

（4）水平集方法比较容易扩展到高维，这对三维图像处理非常有用。

虽然基于水平集算法进行溢油检测有突出的优先，但缺点也比较明显：一是由于要对整幅图像的定义域中的网格点的水平集函数进行更新，所以计算量消耗很大，特别是在图像比较大的情况下；二是现有的快速演化水平集方法的数值计算方法都依赖于边缘函数，也就是依赖于初始轮廓线的位置；三是现有模型具有振荡性，受噪声的影响比较明显。

3.3　算法改进

考虑到原始水平集算法的缺点，本文将算法方法进行了改进，并基于改进的水平集算法进行机载

SAR 影像的溢油信息提取。

（1）在演化过程中，使溢油边缘轮廓的提取不受初始轮廓线的影响和约束。

（2）在溢油信息提取时，可综合考虑图像大小和提取效率，自行设置迭代次数，方便针对不同的要求进行溢油信息提取。

4 检测结果

将原始 SAR 影像数据进行滤波、灰度均衡等预处理后，利用改进的水平集算法对其进行溢油边缘检测处理，检测结果如图 6 所示。其中，红色实线为溢油区域的边缘分割线。

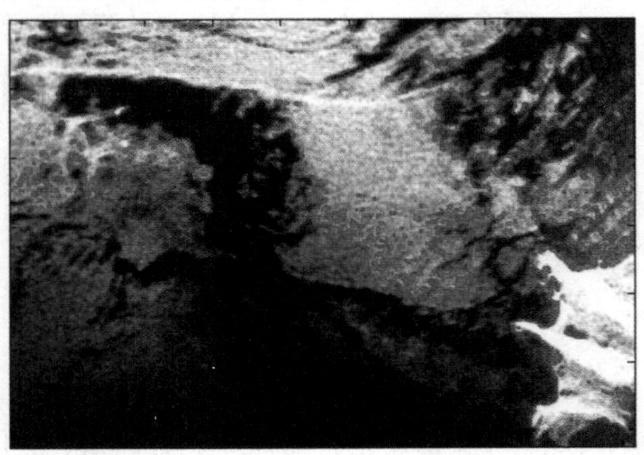

图 6 溢油信息边缘提取结果

利用溢油的边缘分割线将溢油与正常海水进行分离，结果如图 7 所示，其中蓝色表示正常海水，红色表示溢油。

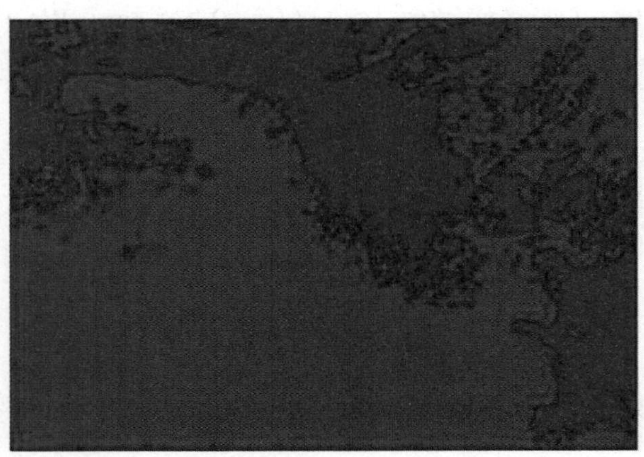

图 7 油水分离结果（蓝色表示正常海水，红色表示溢油）

利用油水分类后的结果，结合图像的像素大小，可计算出目标区域的溢油覆盖面积和溢油的分布密集度。

5 结论

（1）提取过程应用了基于偏微分方程的水平集边缘提取方法，并在原始水平集算法的基础上进行了改进：一是使提取算法不受初始轮廓线的制约和影响；二是可根据对图像提取精度的要求自行设置迭代次数。

（2）在边缘提取的基础上对溢油信息进行了分割，并可根据分割结果计算出溢油区域的面积。

（3）所使用的水平集边缘提取算法主要根据 SAR 图像的纹理特征进行提取，在提取过程中可能会出现误差。例如，陆地上的某区域纹理特征类似于溢油的区域，可能会被当作溢油区域而被提取出来，造成一定程度的误差，因此首先将原始 SAR 图像进行海陆分离有利于提取精度的提高。

参考文献：

[1] Stewart R H. Method of Satellite Oceanography[M]. Beijing: China Ocean Press, 1991.

[2] 武腾腾. SAR 影像海面油膜识别关键技术研究[D]. 北京:中国石油大学, 2012.

[3] Cini R, Lombardini P P. Damping effect of monolayers on surface wave motion in a liquid[J]. Journal of Collaid and Interface Science, 1978, 65: 387—389.

[4] 郭华东. 雷达对地观测理论与应用[M]. 北京:科学出版社, 2000.

[5] 王俊. SAR 影像溢油目标边缘提取方法及实现[D]. 大连:大连海事大学, 2009.

[6] Eilomgren Eand Chart. Toal variation methods for restoration of vector valued images[J]. IEEE Trans, Image Proc, 1998, 7(3): 304—309.

[7] Caselles V, Morel J M, Sbert C, An axiomatic approach to image interpolation[J]. IEEE Trans. Image Proc, 1998, 7(3): 376—386.

[8] Ceselles V, Kimmel R, et al, Minimal surfaces, a geometric three dimensional segmentation approach[J]. Namer: Math, 1997, 77(4): 423—451.

[9] Mansouri A R onrad J K, Motion segmentation wieh level set[C]//IN Proc, IEEE, Conf, ImageProcessing, 1999: 126—130.

[10] Mansouri A R Sirivong B, Konrad J, Multiple motion segmentataion with level set[C]. Proc. SPLE Image Video Common. Processing, 2000: 584—595.

[11] Paragios N, Deriche R: Geodesic active contours and level sets for the detection and tracking of moving objects[J]. IEEE Trans, Pattern Anal. Machine Intel, 2000, 22(3): 266—280.

基于倾斜摄影测量技术的三维建模原理及方法研究

崔璐璐[1]，别君[1]，董梁[1]

（1. 中国海监北海航空支队，山东 青岛，266061）

摘要： 倾斜摄影测量技术具有独特的摄影成像方式，可获取不同视角的地物影像信息。本文在简单阐述了倾斜摄影测量技术内容和航空倾斜影像特点的基础上，详细介绍了利用该技术进行数据获取技术设计、数据预处理、三维建模等关键数据生产流程的基本原理和方法，并对三维建模的关键技术点进行了重点分析。

关键词： 倾斜摄影测量；航空遥感；三维建模

1 引言

航空倾斜摄影通过在同一飞行平台上搭载多台航摄相机，同时从垂直、倾斜等不同的角度采集影像，获取地面物体的完整信息[1]。由此获得的影像不仅仅是地表的正射影像数据，同时能够获得具有相对高度地物的侧面影像[2]。倾斜摄影平台姿态示意如图 1 所示。

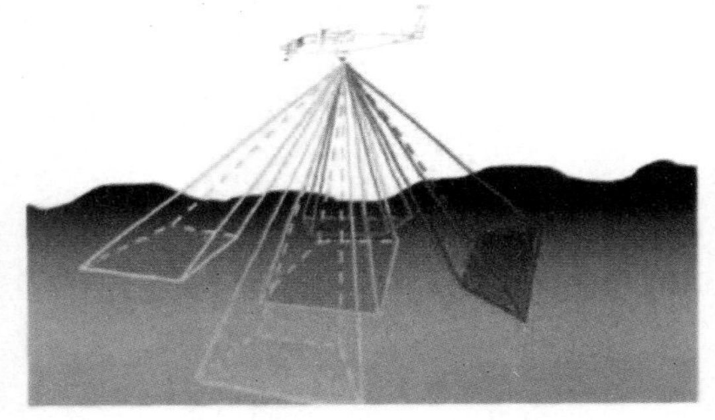

图 1 倾斜摄影平台姿态示意图

传统的以“数字正射影像（DOM）+数字高程模型（DEM）”为基础建立的三维数据，只是地表的三维地形模拟，即使针对具有一定相对高度的地表物体可以通过相关软件进行局部模型来完成三维地表模拟，但仍然无法获得具有地物侧面真实纹理的三维数据。利用倾斜摄影测量技术获取的航空倾斜影像能够获取真实的地物表面纹理，将正直影像与其立面纹理的倾斜影像相结合，通过一系列相关处理，可实现对地物表面的三维建模。

2 航空倾斜影像特点

航空倾斜影像不仅能够真实地反映地物情况，而且还通过采用先进的定位技术，嵌入精确的地理信息、更丰富的影像信息，极大地扩展了航空遥感影像的应用领域，并使遥感影像的行业应用更加深入[3]。航空倾斜遥感影像一般具有以下几个特点。

作者简介： 崔璐璐（1983—），女，山东省高唐县人，硕士，主要从事航空遥感数据处理和信息提取等研究。E-mail：cuilulu@ bhfj. gov. cn

（1）高精度

一方面通过高精度的组合相机检校，获取相机间精确地外方位元素，减小影像的拼接误差；另一方面利用 POS 系统获得组合相机高精度定姿和定向元素，实现多视影像精定向，确保倾斜航空影像的精度达到较高的要求。

（2）高分辨率

利用航空遥感技术手段获取的影像一般均具有分辨率高的特点，航空倾斜影像的分辨率可根据数据要求灵活掌握，一般来说，对数据分辨率要求越高，获取数据时飞行高度则越低。

（3）真实的表面纹理

通过多个航空相机可以从不同角度分别获取地物的结构和纹理信息，因此，航空倾斜影像展现的是地物的真三维效果，反映的是地物的实际情况，加之其高分辨率的特点，使影像的视觉效果更加直观，更易于被理解。

（4）直观高效的测量

经处理后的航空倾斜影像包含了精确的地理位置信息，通过软件的应用，可直接在影像中进行各种测量，如长度、高度、面积、坡度等。

（5）数据处理高度自动化

数据获取后，利用配套软件（主要包括影像处理软件、POS 处理软件以及部分编辑软件）可实现从数据预处理到形成成果影像的高度自动化，所需的人工干预较少，在一定程度上节约人力成本。

3 数据获取及预处理

利用航空倾斜摄影测量技术进行航空倾斜影像数据生产的技术流程主要包括数据获取技术设计（包括重叠率、分辨率、航高、航向、航线敷设等）、数据获取、数据处理（包括 POS 数据处理、影像数据处理）、实景真三维模型制作等，如图 2 所示。

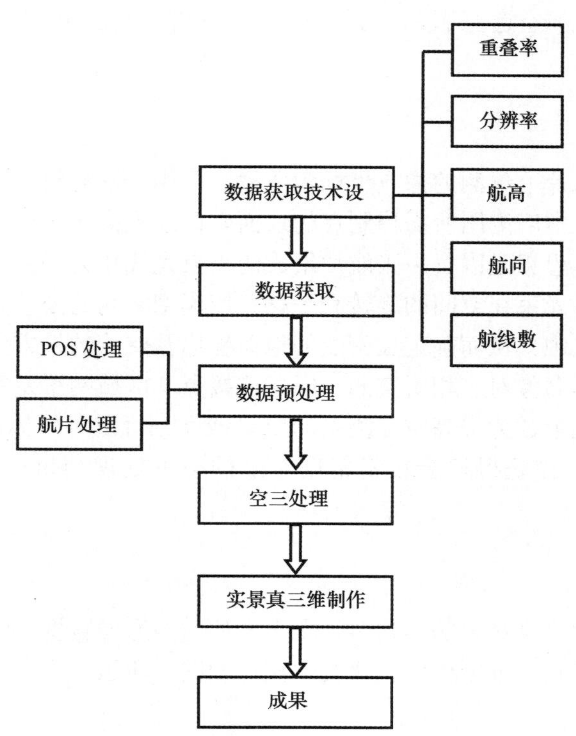

图 2 数据生产主要技术流程

3.1 数据获取技术设计

数据获取技术参数的设计是较关键的技术环节，关系着获取的数据质量、数据覆盖范围等，是后续影像成果制作的基础。

数据获取技术参数的设计主要包括航线敷设、重叠率、分辨率、航向、航高等方面。根据目标区域的地形走势，采用合适的航线敷设。由于实景真三维影像的制作对航片重叠率的要求很高，且航片重叠率越大，航片拼接时同名点数越多，相对定向中误差越小。因此，为保证真三维影像成果的数据质量，在数据获取时应采用大重叠率敷设方案。同时，航线侧方向在目标区域外侧应相应地多敷设两条航线，以保证前后视镜头和侧视镜头均完整覆盖摄区。

3.2 数据预处理

数据预处理环节主要包括 POS 数据处理和航片数据处理。

POS 数据是指定位定向数据，包含 GPS 数据与 IMU 数据。GPS 的基本定位原理是卫星不间断地发送自身的星历参数和时间信息，用户接收到这些信息后，经过计算求出接收机的三维位置、方向、运动速度和时间信息。在精密定位应用中，主要采用差分 GPS（DGPS）定位技术。INS 姿态测量主要是利用惯性测量单元 IMU 来感测飞机或其他载体的加速度，经过积分等运算，获取载体的速度和姿态（如位置及旋转角度）等信息。

差分处理利用精密单点定位（PPP）技术进行。下载航摄飞行当天的 GPS 卫星的精密轨道和钟差数据，将下载后的精密轨道和钟差数据与机载 GPS 数据进行差分处理，差分采用 tightly coupled 紧密耦合算法进行双向解算，在经过进一步的平滑处理后得到位置与姿态参数，位置和姿态参数以 200HZ 的采样频率输出；最后根据要求的投影和坐标系统，经过参数转换，片号对应，最终得到每张航片的外方位元素。

航片的预处理主要包括格式转换、对比度调整、曝光调整、色彩曲线、白平衡编辑、降噪等。通过对航片的预处理，生成目标区域航空遥感影像。影像应地物清晰、层次丰富、反差适中、色彩鲜明、色调一致。

3.3 空三处理

空中三角测量是以航空像片上量测的像点坐标为依据，采用严密的数学模型，按最小二乘法原理，用少量地面控制点为平差条件，求解测图所需控制点的地面坐标。光束法区域网平差空中三角测量方法是一种常用的空三处理算法，基本思想是以每一张航片组成的一束光线作为平差单元，以中心投影的共线方程作为平差的基础方程，通过各光束在空间的旋转和平移，使模型之间的公共光线实线最佳交汇，将整体区域最佳地纳入到控制点坐标系中，从而确定加密点的地面坐标及航片的外方位元素。

经过提取特征点、提取同名像对、相对定向、匹配连接点、区域网平差等主要运算步骤，得到目标区域的空三测量成果。一般情况下，为提高空三测量的成果精度，可以对目标区域分别进行二次空三运算，最终得到更精确的空三结果。在获得符合技术精度要求的空三处理结果后，利用此结果进行三维建模处理。

4 三维模型制作

利用处理后得到的高分辨率真彩色的地物多视角多方位航空影像数据，结合每张像片的高精度外方位元素，利用相关软件进行实景真三维制作，主要技术流程如图 3 所示。

4.1 快速三维场景运算

利用垂直影像、倾斜影像数据，结合空三测量加密成果，运用影像密集匹配技术，运算得到基于真实影像超高密度点云的实景数字表面模型（Digital Slope Model，DSM）数据。

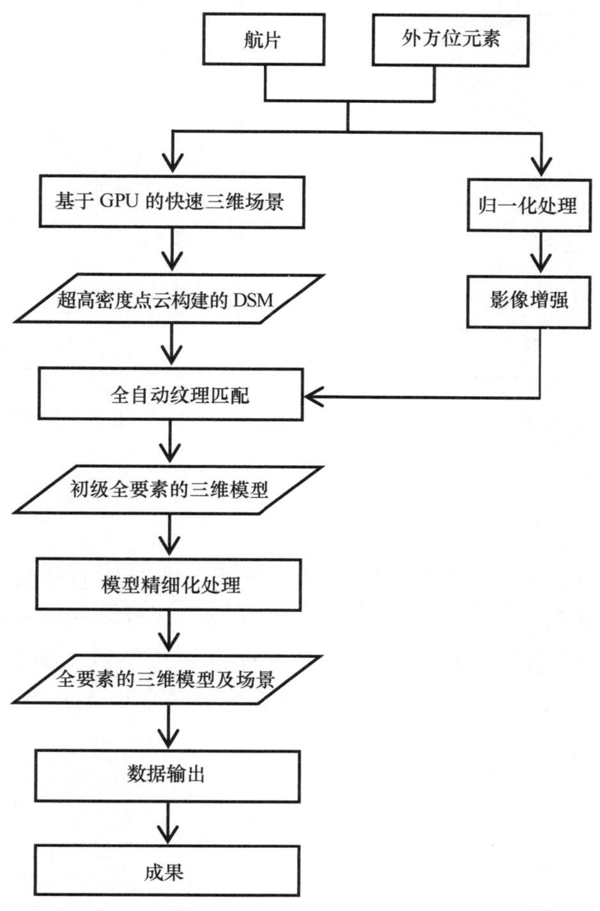

图 3　实景真三维制作的主要技术流程

三维场景运算的主要原理是：通过对倾斜摄影得到的影像进行几何和物理分析，从而获得地物对象的各种资料，主要目的是根据倾斜影像中的像点求解地物点的空间位置。利用立体摄影测量的方法，可获取垂直影像中各点精确的地理坐标，其原理如图 4 所示。已知航片的外方位元素，由航片上的像点坐标反求相应的地面点坐标，仍是不可能的；虽然已知航片的外方位元素，却只能确定地面点所在的空间方向，而利用立体相对上的一对同名点，可得到两条同名射线的空间方向，两条射线的相交处必然是该地面点的空间位置。

空间平面与图像平面之间的关系可用单应矩阵 $\boldsymbol{H}$（Homography，一个 3×3 的矩阵）来表示，最后由单应矩阵实现对平面上任意两点间距离的量测，如图 5 所示，为相机、像平面及空间平面之间的几何模型。T 为真实世界平面上的一点，对应的像面上的点 t，C 为相机位置。一般将空间平面假设为 $Z=0$，即 $X-Y$ 平面，两平面间的坐标关系可表示为：

$$\lambda\begin{bmatrix}x\\y\\1\end{bmatrix}=P\begin{bmatrix}X\\Y\\0\\1\end{bmatrix}=\underbrace{\begin{bmatrix}p_1 & p_2 & p_4\end{bmatrix}}_{\text{单应矩阵}}\begin{bmatrix}X\\Y\\1\end{bmatrix}\begin{bmatrix}h_{11} & h_{12} & h_{13}\\h_{21} & h_{22} & h_{23}\\h_{31} & h_{32} & h_{33}\end{bmatrix}\begin{bmatrix}X\\Y\\1\end{bmatrix},$$

其中，λ 是一个非零标量因子，X、Y 表示真实平面中点的坐标，x、y 表示对应的图像中的坐标。一旦矩阵 $\boldsymbol{H}$ 被求出，整个模型间的距离位置关系也将被确定下来。单应矩阵可通过空间平面、影像平面与相机间的对应位置关系计算得到，也可直接利用多于 4 对已知点求解出来。这些参数确定了三维空间上的点和对应的图像点之间的数学关系，能够根据影像坐标和平面单应矩阵计算实际平面中的坐标。

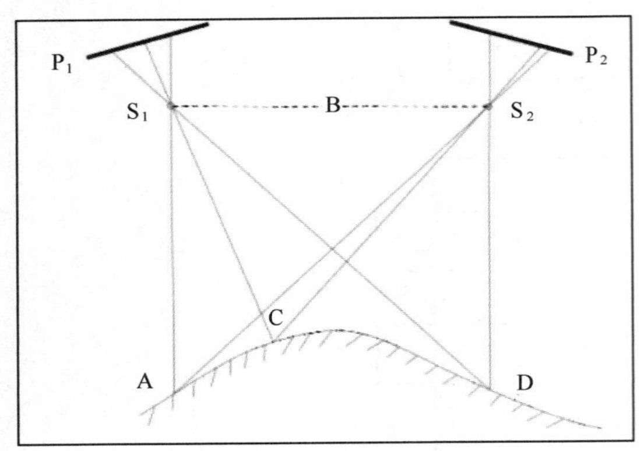

图4 基于像对的前方交会

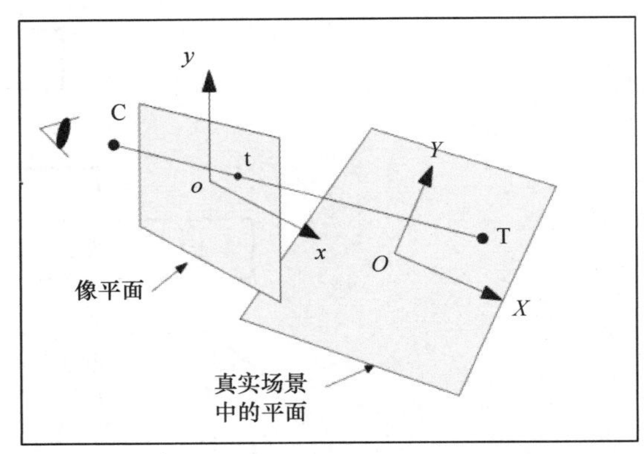

图5 相机、像平面及空间平面的几何模型

4.2 纹理匹配

纹理匹配的目的是将经过归一化及增强处理的影像数据（包括垂直影像和倾斜影像）以像素级别的分辨率纹理映射到实景DSM数据表面，制作成初级全要素的三维数字城市模型及场景。

纹理匹配的理论基础是共线条件方程。共线条件方程是表达物点、像点和投影中心（即镜头中心）三点位于一条直线的数学关系式，是摄影测量学中最基本的公式之一[4]，方程定义及数学公式表达如图6所示。

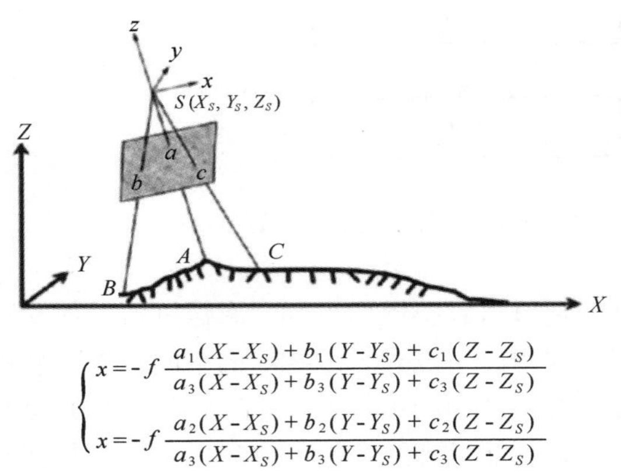

图6 共线条件方程定义及数学表达

图6公式中，x，y为影像像点坐标值，f为相机焦距，X，Y，Z为相对影像像素坐标点对应的地面物方坐标。X_s，Y_s，Z_s为相机拍摄航片时的空间位置线元素，a，b，c的系数则表示航片的角元素。共线条件方程的主要应用包括：(1) 已知不同航片上同名点的像点坐标（x，y），结合其对应物点的物方坐标，由共线方程式推导求得航片的方位元素；(2) 已知不同航片上的同点名的像点坐标（x，y），以及航片的方位元素，由共线方程式推导求得像点对应物点的物方坐标（X，Y，Z）；(3) 已知航片的方位元素，以及物点的物方坐标（X，Y，Z），由共线方程式推导求得不同航片上同名点的像点坐标（x，y）。

模型纹理自动匹配的基本原理：基于倾斜影像本身的优点，在进行数据采集并制作出高精度的实体白模型后，裁取模型纹理面相对应的倾斜影像作为模型的模型纹理作为方法指导；在对倾斜影像定向定位后，结合数字三维及空间几何投影技术，选取模型面获得模型面角点的物方坐标（X，Y，Z），已知倾斜影像航片的方位元素及倾斜影像本身的投影物方坐标（X，Y，Z），通过判断每张影像与该模型面是否空间相交筛选出与模型面相对应的所有影像集，以便于挑选最佳的影响面作为模型面的纹理；利用共线条件方程的应用（3），计算出所选模型面在每张航片上的投影像点坐标（x，y），通过筛选算法按照影像质量及影像投影面最优原则将相应影像集排序，选择最优航片纹理并计算出纹理坐标，自动映射到模型面上[5]，从而实现实景三维模型的自动化纹理匹配。

参考文献：

[1] 王卿，郭增长，李豪，等．多角度倾斜摄影系统三维量测方法研究[J]．测绘工程，2014，23(3)：10—14.

[2] 钟耀武，华建新，段佳，等．基于AMC580多视角航空摄影系统的快速真三维数据生产及应用初探[J]．国土资源导刊，2014(05)：149—152.

[3] 孙宏伟．基于倾斜摄影测量技术的三维数字城市建模[J]．现代测绘，2014，37(1)：18—21.

[4] 程向彬，阚晓云，王博，等．基于倾斜影像技术的自动纹理映射[J]．测绘与空间地理信息，2013，36(增刊)：56—58.

[5] 姚国标．倾斜影像匹配关键算法及应用研究[D]．北京：中国矿业大学，2014.

多用途高分辨率图像声呐系统研制与试验

陈超[1,2]，汤云龙[3]，殷敬伟[1,2]，么彬[1,2]，郭龙祥[1,2]

（1. 哈尔滨工程大学 水声技术重点实验室，哈尔滨 150001；2. 哈尔滨工程大学 水声工程学院，哈尔滨 150001；3. 北京星网测通科技有限公司，北京 100176）

摘要：本文细致阐述了国产商用化多用途多波束图像声呐系统的设计、开发与现场测试过程，详述了系统的技术指标并深入讨论了各个硬件组成部分的设计思路，通过多波束图像声呐的水池和湖上试验实验结果，证明了该图像声呐系统具有很高的分辨率以及很强的实用性。

关键词：高分辨率；多波束图像声呐；波束形成

1 引言

在海洋测绘、海洋防卫以及海洋资源开发等领域中，水下目标检测和识别是非常关键的技术环节，目前主要有三种方法：光学摄像机、激光成像和声呐成像[1]。尽管前两种光学成像方法成像效果更清晰，但是在浑浊的水域中使用时由于光线吸收和后向散射导致成像效果很差，而且作用距离很短，不适用于深水水域。相比之下，声学成像的穿透力更强、作用距离更远，不仅可以进行水下目标识别还能够对水下目标进行分析检测，被广泛应用在水下地形地貌勘测、海底资源勘测、海洋安全监测等多个领域中[2]。随着海洋资源开发、海洋安全和海上作业的需求不断提高，高分辨率图像声呐的研制也得到了越来越多的重视。

为了解决军用领域中水下警戒、水下侦查、水下探测以及危险物排除等应用领域；民用领域中海洋工程、水下施工、水下检测、打捞搜救、资源开发、水下考古、海洋渔业以及潜水旅游等对水下声学成像系统的需求，我们开发了一款基于电子多波束形成技术的多用途高分辨图像声呐，并将其进行了产业化。

2 多波束图像声呐技术指标与系统组成

为了满足大部分实际应用的要求，本图像声呐系统设计了表 1 中的技术指标。

表 1 图像声呐技术指标

技术指标	参数
成像方式	2D 图像
声学工作频率	400 kHz
波束数目	256 或 512
发射波束宽度	水平 120°垂直 30°
接收波束宽度	水平 1.0°垂直 30°
探测距离	0.5 ~ 150 m
波束形成方式	动态聚焦 DFT
最大图像刷新率	20 Hz
数据接口形式	100 M 以太网
图像显示模式	极坐标 B 式显示

基金项目：国家海洋公益性行业科研专项（2014418040 - 4）；国土资源部公益性行为科研专项（201511037 - 02）。

作者简介：陈超（1990—），男，黑龙江省绥化市人，研究生，主要从事水声通信研究。E-mial：chriswill@ yeah. net

一个完整的图像声呐系统主要包括硬件系统、数字信号处理系统和显控系统3 部分[3]。硬件系统主要完成声信号发射以及信号的多通道采集、并行处理和存储的任务，处理过的数据通过光纤线缆与水上数字信号处理平台进行交互通信。数字信号处理系统对接收的水下数据进行波束形成成像处理，在满足角分辨率和距离分辨率的要求下由显控界面实时输出高分辨率二维图像。图像声呐系统如图 1 所示。

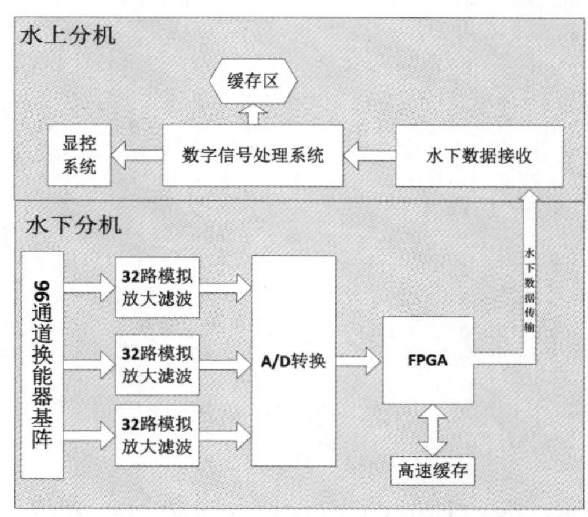

图 1　图像声呐系统示意图

3　图像声呐软、硬件系统设计

硬件系统按照功能来划分主要包括发射功放电路、多通道信号调理电路、信号采集与控制电路、水下系统电源、发射换能器阵和接收换能器阵 6 个部分。

3.1　发射功放电路

图像声呐的发射信号由控制电路的 FPGA 部分产生，但由于该电信号的功率较低，无法驱动换能器，所以要通过发射功放电路对发射信号进行放大之后再通过换能器将电信号转化为声信号并发射出去[4]。发射功放电路的结构如图 2 所示。

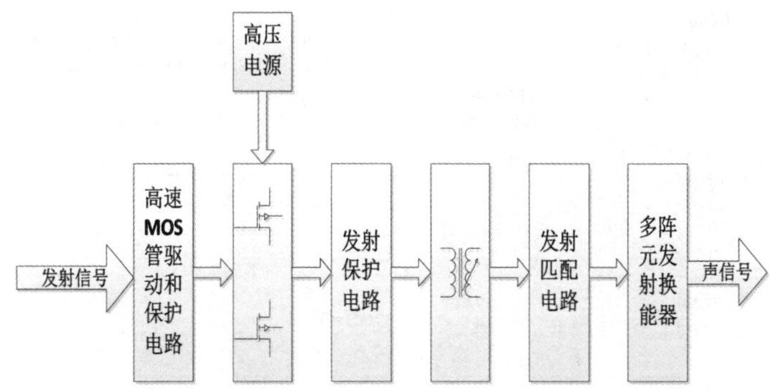

图 2　发射功放电路示意图

驱动电路为功率管提供电压和电流驱动；功率放大电路对信号进行功率放大；匹配电路使发射机的输出波形具有更好的频率特性，提高发射机的输出效率；保护电路可以防止由于错误操作或意外对设备造成的损坏；发射换能器将放大后的电信号转换成声信号辐射到水中。

3.2　多通道信号调理电路

由于换能器接收阵接收到的回波信号非常弱，必须对信号进行放大处理使其达到 A/D 转换器的转换精度，才能获取精确、有效的回波信息[5]。调理电路的结构如图3。

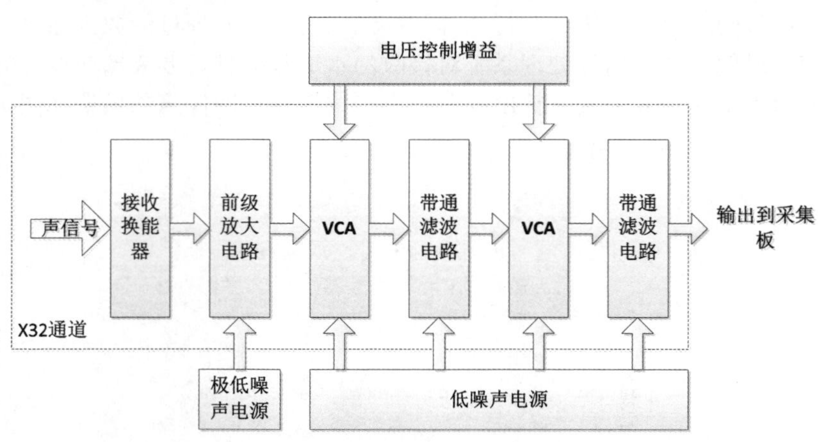

图3　信号调理电路示意图

前级放大电路使用输入阻抗高、噪声低和高电源电压抑制的运算放大器。设计中使用ADI仪表类运算放大器AD8429进行前端放大。带通滤波器采用MFB结构二阶有源带通滤波器，有效信号中心频率为400 K，带宽为20 K。VCA（压控增益）通过控制电压来调节输出信号的幅度，提高模数转换的效率。

3.3　信号采集与控制电路

图像声呐信号采集系统硬件平台主要包括3块接收电路板、每块接收电路板有32个A/D通道，共采集96路信号。每块接收电路板包含1个部门自行设计研发的基于Cyclone IV的通用FPGA模块、16个发射机控制I/O以及16片ADC芯片，每片ADC芯片在FPGA控制下采集6路信号。具体结构如图4所示。

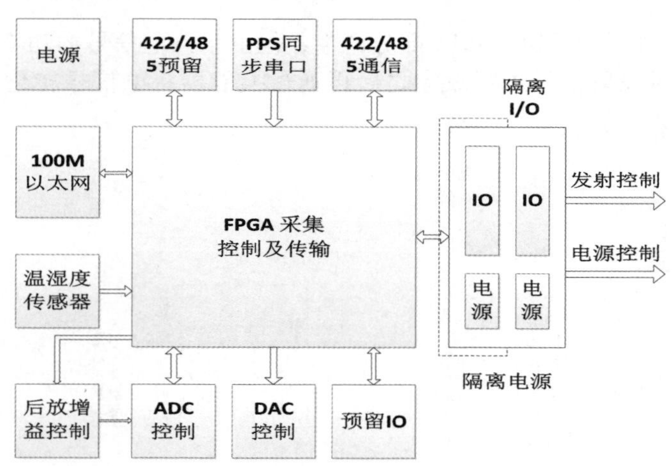

图4　信号采集与控制电路

由于每次采集的数据量较大，如果等待所有数据传输结束再进行处理，效率很低，所以采用串行处理的办法，使整个数据的采集、存储、传输和处理过程形成流水线结构。

3.4　数字图像处理平台

图像声呐具有实时性、数据吞吐量大的特点，对数据处理系统的运算能力和总线的传输速度有很高的要求。整个数字图像处理平台（见图5）主要包括FPGA模块和DSP模块两部分：FPGA模块包括4片FPGA和2片DSP芯片。水下数据通过百兆以太网传输到FPGA（1）中，FPGA（1）将数据打包之后分别传送到 PC 中备份和 FPGA（3）、FPGA（4）中进行后处理；在 FPGA（3）和 FPGA（4）中进行带通滤波、正交变换和波束形成，之后在 DSP（1）和 DSP（2）中进行扇形变换，结果数据通过 FPGA（1）传输到 PC 端在显控界面上显示[6]。FPGA（2）主要用来存储船的姿态、声速和温湿度数据等。

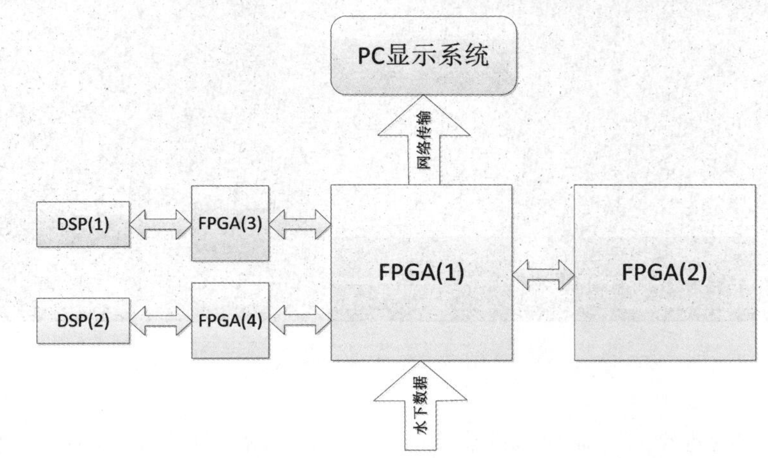

图 5　数字图像处理平台示意图

当 DSP 在处理之前的数据时，水下数据也正被写入 FIFO 中，当 FIFO 中的数据存储一半时，向 DSP 发出中断指令，DSP 接收到中断指令后，以 DMA 形式将 FIFO 中的数据传入外部存储器中，然后返回继续处理数据，直到全部数据处理完毕。采用这样的流水线结构进行数据处理，充分利用了 DSP 的高速数据处理能力。

4　实验结果与分析

为了测试图像声呐系统的成像效果和可靠性，在消声水池中进行了测试实验，图 6。消声水池深度约为 5 m、长度约为 10 m、宽度约为 6 m，障碍物为直径 10 cm 实心铅球。从图 7 可以看出，外围矩形为水池池壁，中间亮点为目标物。

图 6　实验现场照片

湖试实验选在最深为 27 m 的人工湖进行，实验设备通过法兰盘固定在船舷上，如图 8 所示。图 9 显

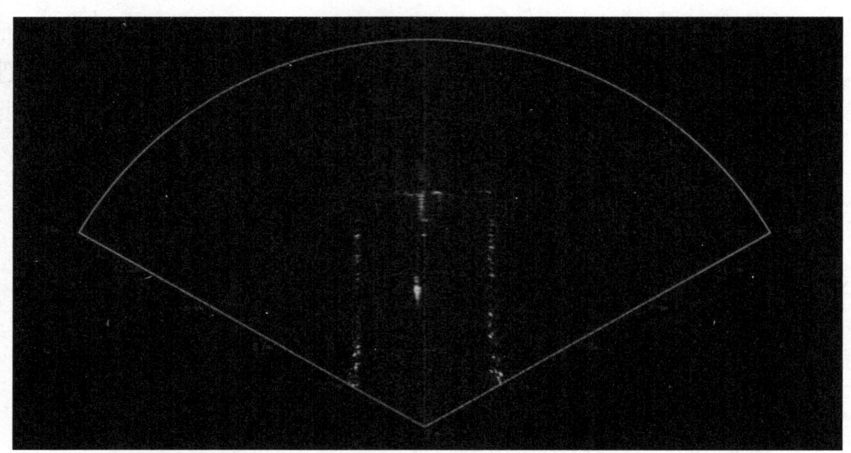

图 7　图像声呐水池成像效果

示了湖试实验部分数据的处理结果，显控软件清晰的实时显示出水下状况，包括鱼和水底地形。通过分析之后表明该高分辨率图像声呐设备能够稳定、高效地成像。

图 8　湖上实验

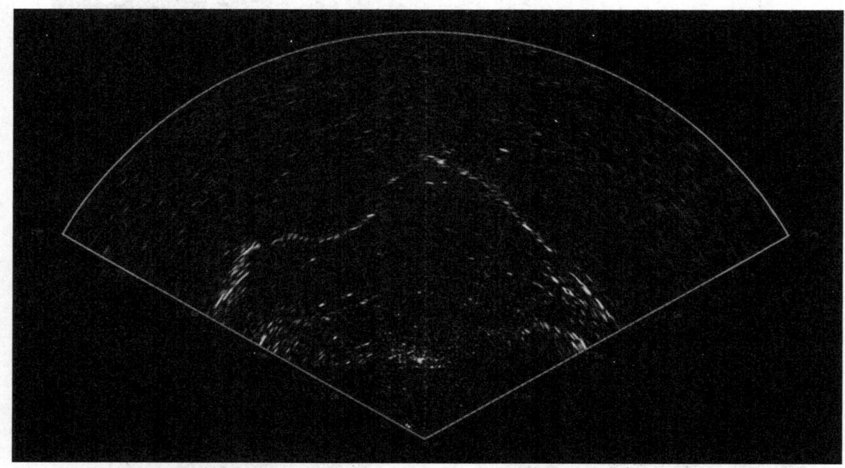

图 9　湖上试验水底声呐图像

5 结论

上述水池和湖上试验验证了该图像声呐系统的具有很高的分辨率和很强的实用性。该系统体积小、重量轻，便于携带而且可以对采样点数、通道数以及数据量等参数进行调整，能够高速、稳定地处理水下数据，充分满足水下目标探测的要求，具有广泛的应用前景，同时为高分辨率图像声呐的发展提供强有力的技术支持。

参考文献：

[1] Steinvall O, Klevebrant H, Widen A. Laser depth sounding in the Baltic Sea[J]. Applied Optics, 1981, 20(19): 3284—3285. DOI: 10.1364/AO.20.003284.

[2] Chen Z X, Tang Z L, Wan W. Photoacoustic tomography imaging based on a 4f acousticlens imaging system[J]. Optics Express, 2007, 15(08): 4966—4976. DOI: 10.1364/OE.15.004966

[3] 湛雷. 图像声呐数字系统软件开发与硬件设计[D]. 哈尔滨:哈尔滨工程大学, 2010.

[4] 车平,覃桂科,叶健. 高频大功率脉宽调制声呐发射机的研制[J]. 声学与电子工程, 2006(2): 36—38.

[5] 何强. 基于 DDS 的图像声呐信号模拟器设计与实现[D]. 哈尔滨:哈尔滨工程大学,2011.

[6] 邢艳波. 基于二维声呐成像方法的目标位置解算技术[D]. 哈尔滨:哈尔滨工程大学,2012.

国产高精度姿态仪在多波束测量应用中的精度测试研究

霍清[1]，刘宏[2]，王振华[1]，万立建[2]，金旗林[1]

（1. 北京星网测通科技有限公司，北京 100176；2. 上海达华测绘有限公司，上海 200136）

摘要：为测试与评估国产高精度姿态仪在多波束测量应用中的精度，以主流的高精度 OCTANS 姿态设备作为对比样本进行精度测试。采用了原始数据对比分析法和多波束水深数据对比法，对国产高精度姿态仪 S260 在多波束测量应用中的海洋动态环境下的精度进行了测试与评估，测试结果表明，该测试方法能够比较直观地评估国产高精度姿态仪 S260 的动态性能，且完全适用于高精度多波束水下测量。

关键词：国产姿态仪；精度测试研究；多波束测量

1 引言

自从 20 世纪 80 年代末光纤陀螺技术达到实用化产品阶段以来，许多公司都推出了自己的相关产品。在经过三四十年的发展时间里，其发展更是日新月异。随着光纤通信技术和光纤传感技术的发展，光纤陀螺已经实现了惯性器件的突破性进展，如今已经广泛应用在航天航空、机航和矿物勘采、航海等领域[1]。

水深测量是测绘领域非常重要的一部分，水下地形测量一直采用测深仪作为主要的测量设备，而其测深精度直接影响水下地形测量的精度，同时影响回声测深仪测深精度的因素又有很多，其中测船航行姿态的精度对测深精度的影响最大[2]。因此在此次测试实验当中，我们采用了北京星网测通科技有限公司的姿态设备 S260 和海洋测绘多波束测深系统中得到广泛认可的 Reson 公司的 7101 产品进行联合测试，并使用 OCTANS 这一主流姿态设备作为数据对比样本进行测试研究，从而达到对国产高精度姿态仪在海洋测绘领域应用中的精度进行评估。

2 国产高精度姿态仪 S260 简介

S260 是由北京星网测通科技有限公司研发、生产，在海洋测绘领域主推的一款高精度姿态仪。内置基于高精度光纤陀螺、石英加速度计以及多模卫星导航接收机。产品采用 GNSS 双天线实时定位定向技术、自主寻北技术、惯性导航技术、组合导航技术，可输出高精度的位置、速度、姿态、角速度、加速度、时间等信息，在 GNSS 受遮挡时，仍具有较高的纯惯性保持能力。

主要性能指标如下：

航向精度：0.1°（2 m 基线）；

姿态精度：优于 0.05°；

升沉精度：5 cm。

3 测试方法

此次测试中，我们采用两种测试方法，通过两种姿态设备的原始数据对比和多波束水深数据的对比进

作者简介：霍清（1985—），男，河北省保定市人，工程师，主要从事测绘科学与技术方向的研究。E-mail：hq@ sanesea. com

行姿态精度评估。

3.1 原始数据对比

在海洋实验环境下，在运动船只固定安装 S260 和 OCTANS 两台姿态设备，设定一条船只行进线路，在船只行进过程当中，两台设备同时进行数据采集和记录，采集时间在 40 min 以上，将记录的姿态数据、升沉数据、航向数据进行拟合处理、分析、计算两条轨迹的差值、中误差。通过行业认可的高精度 OCTANS 产品数据作为参考数据对 S260 的数据进行评定。

3.2 多波束水深数据比对

同样，在海洋实验环境下设定 S260 和 OCTANS 两台设备作为多波束测深姿态辅助设备时的安装校准测量测线。并在一平坦区域设定一十字交叉测线，两台姿态设备作为辅助设备时分别对十字交叉测线进行水深测量。然后进行水深数据处理，分别计算两组十字交叉测线水深数据的内部差值及中误差，从而得出两套姿态系统的多波束测深应用中的数据对比分析结果。

4 实验部署

为了对上述方法进行验证，采用了多波束市场主流的 Reson 品牌的 7101 多波束测深系统进行水深测量。

针对姿态仪原始数据对比方法，采用了 hypack 软件自带的串口工具进行多串口数据同步采集。采集过程当中，S260 和 OCTANS 两套姿态设备均采用 TSS1 和 HEHDT 对姿态数据和航向数据进行输出，其中 S260 采用 100 Hz 输出，OCTANS 采用 50 Hz 输出。采集时间 45 min 左右。

针对多波束水深数据对比方法，多波束系统采用 reson7101 多波束，波束开角 140°左右，多波束数据采集采用 PDS2000 软件。同时进行声速剖面和潮位数据的采集。图 1 为现场 S260 和 OCTANS 的安装照片，图 2 为现场 PDS2000 采集软件的现场照片。

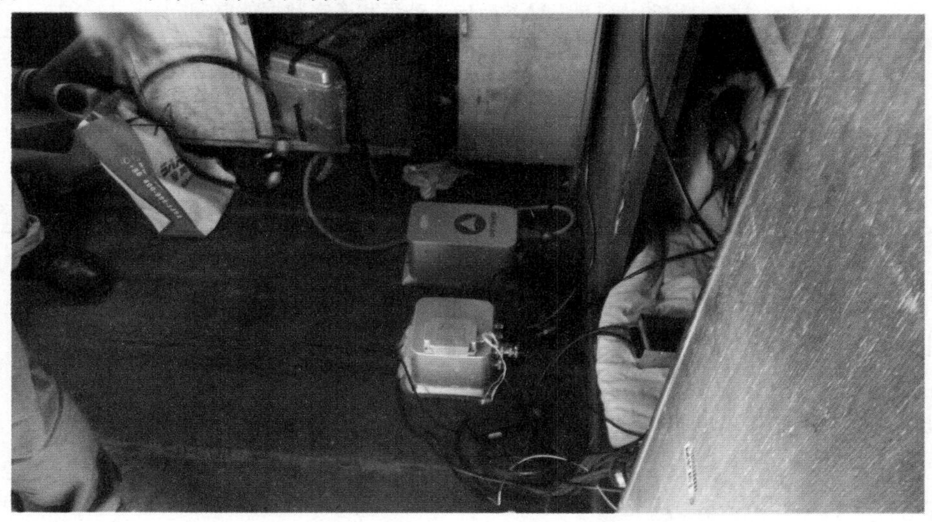

图 1 现场姿态仪安装照片

5 实验数据及统计分析

5.1 原始数据对比统计分析

数据源：使用 hypack 串口工具采集的姿态和航向原始数据。由于采集过程 S260 为 100 Hz 输出，OC-

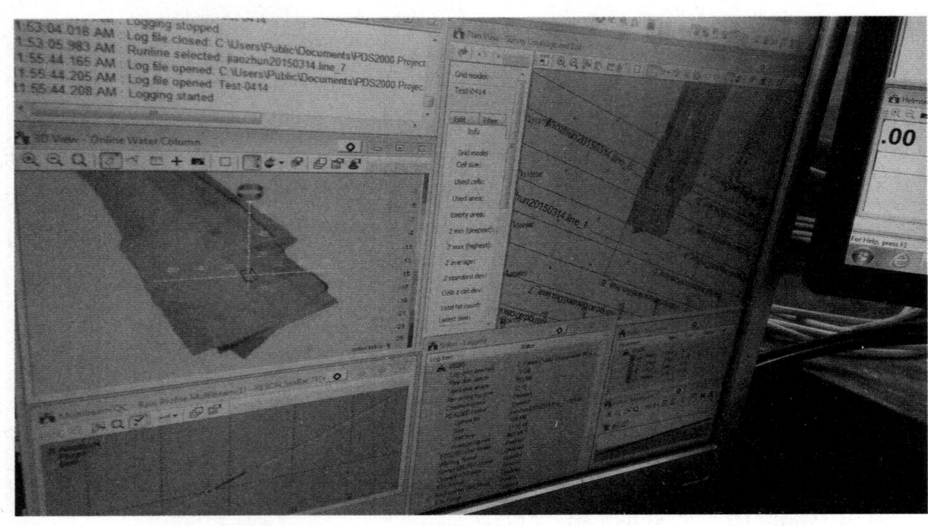

图 2　PDS2000 软件界面

TANS 为 50 Hz 输出，故 S260 数据量约为 OCTANS 数据量的 2 倍。

S260 航向数据：278 427 组。

OCTANS 航向数据：139 212 组。

统计方法：将 S260 航向数据量进行 50% 的数据比例进行抽稀。

（1）姿态数据统计分析

利用原始测量数据对 S260 和 OCTANS 两套姿态设备的航向、升沉和姿态数据偏差进行了统计，统计结果如表 1 所示。

表 1　S260 与 OCTANS 航向、升沉和姿态数据偏差表

	航向	升沉	纵摇	横摇
比对数据量	139 212 组	139 212 组	139 212 组	139 212 组
平均误差	0. 356 7°	1. 1352 cm	0. 16°	0. 03°
中误差	0. 073 7	1. 464 2	0. 033 155	0. 042 23

从数据统计结果看，S260 与 OCTANS 的差值均在设备正常的误差范围内。

（2）数据曲线对比图

考虑到两套姿态设备存在安装偏差，因此可以将平均误差作为安装偏差进行数据调整，调整之后，使用 matlab 中将两套姿态数据绘制数据曲线，如图 3 ~ 6 所示。

通过原始数据对比可以看出 S260 与 Octans 在动态情况下所有的数据曲线均表现为走势一致，且偏差都在设备精度范围之内。

5.2　多波束水深数据统计分析

数据源：在水深测量当中进行的十字交叉测线数据。在对 S260 和 OCTANS 分别进行安装校准之后，使用 PDS2000 将采集的各自的两条十字交叉水深数据按照 0. 5 m × 0. 5 m 的 *xyz* 矩阵数据进行导出，再使用 hypack 软件生成 TIN 模型后然后进行差值统计分析。

其中，S260 作为姿态设备多波束测深十字交叉公共区域水深数据为 9 445 个水深差值点；OCTANS 作为姿态设备多波束测深十字交叉公共区域水深数据为 9 122 个水深差值点。

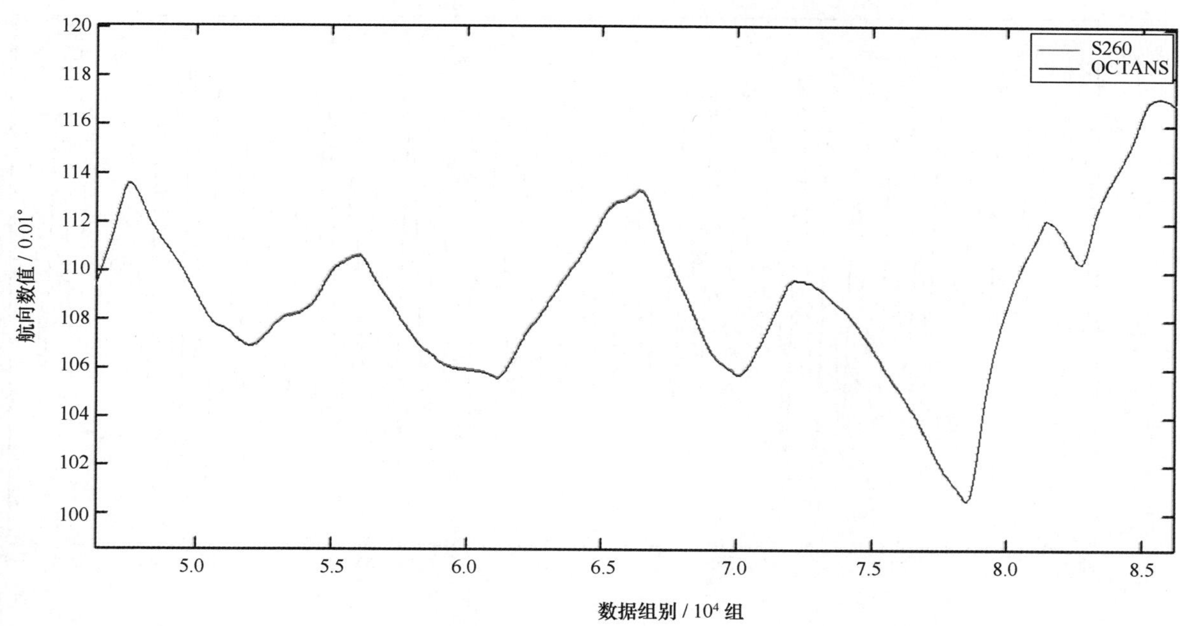

图 3　航向数据对比曲线

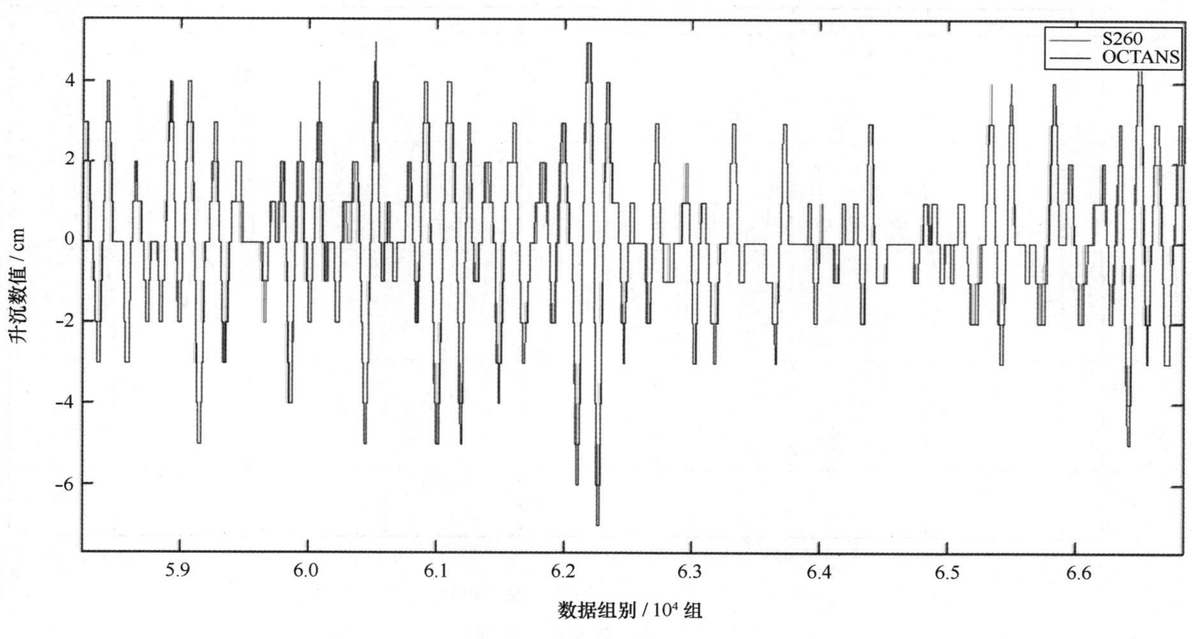

图 4　升沉数据对比曲线

（1）S260 作为姿态设备时的水深数据统计分析

采用 S260 作为姿态测量设备时多波束测量的十字交叉测线公共数据水深误差分布如图 7 所示。

在图 7 中可以看出，色卡条两端的颜色越重表示数据偏差越大，淡蓝色表示偏差最小，我们可以看到此图中，大部区域均为淡蓝色，误差较小，基本上都在 0. 1 m 以内，而表示误差在 0. 2 m 以上的橙色和紫色区域较少。

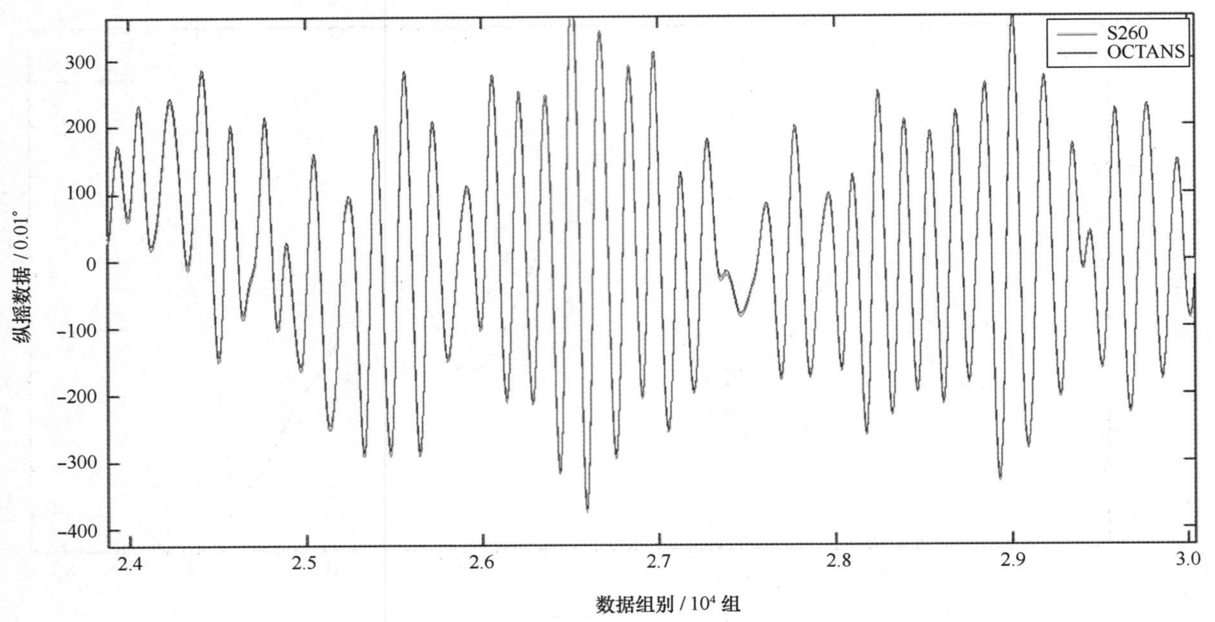

图5 纵摇数据对比曲线

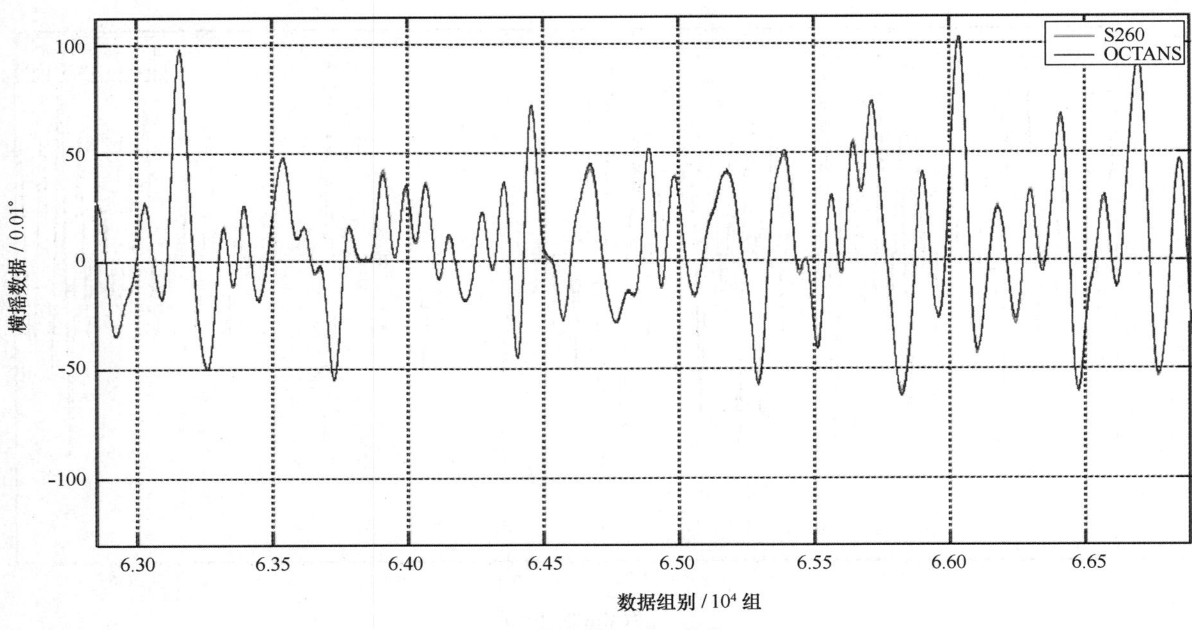

图6 横摇数据对比曲线

图8给出了S260作为姿态测量设备时多波束测量的十字交叉测线公共数据水深误差统计分布图。

（2）OCTANS作为姿态设备时的水深数据统计分析

采用OCTANS作为姿态测量设备时多波束测量的十字交叉测线公共数据水深误差分布如图9所示。

在图9中，我们可以看到大部分区域均为绿色区域，表示大部分的偏差在0.05～0.15 m之间，个别区域误差超过0.2 m。图10给出了OCTANS作为姿态测量设备时多波束测量的十字交叉测线公共数据水深误差统计分布图。

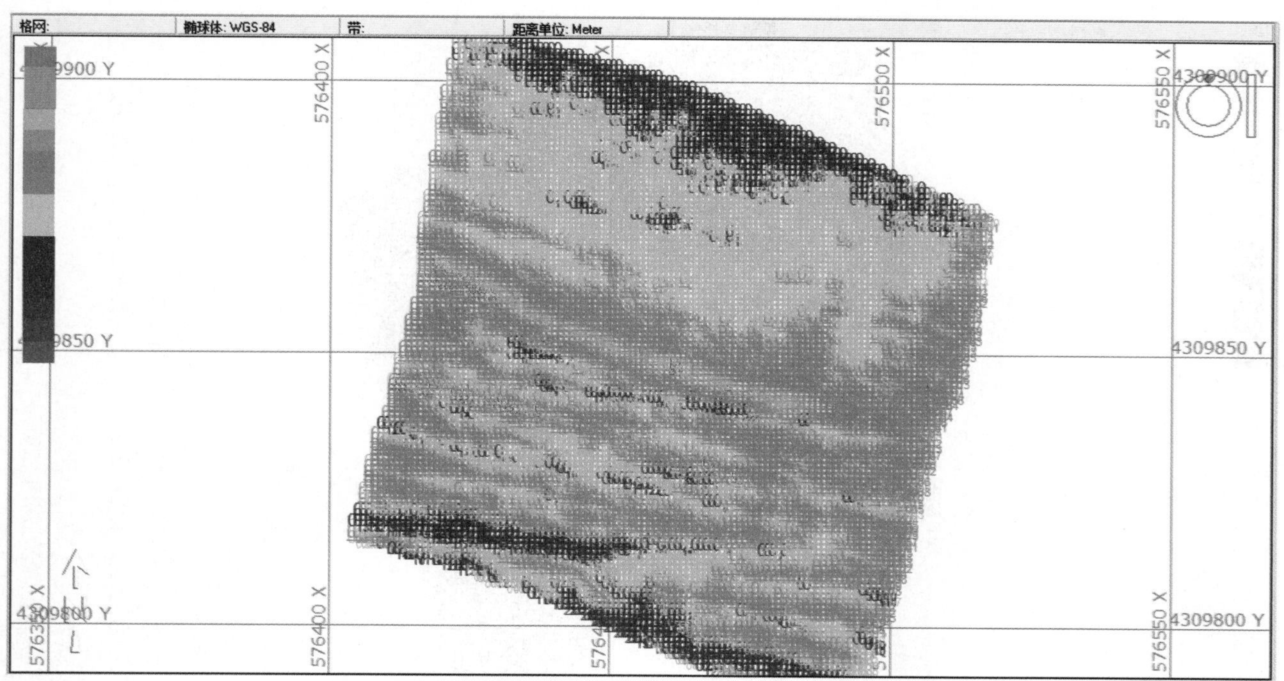

图 7　S260 作为姿态测量时多波束测量的测线水深偏差

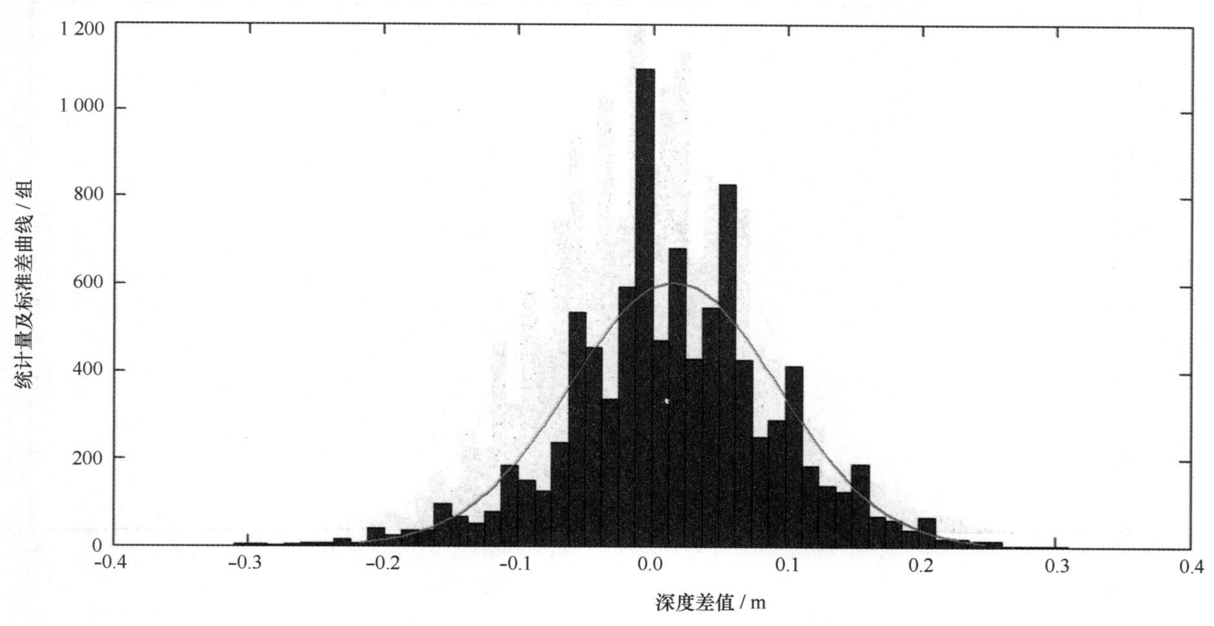

图 8　S260 作为姿态测量设备时多波束测量的十字交叉测线公共数据水深误差统计分布图

（3）对比统计分析

利用 PDS2000 处理后的多波束测量数据，进行水深误差分布统计，统计结果如表 2 所示。

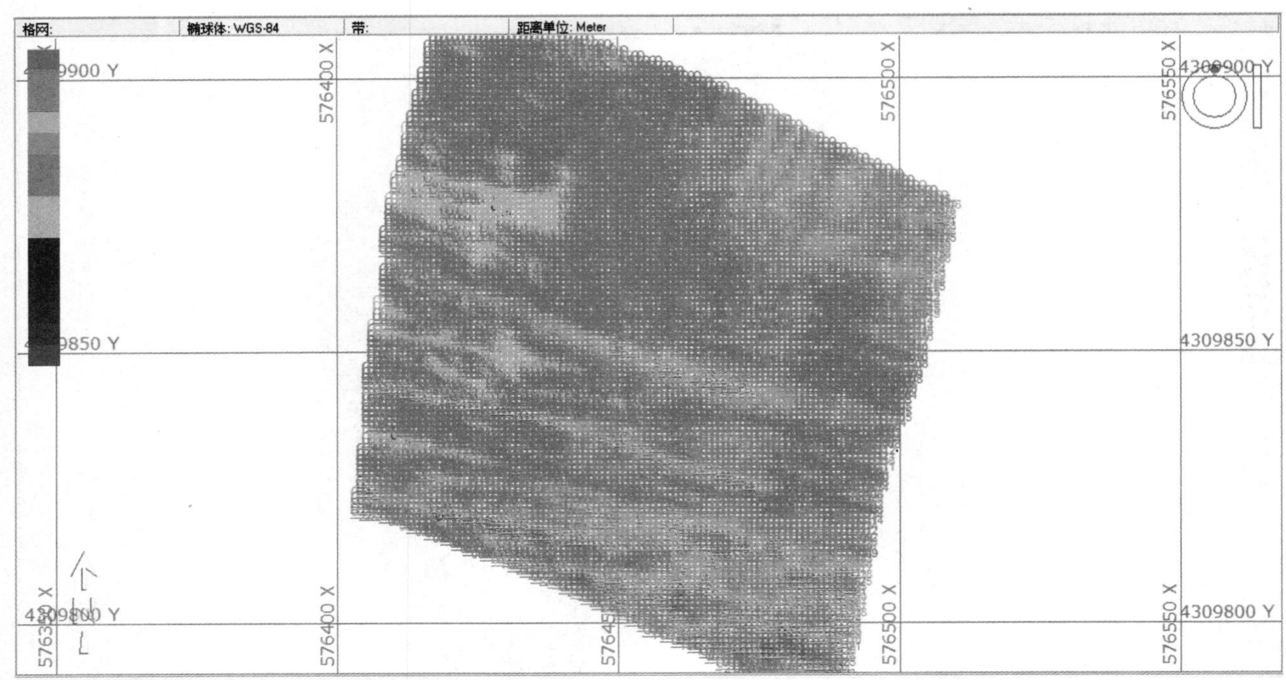

图 9　OCTANS 作为姿态测量设备时多波束测量的十字交叉测线公共数据水深误差统计分布图

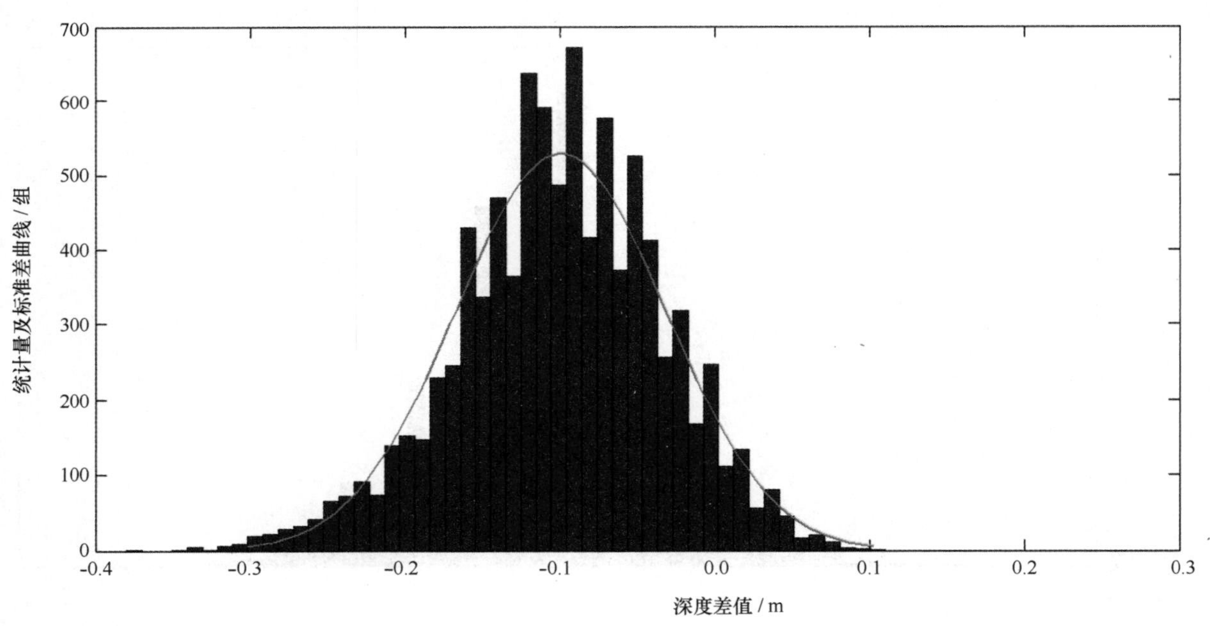

图 10　S260 作为姿态测量设备时多波束测量的十字交叉测线公共数据水深误差统计分布图

经过统计可得到结论如下：

①误差在 0. 1 m 以内的数据 S260 占比为 81. 84%，OCTANS 占比为 53. 93%；

②误差在 0. 1 m 和 0. 2 m 之间的数据 S260 占比为 16. 56%，OCTANS 占比为 39. 44%；

表 2　S260 与 OCTANS 作为姿态测量设备时多波束采集的数据水深误差分布统计表

比对数据量		S260	OCTANS
		9 445 组	9 122 组
水深误差分布/m	$x>0.3$	1 组（0.01%）	0 组（0%）
	$0.2<x\leqslant0.3$	92 组（0.97%）	0 组（0%）
	$0.1<x\leqslant0.2$	1 060 组（11.22%）	1 组（0.01%）
	$0<x\leqslant0.1$	4 117 组（43.59%）	475 组（5.21%）
	$x=0$	645 组（6.83%）	246 组（2.7%）
	$-0.1\leqslant x<0$	2 968 组（31.42%）	4 198 组（46.02%）
	$-0.2\leqslant x<-0.1$	504 组（5.34%）	3 597 组（39.43%）
	$-0.3\leqslant x<-0.2$	57 组（0.6%）	582 组（6.38%）
	$x<-0.3$	1 组（0.01%）	22 组（0.24%）
平均误差		0.016 3	−0.099 7
中误差 σ		0.077 6	0.067 4

③误差在 0.2 m 以上的数据 S260 占比为 1.6%，OCTANS 占比为 6.63%。

④在此次测试当中水深大约在 20 m 左右，而海道测量规范[3]中对于测深精度的要求如表 3 所示。

表 3　海道测量规范深度测量极限误差表

测深范围 Z/m	极限误差 2σ/m
$0<Z\leqslant20$	±0.3
$20<Z\leqslant30$	±0.4
$30<Z\leqslant50$	±0.5
$50<Z\leqslant100$	±1
$Z>100$	$\pm Z\times2\%$

从表 3 中可以看出，海道测量规范要求 20 m 极限误差为 0.3 m，即中误差为 0.15，而此次测试当中 S260 中误差为 0.077 6，可见 S260 在结合多波束应用时的测深精度完全可以达到测量规范要求。

5　结论

综上可以看出，在水深数据误差分析中，OCTANS 和 S260 对应的水深数据中误差相当，虽然 OCTANS 对应的水深数据中误差要略小于 S260 对应的水深数据的中误差，但是 OCTANS 对应的水深数据的平均误差要明显大于 S260 对应的水深数据的平均误差。从数据统计表和正态分布图中我们也可以明显看出，OCTANS 对应的水深数据的平均误差已经严重偏离了真误差 0，多大部分偏差在 −0.1 附近，表示十字交叉两组水深大部分存在 0.1 m 的整体偏差。

综上所有的数据对比分析得出，国产高精度姿态仪 S260 在多波束测深应用中其精度完全可以满足测量需要，符合海道测量规范的精度要求，甚至和主流的 OCTANS 姿态设备相比也毫不逊色。

参考文献：

[1]　全小龙,朱喜文．三峡库区回声仪测深船舶姿态改正方法探讨[C]．中国测绘学会 2006 年学术年会论文集，2006.

[2]　高音．光纤陀螺罗经及其发展和应用[J]．大连水产学院学报,2010(02)：167—171.

[3]　GB 12327－1998. 海道测量规范[M]．北京:中国标准出版社，1999.

海岸侵蚀航空遥感测量技术研究

蒋旭惠[1]，韩磊[2]，董梁[1]，别君[1]，崔璐璐[1]

（1. 中国海监北海航空支队，山东 青岛 266061；2. 青岛市勘察测绘研究院，山东 青岛 266033）

摘要： 本文选取我国渤海湾沿岸部分岸段为实验区域，采用机载（Light Detection and Rang）LiDAR 系统 ALS70 进行了海岸侵蚀监测数据获取，并对数据进行了处理，生成测量区域的正射影像图（DOM），根据该成果在 GIS 环境下对试验区域的岸线进行提取，将其与前一历史时期的岸线进行拓扑运算，从而得到海岸的侵蚀面积、侵蚀岸线的长度等数据结果，完成对目标岸段的航空遥感定量化监测。充分利用了机载 LiDAR 的作业机动性以及高精度数据获取能力，较传统的海岸侵蚀测量方法有了很大进步。为海域使用规划管理、海洋生态环境保护和海洋行政管理等提供更加及时、准确的资料。

关键词： 机载 LiDAR；海岸侵蚀；数字高程模型（DEM）；正射影像图（DOM）；拓扑分析

1 引言

随着海洋经济的迅猛发展和人类对海岸开发与利用的不断深入，作为社会经济发展的重要区域，海岸带人口聚集、资源丰富，必然会受长期、缓慢的海面上升与强台风、风暴潮等自然灾害的影响，加之人类频繁活动直接带来的海岸资源、环境和生态的破坏性、灾难性变化等，导致部分海岸线的逐步侵蚀或淤积，造成严重的地质灾害。如果对海岸带开发缺乏统筹规划和管理，不注重加强治理和防范，许多岸滩，尤其是砂质、泥质岸滩受侵蚀的范围会日益扩大，侵蚀速度会日渐加快，必然破坏海洋的生态平衡，影响沿海地区人民的生活等。因此，为更有效地防范海岸侵蚀范围日渐扩大，速度日益加快，减少海岸侵蚀对海洋生态环境带来的影响，保障沿岸人民的生命和财产安全，加强海岸侵蚀的监测，及时掌握海岸侵蚀的动态情况，为主管部门提出科学合理、及时有效的治理方法和防范措施迫在眉捷。由于航空遥感的高机动性、高精度的数据获取能力，已经成为海岸侵蚀监测的重要手段。它能快速、准确地获取海岸线基础数据信息，根据岸线和不同地貌的成像特征，将不同年份的数据资料进行判读、提取、比对、分析，计算出监测岸段的侵蚀信息，包括侵蚀宽度、侵蚀速度、侵蚀总面积等，完成对目标岸段的航空遥感定量化监测。为海域使用规划管理、海洋生态环境保护和海洋行政管理等提供及时、准确的资料。

由于海岸带地区地物、地形复杂，人力难以到达，而且即便人力到达，潮汐的变化对测量速度与测量质量也提出了很高的要求。机载 LiDAR 系统 ALS70 能提供测量区域的可见光数字影像、激光高程数据和 GPS 三维定位数据以及惯性测量数据[1-2]。其高效的数据获取速度与质量使其成为进行海岸侵蚀监测的首选设备。

2 实施流程

用机载 LiDAR 系统进行海岸侵蚀的航空遥感需要进行数据获取、数据处理、激光点云数据处理生成数字高程模型 DEM、正射影像图 DOM 生成，岸线提取、与历史岸线比对，2 个时期的岸线拓扑运算，结

作者简介： 蒋旭惠（1983—），山东省栖霞市人，主要从事海洋航空遥感的数据处理与相关研究工作。E-mail：jxh_527@163. com

果要素数据包括侵蚀岸线长度、面积等的生成，以及最后的示意图制作等，如图 1 所示。

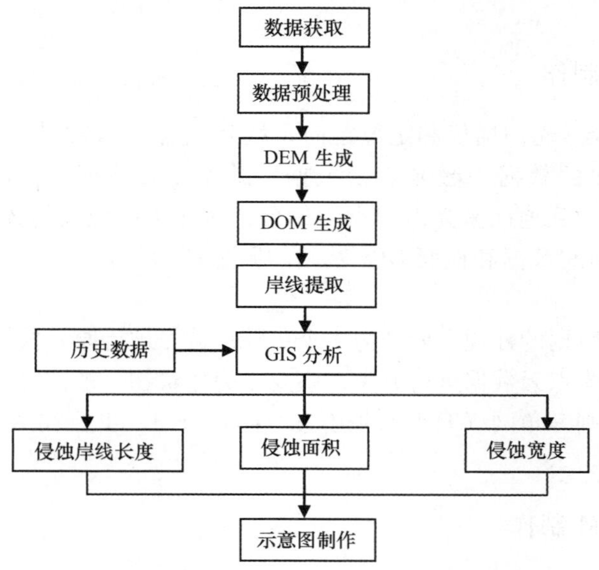

图 1　实验流程图

3　数据获取

3.1　实验区域

本次实验区域选在龙口至蓬莱段海岸，具体区域如图 2 所示。

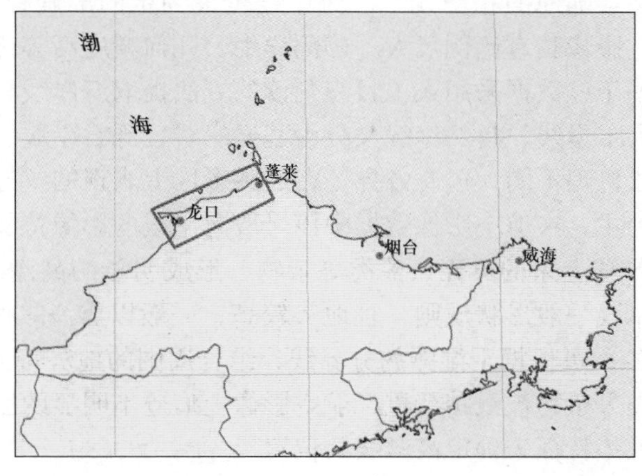

图 2　监测范围示意图

3.2　数据获取

在该实验区域大潮低潮时，用 ALS70 设备对测量岸段进行了数据获取。获取的数据包括：可见光数字影像、激光高程数据和 GPS 三维定位数据以及惯性测量数据。数据下载成功后，首先进行数据质量初检，确定飞行质量，航线无漏洞，确定数字影像的质量，以及 GPS 数据和 INS 数据，确保数据预处理可以正常进行。

4 数据处理

4.1 数字高程模型 DEM 制作

机载 LiDAR 设备将三维激光扫描仪和定位定向系统相结合，以发射激光束并接收回波的方式，获取目标三维信息，主要获取的数据为激光点云数据。激光点云数据经过噪声点去除、地表覆盖物点（建筑物、植被等）分离后得到地面激光返回点的集合，从而生成地表的数字高程模型[3—4]。在处理激光点云数据前，先对机载 GPS 数据和地面 GPS 基站的同步观测数据进行差分解算，得到高精度的定位定向信息。

在此次实验中，对激光数据的处理主要分为 3 个步骤：首先进行原始数据的格式转换；其次对点云数据进行大地定位；然后对激光点云数据进行分类，主要分为建筑物、植被等非地表数据和地表数据；最后将纯激光地表数据进行不规则三角网（TIN）的构建，生成 DEM。主要在 ALS PP、Terra Solid 及 Erdas Imagine 软件中完成。

4.2 数字正射影像图 DOM 制作

数字正射影像图（DOM）是利用数字高程模型（DEM）对数字影像进行纠正，再进行影像镶嵌，根据图幅范围生成的影像数据。在对 ALS70 获得的数字影像进行处理时，先利用相机参数进行内定向，再采用差分解算得到的 6 个外方位元素进行外定向，最后引入 DEM 进行正射纠正，就能生成符合要求的 DOM[5]。经过外业检核，该成果的平面精度为：0.5 m。大大高于进行海岸侵蚀遥感监测的精度要求。

4.4 岸线提取

海岸线是平均大潮高潮面与陆地的相交线[6]。海岸线位置判定的准确程度直接决定着海岸侵蚀定量化监测工作完成的质量。航空影像具有比例尺大、碎部详细、几何精度高等优点，且彩色航片的颜色接近实际景象的颜色，这就使得基于该数据采用人工目视判读的方法提取海岸线具备了可执行性。

海岸线分为自然岸线和人工岸线，自然岸线又分为基岩岸线、砾石岸线、砂质岸线、淤泥质岸线和生物岸线。不同类型的海岸形成机理不同，形态各异，在遥感影像上表现的纹理特征不同[6—8]。该岸段的海岸线以砂质岸线和人工岸线为主，在航空影像数据中该岸段海岸线的影像特征和位置确定主要有以下几种情况：（1）岸滩上有经潮水推移上来的贝壳、藻类等杂物，形成明显的高潮线痕迹。（2）人为修建的堤坝、码头、养殖池塘等人工岸线一般形状规则，且地势较高，一般以靠海一侧的外缘作为高潮线的位置。（3）岸滩上无任何杂物痕迹的，可根据干湿滩的分界线，结合周围的地势特征来确定高潮线的位置。（4）人来往比较频繁，贝壳、藻类等杂物被践踏严重，航空影像上痕迹不明显的区域，需结合该区域周围的岸线位置、地物的分布，以及地势特征来确定高潮线的位置。

在实验中，岸线的提取工作在 ArcGIS 环境下完成。建立岸线矢量层，并最终计算统计出该岸段海岸线长度等数据。

4.3 拓扑运算

在 ArcGIS 环境下，将已经提取的岸线与已经准备好的前一历史时期的该区域的岸线矢量进行拓扑运算，确定受侵蚀的岸线和滩涂，最终计算统计出该岸段海岸侵蚀区域长度、宽度、面积等信息。

4.5 示意图制作

根据数据处理生成的海岸侵蚀矢量数据，将其生成该岸段的侵蚀信息示意图，如图 3 所示。

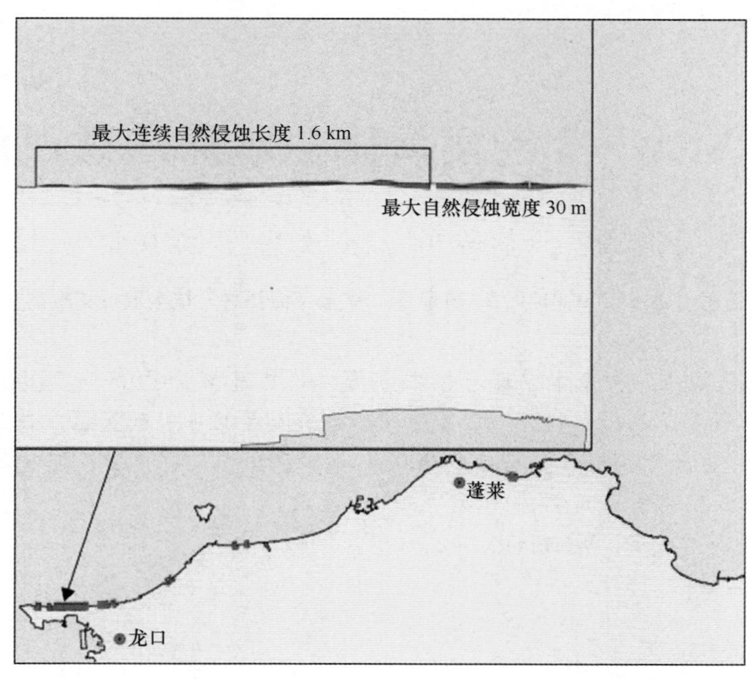

图 3 监测结果示意图

5 结束语

本次实验采用机载 LiDAR 系统 ALS70 作为数据获取设备，经过外业验证，该设备获取的地面分辨率为 0.48 m 的数字影像，满足了进行该项工作的精度要求。在常规测量方式难以完成的海岸带地区，激光雷达高效的地面数据获取能力得到充分的发挥。用机载 LiDAR 设备进行海岸侵蚀的工作是航空遥感监测海岸的一种新的尝试，它能为海洋行政管理与生态环境保护提供更高精度的数据保障。

参考文献：

[1] 张小红．机载激光扫描测高技术[M]．武汉:武汉大学出版社,2002.
[2] 刘经南,张小红．激光扫描测高技术的发展与现状[J]．武汉大学学报:信息科学版,2003(4)：132—136.
[3] 董保根．机载 LiDAR 点云与遥感影像融合的地物分类技术研究[D]．郑州:解放军信息工程大学,2013.
[4] 张熠斌．机载 LiDAR 点云数据处理理论及技术研究[D]．西安:长安大学,2010.
[5] 傅月波,杨一挺,吴迪．基于机载 LiDAR 数据的数字正射影像制作与研究[J]．测绘通报,2012(10)：59—61.
[6] 周立．海洋测量学[M]．北京:科学出版社,2013.
[7] 孙伟富,马毅．不同类型海岸线遥感解译标志建立和提取方法研究[J]．测绘通报,2011(3)：45—48.
[8] 盛静芬,朱大奎．海岸侵蚀和海岸线管理的初步研究[J]．海洋通报,2002(4)：51—58.
[9] 马小峰．海岸线卫星遥感提取方法研究[D]．大连:大连海事大学,2007.

基于 WorldView－2 的南海礁盘水深遥感反演方法研究

张峰[1,2]，范诗玥[1]，卢文虎[1]，刘庆群[1]

（1. 国家海洋信息中心 天津 300171；2. 国家海洋局 数字海洋科学技术重点实验室，天津 300171）

摘要：研究了遥感反演水深的基本原理与技术方法，并利用 WorldView－2 遥感影像数据，对南海区域礁盘水深进行了信息提取研究与误差分析。研究结果证明，研究区水体清澈，利用波段比值模型对 30 m 以浅区域水深反演精度达到 90%，水深反演误差可接受，通过此方法可以大大提高南海礁盘内的水深信息提取及制图效率。

关键词：水深；遥感；反演；WorldView－2

1 引言

我国南海区域拥有众多的岛礁，尤其是南沙群岛，包括 230 多个岛屿、暗礁、暗沙、暗滩，这些岛礁星罗棋布，排列多为北—东走向。海底槽沟纵横交错，地貌十分复杂，是航海的危险地带。海岛多为环礁类型，环礁中的潟湖往往是优良的避风港。由于这些岛礁所处的优越地理位置，因此，在政治、军事、交通运输和经济上均具有极其特殊的重要作用和意义[1]。由于南沙岛礁距离祖国大陆较远，且天气、海况、水下地形等因素复杂，开展传统的水深测量较为困难，而卫星遥感图像包含丰富的波谱信息，且具有覆盖范围广、数据源丰富等特点，在水体清澈、底质均一情况下，利用多波段卫星遥感数据反演水深可达 30 米，精度可以达到 90%，多光谱遥感水深反演技术作为传统水下地形测量的重要补充，具有很好的应用前景[2]。

在遥感水深反演方面，国内外研究人员开展了大量研究工作，取得许多进展。Jerlov 在假设研究区海底底质反射一致及水体衰减系数相同前提下，利用单波段模型进行水深反演[3]。Paredes 用波段比值法消除不同海底底质反射和水体衰减系数的影响进行水深提取研究[4]。Spitzer 基于双向流辐射传输模式提出几种水深反演算法和底质组成算法[5]。Ibrahim M 利用 MSS－4（0.5～0.6 m）采用指数回归模型提取水下地形信息，最大探测水深达 37 m[6]。Khan 对 TM 图像先进行主成分分析，用前几个分量进行水深反演，取得较好效果[7]。国内研究方面，田庆久等人结合多光谱遥感信息传输方程所推导出的水深信息对数反演模式，利用 TM 影像，对江苏近海辐射沙脊群海域开展了水深信息提取研究工作[8]。王晶晶等人通过研究发现，对于近岸混浊度高的样本，单波段和比值模型反演效果不好，平均相对误差均高于 30%；而光谱微分模型的精度较好，平均相对误差为 17%[9]。张鹰等人对南黄海辐射沙脊群海域进行了水深遥感反演研究，利用实测地形和 MODIS 影像数据建立水深反演模型，并考虑了悬沙影响因素，5～15 m 水深段的平均相对误差为 18%[10]。徐升等人建立了 BP 人工神经网络反演模型，用于长江口航道水深反演，研究表明，神经网络反演精度总体上高于线性回归模型的反演精度[11]。邸凯昌等人对 TM 影像提取南沙群岛浅海水深的模型和方法进行了研究，在多波段线性回归模型基础上，引入数据分组平均预处理、潮汐改正、分段线性回归和数据归一化等技术，改进了模型并提高了模型精度[12]。党福星等人利用永暑礁海区

基金项目：国家自然科学基金项目（41206012）；国家海岛保护与管理专项（4042301）。

作者简介：张峰（1978—），男，河南省安阳市人，博士，副研究员，主要从事海洋 GIS、遥感、海洋空间信息处理相关技术研究。E-mail：296728556@ qq. com

TM 数据和实测水深资料，研究建立了浅海水深反演模型，并进行了南海浅海岛礁水深的实际计算，总标准误差为 2.14 m，对我国南海 30 m 以浅岛礁水深地形研究具有很好的参考价值[13]。

2 遥感水深反演原理与方法

2.1 基本原理

利用遥感反演浅海水深的原理主要是利用太阳电磁波在水体内部具有穿透能力，通过遥感器采集水下一定深度范围内电磁波信息，再通过信息处理方法剔除各种影响因素，提取水体厚度信息[9]。遥感影像上的波谱信息综合反映了大气状况、水深、水体悬浮质、底质反射率等多种因素。当水体足够清澈、底质均一，并且大气条件较好时，遥感图像的波谱信息能够较好地反映水深信息，通过建立反演模型，即建立起遥感波谱信息与水深两者的相关关系。

在不同波长的电磁波中，可见光波段具有最大的大气穿透率和最小的水体衰减系数，是水深遥感探测的最佳波段[12]。研究表明，不同波段的可见光在同一水体中的穿透能力不同，其中 0.4～0.58 μm 波长范围的蓝绿光波段在水体中的衰减系统最小，具有最强的水体穿透性，大气条件较好时，能够探测到 30 m 以浅的水体。

2.2 方法模型

主要的遥感水深反演模型有单波段模型、双波段模型、多波段模型、波段比值模型等[2]。

2.2.1 单波段模型

单波段模型又称为简单衰减模型，由布格尔定理可知，光辐射通量沿水深 Z 的变化按指数规律衰减，即：

$$R_E = kR_b e^{-2KZ} + R_w, \tag{1}$$

式中，K 为水体衰减系数；R_w 为水体反射值；R_b 为水底反射值；k 为一综合因子，反映了太阳辐射在水面和大气中传播及光线在水面折射等多种影响。由式（1）可得水深值 Z 为：

$$Z = -\frac{1}{2K}\ln(R_E - R_W) + \frac{1}{2K}(\ln R_b + \ln k). \tag{2}$$

令 $X = \ln(R_E - R_W)$；$a = -\frac{1}{2K}$；$b = \frac{1}{2K}(\ln R_b + \ln k)$，则可得表达式：

$$Z = aX + b. \tag{3}$$

2.2.2 双波段模型

研究表明，通过两个波段比值可以在一定程度上消除不同水体类型的衰减系数差异，以及不同底质种类的反射率差异。假设存在波段 1 和波段 2，这两个波段在不同的底质 A，B，C，…上反射率保持不变，即：

$$\frac{R_{A1}}{R_{A2}} = \frac{R_{B1}}{R_{B2}} = \frac{R_{C1}}{R_{C2}} = \cdots \tag{4}$$

对该式进行推广，其任意形式为：

$$\frac{(R_{A1})^{C1}}{(R_{A2})^{C2}} = \frac{(R_{B1})^{C1}}{(R_{B2})^{C2}} = \frac{(R_{C1})^{C1}}{(R_{C2})^{C2}} = \cdots = C. \tag{5}$$

式（4）可以看作是式（5）的一个特例，即：$C_1 = C_2 = 1$，C 为常数。则双波段模型的方程可以表示为：

$$Z = \frac{w_1}{2K_1}(\ln R_{b1} + \ln k_1 - X_1) + \frac{w_2}{2K_2}(\ln R_{b2} + \ln k_2 - X_2), \tag{6}$$

式中，$X_i = \ln[R_{Ei} - R_{Wi}]$（$i = 1, 2$）；$w_1$、$w_2$ 为两波段的权重因子。

取 $w_1=\frac{C_1K_1}{C_1K_1+C_2K_2}$，$w_2=\frac{-C_2K_2}{C_1K_1+C_2K_2}$，令 $d=\frac{w_1}{2K_1}\ln k_1-\frac{w_2}{2K_2}\ln k_2$，可得水深为：

$$Z=\frac{C_1\ln R_{b1}-C_2\ln R_{b2}-(C_1X_1-C_2X_2)+(C_1\ln k_1-C_2\ln k_2)}{2(C_1K_1+C_2K_2)}. \tag{7}$$

由式（5）可得：

$$C_1\ln R_{b1}-C_2\ln R_{b2}=\ln C. \tag{8}$$

由此，式（7）为：

$$Z=\frac{-(C_1X_1-C_2X_2)+\ln C+(C_1\ln k_1-C_2\ln k_2)}{2(C_1K_1+C_2K_2)}. \tag{9}$$

令 $a=\frac{-C_1}{2(C_1K_1+C_2K_2)}$，$b=\frac{C_2}{2(C_1K_1+C_2K_2)}$，$c=\frac{\ln C+(C_1\ln k_1-C_2\ln k_2)}{2(C_1K_1+C_2K_2)}$，
则双波段模型方程为：

$$Z=aX_1+bX_2+c. \tag{10}$$

2.2.3 多波段模型

将双波段模型扩展到 n 个不同的波段和 n 种不同的底质类型的情况，权重因子取，则水深表达式为：

$$Z=\frac{-(C_1X_1-\sum_{j=2}^{n}C_jK_j)+\ln C+(C_1\ln k_1-\sum_{j=2}^{n}C_j\ln K_j)}{2\sum_{j=1}^{n}C_jK_j}. \tag{11}$$

$$令\ a_1=\frac{-C_1}{2\sum_{j=1}^{n}C_jK_j},a_2=\frac{-C_i}{2\sum_{j=2}^{n}C_jK_j}(i=2,3,\cdots,n),b=\frac{\ln C+(C_1\ln k_1-\sum_{j=2}^{n}C_j\ln K_j)}{2\sum_{j=2}^{n}C_jK_j},$$

则：

$$Z=a_1X_1+a_2X_2+\cdots+a_nX_n+b, \tag{12}$$

式中：a_1，a_2，$\cdots a_n$，b 为待定系数。

2.2.4 波段比值模型

由式（1）可得：

$$R_E-R_w=kR_b\mathrm{e}^{-2KZ}. \tag{13}$$

对两个波段 1，2 进行比值运算：

$$\frac{R_{E1}-R_{w1}}{R_{E2}-R_{w2}}=\frac{R_{b1}}{R_{b2}}\mathrm{e}^{-2(K_1-K_2)Z}, \tag{14}$$

$$Z=-\frac{1}{2(K_1-K_2)}\ln\frac{R_{E1}-R_{w1}}{R_{E2}-R_{w2}}+\frac{1}{2(K_1-K_2)}\ln\frac{R_{b1}}{R_{b2}}. \tag{15}$$

由式（4）可知：$\frac{R_{b1}}{R_{b2}}$是一常数。两波段在不同类型的水体中的衰减系统的差值（K_1-K_2）基本保持不变。令 $a=\frac{1}{2(K_1-K_2)}$，$b=\frac{1}{2(K_1-K_2)}\ln\frac{R_{b1}}{R_{b2}}$，$X_i=R_{Ei}-R_{Wi}$，则可得波段比值模型表达式：

$$Z=a\ln\left(\frac{X_1}{X_2}\right)+b. \tag{16}$$

以上反演模型中，单波段模型的假设条件比较理想，实际应用中误差较大。双波段模型、多波段模型以及波段比值模型消除了水体类型、衰减系统、底质类型等影响因素，反演精度较高，应用较为广泛。

3 遥感数据采集与处理

3.1 研究区概况

本实验选取美济礁礁盘潟湖为研究区。美济礁位于我国南沙群岛东部，西距九章群礁约 105 km，为一椭圆形的珊瑚环礁，环礁顶部全由珊瑚构成，东西约 9 km，南北约 6 km，环礁内潟湖面积约 36 km^2。礁盘西、西南面有 3 个进口可以进入潟湖，自古以来为我国渔民的天然避风良港。美济礁远离大陆，水体中泥沙悬浮物、浮游植物含量很少，水质清澈，对光线的衰减系数较小，礁体均为珊瑚礁，底质比较均一，有利于遥感测深。

3.2 数据源

本实验采用 WorldView－2 影像数据，成像时间为 2014 年 2 月 21 日，如图 1。WorldView－2 卫星是美国 DigitalGlobe 公司于 2009 年 10 月发射的一颗高分辨率商业遥感卫星，能够提供 0.5 m 分辨率全色图像和 1.8 m 分辨率的多光谱图像。其多光谱数据除了 4 个常见的波段即蓝光波段、绿光波段、红光波段和近红外波段，还提供了 4 个新的光谱波段，分别为海岸波段、黄光波段、红边波段和近红外 2 波段。WorldView－2 数据以其高空间分辨率的特性及海岸波段在岛礁遥感监测中有很大应用潜力。其卫星多光谱波段参数如下表 1。

表 1 Worldview－2 卫星多光谱波段参数

多光谱波段	波长值
海岸波段 band1	400～450 nm
蓝光波段 band2	450～510 nm
绿光波段 band3	510～580 nm
黄光波段 band4	585～625 nm
红光波段 band5	630～690 nm
红边波段 band6	705～745 nm
近红外波段 band7	770～895 nm
近红外 2 波段 band8	860～1 040 nm

3.3 数据预处理

为保证实验质量，首先对数据源进行预处理，包括大气校正、几何校正、图像增强、水陆信息分离提取等，消除或减少影像受大气状况、海水等因素影响，提高水深反演的精度。

（1）大气校正

本文中采用目前较为成熟的 MODTRAN4（Moderate Resolution Transmission）算法进行大气校正，MODTRAN4 是在 LOWTRAN 基础上改进而来，具有更高分辨率，对辐射传输的几何路径、气溶胶模式以及透过率模式等提供了更多选择，并引入多次散射计算方法，计算精度显著提升[14]。

（2）几何校正

有理多项式系数（Rational Polynomial Coefficients，RPC）是卫星遥感影像几何处理中的常用方法，属于多项式模型的一种，对于各种类型传感器的纠正具有普遍适应性，尤其对地面相对平坦的情况，具有较高的纠正精度。本文利用随影像分发的 RPC 文件，对高程变化不明显的美济礁区域 WorldView－2 影像进行几何校正，足以保证实验几何精度。有理函数模型可以用公式表示为：

$$\begin{cases} r_n = \dfrac{Num_L(P,L,H)}{Den_L(P,L,H)} \\ c_n = \dfrac{Num_S(P,L,H)}{Den_S(P,L,H)} \end{cases}, \tag{18}$$

式中，(P,L,H) 表示正则化后的地面坐标，r_n 、c_n 分别是标准化的影像行、列坐标，Num_L 、Den_L 、Num_S 和 Den_S 分别是关于 (P,L,H) 的三次多项式。

（3）图像增强

直方图均衡化就是对给定图像进行非线性拉伸，使图像的直方图变成基本符合正态分布的直方图，从而使灰度集中的图像得到改善，增强图像信息。在数字图像中，直方图均衡化的离散公式为：

$$S_k = T(r_k) = \sum_{j=0}^{k} P_r(r_j) = \sum_{j=0}^{k} \frac{n_j}{n},$$
$$0 \leqslant r_k \leqslant 1, 0 \leqslant S_k \leqslant 1, k = 0,1,\cdots,L-1, \tag{19}$$

其中，r_k 表示为归一化后的像素值，S_k 表示为灰度映射函数，n 为一幅图像的总像素数，L 表示为图像的灰度范围。

由于该数据质量较好，尤其是礁盘区域内云雾较少，因此采取线性拉伸方式对图像进行增强，继而开展水陆分离处理。经水陆分离处理后，云雾、船只、建筑、露出水面沙洲等噪声均得到有效去除，得到水域部分数据，其结果如图2所示。

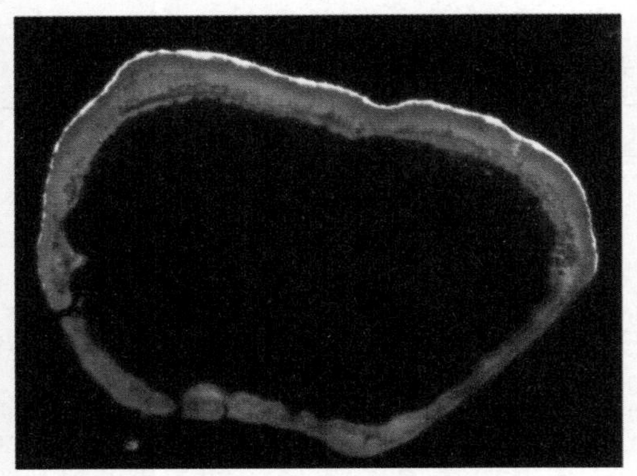

图1 美济礁卫星影像数据

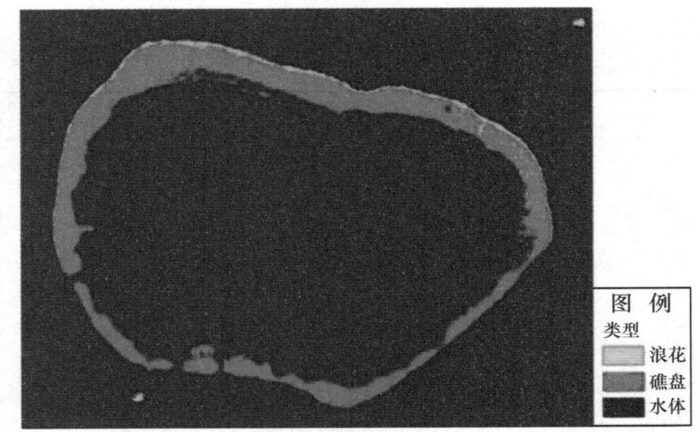

图2 水域部分示意图

4 计算结果与误差分析

4.1 水深模型计算

实验采用底部反照率独立水深测量算法（Bottom Albedo - Independent Bathymetry Algorithm）量测水深，该算法是波段比值模型的一种，其假设当深度相同的时候，不管水底是被深色或者明亮物体覆盖，它们的辐射亮度值都一样。这对于清澈的南沙区域进行深度反演，具有很强的优势。算法公式为：

$$\text{Depth} = c_1 \frac{\ln(nR_W\lambda_i)}{\ln(nR_W\lambda_j)} - c_0, \tag{20}$$

其中，Depth 为水深，c_1 为调整水深比例的参数，n 为固定常量，保证对数是正值及是线性关系；R_W 为卫星观测辐射亮度值，λ_i 为波段 i，λ_j 为波段 j，c_0 为补偿0 m深度的常量。

将影像波段信息带入公式计算，得到美济礁礁盘区域相对水深图，如图3所示。对该图进行密度分割处理，得到该区域相对水深密度分割示意图，如图4所示。由图4可得到该区域水深分布趋势，以及其周边云雾、船只、礁体北部浪花等噪声信息，如图 4 中黑色区域。由于该部分噪声数值趋近于 0 值，因此采用密度分割处理进行消除。

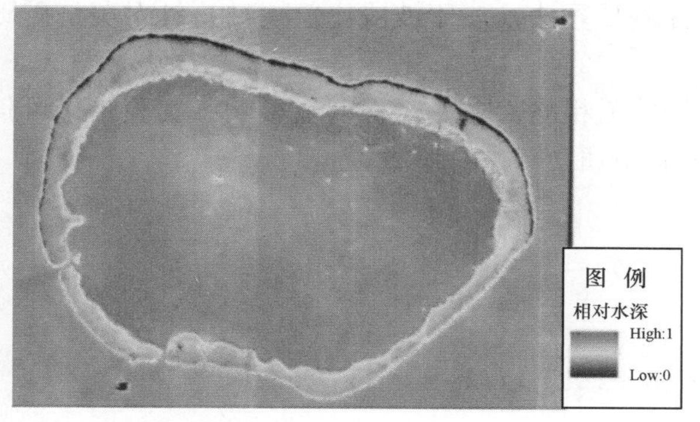

图 3　相对水深示意图

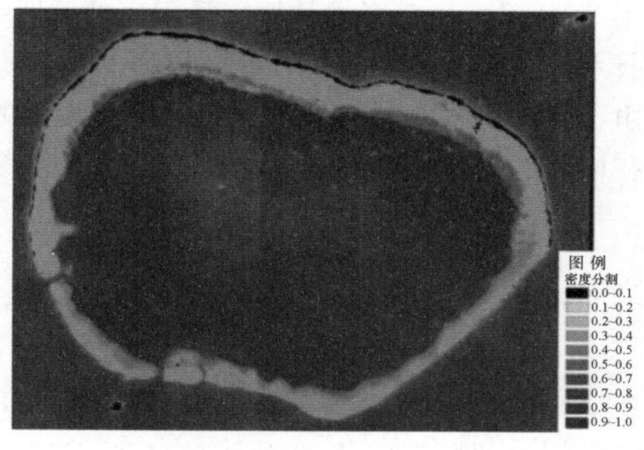

图 4　相对水深密度分割示意图

采用该区域有效控制水深点对美济礁相对水深进行标定，选取左上、右上及左下 3 处礁盘水深点为基准点，得到美济礁水深分布图，如图 5 所示。中部泻湖水深为 20～26 m，主要集中在 24 m 区域；南部水道水深为 21～24 m，主要集中在 22 m。

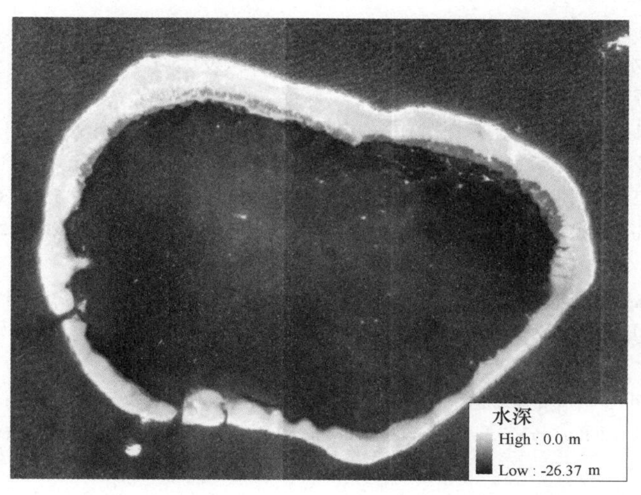

图 5　美济礁水深分布图

4.2　误差分析

经对比分析，该反演结果与已有 DEM 数据整体趋势一致；中部潟湖区域反演结果水深为 20～26 m，主要集中在 24 m 附近，DEM 数据该区域为 26 m，结果基本一致；潟湖边缘近礁盘区域反演结果为 15～20 m，主要集中在 18 m 附近，DEM 数据该区域为 19 m，结果基本一致。

同时，该结果与相关公开资料“美济礁环礁内泻湖面积约 36 km^2，水深 20～30 m，西南部水道水深 18 m 以上”，水深数据基本一致，误差在 3 m，即 10% 左右。

5　结论与建议

通过本文研究与实验可得，南沙群岛美济礁海域，水质清澈，对光线的衰减系数较小，礁体为珊瑚礁，底质比较均一，有利于利用遥感影像开展海水深度提取。

遥感水深反演模型包括单波段模型、双波段模型、多波段模型、波段比值模型等，其中，双波段模型、多波段模型以及波段比值模型消除了水体类型、衰减系统、底质类型等影响因素，反演精度较高。本文利用 WorldView－2 影像数据，采用底部反照率独立水深测量算法（属于波段比值模型）针对美济礁礁盘进行水深量算反演，取得较好效果。

由于缺少实测水深数据作对比，反演结果的精度分析较为粗略，在一定程度上影响了实验结果可信度，在以后的研究中应加强实验结果与实测水深数据的对比分析。

参考文献：

[1] 杨文鹤．中国海岛[M]．北京：海洋出版社，1999．

[2] 黄文骞，吴迪，杨杨，等．浅海多光谱遥感水深反演技术[J]．海洋技术，2013，32(2)：43—46．

[3] Jerlov N G. Marine Optics[M]. Amsterdam：Elsevier Scientific，1976．

[4] Paredes J M，Spero R E. Water depth mapping from passive remote sensing data under a generalized ratio assumption[J]. Applied Optics，1983，22(8)：1134—1135．

[5] Spitzer D，Dirks R W J. Botom influence on the reflectance of the sea[J]. International Journal of Remote Sensing，1987，8(3)：279—290．

[6] Ibrahim M，Cracknell A P. Bathymetri Using Landsat Mss Data of Penang Island in Malaysia[J]. International Journal of Remote Sensing，1990，11：557—559．

[7] Khan M A. Fadlallah Y H . Al-Hinai K G. Thematic mapping of subtidal coastal habitats in the Western Arabian Gulf using Landsat TM data－Abu All Bay，Saudi Arabia[J]. International Journal of Remote Sensing. 1992，13：605—614．

[8] 田庆久，王晶晶，杜心栋．江苏近海岸水深遥感研究[J]．遥感学报，2007，11(3)：373—379．

[9] 王晶晶，田庆久．海岸带浅海水深高光谱遥感反演方法研究[J]．地理科学，2007，27(6)：843—848．

[10] 张鹰，张芸，张东，等．南黄海辐射沙脊群海域的水深遥感[J]．海洋学报，2009，31(3)：39—45．

[11] 徐升，张鹰，王艳姣，等．多光谱遥感在长江口水深探测中的应用[J]．海洋学研究，2006，24(1)：83—90．

[12] 邸凯昌，丁谦，陈薇，等．南沙群岛海洋浅海水深提取及影像海图制作技术[J]．国土资源遥感，1999(3)：59—64．

[13] 党福星，丁谦．利用多波段卫星数据进行浅海水深反演方法研究[J]．海洋通报，2003，22(3)：55—60．

[14] 毛克彪，覃志豪．大气辐射传输模型及 MODTRAN 中透过率计算[J]．测绘与空间地理信息，2004，27(4)：1—3．

[15] 党福星，丁谦．多光谱浅海水深提取方法研究[J]．国土资源遥感，2001(4)：53—58．

[16] 沈婕，苏昆，张鹰，等．基于遥感反演水深数据的测图技术研究[J]．测绘科学，2009，34(4)：180—182．

[17] 张鹰．水深遥感方法研究[J]．河海大学学报，1998，26(6)：68—72．

[18] 张振兴，郝燕玲．卫星遥感多光谱浅海水深反演法[J]．中国航海，2012，35(1)：13—72．

[19] 张利平．缺少控制点的 WorldView－2 卫星影像正射纠正[J]．测绘与空间地理信息，2013，36(10)：228—229．

[20] Ji W，Civco D L，Kennard W C. Satellite remote bathymetry: A new mechanism for modeling[J]. Photogrammetric Engineering and Remote Sensing，1992，58(5)：545—549．

[21] Tripathi N K，Rao A M. Bathymetric mapping in Kakinada Bay，India，using RS－1D LISS－III data[J]. International Journal of Remote Sensing，2002，23(6)：1013—1025．

基于辐射计海冰密集度数据的北极区域海冰变化规律分析

石立坚[1]，王其茂[1]，邹斌[1]，曾韬[1]，施英妮[2]

（1. 国家卫星海洋应用中心，北京 100081；2. 中国人民解放军 61741 部队，北京 100094）

摘要： 基于 2003 年至 2010 年期间 AMSR－E 的海冰密集度数据，对北极海冰时空变化进行分析。北极整个区域海冰范围和海冰面积每年 3 月份达到最大值，9 月份最小；8 年中，2007 年 9 月份北极区域海冰面积和海冰范围最小，分别为 3.45×10^6 km^2 和 4.09×10^6 km^2。5 个海区中，北极区域、洋中区和北大西洋区海冰范围和面积都是逐年递减趋势，北太平洋区和白令海区存在递增趋势。根据 2003—2010 年近 8 年来与 1979—2006 年整个北极区域海冰范围和面积的变化趋势分析，可以得出，这 8 年间海冰覆盖在减小，而且海冰总体的密集度也在减小。随着全球温度的升高，这种减小的趋势可能会保持下去，从而使北极航道通航成为可能。

关键词： 微波辐射计；北极；海冰密集度

1 引言

北冰洋几乎终年被海冰覆盖，约占全球海冰的 30%。它的反照率高达 80% 以上，能够反射大部分的太阳辐射，从而使无冰海面区域和海冰覆盖区域的海气能量交换存在较大差异，所以影响海洋和大气的循环[1—2]，其时空变化也构成了北半球高纬度气候干扰的一个重要诱发因子。近年来由于北极冰层融化加速，北冰洋的西北航线及东北航线已经打通，人类可以真正实现无障碍通航海冰密集度是描述极区海冰的主要参数，定义为单位面积内海冰覆盖所占的百分比。目前用于海冰密集度反演的数据主要来源于星载微波辐射计，该辐射计作为一种被动微波传感器，结合不同波段不同极化方式下的观测亮温，可以区分海冰和海水。

本研究采用 AMSR－E 在轨运行期间的海冰密集度数据，对 2003 年至 2010 年期间北极区域的海冰密集度时空变化进行分析。

2 数据及方法

2.1 数据

采用 AQUA 卫星搭载的微波辐射计 AMSR－E（Advanced Microwave Scanning Radiometer for EOS）的亮温数据反演的海冰密集度，该传感器可以提供 55°入射角的从 6.9 GHz 到 89 GHz 共 6 个频率 12 个通道的亮温观测，每个频率有水平和垂直两种极化方式。德国不来梅大学利用 ASI 算法和 AMSR－E 传感器的 89 GHz 水平和极化两种极化方式下的亮温数据获得海冰密集度产品，产品空间分辨率为 6.25 km，产品格式为 HDF[3]。AQUA 卫星 2002 年 5 月 4 日发射升空，AMSR－E 为星上 6 个载荷之一，传感器天线于 2011 年 10 月 4 日停止旋转，所以本研究采用 2003 年至 2010 年共 8 年的数据开展北极海冰密集度时空变化

基金项目： 国家国际科技合作专项（2011DFA22260）；南北极环境综合考察与评估传项（CHINARE 2015－02－04，CHINARE 2015－04－03－02）。

作者简介： 石立坚（1981—），男，副研究员，主要从事海洋遥感应用研究。E-mail：shilj@mail.nsoas.org.cn

分析。

2.2 区域划分

为了能够清晰地反映极地不同区域海冰的变化特征，本研究对极地地区进行分区处理，具体如下：北太平洋区为42°～70°N，131°E～158°W；北大西洋区为55°～80°N，45°W～60°E；白令海区为53°～66°N，161°E～158°W；洋中区为太平洋一侧70°N以北，大西洋一侧80°N以北；加上整个北极地区，一共5个区域，具体区域划分如图1所示，其中黄色区域为北大西洋区；橙色区域为洋中区；浅蓝色（包括棕色）区域为北太平洋区；棕色区域为白令海区。

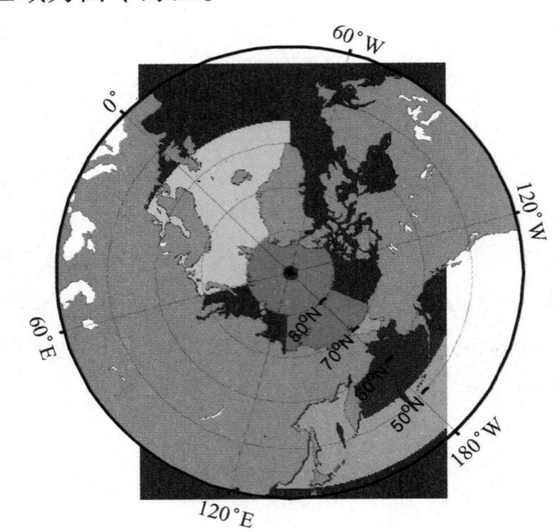

图1 北极不同统计区域划分情况

2.3 统计参量

本研究通过海冰范围和海冰面积两个参量来统计分析海冰的变化特征。海冰范围为海冰密集度大于15%的栅格格点的面积，通常将海冰范围的边缘线定义为海冰外缘线，它反映了了海冰融化和冻结过程海冰覆盖的变化，也体现了风场对海冰作用产生的面积。海冰面积为海冰密集度大于15%的栅格格点中海冰的有效面积，即每个格点的面积需要乘以该格点的密集度，所以海冰面积的值要小于海冰范围，这个参量能够真实表示海冰能够隔绝海洋和大气并且反射太阳辐射的真实面积。

3 结果

计算2003年1月1日到2010年12月31日各区域每日的海冰范围和海冰面积，并作海冰范围和海冰面积的时间序列图（如图2）。从图中可以看出来各个区域的海冰范围和海冰面积变化都呈现明显的季节变化规律：

（1）北极整个区域海冰范围和海冰面积在一年中波动很大，呈明显的正弦曲线的季节变化，但是明显滞后于太阳辐射和海温的季节性变化，每年3月份达到最大值，然后进入融冰期，9月份达到最小值；8年的平均值中，3月份达到最大，海冰面积和海冰范围分别为 13.67×10^6 km^2 和 14.55×10^6 km^2，9月份最小，海冰面积和海冰范围分别为 4.27×10^6 km^2 和 5.02×10^6 km^2；8年中，2007年9月份北极区域海冰面积和海冰范围最小，分别为 3.45×10^6 km^2 和 4.09×10^6 km^2。

（2）洋中区海冰变化范围较小，5月份海冰开始融化，亦是9月份达到最小值，海冰面积和海冰范围分别为 3.09×10^6 km^2 和 3.34×10^6 km^2；然后进入结冰期，每年12月到4月为稳定期，海冰面积和海冰范围达到最大，分别为 5.18×10^6 km^2 和 5.20×10^6 km^2；8年中海冰面积和海冰范围最小也发生在2007年9月，分别为 2.29×10^6 km^2 和 2.43×10^6 km^2。

（3）北太平洋区海冰变化亦呈正弦曲线的季节变化，但是6月底到10月初海冰变化不大，海冰面积和海冰范围稳定趋于0.03×10^6 km^2 和0.06×10^6 km^2；3月份达到最高，海冰面积和海冰范围最大值分别为1.71×10^6 km^2 和2.04×10^6 km^2。

（4）北大西洋区海冰变化范围小于北太平洋区，亦呈正弦曲线的季节变化，3月份达到最高，海冰面积和海冰范围分别为1.20×10^6 km^2 和1.41×10^6 km^2，8月份达到最小，海冰面积和海冰范围分别为0.12×10^6 km^2 和0.21×10^6 km^2；值得注意的是8年中2007年夏季该区域的海冰面积和海冰范围为历年最大，而2007年夏季北极区域海冰为历年最小，两者趋势是否相反？这一现象是否偶然还需要更长时间序列的数据分析。

（5）白令海区域海冰变化趋势与北太平洋区域类似，在6月到10月中旬基本处于无冰期，3月底达到最大，海冰面积和海冰范围最大值分别为0.68×10^6 km^2 和0.8×10^6 km^2。

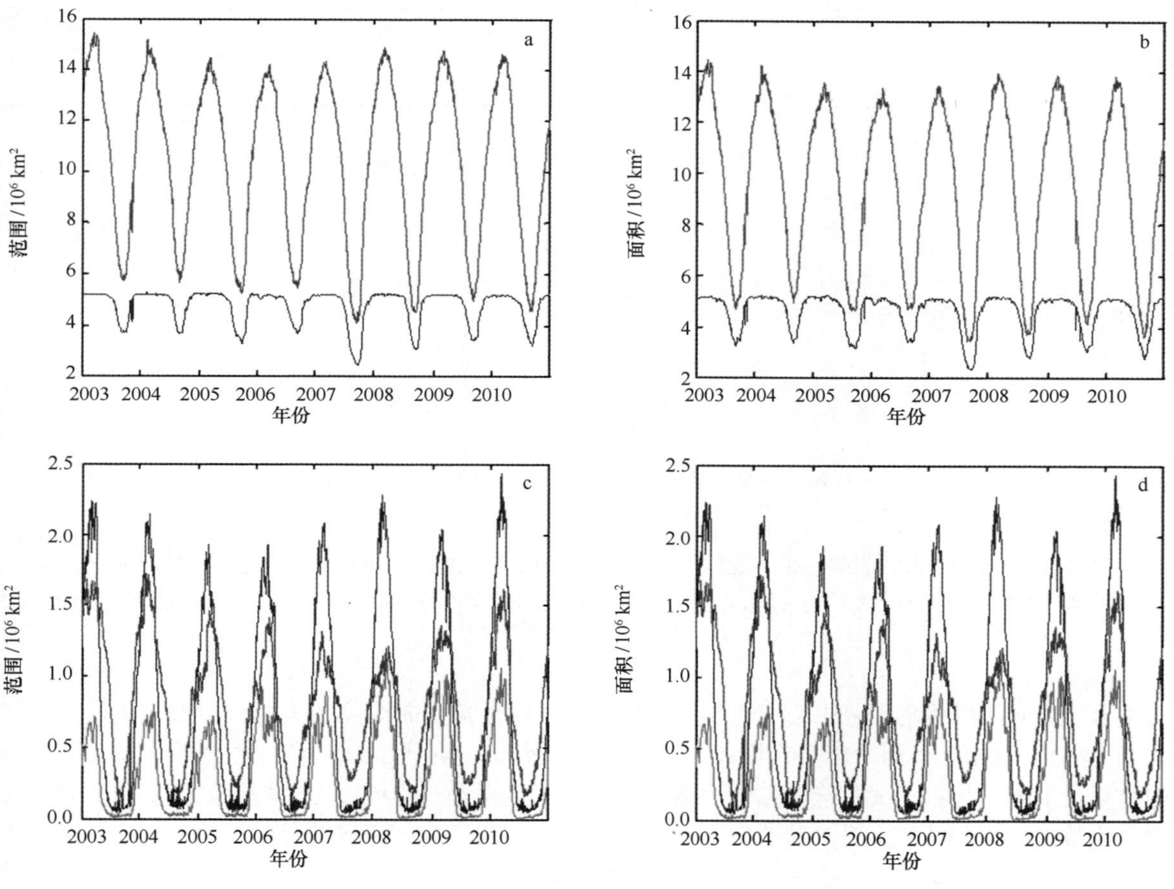

图2 2003年到2010年各区域海冰范围（a和c）和海冰面积（b和d）的时间序列

图a和b中蓝色为洋中区，绿色为整个北极区域；图c和d中红色为白令海，蓝色为北太平洋，绿色为北大西洋

对逐日海冰范围分别计算月平均，季节平均和年平均。计算各区域8年来所有年份各月的月平均数据，然后用各月数据减去各自的多年月平均数据，得到各月份与平均的离差；对各年计算平均值，得到北极各区域海冰范围年平均变化数据；用线性最小二乘回归法对各数据进行线性拟合，得到各数据的拟合直线，并进行 F 检验，都通过了显著性为0.05的检验。图3为整个北极区域和北太平洋区域的海冰范围的月平均和年平均的变化曲线及相应的线性拟合曲线（线性拟合通过了显著性为0.05的 F 检验），从图中可以看出：整个北极区域海冰范围有明显的下降趋势，无论月平均（见图3a）还是年平均（见图3b）都反映出2003年和2004年（大部分月份）的海冰范围高于多年平均水平，属于重冰年，2005年和2006年海冰范围开始降低，属于过渡年份，到2007年到达最低点，属于轻冰年；而北太平洋区域海冰范围的变

化趋势相反，有逐年上升的趋势，但是 2007 年 9—10 月该区域海冰范围亦低于多年平均。

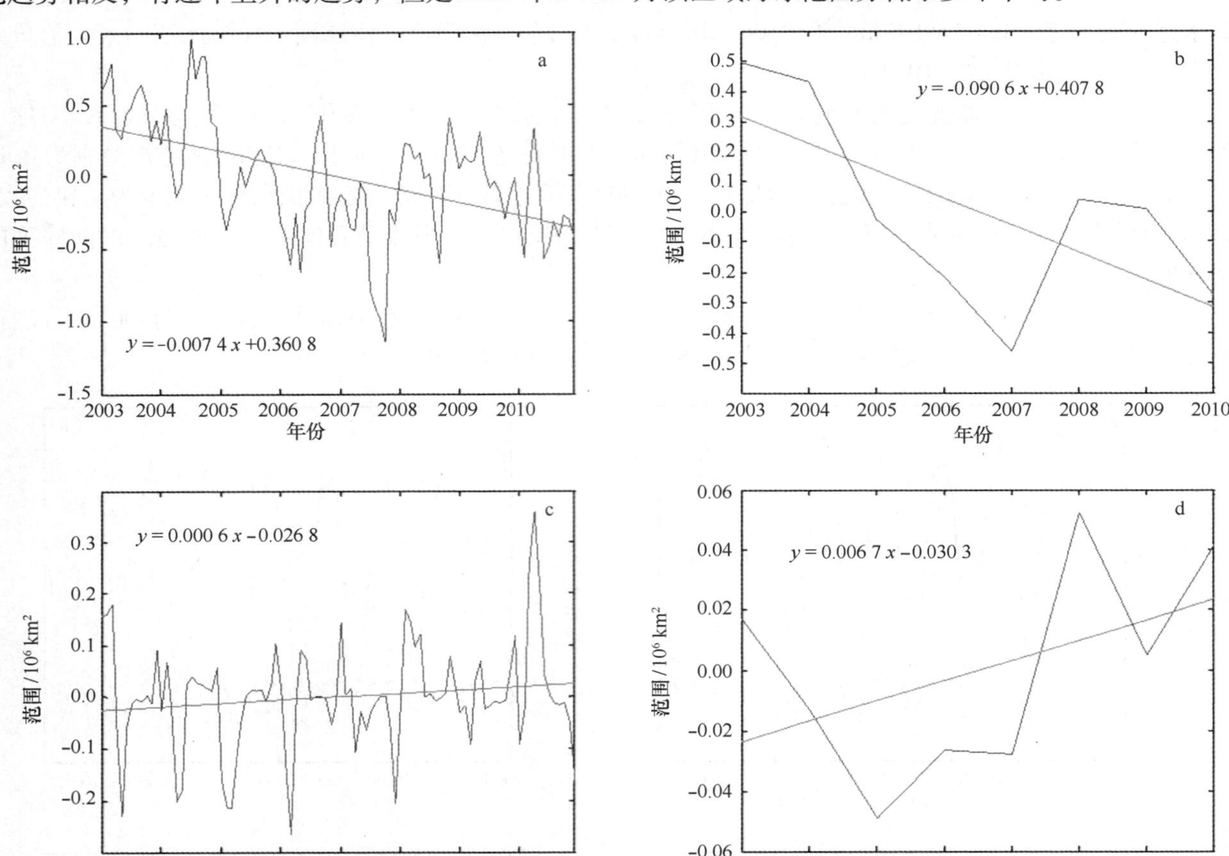

图 3 整个北极区域和北太平洋区域的海冰范围的月平均和年平均的变化曲线（蓝色）及相应的线性拟合曲线（红色）
a. 整个北极区域海冰范围月平均变化；b. 整个北极区域海冰范围年平均变化；c. 北太平洋区域海冰范围月平均变化；d. 北太平洋区域海冰范围年平均的变化

表 1 为 5 个海区海冰范围月平均变化和年平均变化的线性拟合曲线关系式（线性拟合通过了显著性为 0.05 的 F 检验）及相应得到的年上升趋势，从表中可以看出，整个北极区域、北大西洋区域和洋中区海冰范围均呈现下降趋势，北太平洋和白令海区域海冰范围呈现上升趋势；无论是根据月平均变化数据还是年平均变化数据，得到的年上升趋势大致相同，整个北极区域、北大西洋区域和洋中区海冰范围分别以 90 000 km^2/a、22 800 km^2/a 和 23 200 km^2/a 的速率递减，北太平洋区域和白令海区海冰范围分别以 7 200 km^2/a 和 16 800 km^2/a 的速率递增。

表 1 5 个海区海冰范围月平均变化和年平均变化的线性拟合曲线关系式及相应得到的年上升趋势

	月平均变化拟合线性曲线	年上升趋势/km^2 · a^{-1}	年平均变化拟合线性曲线	年上升趋势/km^2 · a^{-1}
北极	$y = -0.0074x + 0.361$	−88 800	$y = -0.0906x + 0.4078$	−90 600
北太平洋	$y = 0.0006x - 0.0268$	7 200	$y = 0.0067x - 0.0303$	6 700
北大西洋	$y = -0.0019x + 0.0906$	−22 800	$y = -0.0228x + 0.1025$	−22 800
洋中区	$y = -0.0019x + 0.0923$	−22 800	$y = -0.0232x + 0.1044$	−23 200
白令海	$y = 0.0014x - 0.0669$	16 800	$y = 0.0168x - 0.0756$	16 800

图4为整个北极区域海冰范围季节平均的变化曲线及其线性拟合曲线，由图可以看出，海冰范围下降趋势最快的为夏季，下降速率为16.29 × 10^6 km^2/a，其次为秋季，下降速率为9.90 × 10^6 km^2/a，冬季下降速率为7.42 × 10^6 km^2/a，春季最小，下降速率为1.53 × 10^6 km^2/a。对其他4个海区也做了相同的季节平均变化分析，洋中区与整个北极区域变化一直，夏季下降最快，秋季次之，冬季和春季最下；北大西洋区冬季下降最快，其次是春季和秋季，夏季下降速率趋于0；白令海区域冬季和春季海冰范围上升最快，夏季和秋季变化呈较小的下降趋势；北太平洋海域春季海冰范围变化最快，呈上升趋势，其他季节呈较小的下降趋势。

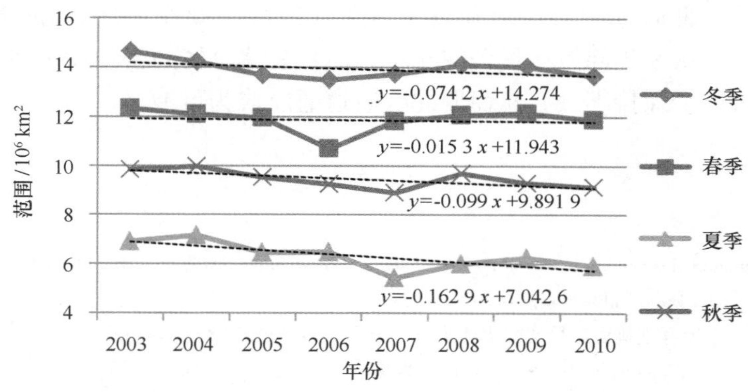

图4 整个北极区域海冰范围季节平均的变化曲线及其线性拟合曲线

各个海区的海冰面积的月平均，季节平均和年平均的变化趋势与海冰范围类似，这里就不再赘述。Parkinson等[4]分析了1979—2006年接近30年的北极海冰的变化，根据月平均、季节平均和年平均变化曲线得到了海冰范围和海冰面积的年变化趋势，表2为本研究与[4]研究的结果比较，从表中可以看出，北极整个区域海冰范围和海冰面积的年平均、月平均离差和各季节平均的下降趋势在2003—2010年间都比1979—2006年之间的趋势大。近10年来北极春季海冰范围和海冰面积下降趋势明显减慢，但夏季、秋季和冬季下降趋势明显加快，下降速度是1979—2006年这28年来下降速度的2倍以上。从1979—2006年间，海冰面积的下降趋势，除春季平均统计量外，其他各个统计量都比相应的海冰范围统计量的下降趋势小。这意味着在夏季、冬季和秋季这28年间海冰密集度增加了。而2003—2010年，夏季和秋季北极整个区域海冰面积的下降趋势比海冰范围下降趋势大，这意味着近8年来夏秋2季随着海冰范围减小，海冰密集度也在减小，也说明这8年来北极海冰的变化特点与历史时期相比有了新的变化。对此可能的原因是北极变暖导致海冰融化加剧，海冰变薄，冰间水道增多，密集度减小。所以，总的来说近8年来北极不仅海冰覆盖在减小，而且海冰总体的密集度也在减小。

表2 整个北极区域海冰范围和海冰面积变化比较

	1979—2006年[4]		2003—2010年	
	海冰范围/10^3 $km^2 \cdot a^{-1}$	海冰面积/10^3 $km^2 \cdot a^{-1}$	海冰范围/10^3 $km^2 \cdot a^{-1}$	海冰面积/10^3 $km^2 \cdot a^{-1}$
年平均	-45.1	-41.0	-90.6	-94.9
月平均	-45.1	-40.9	-88.8	-97.2
春季平均	-39.7	-41.7	-15.3	-32.2
夏季平均	-53.4	-51.8	-162.9	-169.7
秋季平均	-47.7	-41.4	-99.0	-110.3
冬季平均	-39.5	-29.0	-74.2	-67.4

4 小结

综上，在这 8 年间，各个区域的海冰范围和海冰面积变化都呈现明显的季节变化规律。8 年的平均值中，北极整个区域海冰范围和海冰面积每年 3 月份达到最大值，海冰面积和海冰范围分别为 13.67×10^6 km^2 和 14.55×10^6 km^2，然后进入融冰期，9 月份最小，海冰面积和海冰范围分别为 4.27×10^6 km^2 和 5.02×10^6 km^2；8 年中，2007 年 9 月份北极区域海冰面积和海冰范围最小，分别为 3.45×10^6 km^2 和 4.09×10^6 km^2。5 个海区中，北极区域、洋中区和北大西洋区海冰范围和面积都是逐年递减趋势，北太平洋区和白令海区存在递增趋势。根据 2003—2010 年近 8 年来与 1979—2006 年整个北极区域海冰范围和面积的变化趋势分析，可以得出，这 8 年间海冰覆盖在减小，而且海冰总体的密集度也在减小。随着全球温度的升高，这种减少的趋势可能会保持下去，从而使北极航道通航成为可能。

参考文献：

[1] Comiso J C. large-scale characteristics and variability of the global sea ice cover[M]//Sea Ice, an Introduction to its Physics, Chemistry, Biology, and Geology. Malden, USA: Blackwell Publishing, 2003: 112—140.

[2] 张璐，张占海，李群，等. 近 30 年北极海冰异常变化趋势[J]. 极地研究，2009，21：344—352.

[3] Daily AMSRE Sea Ice Maps. http://www. iup. uni－bremen. de:8084/.

[4] Parkinson C L, Cavalieri D J. Arctic sea ice variability and trends, 1979－2006[J]. J Geophys Res, 2008, 113(C7): C07003. doi: 10.1029/2007JC004558.

基于随机森林的南沙岛礁分类方法研究

朱海天[1,2]，冯倩[1]，梁超[1]，崔松雪[1]

（1. 国家卫星海洋应用中心，北京，100081；2. 中国科学院遥感与数字地球研究所，北京 100094）

摘要：南沙珊瑚岛礁作为一种有别于基岩岛和泥沙岛的特殊生物岛礁，具有明显的地貌特征和生态特征。如何获取这些珊瑚岛礁的地貌信息对于我国海岛的保护与管理具有重要的意义。本文提出了一种以随机森林为分类器，结合面向对象多尺度分割技术的南沙岛礁分类方法。并以南沙群岛南海礁为例，利用 WorldView－2 高分辨率遥感影像开展了岛礁地貌单元分类试验，总体分类精度达到了88.42%，Kappa 系数为0.863 2。结果表明：该方法获得了令人满意的分类结果，具有较强的实用性和可操作性，可满足当前南沙岛礁卫星遥感监视监测对地貌信息提取的需求。

关键词：南沙；岛礁；分类；随机森林

1 引言

南沙群岛位于我国南海南部，隶属于我国海南省三沙市，是我国南海诸岛中最靠南的一个群岛，也是分布最广、范围最大、包含岛礁最多的一个群岛。从成因上来说，南沙岛礁均属于珊瑚岛礁，珊瑚岛礁是地球上最特殊的生态系统之一，具有丰富的生物多样性，一直以来吸引着众多学者和专家的目光。

传统上，对南沙岛礁的调查主要以现场调查为主，我国历史上曾多次组织南沙岛礁现场调查并积累了一大批宝贵的数据[1]，这些数据和成果对于我国学者研究南沙岛礁起到非常关键的作用。但同时我们也看到，南沙群岛所具有的远离大陆，面积广阔，岛礁零星分布等不利客观自然条件和当前南沙复杂的国际形势，极大的限制了传统现场调查的大范围开展。

自20世纪70年代起，1972年第一颗陆地观测卫星发射，1978年第一颗海洋卫星发射，遥感这一种具有大面积、同步、准实时、非接触等优势的调查手段逐步成为世界各国地球资源调查监测中的一种重要手段。在我国，2003年起开展的我国近海海洋综合调查与评价专项（简称908专项），首次将遥感列为海岛海岸带专题调查手段，展示了遥感手段在海岛海岸带调查中的应用能力和发展潜力。同时，随着近年来国内外多颗民用高分辨率遥感卫星的逐渐发射成功，利用亚米级高分辨率卫星遥感技术对南沙群岛进行常规调查和监测已经具备了充分的数据基础。

然而，当前利用高分辨率卫星遥感数据开展南沙岛礁调查和监测时，仍需要采用大量人机交互来完成岛礁信息的提取。这种方式耗时耗力，而且对操作员的先验知识和操作经验依赖较大。为了提高南沙岛礁监测的效率和自动化水平，本文提出了一种基于多尺度分割和随机森林分类器的分类方法，并以南沙南海礁为例进行了示范应用。

2 研究区域和数据

2.1 研究区域

南海礁位于南沙群岛东南部，为一个西北—东南走向的茶勺状独立环礁，面积约为17 km^2，中间有

作者简介：朱海天（1981—），男，博士，副研究员，主要从事海岛海岸带遥感研究。E-mail：zht@ mail. nsoas. org. cn

两个封闭的潟湖，东南潟湖面积只有西北潟湖面积的 1/3[2]。

南海礁属于发育晚期的封闭环礁，整体具有较强的地貌特点代表性，各类地貌类型分布明显。如图 1 所示，该礁潟湖中分布点礁发育密集，说明该礁已经发育成熟，适合用作本研究的示例。

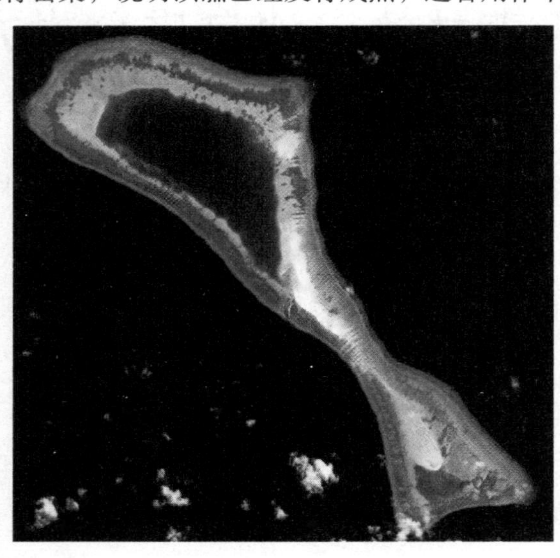

图 1 南海礁遥感影像

2.2 使用数据

本例中主要使用 Digital Global 公司的 WorldView-2 数据。WorldView-2 卫星作为新一代高分辨率卫星，搭载了八波段传感器，除常规四波段外新增了 3 个可见光波段（海岸蓝波段、黄波段、红边波段）和一个近红外波段（NIR2）（Digital Globe，2013）。

本文使用的数据为经过辐射校正的 L2A 级数据，成像时间为 2013 年 3 月 21 日 3 时 19 分 52 秒（UTC 时间），观测入射角为 30.9°，观测方位角分别为 187.5°，使用 ENVI 软件 Pan Sharpening 功能融合后多光谱分辨率为 0.5 m。

3 基于随机森林模型的地貌单元提取方法

3.1 图像分割

本文主要使用面向对象多尺度分割方法来对影像进行分割。该方法依据对象的形状特征和光谱特征，对影像进行分割并将同质的像元组合并成大小、形状不同的对象[3-4]。在确定分割尺度时，本文使用了 Johnson[3] 等人提出了一种基于指数的分割尺度评估方法。这种方法判断最优分割效果的原则是各分割斑块间异质度最大，且分割斑块内部均质度最大。全局 Moran 指数和面积加权方差被选作指示标志来衡量每种尺度下的斑块间异质度和内部同质度。对归一化后的面积加权方差和全局 Moran 指数求和得到全局尺度分割效果评估指数（GS）。该指数越小，说明分割斑块间异质度和分割斑块内部均质度越大，尺度分割效果越好。

3.2 随机森林模型

随机森林是由 Breiman[5] 提出的一种基于统计学习理论的新型分类和预测模型。随机森林通过自助法（boot-strap）重采样技术生成多个样本，并由每个训练样本生成多个决策树组成随机森林，分类样本的类型按照随机森林中的分类数投票多少决定。对于每一个决策树的建立来说，首先随机抽出一定数量的样本组成决策树样本集，然后遍历每种决策树分割方法，并计算各种分割方法的纯度，根据不纯度最小的原则确定分割方法并将决策树样本集分割成两个子集，然后对每个子集再重复前述计算和分割，直至满足停止条件为步。目前计算分割不纯度的量化方法主要有：Gini 指数、熵、错误率 3 种[6]：

Gini 指数：
$$Gini = 1 - \sum_{i=1}^{n} P_i^2. \tag{1}$$

熵：
$$Entropy = - \sum_{i=1}^{n} P_i \times \log_2 P_i. \tag{2}$$

错误率：
$$Error = 1 - \max\{P_i\}. \tag{3}$$

式中 P_i 是分割后类别为 i 的样本占全部决策树样本的比例。随机森林分类流程如图 2。

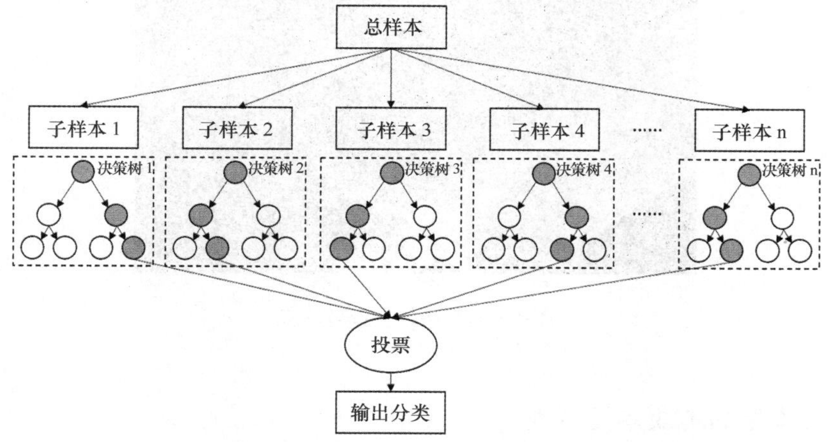

图 2 随机森林分类流程示意图

3.3 分类体系

本文主要参照赵焕庭[7]对于珊瑚礁地貌单元的定义来构建分类体系。按照定义，小环礁可以分为礁前斜坡、礁坪、潟湖三大地貌单元。礁前斜坡是指礁坪外缘至水下数千米礁体基座的向海坡，礁前斜坡一般较陡，水深下降迅速。礁前斜坡位于环礁的最外侧，也是风浪作用最强烈的区域。礁坪是环礁中水深较浅的部分，该部分也是珊瑚、海草等生物的主要生长区域。潟湖是环礁最内侧被礁坪包围的区域，这部分是环礁中水动力最弱的区域，是礁坪部分和潟湖内生物碎屑最终和主要的堆积区。

礁坪作为环礁最重要的地貌单元，赵焕庭[7]将其细分为外礁坪、礁突起、内礁坪 3 部分，其中内礁坪又可以根据生物发育程度分为生物稀疏带、生物密集带、礁坑发育带 3 部分。

潟湖是环礁中心被礁坪环绕的水域，其中自内礁坪边缘至潟湖底的斜坡被称为潟湖坡，对于南沙群岛岛礁来说，由于东北季风的作用强于西南季风，东坡或东北坡能从礁坪获得更多的生物碎屑，因此南沙岛礁一般潟湖的西坡较陡，东坡及东北坡较缓。潟湖盆是潟湖的主体，潟湖的水深一般与礁坪的宽度呈负相关，与潟湖的面积呈正相关。这是因为礁坪越宽，潟湖越可以得到更多的生物碎屑，更强的堆积作用将使潟湖水深变浅；而对于潟湖面积来说，面积越大越需要更多的生物碎屑来填充潟湖。

4 分类结果与分析

本文采用 eCognition Developer 软件进行多尺度图像分割，计算不同尺度下的分割效果评估指数（GS），并将各尺度下 GS 值中的最小值作为最佳分割尺度进行图像分割。完成图像分割后，计算分割成果的各波段均值、各波段标准差、蓝绿波段比值等 18 个参数作为分类输入项。此后，利用新西兰 Waikato 大学 Weka 小组开发机器学习（Machine learning）以及数据挖掘（Data mining）软件——Weka 中集成的随机森林模型对分类输入项进行训练、分类。最后对分类成果进行检验和分析。

4.1 多尺度分割

利用前述基于指数的分割尺度评估方法对示例区的南海礁 WorldView－2 图像进行了 GS 值计算，尺度参数测试区间为 100～600，间隔为 50，共 11 组。对于每组测试尺度，分别计算 WorldView－2 海岸蓝波段至新增近红外波段之间 8 个波段的 Moran 指数和面积加权方差。对这两个指数进行归一化并求和后，发现当尺度为 350 时，相对应的 GS 值最小，此时分割效果最佳。但是在 350 尺度下，发现潟湖水深较深的部分，由于点礁和潟湖盆之间灰度差过小，存在一定的欠分割现象。为了获得更优的分割效果，对深水区域进行再分割，尺度为 50。二次分割后，分割效果良好（图 3），适合开展后继分类工作。

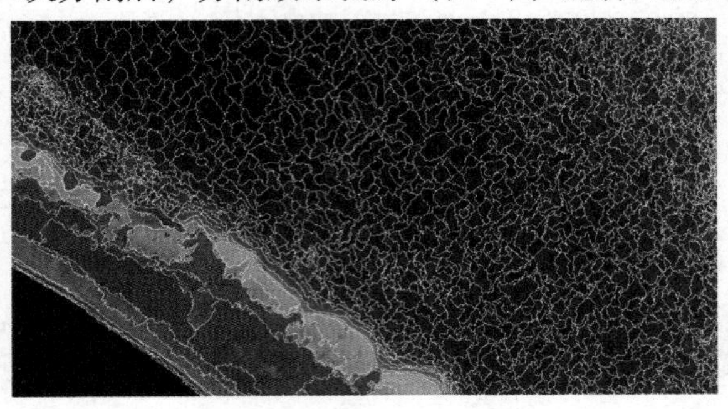

图 3 分割结果局部效果图

4.2 基于随机森林模型的地貌单元分类

4.2.1 训练样区选取

训练样本是在先验知识支持下在被分类区选择的具有典型代表性的样本，训练样本对于监督分类方法来说非常重要，不同的训练样本会对分类精度造成一定影响。在选择训练样本时，为了避免不同训练样本对分类精度的干扰，提高分类方法之间的可比性，训练样本的选择在保证具有典型性的同时，还需要保证一定的随机性。

本文选择的南海礁影像经过前述多尺度分割，共形成分割对象 5 024 个。在进行训练样本区采集时，首先对全部分割对象进行随机编码（即对每一个分割对象产生一个编码范围在 1～100 的随机整数，然后按照随机编码从小至大的顺序逐个检视样本，当样本为纯地貌单元时选入训练样本集。本例中总共采集训练样本和验证样本各 751 个，各约占总样本数量的 15%。根据前述南沙地貌单元类型，共采集 10 类地貌单元的样本，分别为：外礁缘、外礁坪、礁突起带、生物稀疏带、生物密集带、礁坑发育带、潟湖坡、潟湖盆、点礁和沙洲。

4.2.2 随机森林模型分类

在使用随机森林模型时，两个重要的参数分别是树节点预选的变量个数（numFreature）和随机森林中树的个数（numTrees）。为了寻找最佳参数，本文使用 Weka 提供的 Grid Search 功能对这两个参数进行寻优。这两个参数中，由于树节点预选的特征数须小于样本具有的特征数，因此设置搜索范围为 1～17（搜索步长为 1），而随机森林中树的个数一般为 500 个左右，因此设置搜索范围为 100～1 000（搜索步长为 50）。经过 Grid Search 发现：当树节点预选的变量个数为 5，随机森林中树的个数为 100 为最优参数。使用该参数对示例区进行分类，分类精度达到 88.42%，Kappa 系数为 0.863 2，分类效果图如图 4 所示。

4.3 分类精度分析

随机森林分类的 Kappa 矩阵见表 1，从该表可以看出，随机森林模型总体上取得了较令人满意的分类结果，分类精度较高。但是该模型在少样本的礁突起带地貌单元的分类上，将礁突起带错分成了空间上与

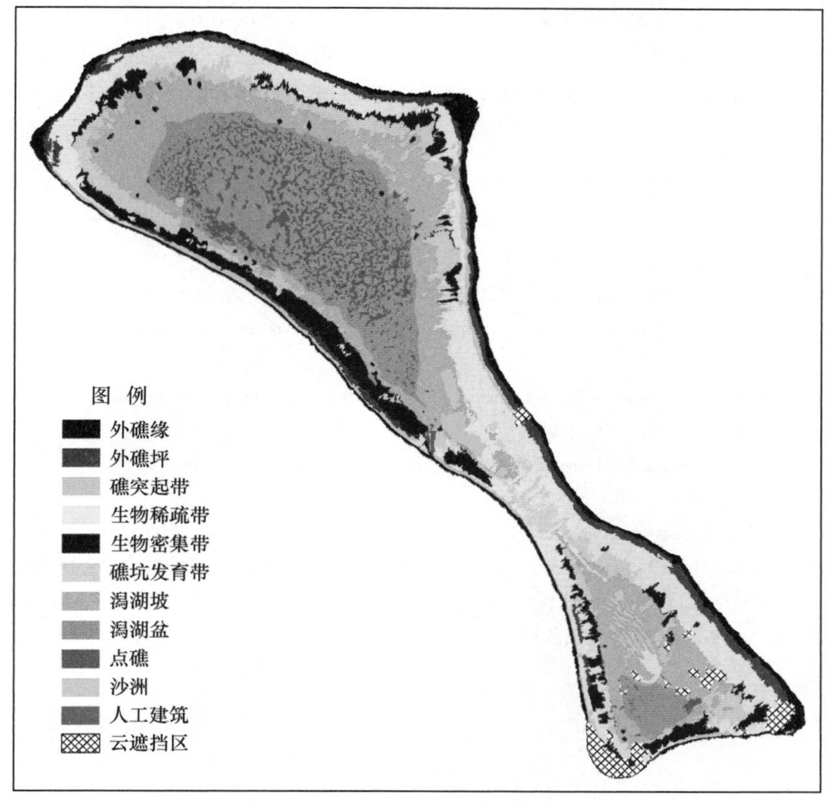

图 4 南海礁随机森林方法分类效果图

之相邻，光谱上与之相似的生物稀疏带。而在点礁的分类上，由于水深较深，点礁和潟湖盆之间的灰度差非常小，有部分点礁地貌单元被错分成潟湖盆。

表 1 随机森林分类 Kappa 矩阵表

Kappa	外礁缘	外礁坪	礁突起带	生物稀疏带	生物密集带	礁坑发育带	潟湖坡	潟湖盆	点礁	沙洲
外礁缘	135	2	0	0	0	0	0	0	3	0
外礁坪	0	20	1	3	0	0	0	0	0	0
礁突起带	0	0	0	8	0	0	0	0	0	0
生物稀疏带	0	5	0	92	1	1	0	0	0	0
生物密集带	0	0	0	2	24	6	0	0	2	0
礁坑发育带	0	1	0	5	8	21	4	0	0	0
潟湖坡	0	0	0	0	0	0	116	3	0	1
潟湖盆	1	0	0	0	0	0	0	126	8	0
点礁	4	0	0	0	0	1	0	13	122	0
沙洲	0	0	0	2	0	0	2	0	0	8

5 结论

本文针对当前南沙岛礁遥感调查与监测对高分辨率遥感信息提取的需求，针对南沙岛礁地貌特点，选择了具有代表性的 10 类地貌单元构建了分类体系，利用多尺度分割方法和随机森林模型对南海礁示例区进行了分类，结合检验样本和 Kappa 矩阵，对分类精度进行了评估和分析。

结果表明，本方法总体上分类精度较高，在主要地貌单元上均取得了比较令人满意的成果。虽然在礁突起带地貌单元分类的精度上仍然存在一定的缺陷，但由于礁突起带本身在南沙岛礁上的分布范围较小，仅在沿岛礁外缘呈狭窄带状分布，对岛礁的整体分类效果影响相对较小。因此该方法可以满足当前南沙岛礁信息提取的要求。

参考文献：

[1] 中国科学院南沙综合科学考察队．南沙群岛及其邻近海区综合调查研究报告[M]．北京:科学出版社，1989.

[2] Hancox D, Prescott J R V. A geographical description of the Spratly Islands and an account of hydrographic surveys amongst those islands[M]. 1. Ibru, 1995.

[3] Johnson B, Xie Z. Unsupervised image segmentation evaluation and refinement using a multi-scale approach[J]. ISPRS Journal of Photogrammetry and Remote Sensing, 2011, 66(4): 473—483.

[4] Fernández-Manso O, Quintano C, Fernández-Manso A. Combining spectral mixture analysis and object-based classification for fire severity mapping[J]. Forest Systems, 2009, 18(3): 296—313.

[5] Breiman L. Random forests[J]. Machine Learning, 2001, 45(1): 5—32.

Standard Imagery Data Sheet[EB/OL]. https://www.digitalglobe.com/sites/default/files/StandardImagery_DS_10-14_forWeb.pdf.

[6] 王爱平，万国伟，程志全，等．支持在线学习的增量式极端随机森林分类器[J]．软件学报，2011，22(9)：2059—2074.

[7] 赵焕庭．南沙群岛自然地理[M]．北京：科学出版社，1996.

激光雷达水体回波信号仿真模型研究

张震[1,2]，马毅[2*]，张靖宇[2]，梁建[2]

（1. 山东科技大学，山东 青岛 266590；2. 国家海洋局 第一海洋研究所，山东 青岛 266061）

摘要： Wa－LiD 模型是近年来国外学者发展的激光雷达水体回波信号模型，其能仿真水表面、水体和海底的反射激光雷达波束所形成的回波波形，水体光学量的表达是该模型重要组成部分，包括水体三要素叶绿素、悬浮物和黄色物质的吸收和散射，然而涉及到这部分的表达式和参数并未公开。本文借鉴前人在水体吸收、散射性质方面的研究成果，构建了物理意义明确的激光雷达水体回波信号仿真模型，并将改进后模型产生的波形与 Wa－LiD 模型进行了定性和定量的比较。结果表明，本文发展的激光雷达水体回波信号仿真模型底部回波信号能量值较 Wa－LiD 模型高，这在一定程度上能增强底部回波信号的可探测率。

关键词： LiDAR；水体回波信号；仿真模型；水深测量

1 引言

水深是水文要素调查和海底地形测绘的重要部分，是开展海洋产业和工程建设、海上运输的必要基础数据。传统的船载多波束回声测深方法，虽然精度高，但测量船难以进入浅滩区域进行水深现场测量，且费时费力[1]。与水深现场测量手段相比，被动遥感测深具有大范围、同步、费用低等优势[2]，尤其可以反演获取船只难以进入区域的水深资料，可弥补传统测深手段的不足。但是被动遥感测深精度较低，反演深度有限，对水质条件要求较高。

激光雷达测深系统具有高效快速、测量精度高等特点，并可以测量船只无法到达的极浅水域处的水深[3-4]。近年来，激光雷达测深技术不断进步，系统功能逐渐强大，逐步成为海洋测绘领域的热点。尽管激光雷达测深技术已相当成熟，其测深精度仍会受到波形数据处理方法的影响。而激光雷达波形处理方法大都是直接对真实波形用峰值探测法或者函数拟合法来获取目标信号，缺少对激光雷达波形参数的物理仿真，如 Schippnick[5] 建立的准直光束在海水传输的唯像理论模型和姚春华等[6] 基于双高斯脉冲拟合法建立的 LiDAR 回波波形模型，都只是针对真实波形进行的数值模拟，缺乏物理意义。最近，hani Abdallah 等[7] 开发了一种新型激光雷达水体回波信号模型 Wa－LiD，该模型用物理参数仿真了 LiDAR 激光从水表面穿透水体到水底再返回传感器所形成的波形。但是 Wa－LiD 模型的水体回波信号部分水体的吸收、散射系数未给出具体的物理表达，而这些参数的选择都很重要，且不具有唯一性。

针对模型存在的上述问题，本文借鉴前人在水体辐射传输性质方面的研究成果，给出水体的吸收、散射系数表达式，构建了物理意义明确的激光雷达水体回波信号仿真模型，并引入 LiDAR 波形形状、峰值位置和大小、信噪比等指标定性和定量评价改进后的模型。

2 激光雷达水体回波信号仿真模型

激光雷达水体回波信号模型能仿真水表面、水体、海底等反射激光雷达波束所形成的回波波形，而且

基金项目： 国家科技支撑计划项目——远海岛礁地理信息监测关键技术研究与示范（2012BAB16B01－02）。

作者简介： 张震（1989—），男，山东省潍坊市人，硕士研究生，主要从事海岛海岸带遥感与测绘研究。E-mail：wfzhangzhen08@163.com

[*] **通信作者：** 马毅（1973—），男，博士，研究员，主要从事海岛海岸带遥感与应用研究。E-mail：mayimail@fio.org.cn

考虑了太阳噪声和传感器内部噪声的影响。因此，LiDAR 测深系统接收的回波信号可认为是关于时间函数的五部分回波信号的叠加，

$$P_T(t) = P_s(t) + P_c(t) + P_b(t) + P_{bg}(t) + P_N(t), \tag{1}$$

式中，$P_T(t)$ 是激光雷达接收的总回波信号，$P_s(t)$ 为水表面回波信号，$P_c(t)$ 为水体回波信号，$P_b(t)$ 为水底底部回波信号，$P_{bg}(t)$ 为背景噪声，$P_N(t)$ 为接收器内部噪声，t 为时间。

2.1 水表面回波信号

水表面回波信号是由水表面瞬时回波能量与发射脉冲的卷积运算得到。

LiDAR 系统发射激光脉冲 $\omega(t_x)$ 认为符合高斯分布：

$$\omega(t_x) = \frac{2}{T_0}\sqrt{\frac{\ln 2}{\pi}}\exp\left(-4\ln 2\frac{(t-t_x)^2}{T_0^2}\right), \tag{2}$$

式中，T_0 为系统脉冲半峰全宽，T_x 为高斯脉冲从探测器发射到达目标的双程时间。

水表面瞬时回波能量，用物理参数表达如下：

$$P_s = \frac{P_e T_{atm}^2 A_R \eta_e \eta_R L_S \cos^2(\theta)}{\pi H^2}, \tag{3}$$

式中，P_e 为发射能量，T_{atm}^2 为双程大气损失，A_R 传感器接受面积，η_e 为脉冲发射光学效率，η_R 为接收光学效率，为脉冲入射角，H 为传感器的高度，L_S 为水表面损失因素。L_S 是基于 Cook and Torrance 光学模型，计算水表面的双向反射率分布函数（BRDF）确定的，

$$L_S = \frac{k_d}{\pi} + \frac{k_s e^{(\tan\theta/r)^2} O F_r}{\pi r^2 \cos^6(\theta)}, \tag{4}$$

式中，k_s 镜面反射系数，k_d 为漫反射系数，O 为水面 BRDF 几何衰减系数，F_r 为菲涅尔光学反射函数，$F_r = \frac{1}{2}\frac{(g-m)^2}{(g+m)^2}\left\{1+\frac{(m(g+m)-1)^2}{(m(g-m)+1)^2}\right\}$，$m = \cos(\theta)$，$g^2 = m^2 + n^2 - 1$，$n$ 为海水反射率。

因此，得到水表面回波信号：

$$P_s(t) = \frac{P_e T_{atm}^2 A_R \eta_e \eta_R L_S \cos^2(\theta)}{\pi H^2} \times \frac{2}{T_0}\sqrt{\frac{\ln 2}{\pi}}\exp\left(-4\ln 2\frac{(t-t_s)^2}{T_0^2}\right), \tag{5}$$

式中，$t_s = 2H/c\cos(\theta)$，t_s 为脉冲从发射到达水表面的双程时间。

2.2 水体回波信号

不同水深段对水体回波信号的贡献不同，水深为 z 时的水体回波信号为

$$P_c(t) = \frac{P_e T_{atm}^2 A_R \eta_e \eta_R F(1-L_S)^2 \beta(\phi)\cos^2(\theta)}{\left(\frac{n_w H + z}{\cos\theta}\right)^2} \times \frac{2}{T_0}\sqrt{\frac{\ln 2}{\pi}}\exp\left(-4\ln 2\frac{(t-t_c)^2}{T_0^2}\right), \tag{6}$$

式中，$\beta(\varphi)$ 为散射相函数，n_w 为水的折射率，$t_c = t_s + (2z/c_w\cos\theta_w)$，$c_w$ 为光在水中的速度，θ_w 为脉冲在水中的入射角，漫衰减系数 K 是由 Guenther[8] 建立的经验模型：

$$k = c(\lambda)[0.19(1-\omega_0)]^{\frac{\omega_0}{2}}, \tag{7}$$

式中，$\omega_0 = b(\lambda)/c(\lambda)$，$c(\lambda) = a(\lambda) + b(\lambda)$，$\omega_0$ 为单次散射反照率，$a(\lambda)$，$b(\lambda)$，$c(\lambda)$ 分别为波段处水体的光束吸收系数、散射系数、总衰减系数。$(a(\lambda)$，$b(\lambda))$ 代表了浑浊水体的光学性质，由水体不同物质，如黄色物质、浮游植物、非藻类颗粒物等贡献的总和，

$$a(\lambda) = a_w(\lambda) + a_y(\lambda) + a_{ph}(\lambda) + a_s(\lambda), \tag{8}$$

式中，$a_w(\lambda)$ 为纯水的吸收系数，$a_{ph}(\lambda)$ 为浮游植物的吸收系数。

黄色物质的吸收系数表达式[9]：

$$a_y(\lambda) = a_y(\lambda_0)\exp(-S_g(\lambda-\lambda_0)). \tag{9}$$

非藻类颗粒物的吸收系数表达式[9]：

$$a_s(\lambda) = a_s(\lambda_0)\exp(-S_d(\lambda-\lambda_0)). \tag{10}$$

散射系数 b(λ) 的经验模型：

$$b(\lambda) = b_w(\lambda) + b_p(\lambda) = b_w(\lambda)/2 + \left[0.002 + 0.02\left(\frac{1}{2} - \frac{1}{4}\lg C\right)\left(\frac{550}{\lambda}\right)\right][0.3C^{0.62} - b_w(550)], \tag{11}$$

其中，S_g 为黄色物质的光谱吸收斜率，S_d 为非藻类颗粒物吸收系数曲线斜率，$b_w(\lambda)$ 纯水的散射系数，$b_p(\lambda)$ 颗粒物的散射系数，C 为叶绿素浓度。

2.3 底部回波信号

底部回波信号是由水底部瞬时回波能量与发射脉冲的卷积运算得到。

$$P_b(t) = \frac{P_e T_{atm}^2 A_R \eta_e \eta_R F(1-L_S)^2 R_b \exp\left(\frac{-2kZ}{\cos\theta_w}\right)}{\left(\frac{n_w H + Z}{\cos\theta}\right)^2} \times \frac{2}{T_0}\sqrt{\frac{\ln 2}{\pi}}\exp\left(-4\ln 2\frac{(t-t_b)^2}{T_0^2}\right), \tag{12}$$

式中，R_b 为底部反照率，Z 为底部水深，$t_c = t_s + (2Z/c_w\cos\theta_w)$ 。

2.4 背景噪声和接收器内部噪声

背影噪声主要是由太阳辐射造成的，其定义为均值为0，标准差为1的高斯白噪声与瞬时回波信号的卷积：

$$P_{bg} = \frac{I_s T_{atm}^2 A_R (1-\gamma_\gamma)^2 R_b \pi\theta^2 \Delta_\lambda \eta_R}{4}, \tag{13}$$

式中，I_s 为水体反射的太阳辐射，γ_γ 为接收器昏暗比，Δ_λ 为接收器最优滤波带宽。

接收器内部噪声定义为一个均值为0，标准差为 $\sigma_N(t)$ 的一个正态分布：

$$\sigma_N(t) = \frac{\sqrt{2eB(P_{ext}(t)G + I_d)}}{R_\lambda}, \tag{14}$$

式中，$P_{ext}(t) = P_s(t) + P_c(t) + P_b(t) + P_{bg}(t)$ ，e 为电荷（1.6×10^{-19}C），B 为探测器的电子带宽，G 为增益噪声，I_d 为暗电流，R_λ 为响应度。

3 与 Wa－LiD 模型的比较

3.1 模拟波形结果

本文选取 HawkEye 机载激光雷达系统为例，比较完善后的模型对激光雷达回波波形信号的影响。具体的 LiDAR 测深系统参数和环境参数如表 1 所示。

表 1 HawkEye 测深系统参数和环境参数

HawkEye 测深系统参数				模拟的环境参数			
参数名称	数值	参数名称	数值	参数名称	数值	参数名称	数值
λ/nm	532	η_e	0.9	r	0.1～0.5	T_{atm}^2	0.9
H/m	200	η_R	0.5	S/mg·L^{-1}	2.6～10	$\beta(\varphi)$ /m^{-1}·sr^{-1}	0.001 4
P_e/mJ	6	Δ_λ/nm	1	R_b	0.05～0.2	I_s/W·m^{-2}·sr^{-1}·nm^{-1}	0.025
T_0/ns	7	γ_γ	0.35	k_s	0.9	a_w (532) /m^{-1}	0.05
θ/ (°)	20	B/MHz	142	C/mg·m^{-3}	0.1～10	a_y (532) /m^{-1}	0.082 7
A_R/m^2	0.025	G	3	n_w	1.33	b_w (532) /m^{-1}	0.002 2
R_λ/A·W^{-1}	0.3	I_d/A	10^{-8}				

本文选取沉积物浓度 $S=2.8$ mg/L，$C=4$ mg/m^3，$r=0.2$，水深为 2 m 时形成的回波波形，如图 1 所示。

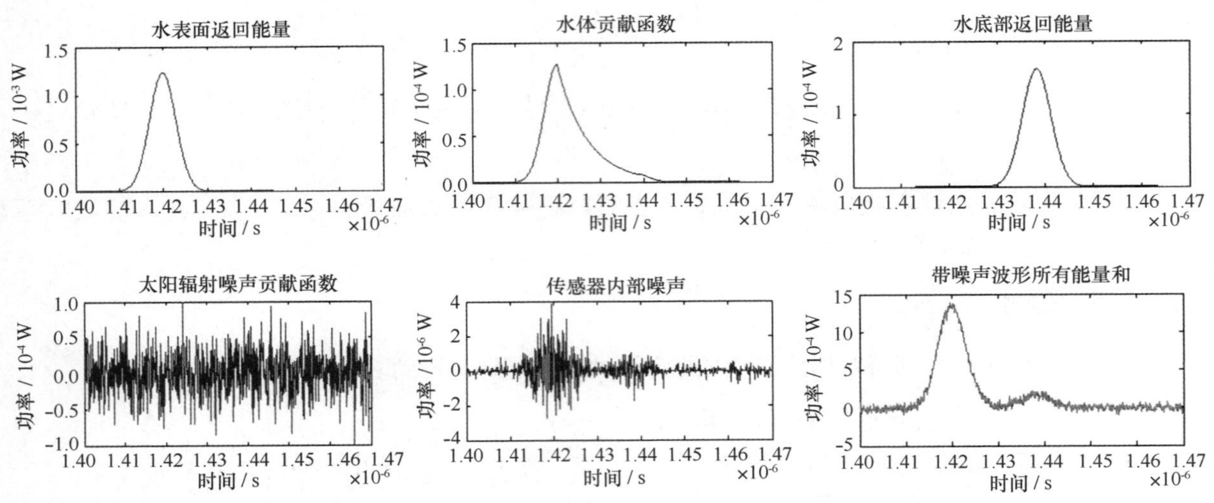

图 1 532 nm 激光形成的模拟 LiDAR 波形

3.2 与 Wa－LiD 模型的波形对比

本文主要从定性和定量两个方面对仿真模型的回波波形进行评价。以仿真模型的波形形状作为定性评价指标，以波峰位置、能量值，信噪比（SNR）等方面作为定量评价模型的指标。

3.2.1 定性评价

对不同的表面粗糙度 r，仿真模型波形形状如图 2、图 3 所示。

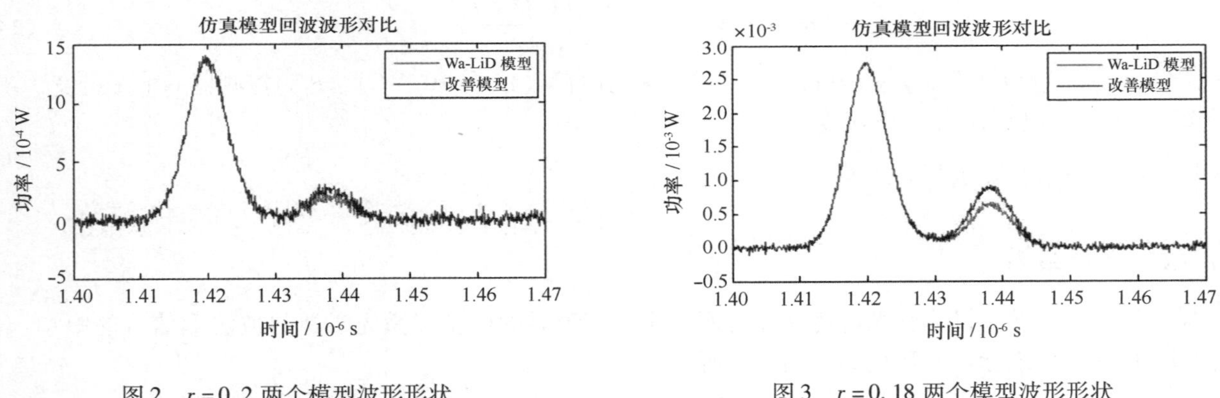

图 2 $r=0.2$ 两个模型波形形状

图 3 $r=0.18$ 两个模型波形形状

本文选取两组不同的表面粗糙度 r 数据对仿真模型回波波形进行比较，分别是 $r=0.2$ 与 $r=0.18$，从波形形状上看，模型改进前后基本一致。改进后的模型在水底回波信号部分的能量值要明显高于 Wa－LiD 模型。

3.2.2 定量评价

当 $r=0.2$ 时，对改进前后的两个模型分别运行 5 次作对比，并通过峰值探测法获取水表面、底部回波信号峰值位置和峰值，结果如表 2 所示。

表 2 $r=0.2$ 时，两模型波形比较

	Wa－LiD 模型			改进模型		
运行次数	SNR	（水表面峰值位置，峰值）	（底部峰值位置，峰值）	SNR	（水表面峰值位置，峰值）	（底部峰值位置，峰值）
1	42.743	$(1.4198\times10^{-6}, 1.3361\times10^{-3})$	$(1.4382\times10^{-6}, 2.246\times10^{-4})$	42.905	$(1.4196\times10^{-6}, 1.3368\times10^{-3})$	$(1.4380\times10^{-6}, 2.577\times10^{-4})$
2	44.752	$(1.4198\times10^{-6}, 1.3367\times10^{-3})$	$(1.4381\times10^{-6}, 2.263\times10^{-4})$	44.799	$(1.4197\times10^{-6}, 1.3366\times10^{-3})$	$(1.4381\times10^{-6}, 2.578\times10^{-4})$
3	43.532	$(1.4195\times10^{-6}, 1.3368\times10^{-3})$	$(1.4378\times10^{-6}, 2.246\times10^{-4})$	43.514	$(1.4195\times10^{-6}, 1.3360\times10^{-3})$	$(1.4379\times10^{-6}, 2.580\times10^{-4})$
4	43.239	$(1.4197\times10^{-6}, 1.3360\times10^{-3})$	$(1.4383\times10^{-6}, 2.246\times10^{-4})$	43.264	$(1.4196\times10^{-6}, 1.3376\times10^{-3})$	$(1.4381\times10^{-6}, 2.581\times10^{-4})$
5	45.830	$(1.420\times10^{-6}, 1.3358\times10^{-3})$	$(1.4380\times10^{-6}, 2.246\times10^{-4})$	45.912	$(1.4198\times10^{-6}, 1.3362\times10^{-3})$	$(1.4384\times10^{-6}, 2.582\times10^{-4})$

无论是改进完善的模型还是 Wa－LiD 模型，两个模型分别运行 5 次，其信噪比（SNR）、峰值位置和大小都非常稳定，变化浮动较小；除第三次实验外，改进后模型的 SNR 略高于 Wa－LiD 模型；改进前后模型的水表面波峰位置和峰值大小、底部波峰位置基本没有变化，但是改进后模型波形的底部波峰峰值都明显高于 Wa－LiD 模型的底部波峰峰值。

4 结论与讨论

4.1 结论

本文借鉴前人在水体吸收、散射性质方面的研究成果，构建了物理意义明确的激光雷达水体回波信号仿真模型，并引入 LiDAR 波形形状、峰值位置和大小、信噪比等指标定性和定量评价改进后模型。结果表明，2 个模型产生的波形在形状，水表面波峰峰值大小，水表面与底部波峰位置都未发生较大的改变，且 2 个模型稳定性较高；改进后模型的底部回波信号峰值比 Wa－LiD 模型有较大的提高，信噪比稍高于改进前的模型，但是存在偶然性；因为改进前后模型的双峰位置不发生变化，所以改进模型不会影响后期的水深反演；改进模型的底部回波信号会增强，因此可增加回波波形的探测率，尤其是在底部回波信号较弱的地方。

4.2 讨论

本文对模型的水体参数进行改进，定性定量比较了改进模型与 Wa－LiD 模型，但是改进模型的水深反演能力还没有进行研究，下一步就此问题进行深入探讨；模型中包含参数较多，每个参数变化都会引起模型的改变，因此模型中参数的灵敏度分析也是以后要分析的内容。

参考文献：

[1] Farr H K. Multibeam bathymetric sonar: sea beam and hydro chart[J]. Mar Geodesy, 1980, 4(2): 77—93.

[2] Feurer D, Bailly, Puech C, et al. Very－high－resolution mapping of river－immersed topography by remote sensing. Prog[J]. Phys Geogr, 2008, 32(4): 403—419.

[3] Irish J L, White T E. Coastal engineering applications of high－resolution lidar bathymetry[J]. Coastal Engineering, 1998, 35: 47—71.

[4] Andreas Roncat, Wolfgang Wagner, Thomas Melzer, et al. Echo detection and localization in full－waveform airborne laser scanner data using the averaged square difference function estimator[J]. The Photogrammetric Journal of Finland, 2008, 21(1): 62—75.

[5] Paul F, Schippnick. Phenomenological Model of Beam Spreading in Ocean Water[C]. SPIE, 1990: 16—20.
[6] 姚春华，陈卫标，臧华国，等. 机载激光测深系统的最小可探测深度研究[J]. 光学学报，2004，24(10)：1406—1410.
[7] Abdallah H, Baghdadi N, Bailly, et al. Wa-LiD: a new lidar simulator for waters[J]. IEEE Geoscience and Remotes Sensing Letters, 2012, 9(4): 744—748.
[8] Guenther G C. Airborne laser hydrography: System design and performance factors[R]. National Oceanic and Atmospheric Administration Rockvine MD, 1985.
[9] 马毅. 赤潮航空高光谱遥感探测技术研究[D]. 青岛:中国科学院海洋研究所，2003.

基于决策融合的海岛礁浅海水深立体遥感影像反演方法研究

张靖宇[1]，马毅[1*]，张震[1,2]，梁建[1]

（1. 国家海洋局 第一海洋研究所，山东 青岛 266061；2. 山东科技大学，山东 青岛 266590）

摘要：水深是重要的水文要素。与水深现场测量手段相比，遥感技术具有覆盖广、周期短、费用低、空间分辨率高的优势，尤其可以反演获取船只无法靠近和难以进入区域的水深资料，是水深测量的一种重要手段。为了有效地挖掘立体影像的角度信息，本文开展了水深立体影像反演融合模型研究，提出了基于模糊隶属度的多角度遥感反演融合方法，并以西沙群岛北岛为研究区，实现了上述模型方法的实验应用。研究结果表明：本文提出的水深立体影像反演融合方法可较为充分地利用已有的遥感影像资源，有效地挖掘多角度信息，对水深反演精度提升有较大贡献——其中，平均相对误差比立体像对中精度较高的前视影像小 15.3%，为 17.2%；平均绝对误差降低了 0.1 m，为 0.8 m。

关键词：立体像对；水深反演；决策融合；多光谱遥感；南海岛礁

1 引言

水深是保障船舶航行、开展港口码头和海洋工程建设、制定海岸和海岛相关规划的必要基础数据。遥感技术具有覆盖广、周期短、费用低、空间分辨率高的优势。在潮汐影响较大的浅滩和水下礁石密布等测量船只难以进入的区域，以及政治外交形势复杂、水深现场测量难以开展的岛礁周边，均可以利用遥感反演来获取其水深资料，有效弥补传统测深手段的不足，实现长时间序列大面积动态监测。因此，开展南海岛礁周边水深遥感反演就成为必然的选择。

相关学者对水深遥感开展了大量的理论和应用研究工作[1—6]。田震等[5]以西沙群岛的广金琛航为例，开展了基于主成分变换的水深反演实验，探讨了实测水深数据和 QuickBird 影像不同波段组合 PC1 间的关系[5]；Liu[2]应用 Hyperion 高光谱传感器影像和 Lee 等提出的 HOPE 模型反演了中业岛岛礁周边的水深与底质反射率；考虑到南海的部分海域缺乏近年的现场数据，Hu 等[7]结合 MODIS 和 Landsat 多光谱数据，估计了 4 个珊瑚岛礁（东沙礁、永兴岛、黄岩岛、双子群礁）周边的水深和底质反射率。上述研究和应用多采用单一角度的遥感影像，而事实上，立体遥感影像可提供多角度信息，如何有效地挖掘这一信息，降低水深遥感反演的误差，值得进一步开展研究。而决策融合可以充分利用已有遥感影像资源和信息，是提高遥感精度的一种有效手段[8—11]。

本文开展了浅海水深立体遥感影像反演融合方法研究，给出融合前后视信息的水深遥感反演方法，并以西沙群岛北岛为研究区，开展方法的实验应用，分析立体像对融合对水深反演精度提升的贡献。

基金项目：国家科技支撑计划项目——远海岛礁地理信息监测关键技术研究与示范（2012BAB16B01－02）。

作者简介：张靖宇（1989—），女，内蒙古包头市人，硕士，研究实习员，主要从事海岛海岸带遥感与应用研究。E-mail：jyzhang. shou@163. com

* **通信作者：**马毅（1973—），男，博士，研究员，主要从事海岛海岸带遥感与应用研究。E-mail：mayimail@fio. org. cn

2 数据与方法

2.1 研究区

北岛属于我国西沙的宣德群岛。岛呈西北东南走向，长、宽约为1.5 km和0.3 km，面积为0.4 km^2，是七连屿中面积最大的岛屿（如图1）。北岛地势平坦，灌木丛生，岛上有渔民使用的房屋建筑。北岛近岸水体清澈，主要礁盘深度小于20 m，适于开展水深反演实验研究。

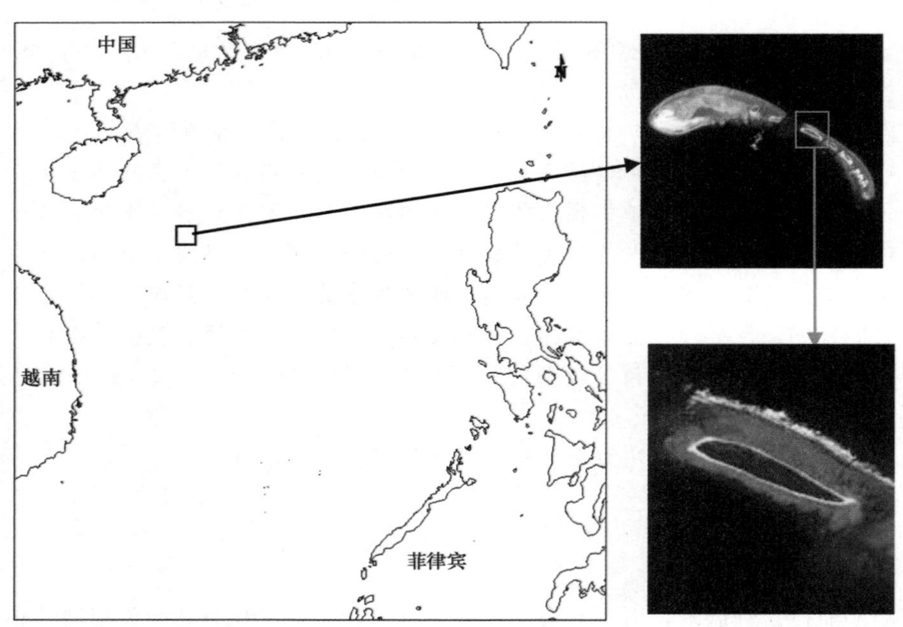

图1 北岛的地理位置

2.2 数据与预处理

本文利用了遥感与非遥感两种数据源资料，其中遥感数据源为WorldView－2四波段立体像对数据（如图2），拍摄于2012年10月25日03：35：27（UTC），空间分辨率2.0 m。

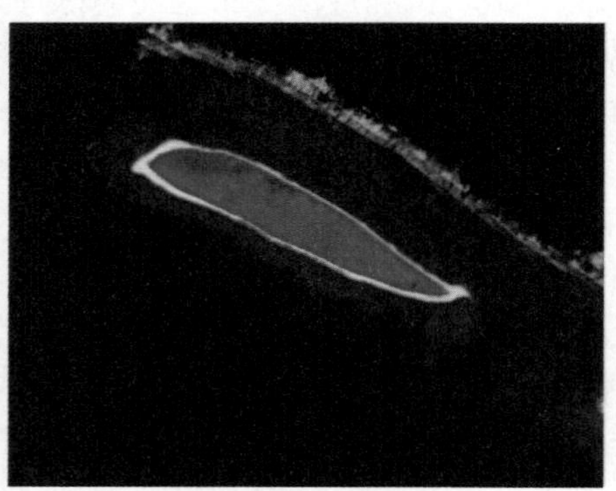
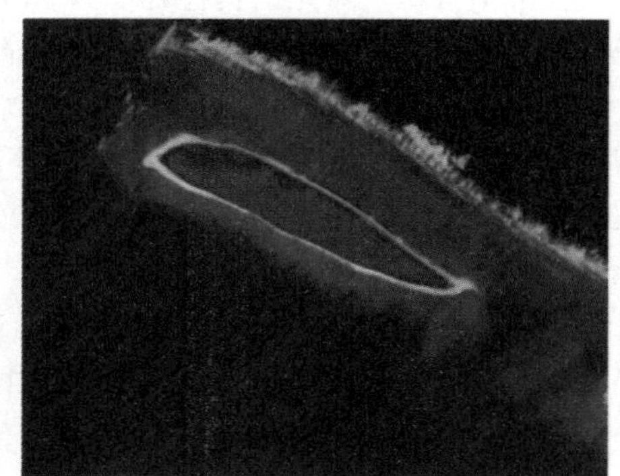

图2 实验所用的WorldView－2立体像对（左前视右后视）

非遥感数据包括水深点和潮汐表。现场水深数据于2013年测量获得，在北岛周边均匀散布，已校正到理论深度基准面。实验选取的水深范围在0~20 m间，其中控制点60个，检查点20个，其空间分布如

图 3 所示。此外，用到了 2012 年的潮汐表。

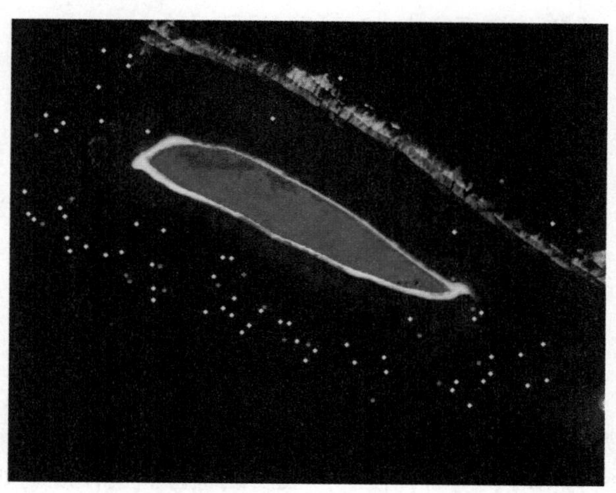

图 3　水深点分布（黄色控制点，红色检查点）

数据预处理过程主要包括遥感图像辐亮度转换、几何校正、大气校正和潮汐校正。

（1）辐亮度转换

利用 $L_i = DN * abscalfactor$ 将像元 DN 值转换为波段积分辐射亮度，之后按 $L = L_i / \Delta\lambda$ 计算光谱辐射亮度。计算中所用到的参数依照影像元数据设置。

（2）几何校正

利用 2014 年西沙实验时采集到的地面控制点对影像进行校正，校正精度均在 1 个像元之内。

（3）大气校正

实验采用暗像元法进行大气校正。这种方法简单易行，将整景影像中的所有像元均减去暗像元的辐亮度值，可得到校正后结果。

（4）潮汐校正

通过查阅 2012 年潮汐表，影像过境时刻潮高为 0.7 m。对立体相对中的 2 景影像均开展水深控制点和检查点的潮汐校正，得到影像拍摄时的瞬时水深。

2.3　水深立体反演融合方法

2.3.1　单角度水深反演方法

本文的单角度水深反演方法采用了多波段模型，其需要的参数少且易于实现，考虑了底质等方面的因素，并综合了多个波段的水深信息，在水深反演精度上通常优于单波段模型。因为蓝绿红波段位于水体反射率相对较强的区间范围，对不同深度的水深信息相对其他波段更为敏感，适于水体遥感探测，如下式所示：

$$Z = A_0 + A_1 X_1 + A_2 X_2 + A_3 X_3 , \tag{1}$$

式中，Z 为水深；A_0 和 $A_i (i = 1,2,3)$ 为待定系数；$X_i = \ln(\rho_i - \rho_{si})$，$\rho_i$ 是第 i 波段反射率数据，ρ_{si} 是该波段深水处的反射率。

2.3.2　立体像对遥感反演融合方法与参数

基于模糊隶属度的决策融合方法进行水深立体反演融合，其基本思路是：根据建立的决策规则依次对像元进行判别，当遇到无法判别的像元时，计算其归属于各个类别的隶属度，假若最大的隶属度符合一定的条件（如实验中要求隶属度不小于 0.2），则选取隶属度最大的类别作为该像元最终归属的水深段，假若不符合条件，则进行进一步的判定。计算隶属度是根据单分类器的分类结果，统计分类结果图像 i 中具

有相同类别 k 的出现频率，作为该结果像素属于类别 k 的隶属度 L_k^i，逐像素计算其属于其他类别的隶属度，然后将当前像元属于同一类别的隶属度 L_k 按照下式进行融合：

$$L_k = 0.5 + \{ \sum_{i=1}^{n} w_j (L_k^i - 0.5)^{\alpha} \}^{\frac{1}{\alpha}}, \tag{2}$$

式中，L_k 表示类型 k 的可信度，实验中 k 的范围是［1，4］，即 4 个水深段；w_j 表示每个信源的相对重要程度，且满足 $\sum_{j=1}^{n} w_j = 1$，n 表示分类结果图像的个数，本实验中 n 为 2，α 为奇数，实验中为 2 景影像，即 2 种单分类器，若其分类精度分别为 a 和 b，则 $w_1 = \frac{a}{a+b}$，$w_2 = \frac{b}{a+b}$，此处的 a 和 b 用控制点的 Kappa 系数计算。

2.3.3 立体像对反演融合规则

该方法用到的是两景同源影像，无需空间配准，在实现基于模糊隶属度的决策融合时，当获得控制点的 Kappa 系数和各水深段的平均相对误差时，便可开展反演融合。具体规则如下：

i 与 j 代表前视与后视影像，假设 C_i 与 C_j 分别为 2 景水深标识影像上某一像元的类别值，Z_i 与 Z_j 分别表示当前像元水深值，max（·）、min（·）、med（·）分别代表以当前像元为中心的 5×5 邻域内的水深最大值、最小值和中值，P_{c_i} 和 P'_{c_j} 分别表示当前像元在对应水深段的平均相对误差，L_{c_i} 和 L_{c_j} 分别表示当前像元对应所在水深段的模糊隶属度，$C_{\mathrm{med}(Z_i)}$ 和 $C_{\mathrm{med}(Z_j)}$ 分别表示当前像元邻域中值所在的水深段，同理，$P_{C_{\mathrm{med}(Z_i)}}$ 和 $L_{C_{\mathrm{med}(Z_i)}}$ 分别是 i 像元邻域中值所在水深段的平均相对误差和该水深段的隶属度。Z_s 为决策融合后的水深值。融合时主要考虑 2 种情况，即（1）中的反演得到的水深段相同和（2）中的 2 景影像反演水深属不同水深段。

（1）当 $C_i = C_j$，若 $Z_i = Z_j$，则 $Z_s = Z_i = Z_j$；

当 $C_i = C_j$，且 $Z_i \neq Z_j$，若 $\min(Z_i) < Z_i < \max(Z_i)$，$Z_j < \min(Z_j)$ 或 $Z_j > \max(Z_j)$，则 $Z_s = Z_i$，反之，若 $Z_i < \min(Z_i)$ 或 $Z_i > \max(Z_i)$，$\min(Z_j) < Z_j < \max(Z_j)$，则 $Z_s = Z_j$；

当 $C_i = C_j$，且 $Z_i \neq Z_j$，$\min(Z_i) < Z_i < \max(Z_i)$，$\min(Z_j) < Z_j < \max(Z_j)$，若 $P_{C_i} < P'_{C_j}$，则 $Z_s = Z_i$，反之，则 $Z_s = Z_j$；

当 $C_i = C_j$，且 $Z_i \neq Z_j$，$Z_i < \min(Z_i)$ 或 $Z_i > \max(Z_i)$，$Z_j < \min(Z_j)$ 或 $Z_j > \max(Z_j)$，求得 $\mathrm{med}(Z_i)$ 和 $\mathrm{med}(Z_j)$，若 $C_{\mathrm{med}(Z_i)} = C_{\mathrm{med}(Z_j)}$，且 $P_{C_{\mathrm{med}(Z_i)}} < P'_{C_{\mathrm{med}(Z_j)}}$，则 $Z_s = \mathrm{med}(Z_i)$，反之，$P_{C_{\mathrm{med}(Z_i)}} > P'_{C_{\mathrm{med}(Z_j)}}$，则 $Z_s = \mathrm{med}(Z_j)$；

当 $C_i = C_j$，且 $Z_i \neq Z_j$，$Z_i < \min(Z_i)$ 或 $Z_i > \max(Z_i)$，$Z_j < \min(Z_j)$ 或 $Z_j > \max(Z_j)$，求得 $\mathrm{med}(Z_i)$ 和 $\mathrm{med}(Z_j)$，若 $C_{\mathrm{med}(Z_i)} \neq C_{\mathrm{med}(Z_j)}$，且 $L_{C_{\mathrm{med}(Z_i)}} > L_{C_{\mathrm{med}(Z_j)}}$，则 $Z_s = \mathrm{med}(Z_i)$，反之，则 $Z_s = \mathrm{med}(Z_j)$；

（2）当 $C_i \neq C_j$，若 $\max(L_{C_i}, L_{C_j}) \geqslant 0.2$，当 $\max(L_{C_i}, L_{C_j}) = L_{C_i}$ 且 $P_{C_i} < P'_{C_i}$，则 $Z_s = Z_i$，否则，当 $\max(L_{C_i}, L_{C_j}) = L_{C_i}$ 且 $P_{C_i} > P'_{C_i}$，则 $Z_s = Z_j$；

当 $C_i \neq C_j$，若 $\max(L_{C_i}, L_{C_j}) \geqslant 0.2$，当 $\max(L_{C_i}, L_{C_j}) = L_{C_j}$ 且 $P_{C_j} < P'_{C_j}$，则 $Z_s = Z_j$，否则，当 $\max(L_{C_i}, L_{C_j}) = L_{C_j}$ 且 $P_{C_j} > P'_{C_j}$，则 $Z_s = Z_i$；

当 $C_i \neq C_j$，若 $\max(L_{C_i}, L_{C_j}) < 0.2$，当 $P_{C_i} < P'_{C_j}$，则 $Z_s = Z_i$，反之，则 $Z_s = Z_j$。

上述表达式中，$\min(Z_i) < Z_i < \max(Z_i)$ 表示当前像元的水深值在 5×5 窗口的邻域内非奇异值，$C_{\mathrm{med}(Z_i)}$、$P_{C_{\mathrm{med}(Z_i)}}$ 分别表示 i 图像当前像元 5×5 邻域中值所属的水深段和该水深段的平均相对误差。

因为水深立体反演融合实验中用到的影像获取时间差较短，潮汐校正值相同，所以可在融合结束后，将最终的融合水深结果减去该值从而校正到理论深度基准面，校正过程也可在逐像元融合前进行。与上述规则结合，水深立体反演融合流程如图 4。

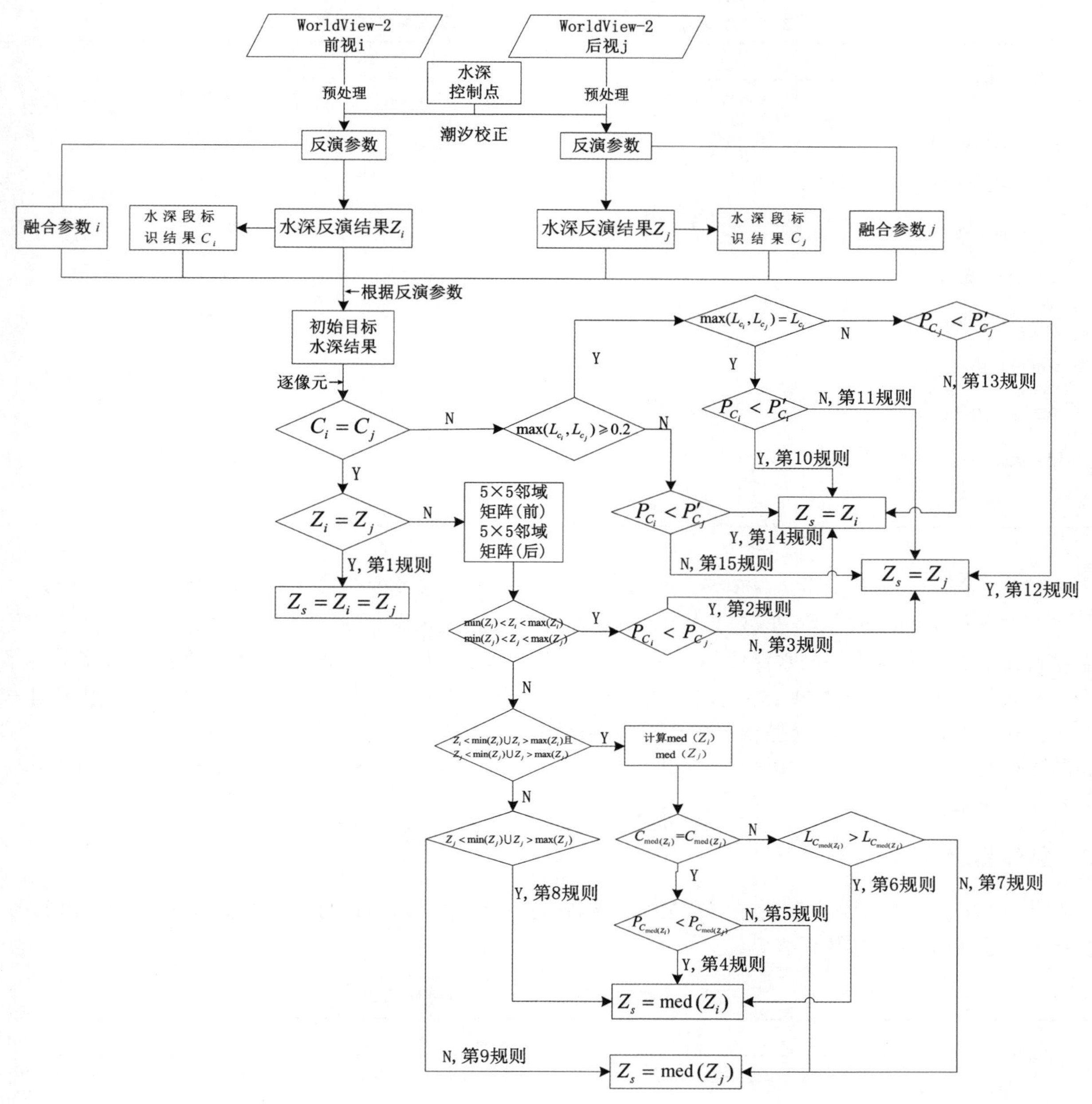

图4 水深立体反演融合流程

3 结果与分析

3.1 反演参数和融合规则执行情况

水深立体反演融合实验中用到的参数包括 WorldView－2 立体像对水深反演的 Kappa 系数和分段平均相对误差，各反演参数和融合参数参见表 1。

比较 Kappa 系数可发现 WorldView－2 前视影像在整体分段精度上明显优于其后视影像。观察分段平均相对误差，前视影像除在第 1 段内的以近 16 个百分点较后视影像差外，在 2、3、4 段都明显优于后视影像。

表 1　水深单角度遥感反演参数和立体决策融合参数

参数类型	影像类型	
	WorldView－2 前视水深反演影像	WorldView－2 后视水深反演影像
反演参数 A0	－1. 144	3. 970
反演参数 A1	13. 482	28. 056
反演参数 A2	－14. 744	－38. 111
反演参数 A3	1. 612	9. 748
第 1 段平均相对误差	116. 9%	101. 2%
第 2 段平均相对误差	33. 7%	79. 8%
第 3 段平均相对误差	13. 0%	33. 2%
第 4 段平均相对误差	12. 3%	14. 3%
Kappa 系数	0. 85	0. 66

WorldView－2 立体像对共 1 000 行，1 250 列。因为融合中涉及到 5×5 的邻域运算，从第 3 行第 3 列开始到第 998 行 1 248 列结束，即有 1 241 016 个像元会经过决策融合赋以新的水深值。在水深立体反演融合实验中，初次判定为相同水深段的像元个数有 877 398，占比为 70. 7%，其中执行次数最多的是第 2 和第 3 项规则，有 88. 3% 的像元通过这一规则确定了最终的水深值，执行次数最少的是第 1 项规则——只有 1 436 个像元的前视水深反演影像和后视水深反演影像均得到相同的水深值。共有 363 618 个像元被 2 景影像判定为不在同一个水深段中，这其中有 81. 1% 的像元最终以整体 Kappa 系数较大的 WorldView－2 前视水深反演影像决定。

3. 2　整体精度分析

利用相同的 20 个水深检查点对水深立体反演融合前后的水深影像进行精度评价，求得平均相对误差、平均绝对误差和 Kappa 系数如表 2。

表 2　水深立体反演融合的整体精度比较

评价指标	影像类型		
	水深多角度融合影像	WorldView－2 前视水深反演影像	WorldView－2 后视水深反演影像
平均相对误差	17. 2%	32. 5%	51. 5%
平均绝对误差	0. 8 m	0. 9 m	2. 2 m
Kappa 系数	0. 95	1. 00	0. 71

平均相对误差从小到大依次为水深立体反演融合影像、WorldView－2 前视水深反演影像和 WorldView－2 后视水深反演影像，值分别为 17. 2%、32. 5% 和 51. 5%，相比立体像对中较好的前视影像，融合后影像的整体平均相对误差提高了 15 个百分点。平均绝对误差也符合平均相对误差的趋势，虽然比起前视水深反演影像 0. 9 m 的平均绝对误差来说，水深立体反演融合影像的平均绝对误差只有 0. 1 m 的降低，但考虑到反演水深的范围在 20 m，误差值可以达到亚米级，反演精度算是较高的。而受到影像中太阳耀斑、白冠等噪声的影响，同时段获取的 WorldView－2 后视影像水深反演的平均绝对误差高达 2. 2 m。水深立体反演融合影像的 Kappa 系数略低于前视水深反演影像，前者的 Kappa 值为 0. 95，后者在 20 个水深检查点

的分段精度相当高，没有错分 1 个。相比之下，后视水深反演影像的 Kappa 系数只能算中等水平，为0.71。

无论从分段精度还是反演误差考察，实验中用到的 WorldView－2 前视影像在水深反演能力上要优于后视影像。但后视影像对水深立体反演融合有一定的贡献，否则融合后的影像精度不会相比前视水深反演影像有如此幅度的提高。为了更直观的比较这 3 景水深影像在水深检查点处的值，作散点图（图 5）以供进一步分析，图从左至右的顺序依次为水深立体反演融合、前视、后视。

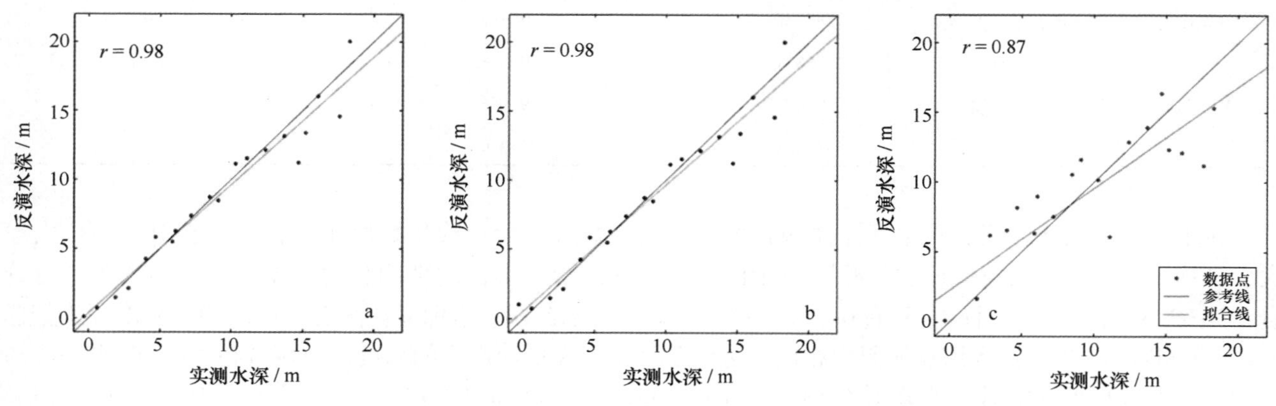

图 5　水深立体反演融合前后实测水深与反演水深散点图

一般来说，利用各种遥感手段反演水深，都很难避免浅水区误差较大的问题。但通过对 2 景立体像对水深反演结果的决策融合，所生成的水深立体融合影像在小于 2 m 的水深段内与 1∶1 参考线拟合较好。虽然 WorldView－2 后视水深反演影像的散点图中，参考线和拟合线重合度低，夹角较大，但也在水深多角度反演融合实验中发挥了作用。图 6 是水深立体像对反演融合结果图像。可以看出，图像上水深层次过渡较好，礁盘清晰明显。

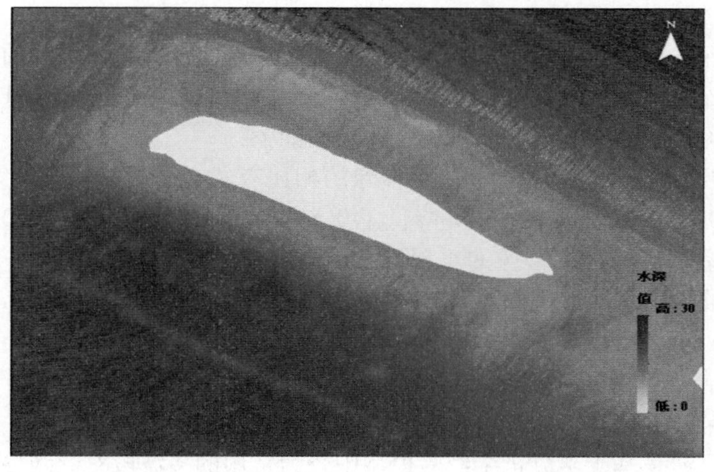

图 6　水深立体像对反演融合结果图像

3.3　分段精度分析

为了更好的对水深立体反演融合实验的效果进行评价，进一步分析 4 个水深段的平均相对误差和平均绝对误差，如下表 3 所示。

表 3 水深立体反演融合的分段误差比较（均校正到基准面）

水深范围/m	评价指标	水深立体融合影像	WorldView－2 前视水深反演影像	WorldView－2 后视水深反演影像
0～2	平均相对误差	62.4%	164.6%	166.6%
	平均绝对误差	0.3 m	0.6 m	0.9 m
2～5	平均相对误差	18.2%	18.2%	86.4%
	平均绝对误差	0.7 m	0.7 m	3.1 m
5～10	平均相对误差	4.5%	4.5%	22.2%
	平均绝对误差	0.3 m	0.3 m	1.6 m
10～20	平均相对误差	9.0%	9.0%	17.7%
	平均绝对误差	1.4 m	1.4 m	2.6 m

在小于 2 m 的水深段，按水深立体融合影像、前视影像、后视影像顺序排列，平均相对误差依次增大，平均绝对误差呈倍数增长。与源影像相比，水深立体融合影像的平均相对误差提高了 100 多个百分点，为 62.4%，平均绝对误差只有 0.3 m。在大于 2 m 的水深段，水深立体融合影像的两个精度评价指标均与 WorldView－2 前视水深反演影像相同，远优于后视水深反演影像的精度，前两者在 2～5 m 水深段的平均相对误差和平均绝对误差分别为 18.2% 和 0.7 m，后者为 86.4% 和 3.1 m。在 5～10 m 和 10～20 m 的水深段内，最小的平均相对误差均小于 10%，反演精度较高。虽然在大于 10 m 的深水段，最小平均绝对误差大于 1 m，为 1.4 m，但除此水深段，水深立体融合影像和 WorldView－2 前视水深反演影像的平均绝对误差都达到了亚米级。

通过分段精度分析可以看出，在 WorldView－2 前视水深反演影像基础上，水深立体融合影像对精度的改善主要是在小于 2 m 的水深段，即，通过与后视影像的决策融合，使得最终的结果取长补短，得到更为优化精度更高的水深影像。

4 结论与讨论

本文主要开展了水深立体遥感影像反演融合模型研究。利用立体遥感影像的前后视角度信息，提出了基于决策融合的浅海水深立体影像反演融合方法，并以西沙群岛北岛为研究区，开展了上述模型方法的实验应用，分析了其对水深反演精度提升的贡献。主要结论如下：

（1）水深立体遥感反演融合的精度与单角度影像的相比有了显著提高，平均相对误差比立体像对中精度较高的前视影像小 15.3%，平均绝对误差降低了 0.1 m，值分别为 17.2% 和 0.8 m；

（2）从水深分段误差看，与前视影像的水深反演结果相比，水深立体反演融合影像的精度改善主要体现在 2 m 以浅的水深段，这说明后视影像 2 m 以浅水深范围内的反演精度较高，因此通过决策融合，使得最终的结果取长补短，精度更高；

（3）该模型中的融合规则得到了较为合理的应用。从规则的执行次数中可以看出，不论参与反演融合实验的原始遥感影像精度如何，它们对水深分段的判定是大致相同的。

本文的单角度水深反演是基于半分析半经验模型中较为常用的多波段对数线性模型来开展，可以考虑尝试其他反演模型来提高原始遥感影像的反演精度。实验以南海岛礁——北岛为例开展应用研究，该方法的可移植性有待在今后的工作中开展，即，需要考虑在不同海区、不同水质环境等条件下，本文所建立方法的适用性。

参考文献：

[1] Lyzenga D R. Remote sensing of bottom reflectance and water attenuation parameters in shallow water using aircraft and Landsat data[J]. International Journal of Remote Sensing, 1981, 2(1): 71—82.

[2] Liu Z. Bathymetry and bottom albedo retrieval using Hyperion: a case study of Thitu Island and reef[J]. Chinese Journal of Oceanology and Limnology, 2013, 31(6): 1350—1355.

[3] Pacheco A, Horta J, Loureiro C, et al. Retrieval of nearshore bathymetry from Landsat 8 images: A tool for coastal monitoring in shallow waters [J]. Remote Sensing of Environment, 2015, 159: 102—116.

[4] 曹瑞雪，张杰，孟俊敏．利用TM图像数据计算海水深度模型——以双子礁和黄河口水域为例[J]．海洋科学进展，2004，22：65—70.

[5] 田震，马毅，张靖宇，等．基于主成分变换的海岛周边水深遥感反演研究[C]//第19届中国遥感大会论文集(下)．北京：中国宇航出版社，2014.

[6] 许海蓬，马毅，梁建，等．基于半经验模型的水深反演及不同水深范围的误差分析[J]．海岸工程，2014，33(1)：19—25.

[7] Hu L B, Liu Z, Liu Z S, et al. Mapping bottom depth and albedo in coastal waters of the South China Sea islands and reefs using Landsat TM and ETM + data[J]. International Journal of Remote Sensing, 2014, 35:4156—4172.

[8] Mangai U G, Samanta S, Das S, et al. A survey of decision fusion and feature fusion strategies for pattern classification[J]. Iete Technical Review, 2010, 27(4): 293—307.

[9] 彭正林，毛先成，刘文毅，等．基于多分类器组合的遥感影像分类方法研究[J]．国土资源遥感，2011(2)：19—25.

[10] 叶珍，何明一．PCA与移动窗小波变换的高光谱决策融合分类[J]．中国图象图形学报，2015，20(1)：132—139.

[11] 马毅，张杰，任广波，等．基于决策级数据融合的CHRIS高光谱图像分类方法研究[J]．海洋科学，2015，39(2)：8—14.

基于海上实验的溢油散射特征分析

邹亚荣[1]，梁超[1]，曾韬[1]

（1. 国家卫星海洋应用中心 应用发展部，北京 100081）

摘要：海上溢油给海洋环境带来巨大的危害，应用 SAR 遥感手段开展溢油监测是目前的主要方式之一。在海上开展现场测量，获得多极化 C 波段的后向散射，整体上，同极化相似，交叉极化散射系数低于同极化；与 Radarsat－2 图像计算结果相比，C 波段的 HH、VV 极化对溢油的表现明显，而 HV、VH 极化对溢油表现不明显，从观测角度方面，30°～45°入射角对溢油观测明显，实际测量与影像计算得到了相互验证，给溢油的遥感监测提供科学的监测参数。

关键词：溢油；微波；后向散射；测量

1 引言

随着世界海洋运输业的发展和海上油田的不断投入生产，海上溢油事故频发，造成大面积的海域污染，给海洋生态环境带来严重的破坏。

目前基于单极化 SAR 图像的海面溢油识别方法主要以遥感处理和模式识别技术为手段，通过对典型海面溢油与疑似膜进行形态学特征提取处理和模式识别技术为手段，但对于类溢油现象的去除效果并不理想。

Migliaccio 等[1]比较了熵、散射角、反熵参数，认为熵与反熵比散射角参数在溢油检测方面更为有效。王文广等[2]，提出了几个反熵、极化相关系数、极化 SPAN 以及它们的组合等辅助参数，开展了溢油信息提取。B. Zhang 等[3]通过研究 S_{HH}与 S_{VV}关系，研究得出一致性系数是比熵与散射角更为有效的溢油识别参数。Stine Skrunes 等[4]采用 RadarSat－2 数据，从极化协方差 *C*3 矩阵中，建立熵、散射角、相位标准差、极化比等多种极化分解参数，用以区分原油、植物油等，得到了比较理想结果。Minchew 等[5]针对美国墨西哥湾溢油事件，采用 L 波段 SAR 数据，运用熵、散射角、反熵等参数对溢油散射进行了研究，认为相干矩阵的特征值是最可靠的指标。

极化试验方面，在利用 SAR 数据开展溢油检测已有一定的研究，但究竟溢油的散射特征是如何并没有在实践中得到充分理解，M. Migliaccio，Arnt-BΦrre，Domenico Velotto 等（2011，2012）学者通过订购 RadarSat－2 数据，开展天地同步的海上油膜试验，收集现场数据，同时对 RadarSat－2 数据进行极化处理，取得了一定的效果，但只是进行了天地同步试验，没有对现场数据进行耦合。2012 年国家卫星海洋应用中心联合电子科技大学开展了利用散射计对溢油的散射试验，在不同角度、波段、油种方面开展了试验，得到了一些溢油散射规律。

2 实验设备与数据

2.1 实验设备

FM－CW 制式陆基散射计是具有一定的俯仰和方位向扫描能力的陆基平台的散射计，其中入射角即

基金项目：行业项目，海洋溢油污染风险评估及应急关键技术集成及应用示范（201205012）。

作者简介：邹亚荣（1967—），男，江西省南昌市人，主要从事海洋遥感应用研究。E-mail：zyr@ mail. nsoas. org. cn

俯仰角变化范围为0°~90°，方位角范围为0°~360°。该微波散射测量系统配置了四套抛物面天线，工作频率分别为：L波段（中心频率2G）、S波段（中心频率3.1 G）、C波段（中心频率5.3 G）、X波段（中心频率10 G），发射功率50 mW，具有四种极化组合（VV、HH、VH、HV）。该散射计在测量之前已经在微波暗室中进行过绝对标定，其散射系数测量相对精度可达±0.5 dB。系统主要部件及上位机控制界面如图1所示。

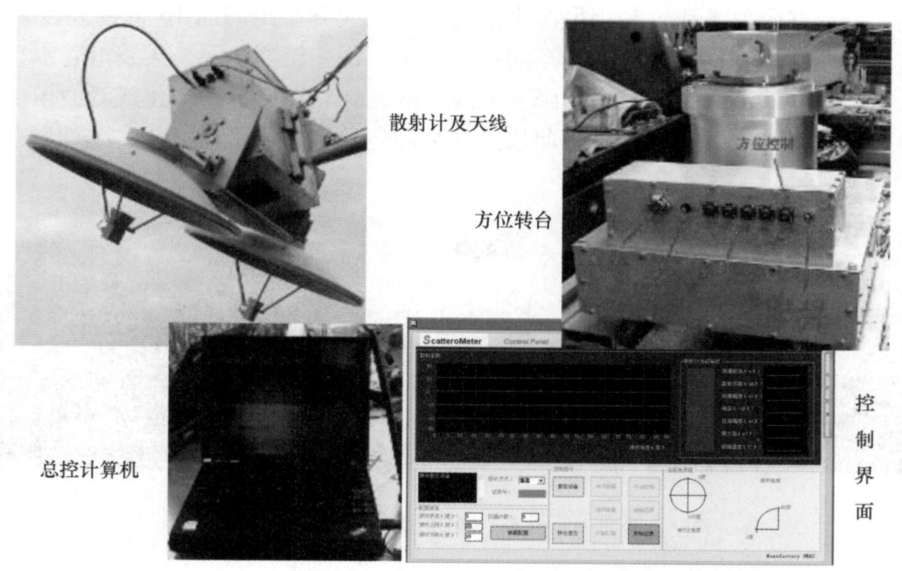

图1 散射计主要部件

2.2 数据

采用2010年5月8日墨西哥湾溢油 Radarsat-2 全极化数据，为精细模式，分辨率为8 m，入射角为42.1°，中心点坐标为26°48′N，92°02′W。

2.3 基于图像的后向散射计算

Radarsat-2 数据后向散射计算所需参数以查找表形式（xml 文件）随数据文件一起提供给用户，查找表一般包含了用于辐射定标的参数——增益（Gains）和偏移（Offset），使用查找表可以很方便地将影像原始 DN 值转换为所需要的后向散射系数等数据，针对不同的数据格式，计算方式如下[6]：

对 SGF、SGX、SGC 数据：

$$\text{calibrated value} = \frac{(\text{digital value}^2 + B)}{A}, \tag{1}$$

式中，A 为增益系数，B 为偏移量。

对 SLC 数据：

$$\text{calibrated value} = \frac{|\text{digital value}|^2}{A^2}. \tag{2}$$

3 结果与分析

3.1 实验过程

实验地点选取为浙江舟山某海港，见图2，精确位置为29°53′12.518 6″N，122°22′18.909 44″E。实验分为3天进行：2014年10月29日测量 C/X 个波段 VV/HH/VH/HV 极化海面散射系数；2012年10月30

日测量 C/S 波段 VV/HH/VH/HV 极化海面散射系数及溢油的 C/S 波段 VV/HH/VH 极化在 35°入射角微波后向散射系数；2012 年 10 月 31 日测量 X 波 VV/HH/VH/HV 极化海面散射系数及溢油的 C/S 波段 VV/HH/VH 极化在 35°入射角微波后向散射系数

实验开始前，先将实验仪器运送到海港边实验场地，并准备好吊车。实验仪器包括：3 个波段的散射计及其收发天线，2 台控制计算机，电源线，风速风向仪，温度计，相机，DV 等。实验中将散射计固定在吊车吊臂顶端，安装好收发天线。利用吊车将散射计与天线升至距海面 16 m 的高度，吊车控制系统可保存当前状态信息，以确保每次天线都能升至同一个位置。每一轮测量中，天线沿着水平轴转动，改变微波与海平面的入射角。一轮测试结束，吊车降下天线和散射计，以便更换极化或者波段。

实验过程中，将散射计安装在吊车吊臂前端并升至固定位置如图 2，海面实况如图 2，铺设柴油如图 2，数据采集如图 2。

图 2　溢油测量现场

3.2　实验结果

整体上，同极化相似，交叉极化散射系数低于同极化。C 波段的 VH 极化散射系数整体比同极化散射系数低 10 dB 左右（图 3）。同时可以看到，S 波段和 X 波段的 VH 极化和同极化差异随俯仰角的增大而变小。

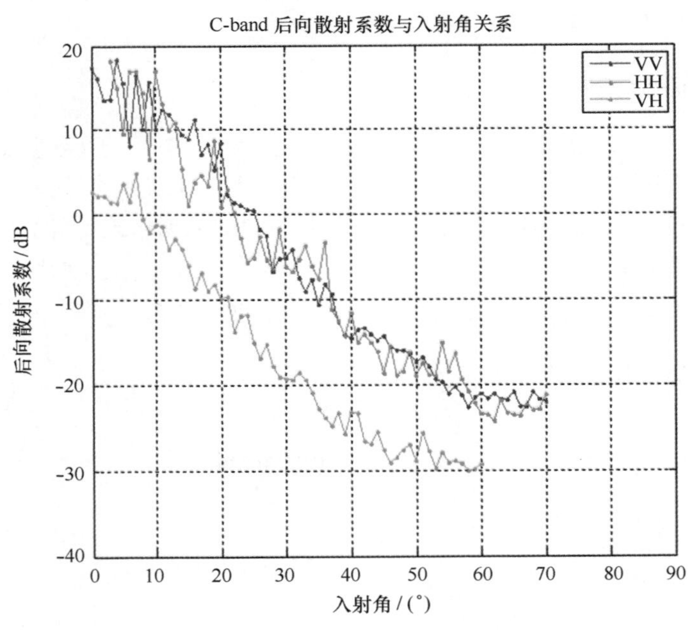

图 3　海水在 C 波段风速 $V = 3.5 \sim 5.5$ m/s 情况下极化散射系数对比

C 波段 3 个极化在 0° ~ 50°俯仰角度期间近乎线性下降，50° ~ 60/70°俯仰角度期间后向散射系数保持平缓下降。

C 波段固定在 35°俯仰角测量，因其波长相对比较短对海面波浪粗糙度敏感，数据抖动剧烈（图 4）。铺设油品减弱了毛细波可以看到有溢油时后向散射系数有下降趋势，由于风速及水流很快铺设的油面很快就被吹离了足印，获得的油面散射系数较少，下降幅度不特别明显。

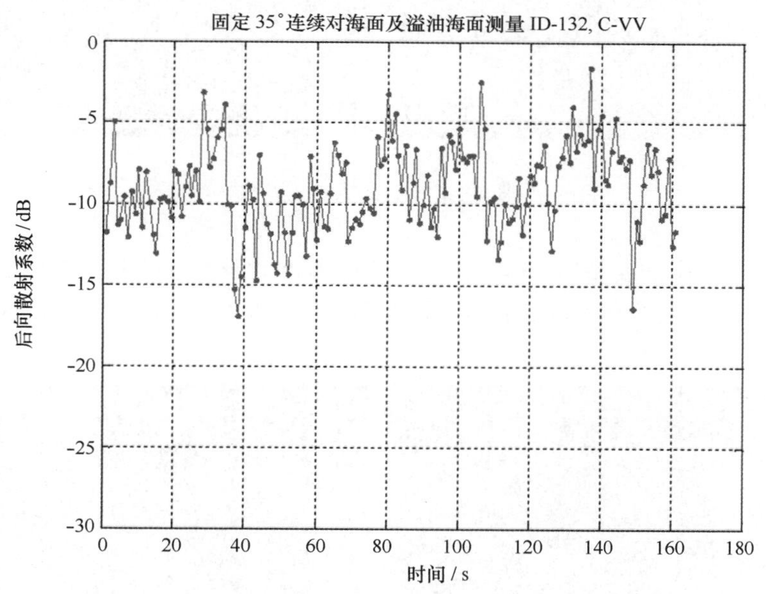

图 4　C 波段固定 35°情况下对海面及溢油海面连续测量散射系数对比
（在 40 s 至 60 s 期间有溢油在足印面积上，减弱了后向散射系数）

3.3　Radarsat - 2 影像计算

通过对 Radarsat - 2 数据进行计算，获得影像的后向散射，如图 5，基于 HH、VV 极化对溢油有较为明显的表现，呈现出明显的黑斑，反应了海上溢油的阻尼作用，具有平面散射的特征。对比 HH 与 VV 极化对溢油的表现，差异不大，这点从图 5 可看出，溢油的后向散射值集中在 - 60 至 - 25 dB 之间，中心值在 - 40 dB，而海水的散射值处于 - 50 至 - 20 dB 之间，中心值在 - 30 dB，与溢油有着较为明显的区分。

交叉极化 HV、VH 对于溢油的表现不明显，溢油信息难以从海水信息提取，从溢油的交叉极化直方图分析，溢油值处于 - 50 至 - 20 dB 之间，与海水的后向散射值处于同样的区间，两者没有显著的区别。

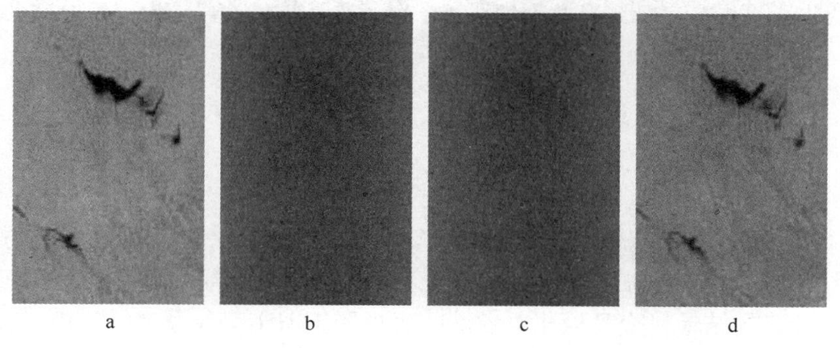

图 5　极化图（a - VV，b - VH，c - HV，d - HH）

在 Radarsat - 2 图像上取海水样本进行分析，4 个极化中，VV 与 HH 极化，海水的散射峰值处于 - 30

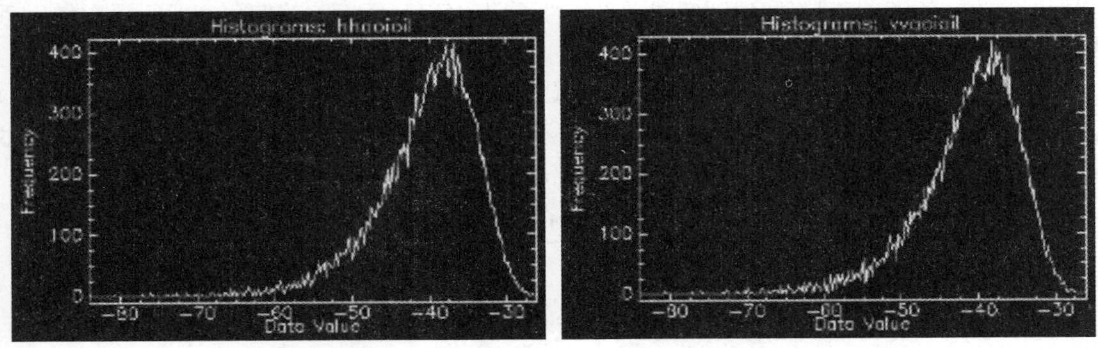

图 6　溢油后向散射直方图

与 -40 dB 之间，相比图 7 中的要高出 10 dB 左右，说明溢油对于海水的阻尼作用。而交叉极化值与溢油值处于同区域，因而在影像上没有明显的表示，这与图 3 的实验结果相符，采用 HV 与 VH 极化方式不适合用于溢油探测。

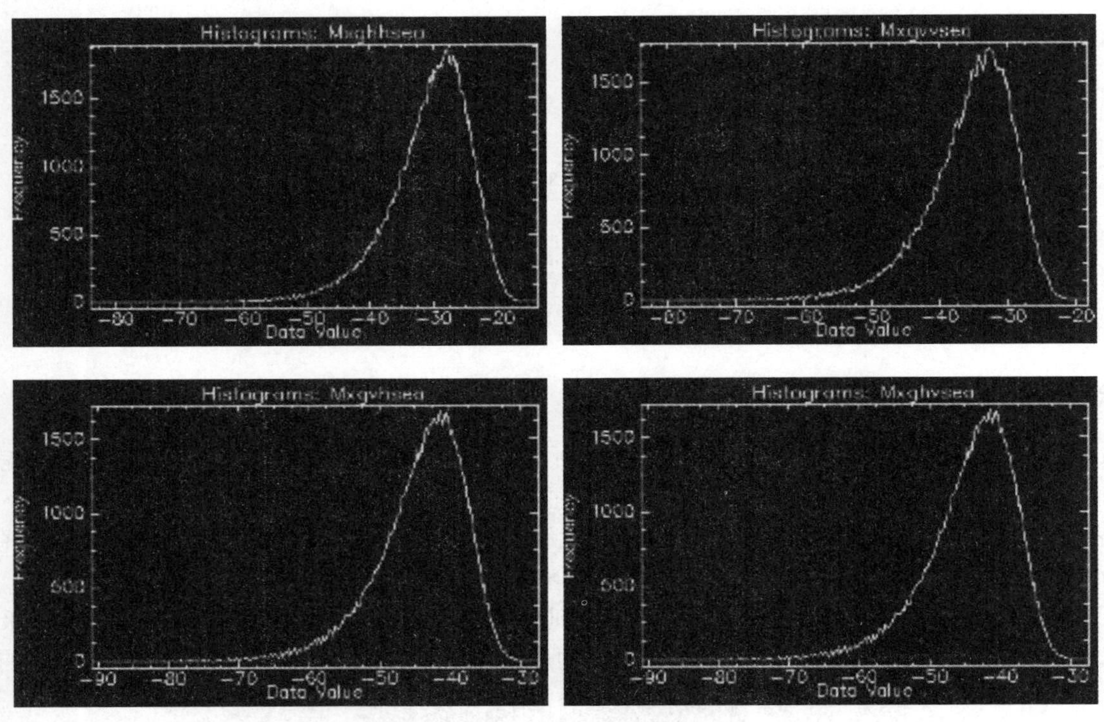

图 7　不同极化海水后向散射直方图

3.4　分析

应用 C 波段进行溢油监测，实验结果与遥感影像计算结果相似，但不同的极化方式对溢油的表现不同，从现场实验的结果，4 个极化对于溢油均有表现。交叉极化对溢油的表现要弱于 HH、VV 极化，大概在 10 dB 值。从图像计算的结果，交叉极化对溢油的表现弱于 HH、VV 大约 10 dB，且表现不明显。实验与图像结果存在一定的差异，基于遥感影像的后向散射计算，主要是图像 DN 值转换，与图像的 DN 值有很大的关系，溢油的散射为 Bragg 散射，在图像上为黑斑，因而 DN 值相对海水要小，计算出的后向散射小于海水的后向散射。

基于散射计测量是通过测量风引起的粗糙海面对微波的后向散射特性来推算风场，这样可以得到后向散射值，原理与雷达测量相同。

4 结论

后向散射是监测溢油的一个重要参数，实验测量与基于图像测量在结果具有相同性，HH 与 VV 极化对溢油有明显的表现，要强于 HV 与 VH 极化方式，从实验与图像计算结果，HH 与 VV 极化强于交叉极化大约 10 dB，在交叉极化中，溢油的 后向散射与海水的后向散射值处于相同的区域，因而在影像上，溢油信息难以从海水中提取。在 HH 与 VV 极化图像中，溢油的表现相同，这与它们的后向散射值处于同一区域有关。实验结果与图像计算结果相同，没有表现出差别。在入射角方面，实验与图像入射角在 42°，对于溢油有较好的表现。

虽然实验在海上进行，但是处于港口进行，风速与流速均处于较低的范围，实验时是在风速为 3.5 ~ 5.5 m/s 测量的，结果与图像计算值趋势相同。图像与实验是两个不同地点，海况有着很大的不同，对于用实验来检验图像的结果存在差异。

参考文献：

[1] Migliaccio M, Gambardella A, Tranfaglia M B. SAR polarimetry to observe oil spills[J]. IEEE Tran Sactions on Geoscience and Remote Sensing, 2007, 45(2): 506—511.

[2] Domenico Velotto, Maurizio Migliaccio, Ferdinando Nunziata, et al. Dual-Polarized Terra SAR-X oil-spill observation[J]. IEEE Transaction on Geoscience and Remote Sensing, 2011, 49(2): 4751—4762.

[3] Zhang B, Perrie W, Li X, et al. Mapping sea surface oil slicks using RADARSAT - 2 quad - polarization SARimage[J]. Geophys Res Lett, 2011, 38, L10602,.

[4] Skrunes Stine, Brekke Camilla, Eltoft Torbjorn. An experimental study on oilspill characterization by multi-polarization SAR Synthetic Aperture Radar, 2012. EUSAR. 9th European Conference on Topic(s): Fields, Waves & Electromagnetics Publication Year: 2012: 139—142.

[5] Minchew B, Jones C E, Holt B. Polarimetric analysis of backscatter from the deepwater horizon oilspill using L - band synthetic aperture radar geoscience and remote sensing[J]. IEEE Transactions on Geoscience and Remote Sensing, 2012, 50(10): 3812—3830.

[6] Radarsat - 2 Product Format definition,5. 3. 6 LUT File and 7. 1. 2 File Organization and Naming.

基于微波辐射计数据的南极海冰特征变化分析

曾韬[1]，刘建强[1*]，邹斌[1]，石立坚[1]，梁超[1]

（1. 国家卫星海洋应用中心，北京 100081）

摘要： 利用多年的 DMSP 微波辐射计海冰密集度产品数据，对南极海冰面积分布特征、海冰消融特征进行计算和分析，可以得出：南极海冰分布存在比较明显的季节变化，2 月份海冰面积分布最小，9 月份海冰面积分布达到最大，约经历 7 个月的凝结期和 5 个月的消融期，通过对 2008 年—2013 年海冰密集度变化特征分析，可以得出：海冰密集度年平均变化幅度不大，大部分变化幅度在 20% 以内，但 2011 年海冰密集度分布整体偏低，而 2013 年海冰密集度分布整体偏高。通过卫星长期观测，可以了解南极海冰的时空分布与变化特征，为全球气候变化、大气海洋环流和极地科学考察等方面提供基础资料。

关键词： 微波辐射计；南极；海冰密集度

1 引言

极地地区对全球气象、气候变化起着重要作用，冰雪圈与大气和海洋相互作用直接影响大气环流和气候的变化，在全球气候系统中举足轻重，特别是其反馈机制，对气候变化、大气和海洋环流有重要影响。海冰是气候系统的重要因子[1]，全球冰雪圈的作用区约占地球表面积的 18.5%，它是地球气候系统的冷区，南极冰雪区是地球系统的最大冷源和全球水气环流热力发动机的主要极冷之一。观测和模拟显示，南极冰雪范围、表面特征的年际变化对全球水气环流的强度、全球热平衡和气候变化都有明显的影响，海冰的高反照率，使地球吸收的能量减少，对气候系统和能量收支起着重要作用，是造成南极冷源的重要因子。海气界面间复杂的冰边界层的隔绝作用，海冰运动形成的南极热量和淡水的径向输送，影响全球的热盐环流，从而进一步对全球气候长期变化发生作用。海冰是南极最活跃易变的成分，自身的季节变化和年变化特征，特别是范围、密集度和厚度变化，直接影响到海洋和大气的能量交换和物质交换。研究表明，海冰的异常对气候系统产生巨大影响，海冰边界变化，不仅能够对局地天气系统造成影响，同时也对全球范围的天气系统起到一定的作用。因此，海冰是全球大气和海洋环流异常变化的预警平台，准确采集和获取两极海冰变化信息，是预测全球气候变化的关键[2]。由于南极海冰在地球圈层中所处的独特的地位，各国南极考察都把海冰调查作为一项重要考察内容，以此来支持研究海冰对全球气候变化的指示作用。

2 DMSP/SSMIS 数据介绍

DMSP（Defense Meteorological Satellite Program）是美国国防部的极轨卫星计划，运行高度约 830 km 的太阳同步轨道，周期为 101 min，该计划自 1965 年 1 月 19 日发射第一颗卫星，至今共发射 7 代共 40 多颗卫星。2009 年 10 月 18 日发射的是 DMSP－F18 Block 5D－3，后续将发射 2 颗，即 DMSP 5D－3 F19 和 DMSP 5D－3 F20。

基金项目： 南极环境遥感考察（CHINARE－02－04）。

作者简介： 曾韬（1982—），男，湖北省监利县人，主要从事海洋遥感研究。E-mail：ztao10@mail.nsoas.org.cn

[*] **通信作者：** 刘建强，研究员，主要从事海洋遥感。E-mail：jqliu@mail.nsoas.org.cn

SSMIS（Special Sensor Microwave Imager/Sounder）搭载于DMSP 5D－3 F16/17/18，相对于比SSMI，SSMIS具备更多的接收频段，它能提供低层大气温度廓线和湿度廓线、高层大气温度廓线，以及其他环境参数，包括海洋风速、降雨率、海冰和陆地类型等。

DMSP－SSMIS海冰密集度产品利用该传感器获取的海冰亮温数据，根据物理模型得到海冰密集度分布，该产品通过美国国家雪冰数据中心（NSIDC）发布，提供的产品分辨率有6.25 km、12.5 km和25 km，投影方式为极立体（Polar Stereographic）投影，每天的海冰密集度产品能有效覆盖南北极各一次。本研究获取了2008—2013年的南极周边海冰密集度数据，分辨率为6.25 km，其1天的覆盖范围如图1所示。

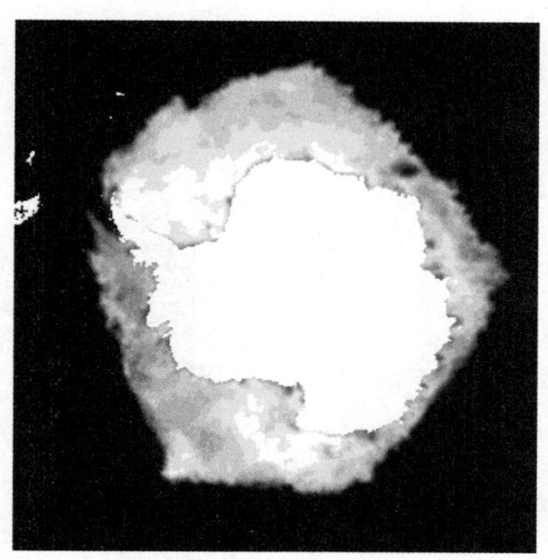

图1 DMSP海冰密集度产品每日覆盖示意图（2009.7.25）

3 数据处理与分析

3.1 海冰面积统计

卞林根等[3]利用海冰面积指数开展海冰面积变化分析，本文通过对经极立体（Polar Stereographic）投影后的海冰密集度产品将陆地和冰架区掩膜后进行统计，若某个像元的海冰密集度大于0，则将其判断为有海冰覆盖，其他区域则为水域，统计海冰覆盖的像元总个数，利用投影后的每个像元面积乘以海冰覆盖的像元总数，得到最后海冰的覆盖面积，图2为统计得到的2008—2013年间海冰每日的覆盖面积变化图。

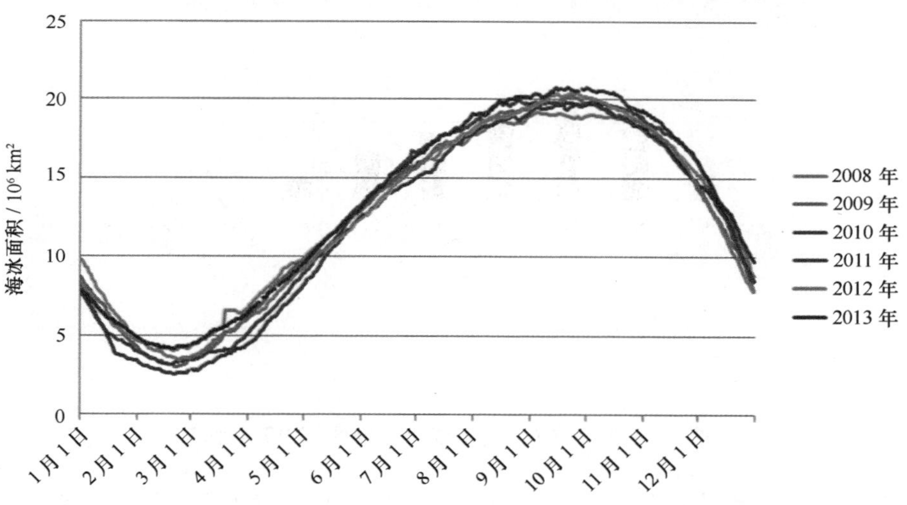

图2 南极海冰面积变化曲线图

根据统计结果，南极海冰的面积分布存在比较明显的季节变化特征，从各个年度的统计来看，每个年度的海冰变化趋势及幅度大小有较为明显的一致性，最小面积分布在2月（南极夏季），最大面积分布在9月（南极冬季）。

图3是2008—2013年间，南极周边海冰分布面积特征的柱状图，包括年平均值、年分布最小值和年分布最大值，2008—2013年这6年间海冰的年平均分布面积分别为12 876 108 km²、12 660 045 km²、12 739 565 km²、12 078 765 km²、12 599 621 km²、13 336 689 km²，其中2011年分布面积最小，2013年分布面积最大。统计年间，海冰的平均最大面积为20 057 500 km²，最小面积为3 413 229 km²，最大分布区域为最小分布区域的5.9倍，因此，南极海冰大部分为1年冰，且随着季节的变更存在着巨大的变化。

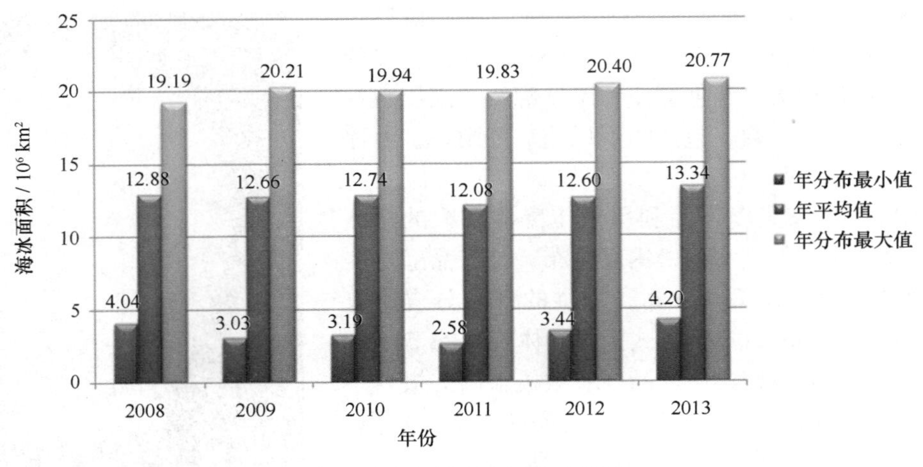

图 3 南极海冰分布面积柱状图

3.2 海冰生长与消融

通过海冰的生消过程，可以反映海冰的季节演变过程。解思梅等[4]用海冰的凝结和融化指数来表示海冰的生消过程。用后 1 个月的面积减去前 1 个月的，差值为正是凝结指数，为负是融化指数。凝结表示海冰在增长，融化表示海冰在减少。

通过统计 2008—2013 年各区海冰平均月分布的凝结和融化指数，得到各分区海冰凝结和融化特征分别如图 4 所示，图表中红色代表海冰凝结增长趋势，蓝色代表海冰融化趋势，柱状图的长短代表海冰增长或消融的面积大小。

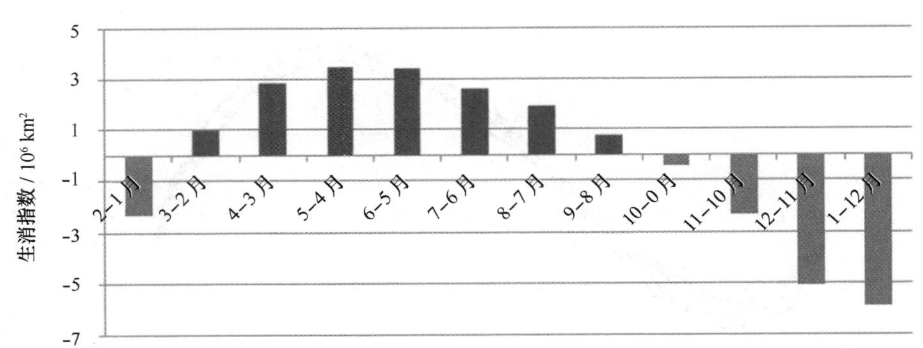

图 4 南极海冰消长特征统计（2008—2013 年平均）

从图中可以看出，南极海冰从 2 月到 9 月为的增长期，9 月份海冰面积分布达到最大，经历约 7 个月的凝结时间，9 月至翌年 1 月为海冰的融化期，2 月份海冰面积达到最小，经历约 5 个月的消融期，海冰增长幅度最大的时期在 5 月和 6 月，海冰消融最大的时期在 1 月。

海冰融化速度要比凝结速度快，这与海冰凝结和融化的机制有关，南极海冰的凝结主要是季节性降温的结果，而海冰的融化则不仅与南极的季节性增温有关，还与海洋的热力作用和动力作用有关。南极的季节性增温使得海冰消融，同时也使海冰强度变小；南极大陆的高原边缘坡度较大，在强离岸风的作用下，使得海冰向外海漂移，在中、高纬度融化；在南极的大陆周围形成开阔水域，在大陆周围的冰川入海处和冰架前沿，形成许多冰间湖，大量吸收太阳辐射，加速海冰的融化。

3.3 海冰密集度分布特征

将每年的逐日海冰密集度数据经过平均处理可得到每年的海冰密集度平均分布，具体计算公式如下：

$$C_{ij} = \frac{1}{D}\sum_{n=1}^{D} C_{ij}^{n}, \tag{1}$$

其中，C_{ij}为空间坐标（i，j）上的海冰密集度年平均值，D 为天数，为第 n 天空间格点坐标为（i，j）的海冰密集度。

利用当年的海冰密集度平均值减去多年的海冰密集度平均值，得到不同年份的海冰密集度异常分布图，可以知道当年的海冰对比多年分布的变化特征。

图 5 为南极海冰年平均密集度异常图，总体上看，2008—2013 年海冰总体年平均密集度变化幅度不大，大多数能保持在 20% 以内，2011 年海冰密集度分布整体减少，而 2013 年海冰密集度分布整体增加，这与海冰的年平均分布面积也有较为一致的对应关系。

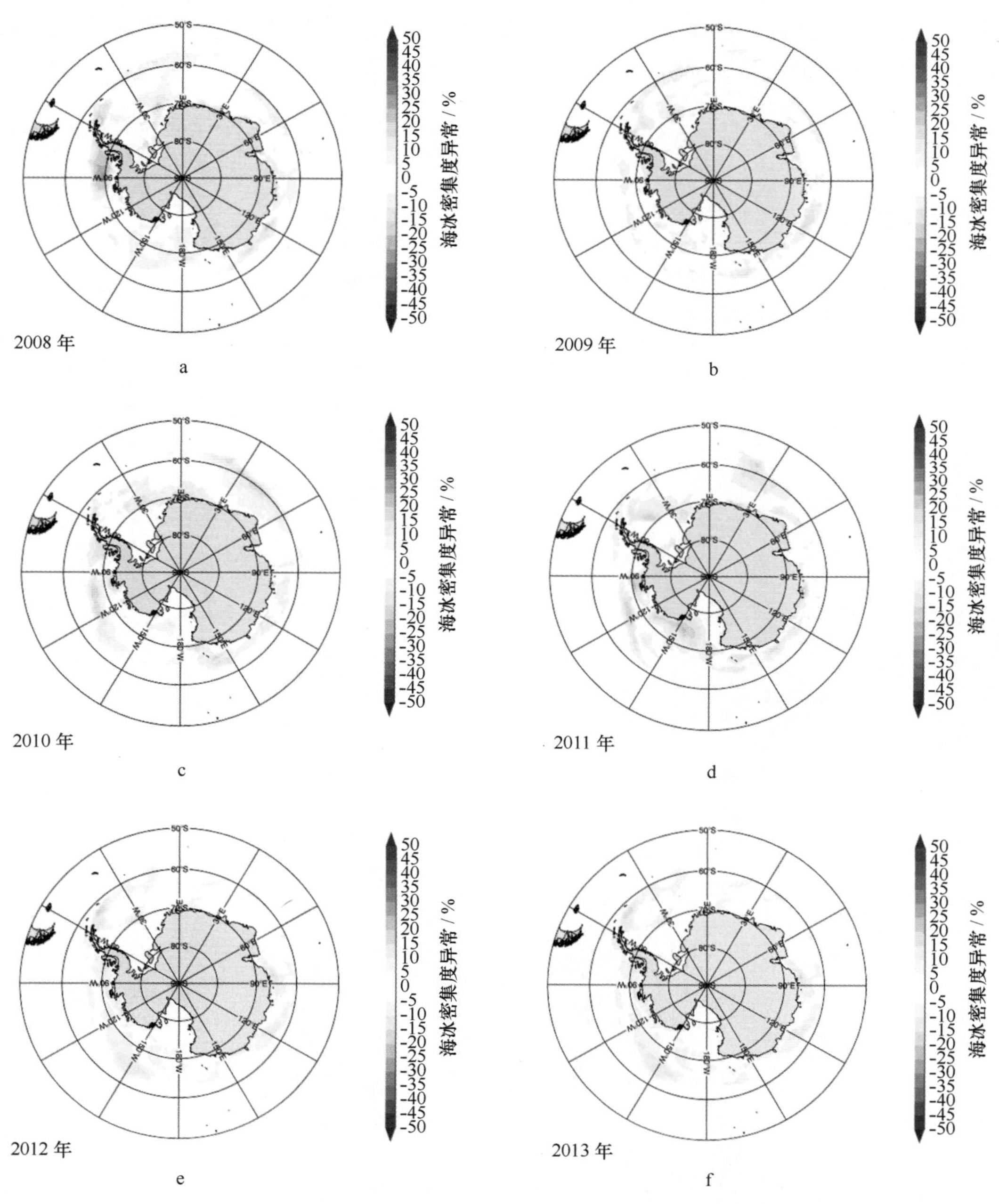

图 5　南极海冰年平均密集度异常图

a、b、c、d、e、f 分别对应 2008—2013 年的海冰年平均密集度分布异常

4　结语

本文利用 2008—2013 年的 DMSP 微波辐射计海冰密集度数据，通过海冰分布面积统计，海冰消融指数和海冰密集度异常计算，分析了南极海冰变化特征，通过对全南极海冰多年的分布特征进行统计，得到以下结论：南极海冰分布存在比较明显的季节变化，2 月份海冰面积分布最小，9 月份海冰面积分布达到最大，南极海冰从 2 月到 9 月为的增长期，经历约 7 个月的凝结时间，9 月至次年 1 月为海冰的融化期，经历约 5 个月的消融期，海冰增长幅度最大的时期在 5 月和 6 月，海冰消融最大的时期在 1 月。对 2008—2013 年南极海冰密集度异常特征变化进行分析，可以看出统计年间海冰密集度年平均变化幅度不大，大部分变化幅度在 20% 以内，但 2011 年海冰密集度分布整体偏低，而 2013 年海冰密集度分布整体偏高。通过对多年的南极海冰进行观测，可以了解南极海冰的时空分布与变化特征，为全球气候变化、大气海洋环流和极地科学考察等方面提供基础资料。

参考文献：

[1]　康建成，唐述林，刘雷保．南极海冰与气候[J]．地球科学进展，2005，20：786—793.

[2]　张璐，张占海，李群，等．近 30 年北极海冰异常变化趋势[J]．极地研究，2009，21：344—352.

[3]　卞林根，林学椿．近 30 年南极海冰的变化特征[J]．极地研究，2005，17：233—244.

[4]　解思梅，邹斌，王毅．南极海冰的长期变化趋势[J]．海洋预报，1996，13：21—29.

基于 WebGL 海洋环境要素网络可视化

詹昌文[1]，苏天赟[2*]，王国宇[1]，刘海行[2]

（1. 中国海洋大学，山东 青岛 266100；2. 国家海洋局 第一海洋研究所，山东 青岛 266100）

摘要：针对海洋环境数据多维、海量、动态等特点，基于 NetCDF 的数据模型组织、存储数据，设计基于 Ajax 的异步数据传输方式，避免请求数据过程造成网页卡顿的现象；为了提高运算效率，在研究 WebGL 绘制流程的基础上，提出并行运算的方式实现海洋环境标量数据、矢量数据可视化的方法，实现海洋环境要素网络可视化系统。系统加载、绘制时间统计结果显示，该系统对于大规模网格数据可视化的有着良好的显示效果。

关键词：海洋环境；等值线；箭头；并行计算；WebGL

1 引言

随着海洋科学技术的持续发展，海洋数据的获取手段日益丰富，加之面向海洋领域的应用日益深入，如何充分运用数量快速增长且格式不一的海洋数据已经成为一个亟须研究的课题。

海洋地理信息系统（marine geographic information system，MGIS）作为处理海洋问题的有力工具，其重要性已日益得到海洋科学工作者和决策者的重视，特别是基于三维 GIS 的海洋信息可视化表达与分析方向，是目前 MGIS 领域研究的热点问题之一[1]。

近年来，三维球体软件由于其丰富的空间信息展示能力和强大的三维空间分析功能，已在众多领域取得成功应用，得到了相关行业用户的广泛认同。尤其在城市规划、数字城市、智能交通、虚拟旅游、军事仿真等领域备受青睐。目前，国内外涌现出了一大批优秀的三维 GIS 软件或模块，如国外的谷歌的 GoogleEarth、NASA 的 World Wind、ESRI 公司的 ArcScene、ArcGIobe 和 ArcGIS Explorer、微软公司的 Virtual Earth 3D、Skyline 公司的 Skyline Globe，国内的国遥 EV-Globe、吉奥公司的 GeoGlobe、北京灵图公司的 VRMap 等多种三维软件[2]。

传统的海洋环境要素三维可视化，都是基于桌面应用程序的架构来实现，需要在客户端安装软件并配置环境，而且对操作系统有不同的要求，极大的限制这类程序的应用。人们在基于 Web 3D 的可视化的多年研究，取得了突出的成就。

Shan 基于虚拟现实建模语言（VRML）开发了一款 3D Web GIS 软件。Ming 利用 X3D 语言对这一概念进行扩展。与之前的 2D WebGIS 开发进展相比，更加逼真的环境有助于对地形有更好的理解[3]。Zhu 等基于 VRML 开发了另一种方式[4]。他们用 VRML 对包含海拔数据的经纬坐标系进行地形建模。然而，由于没有显示处理单元（GPU）的支持，该应用对于大数据量的可视化显示效果不佳。

2011 年，WebGL 规范的提出正好弥补了这项不足。WebGL 是一种 3D 绘图标准，这种绘图技术标准允许把 JavaScript 和 OpenGL ES 2.0 结合在一起，通过增加 OpenGL ES 2.0 的一个 JavaScript 绑定，WebGL 可以为 HTML5 Canvas 提供硬件 3D 加速渲染，这种技术支持网页内容开发者直接在 JavaScript 基础上获得 OpenGL 级别的图像性能，将 3D 与其他 HTML 内容融合为一体，可以为网页游戏，教育和其他应用带来

作者简介：詹昌文（1991—），男，山东省烟台市人，主要从事海洋三维可视化研究。E-mail：zhanchangwen@ live. com

* **通信作者**：苏天赟，博士，副研究员。E-mail：sutiany@ fio. org. cn

一轮创新浪潮，为用户带来视觉丰富的用户界面，以及快乐、直观的用户体验。WebGL在网页图像展示的优越性能，吸引了广大开发者用于网络三维可视化方向的应用[5]。2011年，Feng基于WebGL开发了一款3D网页地形可视化系统[6]。2013年，瑞士西北应用科技大学开发的OpenWebGlobe项目可以基于WebGL生成虚拟球体[7]。类似的项目还有WebGL Earth，OWGIS[8]，Cesium[9]等。其中，Cesium是Analytical Graphics Inc（AGI）的一个项目，其中Cesium作为开源的项目，是目前基于WebGL生成虚拟球体项目中较为活跃的一个。

本文基于WebGL对海洋环境要素可视化技术进行研究，并采用Cesium框架，实现基于网络的海洋环境要素三维可视化系统。

2 数据组织与处理

2.1 NetCDF数据模型

NetCDF（Network Common Data Form：网络通用数据格式）是一种通用的数据存取方式，可对网格数据进行高效地存储、管理、获取和分发等操作，由于其存储量小、读取速度快、自描述及读取方式灵活等优点，被广泛用作大气科学、水文、海洋学等领域的数据存储标准，于2011年4月成为OGC多维数据交换标准存储方式[10]。

从数学角度而言，NetCDF存储的数据就是一个多自变量的单值函数：

$$\text{value} = f\ (x,\ y,\ z,\ \cdots), \tag{1}$$

其中，自变量x、y、z等在NetCDF中称作维度，函数值value在NetCDF中称为变量，而NetCDF中的属性正如物理学中自变量和函数值之间的一些性质，比如计量单位。

NetCDF文件数据以数组形式存储，可灵活方便地存储多维数据，如以一维数组的形式存储某个位置处随时间变化的温度，以二维数组的形式存储某个区域内在指定时间的温度。常见的三维数据（如某海域随时间变化的温度数据）和四维数据（如某海域随时间和高度变化的温度数据）均以一系列二维数组的形式存储。

与传统的多维数据存取方式相比，NetCDF可通过ID标识直接在相关位置存取，无需进行循环遍历，大大提高了存取效率。NetCDF不但可以提高数据的存取效率，也可以帮助用户了解数据集内容，可便捷准确地操作数据。

本论文应用NetCDF格式来存储海洋要素信息，包括：海风、海浪、海流、盐度、温度这5种要素值。采用的维度信息包括：经度、纬度、时间、深度（仅个别要素值有该维度）。应用NetCDF格式文件，可以更加灵活、高效地管理和读取海洋环境数据。

2.2 数据传输方式

为了提高数据传输效率，本文采用AJAX方式进行数据传输。AJAX即“Asynchronous JavaScript And XML”（异步JavaScript和XML），是指一种创建交互式网页应用的网页开发技术[11]。

Ajax使用Javascript向服务器提出请求并处理响应而不阻塞用户，其核心对象是XMLHTTPRequest（XHR）。通过这个对象，JavaScript可在不刷新页面的情况与Web服务器交换数据。

图1显示了客户端通过Ajax向服务器请求数据的过程。用户通过网页端的操作触发请求事件，JavaScript调用XHR向服务器请求数据；服务器收到请求后访问数据库，将结果以JSON数据格式传递回XHR对象。当XHR对象接收数据，执行回调函数对页面进行更改。在XHR发出请求到执行回调函数这段时间，当前页面可以正常执行其他操作，因此可以避免数据量过大造成页面卡顿的现象。

3 WebGL算法

海洋环境要素信息包括海风、海浪、海流、盐度温度等，可以分为矢量数据和标量数据两个大类。

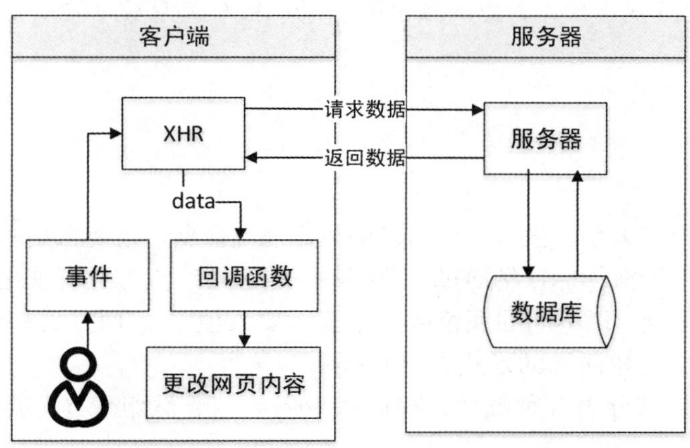

图 1 Ajax 交互

3.1 WebGL 工作流程

WebGL 的渲染管线流程图如图所示。这个流程图用简单的形式表现出数据从 JavaScript 的数组转换为像素显示在 canvas（html5 的标签，可用于 WebGL 绘制的画布）中的流程。WebGL 渲染管线如图 2 所示。

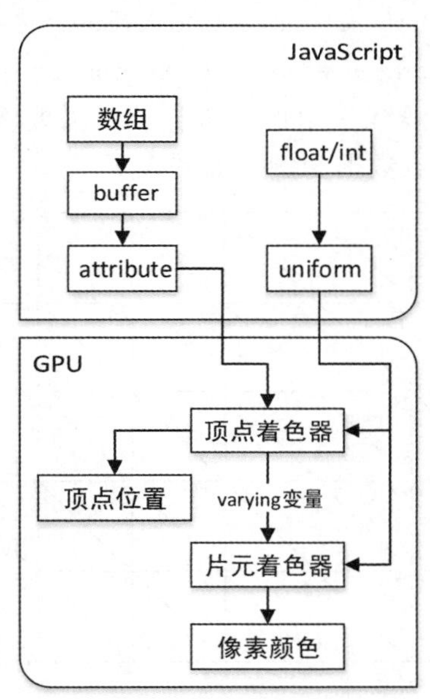

图 2 WebGL 渲染管线

首先，在 JavaScript 中，将数组转换成 buffer 的形式，然后将该 buffer 与顶点着色器中的某一个属性 attribute 进行绑定。attribute 可以是顶点的颜色、坐标等值，只能被顶点着色器访问。uniform 是全局变量，可以被顶点着色器和片元着色器访问。

顶点着色器进行图元装配和栅格化。图元装配：顶点着色器根据输入的 attribute 和 uniform 计算并输出位置坐标。根据顶点着色器输出的顶点位置和当前的绘制方式（点、线或者三角形），将顶点连接成几何图形，如三角形、线或者点。顶点着色其中还可以对 varying 变量进行赋值。栅格化过程将连接成的几何图形分解成一个个的像素点，每个像素点单独运行片元着色器代码。片元着色器中，可以访问 uniform 和 varying 变量。其中的 varying 变量是根据顶点着色器中的 varying 变量的值插值计算而来的。顶点着色器

uniform 和 varying 变量计算并输出该像素点的颜色值。GPU 将对应像素点的填充相应的颜色值，实现图形的绘制。

3.2 标量绘制算法

3.2.1 平面图算法

海洋标量数据是一类只有大小，没有方向信息的海洋环境数据。主要采用基于几何图形对象的可视化方法，以点、面图形方式进行海洋标量场面过程数据的三维表达。点方式可视化是指在三维场景中直接以点状对象进行要素可视化表达，以不同的颜色或大小表示要素值[12]。面方式是将不同的点之间插值计算出对应的颜色，最终以面（三角网）的形式进行展示。

本论文中将海洋要素信息分为 7 种颜色，存储在 colors［7］数组里，节点属性值存储在 nodeValues［7］数组里。

根据节点值进行插值运算，可以计算出对应颜色：

设节点属性值为 value，而 value 所属节点区间的起始值为 nodeStart，结尾值为 nodeEnd，起始值对应颜色为 colorStart，结尾值对应颜色为 colorEnd，最终插值结果用 color 表示：

$$\text{float rate} = (\text{value} - \text{nodeStart}) / (\text{nodeEnd} - \text{nodeStart}); \tag{2}$$

$$\text{color. r} = \text{colorStart. r} + \text{rate} \times (\text{colorEnd. r} - \text{colorStart. r}); \tag{3}$$

$$\text{color. b} = \text{colorStart. b} + \text{rate} \times (\text{colorEnd. b} + \text{colorStart. b}); \tag{4}$$

$$\text{color. g} = \text{colorStart. g} + \text{rate} \times (\text{colorEnd. g} - \text{colorStart. g}); \tag{5}$$

$$\text{color. a} = \text{colorStart. a} + \text{rate} \times (\text{colorEnd. a} - \text{colorStart. a}). \tag{6}$$

在 WebGL 中，基本图形包括点、线和三角形 3 种方式，需要将网格数据分成若干个三角形并绘制，实现以面的方式可视化。以 36 个网格点数据为例，如图 3 所示。

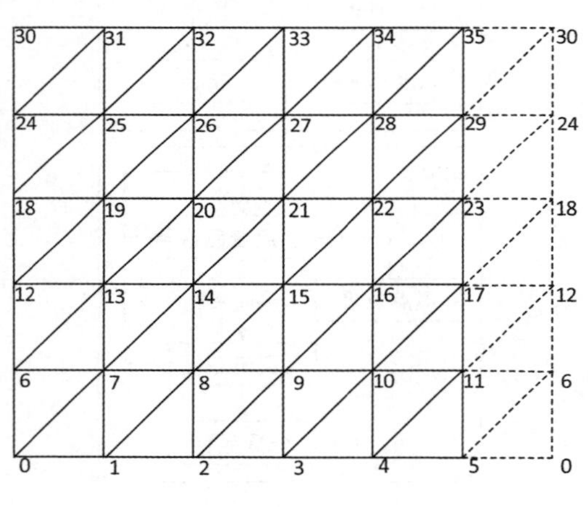

图 3 网格点

将顶点属性传到着色器时，着色器会自动将这些点从 0 开始编号，WebGL 可以通过这些编号索引相应的顶点。

按照图 3 实线所示，将输入的顶点连接成三角形。各个顶点的颜色根据属性值计算相应的颜色值，而三角形内的像素的颜色值是通过三角形 3 个顶点的插值计算而来的。

如果输入数据的经度范围如 0，1，2，…，359，这样，针对整个经度范围采样时，如果按照实线所示的方式连接，那么会在经度为 0 和经度为 359 之间产生一条缝隙。解决这个问题的方法如图 3 中虚线所示，将经度初始位置 0、6、12、18、24、30 与经度结尾位置 5、11、17、23、29、35 通过三角形连接起来，便可以将消除缝隙。

图 4 所示是系统对海洋表面温度数据进行可视化的效果。

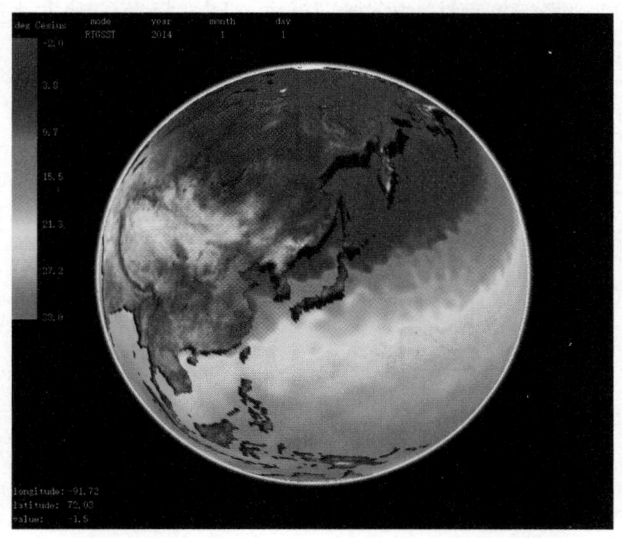

图 4　海洋温度可视化

3.2.2　等值线算法

等值线是制图对象某一数量指标值相等的各点连成的平滑曲线。沿着某一特定的等值线，可以识别具有相同值的所有位置。通过查看相邻等值线的间距，可以大致了解值的分布层次。等值线可以帮助用户更好的分析数据的特征，在海洋环境要素可视化领域作用重大。本文采用的海洋环境数据集数据量较大，用传统的串行方式耗时长，用户体验差。本文采取 GPU 并行计算的方式实现等值线的绘制。

（1）等值线插值算法

设两点为 p1、p2，属性值各为 p1. value、p2. value，而等值线的属性值为 value。根据以下公式计算 flag 的值：

$$flag = (p1.value - value) \times (p2.value - value). \tag{7}$$

（a）如果 flag 小于 0，那么两点之间存在等值点。所求等值点坐标为：

$$x = p1.x + (value - p1.value) \times \frac{(p2.x - p1.x)}{(p2.value - p1.value)}; \tag{8}$$

$$y = p1.y + (value - p1.value) \times \frac{(p2.y - p1.y)}{(p2.value - p1.value)}; \tag{9}$$

（b）如果大于 0，那么两点之间不存在等值点。

（c）如果等于 0，说明两点之间存在与等值线相同属性值的点，这样的点叫奇点，奇点会增加程序处理的困难，因此，在本文中对于这样的点的属性值加上一个很小的偏移量 0.000 1。这样，既可以避免奇点对程序的影响又不影响等值线的绘制。

（2）等值线并行算法

本文处理的数据为海洋环境数据为规则网格数据。下面，以一个网格为例，介绍并行计算等值线的算法。

根据上述等值线插值算法，一个网格中等值点的个数共分 3 种情况，分别进行如下判别处理：

（a）0 个等值点，无需绘制等值线；

（b）2 个等值点，则直接将这两点相连（如图 5 所示）；

（c）4 个等值点，有两种画法，如图 6 所示。这种情况需要根据顶点数据来选择具体应用哪一种画法。由于本文所使用的海洋环境要素数据，如海表温度、盐度等，均为以数值高的为中心，因而等值线需围绕较大数值进行闭环。据此，对于 4 个等值点的情况，本文对 A 的属性值与等值线的属性值进行比较，如果大于等值线的属性值，则选择第 2 种方式绘制；反之，则选择第一种方式绘制。

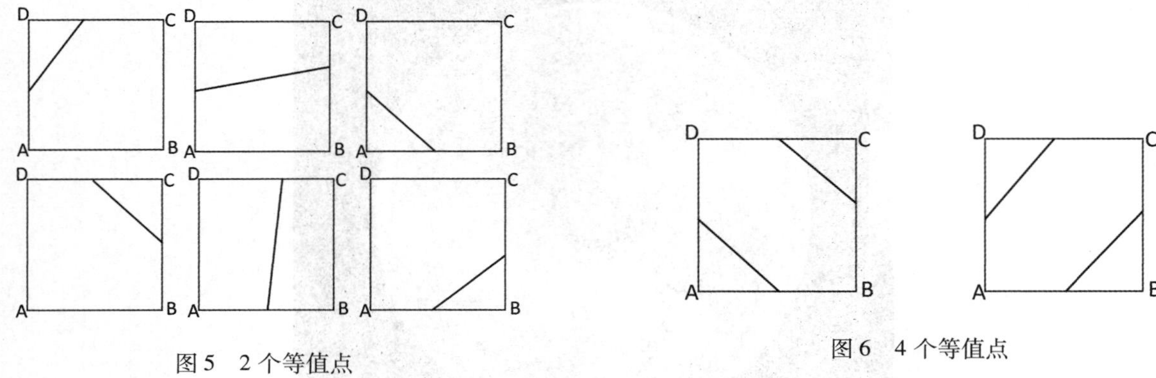

图 5　2 个等值点

图 6　4 个等值点

根据上述分析，对于每一个单元，最多有 4 个等值点，可以绘制 2 条等值线。假设每个单元格均有 4 个等值点。

由于是并行运算，4 个等值点的计算是相互独立的，因此，每个等值点都需要 A，B，C，D 4 个顶点的坐标和属性值。同时，给这 4 个等值点赋予一个特有编号属性 index，分别为 0，1，2，3。

顶点着色器各顶点输入的数据及运算流程如下：

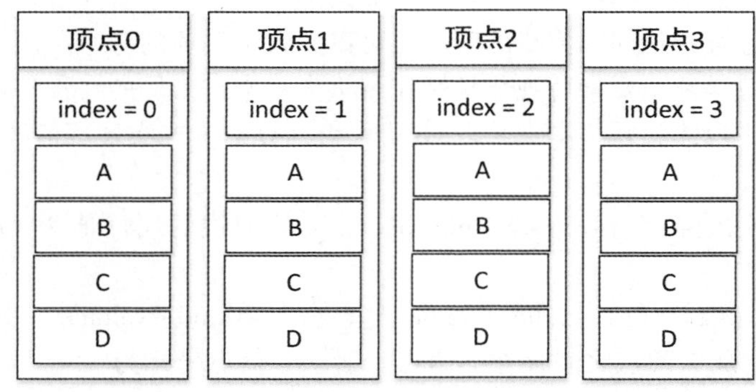

图 7　4 个 GPU 单元的输入

顶点着色器按照图 8 所示的并行计算流程，计算出 4 个等值点的位置，然后根据编号将相应的等值点坐标输出。WebGL 得到等值点坐标后，将 0 号等值点和 1 号等值点相连、2 号等值点与 3 号等值点相连，便可实现一个单元格内等值线的绘制。

当一个单元格存在没有等值点或者只有 2 个等值点的情况时，没有等值点的 GPU 单元输出坐标（0，0，0，1）。根据 WebGL 绘制机制，一条线的 2 个端点如果在同一位置，就不会进行绘制。

图 9 是根据上述的方式，针对海风数据绘制 7 条等值线。这种方式将计算等值点的过程转移到 GPU 并行运算当中，能够将下载的数据快速绘制显示，用户体验较好。

3.3　矢量数据算法

对于矢量数据，本论文基于 WebGL 并行技术，采取箭头的方式进行展示。箭头绘制算法如图 10 所示。

设 A 点坐标（x_0，y_0），方向矢量为（u，v），$EB = AB/3$，$\angle ABD = \angle ABC = 30°$则箭头四点的坐标为：

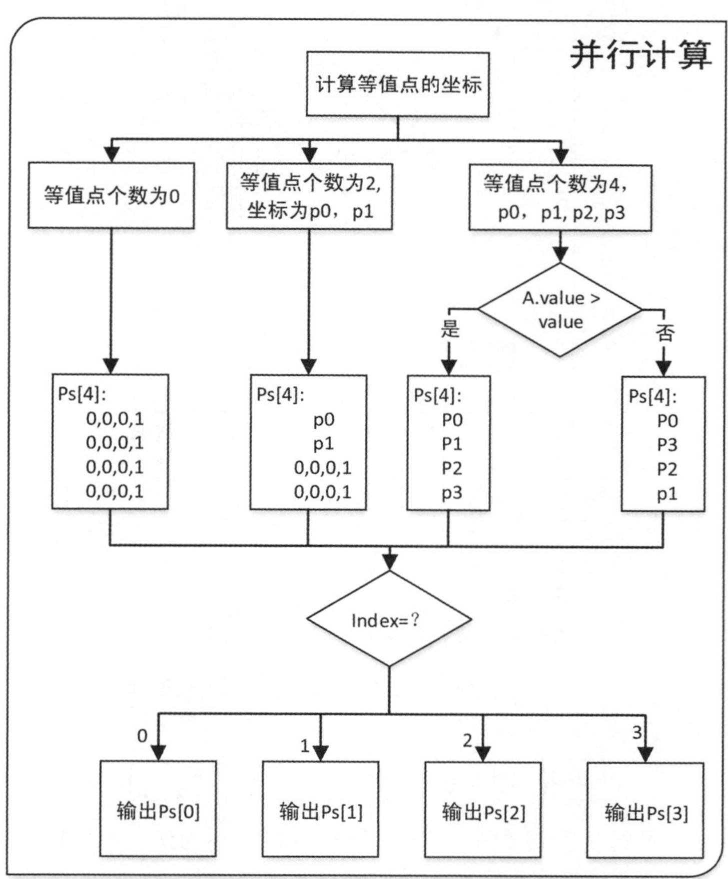

图 8　等值线并行计算流程

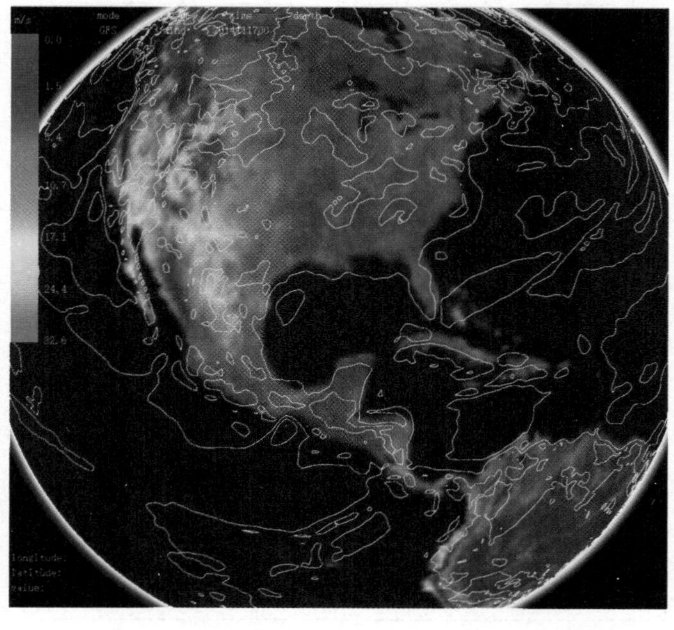

图 9　海风等值线

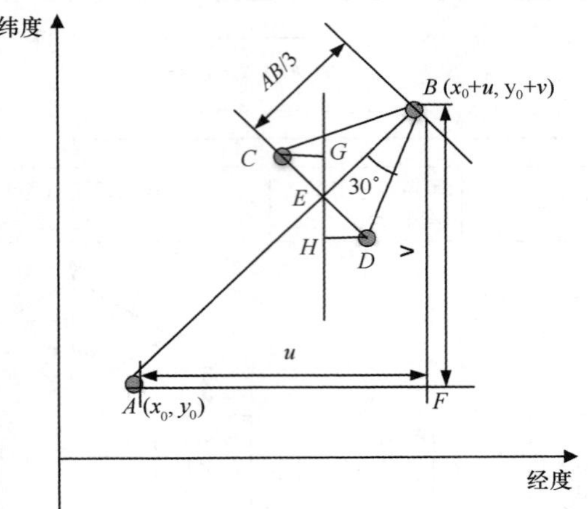

图 10　箭头位置计算示意图

$$A\ (x_0,\ y_0),$$
$$B\ (x_0+u,\ y_0+v),$$
$$C\left(x_0+\frac{2\times u}{3}-\frac{v}{3\sqrt{3}},\ y_0+\frac{2\times v}{3}+\frac{u}{3\sqrt{3}}\right),$$
$$D\left(x_0+\frac{2\times u}{3}-\frac{v}{3\sqrt{3}},\ y_0+\frac{2\times v}{3}+\frac{u}{3\sqrt{3}}\right).$$

将该算法运用到 WebGL 并行运算过程中，以一个箭头的绘制为例。4 个顶点传入的数据及并行过程如图 4 所示。

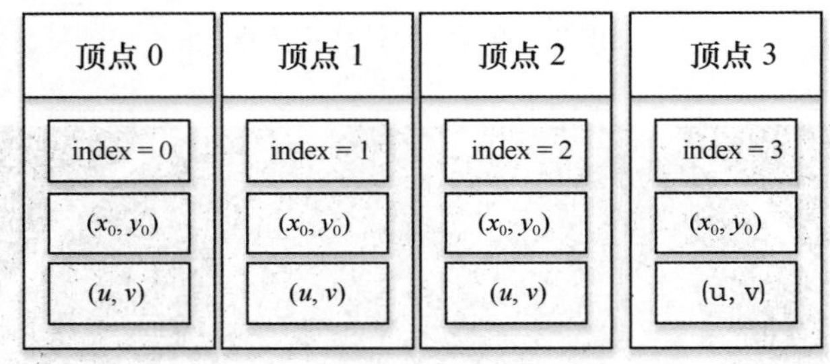

图 11　4 个 GPU 单元的输入

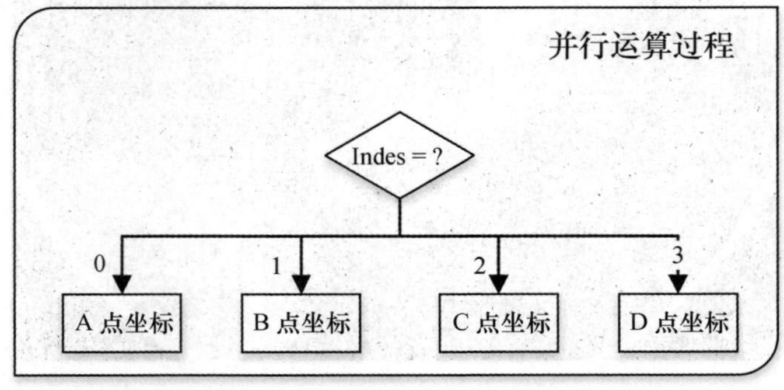

图 12　箭头并行计算过程

通过并行运算，顶点 0，1，2，3 分别输出 A，B，C，D 点坐标。然后，顶点按照“0－1”，“1－2”，“1－3”相连绘制线段，便可绘制出一个箭头的形状。

图 13 是海风的箭头可视化。图中，箭头长度表示数据值的大小，通过人机交互可以调整箭头增大或减小，以便达到更好的显示效果。

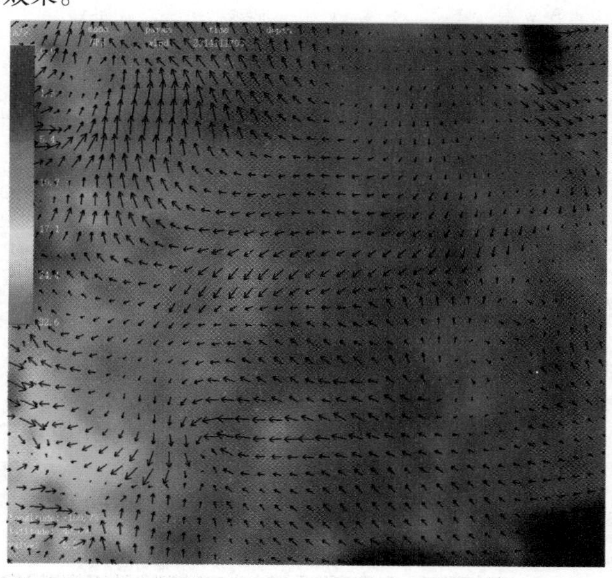

图 13　海风箭头可视化

4　应用实例

4.1　本机配置

本文的运行环境是普通 PC 机，基本配置是 Intel i5－3470、内存 8G、显卡 ATI Radeon HD 7900 Series（3 GB），使用 Google Chrome 43 版本浏览器，Tomcat 7 作为 Web 容器。

4.2　数据介绍

本文采用的数据有：

（1）中国海洋局第一海洋研究所提供的 MASNUM 数据，数据规模是 720×360。该数据集包括矢量数据海风、海浪、海流；包括标量数据盐度、温度。

（2）Japan Meteorological Agency data（JMA）日本气象局的海洋表面温度数据[12]，数据规模为 1 440×720。

4.3　时间统计

表 1 是根据标量数据绘制等值线的时间统计，采用 MASNUM 和 JMA 数据集。

表 1　标量数据时间统计

数据集	网格点数	FPS	网格数据		属性数据	
			加载	处理	加载	处理
MASNUM	261 364	60	283	112	121	146
JMA	1 037 520	42	1 659	1 047	463	1 639

表 2 是根据矢量数据绘制等值线和箭头的时间统计，采用 MASNUM 数据集。

表 2　矢量数据时间统计

数据集	绘制图形	网格点数	FPS	网格数据		属性数据	
				加载	处理	加载	处理
MASNUM	箭头	261 364	60	231	446	1 184	23
	等值线		60		275		548

由表 1、表 2 中 MASNUM 数据集的时间统计可以看出，本文设计的 GPU 并行运算对于 FPS 值的影响很小，当数据量较大时（JMA），FPS 值降低到 42，这个并不影响显示效果；另外，在动态加载显示过程中，由于将计算等值线、矢量箭头这些耗时长的运算转移到 GPU 并行过程中，对于数据只需简单的处理，可以有效缩短绘制间隔，提供更流畅的动态绘制效果。

4.4　系统实现

基于上述研究成果，本文采用 Cesium 框架和 WebGL 开发了海洋环境网络可视化系统，界面如图 14 所示。该系统基于网络浏览器，可以根据用户选择的数据集、设定的参数（时间、深度、属性、显示方式等），在数字球体上对海洋环境要素实时动态绘制（颜色填充图、矢量箭头或者等值线）。

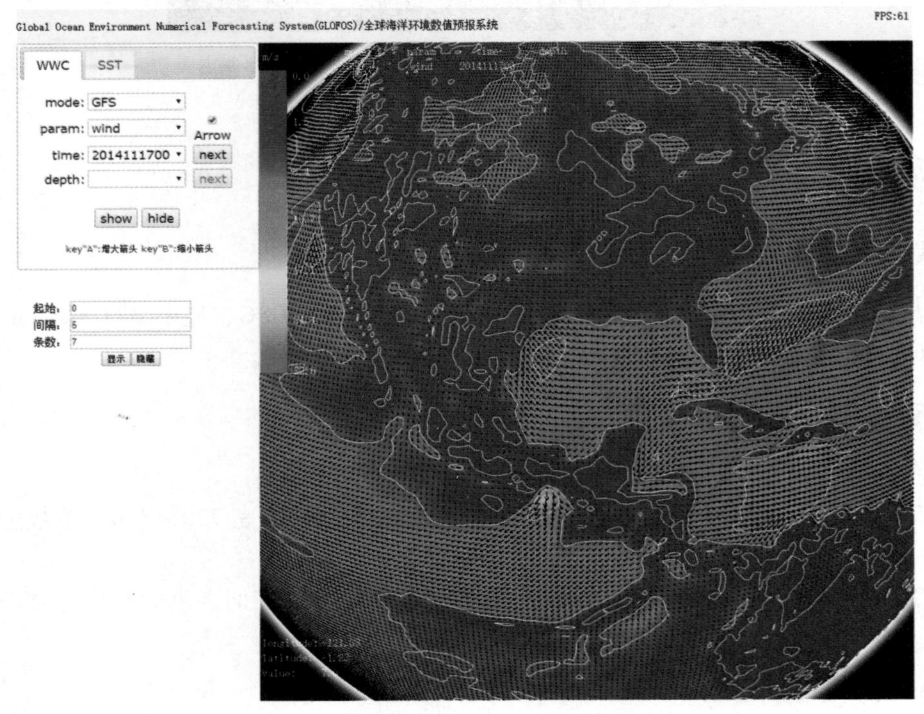

图 14　海洋环境网络可视化系统

5　结语

本论文在研究 NetCDF 数据存储、Ajax 异步传输数据、WebGL 并行运算的基础上，采用 Cesium，实现了基于网络浏览器的海洋环境要素可视化。

由于本论文主要采取 GPU 并行计算的方式，复杂的计算放到 GPU 当中，而串行过程对数据的处理得以相应减少，动态绘制效率得到了有效的提升。

但是，本论文还有许多需要改进的地方，需要进一步的研究优化。对于网格规模较大的数据集，通过网络传输方式进行数据加载，具有较长时间的延迟，需要在数据压缩方面进行优化；并行过程计算的等值线在圆滑和标注方面需要进一步的研究；可以利用 Html5 的 local storage 技术缓存加载的数据，利用 Web Worker 技术提高数据处理效率。

参考文献：

[1] Chen G, Li W,Kong Q, et al. Recent progress of marine geographic information system in China: A review for 2006—2010[J]. Journal of Ocean University of China, 2012, 11(1): 18—24.

[2] 王想红. 基于三维虚拟地球的海洋环境数据动态可视化研究[D]. 阜新:辽宁工程技术大学, 2013.

[3] Shan J. Visualizing 3 - D geographical data with VRML[C]//Proceedings of Computer Graphics International, 1998: 108—110.

[4] Zhu C, Tan E C, Kai T,et al. 3D Terrain Visualization for Web Gis, 2003.

[5] 谭文文,丁世勇,李桂英. 基于 WebGL 和 Html5 的网页 3D 动画的设计与实现[J]. 电脑知识与技术, 2011(28): 6981—6983.

[6] Feng L W C L C. A Research for 3D WebGIS Based On WebGL, 2012: 348—351.

[7] Netek R ,Loesch B, Christen M. OpenWebGlobe - Virtual Globe in Web Browser, 2013: 497—503.

[8] Zavala - Romero O, Ahmed A, Chassignet E P, et al. An open source Java web application to build self-contained web Gis sites[J]. Environmental Modelling & Software, 2014, 62: 210—220.

[9] Analytical Graphics I. Cesium-Webgl Virtual Globe and Map Engine. http://cesiumjs. org, 2013.

[10] 王想红,刘纪平,徐胜华,等. 基于 NetCDF 数据模型的海洋环境数据三维可视化研究[J]. 测绘科学, 2013(02): 59—61.

[11] 赵晓丽. 基于 Ajax 的 Ria 技术的研究及应用[D]. 成都:西南交通大学, 2007.

[12] 王想红, 刘纪平, 王亮,等. 海洋标量数据的三维动态可视化系统研究[J]. 海洋科学, 2013(7): 90—94.

[13] Jamstec - Japan Agency for marine-earth science and techmology. http://www.jamstec. go. jp/e/,2015.

基于遥感的海岸带风暴潮灾害受损监测分析

——以过境东营的一次风暴潮过程为例

胡亚斌[1,2]，马毅[2*]，孙伟富[2]，包玉海[1]

（1. 内蒙古师范大学，内蒙古 呼和浩特 010010；2. 国家海洋局 第一海洋研究所，山东 青岛 266061）

摘要：本文基于风暴潮前后两期影像为数据源，建立了东营海岸带风暴潮前后的土地利用分类体系及解译标志集，提取了风暴潮前后土地利用覆盖结果，并对风暴潮灾受损情况进行了时空特征分析及定量分析。结果表明，（1）温带风暴潮后受损土地主要集中分布于河口区飞雁滩、黄河入海口南北两侧及垦利县、广饶区沿海一带，受损土地类型为互花米草、养殖水面用地、耕地和其他土地。（2）风暴潮后研究区受损土地总面积为60 685 hm^2，其中养殖水面用地、其他土地、耕地和互花米草受损面积分别为32 149 hm^2、26 857 hm^2、1 182 hm^2 和496 hm^2，其中受损最为严重的土地类型为养殖水面用地及其他土地，分别占总受损面积的52.98%和44.26%；（3）提取的养殖水面用地面积对比中国海洋灾害公报数据得出，提取精度达92%。

关键词：遥感；风暴潮；东营；监测分析

1 引言

风暴潮是指由于强烈的大气扰动——如热带气旋、温带气旋或爆发性气旋等天气系统所伴随的强风和气压骤变所导致的海面异常升降的现象[1—2]，是我国沿海地区发生的最严重的海洋灾害之一。风暴潮灾不仅会导致港口、码头、堤坝等遭受毁损，还包括堤坝被冲垮后，海水漫滩使得沿岸房屋、农田、养殖等受淹而发生灾害[3]，近年来，随着沿海地区经济的增长，风暴潮灾造成的经济损失呈现出逐年加大的趋势，每年都在百亿元左右[4—5]。因此，对风暴潮灾害受损监测分析的研究不仅有助于对防灾预案效果的评估，而且对沿海地区灾后救助工作和土地利用重新规划具有重要的指导意义。

由于遥感影像具有空间覆盖广、获取周期短等特点，因此，目前利用卫星遥感数据研究风暴潮已成为热点。Dutta 等利用分布式模型和遥感数据计算了印度奥里萨邦超级飓风引起的风暴潮的受损情况[6]；G. R. Brakenidge 等使用遥感数据制作了全球风暴潮图，并进行了海岸脆弱性评价研究[7]；Aravind 等基于遥感和地理信息系统技术，分析了印度泰米尔纳德邦 Coramandal 海岸北部风暴潮脆弱性区域及监测了1980—2009 年间土地利用变化情况[8]；董剑希等以1949 年以来广东省典型潮位站近500 站次风暴潮资料和风暴潮历史灾害资料为数据源，探讨了广东省风暴潮空分布特征[9]；卢晓东等利用卫星遥感影像及风暴潮前后潮滩剖面现场勘测数据，分析了风暴潮前后潮滩变化及50 多年来莱州湾西岸海滩冲淤变化特征，结果表明强的风暴潮和人类活动将岸滩变化的主要因素[10]；张文静等提出了基于高分辨率卫星遥感资料计算风暴潮漫滩的方法，结果表明数值模拟的漫滩面积与遥感图像误差平均为11.5%[11]；张彤辉等基于海岸侵蚀现状调查和多时相遥感影像，分析了广东省惠州市惠东县小完山附近海岸侵蚀状况，并确定台风和风暴潮是海岸侵蚀的主要因素[12]。上述研究主要是实测或模拟数据研究风暴潮对沿海区域的影响分析，

基金项目：高分专项海洋遥感项目；民用航天技术预先研究项目子课题“基于多源卫星数据融合的海岸侵蚀与风暴潮遥感监测方法研究”。

作者简介：胡亚斌（1991—），男，江西省抚州市人，硕士研究生，主要从事海岛海岸带遥感与应用研究。E-mail：994642285@ qq. com

* **通信作者：**马毅（1973—），男，博士，研究员，主要从事海岛海岸带遥感与应用研究。E-mail：mayimail@ fio. org. cn

而卫星遥感影像则是用于直观定性佐证，对于利用卫星遥感影像进行风暴潮前后海岸受损监测影响的定量分析研究还较少。

针对上述情况，本文发展了基于遥感影像的风暴潮灾害受损监测分析的方法，并以2003年过境东营的特大风暴潮为例进行了应用。该方法利用风暴潮前后两期遥感影像，提取了风暴潮前后土地利用覆盖，并对风暴潮灾受损情况进行了时空特征分析及定量分析。

2 研究区

东营市位于山东省北部黄河三角洲地区，东临渤海，北靠京津唐经济区，是环渤海经济区的重要节点，地理坐标介于36°55′~38°10′N，118°07′~119°11′E之间，本文以东营市海岸带为监测区，如图1；研究区属暖温带大陆性季风气候，年平均气温与降水量约12.8℃和555 mm；研究区潮汐属不规则半日潮，沿岸海底较为平坦，浅海底质主要为泥质与沙质粉砂，易受风暴潮灾影响。本文选用2003年10月11日过境的特大温带风暴潮为例，该温带风暴潮来势猛、强度大、持续时间长、成灾严重。

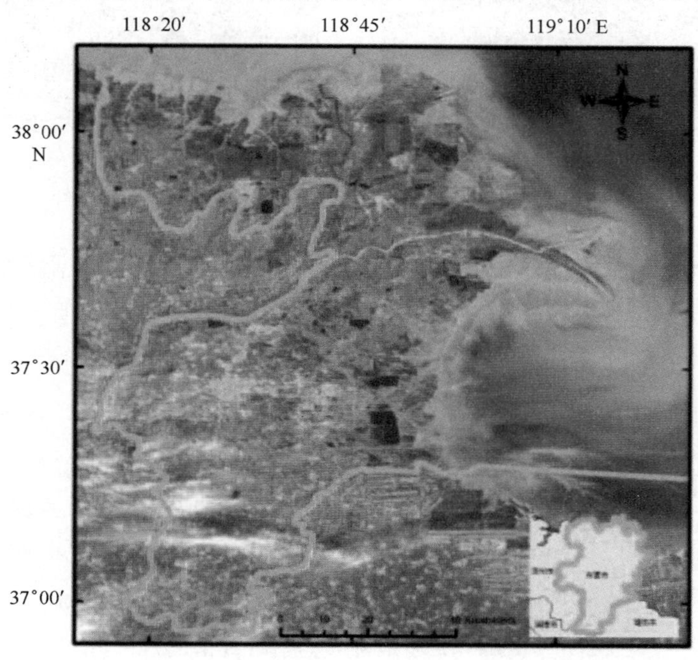

图1 研究区示意图

3 数据与方法

3.1 数据与预处理

本文收集了风暴潮前后的2景Landsat 7 ETM+影像，轨道号为121-34，遥感影像的详细信息见表1。辅助数据为2003年中国海洋灾害公报和潮汐表。

表1 卫星遥感影像数据信息

序号	成像日期	卫星	传感器	轨道号	地面分辨率
1	2003-08-31	Landsat 7	ETM+	121-34	30 m
2	2003-10-18	Landsat 7	ETM+	121-34	30 m

由于2003年5月31日Landsat-7 ETM+扫描仪校正器（Scan Lines Corrector，SLC）发生硬件故障，

获取的影像存在楔形条带，造成数据丢失。楔形条带严重影响对风暴潮前后土地利用覆盖的精确提取与分类，所以需对影像进行 SLC - off 影像条带修复。本文采取插值法修复条带，该方法原理是根据影像上丢失的条带两侧地物进行插值，从而起到修复条带作用。条带修复前后影像对比见图 2。

图 2　影像条带修复前后对比图（左：修复前，右：修复后）

本文所采用的影像都是经系统辐射校正和几何校正的“L1T”产品，根据精度报告，影像误差不超过 1 个像元。条带修复完后影像均统一采用高斯 - 克吕格投影与 WGS - 84 坐标系，为了更好地反映研究区遥感地物信息，对 2 期遥感影像进行直方图拉伸，以达到图像增强效果。

3.2　遥感信息提取方法

本文基于 2 期 Landsat ETM + 影像，选择对地物信息有较好表现力的近红外、红、绿 3 个波段进行组合。根据 2013 年 3 月颁布的《土地利用现状分类》标准，结合研究区特征及解译知识，从影像的色彩、纹理、地物光谱反射特征以及地物间的邻接关系，建立风暴潮前后土地利用分类体系及解译标志集，见表 2，依据解译标志确立提取原则。

表 2　风暴潮前后土地利用分类体系及解译标志集

类型		影像特征	影像标志集
港口码头		毗邻水域，有深入海水的防波堤；呈灰白色色调	
耕地	灾前耕地	呈格状和条带状分布，形状规则；呈红色色调；纹理平滑细腻	
	灾后耕地	呈浅红色色调，伴有深蓝色色调；纹理无平滑细腻感	
林地		不规则条状或片状分布；呈暗红色色调；立体感较强	
公路用地		线状，宽度不一；呈深灰色色调	

续表

类型		影像特征	影像标志集
住宅用地		形状不定；呈灰色色调；有道路连通	
工矿仓储用地		呈块状分布；呈亮白色色调；内部伴有交通用地	
养殖水面	灾前养殖水面	多由矩形养殖池组成，形状规则；呈蓝色或深蓝色色调	
	灾后养殖水面	形状发生变化，内部有泥沙；呈蓝色、伴有灰色色调	
坑塘水面		形状不一；呈深蓝色色调	
河流水面		不规则的蛇曲状，长宽不一；呈蓝色或深蓝色色调	
机场用地		形状规则；可辨机场跑道	
灾前互花米草		呈簇状；位于潮滩，邻近海面；呈暗红色色调	
其他土地	灾前其他土地	多为裸地，近海为潮滩；呈浅灰色色调	
	灾后其他土地	被海水侵蚀；呈灰蓝色色调	

4 结果与分析

基于建立的东营市风暴潮前后土地利用分类体系及解译标志集，以2003年10月特大温带风暴潮前后两期遥感影像为数据源，结合遥感地学分析解译经验和知识，采用人机交互对比分析方法，进行综合判断，提取研究区风暴潮前后土地利用覆盖要素。研究区风暴潮前后土地利用见图3。

由图3可知，东营市土地利用覆盖类型主要为耕地、其他土地、养殖水面和工矿仓储用地。耕地分布于广饶区、河口区西南部及黄河三角洲自然保护区西部，毗邻城镇及河流；其他土地主要集中于近海区域，位于飞雁滩及黄河入海口南北区域；养殖水面集中位于飞雁滩西侧及研究区沿海一带，其外围常伴有其他土地；工矿仓储用地主要集中于交通较为便利的城镇区域。

风暴潮灾的影响程度随深入陆地的距离增大而递减，距海岸愈近受灾程度越大。研究区近海岸区域主要土地利用类型为养殖水面及其他土地，而这2类承灾体的抗灾能力较弱。基于研究区风暴潮前后土地利用覆盖图的对比分析可得，风暴潮后沿海区域大量养殖水面用地、互花米草、耕地及其他土地受到严重损坏，其中养殖水面用地部分转变为其他土地，互花米草风暴潮灾后转变为其他土地或被海水淹没，大部分沿海其他土地被海水侵蚀转为海洋。

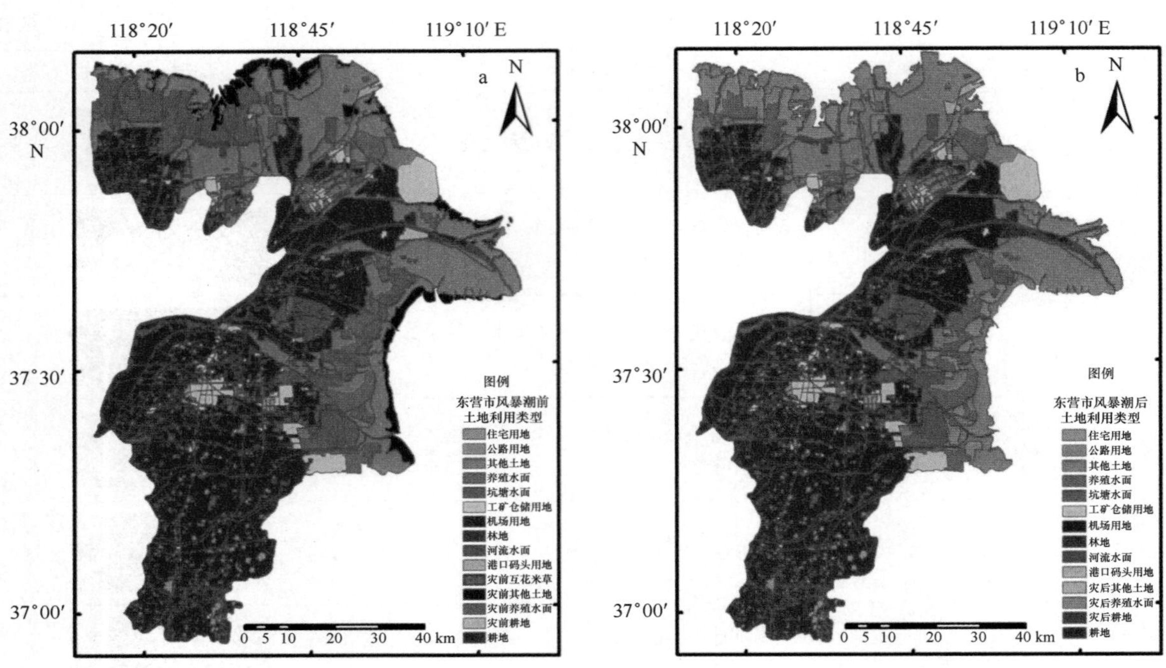

图 3 风暴潮前后土地利用覆盖图（图 a 为风暴潮前，图 b 为风暴潮后）

风暴潮后受损土地类型及分布结果见图 4。

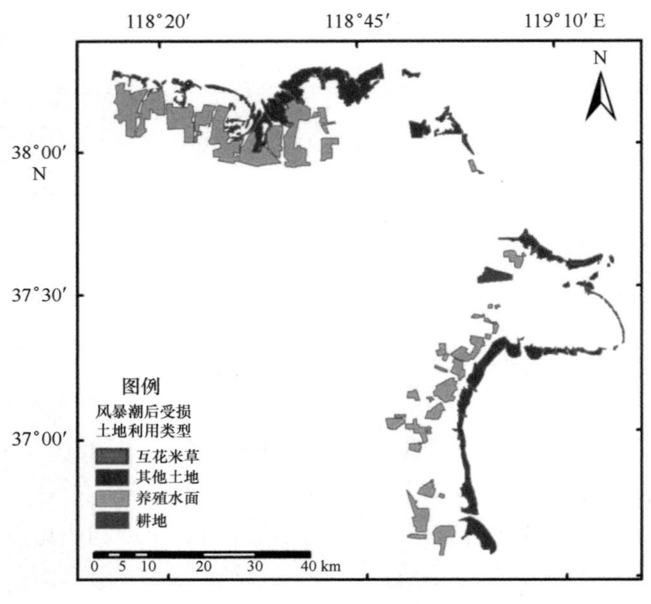

图 4 风暴潮后受损土地类型及分布

由图 4 可知，温带风暴潮后研究区受损土地类型有互花米草、养殖水面用地、耕地和其他土地。受损互花米草主要位于黄河口入海口南北两侧；养殖水面用地主要分布于河口区飞雁滩西侧，垦利县、广饶区、东营市区沿海一带；其他土地主要沿海岸带分布；受损耕地集中于黄河口三角洲自然保护区西部、黄河南岸一侧。

根据受损土地信息统计表（见表 3）和受损土地类型面积及所占比例图（见图 5）所知，2003 年特大温带风暴潮后，研究区沿海地区土地受到严重的侵蚀和破坏，风暴潮后研究区受损土地的总面积为 60 685 hm^2，其中养殖水面用地受损面积为 32 149 hm^2，占总受损面积的 52.98%；其他土地受损面积为 26 857 hm^2，占总受损面积的 44.26%；耕地和互花米草的受损面积及占总受损面积百分比分别为 1 182 hm^2 和 496 hm^2、1.95% 和 0.82%。温带风暴潮后，受损养殖水面用地、其他土地、耕地和互花米草的面积依此降低，受损最为严重的土地类型为养殖水面用地及其他土地。依据 2003 年中国海洋灾害公报关于此次温带风暴潮的数据可知，研究区养殖水面用地受损面积约为 3.5 万 hm^2，基于本文提取的风暴潮后土地受损结果，养殖水面用地提取精度达到 92%。

表 3　受损土地信息统计表（单位：hm^2）

受损土地类型	耕地	互花米草	养殖水面	其他土地
受损面积	1 182	496	32 149	26 857

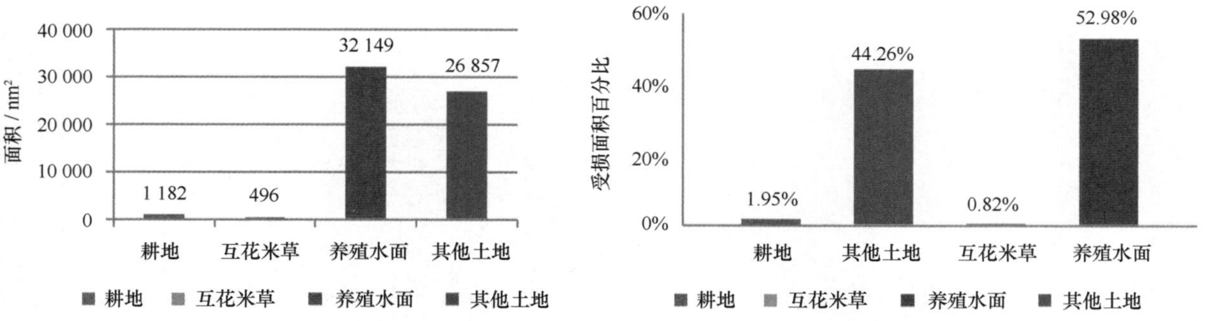

图 5　受损土地类型面积及所占比例图

5　结论与讨论

本文以 2003 年 10 月 11 日过境东营市特大温带风暴潮为例，基于风暴潮前后两期影像为数据源，建立了适用于研究区风暴潮前后的土地利用分类体系及解译标志集，并根据建立的分类体系及解译标志集，结合人机交互方法提取了东营市海岸带风暴潮前后土地利用覆盖结果图，得到如下结论：

（1）东营市海岸带土地利用覆盖类型主要为耕地、其他土地、养殖水面和工矿仓储用地。温带风暴潮后受损土地主要位于东营市沿海区域，集中分布于河口区飞雁滩西北部及垦利县、广饶区、东营市区沿海一带，受损土地类型为互花米草、养殖水面用地、耕地和其他土地，其中受损最为严重的土地类型为养殖水面用地及其他土地。

（2）风暴潮后东营市海岸带受损土地总面积为 60 685 hm^2，其中养殖水面用地受损面积为 32 149 hm^2，占总受损面积的 52.98%；其他土地受损面积为 26 857 hm^2，占总受损面积的 44.26%；耕地和互花米草的受损面积及占总受损面积百分比分别为 1 182 hm^2 和 496 hm^2、1.95% 和 0.82%。

（3）提取的养殖水面用地面积对比中国海洋灾害公报数据得出，提取精度达 92%。

本文所用影像空间分辨率较低，对解译结果可能存在影响，造成与实际情况的偏差，今后尝试利用高空间分辨率遥感影像进行风暴潮灾受损分析，以提高提取精度。本文其他土地中沿海滩涂的变化是否由潮汐引起，有待进一步研究。

参考文献：

[1]　冯士筰．风暴潮导论[M]．北京：科学出版社，1982：12—16.
[2]　沙文钮，杨支中，沙文钰，等．风暴潮、浪数值预报[M]．北京：海洋出版社，2004：28—34.

[3] Le Kentang. The basic problem of the storm surge disaster risk assessment method in China[J]. Marine Forecasts, 1998, 15: 38—44.

[4] 张俊香，李平日，黄光庆．新奥尔良飓风灾难与华南沿海台风暴潮[J]. 热带地理，2006，26(3)：218—222.

[5] 张行南，张文婷，刘永志，等．风暴潮洪水淹没计算模型研究[J]. 系统仿真学报,2006,18(增刊2)：20—23.

[6] Dutta Subashisa, Chakraborty M, Panigrahy S. Computation of storm-surge damage using distributed models and remote sensing data: A case study for the super cyclone in Orissa state, India[J]. IEEE Transactions on Geoscience and Remote Sensing, 2002, 40(2): 497—499.

[7] Brakenridge G R, Syvitsk J P M, Overeem I, et al. Global mapping of storm surges and the assessment of coastal vulnerability[J]. Natural Hazards, 2013, 66(3): 1 295—1 312.

[8] Aravind Bharathvaj S, Salghna N N. Storm surge vulnerability and LU/LC change detection analysis—In the Northern parts of Coramandal coast, Tamilnadu[J]. Aquatic Procedia, 2015(4): 419—426.

[9] 董剑希，李涛，侯京明，等．广东省风暴潮时空分布特征及重点城市风暴潮风险研究[J]. 海洋学报，2014，36(3)：83—93.

[10] 卢晓东，刘艳霞，严立文．莱州湾西岸岸滩冲淤特征分析[J]. 海洋科学，2008，32(10)：39—44.

[11] 张文静，朱首贤，黄韦艮．卫星遥感资料在湛江港风暴潮漫滩计算中的应用[J]. 解放军理工大学学报(自然科学版)，2009，10(5)：501—506.

[12] 张彤辉，刘春杉．广东省惠东县小完山海岸侵蚀特征及原因分析[J]. 海洋开发与管理，2015(03)：91—94.

海洋水文气象报文自动解析系统的设计与实现

陈星亮[1]，阮开义[2]，李海涛[1]

（1. 青岛科技大学 信息科学技术学院，山东 青岛 266000；2. 青岛励图高科信息技术有限公司，山东 青岛 266000）

摘要： 世界气象组织制定气象报文编码规范，用于世界范围内气象资料的共享，世界各地区的海洋水文气象资料的编报都基于这一规范。海洋水文气象报文种类繁多、格式复杂，不同地区不同机构的编报内容也不尽相同，各类报文的数据量也在不断增长；而将海洋水文气象报文解析成可读的数据资料，要求解析人员精通海洋水文气象报文的编码规则，同时具有海洋水文气象专业知识，并且了解不同机构在编报内容上的差异。海洋水文气象报文自动解析系统采用多线程技术结合大数据存储技术，分离报文文件获取与报文解析流程，结合针对海洋水文气象报文的解析算法，实现对多种格式海洋水文气象报文的自动化实时解析与解析数据的存储，替代报文解析人员进行繁琐复杂的报文解析工作，为海洋气象预报及气象填图等应用提供基础观测数据支持。

关键词： 海洋水文气象报文；报文自动解析；多线程

1 引言

海洋水文气象实时数据是研发中尺度数值预报预警模型的基础数据，更是海洋水文气象业务部门制作发布预报预警产品的重要依据。海洋水文气象预报预警产品的制作，需要预报业务部门能够及时地采集各种实时海洋水文气象报文，并能够及时准确的解析获得报文中的水文气象数据，所获取的数据形式要符合业务系统对水文气象数据的查询展示、气象填图等应用需求。

气象报文是专门用于气象目的，且内容为气象相关数据的电报，世界气象组织规定，各国气象资料以统一的气象电报（5 位数字为一组）进行发送和交换，各国气象部门必须严格遵守[1]。对实时海洋水文气象数据采用数据文件传输方式简化了水文气象观测资料传输流程，提高了台站观测数据的质量，增强了经过质量控制之后文件传输的时效性。

海洋预报业务中常用的水文气象报文种类分为以下几种：浮标报文数据；船舶报文数据；海洋站报文数据；探空、地面、台风警报报文数据。其中探空、地面、台风警报报文数据又分为多种报文种类，文中系统实现解析的主要报文类型如下：地面观测报文主要包含 AAXX、BBXX、OOXX 3 种报文；探空观测报文包含 TTAA、TTBB、TTCC、TTDD 4 部；风数据报文包含 PPAA、PPBB、PPCC、PPDD 4 部；波谱数据报文 MMXX；台风警报报文主要包含 4 个机构编报的西太平洋台风预报警报报文。

2 系统概述

海洋水文气象报文自动解析系统是基于海洋水文气象报文格式数据，借助当前先进的软件工程思想、方法与工具，开发功能实用、界面友好、操作方便、技术先进、易于扩展的报文自动解析存储系统。

海洋水文气象报文自动解析系统主要实现对海洋水文气象报文的解析以及存储功能。系统设计过程中综合考虑数据文件来源、数据文件接收存储方式、文件内容解析时效性以及解析结果数据的易用性等方

作者简介： 陈星亮（1991—），男，硕士研究生，主要从事地理信息系统在海洋行业应用研究。E-mail：chenxingliangdamon@foxmail.com

面，使得系统设计有以下3个特点：

（1）系统采用多线程技术，分离报文文件信息读取和报文文件内容解析的过程，提高报文文件的解析效率。

（2）系统综合多种电码格式，以WMO（国际气象组织）对气象报文编码的相关规定为基础，同时结合国家标准，较详细的实现对多种类型、不同格式报文数据解析算法的集成，省去人力解读报文的繁琐过程，提高报文解析效率。

（3）由于海洋水文气象报文内容较多，不同种类的报文格式又有差别，海洋水文气象报文在编报时出现的错误也较多，严重影响工作效率和业务质量[2]。针对编报不规范、编报不完整等影响数据质量的问题，系统采用不规范报文预判机制，在报文内容读取时，尽量保留可用的正确的报文进行解析，去除影响报文数据质量的不规范数据，以保证系统所解析得到的是准确可用的数据。

海洋水文气象报文自动解析系统是采用C#语言，基于.Net Framework在visual studio 2008环境下开发，根据实际业务需求，将解析所得水文气象数据存储于预报信息集成数据库中。系统可自动读取指定网络共享文件夹下的报文数据源文件，按照文件的不同格式，依照相应的规则进行报文数据的解析，并将解析所得的数据存入数据库中，一次启动，无需人工干预，可长时间自动化运行。

3 系统设计

3.1 系统功能目标

依据实际业务需求，海洋水文气象报文自动解析系统具体实现以下功能：

（1）浮标观测报文文件、船舶观测报文文件以及海洋站观测报文文件的解析及解析数据存储。

（2）探空观测报文文件、地面观测报文文件、台风警报报文文件的解析及解析数据存储。

（3）传真文件的获取及存储。

（4）解析过程展示。通过系统界面显示正在解析或等待解析的文件信息，并对解析入库成功文件数和解析入库失败文件数进行统计显示，以便业务人员通过系统实时监控报文解析状态。

（3）解析基础信息设置。系统在解析报文数据之前，设置报文解析入库所需的基本信息，包括浮标、船舶、海洋站报文数据源，探空、地面、台风警报报文数据源和传真文件的数据源；浮标、船舶、海洋站报文数据解析入库时间间隔，探空、地面、台风警报报文数据的解析入库时间间隔和传真文件入库的时间间隔。

海洋水文气象报文自动解析系统重点实现浮标观测报文、船舶观测报文、海洋站观测报文、探空观测报文、地面观测报文、台风警报报文的自动化解析及解析数据的存储。

3.2 系统网络结构

报文文件数据源服务器接收报文文件并根据文件类型进行分类存储；运行在报文解析业务计算机上的海洋水文气象报文自动解析系统从报文数据源服务器提取报文数据文件，对报文数据文件进行解析，将解析结果存入预报信息集成数据库中。系统所处的网络结构如图1所示。

3.3 系统分层设计结构

根据业务需求，以系统的可扩展、易维护为目的，将系统功能逻辑结构分为四层，即表现层、业务逻辑层、数据连接层、数据库；系统分层设计结构如图2所示。

表现层主要负责与用户进行交互，负责接受用户的设置信息及启动报文文件解析过程。用户可设置信息包括报文数据源的设置、报文解析间隔时间设置等；用户通过表现层启动报文文件解析过程，将报文解析过程信息实时展现给用户，让报文解析业务人员可以实时监控报文解析状况及系统运行状态。

业务逻辑层负责处理表现层的处理请求，向数据连接层请求数据，根据业务需求进行数据处理，主要

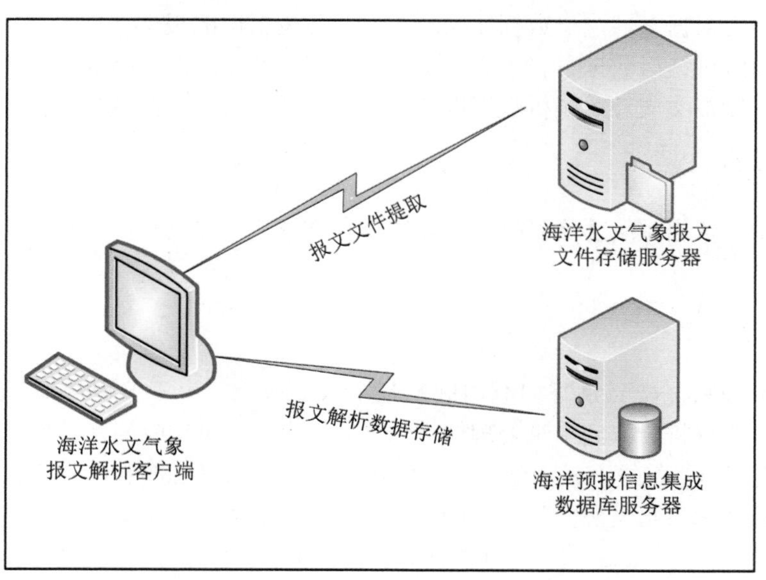

图 1 系统网络结构

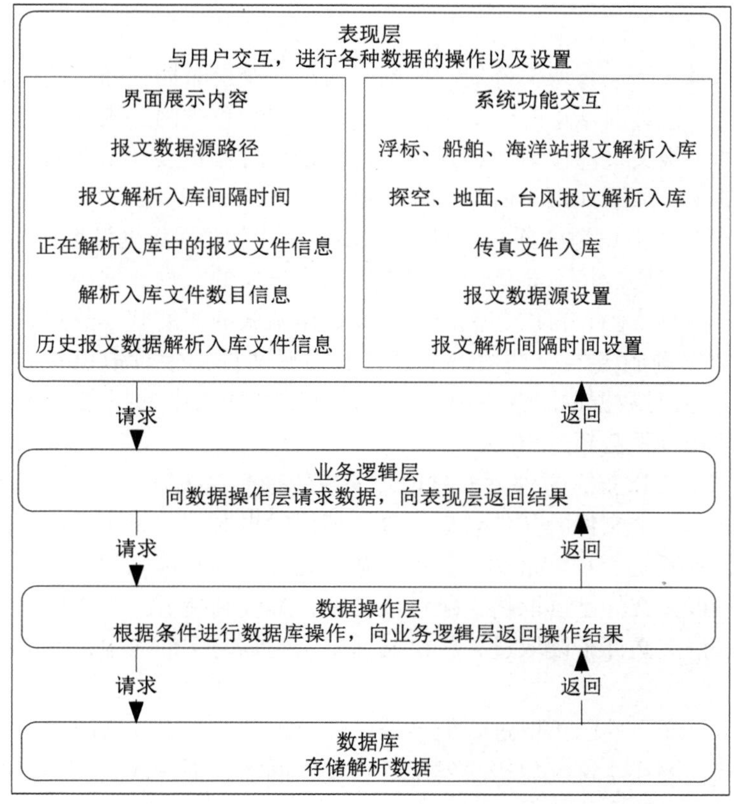

图 2 系统分层设计结构

负责根据报文源文件信息获取报文文件，读取文件内容，并按照各类报文解析规则解析文件内容，将报文解析结果去除重复内容后传到数据连接层，接收数据连接层返回的操作结果信息，并向表现层返回文件解析过程信息及解析结果数据。

数据连接层主要负责根据条件进行数据库操作，将业务逻辑层的报文文件数据解析结果进行整理，判断数据库中是否有当前解析结果数据，将报文解析结果存储到数据库等，并向业务逻辑层返回操作结果。

数据库主要负责存储报文文件的解析数据以及报文源文件的信息，向数据连接层返回存储结果。

4 系统实现关键技术

在系统实现过程中，依据系统功能目标，重点实现报文解析的自动化、提高报文解析的效率以及报文解析数据的准确性。

4.1 读取与解析分离

线程是 Windows 操作系统需要分配 CPU 时间的基本执行单元。由于 Windows 操作系统为多任务的操作系统，它决定哪一个线程将会得到中央处理器（CPU）的下一个可用时间片；使用多线程技术，可以使应用程序具有更好的并发性，能更有效地使用系统资源和提高操作系统的吞吐量[3]。海洋水文气象报文自动解析系统采用多线程技术将报文源文件信息的读取与文件内容的解析处理实现分离，提高报文文件的解析效率。

报文解析开始后系统会启动两个后台线程，其中一个线程进行报文数据源文件的读取，该线程定时从网络报文文件数据源服务器中获取报文文件信息，可称为报文文件读取线程；另一个线程进行报文数据源文件内容的解析和入库，可称为报文文件解析线程。

4.1.1 报文文件读取线程

系统在报文解析开始时，启动读取文件线程，同时启动一个定时器，随后按照用户设置的报文数据解析时间间隔进行计时，每一次计时结束时，如果报文文件读取线程空闲，则启动报文文件读取线程，同时计时器开始新的计时；如果报文文件读取线程正在运行，则计时器直接开始新的计时。

报文文件读取线程的工作流程如图 3 所示，详细流程如下：

（1）先从配置文件中获取数据源的连接信息，根据网络报文文件数据源服务器 IP 地址和数据源文件夹路径，首先采用无用户名密码连接方式访问报文数据源服务器的共享数据源文件夹，如果连接失败，则根据配置文件记录的用户名和密码，再次连接访问报文数据源服务器的共享数据源文件夹。

（2）连接报文文件数据源服务器成功后，从报文数据源文件夹中读取已接收的报文文件信息列表。每隔 15～30 天，业务人员会对数据源服务器中报文文件共享文件夹中的报文文件进行整理，因此每次读取的报文文件的发报日期相差不会超过 30 天。

（3）从配置文件中获取上次报文文件读取时记录的最新报文发报时间，记为 date 0，循环将此次读取的报文文件信息列表中的每一个文件的文件名进行分解获得发报时间，记为 date 1，将 date 1 与 date 0 进行对比，根据对比结果，判断是否对该报文文件进行解析处理，判断规则如下：

date 1 < date 0，表示报文文件已读取过，跳过该文件，继续判断下一个文件；

date 1 > date 0，表示报文文件未读取过，将该文件复制到临时文件夹中，交由报文文件解析线程进行处理；

date 1 = date 0，表示报文文件已读取过，但当该文件出现延迟发报的情况时，将会造成数据丢失，依据系统需求业务现状可知，海洋水文气象报文发报延迟多由网络原因造成，其延迟时间不会太长，一般不会出现 date 1 小于 date 0 而未读取的情况，因此在 date 1 = date 0 的情况下，报文文件依照未读取规则处理，以保证报文数据的完整性与可靠性。

（4）对所有报文文件判断完成之后，保存此次读取报文文件的最新发报时间，作为下一次读取文件信息时判断文件是否已读取过的依据，将最新发报时间保存到配置文件中。

（5）当报文文件读取线程完成时，判断报文文件解析线程是否空闲，如果报文文件解析线程处于空闲状态，则启动报文文件解析线程。

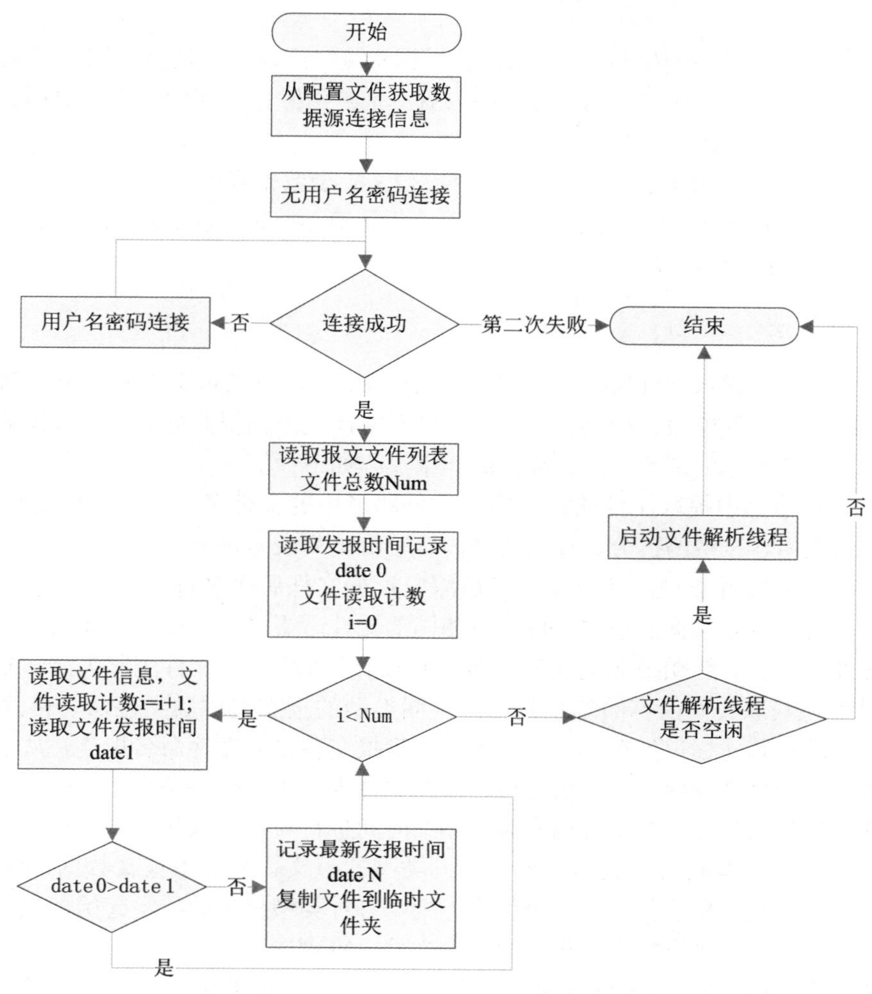

图3 报文文件读取流程

4.1.2 报文文件解析线程

当报文文件读取线程完成时，启动报文文件解析线程，对报文文件临时文件夹中的报文文件进行数据解析入库操作，直至临时文件夹中的报文文件全部解析完成，报文文件解析线程进入空闲状态，等待报文文件读取线程的下一次文件读取完成。

报文数据解析入库流程如图4所示，报文文件解析线程的工作流程如下：

（1）读取临时文件夹中的报文文件信息列表。

（2）判断文件信息列表中的文件数是否为0，如果为0，报文文件解析线程进入空闲状态，等待下一次启动；如果文件信息列表中的文件数不为0，判断文件数是否大于100，如果文件数大于100，则提取100个文件的信息，如果文件数不大于100，则提取所有文件的信息。

（3）根据提取的文件信息，从临时文件夹中读取一个文件的内容并进行解析，将解析所得数据存入哈希表中，文件中的所有报文解析完成形成暂存解析结果的哈希表的列表hashList。

（4）获取所解析报文类型数据库存储表的结构，构建一个临时数据表tempTable。

（5）取报文数据解析所得观测数据集合hashList中的一个哈希表，按照哈希表的键与临时表tempTable中字段的对应关系，将哈希表中所有观测数据存入临时表的相应字段中，一个哈希表对应一条临时表记录，循环处理观测数据集合hashList中的所有观测数据哈希表，将解析所得观测数据存放到临时数据表

tempTable。

（6）循环处理临时数据表 tempTable 中的数据，根据观测时间及观测地点去除重复数据。有时会因为重复编发报而造成数据的重复，此时依据观测时间与观测地点清除数据库中原有的数据，目的是以解析所得新数据覆盖原有数据，保证数据的时效性。

（7）将临时表 tempTable 中的记录存入数据库对应报文类型数据表中。

（8）将此次解析完成的文件从临时文件夹中删除，返回流程（3）循环提取解析报文文件至提取的报文文件全部解析完成，返回流程（2）。

4.2 报文数据解析算法

以实际业务应用中的海洋水文气象报文为基础，根据 WMO 的气象报文编码规范，结合国家标准，形成较为完整、包含海洋水文气象报文种类较为齐全、针对海洋气象预报业务的报文数据解析算法。

报文数据解析算法的流程如图 5 所示，算法的详细流程如下：

（1）从读取的文件信息中提取文件路径，提取文件路径中的文件名。然后依据文件路径读取文件内容，即报文内容，报文内容按空格拆分，存入文件内容字符串列表 contentList。

（2）根据文件名判断文件类型。获取文件名后缀，根据文件后缀名进行分类，其中包含探空观测数据、地面观测数据、台风警报数据的报文文件具有相同的文件后缀名，将探空、地面、台风报文文件归为一类；浮标报文文件为一类；船舶报文文件为一类；不属于上述类别的文件则归为海洋站观测报文。

（3）根据文件类型获取文件内容的编报月份。不同类型的报文文件其文件命名格式不同，一般文件名中都包含有发报时间及其他标识信息，可根据不同类型报文各自的文件命名规范，从中提取发报时间的月份，发报时间的月份即是文件内容的编报月份，而在文件内容中，每一条报文都会有标识编报时间的代码，取发报时间的月份目的是在解析文件内容时与编报时间进行对比，以便于判断编报时间的准确性。

（4）根据文件类型筛选有效报文数据内容。不同类型的报文，每一条报文数据其编码均会以各自特定的代码作为数据内容的起始标识代码及结束代码，根据各种类型报文的特定起始标识代码及结束标识代码，将读取的文件内容划分为多条完整的报文数据，文件内容筛选流程如下：

循环读取文件内容字符串列表 contentList 中的字符串，如果读取的字符串是数据起始标识代码，则从起始标识代码开始，将其存入报文数据内容列表中，直至读取到数据结束标识代码为止，该条报文数据内容即为一条完整的报文数据，将其存入有效报文数据集合 dataList。

（5）报文数据解析。从有效报文数据集合 dataList 中提取一条报文数据，依据文件类型及报文数据中的起始标识代码，确定报文数据的类型，按照相应的报文数据解析规则对所提取出的一条报文数据进行解析，针对一条报文数据的解析流程如下：

a. 根据报文解析规则，用特定的正则表达式对应每一个报文内容代码段格式；

b. 取一条报文数据中的一个代码段，与各个代码段的正则表达式进行匹配，按照匹配结果确定该代码段所表示的数据内容；

c. 根据代码段所表示的数据内容的编码规则，将报文代码转换为观测数据，循环处理一条数据中的所有代码段，以数据库中对应报文类型数据存储表的字段名作为键，对应解析所得观测数据作为相应的值，将每一个代码段解析出来的观测数据的键值对存入哈希表 dataHash；

将记录观测数据的哈希表 dataHash 存入观测数据集合 hashList，然后取下一条观测数据进行解析，直至有效报文数据集合 dataList 中的报文数据全部解析完成。

（6）解析结果存储。将解析所得观测数据集合 hashList 中的解析结果数据存入数据库相应的数据表中。

4.3 不规范报文预判机制

气象报文格式的规范与否直接关系到数据库资料的质量问题，目前的气象报文格式还存在着不少问

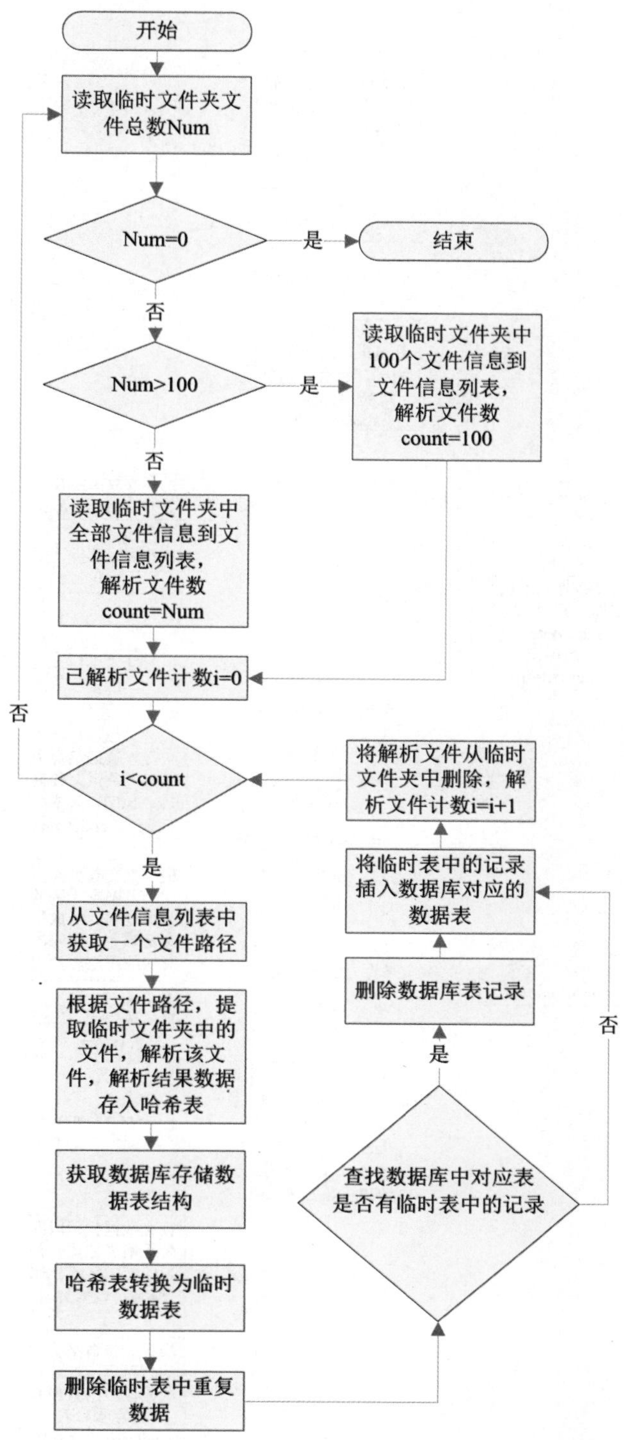

图 4　报文文件解析入库流程

题，尤其是国内哪些自行规定的编报格式[4]。海洋水文气象报文的编码方式有人工编报和设备自动编报 2 种。对于人工编码来说，数字编码格式的报文文件内容字段固定，再加上内容繁多，编发报文时间仓促，预报员稍有不慎，就容易发生错报现象[5]。而对于设备自动编报，由于设备故障或编码程序问题，导致的报文编码问题的规律更加明显，相对于人工编码出错的不确定性，设备编码不规范问题更容易处理。

根据对实际业务应用中的大量海洋水文气象报文数据的分析，海洋水文气象报文自动解析入库系统对

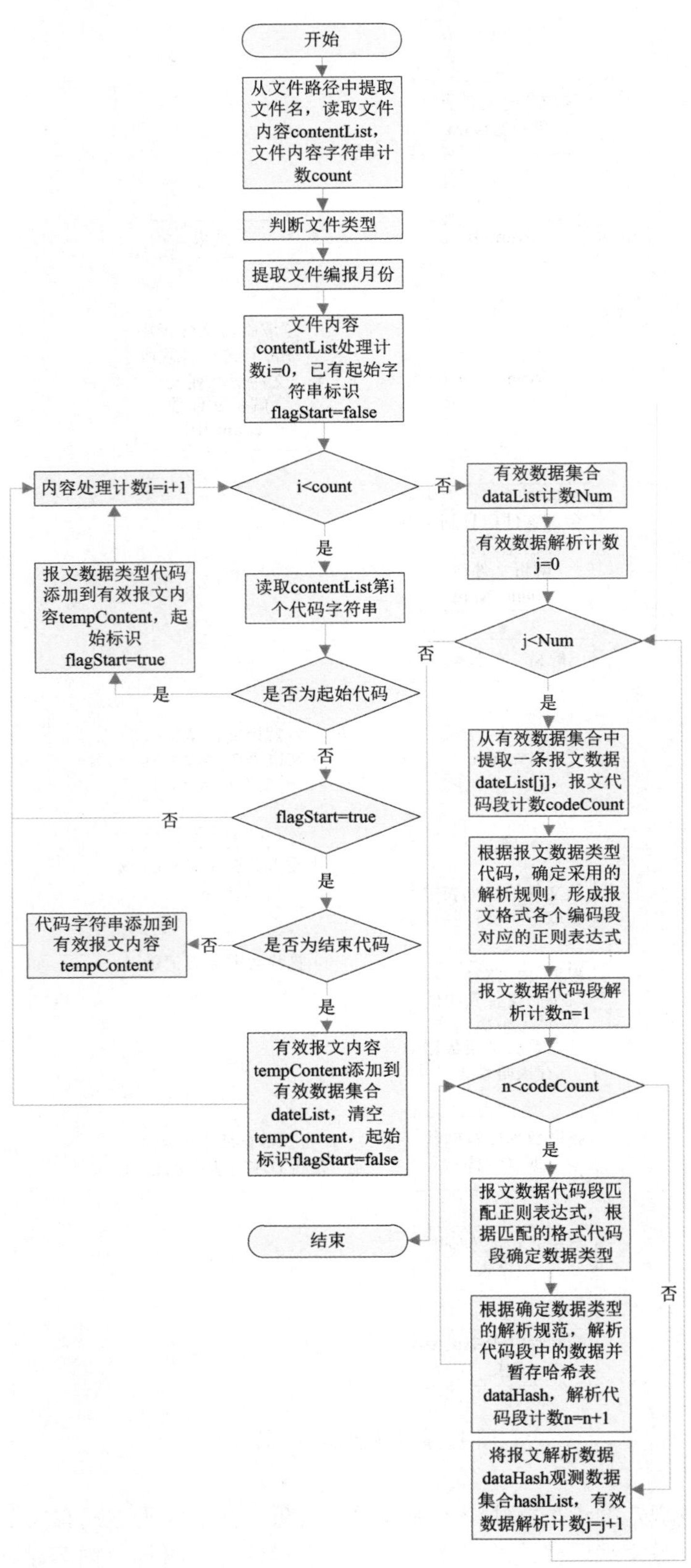

图 5 报文数据解析算法流程

编码中常见的问题，在文件内容读取与解析过程中，通过系统的不规范报文预判机制，对以下几类编码不规范问题进行处理：

（1）报头报尾的重复编写。报文内容读取时，只取与有效报文内容最近的报头与报尾内容，跳过不包含实际报文内容的报头报尾。

（2）报文内容代码段中有空格。除去用于报文内容分段的代码段以外，编报观测数据的代码段一般为5位（有多于5位的代码段），对于相邻2个代码段均小于5位情况，应合并为1个代码段。

（3）数据组报文错误编报，编码超出该观测数据编报规则指定的范围，跳过此类无法正确判断其准确数据的代码的解析，以免影响观测数据的准确性。

除上述编报不规范问题以外，还包括报文结束行缺少结束符、报文文件内容为空、同一时刻重复发报等各类编码不规范的问题，在系统报文内容读取过程中均有对应的处理措施。

系统在进行海洋水文气象报文内容读取时，通过不规范报文预判机制，对经常出现的报文格式规范错误和内容错误进行预先判断处理，排除无法准确解析的报文，保留可以准确判断问题并处理的报文，既可以避免解析出不准确的数据，又可以避免丢失部分可用数据，同时减少在报文解析过程中的判断，提高报文内容解析的效率和解析数据的准确性。

5 结语

通过海洋水文气象资料的观测数据的数字化编码，使观测数据的传送更加快捷，同时由于海洋水文气象观测资料报文格式的繁多，对接收报文的解析处理成为提高业务效率的关键。

海洋水文气象报文自动解析系统，将海洋水文气象报文常见格式的解析方法进行集成，实现对多种格式报文的解析与存储，利用多线程技术提高报文数据解析的时效性，加入不规范报文预判机制提高报文解析数据的准确性，实现海洋水文气象报文解析存储业务的自动化运行，为相关海洋预报业务提供数据支持。

参考文献：

[1] 陈欢，谢健．多格式气象报文数据实时解析研究与应用[J]．计算机应用，2012，32(S1)：109—110，113.
[2] 杨帆．导致气象报文编发错误的原因分析及避免对策[J]．广西气象，2003(1)：60—64.
[3] 郑永光，陈炯，王洪庆，等．一个气象数据分析绘图软件的设计与开发[J]．应用气象学报，2004，15(4)：506—509.
[4] 高华云．不规范报文格式引发信息处理负效应[J]．气象科技，2006，34(S1)：57—60.
[5] 孙晓霞，刘星燕，孙跃飞，等．气象报文转换程序设计[J]．软件，2012，33(6)：72—74.

海涂地形图与投影和图幅划分的若干关系
——以浙江省海涂资源调查为例

钱迈[1,2]，南胜[1,2]，张坚樑[1,2]

（1. 浙江省河海测绘院，浙江 杭州 310008；2. 浙江省河口海岸重点实验室，浙江 杭州 310008）

摘要：“浙江省海涂资源调查”是分析研究我省海涂资源的演变规律，为海洋环境监测提供数据支撑，为今后生态围垦提供决策依据的项目。其最初成果——海涂地形图，在形成过程中会涉及跨带拼接，出现接边叠加或分离的现象，这是由于分带投影使得各带的变形规律相同误差互不传递，而曲面向平面转换变形误差逐渐向边子午线堆积，使相邻带的收敛角增大所致，而并非测量或图形误差。此外，各比例尺图都是基于1∶100 万比例尺图的经纬差派生，找到分幅的规律性，各比例尺图号与经纬度可以通过图解获得或通过计算获得或就图上任何点坐标计算各种比例尺图号及图廓经纬度。也可以通过图廓坐标数据判断某近海滩涂，在其图上的变形误差。

关键词：海涂；地形图；分带投影；坐标；图幅划分；图幅编号

1 引言

“浙江省海涂资源调查”项目对全省海涂资源进行了全面、系统的调查，从而准确掌握全省海涂资源的现状，为分析研究我省海涂资源的演变规律和海洋环境监测提供数据支撑，为今后生态围垦提供决策依据。

本次调查基于浙江省测绘与地理信息局的基础控制成果支持下，获取了海涂、潮间带、遥感影像等实测数据，其中的创新技术有：采用多站潮位资料解析、网络 RTK 技术定位、无人机测绘险海涂等，它服务对象却是海涂资源的现状，调查成果的最初形式是海涂地形图。由于涉及整个浙江沿海的分带投影、不同带之间的数据、不同带图廓坐标、大片海涂地形缺乏可对比的分带基础地形图等问题都会集中于绘图的实施过程。

本文围绕地形图的定义试图解释这些问题之间的若干关系：表示地表上的地物、地貌平面位置及基本的地理要素且高程用等高线表示的一种普通地图[1]。即地表上的地物、地貌通过投影及其变形实现椭球面到平面的转换；通过地球表面南北两极的弧线投影为纵轴（X）、赤道（纬线）投影为横轴（Y）、两轴交点为坐标原点构建起平面坐标；椭圆表面投影生成不同条带；按国际规定的经差和纬差划分图幅，使每幅图都有其独立的编号，从而解读该图幅的大地坐标（经纬度）。

2 投影及其变形分析

由于地球椭球面是一不可展的曲面，因此，地球椭球面投影到平面后必然会产生长度变形、面积变形和角度变形——科学上把它总称为地图投影变形。在设计地图投影时，无论采用那种地图投影方法将地球椭球面表示在平面上都不可避免的产生变形或误差。一般情况下，3 种变形都同时存在，在特殊要求的情况下，或可保持角度无变形，或可保持面积无变形，或可保持某个特定方向上的长度无变形[2]。等角投

作者简介：钱迈（1958—），男，浙江省杭州市人，高级工程师，主要从事河海测绘及绘图方面的研究。E-mail：qianmai@126.com

影是依靠面积变形来保证角度不变形，以墨卡托投影的海图、洋流图为代表；等距投影是既不等角又不等积的投影，变形介于等角投影和等面积投影之间，多用于专题地图、教学地图；等面积投影是依靠角度变形增大而改变图形的相似性，使地图上的任何图形面积与实地面积保持相等，多用于经济地图、行政地图；等角横切椭圆柱投影简称“高斯－克吕格投影”，多用于地形图，也是本次调查成果的主要投影面。

2.1 高斯－克吕格投影

采用等角横切椭圆柱投影的方法实现椭球面到平面的转换即为“高斯－克吕格投影”。设想椭圆柱横向套于地球椭球体面，并与某一子午线相切（此子午线称中央子午线或中央经线），椭圆柱的中心轴位于椭球的赤道上，再按该投影规定条件，即中央经线和赤道投影后为互相垂直的直线（见图1a），且为投影的对称轴；中央经线投影后保持长度不变；投影为等角性质）将中央经线东西各一定的经差范围内的经纬线交点投影到椭圆柱面上，将此椭圆柱面沿南北极的母线切开展平，即为该投影平面[2]。

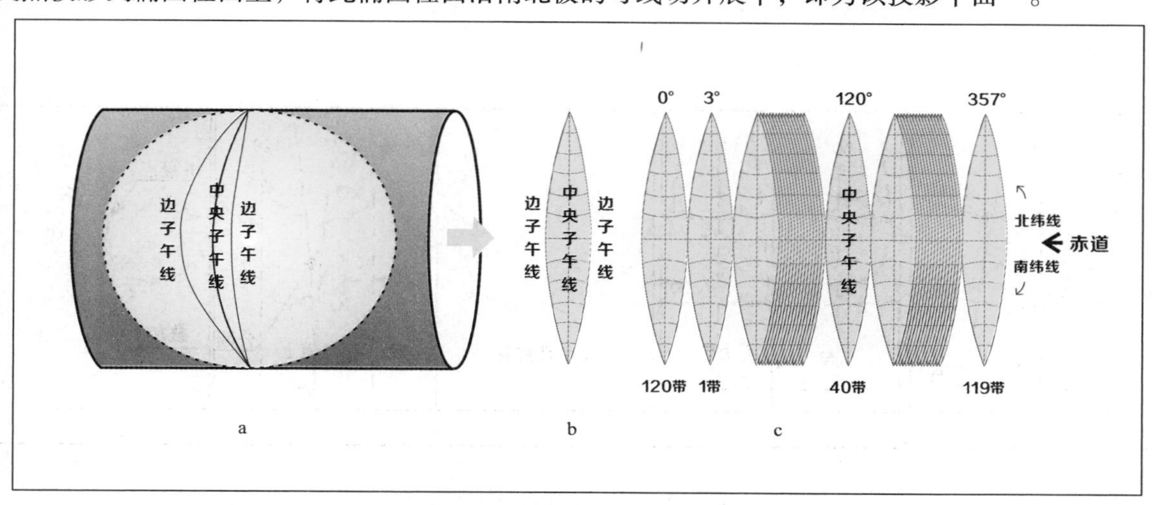

图1 假设等角横切椭圆柱地球投影示意

自西向东每隔经差3°或6°取一条中央子午线进行分带投影（经差3°为三度分带投影，经差6°为六度带投影，其他经差为任意带投影），经差大小与投影变形成正比，经差越小则变形越小。本文以3°带投影为例：取经差3°，投影在椭圆柱上，展平椭圆柱，即为该投影平面，由此呈现出边子午线各1.5°相夹的瓢状带（见图1b），它的中央经线和赤道为互相垂直且没有角度变形。以此类推，绕赤道360°进行120次投影，得到120块边界独立的瓢状带，每带赋予一个带号，编号：1、2，…，120带（见图1c）。

2.2 模拟投影

用切西瓜来模拟地球投影的关系则更加直观易懂。假设用玻璃柱套于西瓜，瓜的两头为南北极（见图2a），顺西瓜纹路切出弧度3°的瓜瓢（见图2b），去囊，“强行”展平（替代玻璃柱展平），然后把瓜皮翻过来，使绿皮面对我们，瓜纹象征地球的中央经线（见图2b），与瓜纹垂直的最大弧圈象征地球赤道纬线。紧贴玻璃柱的瓜纹，其长度没有改变，就像中央经线投影后与实地等长一样，其余均有长度、宽度方向的变形，变形随着远离紧贴玻璃柱的瓜纹而增大、随着靠近西瓜的最大的弧圈（赤道）而增大。

经过模拟知道了高斯－克吕格投影相似于把地球切成若干块，比如3°带投影把整个地球投影成120个独立的平面瓢状带。其目的是使得各带的变形规律相同，误差互不传递。但是投影后除了中央子午线的收敛角为0，其他子午线都存在向边子午线逐渐增大的收敛角。

因此，相邻带拼接会出现地形叠加或分离的现象。用放大10倍30°作为一个分带来看中国版图的水系线拼接（见图3a），假设A带中央子午线为东经90°（见图3b）、其边子午线分别为东经75°、105°，B

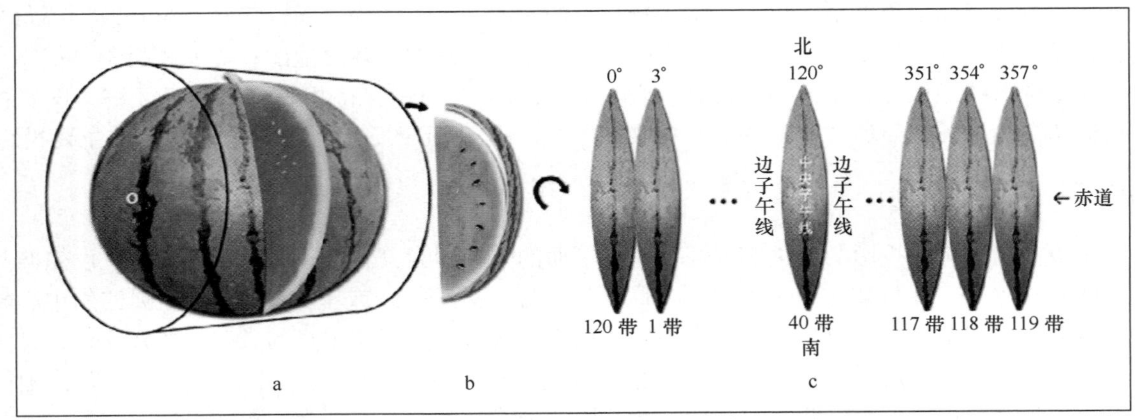

图2 瓜瓢状投影示意

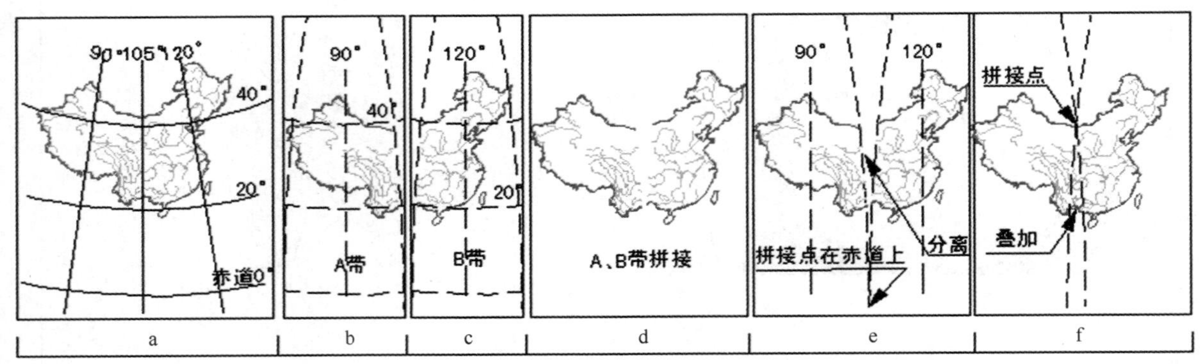

图3 相邻带拼接出现地形叠加或分离现象

带中央子午线为东经120°、其边子午线分别为东经105°、135°，105°经线是它们的拼接线。在计算机上分别插入A带、B带，你会发现越是远离赤道（纬度0°），拼接处分离就越大（图3d），因为两幅图拼接后分别存在两条虚拟的边子午线，它们的拼接点在赤道上（图3e），必须指出：虚拟的边子午线在屏幕上不显示，而图上的接边分离给人的感觉误差很大。如果平移拼接就会出现上重合、下叠加、下重合、上分离（图3f）的现象。另外不同坐标系统的转换后也会发生上述情况，因为基于不同的地球椭球参数构成不同的坐标系统。

3 平面直角坐标系

平面直角坐标亦称平面坐标。以水平的数轴叫做 X 轴或横轴，垂直的数轴叫做 Y 轴或纵轴，X 轴和 Y 轴统称为坐标轴，它们的公共原点 O 称为直角坐标系的原点[3]，象限按逆时针方向递增，是数学坐标系。以子午线作为纵轴（X 轴）是测绘坐标系。

我国测绘坐标系是基于高斯－克吕格投影下的平面直角坐标系。主要有1954年北京坐标系、1980年西安坐标系、2000年国家大地坐标系[1]。以上3种坐标系有不同的长半轴、短半轴、扁率等椭球参数，用于各自系统下的地理坐标系与平面直角坐标系的关系换算，所以都是以中央经线投影为纵轴（X），赤道投影为横轴（Y），两轴交点即为各带的坐标原点。纵坐标以赤道为零起算，赤道以北为正以南为负，横坐标中央经线以东为正，以西为负[2]。象限按顺时针方向递增。中国地处东赤道以北：纬度约0°～56°N纵坐标（X）均为正值；经度（以三度带计）涉及23条中央经线即72°，75°，…，138°E。中国为避免横坐标（Y）出现负值而造成使用不便，故规定将纵轴西移500 km作为起始坐标轴[2]。也可以理解成中国的每条中央经线起算原点为500 km，而非0 km。

数学坐标系与测绘坐标系 X、Y 轴为什么要相反？笔者认为先确定的轴线即为 X 轴。数学坐标系首先需要确定是横轴（X 轴），再在横轴上做垂线（Y 轴），构成数学坐标系；测绘坐标最先要过原点确定真子午线，即由南北线构成的纵轴，所以纵轴是 X 轴，垂直纵轴的赤道线是横轴（Y 轴），两轴相交为原点，构成测绘坐标系。如本次调查范围涉及两条中央子午线（40 带、41 带），测量时首先要确定测区位置属于哪条中央经线，既确定纵轴，它对应的值成了自变量（X），横轴上对应的值成了因变量（Y）。根据投影的原理，以两幅图的图廓坐标数据对比就能判断该图的变形误差谁大，如 $X=3\ 130\ 000$、$Y=40\ 612\ 000$ 与 $X=3\ 413\ 000$、$Y=40\ 510\ 000$，前者变形误差大于后者。所以越是接近横轴其图的变形越大，越是接近纵轴其图的变形越小（中国的每条中央经线起算原点为500 km）。

4　图幅划分及编号

用地球投影后的平面来划分图幅如同切西瓜，沿赤道将地球切成南北两半球，投影在平面上，构成两个圆形平面，以中国浙江所在的半圆为例划分图幅（见图4a）。国际上规定：从地球赤道起算，向两极每纬差4°为一行，依次以拉丁字母（字符码）A，B，C，…，V 表示其相应行号；从180°经线起算，自西向东每经差6°为一列，依次以阿拉伯数字1，2，3，…，60 表示其相应列号。由经线和纬线所围成的每一梯形格为一幅1∶100 万地形图，其编号由该图幅所在的行号（字符码）与列号（数字码）组合而成[4]。

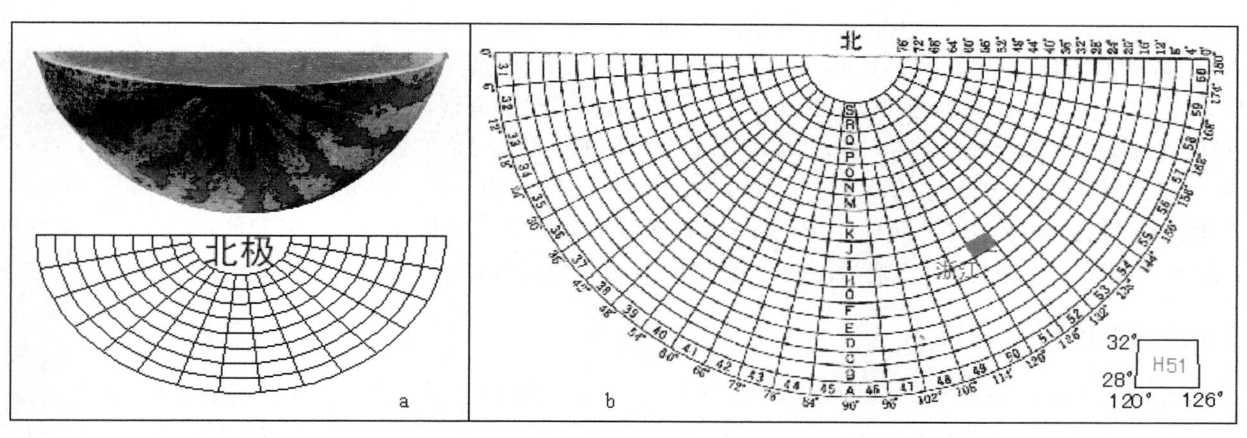

图4　图幅投影及1∶100 万地形图分幅编号

如图号“H51”（见图4b 表示该图幅比例尺为1∶100 万。行号 H 代表第8 行，纬度：4°×8＝32°该梯形图廓的纵坐标（X）是28°～32°；列号51 代表第51 列，经度：6°×51－180°＝126°，该梯形图廓的横坐标（Y）是120°～126°。

在1∶100 万图幅的基础上按经纬差“对开”即纬差2°、经差3°划分出4 幅1∶50 万的图幅。图号分别为：“H51B001001”、“H51B001002”、“H51B002001”、“H51B002002”（见图5a）。依次类推划分下一级比例尺的图幅。当下一级比例尺无法“对开”时，重新确定下一级比例尺。如1∶25 万的下一级比例尺为1∶10 万，1∶2.5 万下一级比例尺为1∶1 万。

4.1　图幅编号解读

以图号 H51G051039 为例来解读它的信息：该图号内含5 组数据，H、51、G、051、039。行号 H（8）表示纬度28°～32°，列号51 表示经度120°～126°。G 表示1∶1 万比例尺代码（见表1），051 表示 H 行号下的编号，039 表示51 列号下的编号。

表 1 各比例尺地形图的代码

比例尺	1:50 万	1:25 万	1:10 万	1:5 万	1:2.5 万	1:1 万	1:5 千
代码	B	C	D	E	F	G	H

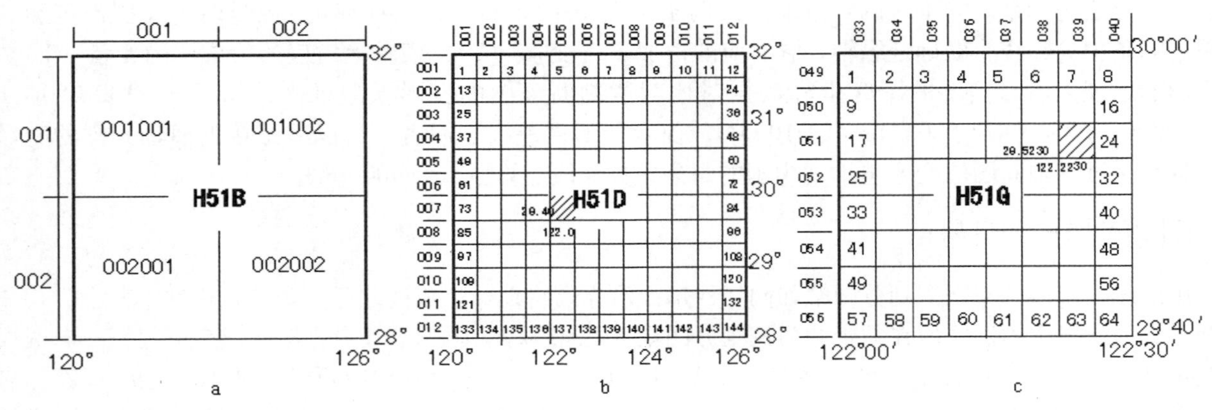

图 5 不同比例尺图幅编号

H51G051039 图号，在 1:100 万地形图的基础上按纬差 20′、经差 30′划分出 12 行 12 列共计 144 幅 1:10 万的图幅，编号分别为行号 001 ~012、列号 001 ~012（见图 5b）；按纬差 2′30″、经差 3′45″划分出（12 ×8）96 行（12 ×8）96 列共计 9216 幅 1:1 万的图幅，编号分别为行号 001 ~096、列号 001 ~096。必须指出 1 幅 1:10 万划分出 8 列 8 行计 64 幅 1:1 万的图幅，见图 5c。H51G051039 的图号介于 1:1 万行号 056—049、列号 040—033 之间，它在 1:10 万的图幅中的行号为 056 ÷8 =007、列号为 040 ÷8 =005；在 1:1 万的图幅中行号为 051、列号为 039，所以其梯形图廓坐标：西南角（*X*）29°52′30″、（*Y*）122°22′30″（见图 5c）。图号与经纬度可以通过图解形式获得，也可通过计算获得。

4.2 经纬差计算

各比例尺图幅都是基于 1:100 万比例尺图幅的经纬差派生的，有一规律性（见表 2），只要记住了 1:10 万、1:1 万特殊比例尺行列数，就可以计算图幅的经纬差，其他比例尺按倍数获得行列数。如：1:25 万比例尺是 1:100 万比例尺的 4 倍，表示行列数各为 4。

经差 =6° ÷4 =1.5°，

纬差 =4° ÷4 =1°。

1:10 万比例尺的行列数为 12（特殊）：

经差 =6° ÷12 =30′，

纬差 =4° ÷12 =20′。

1:1 万比例尺的行列数为 12 ×8（特殊）：

纬差 =4° ÷（12 ×8）=2′30″，

经差 =6° ÷（12 ×8）=3′45″。

表 2 各比例尺地形图的经纬差

比例尺	1:100 万	1:50 万	1:25 万	1:10 万	1:5 万	1:2.5 万	1:1 万
经差	6°	3°	1°30′	30′	15′	7′30″	3′45″
纬差	4°	2°	1°	20′	10′	5′	2′30″

4.3 图号与经纬度换算

例1　已知：图号 H51G051039，经差 6°，纬差 4°。

求 1∶100 万图廓西南角经纬度？

西南角经度 = （51 − 30 − 1）×6° = 120°（31 数字码对应图幅经度 0° ~ 6°…… “51”对应的图幅经度 120° ~ 126°……，所以要减 30，见图 4 − B）。

西南角纬度 = （H − 1）×4° = 28°（字符码“A = 1”对应图幅纬度 0° ~ 4°…… “H = 8”对应的图幅纬度 28° ~ 32°…）。

例2　已知：图号 H51G051039，纬差 20′、经差 30′，比例尺代码为 D（见表 1）

求 1∶10 万图号、图廓西南角经纬度？

行号 = 051 ÷ 8 = 6.375（余数进位）= 007，

列号 = 039 ÷ 8 = 4.875（余数进位）= 005。

1∶10 万图号为 H51D007005

西南角经度 = 120° + (005 − 1) ×30′ = 122°（005 ×30′运算结果为图廓东南角），

西南角纬度 = 32° − 007 ×20′ = 29°40′（行号递增，纬度递减，从西北角向下起算）。

例3　已知：图号 H51G051039，纬差 2′30″、经差 3′45″。

求 1∶1 万图廓西南角经纬度？

西南角经度 = 120° + (039 − 1) ×3′45″ = 122°22′30″，

西南角纬度 = 32° − 051 ×2′30″ = 29°52′30″。

5 绘图流程简述

由于本次调查测区涵盖整个浙江沿海海涂，绘图时把整个测区分为若干区块、若干作业组进行，以发挥人与设备的承载力。流程简述如下：首先，水深数据经水位改正后生成水下高程数据，通过河海测绘软件生成标准格式的水下地形三维数据文件，解决大地坐标、地理坐标与数学坐标的关系，并与现场实测的海岸线、岛屿线、明暗礁符号、干出线、码头线等影响水下等高线走势地物的数据依次导入计算机；其次，设置等高线步长、高程的边际值、相邻间距、线条类型等；第三，构建三角形网、自动勾绘出水下等高线，检查并剔除高程异常值，再次进行自动勾绘水下等高线；第四，根据现场描述，结合水下地形的特点，对生成的等高线进行合理性调整，确保圆滑、流畅，其走势与实际地形相符；最后，区块的相邻处进行交替拼接，包括两带之间的叠加拼接，分带并插入陆域地形，形成若干区块 1∶1 万数字海涂地形，进入分幅阶段。

6 海涂地形图分幅

我省两条中央子午线（120°E、123°E）的分带界线为 121°30′E，北从慈溪海黄山向南过象山港以西强蛟、三门湾巡检司、台州湾口门、温岭石桥、披山岛。按 CGCS2000 参数和各带中央子午线下的经纬差计算图廓经纬度，并在屏幕显示。其中的每 4 点环线即为一幅梯形图的内图廓线，添加整公里网（见图 6）。至此构成了大地坐标系（40、41 带）地形图分幅的内图廓线网。

6.1 新建标准图幅

由于本次调查涉及的范围是没有地名的近海及海涂，图名被图号替代，且图号在全球是唯一不重复使用的代码，所以只要把基础信息保存在 ObjectARX 技术地形图文件中。作业时只要取图上所需位置，软件根据坐标计算图号生成一个图文件，包含图廓整饰要素，如坐标系、高程系、时间、比例尺、标识、密级等。并在图上显示，见图 7[5]。

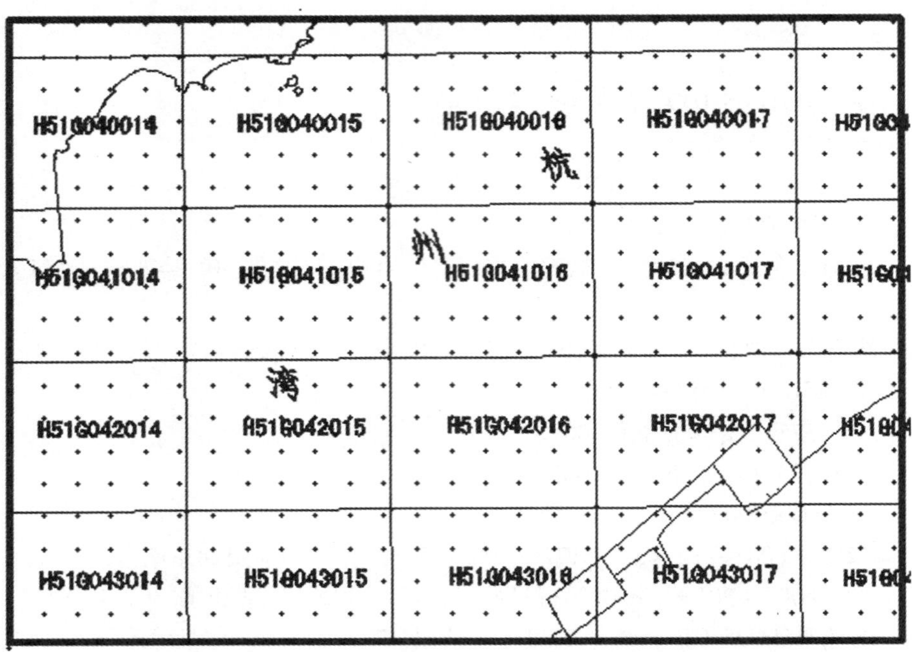

图 6 浙江省海涂分布局部图幅网

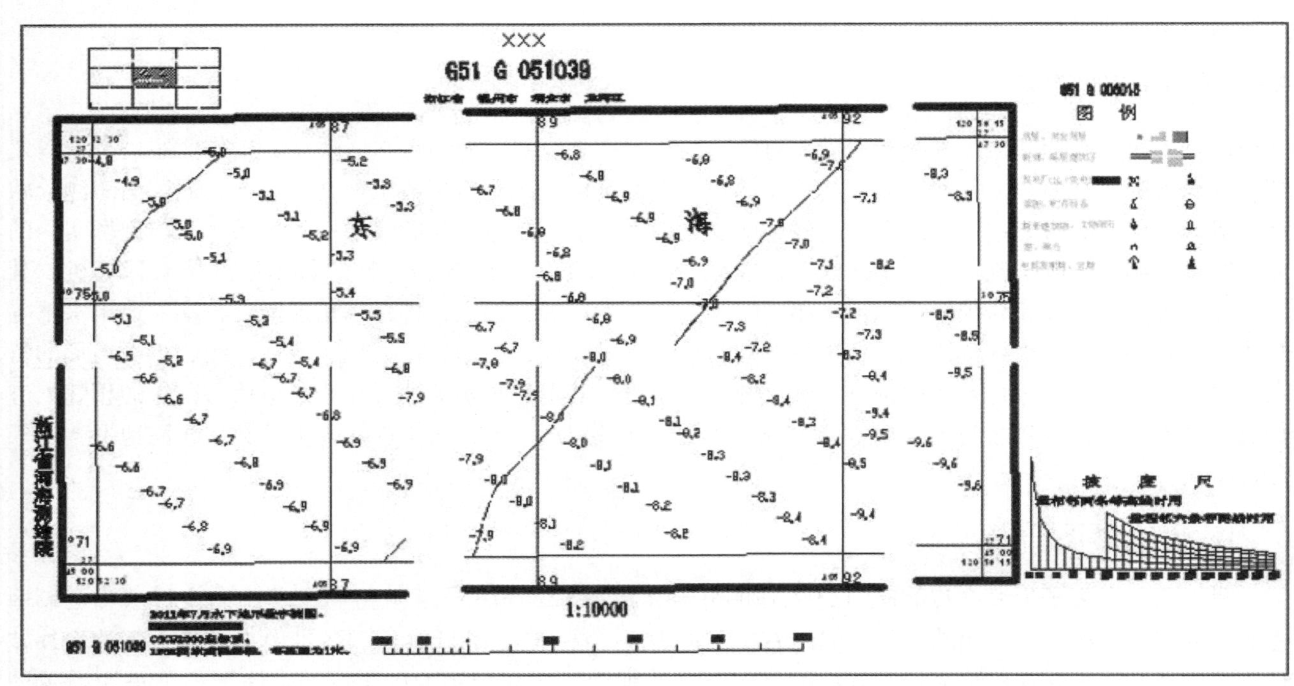

图 7 新建标准图幅

6.2 求证图幅号

新建标准图幅产生后，如何验证其正确性，以避免某个环节出错而影响计算结果，最直接的方法是用任何点坐标计算该点所在图幅的编号，并适用于计算任何比例尺图幅编号。其原理是通过 1:100 万图幅纬差与某计算图幅纬差相除，求出某比例尺图幅行的总数量，即某比例尺图幅起点至终点行的数量，再求出终点至该点行的数量（该点的纬度/4°，余数就是终点至该点行的距离，再用余数/某比例尺图幅纬差，求出终点至该点的行数，见图5b），两者相减之差就是该图幅的行号；列号：直接用该点的经度除1∶100万图幅经差，余数是1∶100万图的位置，再用余数与某比例尺经差相除之商，加1就是该图幅的列号。

例4 已知：图上某点的纬度29°52′30″，经度122°22′30″，求该点所在1∶1万比例尺的图号？

1∶100万图幅行号＝29°52′30″÷4°＝7＋1（1表示余数1°52′30″的所在行）＝8（H），

1∶100万图幅列号＝122°22′30″÷6°＝20＋31（1表示余数2°22′30″所在列）＝51，

1∶1万行号＝4°÷2′30″－29°52′30″÷4°（取余数1°52′30″）÷2′30″

＝96（14 400÷150）－45（6750÷150）＝051，

1∶1万列号＝122°22′30″÷6°（取余数2°22′30″）÷3′45″＋1

＝38（8 550÷225）＋1＝039，

所以该点图号为“H51G051039”。

6.3 海涂地形图成果检查

若干作业组的各分幅图成果要汇总检查，方法是将成果图逐一插入到图6的内图廓线网上进行比对，检查图廓点、线型接边、数据符号的重合程度。

7 结语

综上所述，任何地形图都与投影和图幅划分之间系着无数条因果关系，且有一定的隐蔽性。其一，各比例尺图都是基于1∶100万比例尺图的经纬差派生，只要找到分幅的规律性，各比例尺图号与经纬度换算可以通过图解或计算来实现，所以在2012年台风“海葵”的防御过程中，应用者只要在软件中输入一组经纬度数据，各种比例尺的图幅编号及基础地形图的信息就能汇集并连接，使工作效益明显提高。其二，通过一组坐标数据就可判断该图的变形误差，如 $X=3\ 130\ 000$、$Y=40\ 612\ 000$ 与 $X=3\ 413\ 000$、$Y=40\ 510\ 000$，前者变形误差大于后者；可判断该一组坐标数据在中央子午线的西或东侧，按经纬度约每秒30 m，估算经纬度。其三，跨带拼接，出现接边叠加或分离的现象，这是由于分带投影使得各带的变形规律相同，误差互不传递的原因，而曲面向平面转换变形误差逐渐向边子午线堆积，使相邻带的收敛角增大所致，而并非测量或图形误差。

参考文献：

[1] GB/T 14911—2008,测绘基本术语[S]. 2008.

[2] 海洋测绘词典编委会. 海洋测绘词典[M]. 北京:测绘出版社, 1999.

[3] 百度百科 http://baike. baidu. comview71628. htm.

[4] GB/T13989—92,国家基本比例尺地形图分幅和编号[S]. 1993.

[5] GB/T 20257. 3—2006,国家基本比例尺地图图式 :第2部分[S]. 2006.

压力式验潮仪数据处理时应注意的几个问题探讨

董玉磊[1]，曲萌[1]

（1. 天津海事测绘中心，天津 300222）

摘要：压力式验潮仪获取的数据需要经过单位换算、气压改正、密度改正等数据处理才能转化为潮位数据，在数据处理过程中容易因某一环节的疏漏而造成结果不准确，本文梳理了压力式验潮仪在数据处理过程中应该注意的几个问题，推荐了一种压力式验潮仪数据处理的流程，为压力式验潮仪的正确使用提供了很好的建议。

关键词：压力式验潮仪；潮位；气压改正；密度改正；单位换算；零点漂移

1 前言

随着科学技术的发展与进步，压力式验潮仪的生产技术已日趋成熟，很多海洋测绘单位也越来越重视压力验潮仪的应用。压力式验潮仪因其安装简便使得原来人工验潮比较困难或有些荒远地区不具备安装其他水位计条件的地方实现了不间断验潮，既降低了劳动强度又提高了观测精度，尤其对于短期验潮站和临时验潮站以及海上定点验潮站，压力验潮仪的使用已经越来越广泛。压力式验潮仪工作的基本原理是它的半导体硅片受到水的压力影响，利用材料的压电效应将被测水压力转换成可测信号并输出，数据记录应用固态存贮技术定期读取处理，并可利用无线网络进行数据实时传输[1]。压力式验潮仪通常记录压力数据，也有一些厂家根据气压、水体密度等参数将压力数据转换成水深，当然用户通常也可以对这些参数进行设定。在处理压力式验潮仪数据时，尤其将压力数据转换成潮位数据时，有几个容易忽视的问题，这些问题将影响到潮位数据的准确性以及可靠性，下面将分别阐述。

2 单位换算

压力的单位有很多，法定的国际压力单位是帕（Pa）[2]。常用的压力单位有兆帕（MPa）、千帕（kPa），惯用的非法定单位还有巴（bar）、分巴（dbar）、毫巴（mbar）、标准大气压（atm）、工程大气压（at）、毫米汞柱（mmHg）、毫米水柱（mmH_2O）、磅每平方英寸（psi）、托（Torr）等。它们的换算关系如表1所示。

表1 常用压力单位的换算关系

	Pa	bar	atm	at	mmH_2O	mmHg
1 Pa	1	0.000 01	0.000 01	0.000 01	0.101 97	0.007 5
1 bar	100 000	1	0.986 9	1.019 72	10.197 2	750.062
1 atm	101 325	1.013 25	1	1.033 2	10.332	760
1 at	98 067	0.980 67	0.967 8	1	10.000	735.6
1 mmH_2O	9.806 7	0.000 098	0.000 096 8	0.000 1	1	0.073 56
1 mmHg	133.322	0.001 333	0.001 32	0.001 36	13.595 1	1

作者简介：董玉磊（1982—），男，山东省临沂市人，硕士，主要从事海洋测绘技术研究。E-mail：yulei0539@126.com

另外，1 Pa = 0.001 kPa = 1 × 10^{-6} MPa；1 bar = 10 dbar = 1 000 mbar。

从表 1 可以看出，巴（bar）与标准大气压（atm）及工程大气压（at）3 者之间的换算数值接近于 1，单从观测结果的数值上很难断定出具体采用的是哪种单位，比较容易混淆，使用时应注意。通常潮位数据采用米（m）或厘米（cm）为单位，用户一般可以根据自己的需要对压力式验潮仪的测量单位进行设置，为避免错用可直接设置为米（m）或厘米（cm），若不能设置在潮位处理时也可根据表 1 的换算关系进行转换。

3 气压改正

压力式验潮仪主要分为气密引压式压力验潮仪和补气引压式压力验潮仪两种，在气密引压式压力验潮仪中，海水的压力通过引压钟内密封气体传输至敏感元件进行测量和记录。补气引压式压力验潮仪通过供气装置使水下感压系统不断放出气泡，保证该系统中的气体压强与它所处深度的水头压强相等，测量气压即可换算成潮位。因此对于气密引压式压力验潮仪来说，需要在数据处理时进行气压改正。有些使用单位将气压改正这一问题忽略或简单化，直接用 1 个标准大气压代替验潮期间的整个气压，或仅测定期间的某几个气压，其实这些做法都将降低验潮数据的精度，甚至影响到最终的验潮结果。大气压力的变化跟天气有密切的关系，表现在时间上是一条连续变化的曲线，在空间上有一定的相关性（如图 1 所示）。为提高观测精度在验潮期间应实时测量验潮点附近的气压变化，在数据处理时用压力验潮仪获取的压力数值减去相应时间的大气压力即为完全由水体产生的压力，通过进一步处理获得潮位数据。

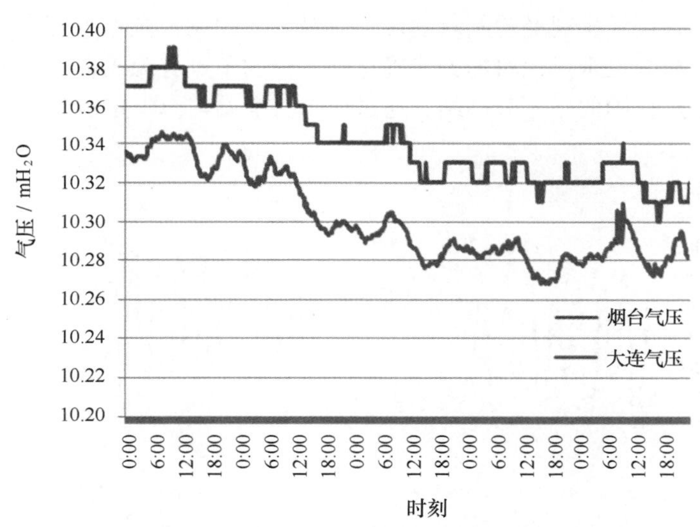

图 1 烟台与大连同期 5 天气压数据变化图

4 密度改正

海水密度是海水的温度、盐度和压力的函数，海水表层的海水密度更多地取决于海水的表层温度值[3]。同一海域的海水密度也会随季节等因素有小量变化，不同海区的海水密度更存在不同的变化。海水的密度可以根据实际观测海水的温度、盐度和压力等参数按照海水密度的计算公式进行计算，也可以查阅采用海区的经验数值。4℃纯水的密度是 1.0 × 10^3 kg/m^3，海水的密度通常要大于 1.0 × 10^3 kg/m^3，在将压力式验潮仪获取的压力转换成水柱高度的时候，得到的是基于密度为 1.0 × 10^3 kg/m^3 的水柱高，对于海水在数据处理时必须进行海水密度改正。最精确的做法是实测验潮点附近的海水密度，无法实测的也可以采用该海区的参考值，比如在黄渤海地区通常认为海水的密度是 1.02 × 10^3 kg/m^3。密度改正对潮位的影响跟验潮仪测得的压力大小有关，也可以说与深度成正比。以黄、渤海为例密度改正前后数值如表2所示。

表2 不同深度下密度改正前后潮位差值表

密度改正前/m	5.00	10.00	20.00	50.00	100.00
密度改正后/m	4.90	9.80	19.60	49.02	98.00
差值/cm	10	20	40	98	200

按照海滨观测规范 GB/T 14914 - 2006 的要求，潮位观测的准确度分为3级：一级为 ±1 cm；二级为 ±5 cm；三级为 ±10 cm[4]。根据上表的差值可以看出，在黄渤海地区深度大于等于5 m 水深的地方，仅密度改正造成的误差已经超过了规范的最低要求，因此密度改正对潮位观测的精确度和可靠性有很大的影响，不容忽视。

5 零点漂移

压力式验潮仪的压力感应片长时间受到水压作用，会发生一定程度的变形，这种变形通常是一段长时间的渐变过程，直接造成了潮位数据的观测误差，这种变化有线性的，也有非线性的；另外验潮仪的零点也由于安装不牢固、站基沉降等原因造成验潮仪的零点高程发生变化，大多数情况下上述两种情况夹杂在一起，难以从潮位曲线中直接凭主观经验判断发现，容易带入到潮位数据处理中（如图2所示）。对于岸上验潮站，可以通过定期与人工水尺比对的方式确定验潮仪的零点有无漂移；对于海上定点验潮站，首先要保证观测同期有一个零点稳固的岸上验潮站，通过岸上验潮站与海上定点验潮站日平均海面的相关性进行判断并修正（如图3所示）[5]。

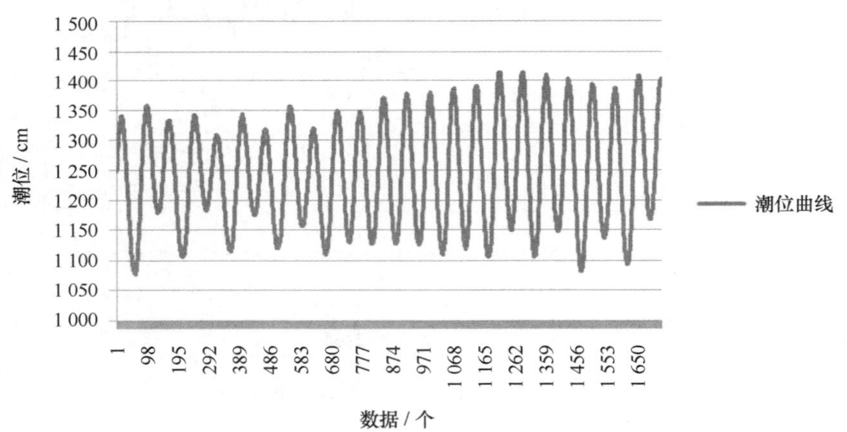

图2 存在零点漂移的潮位数据曲线（10分钟间隔记录）

6 结论

从上述论述中可以看出，在压力式验潮仪潮位数据处理时每一步的疏漏都会降低潮位观测数据的精度，对数据处理的结果造成严重影响，进而影响到水深测量或同步验潮的结果。尤是海洋测绘单位对其测量结果要求较高，任何一个环节处理不好都无法得到真实结果。为防止压力式验潮仪潮位数据处理过程中出现某一过程的遗漏，使用单位可以结合购买设备的特点，编制一个详细的数据处理流程指导书，建议在对压力式验潮仪数据进行处理时，先统一气压数据和水压数据的单位，进行气压改正后转换成以米或厘米

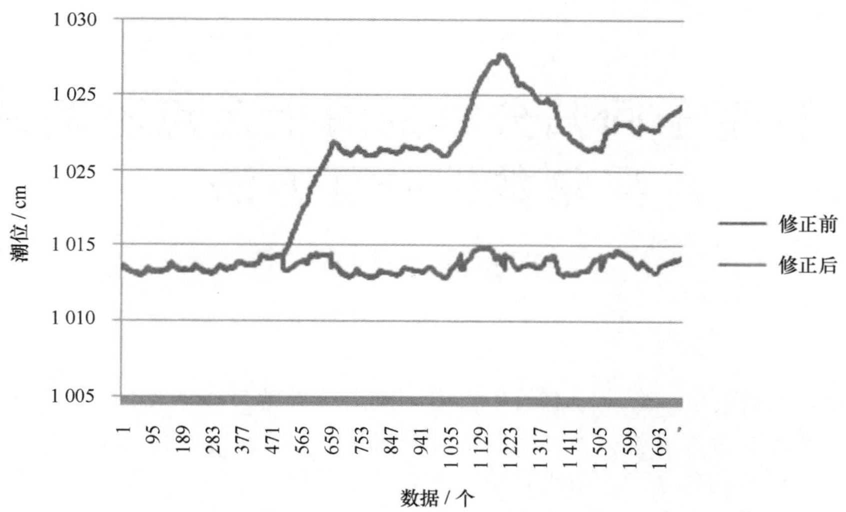

图 3　某海上定点验潮站的零点漂移曲线（10 分钟间隔记录）

表示的深度数值，再进行密度改正。上述工作完成后再对压力式验潮仪是否存在零点漂移进行检测，从而保证潮位数据处理的准确性和可靠性。

参考文献：

[1]　范新云．水尺与压力式水位计多次数据比对的综合计算[J]．浙江水利科技,2007（1）：54—56.

[2]　仲跻良．国际压力单位—帕斯卡[J]．工业仪表与自动化装置,1979(4)：6—9.

[3]　张铁军,张晓明．压力式观测数据的处理方法研究[J]．海洋测绘,2007(5)：22—25.

[4]　GB/T 14914 - 2006．海滨观测规范[S]．2006.

[5]　刘雷,缪锦根,李宝森．压力式验潮仪零点漂移检测及修正方法研究[J]．海洋测绘,2010(4)：73—75.

一种基于回归分析的海上定点验潮站异常数据处理方法

董玉磊[1]，曲萌[1]

（1. 天津海事测绘中心，天津 300220）

摘要： 在大面积水深测量中，自动验潮仪作为海上定点验潮站控制水位的应用越来越多。然而，海上定点验潮站零点位置容易发生变动或自动验潮仪自身的零点有时会发生漂移，如果分析不出这些异常数据，会给测量结果带来很大误差。尤其当验潮站零点位置缓慢变动或是自动验潮仪的零点逐渐变化时，测量人员很难从潮位数据本身发现错误，本文提出用回归分析的方法分析海上定点验潮站的数据是否存在异常，取得了较好的效果。

关键词： 回归分析；相关系数；零点漂移；数据异常；海上定点验潮站

1　引言

近些年来，随着国民经济的飞速发展，中小比例尺的海图在航行安全等领域应用越来越广泛。在测量此类海图的水深时，由于测量面积大、作业时间较长，通常要在作业前往海里抛设一个或几个定点验潮站用于水位控制。目前用的较多的是自动验潮仪（自动验潮仪安装在特制的验潮铁架上抛到海底），验潮仪内部的半导体硅片在水中受水压影响，利用材料的压电效应将被测水压力转换成可测信号并记录下来。由于海底环境的影响及仪器自身的问题，自动验潮仪测得的潮位数据有时会存在异常，而受条件限制又很难对验潮仪所测数据进行比对，因此在使用水位改正水深前要核查验潮仪数据是否正常[1—2]。本文提出应用回归分析的方法判断和分析验潮仪数据是否异常。

2　回归分析方法

2.1　回归分析定义

回归分析是一种处理变量的相关关系的一种数理统计方法，它应用数学方法对大量的观测数据“去粗取精、去伪存真、由此及彼、由表及里”，由此得出事务内部的规律[3]。

2.2　相关系数

对于任意两个变量 X 和 Y，即使它们在平面上是一堆杂乱无章的散点，也可用最小二乘方法配出一条表示 X 和 Y 之间关系的直线，但表示出来的直线是没有实际意义的。相关系数 r 就是描述两个变量线性关系密切程度的数量性指标，它可以由下面的公式来计算：

$$r = \frac{\sum_{i=1}^{n}(X_i - \bar{X})(Y_i - \bar{Y})}{\sqrt{\sum_{i=1}^{n}(X_i - \bar{X})^2(Y_i - \bar{Y})^2}}, \tag{1}$$

式中，(X_i, Y_i) 为变量的离散观测值，$\bar{X}$ 和 $\bar{Y}$ 分别是变量 X 和 Y 的 n 个观测值的平均值，n 是变量的观测个数。

作者简介： 董玉磊（1982—），男，山东省临沂市人，硕士，主要从事海洋测绘技术研究。E-mail：yulei0539@126.com

2.3 回归过程计算

一般地说，对具有一定线性关系的 n 组观测数据 $(X_i,\ Y_i)$ $(i=1,\ 2,\ \cdots,\ n)$，可用这样一条直线表示

$$Y^* = a + bX. \tag{2}$$

此时 n 个观测值的误差平方和为：

$$Q^* = \sum_{i=1}^{n}(Y_i - a - bX_i)^2. \tag{3}$$

根据最小二乘原理，在 Q^* 达到最小值的时候误差最小，对上式求偏导可知：

$$a = \bar{Y} - b\bar{X}. \tag{4}$$

$$b = \frac{\sum_{i=1}^{n}(X_i - \bar{X})(Y_i - \bar{Y})}{\sum_{i=1}^{n}(X_i - \bar{X})^2}. \tag{5}$$

从而可以建立变量 X 和 Y 的线性回归方程：

$$\hat{Y} = a + bX. \tag{6}$$

3 实例分析

3.1 工程概况

为测量北方某港区某航道的水深，测量作业前在港池一端设立验潮站（图 1 中 A 站），在航道外端抛设了自动验潮仪（图 1 中 B 站），位置情况如下图所示。

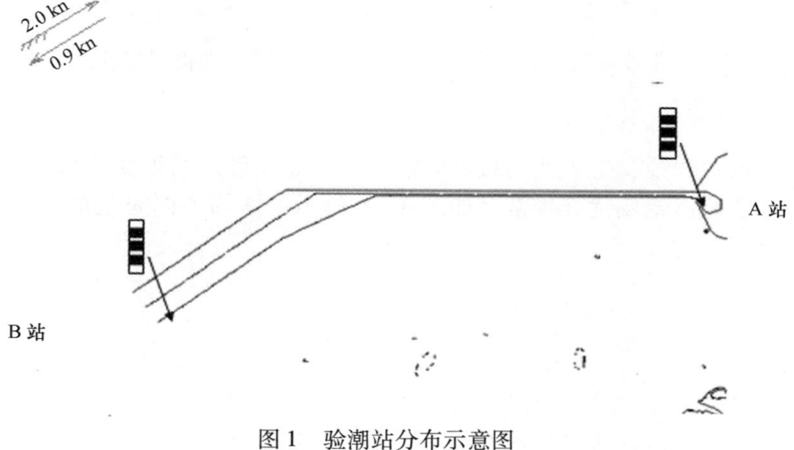

图 1　验潮站分布示意图

3.2 潮汐性质分析

海道测量规范要求："验潮站布设的密度能控制全部测区的潮汐变化，相邻验潮站之间的距离应满足最大潮高差不大于 1 m，最大潮时差不大于 2 h、潮汐性质基本相同"[3–5]。通过大潮期间对两个验潮站 72 h连续同步验潮（农历七月初一至初三），两站的潮汐性质如表 1 所示。

表 1　两个验潮站 3 天同步验潮结果

验潮站	最大大潮高/m	最大潮高差/m	最大潮时差/min	相关系数
A 站	4. 16	0. 55	10	0. 992 8
B 站	3. 72			

3.3 异常数据产生原因及过程

对于岸边设立的自动验潮仪（验潮仪每 10 分钟读一次数），我们可以采取定期设立人工水尺与其比对的方法来检验其数据是否正确，但我们却很难对海上定点验潮站采集的潮位数据进行检验。通常海上定点验潮站数据发生异常的可能性更大，产生的原因也更多。一方面，自动验潮仪在海底的相对高度会因海洋错综复杂的客观环境影响而发生突然或缓慢的沉降。另一方面，自动验潮仪的零点有时也会发生漂移，一种情况是验潮仪零点以一常数漂移，即验潮仪的传感器零点没有变化，而验潮仪获取的数值在一段时间内增加或减小一常数；另一种情况就是零点逐渐漂移，即验潮仪读数在某段时间内缓慢发生变化。对于零点位置发生突然变动或零点以一常数漂移这种情况，我们可以在 excel 上的水位曲线上很明显地分析出零点变动值或漂移值（如图 2 所示，B 站验潮仪读数在某天 13：50 分突然增大约 26 cm），并就这种突变进行人工修复（如图 3 所示，对 13：50 及后面的验潮仪读数人为加上 26 cm，曲线形状恢复正常）。

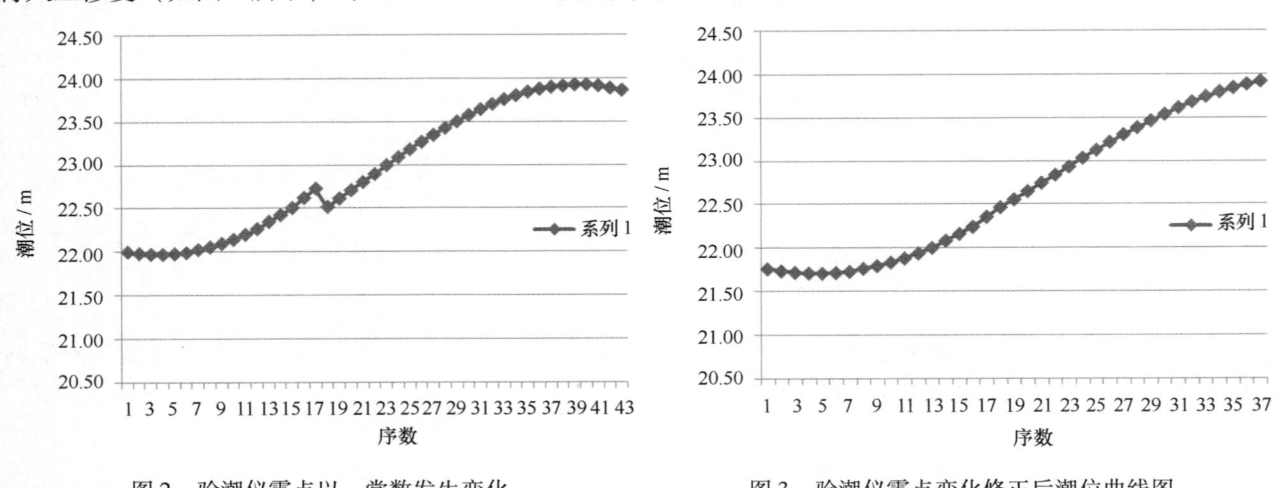

图 2　验潮仪零点以一常数发生变化

图 3　验潮仪零点变化修正后潮位曲线图

如果验潮仪的零点位置缓慢发生了变动或者验潮仪的零点因硅片发生变形而逐渐发生了改变，我们很难从数据本身或通过图表等形式发觉其异常。如图 4 ~6 所示的 3 幅不同时间的潮位曲线图，我们根本无法确定某一天的潮位是否正常。

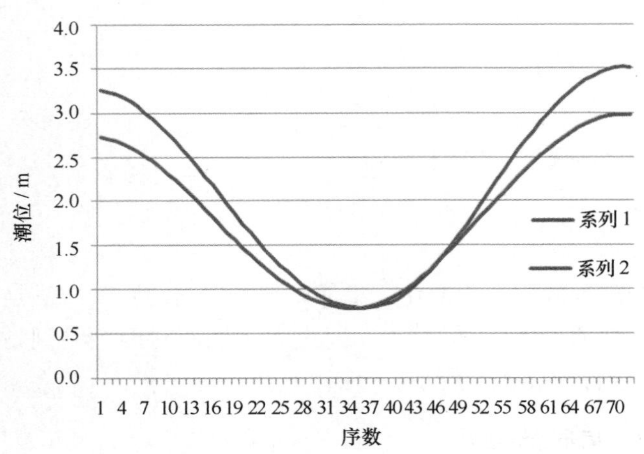

图 4　8 月 6 日 A、B 站 12 小时同步潮位曲线图（08：00—19：50）

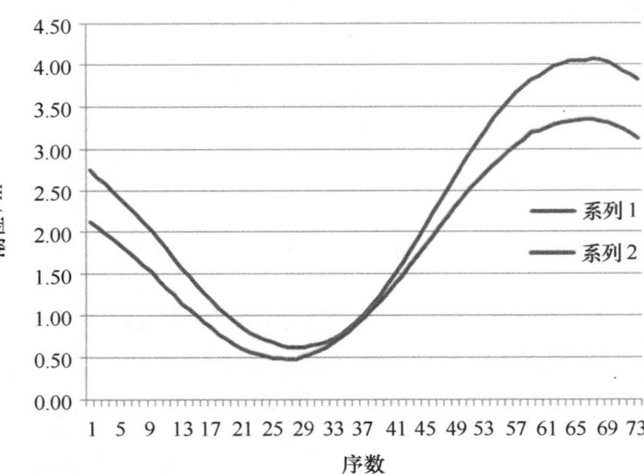

图 5　8 月 31 日 A、B 两站 12 小时同步潮位图（06：00—17：50）

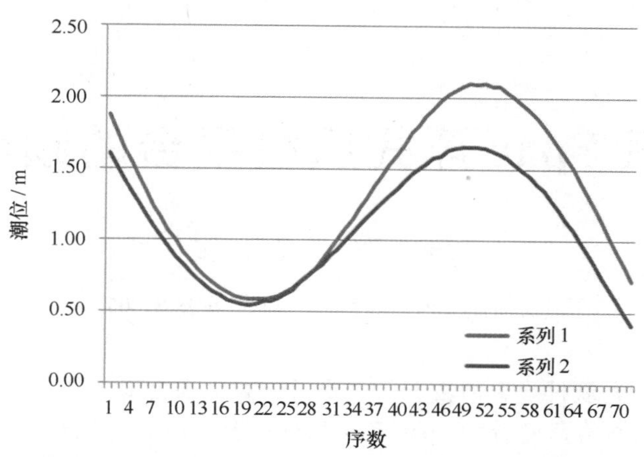

图6 12 月 13 日 A、B 两站 12 小时同步潮位图（08：00—19：50）

3.4 应用线性回归分析异常数据

由表 1 中的数据可知，A、B 两站具有较好的线性关系，利用本文第 2 部分介绍的方法，分别计算 8 月 6 日、8 月 31 日和 12 月 13 日的回归系数和相关系数，并以 A 站某时刻潮高达到 4 m 为例，计算了 B 站自动验潮仪因零点缓慢变动或逐渐漂移造成的误差，结果如表 2 所示。

表 2 A、B 两站线性回归系数及相关系数

	8 月 6 日	8 月 31 日	11 月 6 日	12 月 13 日
回归系数 a	0.176 7	−0.020 5	0.449 8	−0.081 8
回归系数 b	0.793 255	0.832 195	0.855 467	0.903 506
相关系数	0.996 4	0.995 3	0.996 8	0.991 4
A 站 4 m 潮高/m	B 站：3.350	B 站：3.308	B 站：3.872	B 站：3.532
与 8 月 6 日差值/cm	0.0	4.2	52.2	18.2

4 结论

（1）通过图 2、图 3 可以看出，对于验潮仪零点位置的突然沉降或验潮仪零点以一固定常数漂移，我们可以比较容易地看出并做出修正，对我们的测量结果不会有太大影响。

（2）当自动验潮仪的零点发生了缓慢的变动或逐渐发生了漂移，我们很难从数据本身和曲线图上发现异常数据，这一点通过图 4、图 5 和图 6 显示的不同 3 天的 A、B 两站的 12 h 同步潮位曲线和表 2 的计算结果可以看出。

（3）通过表 2 可以看出，A、B 两站的回归系数 b 在逐渐增大，说明 B 站的潮位数据在缓慢变化。

（4）通过表 2 可以看出，A、B 两站的线性关系较好，没有因为 B 站零点漂移等变化影响，说明验潮站的相关性跟某一站的数据可靠性无关。

参考文献：

[1] 范新云，孙柏举．水尺与压力式水位计数据关系的算法研究[J]．海洋测绘，2006，26：27—29.
[2] 张铁军，张晓明．压力式观测数据的处理方法研究[J]．海洋测绘，2007(5)：22—25.
[3] 中国科学院数学研究所数理统计组．回归分析方法[M]．北京：科学出版社，1975.
[4] GB 12327－1998 海道测量规范[S]．北京：中国标准出版社，1998.
[5] 刘雁春，肖付民，等．海道测量学概论[M]．北京：测绘出版社，2006.

新型抗台风 Spar 浮式风机平台的频域响应分析

杨梦乔[1]，万占鸿[1]

（1. 浙江大学 海洋学院，浙江 杭州 310058）

摘要：借鉴现有Spar浮式风机平台的主要结构形式，在我国南海海域的实际环境下，考虑台风因素，创新性的设计出有抗台风特性的Spar浮式风机平台。通过对抗台风型的Spar浮式风机平台频域范围内的水动力性能分析，包括水动力系数（附加质量和辐射阻尼），一阶、二阶波浪力，幅值响应RAOs曲线以及在台风海况下的运动响应图谱。通过分析，得出结论，设计的新型抗台风Spar浮式风机平台可以适用于台风海况下的南海海域。设计具有一定的实践意义。

关键词：浮式风机平台；抗台风；水动力分析；中国南海

1 引言

风能作为一种无污染、可再生的绿色环保能源，受到了越来越多的关注。海上风力发电较传统的陆上风力发电而言，有很多不可比拟的优势，越加受到各国能源界的关注。目前，国内外对风能的开发主要集中在水深小于50 m的浅海区，所用的基础结构都为固定式结构[1]。与浅海区相比，大于50 m的深海区的风力资源更为丰富，具有更多的优势。而对于深海区的风力发电，固定式结构不再适用，需要发展风力发电的浮式基础结构。目前，研究较多的浮式基础有Spar型（图1a）、半潜型（图1b）、TLP型（图1c）3种类型。如图1a，b，c所示。

图1　风力发电的浮式基础结构图

a. Spar型；b. 半潜型；c. TLP型

作者简介：杨梦乔（1991—），女，安徽省蚌埠市人，主要从事海上浮式风机平台的研究。E-mail：yangmengqiao000@163.com

以中国南海为实际海洋条件。南海的水深较大，海底地形复杂，海洋环境条件恶劣，受台风影响明显。3 种浮式基础中，Spar 型浮式风机平台适用的水深最深，其辐射式的系泊系统在复杂地形和恶劣海况下自存良好，最适用于南海海域。

2 Spar 浮式平台的研究现状

1991 年，英国的贸易工业部首先开展了漂浮式风力机的项目研究并开发出了一种 Spar 式的海上漂浮式风力机 FLOAT，并对所设计的 FLOAT 行了频域和时域的数值分析以及模型试验[2]。挪威 StatoilHydro 公司设计了一种 Spar 漂浮式风力机，名为 Hywind，并于 2009 年 9 月份在挪威海域安装了 1 台 2.3 MW 的样机示范运行。Skaare，Hanson 等[3]以 Hywind 为研究对象，将固定式风力机气动弹性的程序 HAWC2 和海洋工程结构动态响应程 SIMO/RIFLEX 相互集成，模拟了漂浮式基础结构在各种风浪组合荷载情况下的时域响应，并通过模型试验验证了其准确性。2009 年，Andrew[4]在欧洲风能大会上，详细讲述了 Spar 基础的关键设计因素，并确定了最佳设计参数的范围。Andrew 等人[5]详细阐述了 Spar 作为风电机基础的优缺点。Chujo 等[6]以小比例的 Spar 模型平台在有水池的风洞中，试验了系泊点位置对模型运动响应的影响，以大比例模型试验了纵摇控制器对控制模型纵摇响应、系泊线对首摇运动的影响。

综上述，对 Spar 型浮式平台的研究主要还处在概念设计和模型试验的阶段。欧洲初步建立的 Spar 型浮式基础，以欧洲的气候环境为主要依据，并不适合我国南海的环境。南海是西北太平洋最大的边缘海，也是东亚季风区的一部分，此外还受锋面和热带气旋等天气系统的影响，因而造成南海风浪情况十分复杂。由于热带气旋活动频繁，南海还是我国近海台风浪出现频率最大和最为严重的海区之一[7]。因此，设计适合南海海域的 Spar 型浮式风机，必须考虑台风因素。

3 新型抗台风 Spar 浮式风机平台模型建立

3.1 模型尺寸

Spar 浮式风机平台主要由硬舱（提供浮力）、软舱（提供压载）、垂荡版（增强稳性）以及立柱（连接作用）4 个部分组成。模型的主尺度如表 1 所示。

表 1 浮式基础模型主尺度

基础总长度：120 m	
硬舱长度：60 m	硬舱直径：10 m（圆柱）
软舱长度：12 m	软舱直径：10 m（圆柱）
立柱长度：48 m 空心圆柱	壁厚待定
垂荡板间距：12 m	垂荡板边长：10 m（正方形）
垂荡板个数：3 个	

采用挪威 DNV 公司研发的 SESAM 软件进行模型创建以及后处理。SESAM 由三大子程序包组成：用于建模和结构分析的模块 GeniE、水动力分析模块 HydroD 和系泊分析模块 DeepC。是一款应用于船舶和海洋工程领域的大型计算分析软件，三大程序包之间可以通过界面文件进行数据传递[8]。在 GeniE 中建立的 Spar 模型如图 2 所示。

4 Spar 浮式风机台风作用下的水动力性能响应

以南海珠江口盆地为设计海域，水深约 200 ~ 300 m。设计水深取 250 m。根据文献[9]记载，台风下环境参数值如表 2 所示。

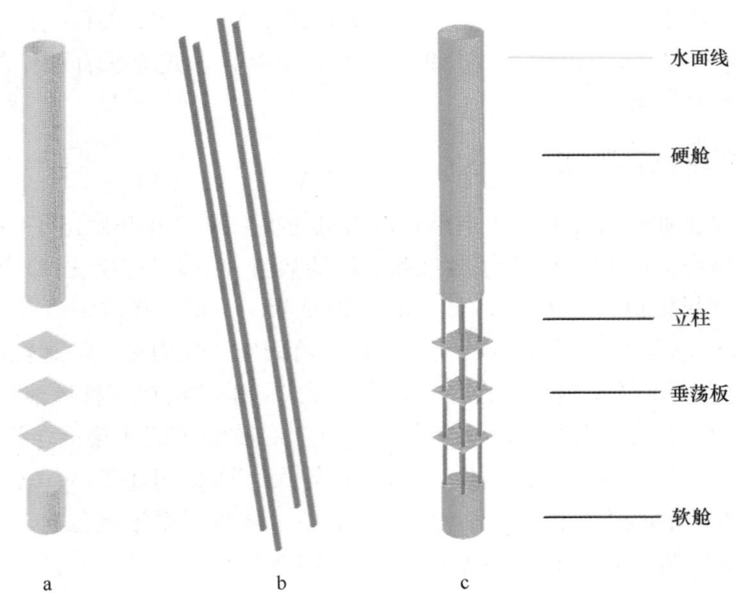

图 2　GeniE 中建立的 Spar 模型图

a. 面元模型; b. Morison 模型; c. 整体结构模型

表 2　台风环境参数值

元素	重现期/a				
	1	10	25	50	100
1 min 平均风速/m·s^{-1}	38.3	41.5	45.2	49.0	53.6
最大波高/m	12.5	15.9	17.9	19.3	20.8
波浪周期/s	11.6	13.0	13.5	13.8	14.0
0.1 h 水深流速/cm·s^{-1}	87	114	138	152	172
0.5 h 水深流速/cm·s^{-1}	50	61	72	77	86
0.9 h 水深流速/cm·s^{-1}	38	42	44	45	48

使用 SESAM 的 HydroD 模块进行水动力性能分析。根据表 1 的台风环境参数值，在 HydroD 中模拟出台风海况，由此对 Spar 浮式风机平台进行频域分析，包括水动力系数（附加质量和辐射阻尼）变化情况，一阶、二阶波浪力传递函数，幅值响应曲线（RAOs）以及运动响应图谱。通过频域分析，来验证设计的 Spar 浮式风机平台是否抗台风性能良好。

4.1　水动力系数分析

4.1.1　附加质量

考虑 Spar 浮式风机平台水平面上对称，为了简明列出计算结果，给出其在 1、3、5 三个自由度上的结果。

4.1.2　辐射阻尼

图 3 和图 4 中，附加质量和辐射阻尼都在合理范围内变化。纵荡附加质量随着频率的增大呈现先增大后减小的趋势，质量变化的幅度稍大。垂荡附加质量先减小后增大，并趋向定值；纵摇附加质量随频率的递增先增大后减小再增大，质量变化总体幅度不大。辐射阻尼方面，在 3 个自由度上，总体都呈现先增大再减小的趋势。其中，纵荡和垂荡方向的辐射阻尼比黏性阻尼小 1 个数量级，纵摇方向的辐射阻尼比黏性阻尼小 2 个数量级。

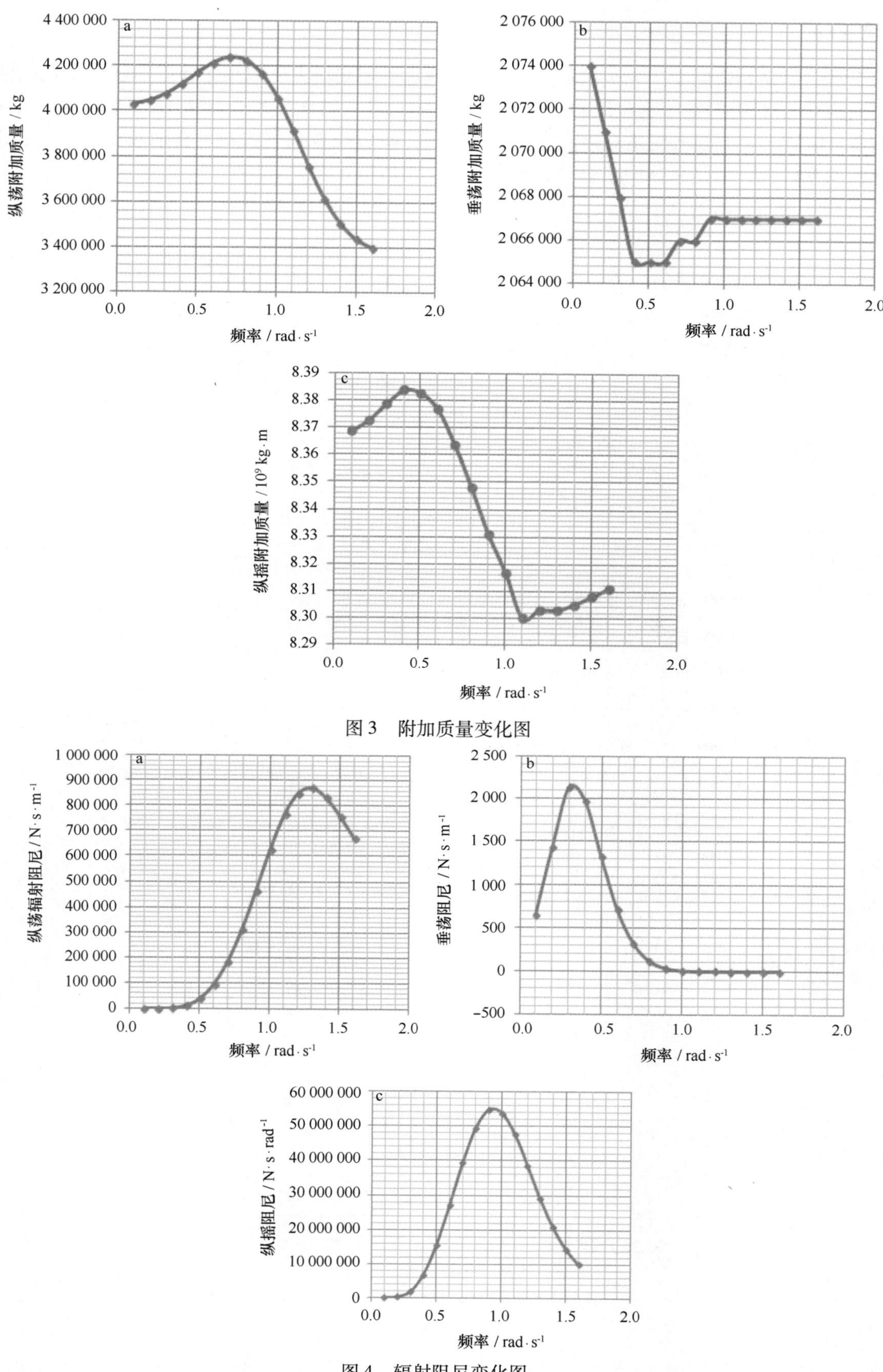

图 3　附加质量变化图

图 4　辐射阻尼变化图

4.2 一阶波浪力

如图 5 示，纵荡自由度上，一阶激励力随频率的增大呈现先增大后减小的趋势，且受波浪入射角的影响，在浪向为 0°和 180°时幅值响应最大，90°时幅值为 0。最大值在频率为 0.9 rad/s 处取得，为 158 000 N/m。垂荡自由度上，波浪入射角对幅值响应没有影响，幅值随着频率的增大逐渐减小。首摇自由度上，幅值变化的曲率较大，但是总体的趋势随着频率的增大幅值也在增大。

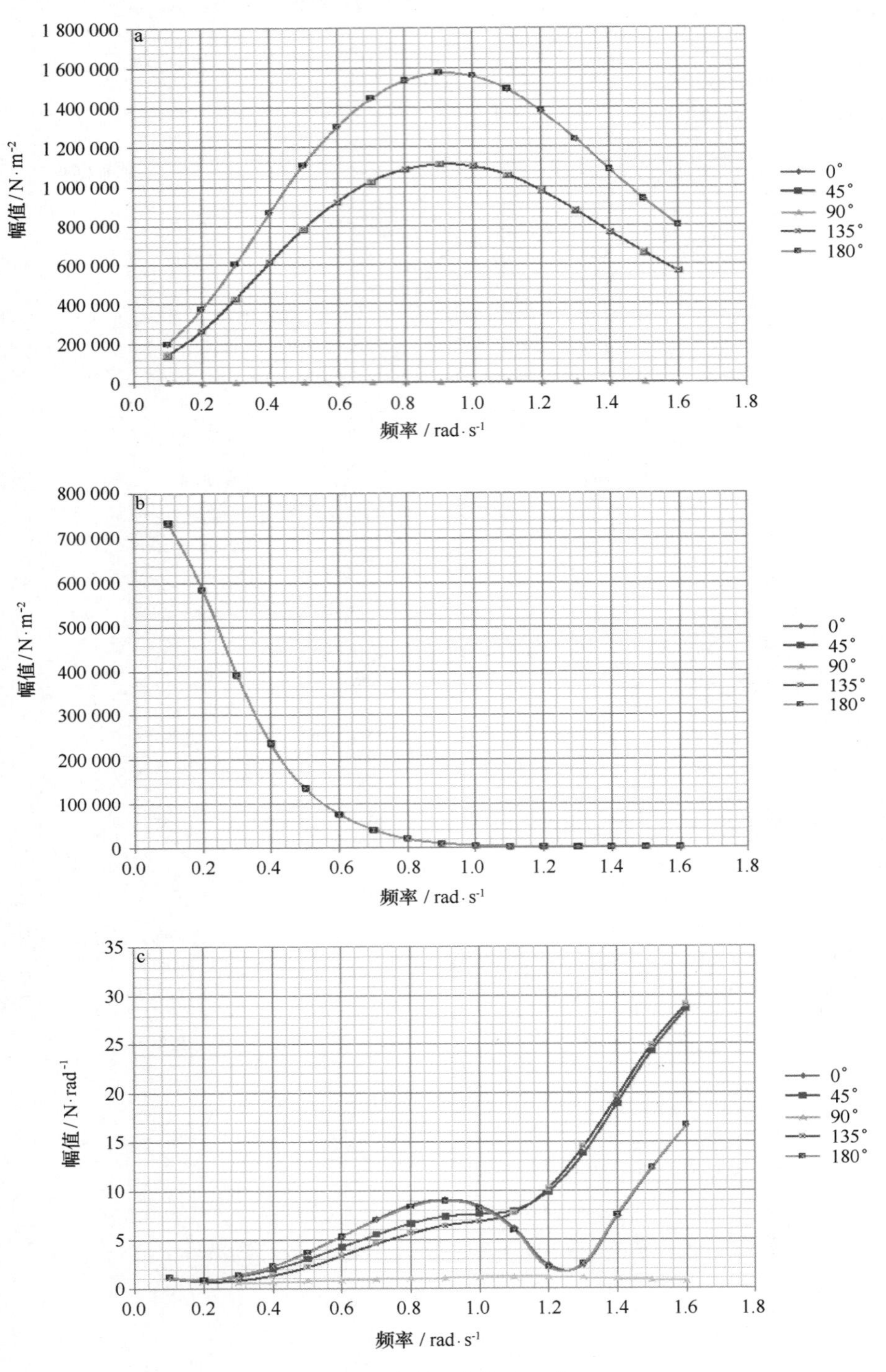

图 5 一阶激励力传递函数

a. 纵荡波浪（浪向 0°与 180°重合，45°和 135°重合）；b. 垂荡波浪；c. 首摇波浪

4.3 二阶低频漂移力

根据图 5 和图 6，二阶低频漂移力在数量级上都比一阶波浪激励力小两个数量级，说明二阶低频漂移力较一阶波浪激励力而言，量值很小。而首摇自由度上，其一阶和二阶波浪力较其他自由度而言，数值很小，说明浮式风机平台的首摇运动量很小，可忽略。

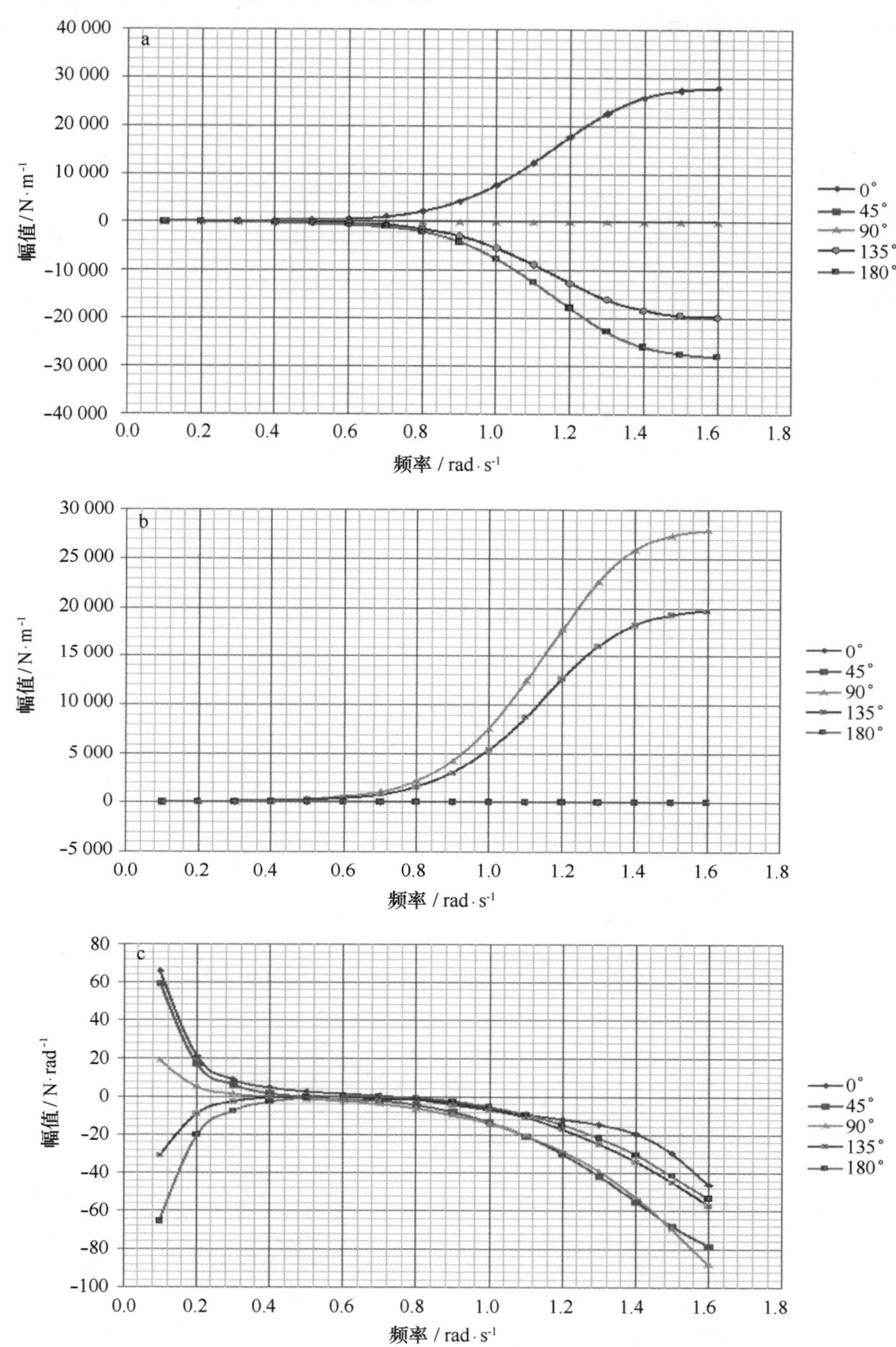

图 6　二阶低频漂移力传递函数图

a. 纵荡低频（浪向 45°与 135°重合）；b. 横荡低频（浪向 0°与 180°重合，45°和 135°重合）；c. 首摇低频

4.4 Spar 平台的幅值响应曲线（RAOs）

由图 7 所示，在垂荡自由度上，幅频响应不受波浪入射角的影响。响应幅值随着波频的递增先增大后减小。且在低频区域内有较大的运动幅值，高频区域内幅值很小。在频率大于 0.60 rad/s，幅值逐渐趋于 0。在纵摇自由度上，浪向角为 180°的幅值响应最明显，运动幅值总体呈现先增大后减小的趋势，在 0.5 ~1 rad/s 波频范围内，有较大的运动幅值。在纵荡自由度上，由于未计及系泊系统回复力的影响，幅值总体随着波频的增大而减小。浪向角为 180°的幅值响应最大，浪向角为 90°的幅值响应为 0。幅值响应主

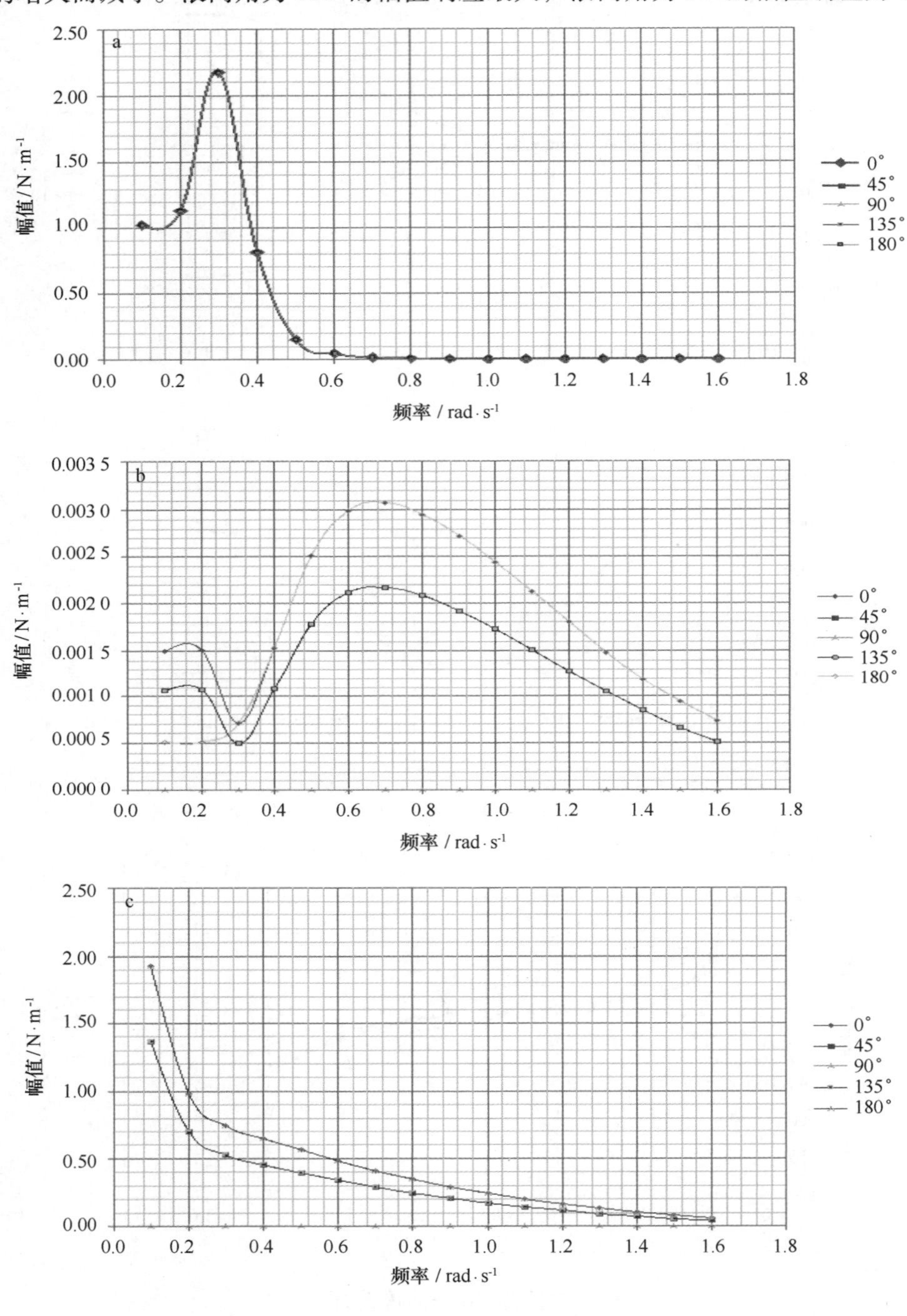

图 7 Spar 平台的幅值响应曲线图

a. 垂荡 RAOs；b. 纵摇 RAOs；c. 纵荡 RAOs

要集中在低频区域，在大于 1 rad/s 的波频内，幅值很小，并逐渐趋于 0。由以上分析可知，Spar 平台在纵摇自由度上共振振幅很小，不会对结构的损坏造成影响，可以不予考虑。在垂荡、纵荡自由度上的共振频率段分别为 0.1 ~ 0.4 rad/s、0.1 ~ 0.5 rad/s。二者都避开了南海珠江口盆地主要的波频段，这表明，设计的 Spar 浮式平台显示出很好的耐波性。

4.5 台风海况下 Spar 浮式平台运动响应

根据表 2 的台风环境参数值，选取百年一遇的南海台风极限海况，则 $H_s = 20.8$ m，$T_s = 14$ s。海浪谱选择 JONSWAP 谱，谱峰值参数 γ 取为 2.5。由 RAOs 曲线反映，平台在浪向角 180°时的幅值响应最强烈，为简明列出计算结果，故选取波浪入射角 Dir = 180°。图 8 为浮式平台在该海况下的运动响应谱。

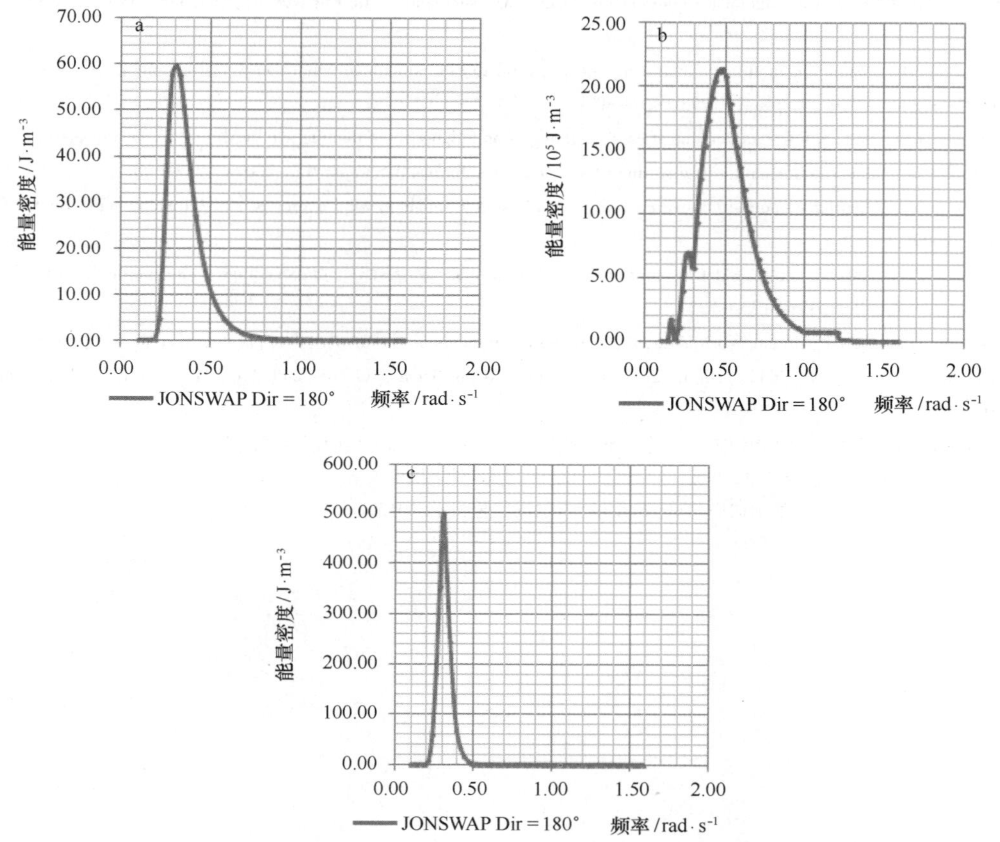

图 8 台风海况下 Spar 浮式平台运动响应图

a. 垂荡运动响应谱；b. 纵摇运动响应谱；c. 纵荡运动响应谱

由运动响应谱的分析可知，浮式平台在纵摇自由度上的运动量很小，可以不予考虑。在垂荡和纵荡自由度上，二者的能量响应都集中在低频部分，且随着频率的增大呈现先增大后减小的趋势。在频率 0.3 rad/s 附近，达到最大值。这说明，频率为 0.3 rad/s 的波频运动为这两个自由度上的主要运动成分，这一频率避开了台风海况下的主要海浪频率段，因而设计的 Spar 浮式风机平台在台风海况下运动响应良好，具有抗台风特性。

5 结论

本文针对我国南海海域，考虑台风因素，结合现有 Spar 浮式风机的研究成果，设计出了新型抗台风 Spar 浮式风机平台，并验证了其在台风环境下的水动力响应性能，得出了如下结论：

（1）新型 Spar 浮式风机平台的设计水深为 250 m，并可以适应海洋环境比较恶劣的海域，因而可以适用在我国南海海域。

(2) Spar浮式风机平台的幅值响应曲线(RAOs)显示，平台的共振频率避开了南海珠江口段主要波频段，显示出良好的耐波性。

(3) Spar浮式风机平台的运动响应谱显示，平台运动能量集中的波频段避开了台风海况下的主要海浪频率段，由此得出结论，设计的Spar浮式风机平台在台风海况下运动响应良好，具有抗台风特性。

参考文献：

[1] Erica Bush, Lance Manuel. The influence of foundation modeling assumptions on long-term load prediction for offshore wind turbines[C]//Proceedings of the ASME 2009 28th International Conference on Ocean, Off shoreand Arctic Engineering, Honolulu, Hawaii, USA, May 31 - June 5, 2009.

[2] Tong K C, Quarton D C, Standing R. Float - a floating offshore wind turbine system in wind energy conversion[C]// Proceeding of the BWEA Wind Energy Conversion. York, England, 1993, 407—413.

[3] Skaare B, Hanson T D, Nielsen F G. Importance of control strategies on fatigue life of floating wind turbines[C]// Proceedings of the international conference on offshore mechanics and arctic engineering. San Diego, California, USA, ASME, 2007: 493—500.

[4] Andrew R. Henderson. Floating support structures enabling new markets for offshore wind energy[C]// European Wind Energy Conference. Marseille, France, 2009.

[5] Henderson A. R., Zaaijer M. B., et al. Floating wind farmsfor shallow offshore sites[C]//Proceedings of the International Offshore and Polar Engineering Conference, ISOPE, 2004: 120—127.

[6] Chujo Toshiki, Ishida Shigesuke, Minami Yoshimasa, et al. Model experiments on the motion of a spar type floating wind turbine in wind and waves [C]// Proceedings of the ASME 2011 30th International Conference on Ocean, Offshore and Arctic Engineering. Rotterdam, Holand, 2011: 2011—49793.

[7] 王爱梅. 台风海浪同化模式建立及南海冬季风背景下台风浪特征研究[D]. 北京:中国科学院大学,2013.

[8] DNV, SESAM User Manual Version 3.2, 2005.

[9] 王昊. 固定式平台应对超强台风能力研究[D]. 哈尔滨:哈尔滨工程大学,2013.

海流发电系统叶片附着物故障检测与特性研究

张米露[1]，陈昊[1]，韩金刚[1]，汤天浩[1]*

（1. 上海海事大学 电力传动与控制研究所，上海 201306）

摘要： 随着海流发电技术的日渐成熟，海流系统的可靠性和安全性迫切需要提高，其故障诊断技术的发展尤为关键。本文针对直驱式永磁同步海流发电系统在流速变动下叶片附着物故障问题，提出了一种基于定子电流信号的故障检测方法。该方法对电流信号变频率重采样得到转子一周期内平均电流频率，与实际电流频率做差，去除海流波动对信号的影响，利用经验模态分解与频谱分析得到故障特征频率。同时，文中对故障形成与传递过程进行了理论分析，搭建了海流流速变动下的直驱式永磁同步海流发电仿真模型与样机实验平台。理论分析、仿真与实验结果证明了该方法不需额外传感器，仅需定子电流信号，就可克服流速变动带来的影响，实现叶片附着物的故障检测。

关键词： 不平衡故障；海流发电机；故障检测；经验模态分解（EMD）

1 引言

海流发电以其低噪音，低土地利用率，低可视性，高能量密度及流速的高准度预测等优点得到了不断的发展[1]。同时，复杂的海底状况使得器件更加容易磨损、腐蚀，导致更高的维护要求，使得故障诊断技术必不可少[2]。然而，海流能作为固有的变化资源，其发电量很难相对稳定，必将周期性的波动，增加了海流发电系统故障检测的难度[3]。

叶片附着物故障为海流机主要故障之一[4]。许多设备安装在海中就成了人工鱼礁吸引了各种海洋生物。不必要的海洋生物生长或海洋污染物附着在运动部件上，会影响发电系统的运行，不但改变设备的性能，对结构的破坏也是显著的[5]。三大海流机开发商（MCT，OpenHydro，Verdant Power）都有过叶片损坏的经历。目前没有足够的潮汐行业运营经验能够得出一般结论对叶片表面附着物的影响，但保持叶片清洁是一个严峻挑战的问题。

基于振动和频谱分析的方法可以很好的检测叶片不平衡故障，但在海洋环境中振动传感器本身也容易发生故障。文献[6]利用发电机的电功率对风电机组的叶轮不平衡故障进行仿真研究，文献[7]使用感应电机拖动永磁同步电机模拟叶轮不平衡，利用发电机定子模平方来诊断转子不平衡故障，两种方法取得了一定的效果，但都忽略转子转速变动问题。文献[8]利用变频率采样从风机定子电流中提取叶轮不平衡故障特征，得到一定效果，但选取故障基频为经验值，计算量较大。文献[9]在风机轴承故障的研究中，将总体平均经验模式分解和 Hilbert 变换应用于发电机定子电流信号的分析，取得了较好的效果。文献[10]利用经验模式分解将非平稳数据进行平稳化处理，并应用于风力发电机齿轮箱的故障诊断中，取得较好结果。

本文针对直驱式永磁同步海流发电系统在流速变动下叶片附着物故障问题，提出了一种利用经验模态分解与频谱分析结合的定子电流信号故障检测方法。仿真与实验结果证明了该方法的有效性。该算法实现

基金项目： 上海市自然科学基金面上项目（15ZR1419800），“主从式多电平变换器变直流电压比有限状态模型预测控制研究”。

作者简介： 张米露（1988—），男，山东省枣庄市人，博士研究生，主要从事海流发电系统故障诊断研究。E-mail：zhangmilu@ 126. com

* **通信作者：** 汤天浩，教授，主要从事新能源电源变换与控制研究。E-mail：thtang@ shmtu. edu. cn

简单，且不需要额外传感器，可用于海流发电系统的长期监测，及时检测出叶片附着物故障，避免器件进一步的损害。

2 不平衡特性和检测方法

2.1 不平衡特性

海水密度较大，很小的海流流速波动就会带来功率及叶轮受力负荷的波动[11]。对于三叶片海流机，偏航、流体切变力与塔影效应都会给系统引入叶片通过频率（3P 频率），而叶片不平衡及水动力作用也会给系统引入转子转动频率（1P 频率）造成海流系统发电不平衡[12—13]。以流体切变力为例，图 1 为直驱式永磁同步海流发电机，受作用力 $F_t > F_b$，使得透平机上下受力不均衡，F_t 作用叶片提供较大加速，而 F_b 加速较小，产生 3P 频率。由此，叶片附着物故障的电流信号中必定具有海流流速波动带来的影响。

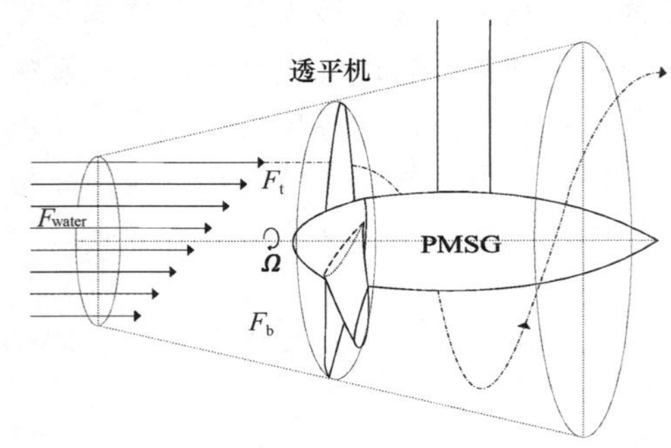

图 1 水流切变力对海流机的影响

海流机主要由透平机和发电机组成。叶轮旋转时产生的机械力矩

$$T_m = \frac{\rho\pi R^2 v^3 C_p}{2\omega_m}, \tag{1}$$

式中，ρ 为海水的密度，kg/m^3；R 为叶轮半径，m；v 为海流流速，m/s；C_p 为叶轮的功率系数；ω_m 为叶轮旋转角速度，rad/s。

考虑到发电机为直驱式永磁同步电机，其运动方程为：

$$J\frac{d\omega_m}{dt} = T_m - T_e - F\omega_m, \tag{2}$$

$$\omega_m = 2\pi \cdot f_m, \tag{3}$$

式中，T_e 为发电机产生的反力矩，N·m；F 为摩擦系数，J 为转动惯量，kg·m^2；f_m 为水轮转动频率（1 P 频率），Hz。由公式（1）~（3）可得：

性质 1：海流流速波动引起转子转动频率变动。

叶片附着物会导致海流机输出的轴转矩发生变动

$$\Delta T_m = (mg - \rho gV) r_u \cdot \sin(\omega_m t), \tag{4}$$

式中，m 为附着物质量，kg；V 为附着物体积，m^3；g 为重力加速度，m/s^2。如图 2 所示，当附着物顺时针向下运动时对叶片有加速作用，当附着物顺时针向上运动时对叶片有减速作用。

由公式（2）和公式（4）可得转速变动

$$\Delta\omega_m = \frac{\rho gV - mg}{J\omega_m} r_u \cdot \cos(\omega_m t), \tag{5}$$

在叶片附着物故障下定子电流可以表示为

$$i_s(t) = A \cdot \sin[p(\omega_m + \Delta\omega_m)t + \varphi], \tag{6}$$

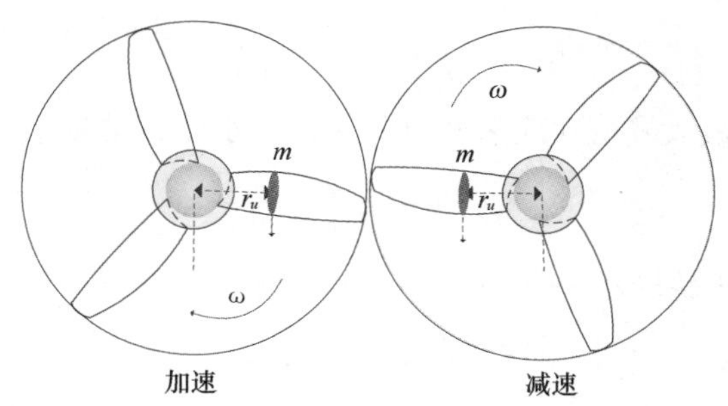

图 2　叶片附着物对海流机影响

式中，A 为定子电流幅值；p 为发电机极对数，φ 为初始角。结合公式（5）与公式（6）可以得出：

性质 2：故障电流 $i_s(t)$ 的频率减去正常电流频率就是转速变化 $\Delta\omega_m$（1 P 频率）的 p 倍。

性质 3：故障特征频率随转子转动频率变化而变化。

在一天中潮汐具有 2 次涨落，短期看海流流速又受浪涌、涡流、湍流、波浪及其他海流机尾流等影响而波动，造成转子转动频率变动。然而，叶片附着物引入的故障特征频率体现在转子转动一周期的“固定”时间内，因此滤除长期海流波动影响，提取 $\Delta\omega_m$ 即可得到特征频率。

2.2　检测方法

利用性质 2 可以提取叶片附着物故障特征，由于故障定子电流频率因海流流速变动而变化，无法直接进行 FFT 分析。本文所提检测方法首先对发电机定子电流进行带通滤波，提取电流极值点。其次，从电流极值点中求取转子频率，获得叶轮旋转一周内电流平均频率作为“正常”电流频率。最后，从电流极值点中求取电流频率作为故障电流频率，与“正常”电流频率做差获得 $\Delta\omega_m$，进而进行 EMD 分解提取故障特征频率，完成故障检测（见图 3）。

EMD 能使复杂信号分解为有限个本征模函数（Intrinsic Mode Functions，IMF），所分解出来的各 IMF 分量包含了原信号的不同时间尺度的局部特征信号。由于分解是基于信号序列时间尺度的局部特性，因此具有自适应性。

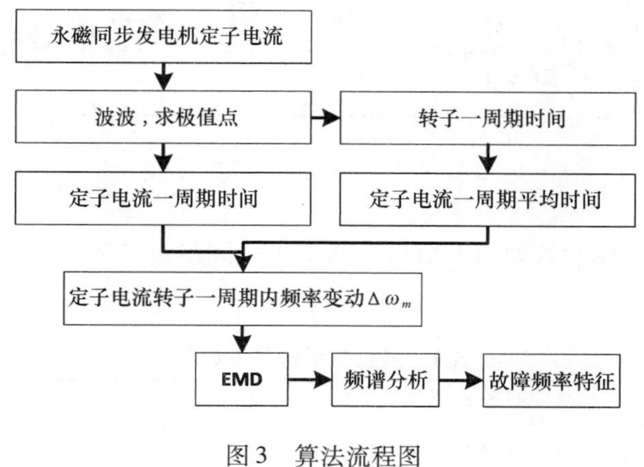

图 3　算法流程图

所提算法流程：

（1）采用固定采样频率 f_s 提取定子单相非稳定电流信号 i（n），$n=1$，2，3，…，N（N 为总采样点数）。

（2）利用带通滤波器使电流波形平滑，并求取电流波形最大峰值 $i(n_{\text{peak}})$，$n_{\text{peak}}=1, 2, 3, \cdots, L$（$L$ 为最大峰值总个数）。

（3）利用电流相邻最大峰值对应采样点差值计算电流频率

$$f_e = \frac{1}{(n_{\text{peak}}^{t+1} - n_{\text{peak}}^{t}) \cdot f_s}. \tag{7}$$

（4）利用相隔极对数 p 的最大峰值对应采样点差值计算水轮转动频率

$$f_m = \frac{1}{(n_{\text{peak}}^{t+p} - n_{\text{peak}}^{t}) \cdot f_s}. \tag{8}$$

（5）由水轮转动频率求出水轮转动一周内电流的平均频率

$$\bar{f_e} = p \cdot f_m. \tag{9}$$

（6）得到电流频率的变化

$$\Delta f_e = f_e - \bar{f_e}. \tag{10}$$

（7）对 Δf_e 波形进行 EMD 分解，计算几个 IMF 的频谱，提取故障信息。

3 仿真研究

3.1 仿真模型及参数

为了研究故障的形成与传递过程，验证本文提出的故障检测方法的有效性，利用 Matlab 搭建了直驱永磁同步海流发电系统的仿真模型，如图 4 所示。包括发电机模型，海流机模型，功率曲线计算模型，海流流速模型，附着物输出转矩模型，仿真系统可以通过更改附着物质量的大小和海流流速变动大小研究不同程度的不平衡对发电机定子电流的影响。

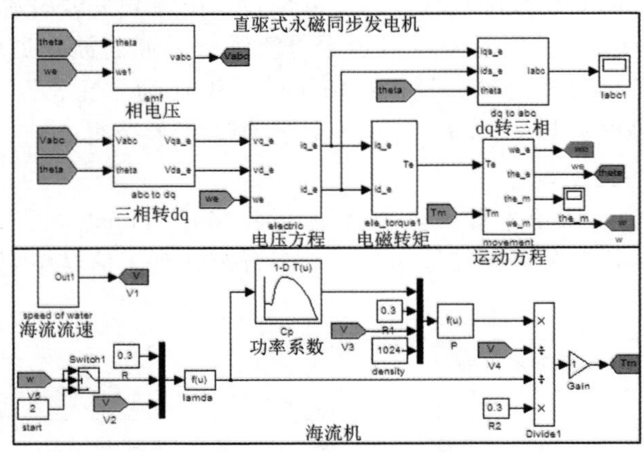

图 4　叶片附着物对海流机影响

仿真研究的海流系统的具体参数如表 1 所示，其中永磁同步机参数为实验实测参数，功率系数由叶素动量定理算出。

表 1　海流机组的具体参数

海流机	参数	永磁同步电机	参数
翼型	Naca0018	极对数	8
扭角/（°）	3.4 ~ 25.2	永磁磁链/Wb	0.177 5
弦长/m	0.19 ~ 0.32	内阻/Ω	3.3
叶轮直径/m	0.6	交轴电感/mH	11.873
水密度/kg · m^{-3}	1024	直轴电感/mH	11.873
运动黏度/10^{-6} m^2 · s^{-1}	1	转动惯量/kg · m^2	3.5

海流流速模型由海流流速 v_t 和波浪诱导流速 v_w 组成，其模型如下[14]：

$$\begin{cases} v_t(y) = 1.104\left(1 - \frac{y}{h}\right)^{1/7} v_{\max} & 0.5 \leqslant \frac{y}{h} \leqslant 1 \\ v_t(y) = v_{\max} & \frac{y}{h} \leqslant 1 \end{cases}, \tag{11}$$

$$v_w(y,t) = \frac{\delta\omega_w \cosh[k(h-y)]}{\sinh(kh)} \cos(\omega_w t), \tag{12}$$

式中，y 为测速点距海平面的距离，m；h 为水深，m；$v_{\max}$为最大海流速度，m/s；δ 为波高，m；ω_w 为波的循环频率，rad/s；k 为波数（$=2\pi$/波长）。仿真水流流速 v_t 为 1.1 m/s，模拟流速如图 5 所示。

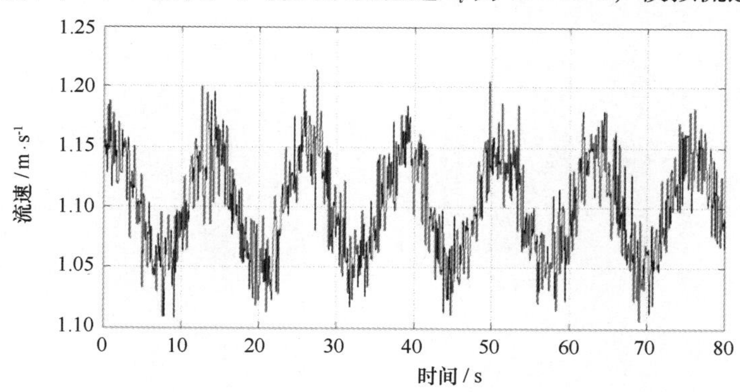

图 5 模拟海流流速

3.2 仿真结果与分析

图 6 分别给出了转子转速 30 r/min 和 116 r/min 下定子电流时域波形与频率波形图，仿真时间 80 s，在 50 s 时加入叶片附着物故障。在图 6a 中，当出现叶片附着物故障时电流时域波形与频域波形都出现了明显的周期性波动。而当转子转速增大，在图 6b 中，时域波形只能看到水流流速变化引起的波动，频域波形仍能看到叶片附着物故障引起的波动但不明显。图 7 给出 EMD 分解后的频率波形图，在 1.94 Hz（1P 频率）出现了尖峰，与理论分析相符。

4 实验研究

4.1 实验平台

为了验证所提方法的有效性，使用一套额定功率 0.23 kW 直驱永磁同步海流系统作为实验验证平台，如图 8 所示。该系统主要由以下部分组成：（1）循环水槽（可调水流流速 0.2 ~ 1.5 m/s）；（2）永磁同步海流样机（极对数为 8 对）；（3）数据采集与监测系统（Labview 软件）。

循环水槽长 14 m，宽 4 m，高 2 m 水容积为 45 m^3，图 9 给出俯视及侧面图。主要组成：（1）低扬程大流量轴流泵（有效功率 35 kW，额定流量 2.3 m^3/s）；（2）电机调速控制系统（调速控制精度 0.3%）；（3）流速仪（量程 0.1 ~ 3 m/s，精度 1.5%）；（4）压波板和表面加速滚筒（抑制驻波增大，弥补表面流速不足）；（5）导流板，蜂窝器等（均流）。

海流样机放置在循环水槽 4 m 长实验区，外接可调电阻负载。海流监测系统采集三相交流电流，线电压与海流流速，每次采集数据长度 180 s，采样频率 1 kHz。实验中为了模拟海流真实情况，观察波浪对海流发电系统的影响，将压波板升高，停用表面加速滚筒，使得实验区产生流速波动。

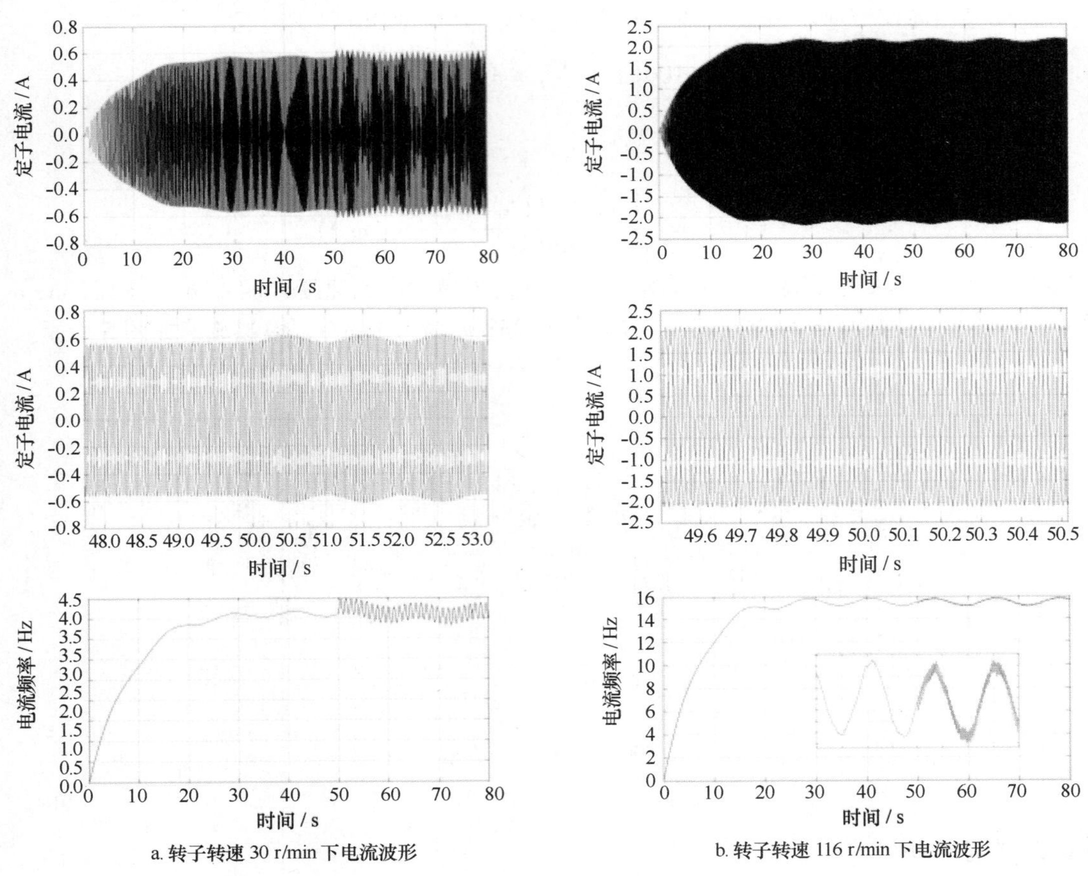

图 6　不同转速下电流波形

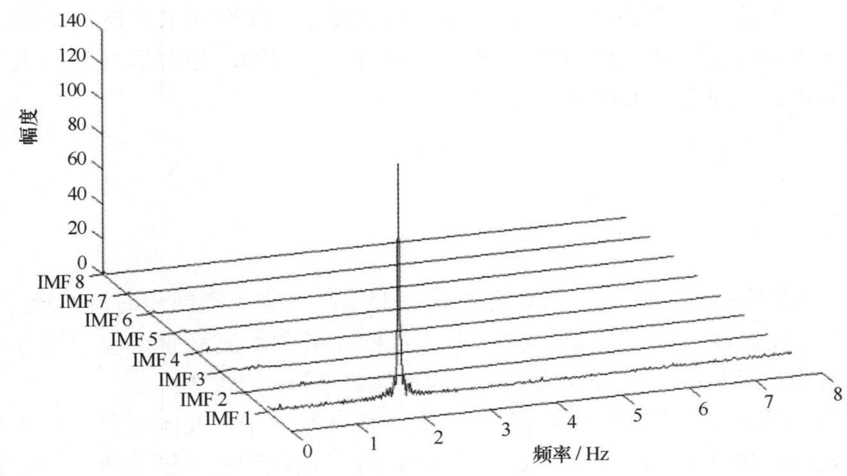

图 7　EMD 分解后电流频率波形

4.2　叶轮不平衡故障检测

图 10 分别为正常情况和不平衡质量的设置情况。实验中附着物质量分别为 130 g 和 200 g。

图 11a 为正常情况下截取 50 ~ 110 s 时间段下发电机的 A 相定子电流波形，从图中可以看到水流流速变化引起电流的波动（电流幅值的变动，同时也是电流频率的变动）。图 11b 和图 11c 分别给出短时相电

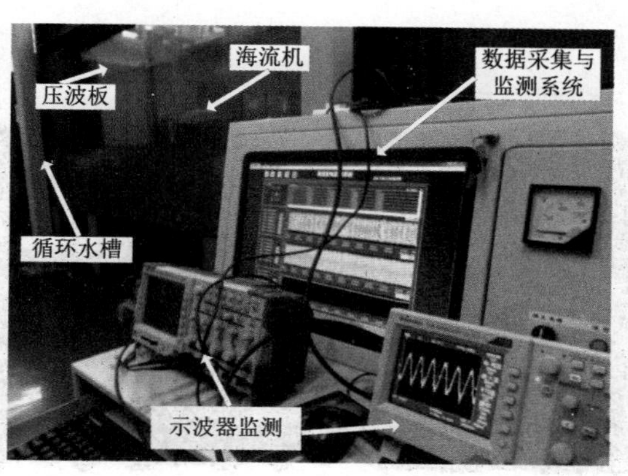

图 8　海流样机与数据采集系统

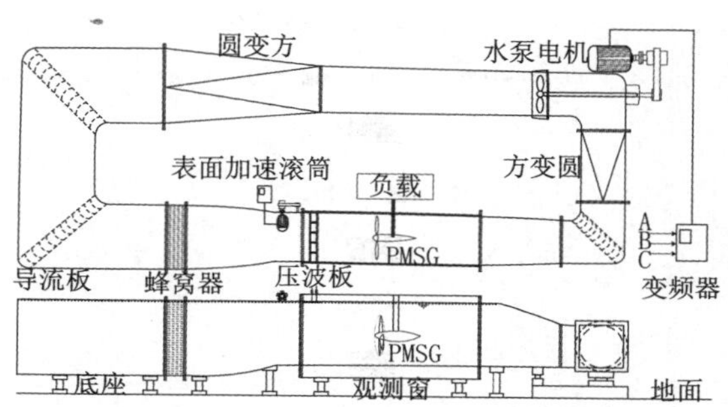

图 9　循环水槽

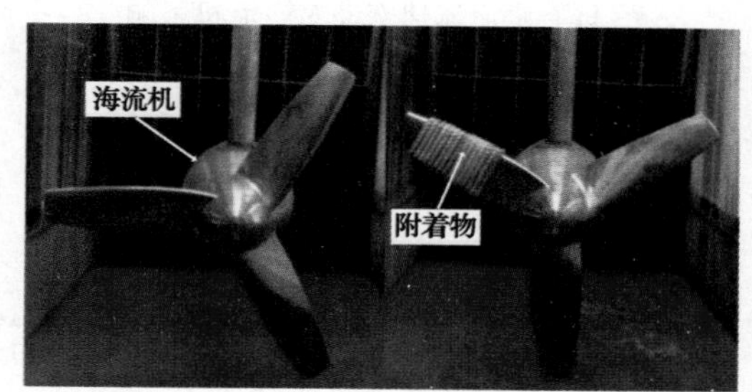

图 10　叶片附着物故障设置

流波形和线电压波形，观察到电流电压频率在 0.5 Hz 变动。

为了观察故障特征频率随转子转速变化情况，实验中固定负载电阻（30 Ω）调整水流流速（0.5 ~ 1.3 m/s），来调整转子转速（60 ~ 155 r/min）；同样，固定水流流速（1.1 m/s），调整负载电阻（22 ~ 50 Ω）也可定量调整转子转速（60 ~ 135 r/min）。图 12 和图 13 分别给出了 118 r/min 和 100 r/min 转速下，定子电流经过所提算法得到的频率分布结果。从放大图中可以清楚地观察到 IMF2 中具有故障特征频率分量（1P 频率 1.96 Hz 和 1.65 Hz）。为了观察故障特征频率分量的幅值随不平衡故障程度增加的变化情况，实验中应用不平衡质量 130 g 与 200 g 进行对比。可以看出故障特征分量的幅值随质量增大而增大。

另外，从图中可以观察到在 IMF3 - IMF8 中不平衡故障情况与正常情况均无特征频率。但在 IMF1 中不平衡故障情况下出现 2P 频率和 3P 频率，且随着质量加大频率分量的幅值增大。而 IMF1 中正常情况下无特征频率，说明 2P 频率和 3P 频率的出现不是由水流流速不均衡产生，而是因为附着物引起的不平衡，使得电机出现转子不对中或碰摩现象，增加电机发生故障的概率。

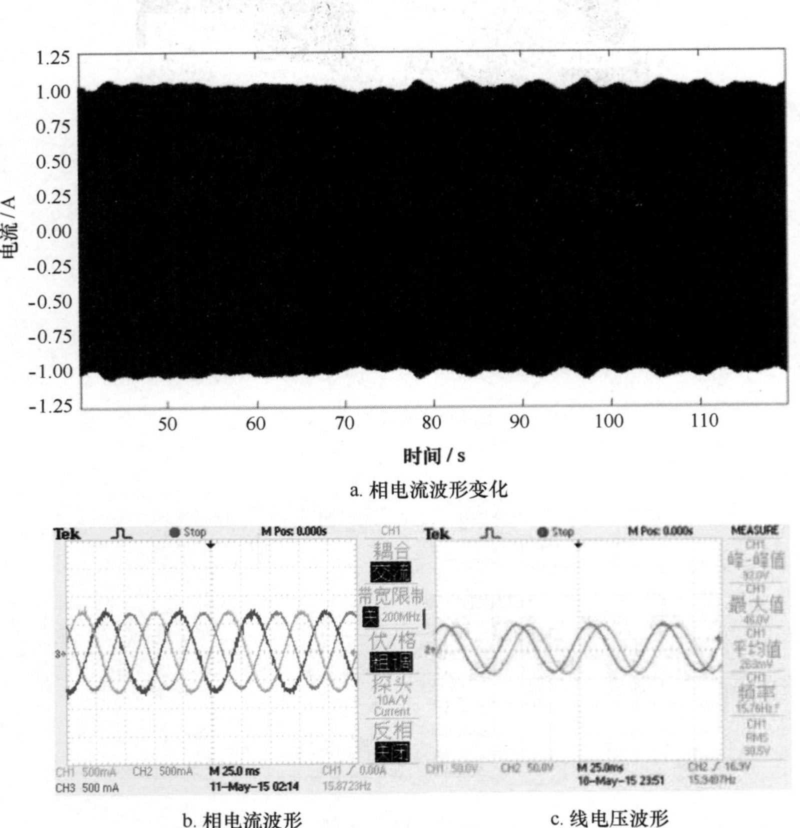

a. 相电流波形变化

b. 相电流波形　　c. 线电压波形

图 11　水流流速变动对海流机影响

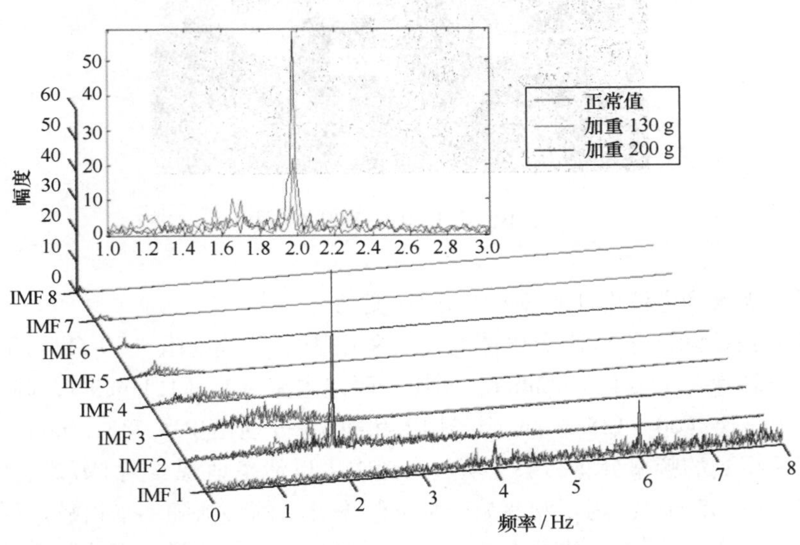

图 12　转子转速 118 r/min 下附着物对定子电流影响

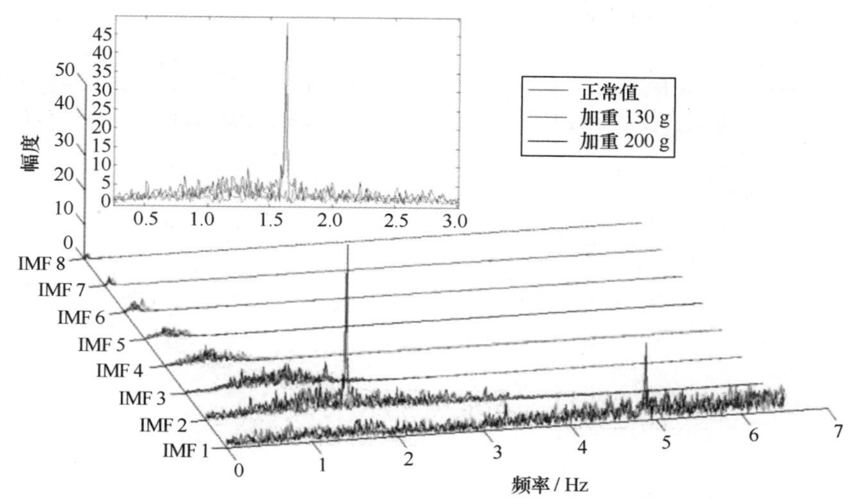

图 13　转子转速 100 r/min 下附着物对定子电流影响

5　结论

本文针对永磁直驱海流发电系统在流速变动下叶片附着物故障问题，提出了一种基于定子电流信号的故障检测方法。首先，文中区分流速变动引起的不平衡与叶轮质量不平衡故障，研究了两种不平衡对发电机定子电流的影响，对该故障进行建模与仿真得到故障的形成与传递过程。理论上推导出了该故障会在发电机电流信号中产生 1P 频率。其次，通过变频率重采样去除流速变动的影响，利用 EMD 与频谱分析得到故障特征频率。理论分析、仿真与实验结果表明该方法的有效性。该方法不需额外传感器，仅需定子电流信号，就可克服流速变动带来的影响，实现故障检测。

参考文献：

[1] Zhao Guang, Yang Ransheng, Liu Yan, et al. Hydrodynamic performance of a vertical – axis tidal – current turbine with different preset angles of attack[J]. Journal of Hydrodynamics, 2013, 25(2): 280—287.

[2] Benoît Gaurier, Peter Davies, Albert Deuff, et al. Flume tank characterization of marine current turbine blade behaviour under current and wave loading[J]. Renewable Energy, 2013, 59: 1—12.

[3] Jesus de T A, Henriques S C, Tedds, et al. The effects of wave – current interaction on the performance of a model horizontal axis tidal turbine [J]. International Journal of Marine Energy, 2014, 8: 17—35.

[4] Milne I A, Day A H, Sharma R N, et al. Blade loads on tidal turbines in planar oscillatory flow[J]. Ocean Engineering, 2013, 60:163—174.

[5] Pedro Romero-Gomez, Marshall C. Richmond. Simulating blade – strike on fish passing through marine hydrokinetic turbines[J]. Renewable Energy, 2014,71: 401—413.

[6] 杨涛,任永,刘霞．风力机叶轮质量不平衡故障建模及仿真研究[J]．机械工程学报,2012,48(6): 130—135.

[7] 杭俊,张建忠,程明,等．直驱永磁同步风电机组叶轮不平衡和绕组不对称的故障诊断[J]．中国电机工程学报, 2014,34(9): 1384—1391.

[8] Xiang Gong, Wei Qiao. Imbalance fault detection of direct-drive wind Turbines using generator current signals[J]. Transactions on Energy Conversion, 2012, 27(2): 468—476.

[9] Amirat Y, Choqueuse V, Benbouzid M. EEMD – based wind turbine bearing failure detection using the generator stator current homopolar component[J]. Mechanical Systems and Signal Processing, 2013, 41(1/2): 667—678.

[10] Yang Q Y, An D. EMD and wavelet transform based fault diagnosis for wind turbine gear box[J]. Advances in Mechanical Engineering, 2013 (7): 1—9.

[11] Benelghali S, Benbouzid M E H, Charpentier J F. Generator systems for marine current turbine applications: A comparative study[J]. Oceanic Engineering, 2012, 37(3): 554—563.

[12] VanZwieten J H, Vanrietvelde N, Hacker B L. Numerical simulation of an experimental ocean current Turbine[J]. Oceanic Engineering, 2013, 38(1): 131—143.

[13] Barbaros M Okan. Modelling of unsteady effects for a direct drive tidal energy converter[J]. Ocean Engineering, 2012, 56: 1—9.

[14] 马舜, 李伟, 刘宏伟, 等. 海流能发电系统的最大功率跟踪控制研究[J]. 太阳能学报, 2011,132(14): 577—582.

潮流能发电设备主轴承工作载荷分析计算

康　涛[1,2]

（1. 国电联合动力技术有限公司，北京 100039；2. 风电设备及控制技术国家重点实验室，北京 100039）

摘要： 大型潮流能发电设备的主轴承在发电过程中，承受着巨大的径向、轴向乃至弯矩载荷，随着载荷的增大，主轴承制造成本显著升高。为了在保证可靠性的基础上，兼顾产业制造的经济性，对主轴承的疲劳寿命进行较为精确的设计计算十分必要。本文依据基于 Lundberg-Palmgren 理论的滚动轴承疲劳寿命计算方法与基于 Herz 应力理论的接触应力计算方法，结合主轴承的工况条件，并参考 DNV－GL 规范中关于潮流能发电设备的安全系数要求，对主轴承算例的疲劳寿命与静态载荷进行分析计算，以验证是否满足发电设备整体的技术要求。

关键词： 潮流能；主轴承；疲劳寿命；静态载荷

1　引言

近年来，国内潮流能发电作为一种新能源而得到越来越多的重视与发展，相关技术的研究开发已经由理论研究为主逐步向工程实践为主的发展方向转变。在潮流能发电的工程应用方面——潮流能发电机组的设计制造及发电系统调试，目前已经完成样机安装调试的潮流能发电机组单机最大装机容量已经达到 60 kW，在研的单机最大装机容量甚至达到 600 kW，例如浙江大学的 120 kW 水平轴发电机组与哈尔滨工程大学的 200 kW 水平轴发电机组[1—2]。当前国内 MW 级水平轴风力发电机组的设计制造技术已经日臻成熟，对于百千瓦级潮流能发电机组的研究开发具有十分重要的参考意义。风电机组的主轴承在迎风方向承受着轴向载荷，同时承受着风轮带来的径向载荷与倾覆力矩，为了确保传动链中的增速齿轮箱的工作寿命，使其只承受旋转扭矩，主轴承则必须承担几乎全部的轴向载荷、径向载荷与倾覆力矩。洋流的能量实度高于风能，使同功率的潮流能发电机组传动链承受了更大的轴向载荷，因此为了保证发电机组传动链的工作寿命，主轴承的工作寿命计算与静态载荷校核就显得十分重要[3]。

潮流能发电机组的设计寿命一般为 20 年，主轴承的工作寿命相应不能低于 20 年（相当于 175 200 h）。为此主轴承的设计寿命必须满足以上技术要求，以保证满足发电机组对主轴承的技术要求。同时考虑到海上维护工作的实际操作难度，以及为了降低发电设备的维护费用，系统维护周期不应低于半年，这些现实问题对主轴承的可靠性提出了非常严格的要求。根据可靠性工程原理，潮流能发电机组的传动链属于典型的串联系统，系统的可靠性受系统中可靠性最低的元件影响最大，因此为了确保系统可靠性，主轴承的可靠度成为设计过程中一个非常关键的技术指标[4]。本文主要介绍主轴承工作寿命的计算方法与静态载荷的校核方法，同时从可靠性设计角度说明主轴承可靠度指标要求。

2　疲劳寿命与静态载荷的计算方法

2.1　疲劳寿命的计算方法

实践证明，即使是一批型号、生产条件相同的滚动轴承，在同一使用条件下寿命也是相当离散的，所

基金项目： 国家海洋局 2013 年海洋可再生能源专项资金项目（GHME2013ZB03）。

作者简介： 康涛（1978—），男，河北省石家庄市人，高级工程师，从事潮流能发电机组研究工作。E-mail：ktjie@163.com

以只能基于数理统计方法，在轴承的幸存概率（可靠度）曲线上选取一个点，来描述轴承的疲劳寿命[5]。一般取90%的可靠度条件下滚动轴承疲劳寿命作为寿命评估的技术指标。滚动轴承疲劳寿命的基本计算方法是基于Lundberg-Palmgren理论，建立的先确定滚动轴承基本额定动载荷，而后计算疲劳寿命的方法。但是该计算方法的适用条件比较苛刻，与滚动轴承的实际工况存在一定差距，使滚动轴承疲劳寿命的计算结果与实际不符，例如使用条件要求滚动轴承必须安装在刚性轴承座与刚性轴上，必须在稳定的转速与恒定的载荷下运转，必须在适当的润滑条件下工作等。主轴承的实际工况是轴承转速与载荷在风速达不到满功率发电的情况下，风电机组主控系统控制转速与扭矩载荷在一定范围内波动，润滑脂在主轴承内部分布并不均匀，风轮导致的径向载荷使主轴存在一定程度的变形。因而，必须对基于Lundberg-Palmgren理论的基本计算方法进行修正，使得滚动轴承疲劳寿命的计算结果更加贴近寿命的实际统计数据。

基于Lundberg-Palmgren理论的修正计算方法主要有两种：ANSI/ABMA标准（ANSI/ABMA11）方法与ISO标准（ISO 281与ISO 76）方法。因为这两种方法可用工程计算方法实现，相对简便易行，是适合工程实践中的选型计算方法，同时本文对两种方法的计算结果进行比较，说明计算结果差异的原因。

滚动轴承疲劳寿命的工程计算基本程序如下：

（1）依据轴承的主要受力方向，计算滚动轴承基本额定动载荷；

（2）依据轴承的实际工况，计算滚动轴承的当量动载荷；

（3）基于工况条件与轴承的材料、润滑等因素，确定疲劳寿命修正系数（两种方法的区别所在）；

（4）计算滚动轴承的疲劳寿命。

滚动轴承的径向基本额定动载荷是指一套滚动轴承理论上所能承受的恒定不变的径向载荷，该载荷下，滚动轴承的基本额定寿命为100万转[6]。根据ISO 281的规定，滚动轴承的径向基本额定动载荷的计算公式如下：

$$C_r = b_m f_c \left(i\, l_{we} \cos\alpha\right)^{7/9} Z^{3/4} D_{we}^{\ 29/27}, \tag{1}$$

式中，C_r表示滚动轴承的径向基本额定动载荷；b_m表示用于额定载荷计算的材料额定系数；f_c表示与轴承零件几何形状、制造精度及材料有关的系数；i表示滚动体列数；l_{we}表示滚子有效长度；α表示接触角；Z表示单列滚动体数量；D_{we}表示用于额定载荷计算的滚子直径。b_m与f_c可以根据轴承特性数据表查询得到，其余则基于滚动轴承实际状态确定。

不同工况条件下，主轴承的当量动载荷各不相同，因此需要依据运行过程中主轴承的载荷谱，计算各个工况下主轴承的当量动载荷，再根据各种工况在主轴承载荷谱中的占比，汇总计算出主轴承全寿命周期中的平均当量动载荷。主轴承的载荷主要来自径向力，通常选取接触角小于45°的向心滚子轴承，按照标准根据下式即可计算各个工况下的当量动载荷。

$$P_{ri} = XF_{ri} + YF_{ai}, \tag{2}$$

X、Y分别为径向当量动载荷系数与轴向当量动载荷系数。

各工况下主轴承的基本疲劳寿命可由下式计算得到，

$$L_n = \left(\frac{C_r}{P_{ri}}\right)^{10/3}. \tag{3}$$

依据Palmgren-Miner法则[5]，已知各工况在轴承寿命中的转数占比条件下的主轴承总疲劳寿命的计算公式如下：

$$L_{10} = \left(\sum_{i=1}^{i=n} \frac{t_i}{L_{10i}}\right)^{-1}, \tag{4}$$

式中，t_i表示各个工况在轴承运转过程中的占比。

基本疲劳寿命是理想的环境条件下的计算结果，而轴承工作的实际环境比理想环境苛刻，因此ANSI/ABMA标准方法与ISO标准方法分别在基本疲劳寿命的基础上引入修正系数，但是两种方法采用的修正系数不同，导致轴承修正疲劳寿命的计算结果不同。ANSI/ABMA方法采用的修正系数包含可靠度系数、材料系数、润滑条件系数与柔性支撑结构系数等多个修正系数；ISO标准方法采用的修正系数只有可靠度系数与 ISO 标准系数两种。两种方法修正疲劳寿命分别可由式（5）与式（6）计算得出。

$$L_{nm} = a_1 a_2 a_3 a_4 \cdots a_k L_n, \tag{5}$$

$$L_{nm} = a_1 a_{ISO} L_n, \tag{6}$$

式中，L_{nm} 表示滚动轴承修正疲劳寿命，a_1 表示可靠度系数，a_2 表示材料系数，a_3 表示润滑条件系数，a_4 表示柔性支撑结构系数，a_k 表示其他修正系数，a_{ISO} 表示 ISO 标准修正系数。以下是各个系数的详细含义。

由于基本疲劳寿命是基于滚动轴承可靠度 90% 条件下的评估指标，所以如果设计要求滚动轴承可靠度高于或低于 90%，滚动轴承的基本疲劳寿命需要相应进行修正，可靠度修正系数见表 1。

表 1　滚动轴承的可靠度修正系数表

可靠度/%	L_{nm}	a_1
90.00	L10 m	1.00
95.00	L5 m	0.64
96.00	L4 m	0.55
97.00	L3 m	0.47
98.00	L2 m	0.37
99.00	L1 m	0.25
99.20	L0.8 m	0.22
99.40	L0.6 m	0.19
99.60	L0.4 m	0.16
99.80	L0.2 m	0.12
99.90	L0.1 m	0.093
99.92	L0.08 m	0.087
99.94	L0.06 m	0.080
99.95	L0.05 m	0.077

因为滚动轴承基本疲劳寿命是基于整体硬度 58 HRC 的 CVD52100 轴承钢材质的轴承内外圈与滚动体计算得到的，而实际生产中通常采用轴承内外圈与滚动体表面硬化处理方法，使相互接触的表层材质硬度达到或接近 58 HRC，有的情况下甚至表面硬度也达不到 58 HRC，因此必须对轴承基本疲劳寿命进行针对材料特性的修正，故而引入材料系数 a_2。对于主轴承所采用的滚子轴承形式，材料系数可按下式计算，

$$a_2 = \left(\frac{HRC}{58}\right)^{12}, \tag{7}$$

式中，HRC 表示轴承的实际材料表面硬度。

润滑条件系数是指轴承实际工况中的润滑条件对疲劳寿命的影响系数，一般不大于 0.1。

轴承的基本疲劳寿命是基于轴承支撑为理想刚体，且无形位公差之类的偏差，而主轴承尺寸比一般的轴承大，轴承座等支撑结构强度与尺寸都无法达到基本疲劳寿命要求的理想条件，因此需要根据支撑结构特点进行相应修正。针对主轴承支撑结构的修正系数可取 0.85。

ISO 标准方法中引入的可靠度系数 a_1 的定义与 ANSI/ABMA 标准方法一致，不再赘述。a_{ISO} 包含了影响滚动轴承疲劳寿命的润滑（润滑剂类型、黏度、轴承转速等）、环境（如污染程度与密封等）、污染物颗粒及安装等因素，可以理解为疲劳应力极限与实际应力之比。a_{ISO} 可以参照下式计算得出：

$$a_{ISO} = 0.1\left[1-\left(1.5859-\frac{1.3993}{\kappa^{0.054381}}\right)\left(\frac{\eta C_r}{P_r}\right)^{0.4}\right]^{-9.185}, \tag{8}$$

式中，κ 表示润滑剂的黏度比，表征工作温度下润滑剂将滚动接触表面分离的条件；η 表示污染系数，表征由于润滑油膜中的污染物造成的滚动轴承疲劳寿命降低程度。

ISO 标准方法的修正疲劳寿命计算中也是基于轴承滚道与滚子材料为整体硬度 58 HRC 的 CVD52100 轴承钢材质，对于其他硬度条件的材料需要进行相应修正，最终 ISO 标准方法的轴承疲劳寿命计算如下式：

$$L_{nm} = a_1\, a_{ISO}\left[\frac{C_r\,(HRC/58)^{3.6}}{P_r}\right]^{\frac{10}{3}}. \tag{9}$$

2.2　静态载荷的校核方法

滚动轴承所受垂直于接触表面的静态载荷校核包括两种方法：根据轴承基本额定静载荷与当量静载荷，校核轴承材料的安全系数是否满足技术要求（ISO 76 标准方法）；滚动轴承的滚动体与滚道间的接触应力是否满足技术要求（接触应力方法）。由于轴承滚动体与滚道表面一般都经过表面硬化处理，使硬化层与基体材料交界的次表面抗剪切能力相对薄弱，因此滚动轴承所受平行于接触表面的剪切应力校核，主要校核次表面的剪切应力是否满足技术要求。

Herz 应力理论主要研究垂直于接触表面的应力影响，因此两种计算方法都基于 Herz 理论展开。ISO 76 标准方法是将滚动体与滚道材料的许用接触应力折算为轴承的基本额定静载荷，将轴承实际承受的最大接触应力折算为当量静载荷，进而计算两者比值（安全系数）是否达到了技术要求；接触应力方法是校核轴承各部分材料的许用接触应力同实际工况下最大接触应力的比值（安全系数）是否达到技术要求。经验表明，轴承任一接触点的永久变形量限制在最大 0.000 1 D_{we} 时，它对轴承运转的影响很小[5]。因此导致轴承材料永久变形量达到 0.000 1 D_{we} 的接触应力被定义为轴承的许用接触应力，不同类型的滚动轴承的许用接触应力如表 2 所示。

表 2　滚动轴承的许用接触应力表

轴承类型	许用接触应力/MPa
调心球轴承	4 600
其他球轴承	4 200
滚子轴承	4 000

主轴承的基本额定静载荷受轴承节圆直径 D、滚柱直径 D_{we}、滚柱有效长度 l_{we}、滚柱数量 i、轴承接触角 α 及滚柱列数 Z 等多重因素影响，根据 ISO 76，可由下式计算得到，

$$C_{0r} = 44\left(1-\frac{D_{we}\cos\alpha}{D_{pw}}\right) iZ\, l_{we}\, D_{we}\cos\alpha. \tag{10}$$

ISO 76 中对轴承当量静载荷的计算仅考虑了轴向与径向力的作用，但是主轴承的设计寿命为 25 年，且维护更换工作难度很大，因此将能量捕获装置（叶轮）的弯矩作用引入当量静载荷的计算，如以下公式所示，

$$P_{0r} = X_0\, F_r + Y_0\, F_a + \frac{2M}{l_{we}}, \tag{11}$$

$$P_{0r} = F_r. \tag{12}$$

式（12）中的静载荷系数 X_0 与 Y_0 可由表 3 查询得到，主轴承当量静载荷取两式中较大者。进而，计算基本额定静载荷与当量静载荷的比值，即可得到轴承静载荷安全系数。

表 3　轴承静载荷系数表

轴承类型	X_0	Y_0
单列	0. 5	0. 22 cotα
双列	1	0. 44 cotα

接触应力方法中的最大接触应力 S_{max}，可由轴承滚动体的最大载荷Q_{max}、滚柱的有效长度 L_{we} 和轴承几何参数 b 获得，如下式所示：

$$S_{max} = \frac{2Q_{max}}{\pi b\, l_{we}}, \tag{13}$$

式（13）中，滚动体最大载荷可按式（14）计算获得，

$$Q_{max} = \frac{2F_r}{Z\cos\alpha} + \frac{F_a}{Z\sin\alpha} + \frac{4M}{l_{we}Z\sin\alpha}, \tag{14}$$

几何参数 b 由式（15）计算，

$$b = 0.003\,35\left(\frac{Q}{l_{we}\sum\rho}\right)^{\frac{1}{2}}, \tag{15}$$

式中，轴承内外滚道曲率和 $\sum\rho$ 可以根据轴承几何参数计算得到，此处不再赘述。

最后，计算滚动轴承的许用接触应力与最大接触应力比值的平方，即可得到轴承的安全系数。

滚动体与滚道的次表面剪切应力 τ 受表面硬化层深度 z，轴承内外滚道曲率和 $\sum\rho$，轴承几何参数 b 等因素影响，可参考式下计算得到，

$$\tau = \frac{\xi b\sum\rho}{1.875\,4\times10^{-5}}, \tag{16}$$

式中，ξ 是关于硬化层深度与几何参数 b 的比值的函数，可通过查表结合插值法获得。

主轴承常用基体材料硬度对应的许用屈服剪切应力与许用疲劳剪切应力如表 4 所示，若表 4 中没有实际材料的硬度值，可以通过插值法计算得到对应的许用剪切应力。

表 4　主轴承基体材料硬度与剪切应力对应表

洛氏硬度/HRC	基体硬度/HB	许用屈服剪切应力/MPa	许用疲劳剪切应力/MPa
40	371	530. 3	318. 2
35	327	454. 5	272. 7
30	286	398. 6	239. 2
25	253	351. 7	211. 0
20	226	304. 8	182. 9

最后，计算主轴承基体材料的剪切应力安全系数，校核是否满足主轴承技术要求。

3　主轴承载荷校核算例

以单主轴承（单列滚柱轴承）支撑潮流能机组传动链的结构为例进行疲劳寿命与静态强度校核计算，结构载荷布局简图如图 1 所示。

洋流载荷对主轴承构成轴向力，叶轮载荷与传动系载荷对主轴承构成径向力和弯矩载荷，载荷谱与极限载荷如表 4 所示，主轴承的几何与材料参数如表 5 所示。

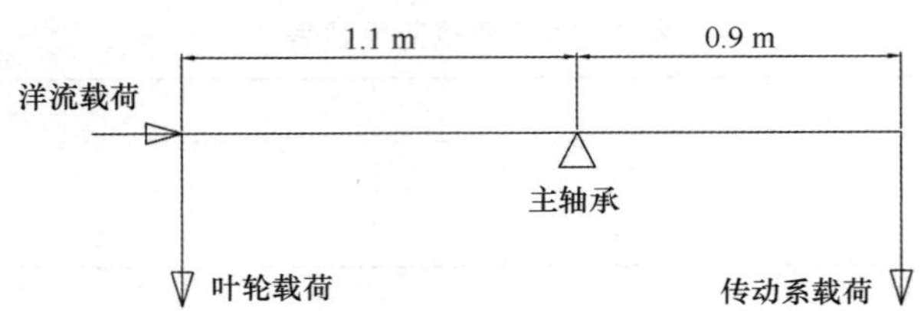

图 1 结构载荷布局简图

表 4

运行工况	运行时间占比/%	流速/m·s^{-1}	径向力/kN	轴向力/kN	弯矩/kN·m
1	10	0.5	400	60	20
2	15	1	400	120	20
3	20	1.5	400	180	20
4	30	2	400	240	20
5	15	2.5	400	300	20
6	10	3	400	360	20
极限载荷			400	700	20

表 5

主轴承参数名称	参数数值
节圆直径	900 mm
滚柱直径	50 mm
滚柱有效长度	50 mm
滚柱数量	35
接触角	30°
滚柱/滚道表面硬度	58 HRC
滚柱/滚道内部硬度	280 HB
硬化层厚度	5 mm

3.1 主轴承疲劳寿命计算

根据式（1）可得主轴承的径向基本额定静载荷 C_r 为 1 454.741 kN。由式（2）、（3）可得各工况条件下的当量动载荷及疲劳寿命，如表 6 所示。

表 6

运行工况	运行时间占比/%	当量动载荷/kN	疲劳寿命/10^6
1	10	400	73.975
2	15	400	73.975
3	20	400	73.975
4	30	400	73.975
5	15	400	73.975
6	10	409.4	68.46

主轴承的基本工作疲劳寿命 L_{10}

$$L_{10} = \left(\frac{0.1}{73.975} + \frac{0.15}{73.975} + \frac{0.2}{73.975} + \frac{0.3}{73.975} + \frac{0.15}{73.975} + \frac{0.1}{68.46}\right)^{-1} = 73.38 \times 10^6. \tag{17}$$

根据 ANSI/ABMA 标准，主轴承的可靠度修正系数取 1（可靠度取 90%），材料系数取 1（滚动体与滚到表面硬度 58 HRC），润滑系数取 0.1，柔性支撑结构系数取 0.85，主轴承的修正疲劳寿命计算如下：

$$L_{10m} = 0.1 \times 0.85 \times L_{10} = 6.24 \times 10^6. \tag{18}$$

根据 ISO 方法，主轴承的合成当量动载荷为

$$\begin{aligned} P_r &= (400^{\frac{10}{3}} \times 0.1 + 400^{\frac{10}{3}} \times 0.15 + 400^{\frac{10}{3}} \times 0.2 + 400^{\frac{10}{3}} \times 0.3 + 400^{\frac{10}{3}} \times 0.15 + 409.4^{\frac{10}{3}} \times 0.1)^{0.3} \\ &= 400.723(\mathrm{kN}). \end{aligned} \tag{19}$$

根据 ISO 16281，黏度比 κ 取 0.076，污染系数 η 取 0.7，则修正系数为

$$a_{ISO} = 0.1\left[1 - \left(1.5859 - \frac{1.3993}{0.076^{0.054381}}\right)\left(\frac{0.7\,C_r}{P_r}\right)^{0.4}\right]^{-9.185} = 0.073. \tag{20}$$

故而，ISO 标准修正寿命为

$$L_{10\,mISO} = 0.073 \times L_{10} = 5.36 \times 10^6. \tag{21}$$

对比两种方法的结果发现，ISO 标准方法的计算结果比 ANSI/ABMA 标准方法更加保守，这主要是由于 ISO 标准方法中与润滑有关的黏度比系数设定的比 ANSI/ABMA 方法要小，从而导致结果的差异。

3.2 主轴承静强度校核

基于常规的计算方法，主轴承的径向基本额定静载荷可由式(10)计算得到，

$$C_{0r} = 44\left(1 - \frac{50\cos 30}{900}\right) \times 50 \times 35 \times 50 \times \cos 30 = 3\,173.688(\mathrm{kN}). \tag{22}$$

根据主轴承的极限载荷，可得当量静载荷

$$P_{0r} = 0.5 \times 400 + 0.22\cot 30 \times 700 + \frac{2 \times 20}{0.035} = 1\,609.6(\mathrm{kN}). \tag{23}$$

安全系数 $SF = 1.97$，满足主轴承的静强度技术要求。

基于接触应力的校核方法，主轴承承受的极限载荷为

$$Q_{\max} = \frac{2 \times 400}{50\cos 30} + \frac{700}{50\sin 30} + \frac{4 \times 20}{0.035 \times 50 \times \sin 30} = 137.9(\mathrm{kN}). \tag{24}$$

经计算，得到主轴承参数 $\sum\rho = 0.1205$，将其代入式（14），可得主轴承几何参数 $b = 0.606$；再将其代入式（13）即可得主轴承承受的极限接触应力，

$$S_{\max} = \frac{2 \times 137\,900}{\pi \times 0.606 \times 35} = 4\,170.7(\mathrm{MPa}). \tag{25}$$

安全系数 $SF = 0.966$，安全系数不足 1。可见接触应力校核方法比常规的经验公式计算方法更加严苛，但也未必不能满足主轴承技术要求，需要与供应商深入沟通。

根据查表结合线性内插法求得参数 $\xi = 0.605$，代入式（16）即可得次表面剪切应力，

$$\tau = \frac{0.0605 \times 0.606 \times 0.1205}{1.8754 \times 10^{-5}} = 235.57(\mathrm{MPa}). \tag{26}$$

根据表 4，并结合线性内插法可知主轴承的许用屈服剪切应力为 346.49 MPa，许用疲劳剪切应力为 207.88 MPa，最终得到次表面的安全系数分别为 1.47 与 0.88，因此主轴承滚动体与滚道的次表面剪切强度需要进一步优化提升，以满足主轴承的技术要求。

4 结论

综上所述，依据基于 Lundberg-Palmgren 理论的滚动轴承修正疲劳寿命计算方法，与基于 Herz 应力理

论的滚动轴承静载荷校核方法，对潮流能发电机组的主轴承疲劳寿命与静强度进行了校核，判定算例中主轴承的疲劳寿命基本满足技术要求，而静强度中的接触应力与次表面剪切疲劳强度未达到技术要求，需要对主轴承结构进行改进。

参考文献：

[1] 李志川，张理，肖钢，等．200 kW 潮流能发电装置漂浮式载体运动对水轮机性能影响分析[J]．海洋技术学报，2014，33(4)：52—56.

[2] 徐全坤，李伟，刘宏伟，等．120 kW 水平轴潮流能发电机组载荷计算[J]．海洋技术学报，2014，33(4)：92—97.

[3] 张宏伟，闫瑞志，薛鹏，等．风电机组主轴承的设计与技术要求[J]．轴承，2014，4：14—19.

[4] 石秉楠，袁带英，刘卫．MW 级风力发电机组主轴轴承寿命分析[J]．电网与清洁能源，2010，26(8)：50—52.

[5] Harris T A，Kotzalas M N．滚动轴承分析（原书第 5 版）第 1 卷轴承技术的基本概念[M]．罗继伟，马伟，杨咸启，等，译．北京：机械工业出版社，2010.

[6] ISO．ISO/TS 16281：Rolling bearings-Methods for calculating the modified reference rating life for universally loaded bearings[S]．2008.

总磷和总氮的海水与淡水分析方法的比较研究

王中瑗[1]，张宏康[2*]，张保学[1]，张纯超[1]，张珞平[3]

（1. 国家海洋局 南海环境监测中心，广东 广州 510300；2. 仲恺农业工程学院，广东 广州 510225；3. 厦门大学环境与生态学院，福建 厦门 361102）

摘要：应用国家的海水分析方法（流动注射分析法）和地表水分析方法测定珠江口不同盐度的海水样品中的总磷和总氮，分别进行精密度试验和准确度试验，并对两种国标方法进行比较。实验结果表明，两种方法无显著性差异。流动注射法适用于任何盐度海水中总磷和总氮的测定，且方法具有检出限低、环保、高效等优点。

关键词：总磷；总氮；国家海水分析方法；国家地表水分析方法

1 引言

总磷、总氮是衡量水质的重要指标。海水中含有超标的氮、磷物质时，易造成浮游植物繁殖旺盛，出现富营养化状态。当水体中磷含量过高（如超过 0.2 mg /L），可造成藻类的过度繁殖，直至造成海水透明度降低，水质变坏。因此，水体中总磷、总氮的监测及含量变化分析尤显重要[1]。

氮是海洋环境中重要的生源要素，控制着海洋生态系统的初级生产过程。总氮（TN）是海水中所含 NH_4-N、NO_3-N、NO_2-N 和有机氮（ON）之和总称。以往研究侧重于无机氮（IN）较多，目前有研究表明，ON 可能是低 IN 海域维持高生产力的原因，TN 的生物地球化学循环研究受到关注[2]。

在河口区采用总磷和总氮指标替代活性磷酸盐和无机氮指标更科学、更合理，且易于与地表水环境质量标准以及污染物排放标准相衔接。河口等过渡带的环境质量标准考虑盐度的函数关系是较为科学的，能科学地反映河海水混合过程的物理、化学现象[3]。

目前还没有研究人员开展过总磷、总氮的地表水分析方法与海水分析方法的比对研究。对于测定河口区低盐度的海水样品究竟是采用用淡水方法还是用海水方法，哪种方法更为有效的问题还没有明确的研究结果。在河口区，如果河水或低盐度的样品采用国家的地表水测定方法，而稍高盐度的样品采用海水测定方法，相关测定结果可能存在一定的系统误差，从而难以有效衔接和评判河口区监测所获得的数据。因此，研究既适合测定淡水又适合测定海水中总磷总氮的行之有效的测定方法就显得尤为迫切，而且具有重要意义。

本文拟使用国家的海水分析标准方法与地表水分析标准方法测定不同盐度海水中的总磷和总氮含量，并进行比对分析，研究测定河口区不同盐度（特别是低盐度）海水中总磷和总氮的最佳方法，以适用于河口区的海洋环境监测需求。

基金项目：国家海洋局环保司 2011 年度《珠江口海洋环境质量综合评价方法》（DOMEP（MEA）-03-01）；国家自然科学基金青年基金（41406093）；国家海洋局青年基金（2013513）；南海分局局长基金（1328）。

作者简介：王中瑗（1980—），女，山东省淄博市人，博士，主要从事为海洋化学研究。E-mail：zhongyuan764@126.com

* **通信作者：**张宏康，男，博士后，主要从事分析化学研究。E-mail：zhkuzhk@163.com

2 材料与方法

2.1 调查海区

调查海域为珠江口。珠江流域是我国南方最大的水系，流域面积45.37×10^4 km^2，径流从八大口门流入南海，其中东部4个口门汇入伶仃洋，西部4个口门直接与南海相接。珠江口位于南海北部，属于典型亚热带河口。珠江口潮汐属不正规半日潮，潮流类型以往复流为主，涨潮流为偏北或偏西北方向，落潮流的方向为偏南和偏东南向[3]。

2.2 采样方法

采样时间为6月份。样品的采集、贮存、运输、分析全过程严格按照《海洋监测规范》（BG 17378—2007）和《海洋调查规范》（GB/T 12763—2007）的有关要求进行。采样时用便携式盐度计测量水体盐度，并按规定做好记录。

所有调查站位只采表层样品。样品采集平行双样，其中一份供海水分析方法使用，另一份供地表水分析方法使用。

2.3 仪器与试剂

主要仪器包括：LACHAT QC 8500 S2流动注射分析仪（美国哈希）；YX－280D型手提式压力蒸汽消毒器（江阴滨江医疗设备厂）；UV－2450紫外分光光度计（配备1 cm石英比色皿）；UNICO－2000可见分光光度计（配备3 cm石英比色皿）；PL3002型电子天（梅特勒－托利多仪器有限公司）等。

主要试剂包括：过硫酸钾、钼酸铵（分析纯，广州化学试剂厂）；氢氧化钠、抗坏血酸（分析纯，国药集团化学试剂有限公司）；浓硫酸（优级纯，广州市东红化工厂）；十二烷基硫酸钠（SDS，分析纯，天津市福晨化学试剂厂）；酒石酸锑钾（分析纯，阿拉丁）；盐酸（优级纯，广州化学试剂厂）；酚酞（指示剂，广州化学试剂厂）；氢氧化钠、磺胺、盐酸萘乙二胺（分析纯，国药集团化学试剂有限公司）；氯化铵（优级纯，广州化学试剂厂）；乙二胺四乙酸二钠（EDTA，分析纯，阿拉丁）；总磷的标准贮备液：环境标准样品，环境保护部标准样品研究所，GSB 07－1270－2000，500 mg/L；总氮的标准贮备液：国家标准物质，国家海洋环境监测中心，GBW（E）081697，100 mg/L；总氮和总磷的标准工作溶液分别由贮备液用超纯水逐级稀释而成。中国系列标准海水：GBW（E）130011，国家海洋局标准计量中心（中国天津），盐度35.0。

2.4 分析方法

（1）总磷海水分析方法：国家海洋行业标准（HY）《海洋监测技术规程 第1部分（HY/T 147.1—2013）》中“总磷的测定——流动分析法”[4]。

（2）总磷地表水分析方法：中华人民共和国国家标准（GB 11893—89）中“水质 总磷的测定：钼酸铵分光光度法”[5]。

（3）总氮海水分析方法：国家海洋行业标准（HY）《海洋监测技术规程 第1部分（HY/T 147.1—2013）》中“总氮的测定——流动分析法”[6]。

（4）总氮地表水分析方法：中华人民共和国国家标准（GB 11894—89）中“水质总氮的测定：碱性过硫酸钾消解紫外分光光度法”[7]。

2.5 测定条件

经试验选择的海水法测定总磷的最佳仪器工作条件为：总磷：吸收波长880 nm；样品分析速度为55个/h；泵速35；样品检测周期时间65 s；峰基线宽度73.5 s；注入到峰的起始时间9.5 s；进样针清洗的

最小时间 20 s；进样针在样品内的时间 45 s；装载周期 28 s；注入周期 37 s；样品到达第 1 个阀的时间 23 s[8]。

经试验选择的海水法测定总氮的最佳仪器工作条件为：吸收波长 540 nm；样品分析速度为 55 个/h；泵速 35 r/min；样品检测周期时间 65 s；峰基线宽度 70.8 s；注入到峰的起始时间 35.5 s；进样针清洗的最小时间 20 s；进样针在样品内的时间 45 s；装载周期 28 s；注入周期 37 s；样品到达第 1 个阀的时间 23 s[4]。

3 结果与讨论

3.1 方法精密度和准确度试验

配制浓度分别为 0.00 mg/L、0.15 mg/L、0.30 mg/L、0.45 mg/L、0.60 mg/L 的纯水为本底的总磷标准曲线，用海水流动分析法和地表水分析法分别上机测定；针对配制的纯水为本底的总磷浓度为 0.15 mg/L 和 0.45 mg/L 的标准溶液用两种方法分别进行 6 次重复测定[4]。再将以上标准曲线和标准溶液换成标准海水为本底，重复采用上述方法进行测定。方法的精密度和准确度实验结果如表 1 和表 2 所示。

配制浓度分别为 0.00 mg/L、0.50 mg/L、1.00 mg/L、1.50 mg/L、2.00 mg/L 总氮标准曲线，用海水流动分析法和地表水分析法分别上机测定；针对配制的总氮浓度为 0.50 mg/L 和 1.50 mg/L 的标准溶液用两种方法分别进行 6 次重复测定[4—5]。同样将以上标准曲线和标准溶液换成标准海水为本底，重复采用上述方法进行测定。方法的精密度和准确度实验结果如表 3 和表 4 所示。

试验结果表明，精密度和准确度试验结果均在规定的要求范围内。

表 1 海水分析法（流动分析）测定总磷的精密度和准确度试验（$n=6$）

项目	盐度	加标浓度 /mg·L⁻¹	加标平均测定值 /mg·L⁻¹	±标准偏差	加标回收 RSD /%
纯水本底总磷	0.0	0.150	0.152	±0.004 29	2.8
		0.450	0.453	±0.005 22	1.2
标准海水本底总磷	35.0	0.150	0.149	±0.004 45	3.1
		0.450	0.445	±0.005 36	2.5

表 2 地表水分析法测定总磷的精密度和准确度试验（$n=6$）

项目	盐度	加标浓度 /mg·L⁻¹	加标平均测定值 /mg·L⁻¹	±标准偏差	加标回收 RSD /%
纯水本底总磷	0.0	0.150	0.153	±0.003 10	2.0
		0.450	0.452	±0.004 94	1.1
标准海水本底总磷	35.0	0.150	0.146	±0.003 51	3.0
		0.450	0.441	±0.005 02	1.9

表 3 海水流动分析法测定总氮的精密度和准确度试验（$n=6$）

项目	盐度	加标浓度 /mg·L⁻¹	加标平均测定值 /mg·L⁻¹	±标准偏差	加标回收 RSD /%
纯水本底总磷	0.0	0.500	0.512	±0.014 42	2.8
		1.500	1.490	±0.016 49	1.1
标准海水本底总氮	35.0	0.500	0.506	±0.014 68	3.2
		1.500	1.512	±0.017 03	2.3

表4 地表水分析法测定总氮的精密度和准确度试验（$n=6$）

项目	盐度	加标浓度 /mg·L^{-1}	加标平均测定值 /mg·L^{-1}	±标准偏差	加标回收 RSD /%
纯水本底总氮	0.0	0.500	0.505	±0.020 19	4.0
		1.500	1.483	±0.020 91	1.4
标准海水本底总氮	35.0	0.500	0.476	±0.021 36	4.5
		1.500	1.479	±0.022 69	3.9

3.2 加标回收试验

（1）总磷

取6个不同盐度的海水样品，每个样品分别加入浓度0.03 mg/L和0.06 mg/L的总磷标准溶液，分别按海水流动注射方法和地表水分析法进行测定[4]。测定结果表明，海水流动注射法加标回收率为97.3%～103.8%，地表水分析法加标回收率为97.4%～104.6%，实验数据如表5和表6所示。

表5 海水流动注射法测定总磷的加标回收试验

样品号	盐度	本底值/mg·L^{-1}	加标液浓度/mg·L^{-1}	加标回收 RSD/%	平均测定值/mg·L^{-1}	平均加标回收率/%
1	0.310	0.133	0.03	2.5	0.163	101.5
			0.06	1.9	0.194	102.3
2	0.346	0.069	0.03	1.1	0.099	101.5
			0.06	3.8	0.131	102.6
3	2.089	0.048	0.03	2.9	0.078	100.5
			0.06	3.6	0.110	102.6
4	2.577	0.081	0.03	3.6	0.112	102.9
			0.06	4.0	0.141	100.3
5	3.318	0.037	0.03	3.5	0.067	99.6
			0.06	4.1	0.096	98.2
6	6.783	0.063	0.03	2.4	0.092	97.3
			0.06	4.1	0.125	103.8
7	9.359	0.113	0.03	2.8	0.144	103.5
			0.06	3.2	0.173	99.4
8	14.68	0.070	0.03	2.6	0.100	101.1
			0.06	3.5	0.130	100.7
9	21.954	0.013	0.03	3.7	0.043	99.8
			0.06	4.5	0.075	103.5

表6 地表水分析法测定总磷的加标回收试验

样品号	盐度	本底值/mg·L^{-1}	加标液浓度/mg·L^{-1}	加标回收 RSD/%	平均测定值/mg·L^{-1}	平均加标回收率/%
1	0.310	0.128	0.03	3.5	0.159	103.6
			0.06	2.2	0.190	102.5
2	0.346	0.070	0.03	4.1	0.100	101.3
			0.06	1.3	0.130	99.4

续表

样品号	盐度	本底值/mg·L⁻¹	加标液浓度/mg·L⁻¹	加标回收 RSD/%	平均测定值/mg·L⁻¹	平均加标回收率/%
3	2.089	0.045	0.03	3.6	0.076	102.4
			0.06	2.1	0.107	103.1
4	2.577	0.085	0.03	3.9	0.115	98.6
			0.06	4.5	0.145	100.2
5	3.318	0.036	0.03	4.3	0.067	104.6
			0.06	2.5	0.097	101.5
6	6.783	0.064	0.03	4.2	0.094	99.8
			0.06	3.1	0.124	99.7
7	9.359	0.110	0.03	3.6	0.141	102.5
			0.06	2.9	0.170	100.6
8	14.68	0.071	0.03	4.1	0.101	99.8
			0.06	3.5	0.132	101.3
9	21.954	0.012	0.03	4.6	0.043	103.8
			0.06	4.8	0.070	97.4

（2）总氮

取6个不同盐度的海水样品，每个样品分别加入浓度1.00 mg/L和1.50 mg/L的总氮标准溶液，按海水流动注射方法和地表水分析法进行测定[4]。测定结果表明，海水流动注射法加标回收率为94.3%～111.5%，地表水分析法加标回收率为90.5%～108.7%，实验数据如表7和表8所示。

表7　海水流动注射法测定总氮的加标回收试验

样品号	盐度	本底值/mg·L⁻¹	加标液浓度/mg·L⁻¹	加标回收 RSD/%	平均测定值/mg·L⁻¹	平均加标回收率/%
1	0.31	1.959	1.0	4.1	2.957	99.8
			1.5	3.5	1.418	94.5
2	0.346	1.854	1.0	3.6	2.917	106.3
			1.5	4.7	1.536	102.4
3	2.089	1.621	1.0	4.8	2.685	106.4
			1.5	4.1	1.523	101.5
4	2.577	1.612	1.0	4.6	2.590	97.8
			1.5	3.2	1.415	94.3
5	3.318	1.487	1.0	3.5	2.602	111.5
			1.5	3.9	1.548	103.2
6	6.783	2.516	1.0	3.8	3.585	106.9
			1.5	4.1	1.442	96.1
7	9.359	2.701	1.0	3.8	3.788	108.7
			1.5	2.9	1.533	102.2
8	14.680	2.390	1.0	3.9	3.469	107.9
			1.5	2.6	1.434	95.6
9	21.954	0.939	1.0	4.5	1.990	105.1
			1.5	3.3	1.496	99.7

表 8　地表水分析法测定总氮的加标回收试验

样品号	盐度	本底值/mg · L^{-1}	加标液浓度/mg · L^{-1}	加标回收 RSD/%	平均测定值/mg · L^{-1}	平均加标回收率/%
1	0.310	1.912	1.0	2.9	2.888	97.6
			1.5	4.6	1.385	92.3
2	0.346	1.892	1.0	3.9	2.920	102.8
			1.5	4.2	1.467	97.8
3	2.089	1.487	1.0	4.5	2.538	105.1
			1.5	3.5	1.509	100.6
4	2.577	1.496	1.0	3.4	2.454	95.8
			1.5	4.5	1.358	90.5
5	3.318	1.521	1.0	4.6	2.608	108.7
			1.5	3.8	1.521	101.4
6	6.783	2.520	1.0	4.0	3.573	105.3
			1.5	4.9	1.439	95.9
7	9.359	2.658	1.0	2.8	3.720	106.2
			1.5	4.1	1.434	95.6
8	14.680	2.374	1.0	2.2	3.435	106.1
			1.5	3.0	1.445	96.3
9	21.954	0.905	1.0	4.7	1.961	105.6
			1.5	3.9	1.497	99.8

海水流动注射分析方法和地表水分析法的加标回收实验结果表明：两种方法随着加标量的增加，回收率均有减小趋势。原因可能为：（1）消解不完全[6—7]。此消解方法还有待于改进[8—11]。实验分析结论需要细化。

3.3　总磷和总氮的海水分析方法和地表水分析方法测定结果的比较

分别用海水流动注射法和地表水分析方法测定 9 个样品的总磷含量和总氮含量，对测定结果采用配对样本均数的 t 对进行检验，详见表 9 和表 10。

$$\sum d_i = \sum (x_i - y_i), \quad \sum d_i^2 = \sum (x_i - y_i)^2, \tag{1}$$

$$\bar{d} = \frac{1}{n}\sum (x_i - y_i), \quad S_{di} = \sqrt{\frac{\sum d_i^2 - \frac{\left(\sum d_i\right)^2}{n}}{n-1}}, \tag{2}$$

$$S_{\bar{d}} = \frac{S_{di}}{\sqrt{n}}, \quad f = n - 1, \quad t = \frac{|\bar{d}| - 0}{S_{\bar{d}}}, \tag{3}$$

式中，d_i 为两种方法测定同一个样品得到的浓度差值，S_{di}为差值 di 的标准差，f 为自由度。

表 9　总磷的海水法与地表水法分析结果对比

样品号	盐度	海水法测定磷含量 /mg · L^{-1} x_i，$n=9$	淡水法测定磷含量 /mg · L^{-1} y_i，$n=9$	两方法 RSD/%	$d_i=x_i-y_i$	$di^2/10^{-5}$
1	0.310	0.133	0.128	1.92	0.005	2.5
2	0.346	0.069	0.070	0.72	−0.001	0.1
3	2.089	0.048	0.045	3.23	0.003	0.9
4	2.577	0.081	0.085	2.41	−0.004	1.6
5	3.318	0.037	0.036	1.37	0.001	0.1
6	6.783	0.063	0.066	−2.33	−0.003	0.9
7	9.359	0.113	0.110	1.35	0.003	0.9
8	14.680	0.070	0.074	−2.78	−0.004	1.6
9	21.954	0.013	0.012	4.00	0.001	0.1
∑	/	0.627	0.626	/	0.015	8.7

表 10　总氮的海水法与地表水法分析结果对比

样品号	盐度	海水法测定磷含量 /mg · L^{-1} x_i，$n=9$	淡水法测定磷含量 /mg · L^{-1} y_i，$n=9$	两方法 RSD/%	$d_i=x_i-y_i$	$di^2/10^{-3}$
1	0.310	1.959	1.912	1.21	0.047	2.209
2	0.346	1.854	1.892	1.01	−0.038	1.444
3	2.089	1.621	1.487	4.31	0.134	17.956
4	2.577	1.612	1.496	3.73	0.116	13.456
5	3.318	1.487	1.521	1.13	−0.034	1.156
6	6.783	2.516	2.620	2.02	−0.104	10.816
7	9.359	2.701	2.558	2.72	0.143	20.449
8	14.68	2.390	2.274	2.49	0.116	13.456
9	21.954	0.939	0.905	1.84	0.034	1.156
∑	/	17.079	16.665	/	0.414	82.098

由表 9 的结果可见，采用海水分析方法和地表水分析方法测定总磷含量的相对偏差在 0.72% ~ 4.00% 之间，经 t 检验可知，$t=0.120$，小于 $t_{0.05(8)}=2.306$，说明两种方法测定不同盐度海水样品中的总磷含量无显著性差异。

同样，由表 10 的结果可见，采用海水分析方法和地表水分析方法测定总氮含量的相对偏差在 1.01% ~4.31% 之间，经 t 检验可知，$t=0.455$，小于 $t_{0.05(8)}=2.306$，说明两种方法测定不同盐度海水样品中的总氮含量无显著性差异。

4　结语

（1）用海水分析方法和地表水分析方法测定不同盐度海水中的总磷和总氮的结果都是可行的，精确度和准确度均符合要求；两种方法的测定结果无明显差异，不存在明显的系统误差。

（2）流动注射分析法有着手工法无可比拟的优越性：其检出限低，消耗样品量和试剂量少，操作简便，效率高，节省人力物力，更加环保。

海水方法测定不同盐度海水中的总磷和总氮的方法比地表水方法检出限低、效率高，适合于高盐度海水的样品测定。因此，在开展河口海洋环境监测中测定总磷和总氮时，建议优先采用海水方法（流动注射分析方法）进行测定。

参考文献：

[1] Tokuhiro N, Hiroshi O, Dileep K M, et al. Contribution of water soluble organic nitrogen to total nitrogen in marine aerosols over the East China Sea and Western North Pacific[J]. Atmospheric Environment, 2006,40: 7259—7264.

[2] Paul K. Hilary K. Stathis P. The effect of acidification on the determination of organic carbon, total nitrogen and their stable isotopic composition in algae and marine sediment[J]. Rapid Communications in Mass Spectrometry, 2005, 19: 1063—1068.

[3] 叶璐,张珞平,郭娟,等. 河口区海洋环境监测与评价一体化研究——珠江口水环境监视性监测方案设计、实施和改进[J]. 海洋环境科学,2014,33(1): 105—112.

[4] 尤小娟,林树生,赵亮. 流动注射方法(FIA)在线消解与手工消解测定总氮的方法比较[J]. 仪器仪表与分析监测,2010,(1): 35—38.

[5] Brady S G,Peter S E,Peter A F,et al. A compact portable flow analysis system for the rapid determination of total phosphorus in estuarine and marine waters[J]. Analytica Chimica Acta. 2010,674: 117—122.

[6] 韩耀宗,念宇,宋新山. 碱性过硫酸钾消解-离子色谱法测定水质总氮[J]. 中国环境监测,2010,26(4): 37—40.

[7] 周英杰,王淑梅,陈少华. 影响总氮测定的关键因素研究[J]. 环境工程,2012,30(1): 106—108.

[8] 杨成,吴荣坤,朱培德,等. 高温氧化-化学发光检测法测定水中总氮[J]. 分析化学,2007,35(4):529—531.

[9] Brain M B,Richara F J,Jeffery S R,et al. Simultaneous determination of total nitrogen and total phosphorus in environmental water using alkaline persulfate digestion and ion chromatography[J]. Journal of Chromatography A, 2014,1369: 131—137.

[10] Gioda A G, Reyes-Rodriguez G J,Santos-Figueroa G, et al. Speciation of water-soluble inorganic,and total nitrogen in a background marine environment:Cloud water,rainwater,and aerosol particles[J]. Journal of Geophysical Research, 2011,116(D5): 420—424.

[11] 郑京平. 关于过硫酸钾氧化-紫外分光光度法测定水中总氮方法改进探讨[J]. 光谱实验室,2011,28(1): 210—217.

基于 GNSS 卫星信号的风暴潮海浪协同测量技术在海岸带开发管理中的应用研究

齐占辉[1]，党超群[1]，孙东波[1]，李明兵[1]，张东亮[1]，赵辰冰[1]，张锁平[1]

（1. 国家海洋技术中心，天津 300112）

摘要：我国是世界上风暴潮海浪灾害最严重的国家之一。在国家海洋局历年发布的《中国海洋灾害公报》中，风暴潮灾害和海浪灾害造成的直接经济损失和死亡人数均高居第 1 位和第 2 位。同时，海岸受风、浪、流和潮汐等动力因素影响而处于长期动态变化中，因此加强风暴潮和海浪的监测和预报对防灾减灾、海岸带的开发管理具有十分重要的意义。在前期 GPS 测波技术研究的基础上，研究了基于 GNSS 卫星信号的风暴潮、海浪协同测量技术，并研制了风暴潮海浪应急观测系统工程样机，做了多次实验室实验和现场海上比测试验，测量的风速、风向、气温、气压、波浪、潮汐等数据满足应用的要求，这些现场原始的海洋环境数据对海岸带的科学研究与开发管理具有十分重要的意义。风暴潮海浪应急观测系统体积小、重量轻、运输布放简单方便，特别适用于海岸带开发管理中的现场测量。

关键词：海岸带；GNSS；海浪；潮汐

作者简介：齐占辉（1979—），男，工程师，从事港口、海岸及近海工程研究。E-mail：notc888@163. com

黄、渤海夏秋季有色溶解有机物(CDOM)的分布特征及季节变化的研究

白莹[1]，苏荣国[1*]

(1. 中国海洋大学 海洋化学理论与工程技术教育部重点实验室，山东 青岛 266100)

摘要： 有色溶解有机物（CDOM）被认为是水环境中最大的溶解有机碳（DOC）贮库，是 DOM 中能够对紫外可见光产生吸收的部分，也是溶解有机碳中化学性质较为活跃的部分。一方面，CDOM 对紫外光的吸收，能够阻止有害紫外线对水生生物的伤害，保护水生生态系统；另一方面 CDOM 吸收紫外光发生光化学反应，产生大量的小分子量的有机物，为浮游植物所利用，但对可见光的吸收又能抑制光合作用，影响初级生产力；同时，作为重金属和有机污染物的载体，影响重金属和有机污染物的迁移等过程。CDOM 本质上是由原位生物生产、陆源输入（源），光化学降解、微生物降解（汇）等的控制，同时还受深海环流、上升流和垂直混合等的影响。因此，研究 CDOM 的来源、组成及迁移转化过程，对海洋碳循环、海洋环境保护等具有重要的意义。渤海是一个深入我国内陆的浅海，封闭性较强，海水交换能力较弱，有大量河流入海，随着环渤海地区经济的快速发展，加之环境保护措施缺乏，排入渤海海域的污染物不断增加，造成渤海环境质量恶化。黄海是一个半封闭的陆架浅海，每年通过河流向环境输送大量陆源有机质，加之周边人口众多，工农业、生活污水的影响较严重。一系列的物理、化学和生物过程影响着这个区域 CDOM 的分布特征，因此对黄、渤海 CDOM 的研究具有重要意义。目前，关于 CDOM 的研究国内外已经有很多报道，但对于黄、渤海 CDOM 的研究很少。本研究利用三维荧光光谱 - 平行因子分析法研究分析了 2013 年夏秋季黄、渤海（图 1）CDOM 的组成、来源、迁移、转化以及时空变化等问题，通过研究 CDOM 的水平分布特征及季节变化、荧光指数和腐殖化指数的分布，对黄、东海的 CDOM 进行了研究，主要结果和结论如下：（1）通过 EEMs - PARAFAC 技术鉴别出黄、渤海夏秋季水体中共有 4 种荧光组分：3 种类腐殖质组分 C1（(275) 365/440 nm）、C2（325/395 nm）、C3（(260) 395/515 nm）和 1 种类蛋白质组分 C4（280/345 nm）。（2）从水平分布可以看出，3 种类腐殖质荧光组分（C1、C2 和 C3）和总荧光强度的分布模式是相同的，即由近岸向远岸逐渐减小，尤其以渤海西南部黄河入海口处的荧光强度值最高，其次山东半岛东南部、海州湾、江苏盐城沿岸均出现荧光强度的高值区，与盐度的低值区相吻合，表明陆源输入为其主要来源。在夏季，这些区域也出现叶绿素 a 的高值区，这些区域受陆源输入和人类活动影响显著，营养盐丰富，造成浮游植物大量生长，但相对于陆源输入来说浮游植物的初级生产力对它们的影响较小。在受陆源输入影响严重的区域，夏季荧光强度值高于秋季，且秋季高值区出现区域相对于夏季南移并且近岸高值范围有所缩小，这主要归因于秋季盛行偏北风，且沿岸流势力较强，将高浓度的 CDOM 限制在近岸，不能向外扩展。组分 C4 在夏秋季和各层次之间的分布模式也不相同。在夏季和秋季，C4 与盐度都有一定的负相关性，但秋季的比夏季的好。在夏季，C4 与 Chl a 也有一定的相关关系。C4 是一个受海陆源共同控制的生物易降解的组分。通过对夏秋季黄、渤海各荧光组分做相关性分析，可以得出，C1、C2 和 C3 有相同的来源和去除途径，而 C4

作者简介： 白莹（1988—），女，山东省聊城市人，主要从事海洋中有色溶解有机物的生物地球化学循环研究。E-mail：baiying02@126.com

* **通信作者：** 苏荣国（1973—），男，主要从事海洋中有色溶解有机物的生物地球化学循环研究。E-mail：surongguo@ouc.edu.cn

有自己独特的来源与去除途径。（3）由黄、渤海 CDOM 的 HIX 和 BIX 的水平分布可知，秋季 CDOM 的腐殖化程度较高，相对比较稳定，在环境中存在的时间较长，夏季的生物活动比秋季的活跃，生物来源的 CDOM 比秋季相对较多；渤海 CDOM 相对比较稳定，而黄海 CDOM 相对不稳定，黄海的生物活动比渤海活跃，生物活动对 CDOM 的影响比渤海的大。

关键词：有色溶解有机物；黄、渤海；三维荧光光谱；平行因子分析法；腐殖化指数；生物指数

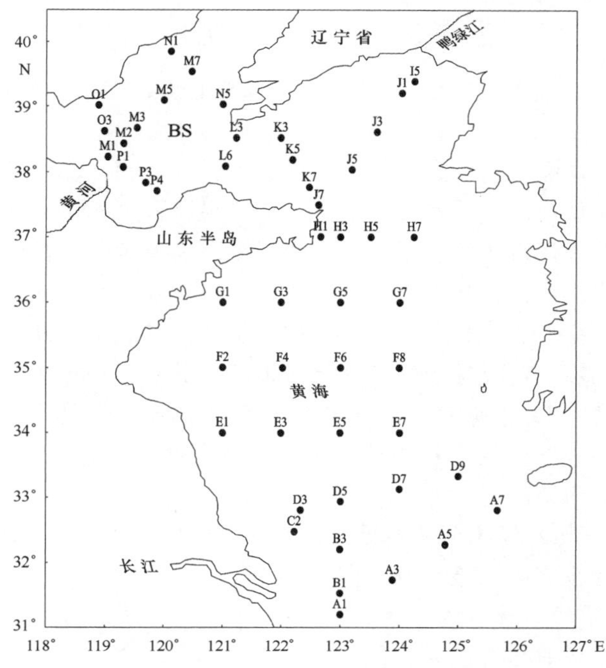

图 1　夏秋季黄、渤海采样站位图

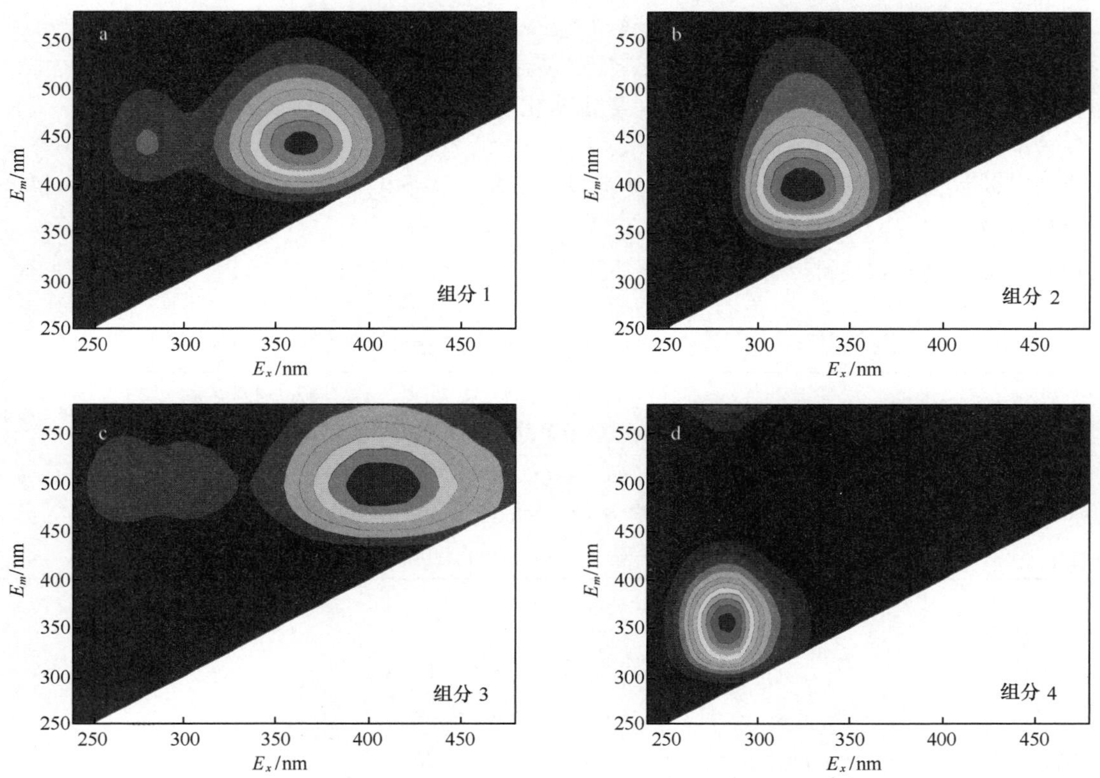

图 2　4 种荧光组分的三维图

基于支持向量机技术的近海富营养化快速评价技术

车潇炜[1]，苏荣国[1*]

（1. 中国海洋大学 海洋化学理论与工程技术教育部重点实验室，山东 青岛 266100）

摘要：随着沿海地区经济的发展，大量氮、磷污染物被排放入海，海水富营养化状况日趋严重。近海富营养化会造成大规模赤潮，严重破坏水体生态结构。因此，发展能够快速实时测评近海富营养化状态的技术不仅是近海海洋环境监测的迫切需要，也是赤潮灾害预测预防研究的需要。

目前，常用富营养化快速评价技术有单指数法以及富营养化指数法（EI）、营养状态质量指数法（NQI）、TRIX 指数法等综合指数法。这些评价方法均使用了 COD、TN、TP 等参数，测定时需消耗大量化学试剂且难以实现现场快速分析。2012 年，U. Pinto 基于可现场快速实时测定的溶氧（DO）、温度、浊度（Tur）等水质参数利用判别分析技术发展了富营养化快速测评技术，将富营养化状态分为高风险与低风险状态进行评估，分类准确率为 72%，可初步实现水体富营养化状态的现场实时快速测评。

本文基于 DO、Tur、Chl *a* 等 3 个可现场实时监测的水质参数，以 TRIX 法为参照，利用支持向量机（SVM）技术，建立了近海富营养化快速测评技术。支持向量机模型采用 3 种方法优化参数（表 1），因惩罚因子 C 与核函数参数 g 是决定 SVM 分类结果的关键，其中 C 越大，其拟合数据能力越强，对于错分样的惩罚越大，但分类更为复杂，当 C 太小时学习机的经验风险又太大；g 很小时，学习机工作量过大，而 g 太大时，分类结果准确性将降低，需在准确率满足的情况下选择最小的 C 和 g，故本支持向量机模型建立时采用遗传算法 Ga 优化得到的参数值。所建立的近海富营养化快速测评技术对训练集样品的富营养化状态分类准确率为 96.1%，其中，富营养化低风险样品分类准确率为 93.3%，富营养化高风险样品分类准确率为 98.5%；测试集样品的富营养化状态分类准确率为 98.8%，其中，富营养化低风险样品分类准确率为 95.0%，富营养化高风险样品分类准确率为 100%，其准确率很高。该技术可为近海富营养化状态的快速实时测评提供技术支持。

关键词：富营养化；快速评估技术；支持向量机

表 1 不同参数寻优方法比较

优化方法	惩罚因子 C	核函数系数 g	训练集分类准确率（正确分类样品数/总样品数）	测试集分类准确率（正确分类样品数/总样品数）	交叉验证准确率
栅格搜索法	181.019 3	0.353 55	96.1%（173/180）	98.8%（79/80）	96.1%
Ga 法	47.528 6	1.176 8	96.1%（173/180）	98.8%（79/80）	95.0%
Pso 法	15.017 3	0.01	95.0%（171/180）	98.8%（79/80）	95.0%

作者简介：车潇炜（1992—），男，2015 届硕士研究生。E-mail：Nigal_Che@163.com

* **通信作者：**苏荣国（1973—），男，副教授，硕士生导师，主要从事海洋光学生物地球化学循环的研究。E-mail：surongguo@ouc.edu.cn

石灰对滩涂淤泥化学固化作用影响研究

徐强[1]，徐秉政[2]，邹斌[1]，詹树林[1]

（1. 浙江大学 建筑工程学院，浙江 杭州 310058；2. 浙江工业大学 材料科学与工程学院，浙江 杭州 310014）

摘要：按比例掺入石灰进行滩涂淤泥化学固化，测试7 d和28 d的无侧限抗压强度及含水率，并进行微观形貌观察，研究石灰对滩涂淤泥化学固化作用。实验结果表明：试件的含水率随石灰的掺入而不断下降，28 d含水率略低于7 d；石灰的掺入极大提升了水泥对滩涂淤泥的化学固化性能，石灰掺量为3%的试件28 d强度为水泥掺入固化淤泥的2.5倍；石灰的掺入改善水泥在滩涂淤泥水化反应，在固化淤泥内部寻找到大量蜂窝型结构。

关键词：滩涂淤泥；化学固化；石灰；抗压强度

1 引言

我国沿海中纬度地区滩涂面积巨大，合理有效围垦开发可以缓解沿海地区日益突出的人地矛盾。滩涂淤泥因天然含水量高、孔隙比大、压缩性高、抗剪强度低，不能用于工程基础建设[1]。传统的滩涂淤泥处理方式多是运用物理外力将淤泥中水排出，从而使达到一定的强度和稳定性，但仍存在工期较长、能耗较高、施工复杂等问题。近年来，淤泥化学固化技术通过掺入固化剂使淤泥通过化学反应快速脱水、固结，吸引了学界和工程界的广泛关注。

水泥作为固化剂已有较长的应用历史，但单纯使用水泥成本较高、效果有限，目前已发展多种体系淤泥固化材料。Bell[2]曾对印度黑棉土掺和石灰来进行固化处理，发现固化时间和固化温度对强度影响较大。Degirmenci 等[3]采用磷石膏、水泥和粉煤灰作为固化剂对高含水率土壤成功进行了处理，发现降低了固化淤泥的塑性指数。Kolias[4]等人使用高钙粉煤灰对土壤进行了固化，研究了固化淤泥不同负载条件下90 d弹性模量变化，并将固化土壤作为机场工程利用。Jauberthie 等[5]也采用水泥和石灰对河口淤泥进行化学固化处理，固化淤泥未来可以大规模作为路基填土。王东星[6]利用大掺量低钙粉煤灰、水泥和石灰固化剂进行淤泥固化处理的方法，达到淤泥和粉煤灰双重资源化利用的目的。

在目前的研究多针对淡水环境淤泥的化学固化，较少面向沿海滩涂淤泥。而且在固化剂组分中石灰的作用还不是很清楚，需要进一步有效研究。本文通过水泥作主固化剂、石灰作外掺剂对滩涂淤泥进行化学固化，测试7 d和28 d的无侧限抗压强度及含水率，并进行微观形貌观察，研究石灰对滩涂淤泥化学固化影响作用。

2 实验方法

2.1 实验材料

本实验淤泥取自台州三门县滩涂，其基本性质如表1所示。固化剂组分选用杭州富阳钱潮水泥有限公司生产的42.5复合硅酸盐水泥，及建德市天石碳酸钙有限公司生产的石灰。

基金项目：浙江省博士后择优资助项目（BSH1502110）。

作者简介：徐强（1986—），男，浙江省杭州市人，助理研究员，从事海洋材料研究。E-mail：05clkxxq@zju.edu.cn

表 1 淤泥基本性质

湿密度 ρ/g·cm^{-3}	孔隙比 e	含水率 ω/%	液限 w_L/%	塑限 w_P/%	有机质含量/%
1.62	1.80	65.5	49	25	1.4

2.2 实验过程

将滩涂淤泥倒入搅拌机中，按照表 2 质量比加入已充分混合的水泥和石灰固化剂。将淤泥和固化剂先慢速混合搅拌 60 s，再快速搅拌 60 s，达到均匀混合后取出制样。制样过程按照《土工实验规范》(Sl237—1999)，采用手工分层压实将固化土装入到直径 39.1 mm 的三瓣模中，然后用击锤击实 15 下。入模 24 h 取出试件密封放置于标准养护室，养护至 7 d 和 28 d 后取出进行相关测试。

表 2 固化剂质量比

试件编号	L-0	L-1	L-2	L-3	L-4
水泥	10%	10%	10%	10%	10%
石灰	0%	1%	2%	3%	4%

3 实验结果及分析

3.1 化学固化淤泥含水率

在滩涂地下部位，自然淤泥的含水率很难发生变化。当加入 10% 水泥后（L-0），由于水泥水化反应不断消耗淤泥中自由水，化学固化淤泥含水率从原始状态的 65.5% 下降到 49.7%。进一步按比例掺入石灰后，从图 1 化学固化淤泥含水率可以看出，随着石灰含量的不断上升，化学固化淤泥含水率逐渐下降。这是因为石灰在水化过程中形成氢氧化钙快速吸收大量自由水[7]，同时快速释放大量水化反应热，使淤泥温度升高而加快水分散失。在实验过程中明显发现随着石灰量越多，固化淤泥温度升高越大，其散发水分也应加快，L-4 试件 7 d 样品比自然含水率下降 20.8%、28 d 样品比自然含水率下降 22.3%。

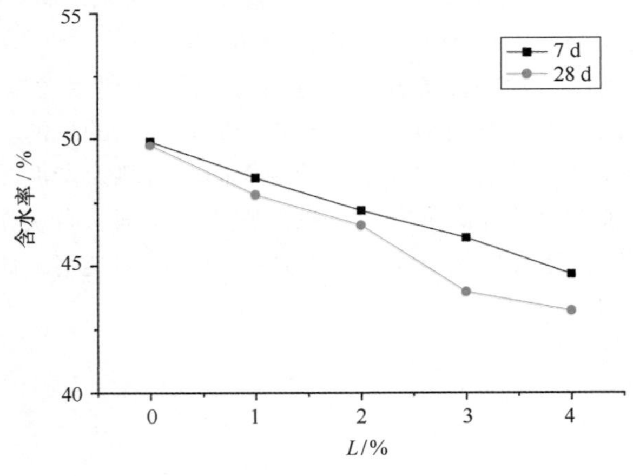

图 1 化学固化淤泥含水率

从图 1 中还可以发现，28 d 含水率略低于 7 d 含水率。所以，可以认为固化剂与淤泥化学固化水化反应在 7 d 以前已进行得较为彻底，7 d 后因水化反应降低淤泥含水率有限。固化剂在淤泥中早期快速的反应速度对于实际工程中意义重大。

3.2 化学固化淤泥强度

由于淤泥中含水率较高、有机质较大，封闭状态下淤泥不会自动脱水，很难成型、强度极低。当加入10% 水泥后（L－0），固化淤泥7 d 强度发展到0.42 MPa、28 d 强度增加到0.68 MPa。水泥在水化过程中形成大量水化硅酸钙凝胶，将淤泥颗粒联结在一起从而发展强度，为滩涂淤泥的快速处理提供基础。

当继续按比例添加石灰后，从图2 不同石灰掺量化学固化淤泥强度变化情况可以发现，石灰的加入明显增加了化学固化淤泥强度，石灰掺量为2% 的7 d 强度为水泥掺入固化淤泥（L－0）的1.9 倍，石灰掺量3% 的固化淤泥（L－0）28 强度为水泥掺入固化淤泥（L－0）的2.5 倍。

石灰在淤泥中发生的水化反应，一方面快速形成氢氧化钙、降低水分，使淤泥固化程度提高，另一方面提高淤泥内部碱度，对水泥的水化反应有较好的促进作用，所以掺入少量的石灰可较大幅度地提高化学固化淤泥强度。石灰掺量为2% 的7 d 强度为0.78，即为水泥掺入固化淤泥（L－0）的1.9 倍；石灰掺量为3% 的28 d 强度为1.69 MPa，即为水泥掺入固化淤泥（L－0）的2.5 倍。

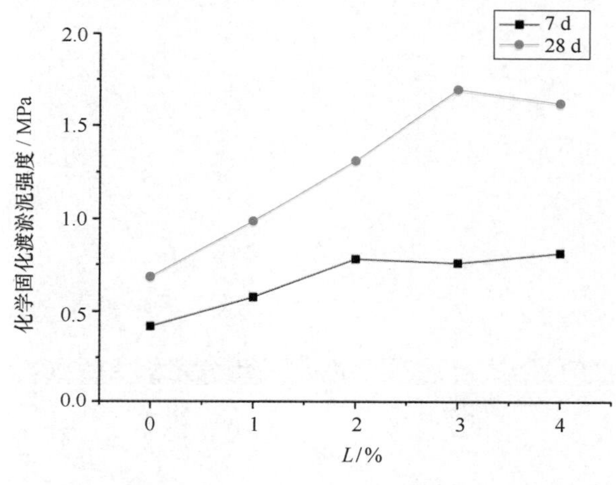

图2 化学固化淤泥强度

从图2 中还可以看到，石灰掺入对固化淤泥强度增益作用并不是无限制的，存在一定的临界值（3%）。7 d 龄期试件在石灰掺量大于2% 时，淤泥固化土强度将不再有明显的变化；28 d 龄期试件明显显示出了石灰掺量3% 的临界点，4% 石灰掺量试件强度反而有着明显的下降趋势。临界值的出现应与石灰水化放热对化学固化淤泥的膨胀作用有关。

3.3 化学固化淤泥 SEM 照片

对淤泥样品进行微观形貌观察，可以从图3 中明显发现：天然淤泥（Blank）干燥样品结构松散，片状固体简单堆积在一起产生较大孔隙，致使其干燥后强度有限；往淤泥中掺入水泥后（L－0），水泥水化产生的胶装物分布在淤泥片状固体周围，联结淤泥固体物质，使淤泥表面孔隙有所减少、强度增加；当继续加入石灰（L－4），在固化淤泥内部寻找到大量蜂窝型结构[8]，生产硅酸钙凝胶及针状水化产物，造成淤泥颗粒间胶结力增大，从而对淤泥中水泥水化反应产生增益作用。

3.4 石灰促进化学固化作用

从图2 和图3 可以看出，因石灰的引入而在L－4 表面产生的大量水化产物是增加固化土强度的关键。在滩涂淤泥中若只使用水泥，高含水率、高有机质等淤泥特性导致水泥水化效果有限。

当掺入石灰产生高碱度，不仅水泥水化反应得到较好的加速，较高的碱性也使淤泥颗粒容易形成土颗粒[9—10]。水泥水化反应产生的C－S－H 凝胶起到颗粒间粘合剂作用，两者的共同作用下形成大量蜂窝型

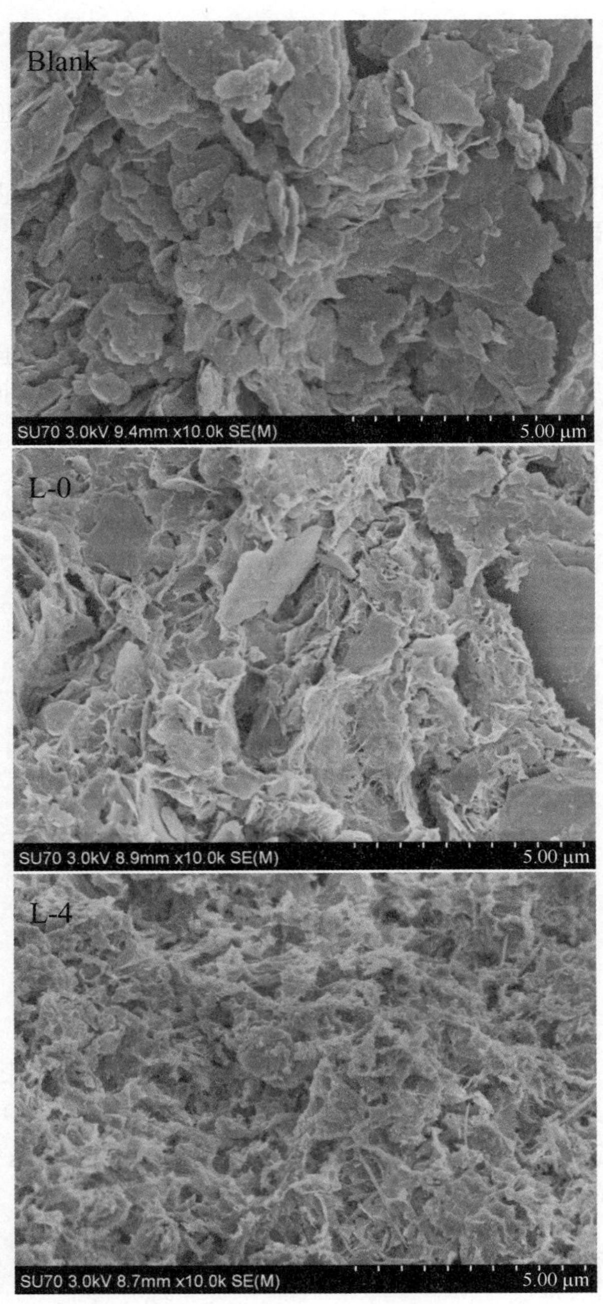

图 3　化学固化淤泥 SEM

结构，极大地加强了化学固化淤泥的强度（如图 4[8] 所示）。石灰和水泥水化产物相互联结形成严密的网状结构，提升了固化土的强度。所以，在高有机质、高含水率滩涂淤泥化学固化中，应加入石灰作为必要的固化剂组分。

同时也需要注意，从图 2 化学固化淤泥 28 d 强度来看，石灰的增益作用是有限度的。在一定浓度内，随着石灰含量增加，对淤泥化学固化的增益效果显著；超过一定浓度后，石灰掺量的增加反而对固化淤泥强度发展不利。石灰对淤泥化学固化增益作用的临界值与淤泥性质如含水率、有机质含量等有关，也与固化剂种类、水泥掺量等有关。在滩涂淤泥化学固化研究和应用中，有必要首先进行试验研究确定石灰掺入临界值。

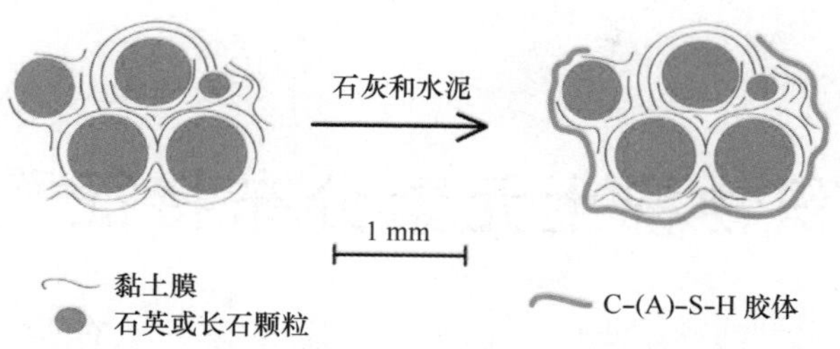

图4 石灰促进淤泥化学固化概念图

4 结论

（1）随着石灰含量的不断上升，化学固化淤泥含水率逐渐下降。石灰掺量为4%试件（L－4）7 d样品比自然含水率下降20.8%、28 d样品比自然含水率下降22.3%。

（2）当加入10%水泥后（L－0），固化淤泥7 d强度发展到0.42 MPa、28 d强度增加到0.68 MPa。石灰掺量为2%的试件（L－2）7 d强度为0.78，即为水泥掺入固化淤泥（L－0）的1.9倍；石灰掺量为3%的试件（L－3）28 d强度为1.69 MPa，即为水泥掺入固化淤泥（L－0）的2.5倍。石灰掺入对固化淤泥强度增益作用并不是无限制的，存在一定的临界值（3%）。

（3）天然淤泥（Blank）干燥样品结构松散，片状固体简单堆积在一起产生较大孔隙；往淤泥中掺入水泥后（L－0），水泥水化产生的胶装物分布在淤泥片状固体周围；当继续加入石灰（L－4），在固化淤泥内部寻找到大量蜂窝型结构。

参考文献：

[1] 徐元芹,李萍,李培英，等．闽浙沿岸沉积物的工程地质特性及其成因简析[J]．海洋学报，2010，32(1)：107—113.

[2] Bell F G. Lime stabilization of clay minerals and soils[J]. Engineering Geology, 1996, 42(4): 223—237.

[3] Degirmenci N, Okucu A, Turabi A. Application of phosphogypsum in soil stabilization[J]. Building and Environment, 2007, 42(9): 3393—3398.

[4] Kolias S, Kasselouri-Rigopoulou V, Karahalios A. Stabilisation of clayey soils with high calcium fly ash and cement[J]. Cement & Concrete Composites, 2005, 27(2): 301—313.

[5] Jauberthie R, Rendell F, Rangeard D, et al. Stabilisation of estuarine silt with lime and/or cement[J]. Applied Clay Science, 2010, 50(3): 395—400.

[6] 王东星,徐卫亚．大掺量粉煤灰淤泥固化土的强度与耐久性研究[J]．岩土力学，2012,33：3659—3664.

[7] 张云升,倪紫威,李广燕．免烧淤泥砖的力学性能与微观结构[J]．建筑材料学报，2013,16(2)：298—305.

[8] Lemaire K, Deneele D, Bonnet S, et al. Effects of lime and cement treatment on the physicochemical, microstructural and mechanical characteristics of a plastic silt[J]. Engineering Geology, 2013, 166: 255—261.

[9] Cuisinier O, Auriol J, Le Borgne T, et al. Microstructure and hydraulic conductivity of a compacted lime－treated soil[J]. Engineering Geology, 2011, 123(3): 187—193.

[10] 杨华舒,杨宇璐,魏海，等．碱性材料对红土结构的侵蚀及危害[J]．水文地质工程地质，2012，39：64—68.

湛江湾沉积物稀土元素分布特征及物源分析

张际标[1]，杨波[1]，陈涛[1]，陈春亮[1]，孙省利[1*]

（1. 广东海洋大学 海洋资源与环境监测中心，广东 湛江 524088）

摘要：本文利用 ICP－MS 分析测定了湛江湾 12 个表层沉积物和 4 根柱状沉积物中稀土元素（REE）含量。结果显示，湛江湾表层沉积物中 ΣREE 含量处于 107.94～336.17 μg/g 之间，平均为 193.63 μg/g；沉积物中稀土元素含量从湾内至湾口逐渐增加，浅层样品含量总体上高于深层样品；沉积物 ΣLREE/ΣHREE 比值较大，轻、重稀土元素分异明显。球粒陨石标准化后各区和各层次沉积物 REE 的配分曲线相近，均表现出轻稀土富集、重稀土亏损、Eu 明显负异常等典型的陆源沉积物特征。研究区域的沉积物主要来自汇入湛江湾的遂溪河、沿岸细流及近岸养殖排放等输送的颗粒物。

关键词：分布特征；物源分析；稀土元素；沉积物；湛江湾

1 引言

稀土元素（REE）由于具有极其相似的化学性质和低溶解度，且在表生环境中非常稳定，受风化、剥蚀、搬运、水动力、沉积、成岩及变质等作用的影响小，因而利用沉积物中 REE 的组成特征揭示海洋及河流沉积物的物质来源、形成条件、物源区特征和气候变化等具有重要意义[1-3]。学者们对中国近岸海域沉积物中稀土元素分布特征已开展了广泛的研究，覆盖了从北到南的大部分海湾、入海河口及潮间带等区域[4-14]，获得了研究区域沉积环境特征、物质来源及其所指示的环境变化特征等方面非常有价值的信息。目前，关于湛江湾沉积物中稀土元素的研究较少[11]，尤其缺乏柱状沉积物中稀土元素的含量水平、分布特征等方面的研究信息。因此，考察湛江湾表层和柱状沉积物中稀土元素含量水平及其分布特征，探讨稀土元素分布特征与研究区域沉积动力条件相互关系，有利于深化了解湛江湾沉积环境特征和物质来源。

2 材料与方法

2.1 研究区域概况

湛江湾位于雷州半岛东南部，主要由雷州半岛陆地、东海岛和南三岛合围形成的深水港湾；该湾内窄中宽口门小，10 m 以上的深槽水道长达 40 km，口门处宽约 2 km，纳潮面积约 270 km^2[15]，是天然的深水良港。湾内上游有遂溪河汇入，年平均流量 33 m^3/s，年径流总量为 10.4 亿 m^3[16]；海湾入口处有 2 个深槽深入湾内，在特呈岛西北端汇合，2 深槽之间大面积浅滩，其间多礁石[15]。湛江湾内码头、港口众多，是中国大西南和华南地区货物的出海主通道，现已与世界 100 多个国家和地区通航，2013 年湛江港货物吞吐量约 1.8 亿 t，集装箱吞吐量 45 万 TEU。

基金项目：海洋公益性行业科研专项经费资助（201305038－6，201505027－1）。

作者简介：张际标（1971—），男，江西省南康市人，副教授，博士，从事海洋资源与环境研究。E-mail：zhjbwxy@163.com

***通信作者：**孙省利（1963—），男，陕西省西安市人，教授，博士，从事海洋资源与环境研究。E-mail：xinglsun@126.com

2.2 站位布设和样品采集

2010 年 5 月，利用抓斗式和重力式管状采泥器在湛江湾采集 12 站位的表层和柱状沉积物样品。为尽量降低主航道和码头作业区由于经常疏浚的影响，12 个站位的具体位置如图 1 所示，其中在 1、5、9、11 号站采集柱状样品，其余站位采集的为表层沉积物样品。为便于讨论，把 1 ~ 3 号站作为湾口区（Ⅰ区），4 ~ 8 号站作为湾中区（Ⅱ区），9 ~ 12 号站作为湾内区（Ⅲ区）。Ⅰ区表层和中层沉积物含砂量较高，底层为灰色硬粘土；Ⅱ区表层和中层沉积物含砂量较高，且有大量小的贝壳碎片，底层为硬粘土；Ⅲ区各层次沉积物主要由黑灰色软泥（黏土）组成，部分层位夹有细砂。

参照《海洋监测规范》[17]，取样时，表层沉积物取 0 ~ 5 cm 样品，各沉积柱上部 30 cm 前按 5 cm 间隔取样，30 cm 后按 10 cm 间隔取样。样品用塑料勺转移至洁净的聚乙烯密封袋，排除空气后密封，标记好后暂存于有冰的泡沫箱内，当天送回实验室冷冻备用。由于湛江湾潮流受特呈岛的阻隔，湾中区和湾口区有不少砂质浅滩分布，柱状样品长度有限，其中 1 号站和 5 号站采集的沉积柱只有 70 cm 左右，9 号站长约 100 cm，11 号站长达 140 cm。

2.3 样品的前处理与测定

将冷冻沉积物样品于室温下解冻，在常温下将样品风干，用玛瑙研钵研磨后过 200 目网筛，混匀后装入洁净塑料瓶并贮于干燥器内备用。采用 HNO_3 - $HClO_4$ - HF 体系对样品进行湿法消解，用电感耦合等离子体质谱仪（安捷伦，7500Cx）测定样品中各稀土元素的含量。采用与国家标准物质（近海沉积物标准物质 GBW07314，国家海洋局第二海洋研究所）对照和测定平行样的方式对测试过程进行质量控制，经检验分析，对稀土元素测定的相对误差优于 5%。

3 结果与分析

3.1 沉积物稀土元素分布特征

2010 年 5 月湛江湾各监测站位表层沉积物和柱状沉积物样品中各稀土元素含量及特征参数的监测结果如表 1 和表 2 所示。湛江湾表层沉积物 ΣREE 变化范围为 107.94 ~ 336.17 μg/g，平均值为 193.63 μg/g，与颜彬等[11]报道的结果（198.19 μg/g）非常接近，明显高于大洋玄武岩（58.64 μg/g）[18]，并接近于中国大陆沉积物的 REE 丰度（172.11 μg/g）[3]。表层沉积物中含量最高的稀土元素为 Ce，平均为 80.46 μg/g，Lu 含量最低，平均为 0.29 μg/g，基本遵循 Ce > La > Nd > Pr > Gd > Sm > Dy > Er > Yb > Eu > Tb > Ho > Tm > Lu 的大小顺序。研究区域各区表层沉积物的 ΣREE 遵循湾口区（Ⅰ区）> 湾中区（Ⅱ区）> 湾内区（Ⅲ区）的变化规律（图 2），其中湾口区（Ⅰ区）在 204.47 ~ 336.17 μg/g 之间，平均为 276.95 μg/g，湾中区（Ⅱ区）在 121.30 ~ 195.41 μg/g 之间，平均为 179.59 μg/g，湾内区（Ⅲ区）的 ΣREE 在 107.94 ~ 217.84 μg/g 之间，平均为 148.70 μg/g。

表 1 湛江湾表层沉积物中稀土元素含量（μg/g）及特征参数

分区		La	Ce	Pr	Nd	Sm	Eu	Gd	Tb	Dy	Ho	Er	Tm	Yb	Lu	ΣREE	LREE/HREE	$(La/Yb)_N$	δCe	δEu
Ⅰ区 (3)	Min	44.25	78.48	10.56	39.83	7.65	1.77	8.88	1.03	5.18	0.93	2.66	0.37	2.51	0.36	336.17	8.33	7.08	1.00	0.56
	Max	64.49	136.79	18.16	66.98	12.72	2.53	15.87	1.69	7.70	1.35	3.69	0.50	3.21	0.49	204.47	9.80	12.08	1.07	0.68
	Av	57.58	110.02	14.67	54.44	10.41	2.07	12.18	1.37	6.40	1.12	3.11	0.42	2.76	0.40	276.95	8.96	10.26	1.02	0.64
	Sd	11.55	29.44	3.83	13.69	2.56	0.40	3.51	0.33	1.26	0.21	0.53	0.07	0.38	0.07	66.84	0.76	2.39	0.04	0.05

续表

分区		La	Ce	Pr	Nd	Sm	Eu	Gd	Tb	Dy	Ho	Er	Tm	Yb	Lu	ΣREE	LREE/HREE	$(La/Yb)_N$	δCe	δEu
Ⅱ区	Min	21.78	49.15	6.61	24.75	4.73	1.03	5.06	0.61	3.21	0.60	1.68	0.24	1.61	0.22	121.30	8.16	9.10	0.99	0.56
(5)	Max	46.41	101.78	11.23	42.83	8.24	1.56	8.75	1.06	5.29	0.94	2.66	0.36	2.33	0.34	195.41	9.79	13.41	1.08	0.64
	Av	35.21	77.29	8.81	33.09	6.48	1.29	6.94	0.80	4.25	0.74	2.16	0.26	2.01	0.25	179.59	9.25	11.73	1.05	0.59
	Sd	9.19	19.63	1.81	7.11	1.42	0.21	1.50	0.17	0.87	0.14	0.42	0.05	0.36	0.05	42.61	0.69	1.71	0.04	0.04
Ⅲ区	Min	17.90	42.40	5.86	22.18	4.48	1.06	5.45	0.66	3.34	0.63	1.79	0.26	1.70	0.24	217.64	6.67	11.90	0.87	0.51
(4)	Max	44.02	94.99	10.33	38.46	7.26	1.71	8.07	0.96	5.14	0.90	2.66	0.35	2.46	0.33	107.94	9.43	16.73	0.96	0.66
	Av	27.88	62.25	7.66	28.47	5.45	1.21	6.17	0.74	3.82	0.70	1.98	0.27	1.83	0.25	148.70	8.43	14.06	0.91	0.57
	Sd	11.27	22.75	1.89	6.99	1.23	0.34	1.27	0.15	0.89	0.14	0.46	0.05	0.44	0.05	47.67	1.21	2.45	0.05	0.08
湛	Min	17.90	42.40	5.86	22.18	4.48	1.03	5.06	0.61	3.21	0.60	1.68	0.24	1.61	0.22	107.94	6.67	7.08	0.87	0.74
江	Max	64.49	136.79	18.16	66.98	12.72	2.53	15.87	1.69	7.70	1.35	3.69	0.50	3.21	0.49	336.17	9.80	16.73	1.08	0.98
湾	Av	38.36	80.46	9.89	36.89	7.12	1.46	7.99	0.92	4.64	0.82	2.34	0.31	2.14	0.29	193.63	8.95	11.78	1.00	0.85
	Sd	15.32	28.33	3.66	13.50	2.55	0.46	3.16	0.33	1.39	0.23	0.63	0.09	0.52	0.09	69.35	0.93	2.48	0.07	0.08

注：表内各分区括号内数字代表样品数；Min：最小值；Max：最大值；Av：平均值；Sd：标准偏差；$(La/Yb)_N$、$(La/Sm)_N$、$(Gd/Yb)_N$、δEu及δCe为陨石[19]标准化计算结果。

表2 湛江湾柱状沉积物中稀土元素含量（μg/g）及特征参数

站位		La	Ce	Pr	Nd	Sm	Eu	Gd	Tb	Dy	Ho	Er	Tm	Yb	Lu	ΣREE	LREE/HREE	$(La/Yb)_N$	δCe	δEu
1#	Min	42.03	78.48	10.52	39.07	7.54	1.53	8.88	1.02	4.81	0.85	2.35	0.33	2.10	0.31	201.98	8.33	11.47	0.87	0.51
(10)	Max	64.49	136.79	18.16	66.98	12.72	2.53	15.87	1.69	7.70	1.35	3.69	0.50	3.21	0.49	336.17	9.39	16.35	1.10	0.66
	Av	50.58	101.55	13.08	48.59	9.33	1.92	11.24	1.25	5.92	1.05	2.92	0.39	2.62	0.38	250.83	8.73	13.10	0.95	0.58
	Sd	6.47	20.47	2.51	9.10	1.72	0.33	2.33	0.23	0.95	0.16	0.44	0.06	0.37	0.06	44.05	0.30	1.38	0.07	0.04
5#	Min	32.93	73.07	7.95	29.44	5.70	1.01	6.27	0.69	3.70	0.58	1.68	0.15	1.53	0.13	165.15	8.98	11.04	1.02	0.41
(10)	Max	64.34	135.20	15.09	56.07	10.27	1.53	11.07	1.17	5.84	0.93	2.70	0.26	2.35	0.24	306.97	11.70	20.41	1.09	0.60
	Av	44.86	95.82	10.69	39.57	7.60	1.25	8.18	0.87	4.59	0.73	2.18	0.21	1.93	0.20	218.67	10.49	15.70	1.05	0.49
	Sd	10.98	22.51	2.48	9.13	1.58	0.20	1.69	0.17	0.74	0.12	0.33	0.04	0.26	0.04	50.02	0.70	2.55	0.02	0.06
9#	Min	17.31	40.52	5.33	19.68	3.91	0.95	5.02	0.57	2.79	0.51	1.43	0.20	1.32	0.19	99.72	7.28	8.66	0.97	0.61
(17)	Max	48.41	102.40	11.11	41.21	7.86	1.71	8.56	1.01	5.18	0.94	2.74	0.35	2.53	0.34	234.37	10.04	13.46	1.08	0.68
	Av	35.22	76.31	8.80	32.77	6.26	1.40	6.95	0.83	4.26	0.77	2.23	0.29	2.05	0.28	178.42	9.10	11.34	1.04	0.65
	Sd	10.91	21.66	1.76	6.57	1.21	0.27	1.20	0.15	0.78	0.14	0.43	0.05	0.39	0.05	45.34	0.97	1.69	0.04	0.02
11#	Min	25.60	57.88	7.54	28.01	5.31	1.13	5.67	0.68	3.59	0.65	1.85	0.25	1.68	0.23	140.09	7.67	8.25	0.97	0.64
(13)	Max	35.98	81.75	11.07	40.85	7.59	1.24	7.92	0.93	4.51	0.78	2.11	0.30	1.96	0.27	196.88	9.65	13.92	1.02	0.68
	Av	23.63	54.12	7.24	26.91	5.15	1.10	5.50	0.68	3.54	0.65	1.82	0.25	1.66	0.23	132.47	8.21	9.56	1.00	0.66
	Sd	5.07	10.87	1.48	5.37	0.96	0.13	1.00	0.11	0.51	0.09	0.23	0.03	0.20	0.03	25.84	0.51	1.45	0.02	0.01

注：表内各站位括号内数字代表样品数；Min：最小值；Max：最大值；Av：平均值；Sd：标准偏差；$(La/Yb)_N$、$(La/Sm)_N$、$(Gd/Yb)_N$、δEu及δCe为陨石[19]标准化计算结果。

与稀土元素总量ΣREE的变化规律类似，从湾内区至湾口区，湛江湾表层沉积物中各区的轻稀土含量ΣLREE（La，Ce，Pr，Nd，Eu）和重稀土ΣHREE（Gd，Tb，Dy，Ho，Er，Tm，Yb，Lu）含量

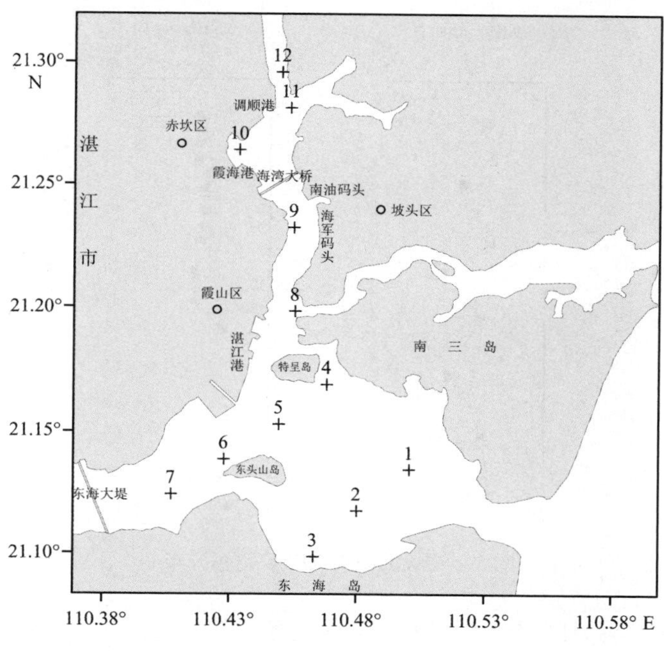

图1　样品采集站位分布图

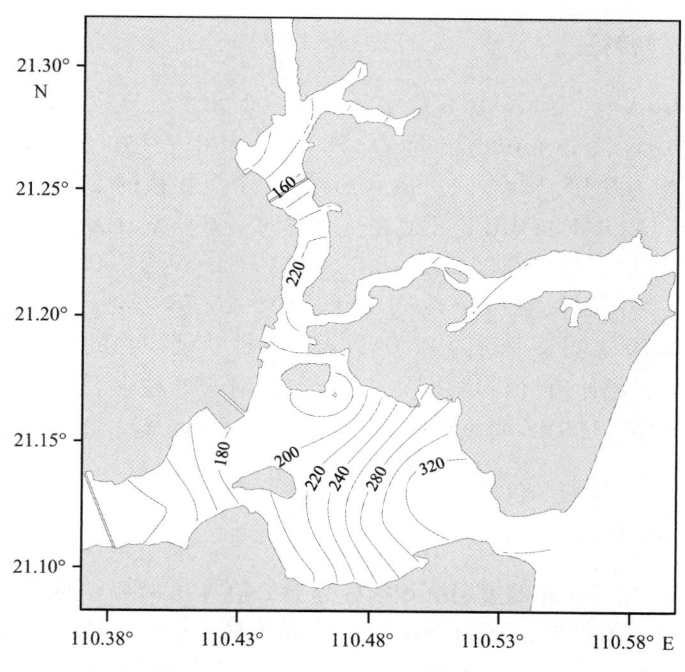

图2　表层沉积物 ΣREE 平面分布（μg/g）

逐渐增加；其中Ⅰ区、Ⅱ区、Ⅲ区轻稀土 ΣLREE 均值分别 249.18 μg/g、162.17 μg/g、132.92 μg/g，重稀土 ΣHREE 均值分别 15.78 μg/g、17.42 μg/g、27.77 μg/g；全湾表层沉积物中轻稀土 ΣLREE 平均为 174.17 μg/g，重稀土 ΣHREE 均值为 19.46 μg/g。

湛江湾 4 根柱状沉积物（1#、5#、9#、11#）中，ΣREE，ΣLREE 和 ΣHREE 含量的变化趋势基本一致，体现出轻稀土和重稀土地球化学性质的稳定性和相似性。其中各柱状沉积物 ΣREE 平均含量大小顺序为 1#（250.83 μg/g）>5#（218.67 μg/g）>9#（178.42 μg/g）>11#（132.47 μg/g），即各沉积柱

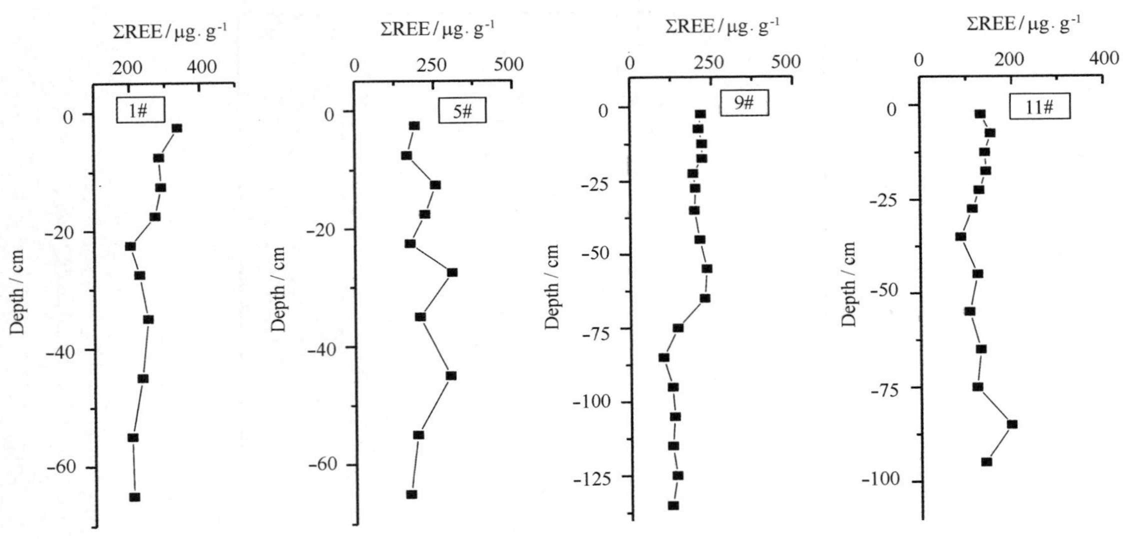

图 3 柱状沉积物 ΣREE 垂直分布

ΣREE 的平均含量从湾内区到湾口区呈逐渐增大的变化趋势，与表层沉积物 ΣREE 平均含量区域变化规律类似。从表层到深层之间，湛江湾沉积物 ΣREE 总体表现为表层大于深层，其中 1#和 9#沉积柱 ΣREE 含量增加明显，5#和 11#沉积柱增加不显著（图 3）。

3.2 沉积物稀土元素分异特征

ΣLREE/ΣHREE 和（$La/Yb)_N$ 是反映沉积物中轻、重稀土元素分异程度的特征参数。湛江湾沉积物的 ΣLREE/ΣHREE 比值与中国浅海沉积物接近（9.78）[3]，其中表层沉积物的 ΣLREE/ΣHREE 比值在 6.67～9.80 之间变化，平均为 8.95；1#、5#、9#及 11#等 4 个沉积柱的 ΣLREE/ΣHREE 比值平均分别为 8.73、10.49、9.10、8.21。ΣLREE/ΣHREE 比值在垂直方向上差异不显著，各柱 ΣLREE/ΣHREE 比值在 60～70 cm 处比 0～5 cm（表层）处分别仅高出 -0.12、0.17、0.19 及 -0.28，说明在不同的时期，湛江湾的沉积环境差异不显著。表层沉积物（$La/Yb)_N$ 处于 7.08～16.78 之间，平均为 11.78，沉积柱的（$La/Yb)_N$ 平均比值在 9.56～15.70 之间，平均为 12.04，表层和柱状沉积物的（$La/Yb)_N$ 均远高于碳质球粒陨石（CI）中（La/Yb）的初始比值（1.42）[19]。因此，相对于球粒陨石沉积物，湛江湾表层和柱状沉积物中 ΣLREE/ΣHREE 比值高，LREE 明显富集，HREE 相对亏损，轻、重稀土元素分异明显，湾内沉积物主要来自陆源[20]。

3.3 沉积物 δCe 和 δEu 异常

在球粒陨石标准化[19]情况下计算的表层沉积物样品 δCe 值在 0.87～1.08 之间，平均值为 1.00，总体属于正常值范围。湾口区 δCe 值最低，平均为 0.91，显弱负异常；δCe 平均值在湾内区接近 1.00，属于正常值范围；湾中区 δCe 平均为 1.05，显弱正异常（图 4a）。各柱状沉积物样品的 δCe 在（1.00 ±0.15）之间变化，从底层到表层 δCe 均略有增加，但总增幅均小于 0.1，属于正常值范围。

湛江湾表层沉积物中 δEu 值在 0.51～0.68 之间，平均值为 0.60，显示明显的 Eu 负异常；从湾内区到湾口区，表层沉积物的 δEu 值逐渐减小（图 4b）。不同深度沉积物 δEu 值变化不大，其中 1#和 5#沉积柱样品 δEu 值随深度变化浮动略大，9#和 11#不同深度样品的 δEu 值变化很小，与平均值的标准偏差小于 ±0.02。

3.4 稀土元素配分模式

REE 标准化模式是表征沉积物的物质来源和物源组成的最有效的形式之一，湛江湾表层沉积物 REE 球粒陨石[19]标准化模式如图 5a 和 5b 所示。结果显示，湛江湾 12 站位表层样品的配分曲线均表现出整体

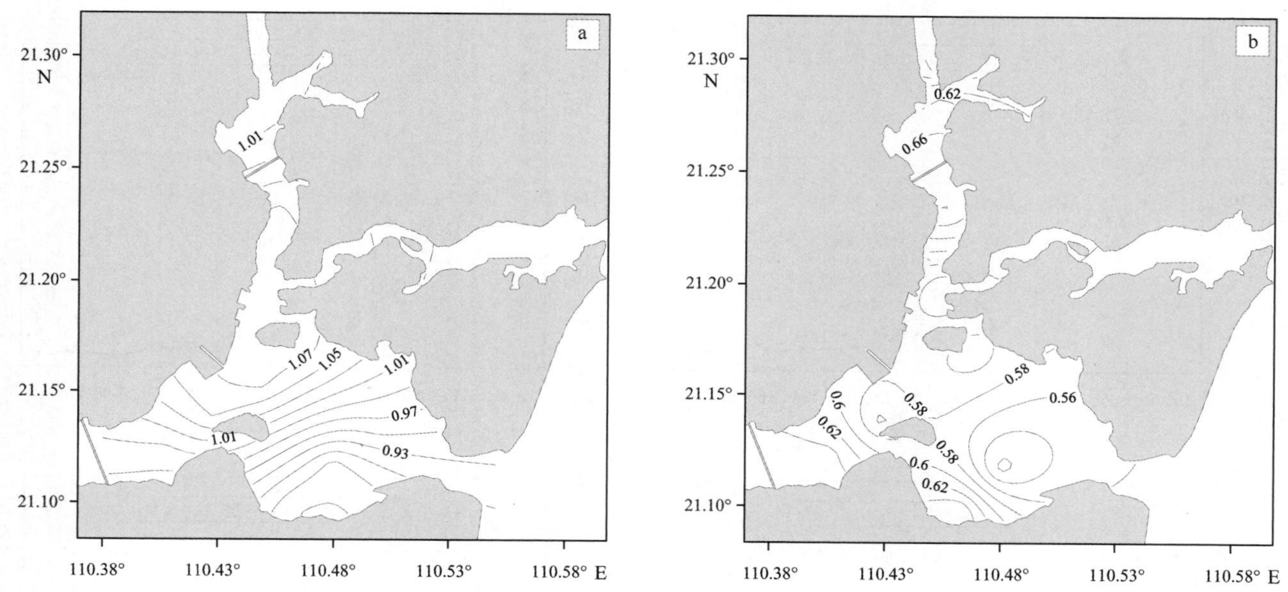

图4　表层沉积物 δCe 和 δEu 平面变化

（a）δCe；（b）δEu

右倾的趋势，轻稀土元素的变化趋势陡峭，重稀土元素的变化趋势相对平缓，轻稀土元素相对于重稀土元素富集明显，Eu 在曲线中下凹，表现为负异常，Ce 异常不明显，符合陆源沉积物的 REE 典型特征[11—12,20—22]；从湾内区到湾口区，各稀土元素标准化结果逐渐增加，即Ⅰ区 > Ⅱ区 > Ⅲ区（图5b）。

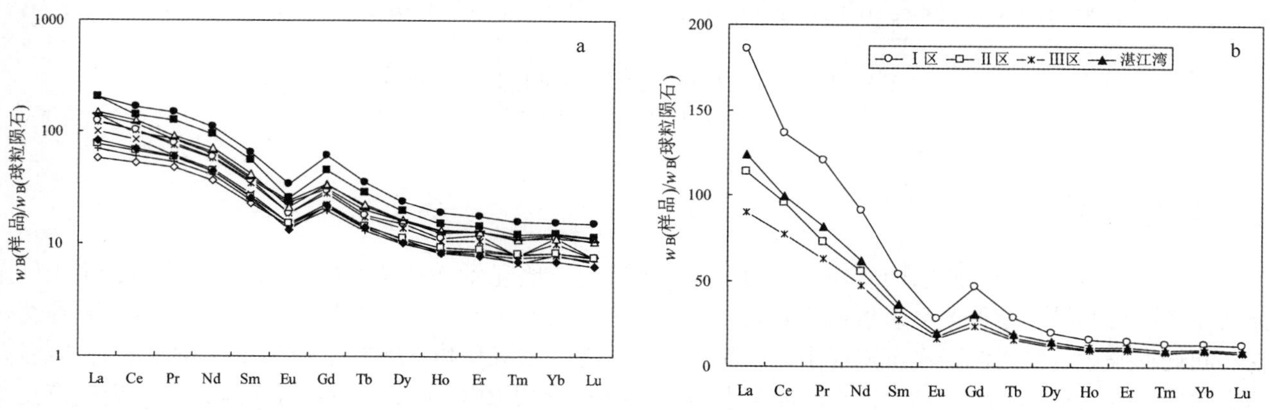

图5　表层沉积物球粒陨石标准化 REE 分布模式

a. 所有站位分布模式；b. 分区分布模式

经球粒陨石标准化的不同深度沉积物的 REE 配分模式与表层样品的分布规律类似，随第一个轻元素 La 到最后一个重元素 Lu，稀土元素的球粒陨石标准化值逐渐降低，轻重稀土具较强的分异作用；稀土元素分布模式在 Eu 处有一个明显的负异常，呈左高右低的 V 型曲线。4 根柱状沉积物不同层次的球粒陨石标准化 REE 分布模式如图6a 至6d 所示，其中的表层、中层和底层数据分别来自于各柱状沉积物表层 0 ~ 15 cm 3 个样品、中层 20 cm 2 个样品及底层最后 20 cm 2 个样品等监测结果的平均值。图6 结果显示，除 11#柱状沉积物底层样品结果较高外，湛江湾沉积物球粒陨石标准化结果从深层至表层逐渐升高，即使是 11#号站样品，从中层（深约 70 cm）到表层之间，沉积物球粒陨石标准化结果也是表层样品高于中层样品。因此，湛江湾中稀土元素在一段时期内随着时间的延长不断在沉积物中富集，表现为由深层到表层，沉积物中各稀土元素含量不断增加。

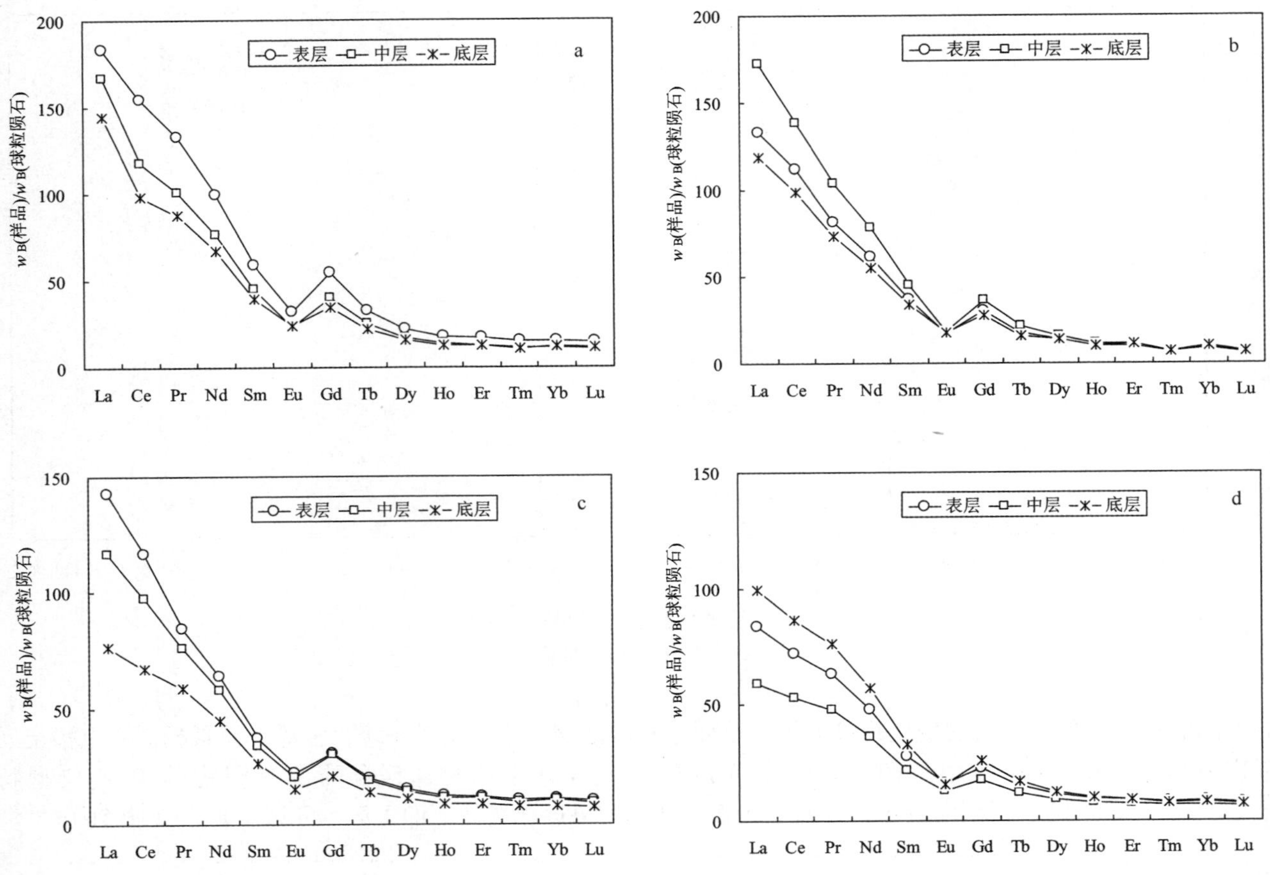

图6　4 个柱状沉积物球粒陨石标准化 REE 分布模式

a. 1#; b. 5#; c. 9#; d. 11#

4　物源分析

岩石经过风化后变成碎屑物质随介质的搬运并在特定的地理环境沉积下来，在这一过程中，由于稀土元素化学性质的稳定使得绝大多数稀土元素不会以离子态的形式从矿物中迁出流失，而是和碎屑颗粒结合在一起迁移搬运，最终沉降在沉积层中[2-3,20-21]。湛江湾表层沉积物 ΣREE 平均为 193.63 μg/g，明显高于大洋玄武岩（58.64 μg/g）[18]，并接近于中国大陆沉积物的 REE 丰度（172.11 μg/g）[3]，说明湛江湾沉积物物源主要来自陆地。受上游遂溪河及湛江湾沿岸细流等汇入的影响，河流带来的悬浮体表面吸附的 REE 由于表面化学反应及径流速度的下降而随悬浮颗粒物沉入海底，造成从河流区至入海口区，沉积物中 REE 的含量逐步增加[10,13,19,22—24]，因此湛江湾表层沉积物中稀土元素含量表现为从湾内至湾口逐渐递增。

湛江地区属于北热带海洋季风气候，台风和低压槽类天气频繁，雨量较多，整体而言，近 50 年来湛江年平均降水量呈上升趋势[25]。因此，受上游遂溪河及湛江湾两岸径流量不断增加的影响，汇入湛江湾的稀土元素总量逐年增加，导致新形成的表层样品中稀土元素含量高于深层样品。同时，自上世纪 80 年代以来，湛江湾开始出现岸滩围海养殖和近岸网箱养殖，且其养殖规模[26-27]和含稀土饲料用量[27-29]逐年增加，当不断增加未被利用的稀土元素短期内沉降至沉积层时，浅层沉积物中稀土元素来不及向深层迁移，均可能引起表层沉积物中稀土元素含量比深层含量高。

元素的分异特性是稀土元素最重要的性质之一，当沉积物所处的环境发生变化时，个别稀土元素会发生含量和价态的变化，而特定的地质环境和物理化学条件决定了稀土元素在沉积物中的分布及组合规律，因此可以根据沉积中稀土的配分模式用来判断物源和恢复环境[2,20—21]。湛江湾沉积物的 ΣLREE/ΣHREE

比值较高，与中国浅海沉积物相近（9.78）[3]，所有样品的$(La/Yb)_N$均远高于碳质球粒陨石（CI）中(La/Yb)的初始比值（1.42）[19]，说明沉积物中轻稀土相对于重稀土富集明显；沉积物的配分曲线均表现出整体右倾的趋势，轻稀土（La－Eu）的变化趋势陡峭，重稀土（Gd－Lu）的变化趋势相对平缓，Eu在曲线中下凹；沉积物δEu接近0.60，Eu表现为负异常，δCe平均约为1.0，Ce异常不明显。因此，湛江湾沉积物符合陆源沉积物的REE典型特征[2,20—21]，主要来自上游遂溪河和沿岸细流输送的颗粒物。

5 结论

湛江湾表层沉积物中ΣREE含量为107.94～336.17 μg/g，平均值为193.63 μg/g。沉积物中稀土元素含量从湾内至湾口逐渐增加，浅层样品含量总体上高于深层样品。沉积物ΣLREE/ΣHREE比值较大，轻、重稀土元素分异明显。

湛江湾沉积物经球粒陨石标准化后，各区和不同层次沉积物REE的配分曲线相近，均表现出整体右倾的趋势，Eu明显负异常，Ce异常不显著，符合陆源沉积物的REE典型特征。研究区域的物质来源主要来自上游遂溪河、沿岸细流及沿岸养殖排放等输送的颗粒物。

参考文献：

[1] Haley B A, Klinkhammer G P, McManus J. Rare earth elements in pore waters of marine sediments[J]. Geochimca et Cosmochimca Acta, 2004, 68(6): 1265—1279.

[2] 王中刚，于学元，赵振华，等．稀土元素地球化学[M]．北京：科学出版社，1989：292—321.

[3] 赵一阳，鄢明才．中国浅海沉积物地球化学[M]．北京：科学出版社，1994：130—150.

[4] 王立军，张朝生，梁涛，等．天津沿海潮间带沉积物中稀土元素的地球化学特征[J]．中国稀土学报，2001，19(5)：457—462.

[5] 王贵，张丽洁，马力，等．胶州湾李村河口沉积物稀土元素地球化学特征[J]．吉林大学学报(地球科学版)，2003，33(3)：344—347.

[6] 李俊，汪霆，弓振斌，等．长江口表层沉积物中稀土元素地球化学特征[J]．台湾海峡，2008，27(3)：356—361.

[7] 赵家成，肖尚斌，张国栋，等．闽浙沿海岸泥质沉积物的稀土元素地球化学特征[J]．地质科技情报，2007，26(3)：7—12.

[8] 姚藩照，胡忻，柳欣，等．厦门西海域表层沉积物中稀土元素分布特征[J]．中国稀土学报，2010，28(4)：495—500.

[9] 胡恭任，于瑞莲，余伟河．泉州湾潮间带表层沉积物稀土元素地球化学特征[J]．环境化学，2011，30(12)：2086—2091.

[10] 刘岩，张祖麟，洪华生．珠江口伶仃洋海区表层沉积物稀土元素分布特征及配分模式[J]．海洋地质与第四纪地质，1999，19(1)：103—108.

[11] 颜彬，苗莉，黄蔚霞，等．广东近岸海湾表层沉积物的稀土元素特征及其物源示踪[J]．热带海洋学报，2012，31(2)：67—79.

[12] 窦衍光，李军，李炎．北部湾东部海域表层沉积物稀土元素组成及物源指示意义[J]．地球化学，2012，41(2)：147—157.

[13] 马荣林，杨奕，何玉生．海南岛南渡江近岸河口沉积物稀土元素地球化学[J]．中国稀土学报，2010，28(1)：110—114.

[14] 韩卓汝．海南岛北部潮间带沉积物稀土元素富集规律及其生态效应研究[D]．海口：海南师范大学，2013.

[15] 张乔民，宋朝景，赵焕庭．湛江湾溺谷型潮汐水道的发育[J]．热带海洋，1985，4(1)：48—57.

[16] 赵冲久．湛江湾水文泥沙特性分析[J]．水道港口，1999，(4)：16—21.

[17] GB 17378.3－2007，《海洋监测规范》(第3部分)：样品采集、贮存与运输[S].

[18] Frey F A, Haskin L. Rare earths in oceanic basalts[J]. Journal of Geophysical Research, 1964, 69(4): 775—780.

[19] Boynton W V. Cosmochemistry of the rare earth elements: Meteorite studies[M]//Henderson P. Rare Earth Element Geochemistry. Amsterdam: Elsevier, 1984: 63—114.

[20] 金秉福，林振宏，季福武．海洋沉积环境和物源的元素地球化学记录释读[J]．海洋科学进展，2003，21(1)：99—106.

[21] 杨守业，李从先．REE示踪沉积物物源研究进展[J]．地球科学进展，1999，14(2)：164—167.

[22] 洪华生，陈宗团，徐立，等．河海水混合过程的稀土元素地球化学[J]．海洋科学，1998，22(2)：30—33.

[23] 李俊，弓振斌，李云春，等．近岸和河口地区稀土元素地球化学研究进展[J]．地球科学进展，2005，20(1)：65—74.

[24] 王中良，刘丛强，徐志方，等．河流稀土元素地球化学研究进展[J]．地球科学进展，2000，15(5)：553—558.

[25] 杨越峰，魏雅利，吴海军，等．近52年来湛江气温与降水量变化的关系[J]．科技信息，2010，17(23)：451—452.

[26] 陈伟珍，林轩，邓秀清，等．湛江港水产养殖区水体氮磷含量及潜在性营养化程度分析[J]．海洋渔业，2004，26(2)：99—102.

[27] 吴施卫，曾淼，江天久，等．湛江港临近海域养殖区的贝类毒素[J]．海洋环境科学，2010，29(5)：718—722.

[28] 韩希福，王军萍．稀土元素在渔业上的应用[J]．中国水产科学，1998，5(4)：96—100.

[29] 曲克明，辛福言，刘立波．稀土元素在海水养殖中的研究进展[J]．海洋水产研究，2002，23(3)：62—66.

浙江衢山岛附近海域沉积物化学特征

薛彬[1,2]，李铁军[1,2]，胡红美[1,2]

（1. 浙江省海洋水产研究所 农业部重点渔场渔业资源科学观测实验站，浙江 舟山 316021；2. 浙江省海洋渔业资源可持续利用技术研究重点实验室，浙江 舟山 316021）

摘要：2014 年 9 月于浙江衢山岛海域采集了 10 个站位的沉积物样品，对有机碳、硫化物、石油类和重金属等理化参数进行了检测分析。结合陆海分布、水文动力背景，得到以下结论：（1）研究区沉积物质量符合国家第一类沉积物质量标准；（2）硫化物较高的站位，其污染物主要来源为衢山岛；（3）石油类除 S6 站位外，其他各站位间差别不大，其可能是码头船只柴油渗漏所致；（4）有机碳和各重金属的站位变化不大，Cu、Pb 的相对值较高，其与海区整体背景值一致。

关键词：衢山岛；沉积物质量；化学特征

1 引言

衢山岛位于浙江省舟山群岛中北部，长江、钱塘江入海口外缘，其周边海域为舟山渔场重要组成部分，是很多重要经济鱼类的产卵场和洄游通道[1—4]。海域水文条件较为复杂，水流湍急，紊流、潮流、回流等均有分布[5—6]，沉积模式多样[7]。

随着舟山群岛各种海洋工程建设加快和大面积围海造陆，衢山岛附近的沉积环境发生了深刻变化，局部变化更为显著，进而对海域生态环境和渔业资源产生一定的影响[6,8—9]。对该海域沉积物化学特征的研究有助于了解其环境现状，为保护渔业资源以及生态修复提供科学考量。

2 材料与方法

2.1 调查地点与采样方法

2014 年 9 月 9—10 日大潮期间，在衢山岛两侧，根据海域的潮流特征（潮流主流向），在 20 km × 20 km 均匀布设了 10 个沉积物质量调查站位（图 1）。按照《海洋调查规范》（GB/T 12763—2007）、《海洋监测规范》（GB 17378—2007）等规定，利用表层锚式采泥器进行了沉积物采样，样品量大于 1 kg。根据（GB 17378—2007）的要求分析了有机碳、硫化物、石油类和重金属（Cu、Zn、Pb、Cd、Hg、As），分析方法见表 1。

表 1 沉积物调查项目及分析方法

项目名称	分析方法	检出限	方法标准
有机碳	重铬酸钾氧化 - 还原容量法	2×10^{-4}%	GB 17378. 5 - 2007
石油类	环已烷萃取荧光分光光度法	1. 0 mg/kg	GB 17378. 5 - 2007

基金项目：浙江省省属科研院所扶持专项（201450001，2014F30024，2012F20026）。

作者简介：薛彬（1983—），男，辽宁省鞍山市人，工程师，硕士，主要从事海洋渔业环境的研究。E-mail：xuebin. soa@ gmail. com

续表

项目名称	分析方法	检出限	方法标准
硫化物	离子选择电极法	0.3 mg/kg	GB 17378.5－2007
Cu	无火焰原子吸收分光光度法	2.0 mg/kg	GB 17378.5－2007
Pb	无火焰原子吸收分光光度法	3.0 mg/kg	GB 17378.5－2007
Zn	火焰原子吸收分光光度法	6.0 mg/kg	GB 17378.5－2007
Cd	无火焰原子吸收分光光度法	0.04 mg/kg	GB 17378.5－2007
Cr	无火焰原子吸收分光光度法	5.0 mg/kg	GB 17378.5－2007
Hg	原子荧光法	0.002 mg/kg	GB 17378.5－2007
As	原子荧光法	0.002 mg/kg	GB 17378.5－2007

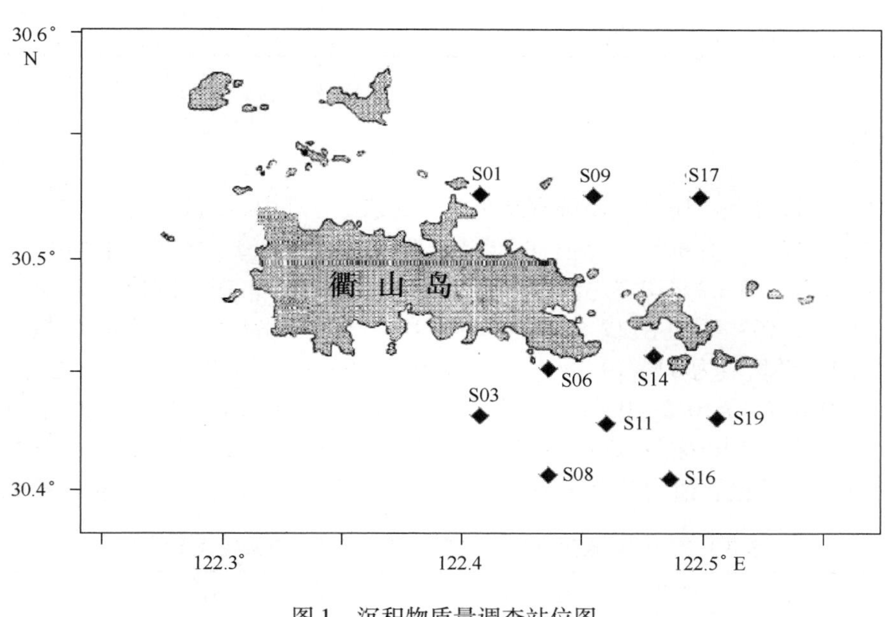

图 1　沉积物质量调查站位图

2.2 评价方法与标准

采用环境质量单因子评价标准指数法进行海域水质的现状评价，如果评价因子的标准指数值 >1，则表明该因子超过了相应的水质评价标准，已经不能满足相应功能区的使用要求。反之，则表明该因子能符合功能区的使用要求。

单项评价因子 i 在第 j 取样点的标准指数：

$$S_{i,j} = C_{i,j}/C_{si}, \qquad (1)$$

式中，$C_{i,j}$ 为水质评价因子 i 在第 j 取样点的实测浓度值，mg/L；C_{si} 为水质评价因子 i 的评价标准，mg/L。

根据《浙江省海洋功能区划（2011—2020 年）》，调查区域主要涉及：（1）衢山港口航运区站位（S06/17）沉积物按第三类标准评价；海洋生物质量按第三类标准评价。（2）岱山农渔业区站位（S01/03//08/09/11/16/19）沉积物按第一类标准评价；当某一监测因子超过评价标准时，继续评价至符合（或者劣于）的最大类别标准（例如：某因子评价标注是第二类标准，评价至不超标的标准。海域沉积物质量现状评价按《海洋沉积物质量》（GB 18668—2002）标准执行，具体值见表 2。

表2 海洋沉积物质量评价（GB 18668—2002）（10^{-6}，有机碳为10^{-2}）

评价项目	第一类标准	第二类标准	第三类标准
有机碳 ≤	2.0	3.0	4.0
硫化物 ≤	300.0	500.0	600.0
石油类 ≤	500.0	1000.0	1500.0
铜 ≤	35.0	100.0	200.0
铅 ≤	60.0	130.0	250.0
锌 ≤	150.0	350.0	600.0
镉 ≤	0.50	1.50	5.00
铬 ≤	80.0	150.0	270.0
汞 ≤	0.20	0.50	1.00
砷 ≤	20.0	65.0	93.0

3 结果与讨论

2014年9月调查海域沉积物质量大面调查结果具体见表3。其中石油类：测值在$32\times10^{-6}\sim75\times10^{-6}$之间，平均值为$42.8\times10^{-6}$；有机碳：测值在$0.70\times10^{-6}\sim0.88\times10^{-2}$之间，平均值为$0.80\times10^{-2}$；硫化物：测值在$0.44\times10^{-6}\sim32.2\times10^{-6}$之间，平均值为$7.11\times10^{-6}$；铜：测值在$12\times10^{-6}\sim27\times10^{-6}$之间，平均值为$19\times10^{-6}$；铅：测值在$12\times10^{-6}\sim51\times10^{-6}$之间，平均值为$30\times10^{-6}$；锌：测值在$61\times10^{-6}\sim100\times10^{-6}$之间，平均值为$83\times10^{-6}$；镉：测值在$0.059\times10^{-6}\sim0.12\times10^{-6}$之间，平均值为$0.079\times10^{-6}$；汞：测值在$0.0079\times10^{-6}\sim0.01\times10^{-6}$之间，平均值为$0.001\times10^{-6}$；砷：测值在$6.6\times10^{-6}\sim12\times10^{-6}$之间，平均值为$9.2\times10^{-6}$；铬：测值在$16\times10^{-6}\sim53\times10^{-6}$之间，平均值为$31\times10^{-6}$。所有调查站位沉积物的理化参数的检查值均符合第一类沉积物质量标准。各评价因子的标准指数值见表4。

表3 海域沉积物质量现状调查结果（10^{-6}，有机碳为10^{-2}）

站位	石油类	有机碳	硫化物	铜	铅	锌	镉	汞	砷	铬
S01	32	0.84	32.1	17	51	68	0.072	0.007 9	11	29
S03	37	0.86	32.1	25	27	95	0.07	0.009 4	12	47
S06	75	0.84	0.66	16	49	80	0.08	0.008 6	9.4	33
S08	41	0.86	0.85	26	37	90	0.12	0.008 4	8.5	53
S09	48	0.72	0.44	12	26	100	0.058	0.009 1	8.5	26
S11	40	0.81	0.93	18	22	78	0.06	0.014	9.8	34
S14	39	0.88	1.1	26	33	80	0.059	0.007 7	6.9	37
S16	37	0.7	1.1	27	16	76	0.087	0.01	10	18
S17	39	0.72	1.1	14	12	61	0.11	0.005 7	9.6	21
S19	40	0.79	0.7	9.9	34	97	0.078	0.013	6.6	16

表 4 海域沉积物质量各评价因子的标准指数值（第一类标准）

站位	石油类	有机碳	硫化物	铜	铅	锌	镉	汞	砷	铬
S01	0.06	0.42	0.11	0.49	0.85	0.45	0.14	0.04	0.55	0.36
S03	0.07	0.43	0.11	0.71	0.45	0.63	0.14	0.05	0.60	0.59
S06	0.15	0.42	0.00	0.46	0.82	0.53	0.16	0.04	0.47	0.41
S08	0.08	0.43	0.00	0.74	0.62	0.60	0.24	0.04	0.43	0.66
S09	0.10	0.36	0.00	0.34	0.43	0.67	0.12	0.05	0.43	0.33
S11	0.08	0.41	0.00	0.51	0.37	0.52	0.12	0.07	0.49	0.43
S14	0.08	0.44	0.00	0.74	0.55	0.53	0.12	0.04	0.35	0.46
S16	0.07	0.35	0.00	0.77	0.27	0.51	0.17	0.05	0.50	0.23
S17	0.08	0.36	0.00	0.40	0.20	0.41	0.22	0.03	0.48	0.26
S19	0.08	0.40	0.00	0.28	0.57	0.65	0.16	0.07	0.33	0.20

从各参数的数值分布看，硫化物污染主要来自与陆源，最高值出现在 S01 和 S03。石油类的分布整体差别不大，其中再 S06 站位出现了一个异常高值，调查发现该站位临近码头，靠泊船只的柴油渗漏可能是主因。结合有机碳和重金属的数值分布结果可以推断，该区的强水文动力条件，使得区域内大部分理化参数的均匀度较高。从表 4 中可以看到重金属离子中，Cu 和 Pb 的比较值相对较高，这与舟山群岛海域总体的背景值相似[10—12]，因此也是需要关注的污染类型。

4 结论

2014 年 9 月于浙江衢山岛海域采集了 10 个站位的沉积物样品，对有机碳、硫化物、石油类和重金属等理化参数进行了检测分析。结合陆海分布、水文动力背景，得到以下结论：（1）研究区沉积物质量符合国家第一类沉积物质量标准；（2）硫化物的主要来源为衢山岛本地；（3）除 S6 站位外，其他各站位间石油类值差别不大，其可能是码头船只渗油所致；（4）有机碳和各重金属的站位变化不大，Cu、Pb 的相对值较高，这与舟山群岛海区整体背景值一致。

参考文献：

[1] 陈华，徐兆礼．舟山渔场衢山岛海域春夏季鱼类数量变化[J]．海洋渔业，2009，31(2)：179—185.

[2] 徐兆礼，陈佳杰．东黄海大黄鱼洄游路线的研究[J]．水产学报，2011，35(3)：429—437.

[3] 柏育材，徐兆礼．舟山渔场衢山岛海域春夏季十足目和口足目的分布特征[J]．上海海洋大学学报，2011，20(1)：96—101.

[4] 徐兆礼，陈佳杰．小黄鱼洄游路线分析[J]．中国水产科学，2009，16(6)：931—940.

[5] 胡明娜．舟山及邻近海域沿岸上升流的遥感观测与分析[D]．青岛：中国海洋大学，2007.

[6] 王震，肖瑞安，欧阳峰，等．岱山县衢山渔港护堤工程设计研究[C]//第十二届中国海岸工程学术讨论会．北京：海洋出版社，2005：542—546.

[7] 胡日军．舟山群岛海域泥沙运移及动力机制分析[D]．青岛：中国海洋大学，2009.

[8] 寿鹿，高爱根，曾江宁，等．底质环境对浙江衢山岛潮间带大型底栖动物分布的影响[J]．动物学杂志，2007，42(3)：79—83.

[9] 张洪亮，张龙，陈峰，等．浙江衢山岛南部近岸水域甲壳动物群落结构特征分析[J]．浙江海洋学院学报（自然科学版），2013，32(5)：383—387.

[10] 刘红．长江口表层沉积物分布特性研究[D]．上海：华东师范大学，2006.

[11] 徐琳．长江口及邻近海域表层沉积物组成和来源研究[D]．青岛：中国海洋大学，2008.

[12] 董爱国，翟世奎，Zabel Matthias，等．长江口及邻近海域表层沉积物中重金属元素含量分布及其影响因素[J]．海洋学报，2009，31(6)：54—68.

使用改进的分层抽取法研究淤泥的沉积过程

王亮[1]，谢健[1]，曹玲珑[1]，石萍[1]，田海涛[1]，王琰[1]

（1. 国家海洋局 南海规划与环境研究院，广东 广州 510300）

摘要： 现有的分层抽取法不能测试沉积过程中淤泥强度的变化，并且需要使用较多的孔隙水应力传感器导致试验成本很高。本文对此方法进行了改进，主要研制了可测试强度极低淤泥的室内微型高精度十字板剪切仪和一个孔隙水应力传感器，切换测试沉积柱不同高度处孔隙水应力的装置。由试验结果可知实测的数据完全满足需要，证明此方法是可行的。利用改进的分层抽取法可得到淤泥沉积过程中的泥水分界面高度、含水率（密度）、超静孔隙水应力、有效应力、颗粒分布、强度、压缩性、渗透性等参数的变化规律，可研究时间尺度较大的沉积淤泥的大变形自重固结和强度问题，并为进一步进行大变形自重固结的数值模拟提供了基础。

关键词： 改进的分层抽取法；室内微型高精度十字板剪切仪；淤泥沉积；自重固结；不排水强度

1 引言

在海洋、水利和水环境治理工程中，经常需要对沉积在水底的淤泥进行疏浚，每年都会产生大量的疏浚淤泥[1]。目前国内的疏浚方式大多采用绞吸船把沉积淤泥和水体充分混合，然后利用泥浆泵将淤泥抽出，这种方法抽出的泥浆呈流动状态，浓度大致在10%～20%左右（质量浓度，换算成含水率约为400%～900%）。对于这种高含水率的泥浆，通常设置堆场进行存放让其自然沉积，从而占用大量的土地资源[2]。随着土地资源越来越少，原先为淤泥堆场的土地也需要处理后进行土地还原。针对此问题开发出了淤泥固化形成人工硬壳层（MMC）技术，该技术可以根据工程需要在吹填淤泥表面铺设所需要强度和厚度的人工硬壳层，使之满足一定的承载力的要求，在短时间内为后续地基处理提供一个施工平台，节省整个地基处理的时间。刘青松等[3]利用模型试验研究了人工硬壳层的无侧限抗压强度、厚度对这种人工硬壳层地基极限承载力的影响规律，然而下部沉积淤泥的强度性质也会对人工硬壳层地基极限承载力产生影响，因此需要对沉积淤泥的强度性质进行深入研究。

目前吹填泥浆沉积规律方面的研究较多，并且主要关注自重固结阶段沉积淤泥的大变形自重固结性质，对于沉积淤泥强度方面的研究则较少。Bowden[4]和Merckelbach[5]应用室内模拟试验装置对室内沉积淤泥自重固结阶段的密度、有效应力、强度等物理力学性质进行了研究。单红仙等[6]、杨秀娟等[7]等通过现场原位观测试验，研究了单纯土体自重和土体自重、波浪、潮流水动力共同作用对快速堆积的黄河口沉积物固结和强度的影响。

何洪涛等[8]为了研究泥沙从悬浮态到沉积态的变化过程，在借鉴国外的试验装置的基础上开发了一种分层抽取法，该方法可测试泥水分界面、含水率（密度）、颗粒分布和超静孔隙水应力等参数，但是不能测试淤泥沉积过程中强度的变化。另外，该方法在沉积柱每个不同测点位置上安装孔隙水应力传感器测量孔隙水应力，当测点较多时需要使用较多的传感器。由于自重固结过程费时很长，采用分层抽取法研究自重固结过程时会长时间占用多个传感器，导致成本很高。因此笔者针对分层抽取法的缺点进行了改进，

基金项目： 长江科学院开放研究基金（CKWV2014210/KY）；海洋公益性行业科研专项经费项目（201105024）。

作者简介： 王亮（1979—），男，山东省潍坊市人，高级工程师，主要从事海洋岩土工程方面的研究。E-mail：wwldxh@163.com

添加了可测试强度极低淤泥的室内微型高精度十字板剪切仪和用一个孔隙水应力传感器切换测试沉积柱不同高度处孔隙水应力的装置，改进的分层抽取法与原方法相比，测试更为全面并且显著降低了试验成本。

本文通过改进的分层抽取法，对沉积淤泥进入到自重固结阶段的自重固结和强度性质进行了研究，深入了解了沉积淤泥自重固结和强度性质的发展规律，同时也为人工硬壳层技术等的工程应用提供帮助。

2 现有软弱淤泥强度的测试方法

现有软弱淤泥强度的测试方法主要有落锥试验、十字板剪切试验和薄板贯入试验。

落锥试验一般采用下式计算不排水抗剪强度：

$$s_u = kW/d^2 , \tag{1}$$

式中，s_u 为不排水抗剪强度；k 为落锥系数，与锥角和锥土界面间摩擦 x 有关，有关目前各种标准试验的 x 值都相同；W 为落锥重；d 为落锥贯入深度。

有许多学者利用理论分析或者与其他强度试验作比较而提出了不同的 k 值，见表 1。其中 Houlsby[9] 的理论值比另几位学者的经验值大。表 1 中 Karlsson[10] 和 Wood 等[11] 的经验值是以各种不同种类的重塑土样的落锥贯入试验与十字板剪切试验的结果比较得来，Zreik 等[12] 便根据此部分的结果与理论值作比较，而提出不同锥角所对应的 k 值。由上可知，落锥试验不能直接和准确测得强度。

表 1 不同理论与经验法所求得的落锥系数 k 值

文献	k 值类别	锥角/（°）				
		30	45	60	75	90
[9]	理论值	2.89	1.25	0.645	0.36	0.205
[10]	经验值	0.79 ±0.05	—	0.29 ±0.04	—	—
[11]	经验值	0.85 ±0.05	0.49 ±0.08	0.29 ±0.05	0.19 ±0.04	—
[12]	经验值	0.83	0.49	0.29	0.19	0.12

Inoue 等[13] 和 Tan 等[14-15] 研制了薄板贯入试验装置测试强度极低淤泥的不排水强度，测量范围为 2 ~ 500 Pa。图 1 为薄板贯入试验装置的组成示意图，主要由薄板、滑轮和砝码盘等组成。图 2 为作用在竖直薄板上的力。当薄板重量稍大于砝码重量时，薄板可以竖直贯入试样直至薄板受力平衡，由图 2 中力的平衡可得

$$dw = 2(b + t) \cdot dz \cdot \tau_y + b \cdot t \cdot dz \cdot \gamma_c , \tag{2}$$

式中，dw 为增加的重力；b 为薄板的宽度；t 为薄板的厚度；dz 为薄板增加的贯入深度；τ_y 为试样的抗剪强度；γ_c 为试样的重度。

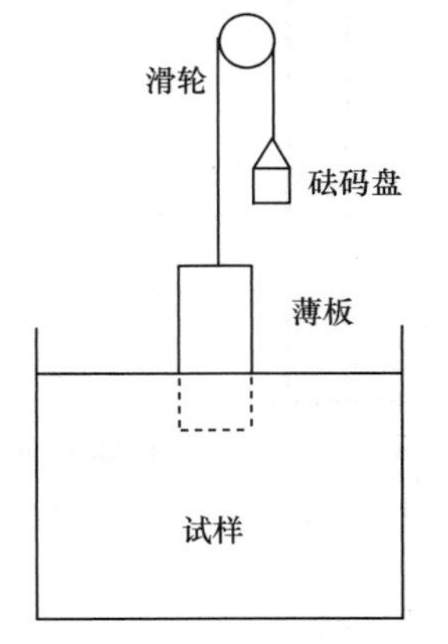

图 1 薄板贯入试验装置的组成示意图

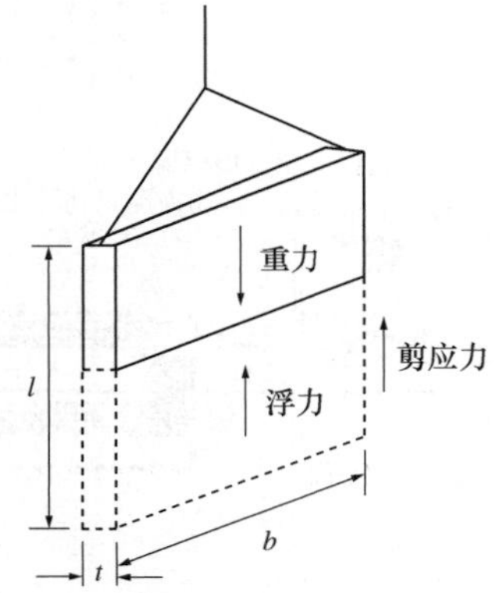

图 2 作用在竖直薄板上的力

式（2）可整理为

$$\tau_y = \frac{(dw/dz) - t \cdot b \cdot \gamma_c}{2(b + t)}, \tag{3}$$

式中，dw/dz 可由贯入试验求得，那么由式（3）就可求得试样的抗剪强度 τ_y。

试验操作步骤如下：试验开始前，砝码盘和薄板悬挂在滑轮两侧，薄板的底端位于试样表面以下，砝码盘和薄板相平衡；然后稍微减小砝码的重量，由于力的不平衡，薄板会竖直贯入试样，直至达到新的平衡，记录增加的重量和增加的贯入深度，再稍微减小砝码的重量，然后重复上面的步骤。

由试验原理和试验装置及操作步骤可知，薄板贯入试验测得的强度应该为薄板和淤泥之间的强度，该值会小于淤泥的强度。

室内微型十字板剪切试验是目前国外比较公认和常见的用于强度较低淤泥的强度测试方法，国内现场大型十字板剪切试验仪较为常见，而室内微型十字板剪切低度鲜有报道，但由于其原理明确在这里不再赘述。

3 改进的分层抽取法的试验方法设计

对存在缺陷的分层抽取法进行了改进，是研制了可测试强度极低淤泥的室内微型高精度十字板剪切仪和一个孔隙水应力传感器切换测试沉积柱不同高度处孔隙水应力的装置。

试验步骤为：①在一定数量的沉积柱中注入相同高度的试验泥浆使其沉降和自重固结；②在一定时间时，通过孔隙水应力测试装置测试孔隙水应力；③同时利用十字板剪切仪对平行样进行强度测试；④强度测试完成后，通过分层真空抽取装置抽取平行样的各层泥浆，取样测试各层的含水率和颗粒组成。

3.1 孔隙水应力测试装置

孔隙水应力测试装置见图 3。孔隙水应力测量端口依次左右间隔安装在沉积柱侧壁上。端口由过滤材料、阀门、水管组成。沉积柱侧壁上每个孔隙水应力测量端口处开有直径 6 mm 的圆孔，圆孔中填充有过滤材料并且过滤材料恰好与沉积柱侧壁内表面齐平。阀门用来控制孔隙水应力测量端口的开关。切换测量孔隙水应力单元配置一个高精度差压式孔隙水应力传感器，并与来自沉积柱各孔隙水应力测量端口的水管和校正柱的水管连接。

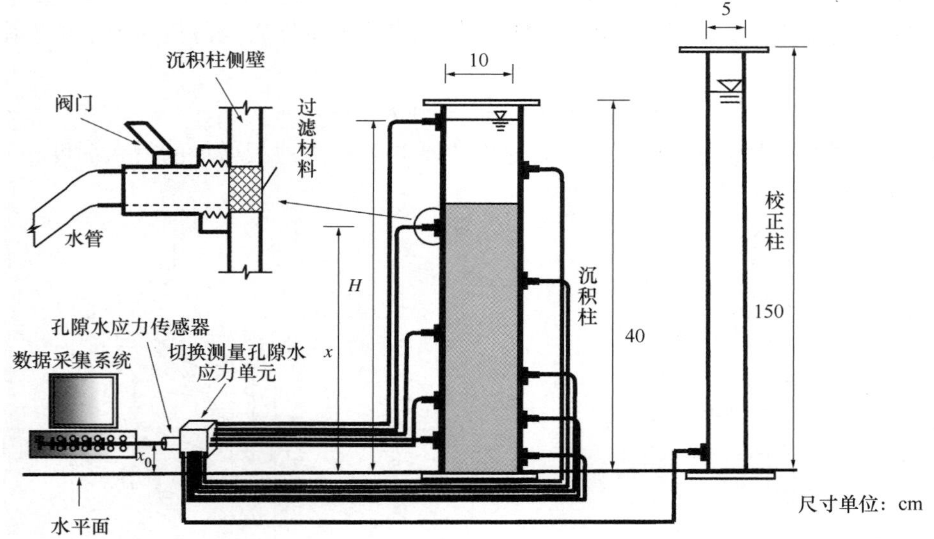

图 3 孔隙水应力测试装置

在试验之前，切换测量孔隙水应力单元及连接沉积柱和校正柱的水管均充满水，然后开启校正柱的阀门，通过改变不同高度的水头对孔隙水应力传感器进行校正，校正完成后通过开关不同孔隙水应力测量端口上的阀门可依次与孔隙水应力测量端口连接测试沉积柱中沉积淤泥的孔隙水应力。

孔隙水应力测量端口处的孔隙水应力为

$$u = u_0 - \gamma_w (x - x_0), \tag{4}$$

式中，u 为孔隙水应力测量端口处的孔隙水应力；u_0 为孔隙水应力传感器测量的孔隙水应力；x 为孔隙水应力测量端口的高度；x_0 为孔隙水应力传感器中心的高度；γ_w 为水的重度。

3.2 室内微型高精度十字板剪切仪

由于本文所研究淤泥的强度较低，采用三轴试验、无侧限试验等一般的强度测试方法很难对其进行准确测试。现有软弱淤泥强度测试方法中，十字板剪切仪应用最广泛最成熟，且原理明确便于操作，因此依据 ASTM Standard D4648 - 05[16] 研制了可测试强度极低淤泥的室内微型高精度十字板剪切仪。下面对该仪器进行详细介绍。

（1）仪器结构和操作方法

十字板剪切仪结构由主机和控制器两部分组成。十字板剪切仪主机构造如图 4 所示，其主要部件有步进电机、减速器、扭矩传感器、十字板等组成。控制器为十字板剪切仪的控制和输出装置，试验过程中控制器显示面板上可同时显示十字板的转角和测得的强度。扭矩传感器的量程为 0.1 N · m。十字板直径 D 为 20 mm，高度 H 为 40 mm，由厚度为 2 mm 金属板制作。十字板测杆有 3 个，长度分别为 10，25，45 cm，测杆的直径为 4 mm。十字板和测杆的横截面面积与十字板旋转过程中所产生的圆柱面的横截面面积之比为 2%，远小于 ASTM Standard D4648 - 05 规定的 13.7%，这样就可以尽可能地减轻十字板贯入待测沉积淤泥层时对试样的扰动。十字板剪切速率可在 0.1° ~ 10°/s 之间调整。ASTM Standard D4648 - 05[16] 推荐剪切速率为 60° ~ 90°/min，British Standard 1377[17] 规定剪切速率为 10°/min。试验过程中采用的剪切速率为 1°/s。为测量淤泥沉积过程中强度的微小变化，尽量提高了仪器的剪切强度分辨率，该仪器的分辨率为 1 Pa，最大量程为 3 kPa。

沉积柱中每 5 cm 高度进行一次强度测试。根据待测试样的高度可选用不同长度的十字板测杆，并且十字板可通过调节螺母在调节杆上上下移动而改变贯入深度。十字板贯入到指定位置后固定调节螺母，按启动键后步进电机带动十字板旋转，面板显示屏上会显示实时的十字板扭转角度和抗剪强度，抗剪强度读数稳定后即可停止试验。

（2）仪器原理和扭矩标定

由十字板剪切试验的原理可得到不排水强度 c_u 的计算公式：

$$c_u = \frac{M_{max}}{\frac{\pi D^2}{2}\left(H + \frac{D}{3}\right)}, \tag{5}$$

式中，c_u 为不排水强度（kPa），M_{max} 为最大扭力矩（N · m），D 为十字板直径（mm），H 为十字板高度（mm）。

式（5）中与十字板剪切面积有关的部分定义为

$$k = \frac{\pi D^2}{2}\left(H + \frac{D}{3}\right). \tag{6}$$

当 D = 2 cm，H = 4 cm 时，k = 29.31 cm^3。把 k 值代入式（5），并进行系数折算得

$$c_u = \frac{10^4 M_{max}}{k}, \tag{7}$$

式中，10^4 为折算系数，M_{max} 的单位为 N · cm，c_u 的单位为 Pa。

使用力臂长度为 100 mm 的加力杆，通过滑轮装置施加 20 g 的砝码，计算扭矩为 1.96 N · cm，根据

式（7）计算对应的抗剪强度为669 Pa，调整AD转换器，使显示屏显示值为669 Pa。再施加一级20 g的砝码，显示值为（1 338 ±5）Pa，在允许的误差范围内，则仪器标定完成。使用一定时间后要对十字板进行重新标定。

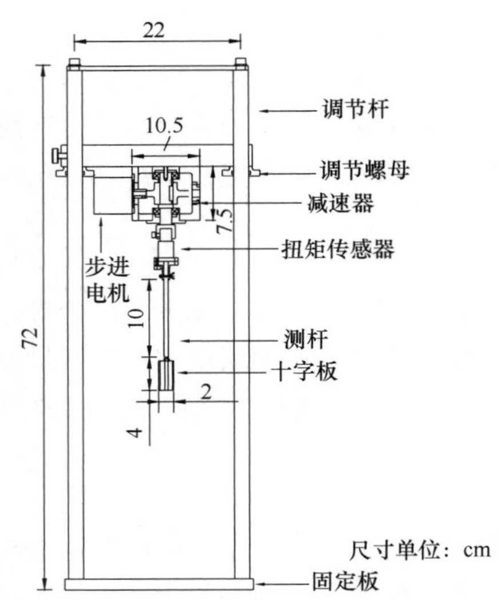

图4 室内微型十字板剪切仪主机结构示意图

4 试验结果

4.1 试验材料

试验淤泥取自无锡太湖清淤产生的疏浚淤泥，类别为高液限黏土。其基本物理性质指标为：比重为2.67，液限为56%，黏粒含量（粒径<5 μm）含量为26.9%，有机质含量（重铬酸钾容量法）为3.5%，初始含水率为504%。颗粒分布曲线见图5。

4.2 试验结果

由式（4）可知采用孔隙水应力测试装置可测得沉积淤泥不同高度处的孔隙水应力，孔隙水应力减去静水应力即为超静孔隙水应力。不同时间时超静孔隙水应力的变化见图6。由图6可知，在自重固结阶段初期超静孔隙水应力消散较快，后期超静孔隙水应力消散变慢。在超静孔隙水应力接近消散完成时，上部沉积淤泥的超静孔隙水应力消散为0，下部沉积淤泥的超静孔隙水应力仍有部分未消散完成。超静孔隙水应力全部消散为0的时间为54 d。可见，沉积淤泥的自重固结过程历时较长。

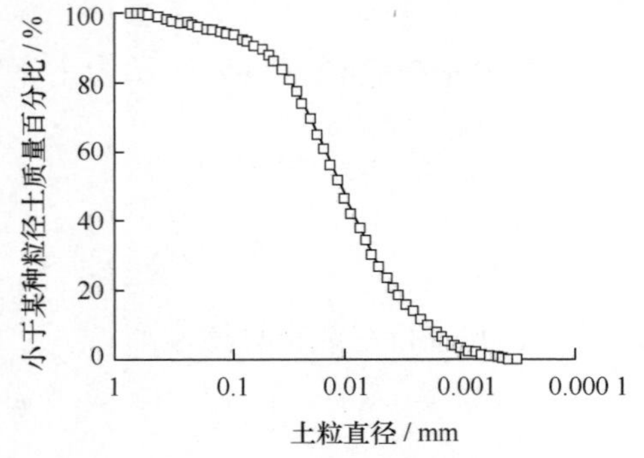

图5 太湖淤泥的颗粒分布曲线

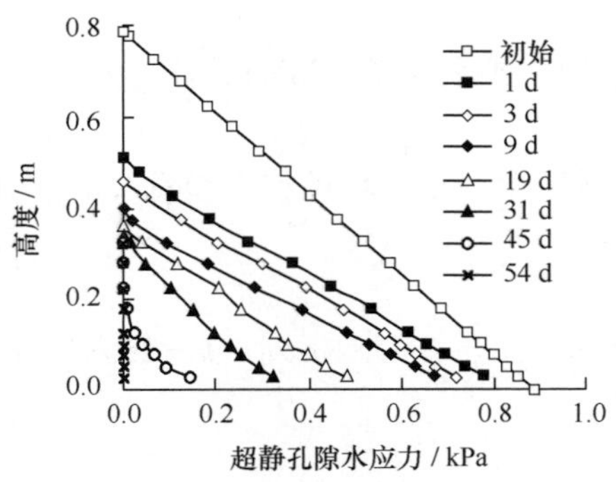

图6 超静孔隙水应力的变化规律

利用分层真空抽取装置在不同时间进行分层抽样，可得到各层含水率数据，由密度与含水率的关系式[8]可求得密度。不同时间时密度的变化规律见图 7。由图 7 可知，在自重固结阶段初期密度变化较快，后期变慢。在超静孔隙水应力接近消散为 0 时，密度几乎不再发生变化。

由每层密度数据可求得每层总应力，从最上层依次累加可求得第 i 层的总应力

$$\sigma_i = \sigma_{i-1} + \rho_i g h_i, \tag{8}$$

式中，为第 i 层的密度；h_i 为第 i 层的高度；为第 $i-1$ 层的总应力；为第 i 层的总应力。

有效应力公式为

$$\sigma = \sigma' + u, \tag{9}$$

式中，σ 为总应力，σ' 为有效应力，u 为孔隙水应力。

由式（9）可求得不同高度处的有效应力。

不同时间时有效应力的变化规律见图 8。由图 8 可知，有效应力有两个变化趋势：有效应力随时间增长而增大；泥水分界面处的有效应力为 0，越接近沉积柱底部，有效应力越大。

不同时间时不排水强度的变化规律见图 9。

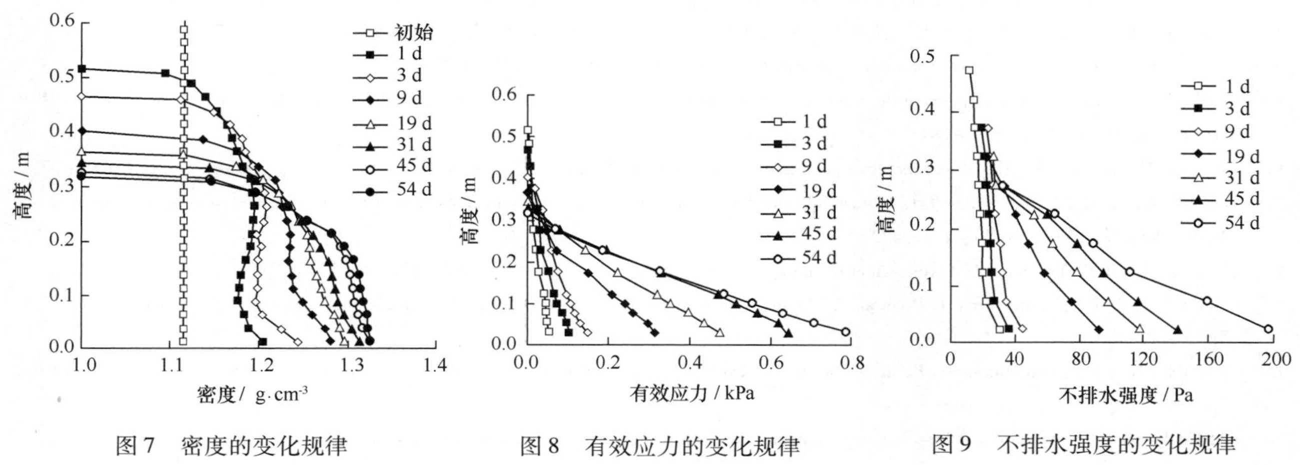

图 7 密度的变化规律　　图 8 有效应力的变化规律　　图 9 不排水强度的变化规律

由改进的分层抽取法所测得的参数，还可进一步分析沉积淤泥的压缩性（有效应力和孔隙比之间的关系）、渗透性（渗透系数和孔隙比之间的关系）以及强度与密度和有效应力之间的关系等。

5 结论

（1）现有的分层抽取法不能测试沉积过程中淤泥强度的变化，并且需要使用较多的孔隙水应力传感器导致试验成本很高。因此对存在上述缺陷的分层抽取法进行了改进，主要是研制了可测试强度极低淤泥的微型高精度十字板剪切仪和一个孔隙水应力传感器切换测试沉积柱不同高度处孔隙水应力的装置。利用这种改进的试验方法可得到淤泥沉积过程中的泥水分界面高度、含水率（密度）、超静孔隙水应力、有效应力、颗粒分布、强度、压缩性、渗透性等参数的变化规律。

（2）国外主流方法主要采用核子密度计进行无损密度测试，由于不用对试样进行破坏性试验仅使用一个沉积柱进行试验，因此只能进行一次强度测试。本方法是采用同时制作多个沉积柱进行平行试验的方法，可根据需要选取沉积柱进行强度测试。因此本方法的强度试验可得到较多的数据。

（3）由试验结果可知实测的数据完全满足需要，证明此方法是可行的，弥补了现有的常规固结和强度试验装置的不足。利用改进的分层抽取法测试的试验数据，可以深入分析淤泥沉积过程中大变形自重固结和强度参数的变化规律及其影响机理，并为进一步进行大变形自重固结的数值模拟提供了基础由图 9 可知，强度有两个变化趋势：强度随时间增长而增大，在自重固结阶段初期（1 ~ 9 d 之间）强度增长较慢，后期强度增长明显；越接近沉积柱底部，强度越大。由 1 d 时不同高度处强度测试结果看，相邻测量点强

度的差值很小，12.5，17.5 cm高度处的强度测量值均为20 Pa，22.5，27.5，32.5 cm高度处的强度测量值分别为18，17，16 Pa，37.5，42.5 cm高度处的强度测量值分别为14，13 Pa，为了测量强度的上述微小差异，十字板剪切仪的剪切强度分辨率为1 Pa是有必要的。

参考文献：

[1] 朱伟，张春雷，刘汉龙，等．疏浚泥处理再生资源技术的现状[J]．环境科学与技术，2002，25(4)：39—41.

[2] 江苏省水利勘测设计研究院有限公司．南水北调东线第一期工程高水河整治工程初步设计报告[R]．南京：江苏省水利勘测设计研究院有限公司，2006.

[3] 刘青松，张春雷，汪顺才，等．淤泥堆场人工硬壳层地基极限承载力室内模拟研究[J]．岩土力学，2008，29(增刊)：668—670.

[4] Bowden R K. Compression behaviour and shear strength characteristics of a natural silty clay sedimented in the laboratory[D]. Oxford: University of Oxford, 1988.

[5] Merckelbach L M. Consolidation and strength evolution of soft mud layers[D]. Delft: Delft University of Technology, 2000.

[6] 单红仙，张建民，贾永刚，等．黄河口快速沉积海床土固结过程研究[J]．岩石力学与工程学报，2006，25(8)：1676—1682.

[7] 杨秀娟，贾永刚，单红仙，等．水动力作用对黄河口沉积物强度影响的现场试验研究[J]．岩土工程学报，2010，32(4)：630—637.

[8] 何洪涛，朱伟，张春雷，等．分层抽取法在泥沙沉积过程中的应用研究[J]．岩土力学，2011，32(8)：2371—2378.

[9] Houlsby G T. Theoretical analysis of the fall-cone test[J]. Géotechnique, 1982, 32(2): 111—118.

[10] Karlsson R. Suggested improvement in the liquid limit test, with reference to flow properties of remoulded clays[C]. Proc 5th Int Conf Soil Mech Found Eng. Paris, 1961: 171—184.

[11] Wood D M, Wroth C P. The use of the cone penetrometer to determine the plastic limit of soil[J]. Ground Engineering, 1985, 11(3): 37.

[12] Zreik D A, Ladd C C, Germarine T T. A new fall cone device for measuring the undrained strength of very weak cohesive soils[J]. Geotechnical Testing Journal, 1995, 18(4): 472—482.

[13] Inote T, Tan T S, Lss S L. An investigation of shear strength of slurry clay[J]. Soils and Foundations, 1990, 30(4): 1—10.

[14] Tan T S, Goh T C, Karunaratne G P, et al. Yield stress measurement by a penetration method[J]. Canadian Geotechnical Journal, 1991, 28: 517—522.

[15] Tan T S, Goh T C, Karunaratne G P, et al. Shear strength of very soft clay-sand mixtures[J]. Geotechnical Testing Journal, 1994, 17(1): 27—34.

[16] ASTM D4648—05 Standard test for laboratory miniature vane shear test for saturated fine-grainod clayey soil[S]. 2005.

[17] British Standard 1377. Methods of test for soils for civil engineering purposes[S]. London: British Standards Institution, 1990.

（该论文已在《岩土工程学报》发表）

1958—2014 年辽东湾西部团山角地区岸线演变特征

程林[1,2]，王伟伟[2]，付元宾[2]，袁蕾[2]，马恭博[2]，王艳霞[1]，康婧[1,2]

（1. 河北省科学院 地理科学研究所，河北 石家庄 050021；2. 国家海洋环境监测中心，辽宁 大连 116023）

摘要： 团山角地区是辽东湾自然砂质海岸集中分布区域之一，也是海岸侵蚀灾害高发区域之一。本文收集并解译了 1958 年海图及 1972 年、2010 年及 2013 年遥感影像，并于 2013 年 12 月—2014 年 12 月对部分岸段开展了岸线及海滩的现场调查。遥感影像解译结果显示：1958 年以来，受养殖塘、码头及防波堤建设及围海工程因素影响，团山角地区自然砂质海岸减少达 2.72 km；南江屯至团山角段自然砂质海岸年后退速率达 2.77 ~ 3.21 m/a，其中团山角段海岸自然形态明显改变，持续侵蚀后退过程中海岸弯曲程度降低；二河口段自然砂质海岸出现明显淤积，淤积速率达 2.37 ~ 4.68 m/a。实地调查结果显示，南江屯段部分海岸后退速率达 7.48 m/a，海滩年均下蚀达 35.5 ~ 53.2 cm/a，海蚀陡坎最高可达 2.49 m。

关键词： 辽东湾西部；岸线演变；海岸侵蚀；海蚀陡坎

1 引言

辽东湾西部海岸是我国自然砂质海岸集中分布区域之一，也是海岸侵蚀灾害高发区域之一，其中尤其以绥中县团山角海岸（六股河二河口至塔山屯镇大南铺村）为甚。对该地区岸线演变及海岸侵蚀的研究可见于诸多文献。王玉广等[1−2]等结合多年现场监测资料对比分析，讨论了绥中团山角沙质海岸侵蚀的特点及其主要的影响因素，给出了海岸侵蚀的防治措施。王伟伟等[3]通过遥感影像分析讨论了六股河口附近等地区的海岸侵蚀速率及其灾情分布特征。王恩康等[4]从沿岸输沙的角度分析了绥中六股河等地区岸线及近岸海域的蚀淤现状。朱立俊等通过多期遥感影像分析了团山角至止锚湾地区的海岸侵蚀及其影响因素。然而，受限于遥感影像分辨率，通过遥感影像分析获得的岸线演变多限于宏观性描述，遥感影像分析未能与实地岸线及海滩测量相结合，使得对海岸侵蚀缺乏全面性分析。本文综合采取海图、遥感影像分析及实地测量的方法，以期全面了解团山角地区海岸演变特征及其影响因素。

2 研究区域概况

本文研究的主要区域位于葫芦岛市绥中县团山角海岸（见图 1），岸线范围为北至绥中小庄子镇的六股河二河口，南至绥中塔山屯镇的大南铺村。根据岸线走向特征，研究岸段又可分为 3 段：A 段，可称为南江屯岸段，岸线呈 W—E 走向；B 段，可称为团山角岸段，由 W—E 向在叼龙咀处转为 SW—NE 向；C 段，可称为二河口岸段，岸线呈 SW—NE 走向。该区域的自然地理及近岸海洋动力基本特征见表 1。

基金项目： 国家海洋局预报减灾司“全国海岸侵蚀监测评价与预警示范研究”。

作者简介： 程林（1985—），男，硕士，助理研究员，主要从事海洋地貌学研究。E-mail：chenglin_ok@126.com

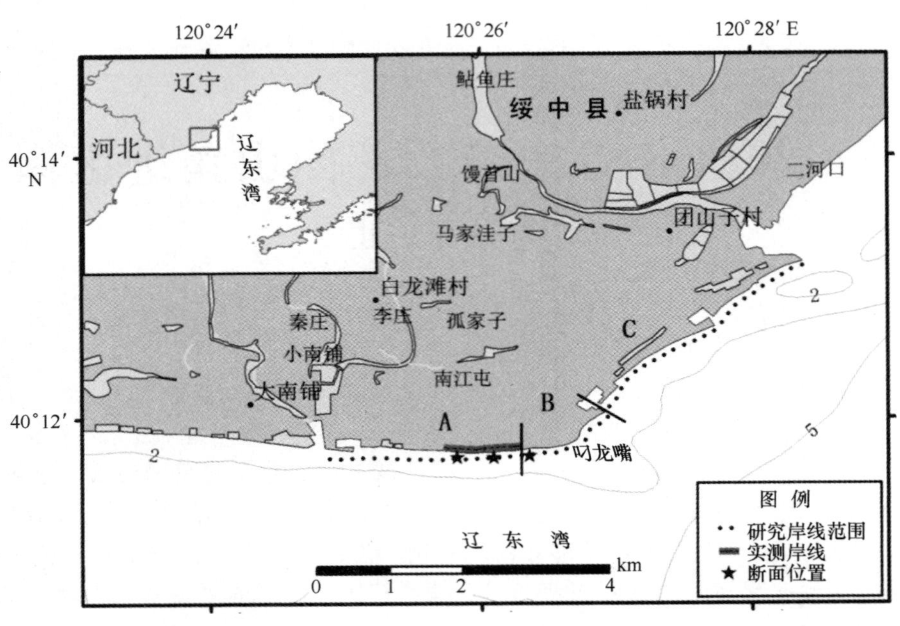

图 1 研究区域概况

表 1 研究区域自然地理及近岸海洋动力基本特征

地貌	陆域为冲洪积平原，地表岩性为浅黄色亚砂土、亚黏土，近海沉积环境属于渤海西岸水下岸坡沉积区[5]
气候	大陆性季风气候区，主风向 SSW、SW
波浪	以风浪为主，平均波高 0.7 m，常浪向及强浪向均为 SSW，次浪向为 SW[4,6]
潮汐	不正规半日潮，平均潮差 0.95 m[6]
潮流	往复流，往复方向为 NNE—SSW，潮流流速最大可达 0.98 cm/a，平均达 0.3 ~ 0.5 cm/a，最大流速方向为 NE

3 研究方法

3.1 遥感影像及海图资料分析

本文共收集了遥感影像 4 幅、海图 1 幅。其中海图的些基本情况如表 1 及图 2，遥感影像资料的基本情况如表 2 及图 3 ~ 5。使用地理信息系统软件 ArcGIS10.0 进行配准，并提取岸线信息。使用 ENVI 对 3 幅遥感影像进行校正。

通过实地调查、咨询当地居民，确定以陡坎或植被生长界线为自然岸线的解译标志，以人工建筑向海边界为人工岸线解译标志。使用 ArcGIS10.0 提取海图及遥感影像的岸线信息，如图 6。

表 2 海图资料情况

海图名称	出版时间	岸线测量时间	比例尺
东娘顶角至狗河口	1974 年 9 月	1958 年	1:50 000

表 3 遥感影像资料

拍摄时期	卫星	分辨率
1972 - 05 - 02	美国 KeyHole	2.7 m
2010 - 02 - 26	美国 Quickbird	0.6 m
2013 - 10 - 25	法国 SPOT	0.6 m

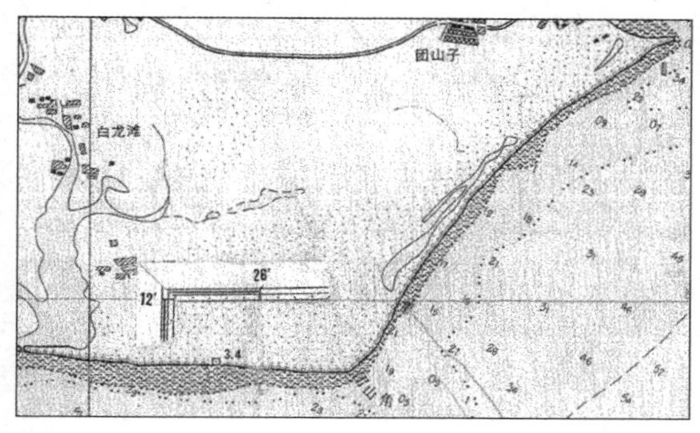

图 2　海图

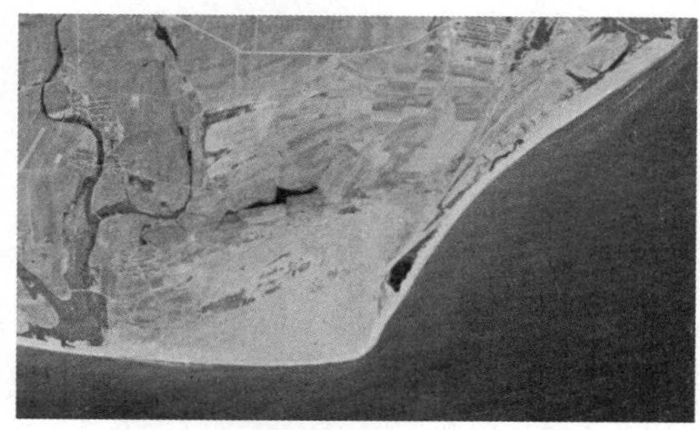

图 3　1972 年遥感影像

图 4　2010 年遥感影像

图 5　2013 年遥感影像

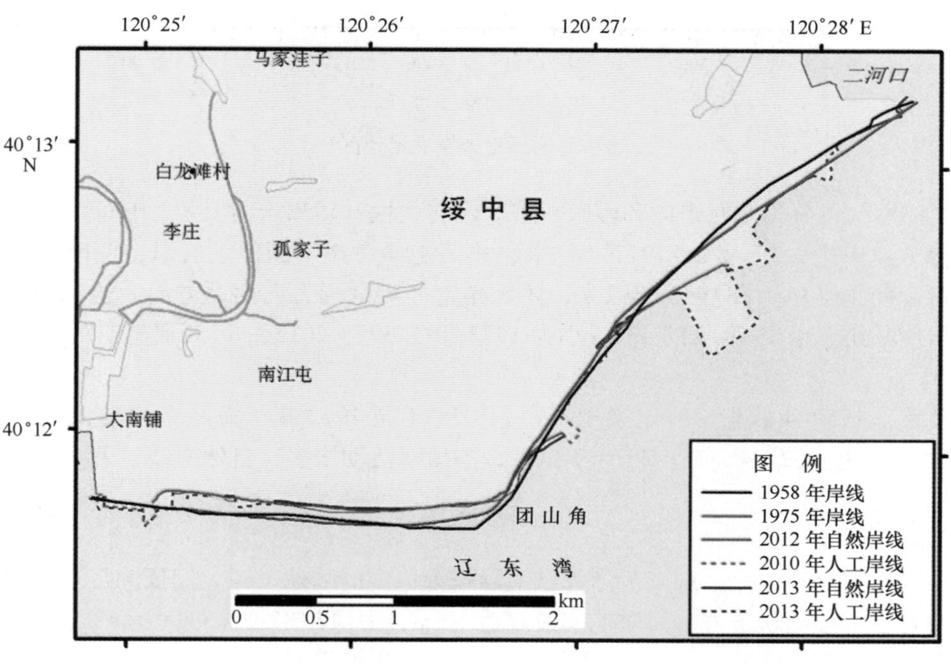

图 6　岸线解译及对比结果

3.2　海岸线及海滩的现场调查

为了解研究海岸的最新变化情况，开展了绥中县叼龙嘴海岸开展了现场调查。岸线位置及岸滩地形调查使用 Trimble RTK GPS，于 2013 年 7 月、2013 年 12 月、2014 年 7 月、2014 年 12 月进行，其中岸线位置调查始于 2013 年 12 月。此外采集并分析了部分断面的沉积物。

4 结果

4.1 岸线类型变化特征

研究区域的海岸线类型变化明显。1958 年海图因无岸线类型标示，因此不做分析。1972 年遥感影像显示，调查岸线全部是自然砂质海岸。2010 年遥感影像显示，有 1.60 km 的自然砂质海岸已被改造为人工岸线，人工岸线类型以养殖塘、码头及防波堤。2013 年遥感影像显示，自然砂质岸线再次减少 1.12 km，新增加的人工岸线主要为养殖池塘，其中 0.34 km 自然砂质海岸因围海工程而消失。

4.2 自然砂质岸线蚀淤变化

研究岸段 A、B、C 段各有不同的演变趋势。

A 段：该段海岸 1958 年至 1972 年内淤积，淤积速率平均达 1.35 m/a。1972 年至今，该段海岸则出现持续侵蚀。遥感影像分析结果显示，1972 年至 2010 年，该段海岸多年平均侵蚀速率达 2.49 m/a。2010 年至 2013 年，该段海岸的多年平均侵蚀速率达 3.21 m/a。2013 年 12 月至 2014 年 12 月对部分侵蚀严重岸段的实地调查显示（如图 7），该海岸后退达 7.48 m。

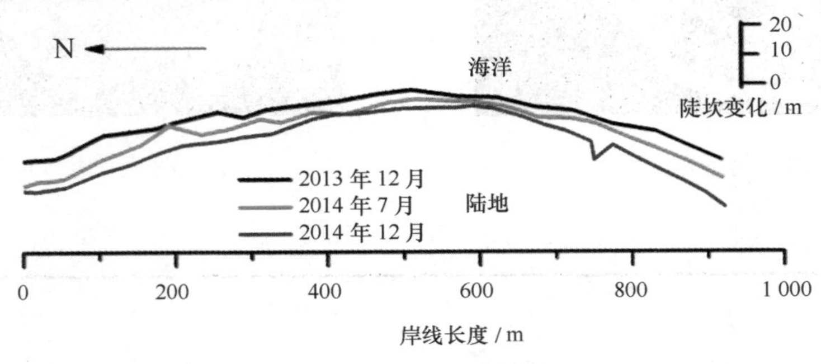

图 7 南江屯海岸后退情况

B 段：该段海岸又可分为东西走向和西南—东北走向两段。1958 年至 1972 年间。该段海岸主要以侵蚀后退为主，侵蚀速率达 2.77 m/a。1972 年以来，东西走向海岸不断侵蚀后退，西南—东北走向海岸不断淤积，岸线形态变化剧烈。自 1958 年以来，团山角这一岬角形态向西北方向后退达 303 m。此外，该段岸线岸线曲折度减小，由 1958 年的 43°减小为 1972 年的 39°，2013 年最新遥感影像显示，该段岸线弯曲度已减小至 31°。

C 段：该段海岸 1958 年以来岸线以淤积为主。1958 年至 1972 年，海岸平均淤积达 4.68 m/a。1972 年至 2010 年，平均淤积达 2.34 m/a。2010 年以来，围填海活动增多，自然岸线显著减少。

4.3 海滩变化特征

调查海滩主要位于南江屯段，调查范围为自地形较为稳定的陆地，至大潮低潮带。海滩沉积物类型以砾质砂为主，发育于海蚀陡坎下方，海滩前滨最宽达 60 m，海滩地形坡度最大达 6°，内滨未观测到沙坝发育。调查期间，3 条断面出现连续下蚀及整体后退，下蚀程度强烈，最大达 53.2 cm/a；海滩侵蚀宽度模数均超过 50%，最大达 92%；海滩地形的季节变化趋势不明显。此外，由图 8 也可看到调查海滩附近的海蚀陡坎的后退情况，可达 5.93 m/a。

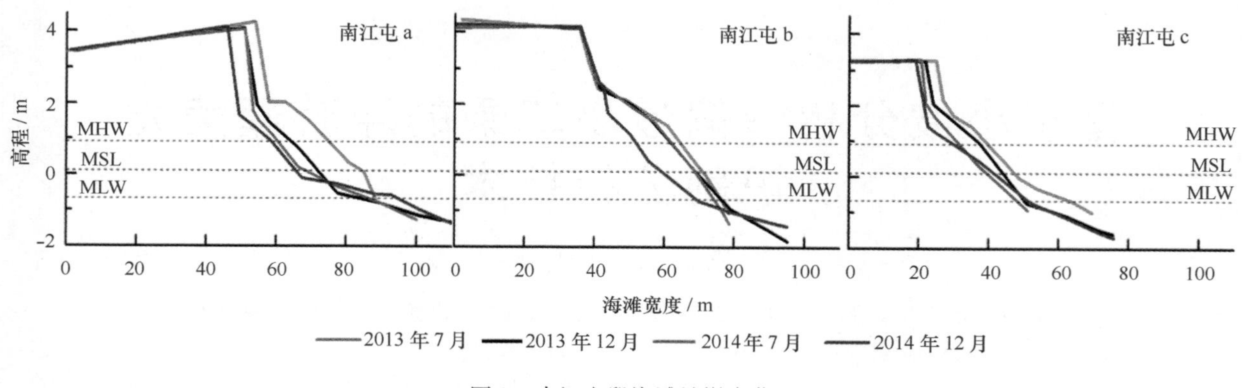

图 8　南江屯段海滩蚀淤变化

5　讨论

沿岸输沙特征是影响一个地区海滩及海岸蚀淤的重要因素。王恩康等[4]指出本地区沿岸输沙方向为 SE－NW 向。研究区自然岸线呈现为角度较大的自然弯曲状态，导致南江屯及二河口两地存在较大的输沙量差异，如图 9，南江屯段海岸沿岸输沙量远小于其北部的二河口岸段。此结果一方面导致二河口段淤积，另一方面南江屯段海岸极易出现侵蚀。两段海岸中间的团山角，便出现向西北移动的趋势。

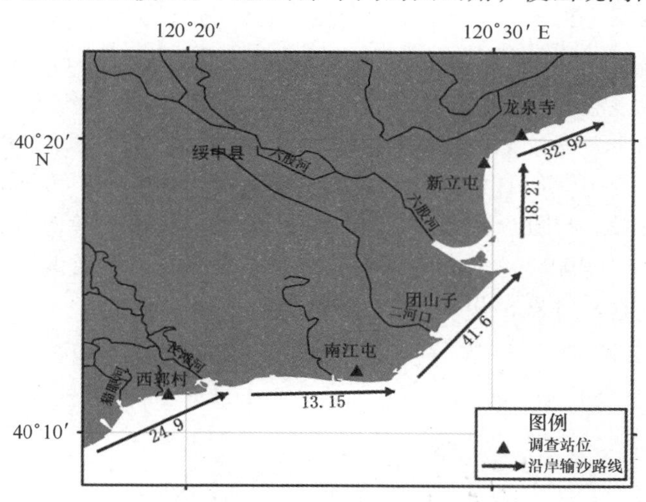

图 9　研究地区沿岸输沙率及其变化（据文献［4］）

研究区域砂质海岸的主要泥沙来源为山前河流输沙。然而由于水土保持以及内陆山前大量水库的建设，使得本区域河流泥沙流量减小。此外，六股河口一带海砂开采强度高，近海水深增加，局部地区水动力增强，这进一步加剧了研究区域的海岸侵蚀。

参考文献：

[1]　王玉广，张宪文，贾凯，等．辽东湾绥中海岸侵蚀研究[J]．海岸工程，2007，18(1)：1—5.

[2]　王玉广，李淑媛，苗丽娟．辽东湾两侧砂质海岸侵蚀灾害与防治[J]．海岸工程，2005，24(1)：9—18.

[3]　王伟伟，马红伟，殷学博，等．辽宁省海岸的蚀淤等级分布[J]．海洋科学，2010，34(8)：65—68.

[4]　王恩康，吴建政，朱龙海，等．六股河口外海域泥沙输运和冲淤演化分析[J]．海岸工程，2012，31(04)：9—19.

[5]　董太禄．渤海现代沉积作用与沉积模式的研究[J]．海洋地质与第四纪地质，1996(04)：43—53.

[6]　刘恒魁．秦皇岛至团山角近岸海区水文基本特征[J]．海洋通报，1994，13(1)：89—93.

基于小波分析-偏最小二乘的浮游藻荧光识别分析技术

齐晓丽[1]，苏荣国[1*]

（1. 中国海洋大学 海洋化学理论与工程技术教育部重点实验室，山东 青岛 266100）

摘要：浮游植物作为海洋生态系统食物网的基础，在全球海洋生态系统中发挥着极其重要的作用。对浮游植物丰度和群落组成的快速监测对于评估沿海地区的生态状况至关重要。三维荧光光谱（EEM）技术作为识别测定浮游植物类群的分析技术，具有测定速度快、灵敏度高、指纹特性强等优点。研究选取了分属于2个门18个属的30种浮游藻，在不同温度、光照和生长周期条件下进行培养，测得其色素萃取液的三维荧光光谱（EEM）。首先，利用Daubechies7（db7）小波分解色素萃取液EEM，得到具有种类特征性的尺度分量。其次，利用Bayesian判别分析选择最佳识别特征光谱。最后，利用偏最小二乘建立藻种的识别测定技术，在门类（硅藻门、甲藻门）水平上对浮游藻群落组成进行识别测定。在实验期间，选取生长进入平稳期且长势较好的属于不同门类的两种藻种，按照叶绿素浓度比1∶4、4∶1、2∶3及3∶2进行混合，得到浮游藻色素萃取液混合样品，实验得到94个混合藻种样品。将30个单种藻样品第一培养平行样及2/3的不同浓度梯度的两种藻的混合样作为训练集建立偏最小二乘回归识别测定模型，如图1所示。单种藻第二培养平行样及剩余不同浓度梯度的两种藻的混合样作为测试集，该技术对单种藻在门类水平上的平均识别正确率是100%（图1），含量的平均识别正确率范围为92.24%～108.22%。对实验室两种藻的混合样品，硅藻含量识别的平均相对误差为7.16%（图2a）。甲藻含量识别的平均相对误差为6.78%（图2b）。本研究为浮游藻群落组成识别测定提供了一种新的思路。

关键词：三维荧光光谱；浮游藻；db7小波；偏最小二乘

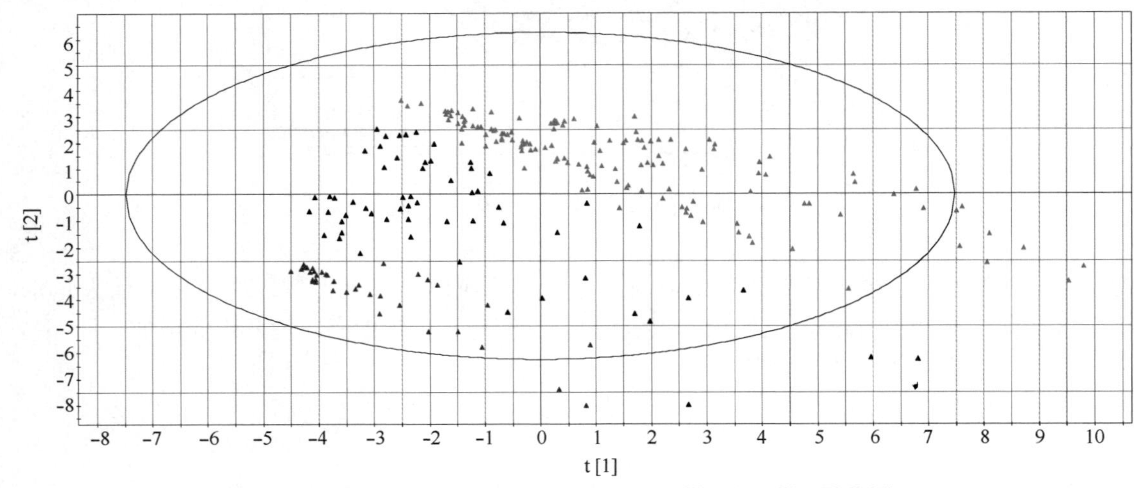

图1 硅甲藻训练集（PLS）t［comp. 1］/t［comp. 2］

（红色标注代表硅藻，蓝色标注代表甲藻，黑色标注代表混合样品）

作者简介：齐晓丽（1989—），女，山东省潍坊市人，主要从事浮游藻监测方向的研究。E-mail：15192538791@163. com

[*]**通信作者**：苏荣国（1973—），男，主要从事浮游藻监测方向的研究。E-mail：surongguo@ ouc. edu. cn

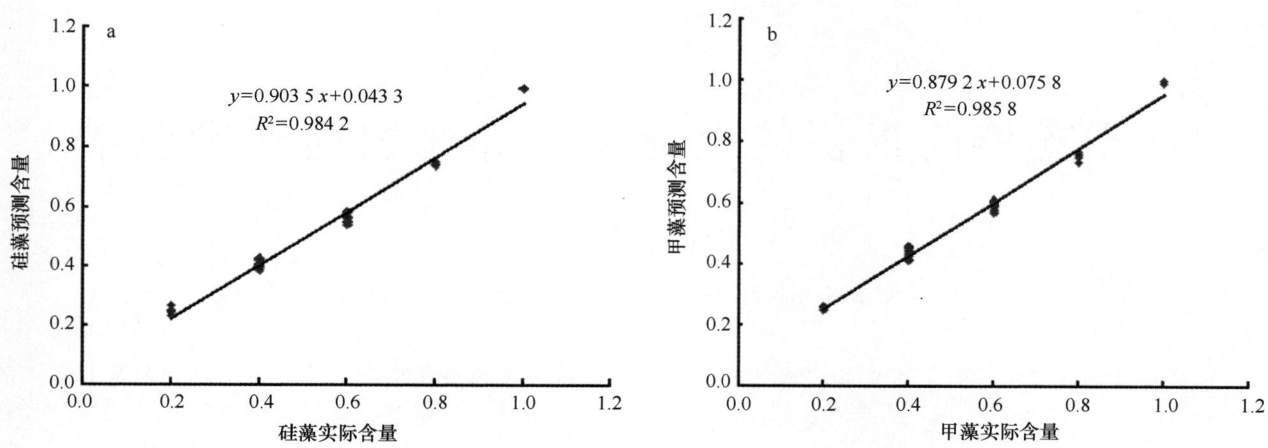

图2　硅藻和甲藻实际含量与预测含量相关性分析

基于支持向量机的近海富营养化快速评价技术

孔宪喻[1]，苏荣国[1*]

（1. 中国海洋大学 海洋化学理论与工程技术教育部重点实验室，山东 青岛 266100）

摘要：随着沿海经济的迅速发展，排入海水中的氮磷等污染物逐年增加，近海富营养化趋势日益加剧。对近海富营养化状况进行实时评价是海洋环境监测的迫切需要。目前水质富营养化的评价方法较多，主要包括单因子评价法（TSI），及富营养化指数法（EI）、营养状态质量指数法（NQI）、富营养化状态指数法（TRIX）等综合指数法，使用的评价指标主要包括营养盐、COD、BOD、溶氧（DO）、叶绿素 *a*（Chl *a*）、浊度（Tur）等。由于营养盐、COD 等参数的测定存在分析周期长、工作量大等特点，不利于富营养化的快速监测评价。

有色溶解有机物（CDOM）是存在于水体中的一类含有富里酸、腐殖酸和芳烃聚合物等物质的可溶性有机物，与营养物质的生物地球化学循环密切相关。有研究表明 CDOM 的紫外可见吸收与 COD、营养盐等水质参数有显著相关性。同时紫外可见光谱分析技术已广泛应用于在线实时监测。

支持向量机（SVM）是由 Vapnik 等人根据统计学理论提出的一种基于结构风险最小化原则，通过引用核函数，将输入空间中的非线性问题映射到高维特征空间，借此转化成构造线性判别函数，在模式识别、图像处理、数据挖掘、回归预测等领域广泛应用。

本文选取 2013 年 7 月黄东海航次的 66 个站位的 294 个水样为研究对象，选取能实时监测的溶氧（DO）、叶绿素 *a*（Chl *a*）、浊度（Tur）3 个水质指标，及可在线监测的 CDOM 的特征吸收系数 a_{CDOM}（255）、a_{CDOM}（270）、a_{CDOM}（355）3 个指标，以富营养化状态指数法中 TRIX 值为参照，利用支持向量机建立黄东海富营养化快速测评技术。

首先，分析 TRIX 的数值特征可知，TRIX 的平均值是 5.65，变化范围在 2.66 和 7.32 之间变化，符合 TRIX 分类标准，即 $2<TRIX<4$ 为极低营养化，$4\leqslant TRIX<5$ 为低等营养化，$5\leqslant TRIX<6$ 为中等富营养化，$6\leqslant TRIX<8$ 为高等富营养化。本文选取的 294 个样品中 $2<TRIX<4$ 范围内只有 8 个，为此定义 $2<TRIX<5$ 为低等营养化；$5\leqslant TRIX<6$ 为中等富营养化；$6\leqslant TRIX<8$ 为高等富营养化。将 294 个样品分为 3 类，其中第一类为 77 个低富营养化的样品，第二类为 94 个中等富营养化样品，第三类为 123 个高富营养化样品。

然后，使用径向核函数的支持向量机建立富营养化快速评价技术。从 294 个样品中随机抽取 160 个样品作为训练集，其余 134 个样品作为测试集，设置训练集和测试集数据进行［0，1］区间内归一化处理，运用主成分降维预处理，设置特征提取百分比为 95%，利用网格寻优方法、遗传方法和粒子群方法建立支持向量机分类模型，并对这 3 种方法进行实验比较，选择最优的参数选择方法，采用 k－cv 交叉验证的算法确定惩罚参数和核函数参数的最优值。在参数选优的过程中，网格寻优的结果最好，故本文建立黄、东海支持向量机分类技术时采用基于 k－cv 交叉验证算法的网格寻优方法。

结果表明，以溶氧（DO）、叶绿素 *a*（Chl *a*）、浊度（Tur）及 CDOM 的特征吸收系数 a_{CDOM}（255）、

作者简介：孔宪喻（1990—），女，硕士，山东省青岛市人，主要从事海洋污染生态研究。E-mail：kongxianyu11@126.com

[*] **通信作者：**苏荣国（1973—），男，从事海洋环境化学研究。E-mail：surongguo@ouc.edu.cn

a_{CDOM}（270）、a_{CDOM}（355）参数为评价指标，以富营养化状态指数法中TRIX值为参照，基于支持向量机建立的黄东海富营养化快速评测技术，网格寻优的参数选择结果如图1，由此可知惩罚参数 C 为45.3，核函数参数 g 为1.4。测试集的实际分类与预测分类如图2所示，训练集分类准确率为93.1%，测试集分类准确率为82.8%，交叉验证准确率为88.1%。所建立的技术可为实现近海富营养化状态现场快速测评提供技术支持。

关键词： 富营养化；CDOM；吸收系数；支持向量机

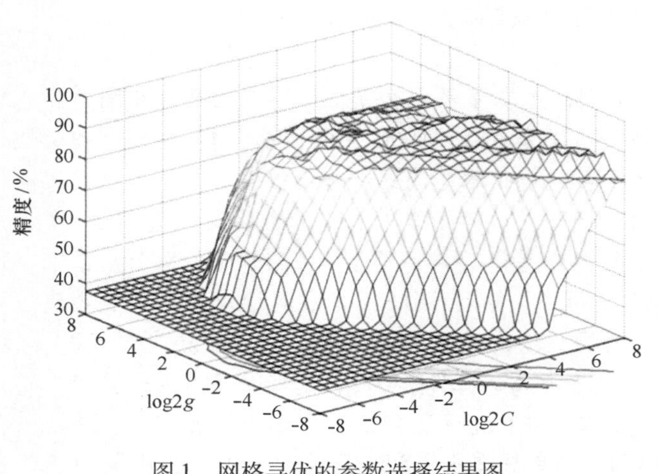

图1 网格寻优的参数选择结果图

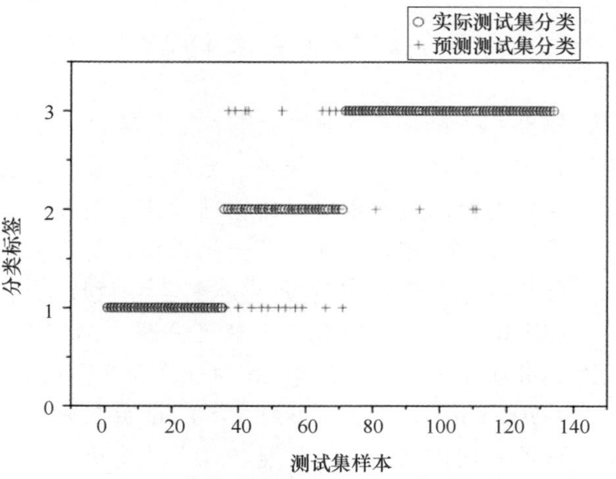

图2 测试集的实际分类与预测分类图

基于交替惩罚三线性分解和非负最小二乘的浮游藻荧光识别分析技术

吴珍珍[1]，苏荣国[1*]

（1. 中国海洋大学 海洋化学理论与工程技术教育部重点实验室，山东 青岛 266100）

摘要：随着沿岸污染的加剧和富营养化日益严重，赤潮的爆发频率和危害程度不断上升。赤潮对海洋生态环境、海洋经济、旅游产业带来严重威胁，已成为沿海地区首要的环境问题。赤潮生物类别的检测是赤潮研究的基础工作。图像分析技术、显微镜技术、流式细胞仪技术、分子探针技术、高效液相色谱法、荧光光谱技术是目前常用的检测方法。浮游藻荧光分析技术因其能快速、低成本地现场测定而受到诸多学科领域的青睐。本研究基于浮游藻色素萃取液三维荧光光谱（EEM），利用交替惩罚三线性分解（APTLD）和非负最小二乘（NNLS）发展浮游藻群落组成荧光分析技术。实验选取46种分属于5个门33个属我国近海海域常见浮游藻，测定激发波长350～700 nm，发射波长600～750 nm的三维荧光光谱，得到482个单种样品，选取平稳期且长势较好的不同门类藻种，按照叶绿素浓度比1:4、2:3、3:2、4:1进行混合得到256个混合样品。首先，将APTLD模型应用于浮游藻色素萃取液的EEM，利用残差平方和，以及荧光成分图获得11个荧光成分模型。然后，利用聚类分析将浮游藻色素萃取液荧光成分组成按属水平上聚类获得85条特征光谱。最后，使用NNLS方法预测浮游植物群落组成。结果表明：该技术对482个单种藻样品的识别正确率是100.0%，测得的相对含量为86.9%～94.3%（表1）。对256个实验室混合样品，优势和次优势藻的平均识别正确率分别为90.7%和71.1%（表2）。将此方法应用于长江口18个浮游藻膜样品，分析结果与HPLC－CHEMTAX结果基本一致（表3）。研究表明EEM－APTLD－NNLS用于浮游藻群落组成快速识别测定是可行的。

关键词：浮游藻群落组成；三维荧光光谱；交替惩罚三线性分解；非负最小二乘

表1　单种藻样品在门类水平上的识别测定结果

门	识别结果	识别正确率/%	相对含量范围/%	平均相对含量/%
硅藻门	250/250	100.0	56.0～100.0	92.2
绿藻门	104/104	100.0	51.0～100.0	91.7
甲藻门	60/60	100.0	52.3～100.0	88.0
隐藻门	18/18	100.0	59.0～99.7	86.9
蓝藻门	50/50	100.0	59.4～100	94.3

作者简介：吴珍珍（1988—），女，硕士研究生，主要从事浮游藻监测方面的研究。E-mail：wuzhenzhenqd@163.com

[*]**通信作者：**苏荣国（1973—），男，副教授，硕士生导师，主要从事浮游藻监测和水体富营养化方向的研究。E-mail：surongguo@ouc.edu.cn

表 2　实验室混合样品在门类水平上的识别测定结果

门	硅藻门			绿藻门			甲藻门		
比例/%	识别正确率/%	相对含量/%		识别正确率/%	相对含量/%		识别正确率/%	相对含量/%	
		范围	平均		范围	平均		范围	平均
20	71.4	7.4～49.4	32.9	65.0	12.7～49.2	25.0	60.1	2.8～47.3	23.2
40	85.3	3.4～49.9	29.6	75.0	4.2～46.4	30.7	77.0	4.5～49.7	28.0
60	97.7	50.3～100.0	77.5	72.2	50.3～96.6	68.2	80.6	50.1～96.5	69.3
80	94.4	50.5～100.0	77.8	91.3	51.3～92.3	71.3	87.8	51.0～94.8	67.5
门	隐藻门			蓝藻门					
比例/%	识别正确率/%	相对含量/%		识别正确率/%	相对含量/%				
		范围	平均		范围	平均			
20	80.0	11.2～42.3	24.7	69.2	7.7～43.8	25.6			
40	100.0	28.2～51.2	40.1	91.0	3.4～47.7	26.2			
60	100.0	53.6～72.6	65.8	100.0	47.0～95.8	67.8			
80	100.0	74.2～92.6	83.2	100.0	50.6～87.3	71.4			

表 3　2013 年所采集的长江口 18 个滤膜样品的识别结果

站位	EEM－APTLD－NNLS				HPLC－CHEMTAX			
	优势门		次优势门		优势门		次优势门	
	门	相对含量/%	门	相对含量/%	门	相对含量/%	门	相对含量/%
1	硅藻门	50.3	蓝藻门	49.7	硅藻门	66.0	蓝藻门	34.0
2	硅藻门	99.0	绿藻门	1.0	硅藻门	78.0	绿藻门	22.0
3	硅藻门	60.0	绿藻门	40.0	硅藻门	76.0	绿藻门	24.0
4	蓝藻门	58.0	硅藻门	42.0	硅藻门	63.0	蓝藻门	25.0
5	硅藻门	55.4	绿藻门	44.6	硅藻门	79.0	绿藻门	19.0
6	硅藻门	99.4	绿藻门	0.6	硅藻门	83.0	绿藻门	10.0
7	硅藻门	99.5	绿藻门	0.5	硅藻门	82.0	绿藻门	10.0
8	硅藻门	96.4	绿藻门	3.4	硅藻门	87.0	隐藻门	13.0
9	硅藻门	100.0	/	/	硅藻门	83.0	甲藻门	17.0
10	硅藻门	65.8	甲藻门	34.2	硅藻门	63.0	甲藻门	37.0
11	硅藻门	100.0	/	/	硅藻门	100.0	/	/
12	硅藻门	100.0	/	/	硅藻门	88.0	绿藻门	12.0
13	硅藻门	100.0	/	/	硅藻门	78.0	甲藻门	16.0
14	硅藻门	100.0	/	/	硅藻门	89.0	隐藻门	10.0
15	甲藻门	63.0	硅藻门	37.0	硅藻门	53.0	甲藻门	47.0
16	硅藻门	51.7	甲藻门	48.3	硅藻门	77.0	甲藻门	23.0
17	硅藻门	69.6	甲藻门	30.4	硅藻门	71.0	甲藻门	29.0
18	硅藻门	100.0	/	/	硅藻门	84.0	绿藻门	14.0

基于 *mat*K 和 ITS 基因序列探索山东东营一种海草的系统发育进化地位

刘云龙[1,3]，张学雷[1,2*]，曲凌云[1,2]

（1. 国家海洋局 海洋生态环境科学与工程重点实验室，山东 青岛 266061；2. 国家海洋局 第一海洋研究所，山东 青岛 266061；3. 中国海洋大学，山东 青岛 266100）

摘要：对山东东营海域的一种未记录过的海草（形态学鉴定为川蔓藻，*Ruppia maritima*）叶绿体 *mat*K、核糖体 ITS 基因进行 PCR 扩增，分别得到 799 bp、735 bp 基因片段，将上述基因序列与 GenBank 注册序列比对分析，结果支持该种海草为川蔓藻（*mat*K、ITS 基因遗传距离分别为 0.003 3、0.000 0）。鉴于川蔓藻科（仅有川蔓藻一属）的系统分类尤其是与眼子菜科（Potamogetonaceae）的亲缘尚不确定，以获取的该种基因序列与泽泻亚纲（Alismatidae）的 15 种代表性水生植物的 matK、ITS 基因序列进行比较分析，基因遗传距离和利用邻接法、最大简约法和最大似然法构建的系统发育进化树结果均支持：川蔓藻代表川蔓藻科（Ruppiaceae）划归于茨藻目（Najadales）；在茨藻目中，川蔓藻科与波喜荡草科（Posidoniaceae）、丝粉藻科（Cymodoceaceae）近缘，其次是大叶藻科（Zosteraceae），眼子菜科距其亲缘水平与大叶藻科的相似或较远。

关键词：海草；川蔓藻；*mat*K 基因；ITS 基因；系统发育进化树

1 引言

海草（Seagrass）是重要的海岸带湿地建群植物，形成的海草场是许多海洋经济和珍稀生物的栖息地。我国北方曾一度广泛分布的海草场已严重退化[1]、亟待修复，海草场修复研究中面临很多技术问题，包括海草种类及其系统分类的正确鉴别。海草主要以营养器官形态为分类基础，相当程度上造成其系统分类的混乱[2]。

我国北方现存川蔓藻、大叶藻等种海草[1]，其中前者见于沿海盐田或内陆咸水湖[3]，长期以来我国缺乏对川蔓藻的系统分类和分布的研究。国际上，自 1753 年以川蔓藻（*Ruppia maritima* L.）为模式种建立川蔓藻属[4]以来，其种类数目和更高阶的系统分类（科、目的归属）一直存有争议[5]。基于形态特征的比较研究认为川蔓藻属与眼子菜属亲缘较近，因此多将川蔓藻属归入眼子菜科[3,6—12]，亦有许多研究将川蔓藻属独立为川蔓藻科[13—19]，但仍认为其与眼子菜科近缘；关于目的归属，Hutchinson 分类系统[14]、Takhtajan 系统[15]和"八纲系统"[16—17]均将川蔓藻科置于眼子菜目（Potamogetonales），而 Cronquist 系统[18]和 Kubitzki 系统[19]却将川蔓藻科置于宽泛的茨藻目（Najadales）；《中国植物志》将川蔓藻归属为沼生目（Helobiae）下的眼子菜科[3]。主要基于分子系统分类的 APG 系统在更宽泛的泽泻目（Alimatales）下设川蔓藻科[20]，但未反映川蔓藻科与同目下其他科间的亲缘关系；基于叶绿体 *rbc*L 基因序列、线粒体 *atp*L 和 *cob* 基因序列的研究却均显示川蔓藻科不与眼子菜科近缘[21—22]，这提示需要采取更多基因进行进

基金项目：国家自然科学基金委－山东省联合基金项目"海洋生态与环境科学"（编号 U1406403）。

作者简介：刘云龙（1986—），男，山东省临沂市人，博士生，主要从事海洋生态保护与修复研究。E-mail：liuyunlong@ fio. org. cn

***通信作者**：张学雷（1973—），男，山东淄博人，研究员，博士，主要从事海洋生态保护与修复、生物多样性等研究。E-mail：zhangxl @ fio. org. cn

一步的研究。

许多现代被子植物分类系统认可川蔓藻科的分类方式，但现行的系统发育进化学多依形态、解剖特征差异为依据，而川蔓藻对盐度、温度等环境条件适应性强[23]、形态的环境可塑性较强，给单纯依据形态特征确定其系统分类地位带来不确定性。

大量研究表明植物类群中复杂的进化事件，可通过合适的分子标记进行系统学的研究而得到较为客观地解决[24]，构建分子树来推测、研究物种树[25]。这其中的 *mat*K 基因片段作为叶绿体基因组的蛋白编码区进化较快的基因之一[26]，能作为植物科、属级的系统发育进化研究的有效工具和重要标记[27—29]，为研究提供较高的支持率[30]；而具异质性的核糖体 ITS 基因片段，可在生物属种间展现出较明显的差异[31]，作为植物 DNA 遗传信息标记、分析的补充[32]。

本研究自东营海域采集海草样品，与集中了水生草本植物的泽泻亚纲的 15 个代表性种类（包括川蔓藻等）的 *mat*K、ITS 基因序列进行比较分析，借助遗传证据探索该种海草的种类和系统发育地位。

表 1　与 DGYP 样品进行序列比对的 *mat*K、ITS 基因序列的来源

来源物种	代表科、目①	GenBank 序列号（*mat*K/ITS）
Egeria densa 水蕴草	水鳖科（Hydrocharitaceae）、水鳖目（Hydrocharitales）	AB002567/ JF805746
Blyxa echinosperma 有尾水筛	水鳖科（Hydrocharitaceae）、水鳖目（Hydrocharitales）	AB088781/ JN578091
*Ottelia balansae*② 贵州水车前	水鳖科（Hydrocharitaceae）、水鳖目（Hydrocharitales）	JF975501/ JF975447
Limnocharis flava 黄花蔺	黄花蔺科（Limnocharitaceae）、泽泻目（Alismatales）	JF781075/ JF780986
Butomus umbellatus 花蔺	花蔺科（Butomaceae）、泽泻目（Alismatales）	DQ401367/ JF780965
Ranalisma rostratum 长喙毛茛泽泻	泽泻科（Alismataceae）、泽泻目（Alismatales）	JF781078/ JF780983
Alisma plantago – aquatica 泽泻	泽泻科（Alismataceae）、泽泻目（Alismatales）	JF781065/ JF780977
Posidonia oceanica – –	海神草科（Posidoniaceae）、茨藻目（Najadales）	GQ927729/ GQ927725
Phyllospadix iwatensis 红纤维虾海藻	大叶藻科（Zosteraceae）、茨藻目（Najadales）	AB096172/ JQ766110
Zostera marina 大叶藻	大叶藻科（Zosteraceae）、茨藻目（Najadales）	AB096164/ JQ766112
Cymodocea nodosa – –	丝粉藻科（Cymodoceaceae）、茨藻目（Najadales）	– – / AF102272
Cymodocea rotundata 丝粉藻	丝粉藻科（Cymodoceaceae）、茨藻目（Najadales）	JN225358/ – –
Potamogeton crispus 菹草	眼子菜科（Potamogetonaceae）、茨藻目（Najadales）	JN894781/ EF526372
Zannichellia palustris 角果藻	角果藻科（Zannichelliaceae）、茨藻目（Najadales）	JN893853/ EF526374
Ruppia maritima 川蔓藻	川蔓藻科（Ruppiaceae）、茨藻目（Najadales）（?）	JN893851/ JQ034336

①科、目均参考 Cronquist 系统[18]，其中：海神草科（posidoniaceae）又名波喜荡草科；川蔓藻的科、目归属尚存争议。②正名 *Ottelia. sinensis*[33]。

2　材料与方法

2.1　实验材料

2011 年 8 月，在山东省东营市广饶县海滩（37°20′24.2″N，118°56′39.7″E）矮大叶藻海草场调查中发现一丛本海区未记录的海草，按《中国植物志》[3]形态学鉴定为川蔓藻（具穗状花絮、多枚未成熟果实簇生总于果柄上，等），遂取样品冰袋保存带回实验室 –20℃保存至分析。

2.2　实验方法

2.2.1　样品总 DNA 提取

选取 1 株完整的海草保存样品（样品编号为 DGYP），取其叶片，蒸馏水清洗干净，于液氮中充分研磨，采用植物基因组 DNA 提取试剂盒（天根生化）进行总 DNA 的抽提。

2.2.2　基因组 PCR 扩增

叶绿体 *mat*K 基因片段扩增采用真核生物通用扩增的引物，其中引物 1 为 *mat*K－F（5′－AACATTTC-CCTTTTTGGAGGA－3′）、引物 2 为 *mat*K－R（5′－CAGAATCCGATAAATCA GTCCA－3′）。反应体系：总体积为 60 μL，其中 2×HS™ Reaction Mix 为 30 μL，引物 1（10 μm/μL）、引物 2（10 μm/μL）各 3 μL，λDNA（2.5 ng/μL）为 1.5 μL，TaqDNA 聚合酶（2.5 μ/μL）为 0.6 μL，超纯水 21.9 μL。反应条件：94℃预变性 3 min，94℃变性 60 s，57℃退火 120 s，72℃延伸 60 s，进行 40 个循环，最后 72℃延伸 10 min。

核糖体 ITS 区域扩增选择真核生物通用扩增的引物，其中引物 1 为 ITS1（5′－TCCGTAGGTGAACCT-GCGG－3′）、引物 2 为 ITS4（5′－TCCTCCGCTTATTGATATGC－3′）。反应体系：总体积为 60 μL，其中 2×HS™ Reaction Mix 为 30 μL，引物 1（10 μm/μL）、引物 2（10 μm/μL）各 3 μL，λDNA（2.5 ng/μL）为 1.5 μL，TaqDNA 聚合酶（2.5 μ/μL）为 0.6 μL，超纯水 21.9 μL。反应条件：95℃预变性 5 min，94℃变性 45 s，58℃退火 45 s，72℃延伸 45 s，进行 30 个循环，最后 72℃延伸 10 min。

实验同时设置阴性对照，排除 DNA 的污染干扰。

2.3　PCR 产物序列测定

PCR 扩增产物在上海桑尼生物科技有限公司进行双向序列测定，其中测序反应采用的引物与 PCR 反应引物相一致。

2.4　数据处理以及系统发育分析

对测定的基因序列（*mat*K 和 ITS 片段代号分别为 DGYP－M、DGYP－I），采用 DNA Star 5.10 软件进行剪切、编辑和比对，同时人工校对。利用 MEGA 5.1 软件计算分析比较与 15 种泽泻亚纲水生植物（表 1）*mat*K 或 ITS 基因序列间的遗传距离（Genetic Distances）。以 MEGA 5.1 软件和邻接法（Neighbor joining）、最大简约法（Maximum parsimony）或最大似然法（Maximum likelihood）构建系统发育进化树，系统发育进化树的分支支持率为自展（bootstrap）百分率（2 000 次重复）。

表 2　DGYP 样品和泽泻亚纲代表种的 *mat*K（左下）、ITS（右上）基因序列间的遗传距离

	1	2	3	4	5	6	7	8	9	10	11	12	13	14	15	16
1. DGYP	—	0.685 1	0.673 6	0.568 3	0.577 0	0.676 5	0.438 9	0.661 7	0.627 4	0.673 6	0.685 6	—	0.000 0	0.655 0	0.650 1	0.583 5
2. *E. densa*	0.166 3	—	0.302 9	0.573 0	0.544 3	0.442 8	0.611 9	0.479 6	0.457 8	0.440 5	0.280 0	—	0.685 1	0.534 3	0.527 5	0.679 3
3. *B. echinosp*	0.175 2	0.043 1	—	0.527 2	0.477 5	0.368 8	0.581 5	0.382 4	0.334 8	0.350 6	0.216 8	—	0.673 6	0.489 4	0.415 4	0.651 5
4. *Z. marina*	0.176 5	0.196 3	0.203 1	—	0.246 1	0.534 1	0.551 2	0.474 2	0.509 8	0.472 6	0.541 8	—	0.568 3	0.478 0	0.451 5	0.717 6
5. *P. iwatensis*	0.135 1	0.147 6	0.160 4	0.075 9	—	0.462 5	0.460 2	0.442 7	0.444 7	0.445 1	0.456 9	—	0.577 0	0.462 2	0.399 1	0.542 8
6. *B. umbellatus*	0.156 2	0.061 0	0.077 6	0.181 2	0.135 4	—	0.513 2	0.297 9	0.245 0	0.275 2	0.363 3	—	0.676 5	0.450 1	0.420 2	0.542 3
7. *P. oceanica*	0.083 2	0.120 4	0.124 8	0.158 1	0.106 6	0.100 9	—	0.535 8	0.577 1	0.581 5	0.599 4	—	0.438 9	0.610 7	0.552 5	0.367 5
8. *A. plantago－aquatica*	0.189 7	0.114 5	0.134 4	0.227 9	0.187 0	0.122 4	0.139 6	—	0.221 2	0.198 5	0.358 4	—	0.661 7	0.462 3	0.447 0	0.627 4
9. *L. flava*	0.209 6	0.135 5	0.152 5	0.259 4	0.220 6	0.152 1	0.162 1	0.065 3	—	0.188 5	0.331 8	—	0.627 4	0.507 9	0.439 0	0.612 5
10. *R. rostratum*	0.176 1	0.108 7	0.124 3	0.215 6	0.177 7	0.104 5	0.125 1	0.036 2	0.067 2	—	0.355 8	—	0.673 6	0.455 3	0.400 7	0.605 5
11. *O. balansae*	0.160 5	0.025 5	0.030 8	0.185 6	0.141 6	0.062 8	0.110 8	0.104 7	0.127 6	0.103 0	—	—	0.685 6	0.478 4	0.447 1	0.645 7
12. *C. rotunda*	0.118 6	0.147 7	0.149 6	0.165 4	0.125 0	0.133 5	0.057 5	0.168 3	0.200 5	0.159 2	0.137 7	—	—	—	—	—
13. *R. maritima*	0.003 3	0.166 5	0.175 4	0.176 7	0.135 2	0.156 4	0.083 3	0.189 9	0.209 8	0.176 3	0.160 7	0.118 7	—	0.655 0	0.650 1	0.583 5
14. *Z. palustris*	0.174 1	0.176 1	0.191 1	0.154 0	0.130 7	0.160 9	0.135 8	0.205 0	0.242 4	0.197 9	0.161 1	0.143 0	0.174 3	—	0.167 7	0.680 8
15. *P. crispus*	0.142 0	0.143 6	0.157 9	0.149 7	0.116 3	0.141 3	0.102 0	0.189 1	0.211 7	0.171 0	0.137 6	0.116 4	0.142 2	0.051 9	—	0.633 6
16. *C. nodosa*	—	—	—	—	—	—	—	—	—	—	—	—	—	—	—	—

3 结果

3.1 扩增结果

PCR 扩增 DGYP 样品得到长度 799 bp 的叶绿体 *mat*K 基因片段和 735 bp 的核糖体 ITS 基因片段。

3.2 遗传距离

如表 2 所示，在 15 个泽泻亚纲代表种类中，DGYP 样品与川蔓藻的 *mat*K、ITS 基因遗传距离最近，分别为 0.003 3、0.000 0；与其余比较种类中遗传距离最近的是波喜荡草科（Posidoniaceae）代表种 *P. oceanica*（*mat*K 基因距离 0.083 2，ITS 基因距离 0.438 9）。

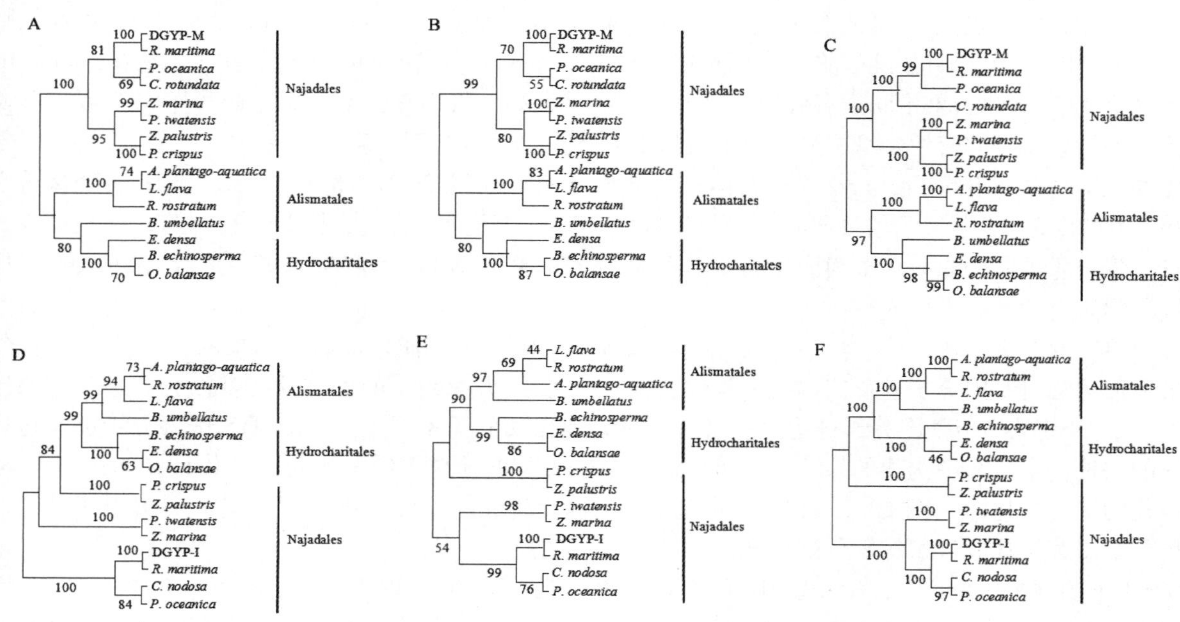

图 1　基于 *mat*K 和 ITS 基因序列构建的泽泻亚纲系统发育进化树

右侧竖线和文字对应该种在表 2 中所列的目；A、B 和 C 分别示采用邻接法、最大简约法和最大似然法对 *mat*K 基因序列的分析结果，D、E 和 F 分别示采用邻接法、最大简约法和最大似然法对 ITS 基因序列的分析结果。

3.3 系统发育进化树

利用邻接法、最大简约法和最大似然法构建的 DGYP 样品和泽泻亚纲 15 种代表性水生植物的系统发育进化树（置信度大于 0.95）中：基于 *mat*K 基因序列构建的发育进化树相同（图 1A、B）或相似（图 1C），基于 ITS 基因序列构建的发育进化树相似（图 1D、E 和 F）。上述发育进化树首先形成两个主要的分支，其中一个分支由茨藻目（Najadales）形成，另一个分支主要由泻泽目（Alismatales）和水鳖目（Hydrocharitales）组成；DGYP 样品/川蔓藻在各进化树下均单列在茨藻目的分支下，与其最近缘的是波喜荡草科、丝粉藻科（Cymodoceaceae）的代表种，其次是大叶藻科（Zosteraceae）代表种，眼子菜科（Potamogetonaceae）代表种距其亲缘水平与大叶藻科代表种的相似（图 1A、B 和 C）或更远（图 1D、E 和 F）。

4 讨论

综合对比分析本研究获取的 DGYP 样品与泽泻亚纲 15 种水生被子植物的叶绿体 matK、核糖体 ITS 基因序列（见表 1），可看出：

DGYP 样品与 GenBank 中川蔓藻的 *mat*K 序列（序列注册号为 JN893851）基因遗传距离为 0. 003 3（表 2），符合同种植物间 matK 基因遗传距离变化范围（0. 000 0 ~ 0. 005 6，生书晶等[34]）；与川蔓藻的 ITS 序列（序列注册号为 JQ034336）的基因遗传距离为 0. 000 0，远小于被子植物大多数科属 ITS 序列的种间遗传距离（0. 012 0 ~ 0. 102 0，屈良鹄等[31]），支持该 DGYP 样品为川蔓藻。

在本研究构建的系统发育进化树中，川蔓藻与 *P. oceanica*、丝粉藻或 *C. nodosa* 分支最近，这进一步支持 Petersen 等[21]利用线粒体 *atp*L 和 *cob* 基因序列分析泽泻亚纲 33 个属的亲缘性、Les 等[22]通过 *rbc*L 基因对泽泻亚纲各科系统发育研究结果；相较之，眼子菜科的菹草与角果藻科的角果藻最近源，这与分子生物学的研究结果[21—22]也是一致的。川蔓藻与眼子菜科代表种菹草的 matK、ITS 基因遗传距离分别为 0. 142 0、0. 650 1，大于川蔓藻与波喜荡草科代表种 *P. oceanica*、丝粉藻科代表种丝粉藻或 *C. nodosa* 的遗传距离（见表 2），此结果不同于多数形态分类研究结果，如：将川蔓藻属划归于眼子菜科[6]或川蔓藻科独立但与眼子菜科具有密切亲缘同列于眼子菜目下[14]或茨藻目下[18—19]等。

此外，川蔓藻与近缘 *C. nodosa*（丝粉藻科）与 *P. oceanica*（波喜荡草科）的 ITS 基因遗传距离分别为 0. 438 9、0. 583 5，高于被子植物属间遗传距离 0. 096 0 ~ 0. 288 0[31]，这支持 Les 等[22]将川蔓藻独立成科的观点。将川蔓藻属升为科，虽为同一目下分类地位的垂直变动，对系统发育进化的影响不大[5]，但作为后续科学研究的基础不可或缺。

不同系统发育进化树构建方法的可靠性差异和各具局限性等可能造成研究结果的差异[25]，如：邻接法和最大似然法对基因分子进化速率的依赖程度低[35—37]，最大简约法的可靠性受基因分子进化速率影响明显[38]，分子分类学与基因分子进化速率（分子钟）有密切的关系[25]，*mat*K、ITS 基因分子进化速率差异研究的缺乏，本研究中构建的系统发育进化树间个别种类的地位不统一也是一个佐证，如：基于 *mat*K 基因构建的发育进化树（图 1A、B 和 C）和基于 ITS 基因构建的发育进化树（见图 1D、E 和 F）间对川蔓藻科与眼子菜科代表种亲缘划分的差异。

GenBank 中有限的 *mat*K、ITS 基因序列资源，使本研究无法对泽泻亚纲中与川蔓藻科具有亲缘关系的科、属进行全面的分析。建议未来收集、研究更多的物种的基因序列、并对不同基因片段进行更深层面、更全面的研究，如：不同基因分子进化速率及精确、专属的研究方法，同时进一步总结形态学和化石类群的研究。

参考文献：

[1] Zhang X L, Li y, Liu P, et al. Historical changes and case study of seagrass in the coast of northern seas in China[J]. J Korean Soc Mar Environ Eng, 2010, 13(4): 305—312.

[2] 杨宗岱，黄凤鹏. 支序分类在海草分类划分中的应用[J]. 黄渤海海洋，1993，11：33—37.

[3] 中国科学院中国植物志编辑委员会. 中国植物志(第 8 卷)[M]. 北京：科学出版社，1992.

[4] Linnaeus C. Species Plantarum[M]. Holmiae (Stock – holm): Laurentii Salvii, 1753, 1: 127.

[5] 赵良成，吴志毅. 川蔓藻属系统分类和演化评述[J]. 植物分类学报，2008，46(4)：467—478.

[6] Ascherson P, Graebner F. Potamogetonaceae[M]. In Das Pflanzenreich, 1907, 4, Ⅱ, Heft, 31: 1—184.

[7] Singh V. Morphological and anatomical studies in Helobiae. II. Vascular anatomy of the flower of Potamogetonaceae[J]. Bot Gaz, 1965, 126: 137—144.

[8] Richardson F D. Ecology of *Ruppia maritima* L. in New Hampshire (U. S. A.) tidal marshes[J]. Rhodora, 1980, 82: 403—439.

[9] Jacobs S W L, Brock M A. A revision of the genus *Ruppia* (Potamogetonaceae) in Australia[J]. Aquat Bot, 1982, 14: 325—337.

[10] Engler A. Syllabus Der Pflanzenfamilien[M]. 12 thed, Berlin – Nikolassee, Gebrüder Borntrager, 1965.

[11] Thorne R F. Classification and geography of the flowering plants[J]. Bot Rev, 1992, 58: 225—348.

[12] Dahlgren R M T, Clifford H T, Yeo P F. The families of the monocotyledons: Structure, evolution and taxonomy[M]. Berlin: Springer - Verlag, 1985.

[13] Horaninow P F. Primae lineae systematis nturae, nexui naturali omnium evolutionque progressivae per nixus reascendentes superstructi[M]. St. Petersburg, 1834.

[14] Hutchinson J. The families of flowering plants[M]. London: Macmillan, 1934.

[15] Takhtajan A. Diversity and classification of flowering plants[M]. New York: Columbia University Press, 1997.

[16] 吴征镒,路安民,汤彦承,等. 被子植物的一个"多系 - 多期 - 多域"新分类系统总览[J]. 植物分类学报, 2002, 4: 289—322.

[17] 吴征镒,路安民,汤彦承,等. 中国被子植物科属综论[M]. 北京:科学出版社, 2003.

[18] Cronquist A. An integrated system of classification of flowering plants[M]. New York: Columbia University Press, 1981.

[19] Kubitzki K. The families and genera of vascular plants, IV[M]. Berlin: Springer - Verlag, 1998.

[20] APG (Angiosperm Phylogeny Group). An update of the Angiosperm phylogeny group classification for the orders and families of flowering plants: APG II[J]. Bot J Linn Soc, 2003, 141: 399—436.

[21] Petersen G, Seberg O, Davis J I, et al. RNA editing and phylogenetic reconstruction in two monocot mitochondrial genes?[J]. Taxon, 2006, 55: 871—886.

[22] Les D H, Garvin D K, Wimpee C F. Phylogenetic studies in the monocot subclass Alismatidae: evidence for a reappraisal of the aquatic order Najadales[J]. Mol Phylogenet Evol, 1993, 2: 304—314.

[23] Kantrud H A. Wigeon grass (*Ruppia maritima* L.): a literature review[M]. Fish and Wildlife Research Report 10. Washington. D. C.: US Fish and Wildlife Service, 1991: 58.

[24] 杨绪勤, 邓传良, 刘丽盈, 等. 基于 matK 序列的木犀属植物系统发育初步研究[J]. 北京林业大学学报, 2009, 31(6): 9—14.

[25] 张英培. 分子分类的若干问题[J]. 动物学研究,1994,15(1): 1—10.

[26] Wolfe K H. Protein - coding genes in chloroplast DNA: compilation of nucleotide sequences, database entries and rates of molecular evolution, in Vasil I K [eds.]. Cell culture and somatic Cell Genetics of Plants[M]. Academic Press, San Diego, 1991, 7B(1): 467.

[27] Jonnson L A, Soltis D E. Phylogenetic inference in Saxifragaceae *sensu strieto* and *Gilia*(Polemoniaceae) using *mat*K sequences[J]. Ann Mo Bot Gard, 1995, 82: 149—175.

[28] 于文光, 樊守金, 许崇梅, 等. 基于叶绿体 *trn*L - F 序列以及 *mat*K 序列探讨虎杖属与西伯利亚蓼的系统学位置[J]. 植物分类学报, 2008, 46(5): 676—681.

[29] 朱凤玲, 刘云龙, 徐元, 等. 利用 DNA 条形码技术鉴定中国北方沿海两种常见海草[J]. 海洋科学进展, 2011, 29: 136—143.

[30] Plunkett G M, Soltis D E, Soltis P S. Clarification the relationship between Apiaceae and Araliaceae based on *mat*K and *rbc*L sequence data[J]. Am J Bot, 1997, 84: 565—580.

[31] 屈良鹄,陈月琴. 生物分子分类检索表 - 原理与方法[J]. 中山大学学报(自然科学版), 1999, 38(1): 1—6.

[32] Hollingsworth P M, Forrest L L, Spouge J L, et a1. A DNA barcode for island plants[J]. P Natl Acad Sci USA, 2009, 106: 12794—12797.

[33] 何景彪, 孙祥钟, 王徽勤. 中国海菜花属(*ttelia*)性花种类分类的初步研究[J]. 武汉大学学报, 1988, 4: 110—112.

[34] 生书晶, 严萍, 郑传进, 等. 何首乌及其常见混淆品的 matK 基因序列分析及鉴别[J]. 中药材, 2010, 11(33): 1707—1711.

[35] Saitou N, Nei M. The neighbor - joining method: a new method for reconstructing phylogenetic trees[J]. Mo1 Biol Evol, 1987, 4: 406—425.

[36] Felsenstein J. Evolutionary trees from DNA sequences: a maximum likelihood approaoh[J]. Mol Biol Evol, 1981, 17: 368—376.

[37] Kishino H, Hasegawa M. Evaluation of the maximum likelihood estimate of the evolutionary tree topologies from DNA sequence data, and the branching order in Homonoidea[J]. Mol Biol Evol, 1989, 29: 170—179.

[38] Felsenstein J. Cases in which parsimony or compatibility methods will be positively misleading[J]. Systematic Biol, 1978, 27: 401—410.

中西太平洋金枪鱼延绳钓渔场与环境因子的关系

郑超[1]，陈新军[1,2,3,4]

（1. 上海海洋大学 海洋科学学院，上海 201306；2. 国家远洋渔业工程技术研究中心，上海 201306；3. 大洋渔业资源可持续开发省部共建教育部重点实验室，上海 201306；4. 远洋渔业协同创新中心，上海 201306）

摘要：随着中西太平洋金枪鱼资源的衰退，延绳钓船的渔获率明显下降，寻找稳定渔场变得越来越困难。本文结合上海蒂尔远洋渔业公司超低温金枪鱼延绳钓船队 2009—2013 年的渔业数据，及美国国家海洋和大气局提供的环境因子（海表温度 SST、叶绿素 a 浓度）数据，利用广义可加模型分析渔获率（CPUE）与 SST 和叶绿素 a 浓度的关系，以期为船长寻找渔场提供参考依据。结果发现：CPUE 与 SST 关系显著，呈先增大后减小关系，峰值出现在 28℃；但与叶绿素 a 浓度的关系不显著。

关键词：中西太平洋；延绳钓渔场；环境因子

1　引言

在渔场形成的所有海洋环境因子中，温度一直被认作为最主要的影响因素[1]，而叶绿素作为海洋初级生产力的指示标志，在对渔场的判断中同样是不可缺少的。我国海洋渔业遥感 GIS 技术实验室在分析太平洋金枪鱼渔场时，通常也是把海表温度（Sea Surface Temperature，SST）和叶绿素分布作为渔情预报的主要参考因子。

因此，本文根据美国国家海洋和大气局（National Oceanic and Atmospheric Administration，NOAA）提供的海表温度和叶绿素 a（Chlorophyll a，Chl a）浓度等环境数据，结合某渔业公司超低温金枪鱼延绳钓船队 2009—2013 年的渔业数据，利用 GAM 方法，分析中西太平洋金枪鱼延绳钓渔场的 CPUE 受环境因子（SST、叶绿素 a 浓度）影响程度的大小。

2　材料和方法

2.1　材料

本文研究的区域为 13°S ~ 13°N，170°E ~ 136°W 的中西太平洋渔区，选取某一船队进行研究，其渔具、渔船性能以及捕捞水平大体相同，可以大大减少此类差异造成的人为误差，使研究结果更客观、可信。

渔业数据信息包括作业日期、地点（经度、纬度）、产量。因为本文研究的重点是整个金枪鱼延绳钓渔业，而渔业公司在衡量延绳钓船的产量高低时，通常比较的是各船大眼金枪鱼、黄鳍金枪鱼和剑鱼等 3 个鱼种的总和，因此数据中的产量为各钩次该 3 鱼种之和，单位为吨。研究单元为 1° × 1°，时间分辨率为月，因各船的日投钩量相近，本文以船队的日均产量作为 CPUE 进行研究，单元区域的 CPUE 计算方法为：

作者简介：郑超（1988—），男，福建省瓯市人，硕士研究生，主要从事渔业资源学研究。E-mail：zc_oceanic@ foxmail. com

* **通信作者**：陈新军（1967—），男，浙江省义乌市人，教授，主要从事渔业资源研究。E-mail：xjchen@ shou. edu. cn

$$CPUE = \frac{C}{N \cdot D}, \quad (1)$$

式中，C 为 $1° \times 1°$区域的月总产量，N 为作业船数，D 为作业天数。

该船队 2009—2013 年作业的各单元区域 CPUE 情况见图 1。

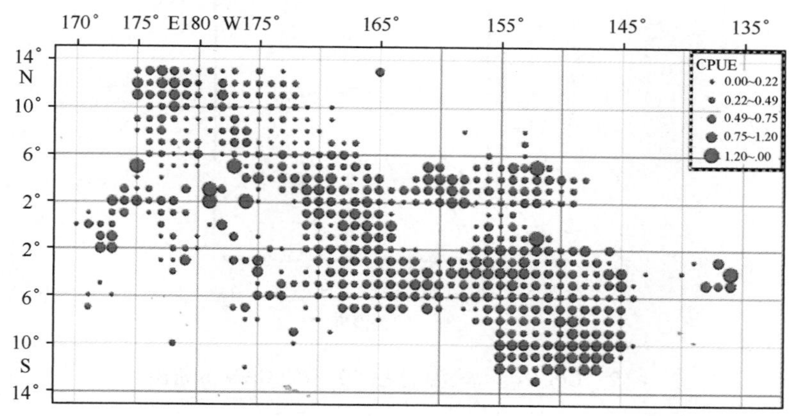

图 1　2009—2013 年船队 CPUE 分布图

环境数据为 NOAA 提供的月平均 SST 和叶绿素 a 浓度，其中 SST 原始数据的分辨率为 $0.4° \times 0.1°$，叶绿素 a 原始数据的分辨率为 $0.4° \times 0.05°$。作者将所下载的 2009—2013 年每个月的 SST 和叶绿素 a 原始数据依照 $1° \times 1°$的单元划分，取该单元的平均值，使渔业数据可与该环境数据相对应，以降低误差。如将 11.5°~12.4°N，170.8°E，171.2°E 这一区域内的所有 20 个 SST 值的平均数作为 12°N，171°E 的 SST 表征值；将 11.55°~12.5°N，170.8°E，171.2°E 这一区域内所有 40 个叶绿素浓度值的平均数作为 12°N，171°E 的叶绿素浓度表征值。

2.2　方法

广义线性模型（Generalized linear models，GLM）和广义可加模型（Generalized additive models，GAM）是对单位捕捞努力量渔获量（Catch Per Unit Effort，CPUE）进行标准化的两种最主要方法。GLM 分析法需以 CPUE 与因子之间呈线性关系为基础，而 GAM 分析法则能分析响应变量与自变量之间的线性和非线性关系，更适合对金枪鱼的资源变化与环境因子之间的关系进行分析[2]。戴小杰等[3]、唐浩等[4]利用 GAM 模型分别对大眼金枪鱼 CPUE 影响因子和金枪鱼围网沉降性能进行研究，都得到了较好的效果。

3　结果

本文先通过 F 检验，判断两环境因子与 CPUE 的显著性关系。结果表明，海表温度对 CPUE 的影响较显著（P 值为 2.68×10^{-3}，小于 0.05），而叶绿素 a 浓度与 CPUE 的关系却并不显著。详见表 1。

表 1　GAM 模型统计结果

影响因子	估计自由度	参考自由度	F 值	P 值	显著程度
S（海表温度）	1.871	1.871	6.177	0.002 68	* *
C（叶绿素 a）	1	1	0.555	0.456 45	

CPUE 与海表温度的关系趋势，见图 2。

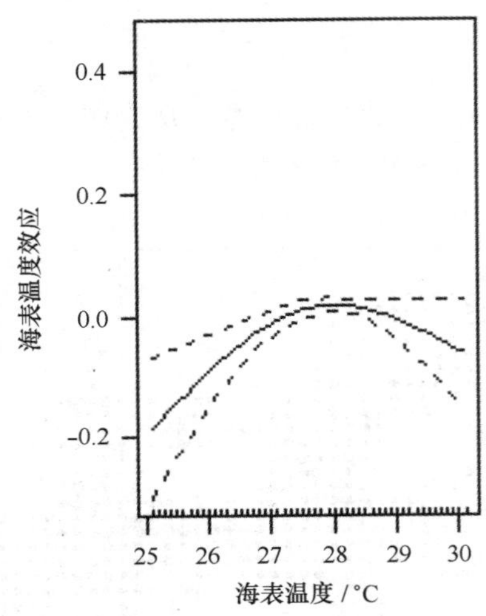

图 2 CPUE 与海表温度之间关系的 GAM 分析图

4 讨论与分析

4.1 叶绿素 *a* 浓度与 CPUE 的关系

经 *F* 检验，叶绿素 *a* 浓度与 CPUE 的关系在本文显示为不显著。对于此种情况，有专家解释，作为海洋食物链顶层的金枪鱼并不直接以浮游生物为食，因此其与叶绿素浓度的相关性表现为不显著[5]。不过作者判断，这可能跟伪虎鲸（俗称海猪）的影响有关。作者于 2011 年 7—12 月在中西太平洋超低温延绳钓船担任农业部科学观察员期间，所观测的 112 钩次中，出现鱼货被大面积咬食、仅余头部的情况共有 37 钩次，占 33%，这种咬食方式一般来自于伪虎鲸。而伪虎鲸对金枪鱼有极大的驱赶作用，其所经之处，延绳钓船往往一无所获，不得不另寻渔场。由于食性较广，伪虎鲸与金枪鱼在中西太平洋的最适叶绿素 *a* 浓度范围可能发生了重合，伪虎鲸的这种驱逐行为对金枪鱼的正常洄游轨迹造成了影响，弱化了叶绿素 *a* 浓度对金枪鱼集群的促进作用，使两者的关系表现为不显著。

4.2 SST 对 CPUE 的影响

SST 与 CPUE 关系图显示，CPUE 随 SST 呈先增大后减小趋势，在 27 ~ 29. 5℃ CPUE 较高，28℃时为最高点。樊伟等[6]对太平洋大眼金枪鱼渔区海表温度的研究发现，太平洋大眼金枪鱼延绳钓渔场的平均海表温度为 26. 56 ℃，主要渔场区的平均表层水温集中在 23. 8 ~ 29. 3℃；另外，Liu 等[7]曾通过卫星遥感资料得出，东太平洋大眼金枪鱼渔场的 CPUE 在 SST 为 26 ~ 28℃时较高。以上研究结果均与本文的研究结论相吻合。

5 小结

由于船队目前探索渔场的信息主要为来自日本海上公司发布的水文图，其所反映的信息就包括 SST。本文研究出针对中西太平洋超低温金枪鱼延绳钓渔业的最适 SST，可为船长判断金枪鱼资源中心渔场提供参考依据。

参考文献：

[1] 苗振清，黄锡昌. 远洋金枪鱼渔业[M]. 上海：上海科学技术文献出版社，2003.

[2] 王少琴，许柳雄，朱国平，等. 中西太平洋金枪鱼围网的黄鳍金枪鱼 CPUE 时空分布及其与环境因子的关系[J]. 大连海洋大学学报，

2014(3)：303—308.

[3] 戴小杰，马超，田思泉．印度洋中国大眼金枪鱼延绳钓渔业 CPUE 标准化[J]. 上海海洋大学学报，2011(2)：275—283.

[4] 唐浩，许柳雄，周成，等．基于 GAM 模型研究金枪鱼围网沉降性能影响因素[J]. 水产学报，2013(6)：944—950.

[5] 陈雪冬，崔雪森．卫星遥感在中东太平洋大眼金枪鱼渔场与环境关系的应用研究[J]. 遥感信息，2006(1)：25—28.

[6] 樊伟，陈雪忠，崔雪森．太平洋延绳钓大眼金枪鱼及渔场表温关系研究[J]. 海洋通报，2008(01)：35—41.

[7] Liu Cho-Teng, Nan C H, Ho C R, et al. Application of satellite remote sensing on the tuna fishery of eastern tropical Pacific[C]. The Ninth Workshop of OMISAR. 2002. 11 Vietnam.

一种褐藻多糖含量测定方法及其专属性研究

宋淑亮[1]，褚福龙[1]，刘钊[1]，梁浩[1]，吉爱国[1,2*]

（1. 山东大学 海洋学院，山东 威海 26429；2. 山东大学 药学院，山东 济南 250012）

摘要：目的：采用半胱氨酸盐酸盐法测定不同样品中褐藻多糖含量，并检验此方法的线性关系、精密度、准确度、稳定性以及专属性。方法：样品与半胱氨酸盐酸盐反应后，按照分光光度法分别在427 nm和396 nm的波长处测定吸光度。吸光度之差和浓度呈正比，测定浓度，并检验其线性关系、精密度、准确度、稳定性以及专属性。结果：实验表明此方法线性关系较好，精密度、准确度、稳定性都较高，氨基酸、蛋白质以及各种盐类对专属性影响较小，糖类对本法的专属性影响较大，尤其以鼠李糖影响最大。结论：此方法检测褐藻多糖含量准确，但要避免糖类，尤其是甲基戊糖的干扰。

关键词：褐藻多糖；半胱氨酸盐酸盐；含量测定；专属性

1 引言

我国是海藻生产和消费大国，藻类资源丰富，尤以褐藻资源十分重要。褐藻是附着生活的海洋低等植物，其中又以海带最为常见。传统上海带被用于治疗甲状腺肿及肥胖症。海带中含有多种生理活性成分，其中褐藻多糖是海带中的主要生理活性组分。

海带中褐藻多糖为一种水溶性的杂聚糖。其主要成分是L－岩藻糖－4－硫酸酯，以及少量的半乳糖、甘露糖、木糖、葡萄糖、阿拉伯糖、糖醛酸、蛋白质和钾、钠、钙、镁等金属离子。其主要成分L－岩藻糖－4－硫酸酯的结构特征是1，2－联结的聚a－L－吡喃岩藻糖。褐藻多糖为乳白色粉末，溶于水，不溶于乙醇、丙酮、氯仿等有机溶剂。褐藻多糖存在于褐藻细胞间组织中，其含量随海藻种类、产地、季节和藻体的不同部位而变化[1]。

褐藻多糖有诸多药理活性，主要包括：抗肿瘤作用、抗凝血、抗血栓作用、抗病毒作用、降血脂作用、抗氧化作用等[1—2]。现在有关褐藻多糖的研究主要集中于两点：

（1）如何更简洁高效的提取到褐藻多糖：目前有多种方法可以从藻类中提取褐藻多糖，但是产率不高，工艺也比较复杂。未来还应不断探索，寻找现有工艺的最适条件，以及创新工艺，以不同方法来提取褐藻多糖

（2）褐藻多糖结构十分复杂，需深层次研究褐藻多糖的结构与生物学活性的关系，有利于对应不同的作用选择出最好的褐藻多糖类型。

褐藻多糖功能繁多，也需要对其进行含量的测定，其主要方法包括高效液相色谱法、半胱氨酸－硫酸法等。

高效液相色谱法是运用高效液相色谱技术对多个糖类分别测定其含量，但缺点在于糖分析专用柱价格昂贵，分析成本太高；并且由于检测器灵敏度低而受限制[3—4]。

基金项目：国家自然科学基金（81371455）；威海市海藻健康产品创新重大科技专项（1070413701402）。

作者简介：宋淑亮（1981—）男，山东省邹平人，高级实验师，主要从事海洋生物活性物质研究。E-mail：songshuliang@ wh. sdu. edu. cn

* **通信作者**：吉爱国，教授，博导，主要从事海洋生物活性物质研究。E-mail：jiaiguo@ sdu. edu. cn

半胱氨酸－硫酸法是《药典》中记载的测定褐藻多糖含量的方法，其原理是甲基戊糖会与L－半胱氨酸－硫酸发生反应，在紫外396 nm处产生强吸收峰。褐藻多糖中的主要成分L－岩藻糖－4－硫酸酯中岩藻糖一种甲基戊糖，所以可用此法测浓度。此方法优点在于操作简便、成本低，可排除盐、酸、碱等大部分物质的干扰；缺点在于不能同时测量多种糖类含量，不能分离不同物质，易受到干扰，尤其是其他甲基戊糖[5-7]。

2 材料与仪器

2.1 实验样品

山东大学（威海）生物技术研发中心提供的岩藻聚糖硫酸脂（fucoidan）。

2.2 实验试剂

褐澡糖fucose（购自Sigma公司）。葡萄糖、果糖、甘露糖、阿拉伯糖、鼠李糖、半乳糖、山梨醇、乳糖、蔗糖、淀粉、柠檬酸、海藻酸钠、半胱氨酸、谷氨酸、赖氨酸、苯丙氨酸、硫酸铵、氯化钠、氯化钙、碳酸钠、磷酸氢二钠（以上药品均购自威海新月公司）。牛血清白蛋白（购自Solarbio公司）。

2.3 实验仪器

AB204－S分析天平（Mettler toledo）、B－260恒温水浴锅（上海亚荣生化仪器厂），1 000 μL、200 μL移液枪（eppendorf）、T6新世纪紫外可见分光光度计（北京普析通用仪器有限责任公司）。

3 实验方法

3.1 对照品溶液的制备

取标准品褐藻多糖约10 mg，精密称定，加少量水溶解，溶液转移至100 mL量瓶中，加水稀释至刻度，摇匀，即得。

3.2 标准曲线制备及线性关系考察

精密吸取对照品溶0.04、0.08、0.15、0.30、0.45、0.60、0.75、0.85 mL，置20 mL试管中，分别加水至1.0 mL，冰水浴中加入87 %硫酸溶液4.5 mL，摇匀；1分钟后，在沸水浴中准确加热10分钟，迅速冷却至室温，加3%半胱氨酸盐酸盐溶液0.1 mL，摇匀，静置90分钟。照分光光度法（中国药典2010年版一部附录V A）测定，分别在427 nm和396 nm的波长处测定吸光度。以吸光度之差为纵坐标，以对照品量为横坐标，绘制标准曲线[8]。

3.3 含量测定

取干燥的本品约10 mg，精密称定，加水溶解，滤过，滤液转移至100 mL量瓶中，加水稀释至刻度，摇匀。取0.2 mL置20 mL试管中，照标准曲线制备方法，自“加水至1.0 mL”起，同法测定吸光度，从标准曲线上读出供试品溶液中相当于褐藻多糖的含量，重复测定3次[9-10]。

3.4 精密度实验

分别取称取本品5 mg、10 mg、15 mg，各设置3个平行组，加水溶解，滤过，滤液转移至100 mL量瓶中，加水稀释至刻度，摇匀。按照精密度实验方法测定，计算回收率。

3.5 准确度实验

取本品10 mg，设置9个平行组，定容到100 mL。按照准确度实验方法测定，计算相对标准偏差 RSD。

3.6 稳定性实验

取本品 10 mg，定容到 100 mL，分别放置 0 d、1 d、2 d、3 d，按照上述含量测定方法测定，计算相对标准偏差 RSD。

3.7 专属性实验

按照上述含量测定方法，分别检测 6 种单糖（阿拉伯糖、果糖、甘露糖、葡萄糖、鼠李糖、半乳糖）、2 种双糖（乳糖、蔗糖）、1 种多糖（淀粉）、1 种有机醇（山梨醇）、1 种有机酸（柠檬酸）、4 种氨基酸（半胱氨酸、谷氨酸、赖氨酸、苯丙氨酸）、1 种蛋白质（牛血清白蛋白）、1 种有机盐（海藻酸钠）、5 种无机盐（硫酸铵、氯化钠、氯化钙、碳酸钠、磷酸氢二钠）。分别计算其干扰率。

4 实验结果

4.1 标准曲线

以吸光度之差为纵坐标，以对照品量为横坐标，得到回归方程：$f(C)=0.007\ 31\times X-0.002\ 81$（$R^2=0.999\ 8$）。通过此回归方程可知褐藻多糖在 0～85 μg/mL 范围内吸光度之差与浓度呈良好的线性关系。

4.2 含量测定

经测定样品中的褐藻多糖含量如表 1 所示。

表 1 褐藻多糖的含量测定

样品/mg	样本均值/$\mu g\cdot mL^{-1}$	褐藻多糖含量/mg	样品中褐藻多糖的含有量
10	31.260 ±0.116	3.126 ±0.012	31.26% ±0.12%

样品中褐藻多糖含量为 31.26%，相对含量较少，提取精度不高。

4.3 精密度

5 mg、10 mg、15 mg 3 种样品组的含量测定以及测定的精密度如表 2 所示。

表 2 褐藻多糖含量测定的精密度测定

样品/mg	样品均值/$\mu g\cdot mL^{-1}$	回收的褐藻多糖含量/mg	褐藻多糖实际含量/mg	回收率
5	15.442 ±0.111	1.544 ±0.011	1.563 ±0.006	98.80%
10	31.395 ±0.265	3.140 ±0.027	3.126 ±0.012	100.43%
15	46.025 ±0.721	4.602 ±0.072	4.689 ±0.018	98.15%

回收率都接近 100%，由此可知用此方法测定褐藻多糖的精密度高。

4.4 准确度

样本褐藻多糖的准确度实验结果如表 3 所示。

表 3　褐藻多糖含量测定的准确度测定

样品/mg	平行实验	含量/μg·mL^{-1}	均值/μg·mL^{-1}	RSD
10	平行 1	31.359	31.266	1.273%
	平行 2	31.131		
	平行 3	31.289		
	平行 4	32.061		
	平行 5	31.447		
	平行 6	31.218		
	平行 7	30.658		
	平行 8	31.394		
	平行 9	30.833		

9 个平行实验，其 RSD 为 1.273%，可知此方式测量褐藻多糖的准确度高。

4.5　稳定性

样品褐藻多糖的稳定性实验结果如表 4 所示。

表 4　褐藻多糖含量测定的稳定性测定

时间	均值/μg·mL^{-1}	四组均值/μg·mL^{-1}	RSD
0 d	32.189 ±0.385	31.836	1.30%
1 d	31.944 ±0.439		
2 d	31.978 ±0.181		
3 d	31.235 ±0.446		

该样品的 RSD =1.3%，表明褐藻多糖溶液在 72 h 内测定基本稳定。

4.6　专属性

6 种单糖、2 种双糖、1 种多糖、1 种有机醇、1 种有机酸、4 种氨基酸、1 种蛋白质、1 种有机盐、5 种无机盐对褐藻多糖检测的干扰率如表 5 所示。

表 5　褐藻多糖含量测定专属性测定

样品名称	均值/μg·mL^{-1}	实际浓度/μg·mL^{-1}	干扰率
阿拉伯糖	23.096 ±4.973	100	23.10%
果糖	9.754 ±1.901	100	9.75%
甘露糖	2.801 ±0.931	100	2.80%
葡萄糖	11.101 ±0.553	100	11.10%
鼠李糖	204.250 ±1.120	100	204.25%
半乳糖	12.288 ±4.033	100	12.29%
乳糖	19.120 ±1.923	100	19.12%
蔗糖	11.401 ±1.402	100	11.40%
淀粉	9.993 ±0.503	100	9.99%
山梨醇	0.000	100	0.00%

续表

样品名称	均值/μg·mL⁻¹	实际浓度/μg·mL⁻¹	干扰率
柠檬酸	0.000	100	0.00%
半胱氨酸	0.000	100	0.00%
谷氨酸	0.000	100	0.00%
赖氨酸	0.000	100	0.00%
苯丙氨酸	0.000	100	0.00%
牛血清白蛋白	1.414 ±2.449	100	1.41%
海藻酸钠	0.757 ±0.673	100	0.76%
硫酸铵	0.000	100	0.00%
氯化钠	0.000	100	0.00%
氯化钙	1.582 ±2.741	100	1.58%
碳酸钠	2.827 ±2.449	100	2.83%
磷酸氢二钠	0.000	100	0.00%

由此可知糖类对褐藻多糖含量测定影响较大，尤其是鼠李糖，对褐藻多糖的含量测定有极大的影响，阿拉伯糖和乳糖也会产生较大的影响；其他类物质对褐藻多糖含量测定影响基本为 0。因此测定褐藻多糖含量是要排出糖类的干扰，尤其是鼠李糖的干扰。

5 讨论

本实验对用半胱氨酸盐酸盐法测定褐藻多糖的含量的方法进行了准确度、精密度、稳定性、专属性的验证。首先，用标准品做出了经半胱氨酸盐酸盐法处理后的褐藻多糖溶液，并在 427 nm 和 396 nm 的波长下进行了吸光度检测，所得吸光度之差与褐藻多糖溶液浓度成良好的线性关系；然后，对样品褐藻多糖进行了含量测定，以及其准确度、精密度、稳定性、专属性的检测，发现其准确度、精密度、稳定性都很高，但专属性不高，糖类对其专属性影响较大，尤其是鼠李糖，对其测定影响十分大，测定时需要排除糖类干扰。

褐藻多糖本身为杂聚糖，除主要成分 L－岩藻糖－4－硫酸酯外，还含有少量的半乳糖、甘露糖、木糖、葡萄糖、阿拉伯糖。糖类与其主要结构相似，有类似的吸收波长，所以会对其含量测定产生影响[11—12]。

鼠李糖为甲基戊糖，褐藻多糖中的主要成分 L－岩藻糖－4－硫酸酯也有甲基戊糖结构，均可使用半胱氨酸盐法测定其含量。鼠李糖也于 396 nm 处有强吸收峰，427 nm 处吸收减弱，所以导致鼠李糖对于褐藻多糖的含量测定有极强的干扰[13]。

参考文献：

[1] 许凤清，吴皓．海带多糖的研究进展[J]．中国中医药信息杂志，2005，6(12)：106—108.

[2] 樊文乐，武文洁．褐藻多糖胶中硫酸根质量分数的测定方法[J]．化学工业与工程技术，2005，26(5)：47—49.

[3] 刘红英．海带岩藻聚糖硫酸酯测定方法的研究[J]．青岛海洋大学学报，2002，32(2)：236—239.

[4] 李林，罗琼，张声华．海带多糖的分类提取、鉴定有理化特性研究[J]．食品科学，2000，21(4)：28—32.

[5] 郭亚贞．海带中褐藻多糖胶的提取与纯化[J]．上海水产大学学报，2000，9(3)：276—279.

[6] 张惟杰．复合多糖生化研究技术[M]．上海：上海科学技术出版社，1994.

[7] Hauser G，Karnovsky M L．Studies on the production of giycoiipid by Pseudomonas aeruginosa[J]．J Bacterioi，1954(68)：645.

[8] Dische Z, Shettles L B. A specific coior reaction of methyipentoses and a spectrophotometric micro method for their determination[J]. J Bioi Chem, 1948(175): 595.

[9] 谭洁怡,王一飞,钱垂文. 超声波法提取裙带菜中褐藻多糖硫酸酯的工艺研究[J]. 食品与发酵工业,2006,32(1): 115—117.

[10] 薛山,赵国华. 低分子质量岩藻多糖的制备与生物学功能研究[J]. 农产品加工. 创新版,2009(6): 35—37,49.

[11] Chevolot L,Mulloy B,Ratiskol J,et al. A disaccharide repeat unit is the major structure in fucoidans from two species of brown algae[J]. Carbohydr Res,2001,330(4): 529—35.

[12] Holtkamp A D,Kelly S,Ulber R,et al. Fucoidans and fucoidanases – focus on techniques for molecular structure elucidation and modification of marine polysaccharides[J]. Appl Microbiol Biotechnol,2009,82: 1—11.

[13] 吴茜茜,吴克,潘仁瑞,等. 功能性低分子量岩藻多糖的研究进展[J]. 生物学杂志, 2006,23(3): 4—7.

水温变化对中西太平洋鲣鱼中心渔场分布的影响

张明星[1,4]，陈新军[1,2,3,4*]

（1. 上海海洋大学 海洋科学学院，上海 201306；2. 国家远洋渔业工程技术研究中心，上海 201306；3. 大洋渔业资源可持续开发省部共建教育部重点实验室，上海 201306；4. 远洋渔业协同创新中心，上海 201306）

摘要： 中西太平洋是全球金枪鱼围网的主要海域，鲣鱼（*Katsuwonus pelamis*）是金枪鱼围网的主要作业对象。本研究利用 1985—2010 年中西太平洋金枪鱼围网渔获物数据，结合海洋表层温度（SST）数据，分析中西太平洋鲣鱼资源丰度在时间序列和空间位置上的分布规律。研究表明，1985—2002 年，各年平均 CPUE 在时间序列上呈一定的上升趋势，1985—2002 年，平均 SST 在一定范围内上下波动，平均 CPUE 和平均 SST 无显著相关性；2003—2010 年，平均 CPUE 和平均 SST 均呈较大幅度上升，两者呈显著相关。从空间位置分析，鲣鱼资源量集中出现在 SST 为 28 ~30℃之间的海域，在 5°N 和 10°S 附近海域 CPUE 反映的总体资源量较高，而在 0°和 5°S 的资源量较低。鲣鱼资源量较大区域分布在冷暖水团交汇处。

关键词： 中西太平洋；鲣鱼；海洋表面温度变化；中心渔场

1 引言

中西太平洋为全球鲣鱼生产的重要渔区[1]。作为中西太平洋大型围网渔业的主要捕捞对象，鲣鱼的产量在 1998—2010 年间呈逐年递增的趋势，2010 年鲣鱼产量约达 140×10^4 t。研究表明，金枪鱼渔场、资源变动与海洋环境存在着密切的关系。Lehody 等[2]通过对中西太平洋金枪鱼围网渔获中心变动进行分析后发现金枪鱼的渔获重心与 29℃等温线的变化趋于一致。黄易德[3]指出，中西太平洋海域 28 ~ 29℃间的海洋表层温度（SST）可作为作业渔场和鱼群分布的指标。Andrade[4-5]对西南印度洋的鲣鱼渔场进行研究后发现，大部分作业渔场的水温在 22 ~ 26℃之间；但在巴西海域，围网渔船单位捕捞努力量渔获量（CPUE）与 SST 无显著的关联。Mugo 等[6]对 2004 年 3—11 月西北太平洋的鲣鱼渔场各环境要素进行分析，发现 SST 是影响鲣鱼洄游最为重要的栖息地指标。Matsumoto 等[7]通过对各个鲣鱼渔场的温度环境归纳分析，发现在不同海域作业渔场的水温各有差异。国内也有一些学者对中西太平洋鲣鱼的资源分布进行过研究，但结合 SST 分析中西太平洋鲣鱼资源丰度时空分布的研究报道还较少。为此，本文利用中西太平洋 SST 数据和 1985—2010 年金枪鱼围网渔业渔获数据，从时空分布角度对中西太平洋鲣鱼资源随 SST 分布变化规律进行分析，探寻 SST 对中西太平洋鲣鱼丰度时空分布的影响，以期为中西太平洋的渔业生产和管理提供科学依据。

2 材料与方法

2.1 数据来源

采用的渔业数据来自南太平洋共同秘书处（SPC）收集的金枪鱼围网统计资料。其时间分辨率为月，

基金项目： 国家 863 计划（2012AA092303）；海洋局公益性项目（201505014）；国家科技支撑计划（2013BAD13B01）资助。

作者简介： 张明星（1989—），男，硕士研究生，江苏省南通市人，主要从事渔业资源学研究。E-mail：mxzhang@ shou. edu. cn

* **通信作者：** 陈新军（1967—），男，浙江省义乌市人，教授，主要从事渔业资源研究。E-mail：xjchen@ shou. edu. cn

该数据以经纬度5°×5°为统计单位，记录了年、月、作业经度、作业纬度、鱼种产量以及作业天数等信息。数据的时间范围为1985—2010年。中西太平洋的SST数据来源于美国海洋与大气管理局（NOAA）太平洋海洋环境实验室分析处理的SST月平均数据（http://oceanwatch.pifsc.noaa.gov/las/servlets/dataset），数据来自AVHRR传感器，其空间分辨率为0.5°×0.5°，采用的时间序列范围为1985—2010年，空间跨度为10°N～10°S、120°E～155°W。

2.2　数据预处理

单位捕捞努力量渔获量（CPUE）可以作为鲣鱼资源丰度很好的指标，其计算式定义为：

$$CPUE = C/f, \tag{1}$$

式中，C是5°×5°单位渔区内的月产量，单位为t；f是单位渔区内的作业时间，单位为d。SST数据运用IDL软件（ITT，美国）编程进行处理，将其空间分辨率重采样为经纬度5°×5°，并与渔业数据的年、月以及经纬度坐标等信息匹配。

2.3　分析方法

为了分析1985—2010年间鲣鱼资源量随SST变化的总体趋势和两者间内在关系：

（1）在时间序列上，首先统计从1985—2010年各年平均CPUE和平均SST，忽略月份和地理位置的影响，分析各年平均CPUE和平均SST的变化趋势；然后统计整个研究区域内所有年份1—12月各月平均CPUE和平均SST，在去除地理位置和年份的影响下，分析鲣鱼资源丰度在一年内随SST变化的规律。

（2）在地理位置上，计算单位渔区内所有时间序列平均CPUE和平均SST，不考虑年份和月份对鲣鱼丰度的影响，从经向上分析CPUE均值和SST均值的相关性；运用渔业地理信息系统软件（MarineExplorer 4.0，日本环境模拟实验室）分析鲣鱼的CPUE随SST变化的空间分布规律，以探究鲣鱼渔场随海洋环境温度变化的时空分布规律。

3　结果与分析

3.1　中西太平洋鲣鱼资源量随SST的时间分布

分析表明，1985—2002年，中西太平洋鲣鱼平均CPUE在一定水平范围上下波动，总体呈小幅上升趋势，1997年为最低值10.18 t/d。2003—2010年间，平均CPUE逐年上升，且上升幅度显著，2010年达到了最大值19.51 t/d。平均SST在1985—2002年总体保持平稳，但1989—1998年波动幅度较大，在1993年达到最低值27.89℃。自2003年起平均SST显著增加，直至2010年仍保持一定的增加趋势，且在2006年达到了最大值29.21℃（见图1）。

如图2所示，1—3月，平均CPUE呈现显著的增加趋势，3月份后平均CPUE开始下降，至6月份为最低水平（14.27 t/d）。6—9月，平均CPUE呈现较小的波动。10—12月，平均CPUE呈现较显著的增加后便开始逐渐下降。就SST而言，整体的变化趋势与平均CPUE保持一致，尤其是2—8月，两者存在极高的相关性（$r=0.947$），且9—12月，平均CPUE和平均SST也存在较高的相关性（$r=0.672$）。

3.2　中西太平洋鲣鱼资源量随SST的空间分布

平均CPUE随平均SST在经向上的变化趋势如图3所示。总体上鲣鱼资源量集中出现在SST为28～30℃之间的海域。经向上，在5°N和10°S附近海域的CPUE反映的总体资源量较高，而在0°和5°S处较低。对各个纬度线上的CPUE和SST分析可知，单位渔区的平均CPUE在5°N处最高，为25.47 t/d，对应的平均SST值为28.82℃；10°S处次之，为24.38 t/d，对应的平均SST值为29.24℃；在5°S和0°处分别为16.11 t/d和16.06 t/d，对应的平均SST值分别为29.14℃和29.16℃，CPUE均值与SST均值呈一定的负相关性（$r=-0.449$）。在5°N处自西向东，平均CPUE呈递增趋势，平均SST呈递减趋势且变化幅

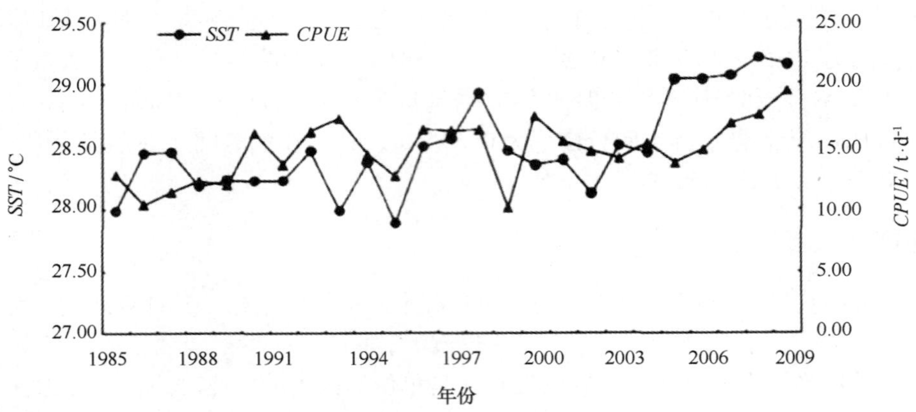

图1 1985—2010年中西太平洋鲣鱼平均CPUE和平均SST年际变化趋势

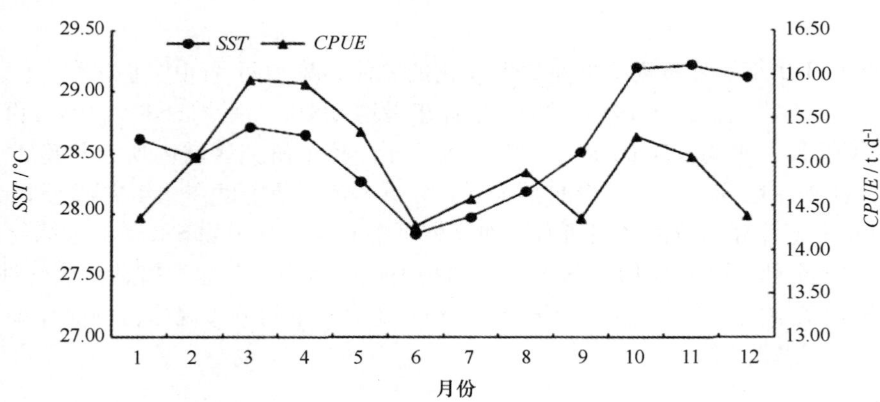

图2 1985—2010年中西太平洋鲣鱼各月平均CPUE和平均SST月变化趋势

度较大，较高的CPUE值对应较低的SST值，总体呈一定的负相关性（$r=-0.330$），CPUE最大值为51.51 t/d，对应的SST值为28.74℃。在0°处，平均CPUE较高值集中分布在140°E～170°W之间，平均SST变化幅度较小，CPUE均值与SST均值有一定的相关性（$r=0.414$），CPUE的最大值为25.69 t/d，对应的SST值为29.26℃。在5°S处，平均CPUE逐渐递增而后趋于平缓，而平均SST先递增而后递减，两者之间的相关性一般（$r=0.287$），CPUE的最大值为28.74 t/d，对应的SST值为28.68 ℃。

鲣鱼为暖水性上层洄游鱼类，多集群于辐射区冷暖水团交汇处[7]，1985—2010年中西太平洋鲣鱼总的平均CPUE较大值正是分布于这一区域，平均CPUE较高（CPUE≥30 t/d）海域的SST分布在28.6～29.2℃之间，在此温度范围内的CPUE总量占整个研究区域CPUE总量的22.76%。0°～10°S、130°E～160°W海域均属于较暖水区域，各个单位渔区内平均CPUE值相对较小，其分布与SST的相关性一般（$r=-0.08$）。

4 讨论

鲣鱼在洄游过程具有其自身的生物学特性，会受到栖息海域环境的影响，如海表温度和叶绿素浓度等[8]。在中西太平洋热带水域，海表温度常年在28℃以上，是世界大洋海洋表面温度最高的海域，形成西太平洋暖池。在信风的作用下，东太平洋会产生巨大的涌升流，从而会形成具有低温、高盐等特性的冷舌区域。暖池和冷舌的交汇区拥有丰富的浮游植物和微型的浮游动物，是鲣鱼理想的索饵场[9—12]。El Niño年份，暖池区域会向东移动到太平洋中部海域，而到了La Niña年份又向西移动返回西太平洋海域。由于El Niño现象和La Niña现象存在交替变换的规律，使得中西太平洋海表温度存在一定的分布变化规

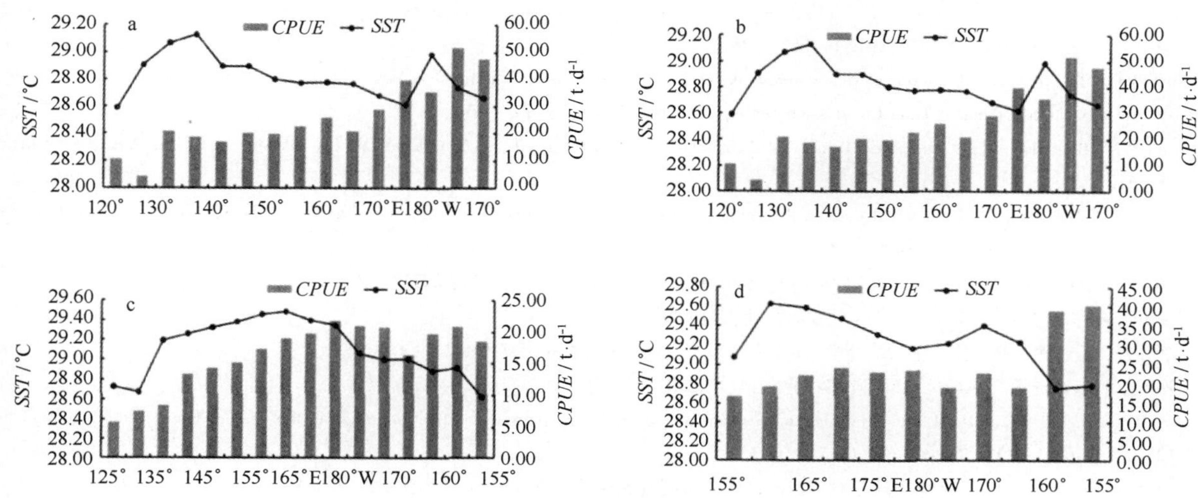

图3 1985—2010 年间中西太平洋鲣鱼在 5°N（a），0°（b），5°S（c）及 10°S（d）平均 CPUE 随平均 SST 经向变化趋势

律并影响着渔场的分布[14—15]。陈新军等[16]通过对 1990—2001 年间的中西太平洋围网鲣鱼资源的时空变动进行了统计分析，发现在 El Niño 年份鲣鱼平均 CPUE 值增加，而在 La Niña 年份会稍有下降，但总体水平均高于正常年份。本文的研究结果与之存在一定的差异，其原因很有可能是由于统计 CPUE 的平均值方法及作业船只的规模、渔业技术等方面的差别所导致。本研究表明，2002—2010 年平均 CPUE 和平均 SST 均逐年上升，SST 均值逐年增加的原因尚不明确，平均 CPUE 的增加可能与平均 SST 存在一定的联系，也有可能是作业渔船规模的扩大、捕捞技术的提升等带来高捕捞效率所导致，如渔情预报技术[17]、人工集鱼装置（FAD）[18]等技术的发展提高了金枪鱼围网的捕捞效率，从而造成鲣鱼年平均 CPUE 增加。

本研究表明，中西太平洋鲣鱼丰度的年际变化与 SST 总体上无显著相关性，在 2002—2010 年间平均 CPUE 和平均 SST 均呈上升趋势，但尚未查明两者之间是否存在联系。在不考虑年份和地理位置的影响下，平均 CPUE 存在明显的季节性变化规律，与平均 SST 具有较好的关联度。鲣鱼资源量丰富区域的海表温度集中在 28～30℃，这与郭爱等[19]对中西太平洋围网鲣鱼资源研究的结果一致。在忽略年份和月份对鲣鱼丰度影响的情况下，研究区域内各单位渔区的平均 CPUE 与平均 SST 之间总体相关度不明显，但对各个纬度线上的 CPUE 和 SST 统计分析后发现，在 10°S 处平均 CPUE 与平均 SST 值存在较强的相关性，在 0°处次之，5°S 和 5°N 处无显著关联度。鲣鱼资源量较丰富的区域分布在冷暖水团交汇处，平均 CPUE 存在较大值（CPUE≥30 t/d）的海域的温度区间在 28.6～29.2℃。本研究只对影响鲣鱼渔场的各环境因子中的 SST 进行了研究，实际上影响鱼群洄游的因素还有海流[20]、温跃层[21]和浮游生物[22]等，综合环境因素对渔场分布变化的影响还有待进一步研究。此外，在分析鲣鱼资源量空间分布时，未考虑年际间的鲣鱼丰度的空间分布变动。但总的来讲，SST 可以作为中西太平洋鲣鱼渔情预报的指标。

参考文献：

[1] 赵荣兴，缪圣赐．中西太平洋鲣鱼 Katsuwonus pelamis（Linnaeus）的资源状况及产量[J]．现代渔业信息，2005，20(3)：12—14.

[2] Lehodey P，Bertignac M，Hampton J，et al. El Niño Southern Oscillation and tuna in the western Pacific[J]. Nature，1997，389(6652)：715—718.

[3] 黄易德．中西太平洋鲣鱼时空分析[D]．台北：台湾海洋大学，1989.

[4] Andrade H A. The relationship between the skipjack tuna (*Katsuwonus pelamis*) fishery and seasonal temperature variability in the south-western Atlantic[J]. Fisheries Oceanography，2003，12(1)：10—18.

[5] Andrade H A，Garcia C A E. Skipjack tuna fishery in relation to sea surface temperature off the southern Brazilian coast[J]. Fisheries Oceanography，1999，8(4)：245—254.

[6] Mugo R,Saition S,Nihira A,et al. Habitat characteristics of skipjack tuna (*Katsuwonus pelamis*) in the western North Pacific:a remote sensing perspective[J]. Fish Oceanogr. ,2010,19(5): 382—396.

[7] Fink B D, Bayliff W H. Migrations of yellowfin and skipjack tuna in the eastern Pacific Ocean as determined by tagging experiments, 1952—1964 [J]. Inter-American Tropical Tuna Commission Bulletin, 1970, 15(1): 1—227.

[8] Sund P N, Blackburn M, Williams F. Tunas and their environment in the Pacific Ocean: a review[J]. Oceanogr Mar Biol Ann Rev, 1981, 19: 443—512.

[9] Forsbergh E D. Synopsis of biological data on the skipjack tuna. Katsuwonus pelamis (Linnaeus, 1758). In the Pacific Ocean[J]. Inter-American Tropical Tuna Commission, 1980: 296.

[10] TRENBERTH K E. The definition of El Niño[J]. Bull Amer Meteorol Sci,1997(78): 2771—2777.

[11] 宇田道隆. 海洋渔场学[M]. 东京: 恒星社厚生阁发行所, 1963.

[12] 李春喜, 王志和, 王文林. 生物统计学[M]. 2版. 北京: 科学出版社, 2001.

[13] 陈新军. 渔业资源与渔场学[M]. 北京:海洋出版社,2004

[14] CAMPBELL H F,HAND A J. Modeling the spatial dynamics of the U. S. purse-seine fleet operating in the western Pacific tuna fishery[J]. Can J Fish Aquat Sci,1999(56): 1266—1277.

[15] 周甦芳, 沈建华, 樊伟. ENSO现象对中西太平洋鲣鱼围网渔业的影响分析[J]. 海洋渔业, 2004, 26(3): 167—172.

[16] 陈新军, 郑波. 中西太平洋金枪鱼围网渔业鲣鱼资源的时空分布[J]. 海洋学研究, 2010, 25(2): 13—22.

[17] 樊伟, 崔雪森, 沈新强. 渔场渔情分析预报的研究及其进展[J]. 水产学报, 2006, 29(5): 706—710.

[18] Langley A. A standardised analysis of skipjack tuna CPUE from the WCPO drifting FAD fishery within skipjack assessment area 6 (MFCL 6) [J]. Secretariat of the Pacific Community Standing Committee on Tuna and Billfishes, SCTB17 SA-5, 2004.

[19] 郭爱, 陈新军, 范江涛. 中西太平洋鲣鱼时空分布及其与ENSO关系探讨[J]. 水产科学, 2010, 29(10): 591—596.

[20] Watanabe Y, Ogura M, Tanabe T. Migration of skipjack tuna, Katsuwonus pelamis, in the western Pacific Ocean, as estimated from tagging data [K]. Bulletin of Tohoku National Fisheries Research Institute (Japan), 1995: 1—100.

[21] Kitagawa T, Kimura S, Nakata H, et al. Why do young Pacific bluefin tuna repeatedly dive to depths through the thermocline? [J]. Fisheries Science, 2007, 73(1): 98—106.

[22] Polovina J J, Howell E, Kobayashi D R, et al. The transition zone chlorophyll front, a dynamic global feature defining migration and forage habitat for marine resources[J]. Progress in Oceanography, 2001, 49(1): 469—483.

东太平洋大眼金枪鱼栖息地指数模型比较

江建军[1,4]，陈新军[1,2,3,4]*

（1. 上海海洋大学 海洋科学学院，上海 201306；2. 国家远洋渔业工程技术研究中心，上海 201306；3. 大洋渔业资源可持续开发省部共建教育部重点实验室，上海 201306；4. 远洋渔业协同创新中心，上海 201306）

摘要： 大眼金枪鱼（*Thunnus obesus*）是一种具有高度经济价值的洄游鱼类，为我国远洋渔业重点捕捞的鱼种之一，其广泛分布于大西洋、太平洋和印度洋等海域。大眼金枪鱼在东太平洋也是重要的金枪鱼资源之一。本文主要是根据 2009—2011 年美洲间热带金枪鱼委员会（IATTC）在东太平洋海域（20°N～35°S、85°～155°W）大眼金枪鱼延绳钓生产的统计数据进行研究的，另外再结合了海洋卫星遥感所获得的表海表面温度（SST）和海表面高度（SSH）的数据，然后利用外包络方模型和正态分布模型，以单位捕捞努力量渔获量（CPUE）的适应性指数为基础，按照季度分别建立了基于 SST 和 SSH 的大眼金枪鱼栖息地适应性指数，采用算术平均法获得基于 SST 和 SSH 环境因子的栖息地指数综合模型（habitat suitability index，HSI），并用 2012 年各季度实际作业渔场进行验证。研究结果显示，在对东太平洋大眼金枪鱼的栖息地预测中，正态分布模型比外包络模型能够更好的进行渔场的预测。对 2012 年中心渔场的预报正态分布模型的准确率为 80.39%，外包络模型的准确率为 66.83%。因此，正态分布模型具有更高的预测准确性，如果能够将该模型用于实际生产过程中，能够为我国东太平洋的大眼金枪鱼的生产提供技术性的指导，也为以后东太平洋的渔场研究提供一定的依据。

关键词： 大眼金枪鱼；东太平洋；栖息地指数；模型比较

1 引言

大眼金枪鱼（*Thunnus obesus*）是我国远洋渔业延绳钓船队捕捞的主要物种之一，大眼金枪鱼的空间与时间分布及其所处的环境之间的关系得到世界渔业管理组织和学者们的重视[1]。我国对于东太平洋大眼金枪鱼的生长、死亡、分布以及摄食都有研究，但对东太平洋地区大眼金枪鱼的栖息地指数的研究相对比较少。大眼金枪鱼作为一种具有比高的经济价值的鱼类，那么对其资源评估和栖息地指数的研究就显得越来越重要了。本文对东太平洋大眼金枪鱼的栖息地指数进行了研究[2]，主要是通过 2009—2011 年在东太平洋大眼金枪鱼的延绳钓生产数据与其环境因子（SST、SSH）用外包络法和正态分布法分别建立栖息地指数模型（habitat suitability index，HSI），然后对两种模型进行对比，然后找出一个最佳的预测模型，这对以后我国的金枪鱼延绳钓船队在东太平洋海域进行生产提供宝贵的数据与经验。

2 材料与方法

2.1 数据来源

（1）作业海域为东太平洋的 20°N～35°S、85°～150°W。生产统计数据是来自 2009—2012 年美洲间热

基金项目： 国家 863 计划（2012AA092303）；海洋局公益性项目（201505014）；国家科技支撑计划（2013BAD13B01）资助。

作者简介： 江建军（1989—），男，山东省东营市人，硕士研究生，主要从事渔业资源研究。E-mail：ml40350587@ st. shou. edu. cn

* **通信作者：** 陈新军（1967—），男，浙江省义乌市人，教授，主要从事渔业资源研究。E-mail：xjchen@ shou. edu. cn

带金枪鱼委员会（IATTC）的数据 。这些生产统计数据包括作业年月、作业经纬度、渔获产量（kg）、钩数等，其空间分辨率为 5°×5°，时间分辨率为月。

（2）海洋环境数据有海表温度（SST，单位为℃）、海平面高度（SSH，单位为 m），这些数据均来自美国国家航空航天局的卫星遥感数据库（http：Npoet. jp1. nasa. gov/），空间分辨率为 5°×5°，时间分辨率为月。本文是以 2009—2011 年的数据分别建立外包络模型和正态分布模型，以 2012 年的数据进行最后的模型验证，最后进行对比。

2.2 材料和方法

2.2.1 数据分析和处理

将渔业生产数据与海表温度数据处理成时间分辨率为季度，空间分辨率为 5°×5°的数据，并且计算 CPUE，CPUE 的计算公式为：CPUE = 总渔获量/千钩。 （1）

2.2.2 模型建立

通常认为，作业钩数可以代表鱼类出现或鱼类利用情况的指标[3]，CPUE 可作为渔业资源密度指标[4]，本研究分别利用 SST 与 SSH 和 CPUE 建立适应性指数（SI）模型，通过比较采用最适宜的模型。

本研究假定每季度中出现的 $CPUE_{max}$ 的区域为东太平洋大眼金枪鱼资源分布最多的海域，认定其适应性指数 SI 为 1；而作业钩数和 CPUE 为 0 时，则认为是东太平洋大眼金枪鱼资源分布很少的海域，SI 为 0[5]。分别以 SST 与 SSH 和 CPUE 建立 SI 模型，SI 的计算公式如下：

$$SI_{i,CPUE} = \frac{CPUE_{ij}}{CPUE_{i,\max}}, \tag{2}$$

式中，$CPUE_{i,\max}$ 为 i 季度的最大 *CPUE*。

（A）利用外包络法分别绘制 CPUE 对 SST 和 CPUE 对 SSH 的 SI 每个季度的曲线。对每季度的基于 CPUE 的 SI 模型（SI - cpue - sst 和 SI - cpue - ssh）进行比较分析，得到最适的 SST 和 SSH 的值。

（B）利用正态函数分布法建立 SST、SSH 和 SI 之间的关系模型[6]。利用 Excel 进行规划求解得到各个参数的值。通过此模型将 SST、SSH 和 SI 两离散变量关系转化为连续随机变量关系。最终得到拟合的 SI - cpue - sst 和 SI - cpue - ssh 曲线。正态分布公式

$$f(x) = \frac{1}{\sqrt{2\pi\delta}} e^{-\frac{(x-\mu)2}{2\delta 2}}, \tag{3}$$

式中，$f(x)$ 为拟合的 SI 的值，x 为所对应的 SST 和 SSH，μ 和 δ 为我们所需要求解的参数。

2.2.3 HSI 值的确定

利用算术平均法（arithmetic mean，AM）计算获得栖息地综合指数 HSI。公式如下：

$$HSI = \frac{1}{2}（SI - cpue - sst + SI - cpue - ssh）, \tag{4}$$

式中，（SI - cpue - sst + SI - cpue - ssh）分别为 SI 与 SST、SI 与 SSH 的适应性指数。

2.2.4 HSI 模型比较与验证分析

根据上述建立的模型，分别求出每个季度的两个模型的 HSI 值，将其划分为 0 ~ 0.2、0.2 ~ 0.4、0.4 ~ 0.6、0.6 ~ 0.8 和 0.8 ~ 1.0 这 5 个等级[7]，在 HSI 大于 0.6 的 SST 和 SSH，被认为是大眼金枪鱼较为适宜的栖息地[7]。根据以上建立的模型，对 2012 年各季度 SI 值与实际作业渔场进行验证，探讨预测中心渔场的可行性[8]。最后对两个模型进行对比。

3 结果

3.1 用外包络法的 CPUE 与 SST、SSH 的关系

首先统计一下所给数据的各月的平均 SST 和 SSH 如图 1 所示。第一季度 SI 大于 0.6 的 SST 分布海域

主要是在 26～28.5℃，SSH 为 48～75 m，分别占总作业点数的 60.00% 和 40.83%，最适 SST 为 28℃，最适 SSH 为 70 m。第二季度 SI 大于 0.6 的 SST 分布海域主要是在 26～28.5℃，SSH 为 37～60 m，分别占总作业点数的 84.62% 和 62.05%，最适 SST 为 28℃，最适 SSH 为 49 m。第三季度 SI 大于 0.6 的 SST 分布海域主要是在 22～26.5℃，SSH 为 51～75 m，分别占总作业点数的的 50.00% 和 41.06%，最适 SST 为 26℃，最适 SSH 为 72 m。第四季度 SI 大于 0.6 的 SST 分布海域主要是在 26～28.5℃，SSH 为 48～75 m，分别占总作业点数的的 70.50% 和 55.17%，最适 SST 为 27℃，最适 SSH 为 70 m。各季度具体的基于 CPUE 的 SST、SSH 的 SI 曲线如图 2 所示。

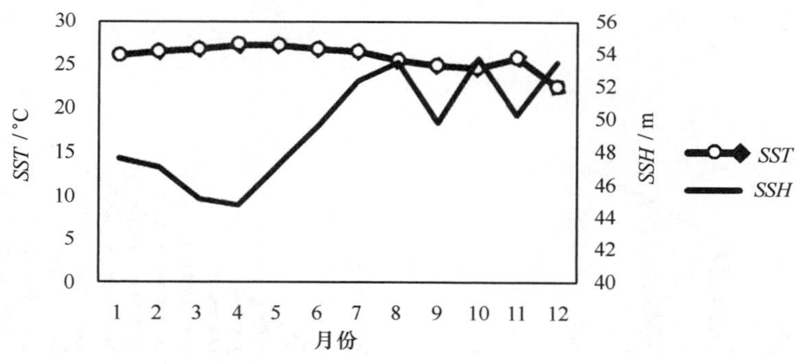

图 1　2009—2011 各月的平均 SST 和 SSH 分布图

3.2　用正态分布法的建立 SST、SSH 和 SI 之间的关系模型

第一季度 SI 大于 0.6 的 SST 分布海域主要是在 25～27℃，SSH 为 38～68 m，分别占总作业点数的 65.14% 和 59.63%，最适 SST 为 26℃，最适 SSH 为 53 m。第二季度 SI 大于 0.6 的 SST 分布海域主要是在 27～29℃，SSH 为 35～65 m，分别占总作业点数的 78.46% 和 68.21%，最适 SST 为 28℃，最适 SSH 为 53 m。第三季度 SI 大于 0.6 的 SST 分布海域主要是在 25～27℃，SSH 为 43～61 m，分别占总作业点数的 69.51% 和 31.06 %，最适 SST 为 26℃，最适 SSH 为 53 m。第四季度 SI 大于 0.6 的 SST 分布海域主要是在 26～29℃，SSH 为 46～63 m，分别占总作业点数的 50.00% 和 31.41%，最适 SST 为 27℃，最适 SSH 为 53 m。各季度具体的基于 CPUE 的 SST、SSH 的 SI 曲线如图 3 所示。用正态分布法所得的 2009—2011 年大眼金枪鱼适应性指数模型如表 1 所示。模型的拟合通过显著性检验 p 值都远小于 0.000 1，证明其可信度比较高。

表 1　2009—2011 年大眼金枪鱼适应性指数模型

季度	变量	适应性指数模型	P 值
第一季度	SST	$SI = 0.413184\exp[-0.53633(SST-26.04208)^2]$	$P<0.0001$
	SSH	$SI = 1.581333\exp[-7.85591(SSH-52.75846)^2]$	$P<0.0001$
第二季度	SST	$SI = 0.655308\exp[-1.34909(SST-27.85059)^2]$	$P<0.0001$
	SSH	$SI = 1.34289\exp[-5.66541(SSH-53.22812)^2]$	$P<0.0001$
第三季度	SST	$SI = 0.636065\exp[-1.27102(SST-26.0996)^2]$	$P<0.0001$
	SSH	$SI = 0.635886\exp[-1.27031(SSH-52.65)^2]$	$P<0.0001$
第四季度	SST	$SI = 0.693187\exp[-1.50956(SST-27.39645)^2]$	$P<0.0001$
	SSH	$SI = 1.459292\exp[-0.00018(SSH-52.59016)^2]$	$P<0.0001$

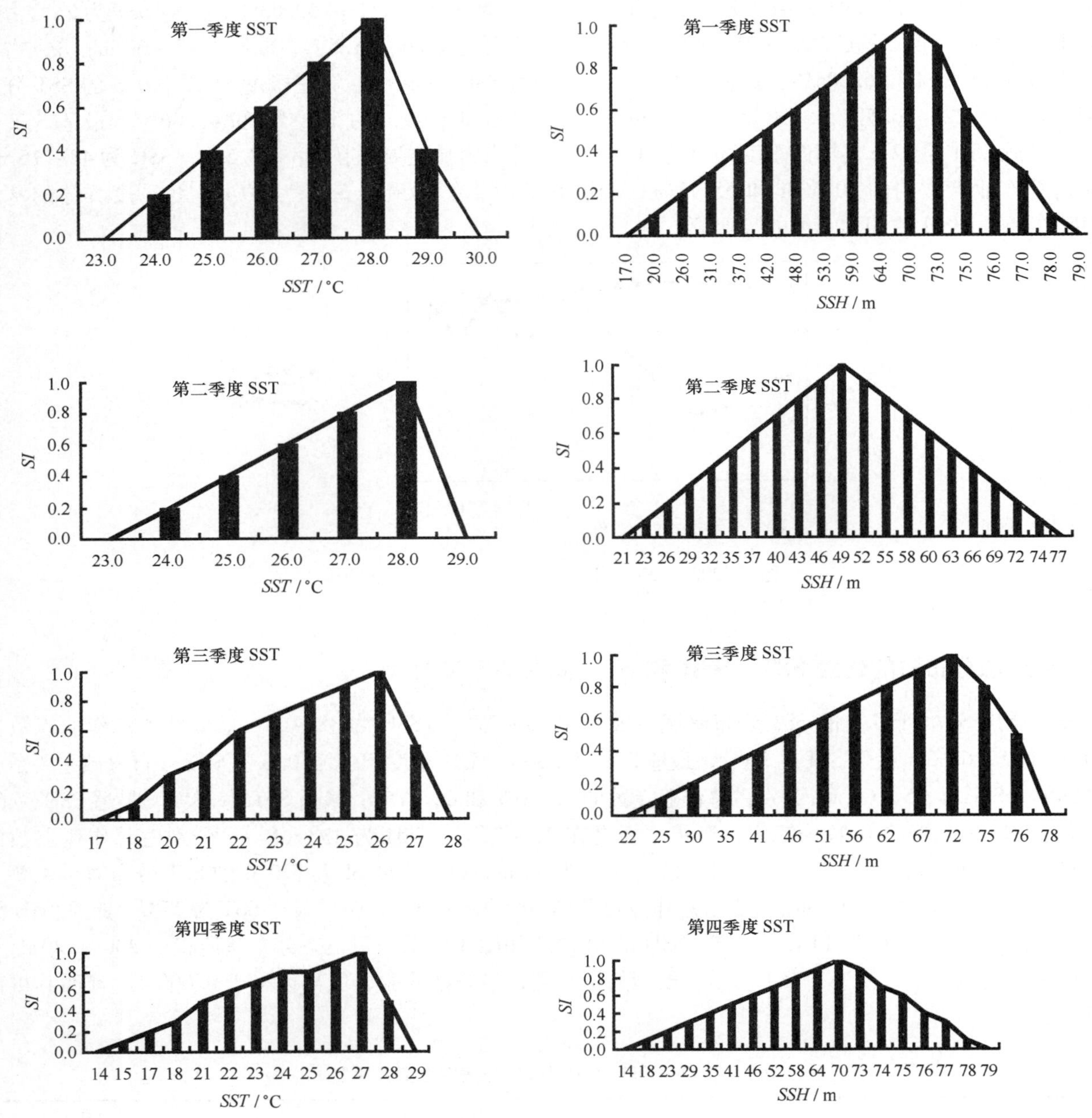

图2 2009—2011年利用外包络法建立基于CPUE的SST和SSH的SI曲线

3.3 HSI模型的建立和比较

先得到各季度的 SI_{sst} 和 SI_{ssh}，然后利用AM模型得到各个季度的HSI。文章分别利用外包络法和正态分布法得到最终的HSI，得到的数据结果如表2和表3所示。通过表格我们会发现利用外包络法所得到HSI的值各等级的分布明显呈现出中间大两边小的趋势，最大比重都集中在0.4～0.8之间。而利用正态分布模型所得HSI的值相对分布比较均匀，最大比重都集中在0.8～1之间。通过分析我们得到总共的作业点数为918个点，利用外包络法所得到HSI大于0.6点的个数为441个，利用正态分布法所得到的大于0.6点的个数为438个，分别占总作业点数的48.04%和47.71%。因此，从这方面来看两种模型的反映东太平洋大眼金枪鱼渔场的分布情况的能力是差不多的，也就是说从这方面无法反映出模型两种模型的优劣程度。

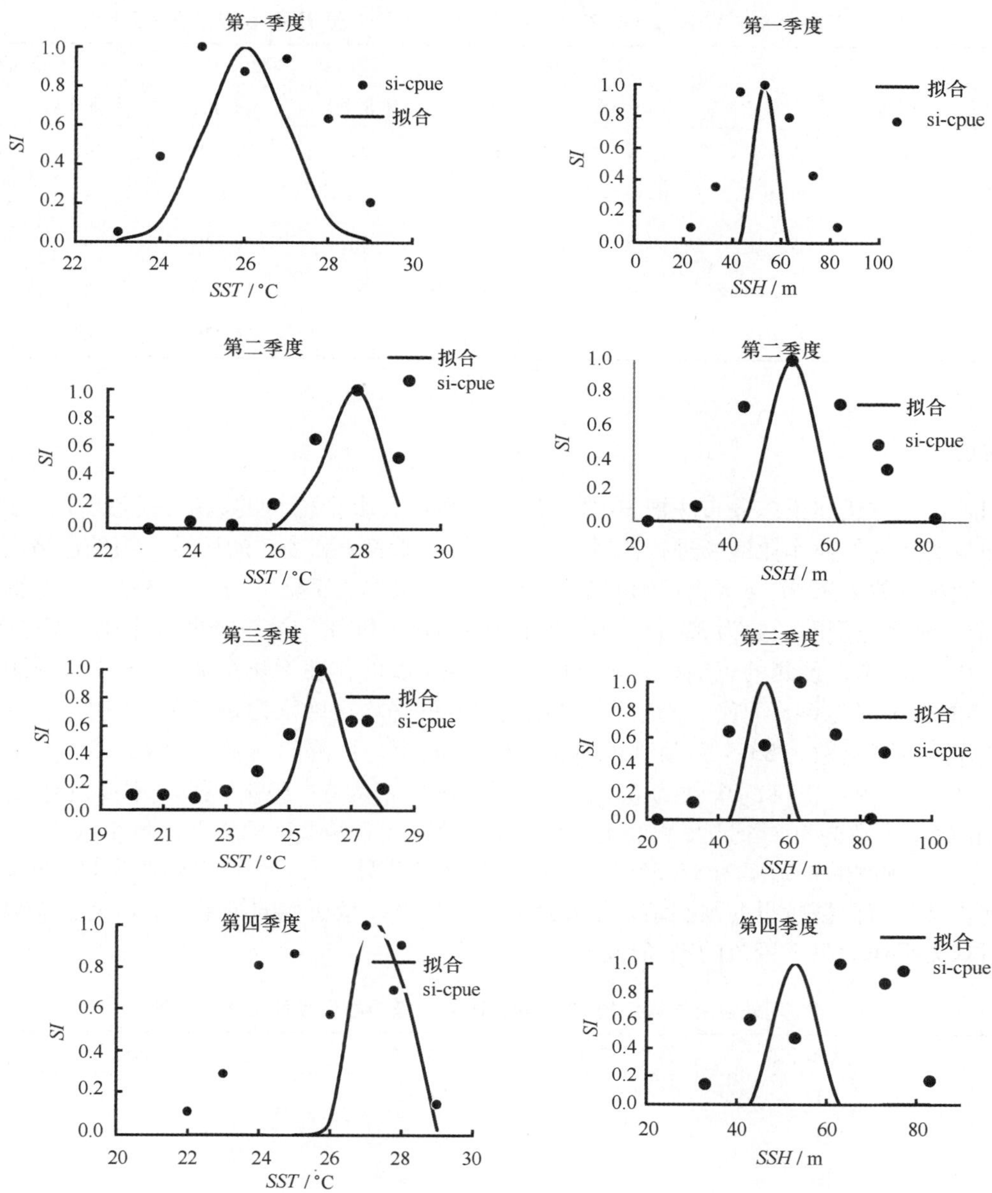

图 3 2009—2011 年利用正态分布方建立基于 CPUE 的 SST、SSH 的 SI 曲线

表 2 用外包络法基于 CPUE 的 2009—2011 年各季度份 HSI 值与作业渔区比率

HSI	第一季度		第二季度		第三季度		第四季度	
	作业个数	百分比	作业个数	百分比	作业个数	百分比	作业个数	百分比
(0, 0.2)	13	5.96%	10	5.13%	34	13.93%	15	5.75%
(0.2, 0.4)	59	27.06%	18	9.23%	38	15.57%	27	10.34%
(0.4, 0.6)	71	32.57%	48	24.62%	71	29.10%	73	27.97%
(0.6, 0.8)	50	22.94%	79	40.51%	67	27.46%	101	38.70%
(0.8, 1)	25	11.47%	40	20.51%	34	13.93%	45	17.24%

表 3 用正态分布法基于 CPUE 的 2009—2011 年各季度份 HSI 值与作业渔区比率

HSI	第一季度		第二季度		第三季度		第四季度	
	作业个数	百分比	作业个数	百分比	作业个数	百分比	作业个数	百分比
(0, 0.2)	17	7.80%	27	13.85%	31	12.70%	46	17.62%
(0.2, 0.4)	51	23.39%	34	17.44%	29	11.89%	45	17.24%
(0.4, 0.6)	60	27.52%	38	19.49%	53	21.72%	49	18.77%
(0.6, 0.8)	42	19.27%	34	17.44%	63	25.82%	55	21.07%
(0.8, 1)	48	22.02%	62	31.79%	68	27.87%	66	25.29%

3.4 模型验证

分别利用外包络方法和正态分布法把 2012 年的东太平洋大眼金枪鱼的数据进行处理，分别计算其栖息地指数，并与实际的作业作业渔场进行比较。得到的数据如表 4 和表 5 的所示。用外包络模型得到的第一季度的作业渔场个数为 83 个，预测正确的个数为 56 个，预测的正确率为 67.43%。第二季度的作业渔场个数为 99 个，预测正确的个数为 82 个，预测的正确率为 83.08%。第三季度的作业渔场个数为 129 个，预测正确的个数为 68 个，预测的正确率为 52.46%。第四季度的作业渔场个数为 88 个，预测正确的个数为 57 个，预测的正确率为 64.37%。利用外包络模型得到的平均正确率为 66.83%。用正态分布模型得到的第一季度的作业渔场个数为 83 个，预测正确的个数为 58 个，预测的正确率为 70.18%。第二季度的作业渔场个数为 99 个，预测正确的个数为 83 个，预测的正确率为 84.10%。第三季度的作业渔场个数为 129 个，预测正确的个数为 103 个，预测的正确率为 79.92%。第四季度的作业渔场个数为 88 个，预测正确的个数为 77 个，预测的正确率为 87.36%。利用正态分布模型得到的平均正确率为 80.39%。通过数据我们不难发现正态分布模型所得的预测结果是要远高于外包络模型所得的结果的。因此正态分布模型能够更好的用来对东太平洋大眼金枪鱼的渔场预测。

表 4 用外包络法得到的 2012 年大眼金枪鱼中心渔场预报结果统计

季度	作业渔场个数	预测正确个数	比例	预测不正确的个数	比例
第一季度	83	56	67.43%	27	32.57%
第二季度	99	82	83.08%	17	16.92%
第三季度	129	68	52.46%	62	47.54%
第四季度	88	57	64.37%	31	35.63%

表 5 用正态分布法得到的 2012 年大眼金枪鱼中心渔场预报结果统计

季度	作业渔场个数	预测正确个数	比例	预测不正确的个数	比例
第一季度	83	58	70.18%	25	29.82%
第二季度	99	83	84.10%	16	15.90%
第三季度	129	103	79.92%	26	20.08%
第四季度	88	77	87.36%	11	12.64%

4 讨论和分析

东太平洋大眼金枪鱼作为我国远洋渔业的主要捕捞对象，同时也是经济价值比较高的物种，那么对于大眼金枪鱼的中心渔场分布和渔场的预报模型的研究，以及找到最佳的预测模型就显得尤为重要了。本研究主要是对东太平洋大眼金枪鱼栖息地指数模型比较，在这篇文章中利用了外包络模型和正态分布模型分别基于通过卫星遥感数据所得到的 SST 和 SSH 进行研究的 HSI 的值，在结果中两种模型所得到的 HSI 大于0.6 的比例差距都不是很大，分别为48.04%和47.71%。但对于2012 年渔场的预测结果分析差距比较大，正态分布模型的准确率为 80.39%，外包络模型的准确率为 66.83%。从这个方面我们可以发现正态分布模型在东太平洋大眼金枪鱼的预报上是要好于外包络模型的。对这些数据的掌握和研究将会为将来我们在东太平洋生产作业提供重要的数据与依据。

当然，本研究也还存在着许多不足的地方。比如，研究的模型相对来说还是比较少的，在以后的研究中可以在考虑多加几种模型。另外，在最终 HSI 的确定的时候是利用的算数平均法[8—10]，我个人认为可以采取赋予权重的算术平均值算法，因为 SST 和 SSH 应该对其影响在不同的时间段是不相同的，但在权重的划分时要有充足的科学依据。拉尼娜和厄尔尼诺[11—12]对东太平洋大眼金枪鱼的栖息与分布也会重要的影响，在以后的研究中我们可以近一步去完善这些影响，希望研究结果可以更好的为我们东太平洋的延绳钓船队提供更加完善和直观的依据。

参考文献：

[1] 冯波．应用栖息地指数对印度洋大眼金枪鱼分布模式的研究[J]．水产学报,2007,31(6)：805—812.

[2] 任中华．基于栖息地指数的东太平洋长鳍金枪鱼渔场分析[J]．海洋渔业,2014,36(5)：385—394.

[3] Andrade H A, Carlos A E. Skipjack tuna fishery in relation to sea surface temperature off the southern Brazilian coast[J]. Fisheries Oceanography,1999,8(4)：245 -254.

[4] Bertrand A, Josse E, Bach P. Hydrological and trophic characteristics of tuna habitat Consequences on tuna distribution and longline catchability [J]. Canadian Journal of Fisheries and Aquatic Sciences, 2002, 59(2)：1002—1013.

[5] Anon. Seasonal change in bigeye tuna fishing areas in relation to the oceanographic parameters in the Indian Ocean[J]. Journal of National Fisheries University, 1999, 47(2)：43—54.

[6] 陈新军,刘必林,田思泉,等．利用基于表温因子的栖息地模型预测[J]．海洋与湖沼,2009,40(6)：707—713.

[7] 余为,陈新军．基于栖息地适宜指数分析 9—10 月印度洋鸢乌贼渔场分布[J]．广东海洋大学学报,2012,32(6)：74—80.

[8] 高峰,陈新军,范江涛．西南大西洋阿根廷滑柔鱼智能型渔场预报的实现及验证[J]．上海海洋大学学报,2011,20(5)：754—758.

[9] Hess G R, Bay J M. A regional assessment of windbreak habitat suitability[J]. Environmental Monitoring and Assessment, 2000, 61(2)：239—256.

[10] Zainuddin M, Saitoh K, Saitoh S I. Albacore(thunnus alalunga) fishing ground in relation to oceanographic conditions in the western North Pacific Ocean using remotely sensed satellite data[J]. Fisheries Oceanography, 2008, 17(2)：61—73.

[11] 周甦芳．厄尔尼诺－南方涛动现象对中西太平洋鲣鱼围网渔场的影响[J]．中国水产科学,2005,12(6)：739—744.

[12] 徐冰．厄尔尼诺和拉尼娜事件对秘鲁外海茎柔鱼渔场分布的影响[J]．水产学报,2012,36(5)：696—706.

阿根廷滑柔鱼渔场与水温的关系

张胜平[1,4]，陈新军[1,2,3,4*]

（1. 上海海洋大学 海洋科学学院，上海 201306；2. 国家远洋渔业工程技术研究中心，上海 201306；3. 大洋渔业资源可持续开发省部共建教育部重点实验室，上海 201306；4. 远洋渔业协同创新中心，上海 201306）

摘要：西南大西洋阿根廷滑柔鱼是世界上重要的经济柔鱼类，不仅在西南大西洋海洋生态系统中地位重要，同时也是阿根廷等沿岸国家和地区，以及中国（含台湾省）等远洋渔业国家和地区的主要捕捞对象。由于阿根廷滑柔鱼每年的资源量及渔场形成情况受水温影响较大，给企业的生产经营带来不确定性。为此，本研究本研究利用上海金优远洋渔业有限公司 2012—2014 年在西南大西洋生产期间的生产统计数据，以及对阿根廷滑柔鱼的渔场分布与表温等关系进行分析，并探讨渔场年间差异，为高效开发、利用阿根廷滑柔鱼资源提供依据。主要研究结果如下：阿根廷滑柔鱼资源渔场年间变化较大。阿根廷滑柔鱼渔场的适宜表温（SST）不仅与月份相关，而且还与不同年份有关。2012 年 1—4 月份各月的最适 SST 分别为 14.8～16℃、14.4～16℃、12.4～13.6℃和 9.5～11℃；2013 年 1—5 月份各月最适 SST 分别为 12～13.2℃、13.2～14.8℃、10.5～12.5℃、10～11.5℃、9～10℃；2014 年 1—7 月各月最适 SST 分别为 11.6～12.8℃、12.8～14℃、12.4～13.6℃、9～10.5℃、7.8～9.6℃、7.2～8.4℃、5.4～6.8℃。其渔场年间变动与福克兰寒流以及巴西暖流的势力强弱有着密切的关系。

关键词：阿根廷滑柔鱼；渔场分布；水温变化

1 引言

海洋环境因子会对阿根廷滑柔鱼的分布产生影响。阿根廷滑柔鱼的适宜水温范围在 2.1～13.5℃之间，巴西南部稚鱼的分布水温为 12～17℃，已经性成熟与产卵群体的分布水温为 4～12℃。在其不同的生活阶段，水温的变化都会影响其生长和洄游。据陈新军等[2—4]研究，2000 年渔汛期间，阿根廷滑柔鱼产量较高海域的 SST 范围为 7～14℃；2001 年则为 9～10℃；2002 年高产海域的最适 SST 则为 12～15℃，并以逐月降低约 1℃的趋势递减[3]。陆化杰和陈新军[4]认为，2006 年渔汛初期，阿根廷滑柔鱼中心渔场最适 SST 范围为 11～13℃，而末期则降至 8～11℃。张龙[6]根据 2008—2012 年 1 月份的生产数据发现，阿根廷滑柔鱼的中心渔场主要集中在 45.75°～46.00°S，60.00°～60.75°W 之间，适宜 SST 为 14.5～15.5℃。由于 2012 年水温较高，1 月份平均水表温达到 15.6℃，比往年同月份平均表温高 1.7℃，故 2012 年渔汛较往年早，相较 2007、2008 年而言提早 2 个月，而渔汛提前会造成早期夏季产卵群体的产卵亲体和南巴塔哥尼亚索饵群体（150 g 以下幼鱼占较大比例）的过度利用，从而影响渔汛后期（3—6 月）南巴塔哥尼亚成熟个体产量和来年夏季产卵群体补充量。

基金项目：国家 863 计划（2012AA092303）；海洋局公益性项目（201505014）；国家科技支撑计划（2013BAD13B01）。

作者简介：张胜平（1990—），男，山东省东营市人，硕士研究生，主要从事渔业资源学研究。E-mail：tracy201107@163.com

[*]**通信作者**：陈新军（1967—），男，浙江省义乌市人，教授，主要从事渔业资源研究。E-mail：xjchen@shou.edu.cn

2 材料与方法

2.1 研究材料

2.1.1 生产数据

2012—2013 年西南大西洋鱿钓生产统计数据来源于上海金优远洋渔业有限公司的 3 艘大型专业鱿钓船，2014 年西南大西洋鱿钓生产统计数据除了原来的 3 艘鱿钓船之外，还增加 2 艘在公海渔场的鱿钓船，共计 5 艘。生产时间分别为 2012 年 1—4 月、2013 年 1—6 月、2014 年 1—7 月。数据包括日期，经纬度与产量。所有生产统计数据为了确保与遥感数据的一致，将其时间分辨率变为月，空间分辨率变为 0.5°×0.5°。

2.1.2 环境数据

环境数据为海表面温度（SST），该数据来源于美国国家海洋和大气管理局（NOAA）在 OceanWatch LAS 发布的数据（http：//oceanwatch. pifsc. noaa. gov/）。作业海域为 38°~52°S、50°~70°W，时间分辨率为月，空间分辨率为 0.5°×0.5°。

2.2 研究方法

2.2.1 数据预处理

生产数据按经纬度 0.5°×0.5°分月份进行预处理，并计算单位捕捞努力量渔获量（Catch per Unit Fishing Effort，CPUE），其公式为：

$$CPUE = \frac{C}{f}, \tag{1}$$

式中，CPUE 单位为 t/（天·艘）；C 为 0.5°×0.5°渔区范围内 1 天的产量，f 为 0.5°×0.5°渔区范围内 1 天的作业船数。

2.2.2 数据分析

（1）按月份进行统计，分析各月渔场分布及其变化。

（2）分析各月 CPUE 和产量分布与 SST 的关系，以获得中心渔场最适的 SST 范围。同时，利用 Marine Star 绘制 CPUE 空间分布及其与 SST 关系。CPUE 等分值为 3，图中的 CPUE 圈的半径是实际 CPUE 值与等分值 3 的熵。因此 CPUE 圈的半径越大就代表实际 CPUE 越大。

3 研究结果

3.1 阿根廷滑柔鱼渔场分布海域的表温变化情况

从 2012 年至 2014 年每月水温变化来看（图 1~3），巴西暖流年间活动情况都不尽相同。一般每年的 1—2 月份是巴西暖流势力较强的时候，它沿着阿根廷沿岸往南影响。在 2012 年的 1 月巴西暖流最强势，47°S 以北水温均在 18℃以上（图 1），2013 年 1 月在 43°S 以南水温几乎没有超过 18℃的区域，未形成较强的势力（图 2）。2014 年 1 月影响到了 44°30′S。而 2012 年 2 月开始，巴西暖流便逐渐开始衰弱，但在 46°S 以北水温仍旧维持在 18℃以上（图 3）。而 2013 年 2 月和 2014 年 2 月巴西暖流的势力又有所增强，继续向南延伸，到了 3 月，南半球进入秋季，巴西暖流的影响范围逐步减小（图 2、图 3），而 2012 年 3 月暖流影响范围大幅降低，但在南端 45°S 附近水温仍可达到 18℃（图 1），2013 年 3 月暖流北撤速度最快，44°~45°S、62°~61°W 海域只有 14℃上下（图 2）。2014 年 3 月影响范围停留在 44°S 左右，44°~45°S、62°~61°W 附近海域开始逐渐下降，为 14~17℃（图 3）。2012 年 4 月，44°~47°S、65°~61°W 的大范围水域基本在 11.5~15.5℃（图 1）。2013 年 4 月该范围水域水温与 2012 年相似（图 2）。2014 年 4

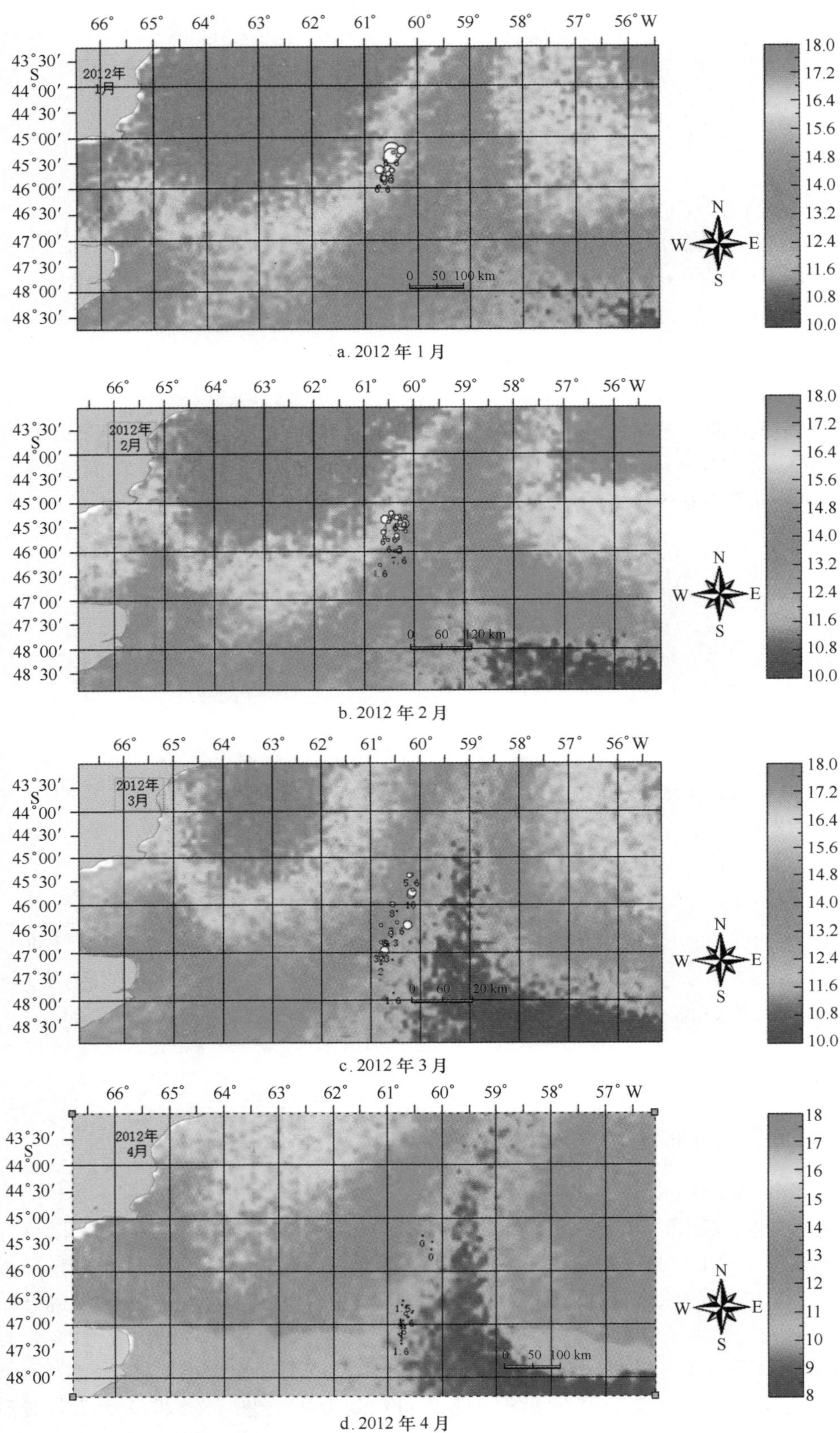

a. 2012 年 1 月

b. 2012 年 2 月

c. 2012 年 3 月

d. 2012 年 4 月

图 1 2012 年 1—4 月西南大西洋阿根廷滑柔鱼 CPUE 分布与 SST 关系

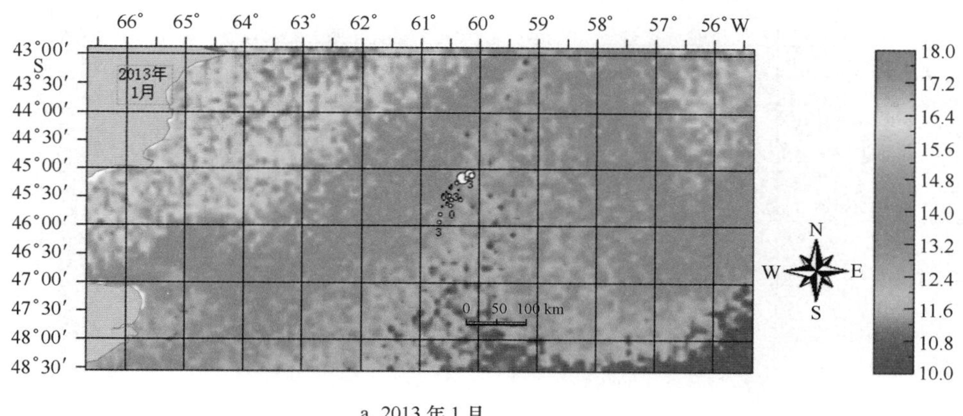

a. 2013 年 1 月

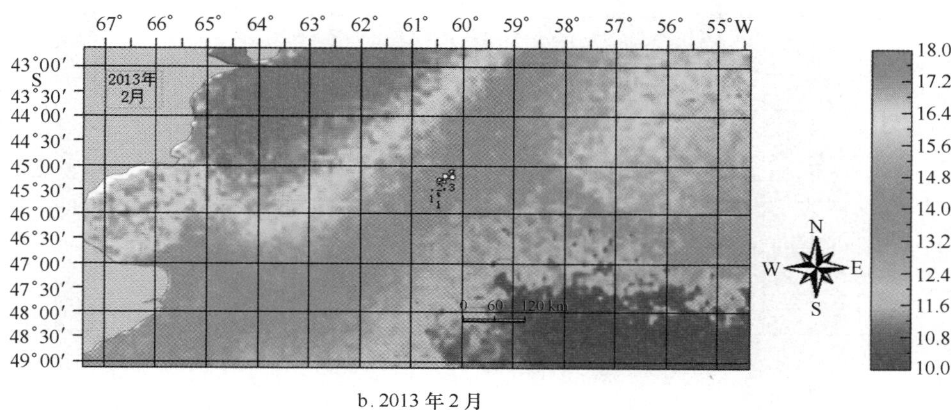

b. 2013 年 2 月

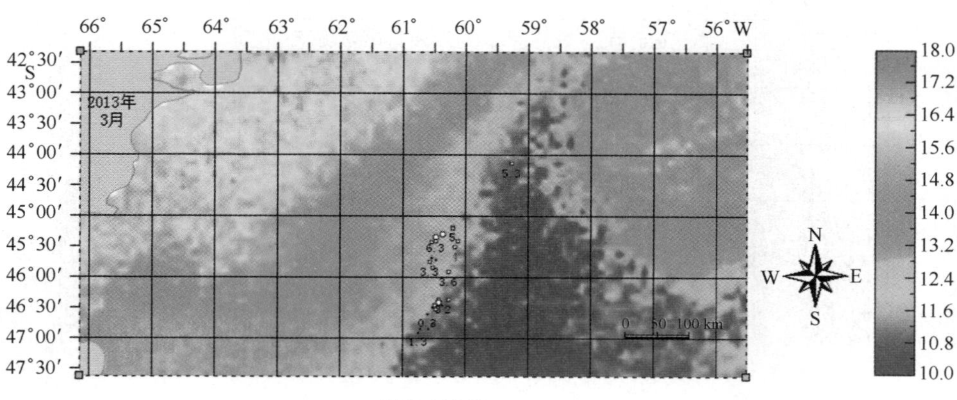

c. 2013 年 3 月

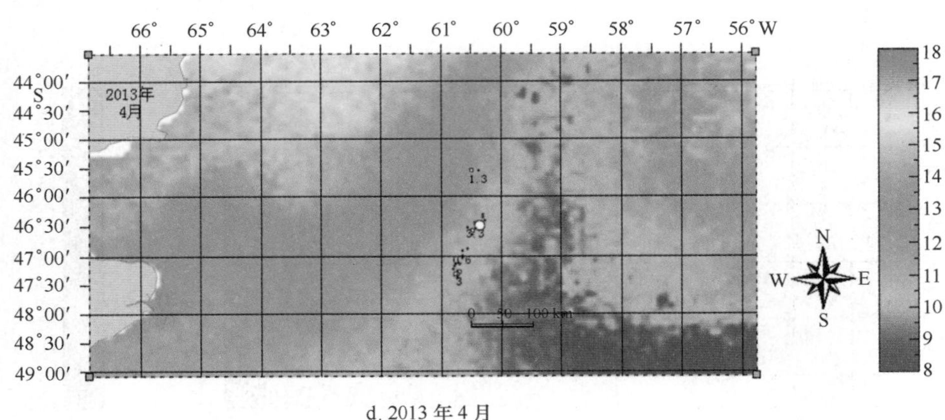

d. 2013 年 4 月

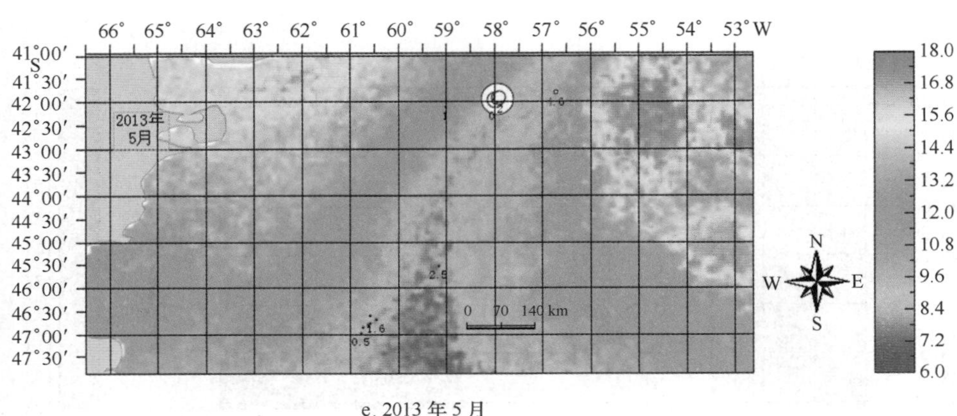

e. 2013 年 5 月

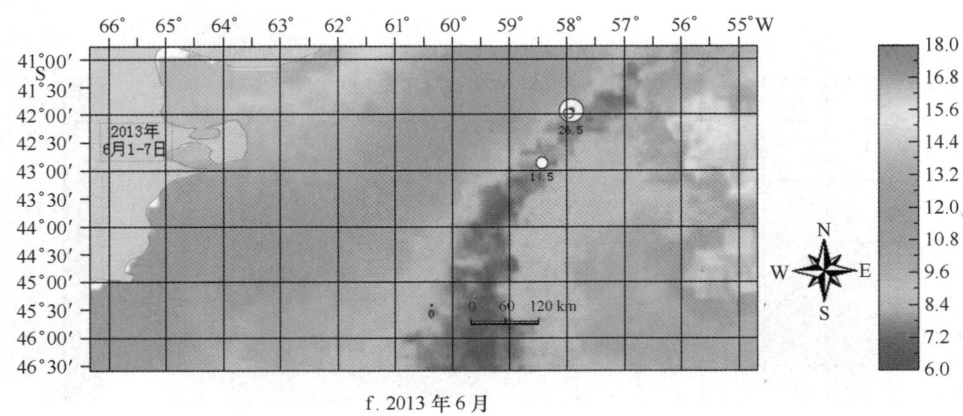

f. 2013 年 6 月

图 2　2013 年 1—6 月西南大西洋阿根廷滑柔鱼 CPUE 分布与 SST 关系

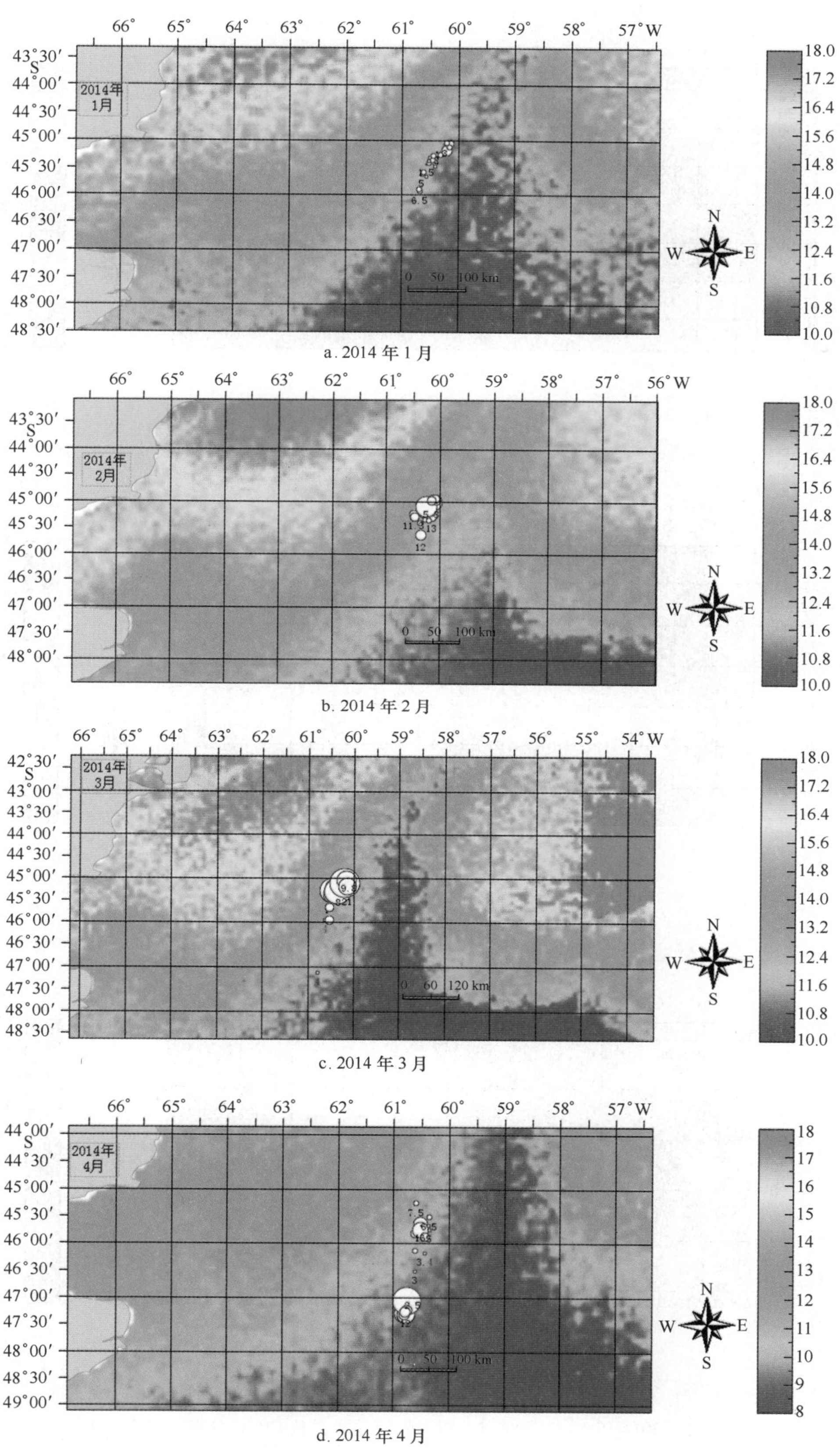

a. 2014 年 1 月

b. 2014 年 2 月

c. 2014 年 3 月

d. 2014 年 4 月

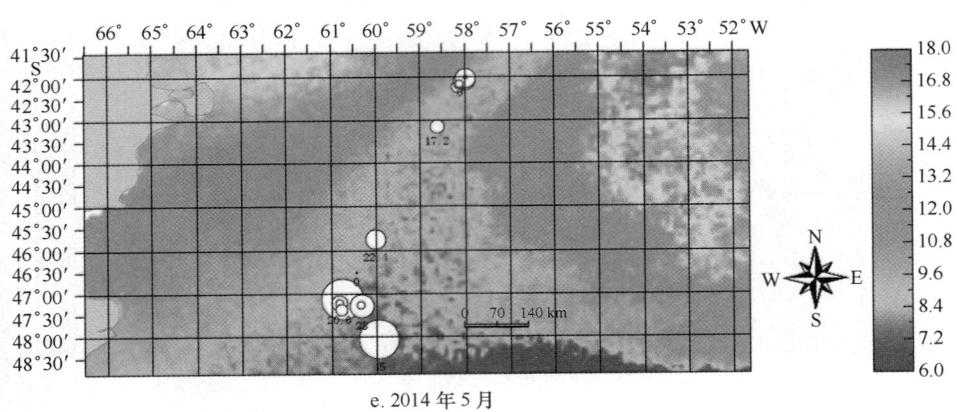

e. 2014 年 5 月

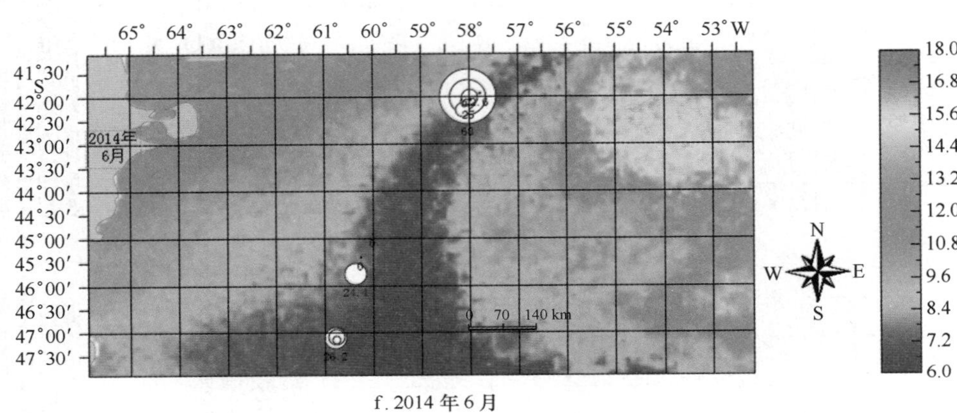

f. 2014 年 6 月

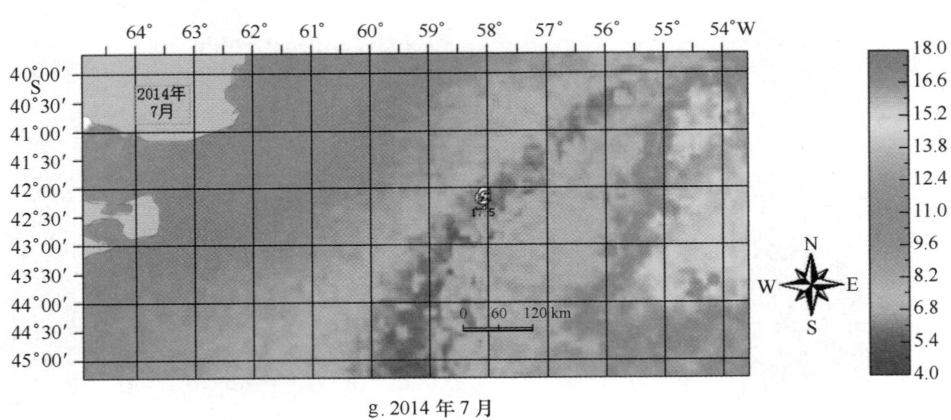

g. 2014 年 7 月

图 3 2014 年 1—7 月西南大西洋阿根廷滑柔鱼 CPUE 分布与 SST 关系

月，46°S 以南和 61°W 以东的大范围水域水温均降到了 13℃以下（图 3）。2013 年和 2014 年的 5 月份开始 47°S 左右水温稳定在 9.6 ~ 10.8℃，阿根廷沿岸水温也在 11 ~ 14℃（图 2、图 3）。综上所述，可以从水温分布图中清晰看出，随着渔汛的推进，福克兰寒流的势力逐渐增强（图 1 ~ 3）。

3.2 CPUE 分布与表温关系

从 2012—2014 年各月份 CPUE 分布的经纬度（图 1 ~ 3）看，渔汛刚开始时，公海的中心渔场无一例外都在 61° ~ 60°W、45° ~ 46°S 沿着 200 海里专属经济区线附近。每月的最适表温各年略有差异，2012 年 1 月最高，为 14.8 ~ 16℃（表 1）。2 月份主要渔场仍旧在 45° ~ 46°S（图 1），并已经开始向南进一步探索，最适表温为 14.4 ~ 16℃（表 1）。3 月由于没有出现 CPUE 集中的区域，渔场范围进一步扩大，为 45°30′ ~ 48°S（图 1），最适表温下降为 12.4 ~ 13.6℃（表 1）。4 月份鱿钓船集中在 46°30′ ~ 47°30′之间（图 1），表温为 9.5 ~ 11℃（表 1）。

表 1　2012 年西南大西洋公海渔场各月 CPUE 与最适表温

	1 月	2 月	3 月	4 月
CPUE/t · d^{-1}	8.05	6.1	4.29	1.28
最适水温/℃	14.8 ~ 16	14.4 ~ 16	12.4 ~ 13.6	9.5 ~ 11

2013 年 1 月只有 12 ~ 13.2℃（表 2）。2 月，作业渔场集中在 45 ~ 45°30′S 之间（图 2），最适表温有所上升，为 13.2 ~ 14.8℃（表 2）。3 月渔场向南探索，为 45°10′ ~ 47°S 之间（图 2），最适表温 10.5 ~ 12.5℃（表 2）。4 月份渔场几乎都集中在 46°30′ ~ 47°30′S 之间（图 2），最适表温为 10 ~ 11.5℃（表 2）。5 月份 46°30′ ~ 47°S 渔场几乎没有产量，于是向 42°S 渔场转移（图 2），最适表温为 9 ~ 10℃（表 2）。

表 2　2013 年西南大西洋公海渔场各月 CPUE 与最适表温

	1 月	2 月	3 月	4 月	5 月
CPUE/t · d^{-1}	3.00	2.87	3.56	2.16	5.75
最适水温/℃	12 ~ 13.2	13.2 ~ 14.8	10.5 ~ 12.5	10 ~ 11.5	9 ~ 10

2014 年 1 月相较前两年更低，为 11.6 ~ 12.8℃（表 3）。2014 年 2 月，渔场略微往北移动为 44°55′ ~ 45°40′S（图 3），最适表温也有所上升，为 12.8 ~ 14℃（表 3）。3 月主要渔场在 45° ~ 45°30′S（图 3），最适表温为 12.4 ~ 13.6℃（表 3）。4 月份渔场向南转移，最后稳定在 47° ~ 47°30′S 附近（图 3），表温也开始下滑，为 9 ~ 10.5℃（表 3）。5 月份，开始渔场仍在 47°S，5 月底转移至 42°S（图 3），47°S 附近最适表温为 7.8 ~ 9℃，42°S 附近为 8.4 ~ 9.6℃（表 3）。6 月份渔场稳定在 42°S 附近（图 3），最适表温为 7.2 ~ 8.4℃（表 3）。7 月开始，渔场略微南移，集中在 42°05′ ~ 42°20′S 之间（图 3），最适表温降至 5.4 ~ 6.8℃（表 3）。

表 3　2014 年西南大西洋公海渔场各月 CPUE 与最适表温

	1 月	2 月	3 月	4 月	5 月	6 月	7 月
CPUE/t · d^{-1}	5.78	9.21	16.20	12.35	16.85	14.97	3.63
最适水温/℃	11.6 ~ 12.8	12.8 ~ 14	12.4 ~ 13.6	9 ~ 10.5	7.8 ~ 9	7.2 ~ 8.4	5.4 ~ 6.8

4 讨论

根据 CPUE 分布与表温的关系叠加图（图 1 ~ 3）可以看出，每年巴西暖流与福克兰的强弱不尽相同，因此两股海流交汇的区域也会发生南北移动，例如 2012 年巴西暖流就比 2013 年、2014 年更加强势，影响范围更大且时间更久。研究认为，阿根廷滑柔鱼的最适水温也并不是越高越好，以 2012—2014 年 3 年的 2 月份为例，可以看出作业渔场的表温同比逐年下降，但是产量却并没有随着表温的下降而降低，反而在 2014 年的 CPUE 比较高（表 4）。

表 4　2012—2014 年西南大西洋公海渔场 2 月 CPUE 与最适水温

	2012 年	2013 年	2014 年
最适水温/℃	14.4 ~ 16	13.2 ~ 14.8	12.8 ~ 14
CPUE/t · d^{-1}	6.1	2.87	9.21

陈新军等[2]认为，2000 年 1—5 月我国鱿钓船捕捞阿根廷滑柔鱼的区域分布在 44° ~ 54°S 和 58° ~ 66°W 内，其中 2—5 月主要集中在 45° ~ 47°S、59° ~ 61°W 海域，2—3 月的产量占全年总产量的 78%。作业区域的表温主要为 7 ~ 14℃。各月份作业渔场的适宜表温有所差别，2—5 月间其适宜表温随着月份的推移有逐渐下降的趋势。

陈新军和刘金立[3]研究表明，表温与阿根廷滑柔鱼渔场形成的关系密切，各月作业渔场的最适表温不同：1 月为 14 ~ 15℃，2 月为 13 ~ 15℃，3 月为 12 ~ 14℃，4 月为 9 ~ 13℃，5 月为 8 ~ 10℃，6 月为 7 ~ 9℃，并且每月作业渔场的最适表温逐渐降低，平均每月下降约 1℃。

陈新军和赵小虎[4]认为，阿根廷滑柔鱼渔场主要受到低温低盐的福克兰寒流和高温高盐的巴西暖流的共同影响。阿根廷滑柔鱼作业渔场分布在两海流的交汇处，并处在福克兰寒流左边一侧。表温可作为渔场形成的指标之一，作业渔场的表温主要为 8 ~ 13℃。同时，各月的适宜表温有所差异，1 月为 12 ~ 13℃，2 月为 11 ~ 13℃，3 月为 9 ~ 10℃，4 月为 8 ~ 9℃，5 月为 8 ~ 10℃，随着时间的推移其适宜表温有所降低，这可能与阿根廷滑柔鱼 SPS 种群进行南北洄游有一定的关系。

陆化杰和陈新军[5]分析表明，阿根廷滑柔鱼各月份作业渔场分布有所差异。1—3 月份主要集中在 45°S、60°W 附近海域；4—6 月主要分布在 42°S、58°W 附近海域。各月份作业渔场的适宜 SST 不同。1 月份作业渔场适宜 SST 为 11 ~ 12℃，2、3 月份为 12 ~ 13℃，4 月份为 11 ~ 13℃，5 月份为 9 ~ 11℃，6 月份为 8 ~ 9 ℃。

本研究认为，阿根廷滑柔鱼渔场的适宜 SST 不仅与月份相关，而且还与不同年份有关。2012 年 1—4 月份各月的最适 SST 分别为 14.8 ~ 16℃、14.4 ~ 16℃（表 2 - 1）、12.4 ~ 13.6℃和 9.5 ~ 11℃。2013 年 1—5 月份各月最适 SST 分别为 12 ~ 13.2℃、13.2 ~ 14.8℃、10.5 ~ 12.5℃、10 ~ 11.5℃、9 ~ 10℃。2014 年 1—7 月各月最适 SST 分别为 11.6 ~ 12.8℃、12.8 ~ 14℃、12.4 ~ 13.6℃、9 ~ 10.5℃、7.8 ~ 9.6℃、7.2 ~ 8.4℃、5.4 ~ 6.8℃。各月适宜 SST 范围基本上与前人的差不多，但有所差异。

参考文献：

[1] 王尧耕，陈新军．世界大洋性经济柔鱼类资源及其渔业[M]．北京：海洋出版社，2005：189—215.

[2] 陈新军，刘必林，王跃中．2000 年西南大西洋阿根廷滑柔鱼产量分步及其与表温关系的初步研究[J]．湛江海洋大学学报，2005，25(1)：29—34.

[3] 陈新军，刘金立．巴塔哥尼亚大陆架海域阿根廷滑柔鱼渔场分布与表温的关系研究[J]．海洋水产研究，2004，25(6)：19—24.

[4] 陈新军，赵小虎．西南大西洋阿根廷滑柔鱼产量分布与表温关系的初步研究[J]．大连水产学院学报，2005，27(3)：222—228.

[5] 陆化杰，陈新军．2006 年西南大西洋鱿钓渔场与表温和海面距平值的关系[J]．大连水产学报学报，2008，23(3)：230—234.

基于 GAM 和 BP 模型的智利竹筴鱼资源量影响因子与模型比较

常永波[1]，陈新军[1,2,3,4]*

（1. 上海海洋大学 海洋科学学院，上海 201306；2. 国家远洋渔业工程技术研究中心，上海 201306；3. 大洋渔业资源可持续开发省部共建教育部重点实验室，上海 201306；4. 远洋渔业协同创新中心，上海 201306 ）

摘要：根据 1982—2012 年智利捕捞竹筴鱼的年产量数据，以及厄尔尼诺指数、南方涛动指数这 2 个主要的海洋环境和气候因子数据，采用 GAM 模型分析确定影响智利捕捞海域内竹筴鱼资源量的主要的海洋环境和气候因子；利用多种 BP 神经网络模型对智利捕捞竹筴鱼资源量与 GAM 模型分析选取的主要海洋环境和气候因子进行建模拟合，预测智利捕捞竹筴鱼资源量变化。通过对 2 个方案，共 26 种不同 BP 神经网络模型的研究，以拟合残差、相关系数、预测标准差这 3 个因素综合分析，确定智利捕捞竹筴鱼的资源量变化预测的最优预报模型。研究表明，在环境因子数大于 9 的 BP 神经网络模型，拟合残差约为 0.000 1，相关系数大于 99%，且预报标准差小于 0.03，可以用来作为智利捕捞竹筴鱼资源量的预报模型。为今后深入研究预测智利捕捞竹筴鱼资源动向和可持续开发与利用提供依据。

关键词：智利竹筴鱼；GAM 模型；影响因子；资源量预测；BP 神经网络

1 引言

智利竹筴鱼（*Trachurus murphyi* Nichols 1920）为大洋洄游鱼类，广泛分布于东南太平洋的浅水和大洋水域，常出现于沿岸和岛屿陆架、浅滩和海山的浅水区，其产量一直位居世界单一鱼种前列。智利捕捞的智利竹筴鱼产量远远超过其他国家，占全球报告的产量的 75% 以上[1]。从 1950 年到 1994 年，智利的竹筴鱼累计产量超过 5 400 万 t，智利竹筴鱼渔业高峰为 1995 年，产量达 450 万 t。1994 年和 2002 年期间智利的竹筴鱼产量 100% 捕自专属经济区内，但从 2003 年起大部分产量捕自专属经济区外水域[2]。但随着其专属经济区内竹筴鱼的减少，2003 年和 2004 年其捕捞自公海的渔获量已分别占了其竹筴鱼总产量的 28% 和 32%，后随资源衰退，所占逐渐减少，2014 年仅占 1.5%[3]。

竹筴鱼作为一种重要商业鱼种，而智利又是其最主要的捕捞国，准确预判智利的捕捞资源量，以及影响其捕捞量的主要海洋环境因子对于提高竹筴鱼渔业生产力，科学管理渔业资源有着深远而实际的意义。目前，利用海洋环境因子预报智利竹筴鱼资源已有一些研究，但关于智利本国捕捞竹筴鱼资源以及影响其资源量的海洋环境因子还鲜有报道。例如，汪金涛等[4]利用主成分分析法择取影响竹筴鱼渔船资源的海洋环境因子，然后通过 BP 神经网络模型进行模型分析，确定竹筴鱼预报模型；牛明香等[5]利用广义可加模型和案例推理预报智利竹筴鱼中心渔场；据前人分析[6-8]，影响东南太平洋智利竹筴鱼资源量的海洋环境因子很多，其中不少学者认为厄尔尼诺－南方涛动指数是影响竹筴鱼资源量的主要海洋环境因子。本文根据 FAO 公布的多年生产捕捞数据以及 NOAA 公布的厄尔尼诺指数及南方涛动指数数据，尝试采用基于

基金项目：国家 863 计划（2012AA092303）；海洋局公益性项目（201505014）；国家科技支撑计划（2013BAD13B01）资助。

作者简介：常永波（1989—），男，安徽省六安市人，硕士研究生，主要从事渔业捕捞学研究。E-mail：changyongbo@ sina. com

* **通信作者：**陈新军（1967—），男，浙江省义乌市人，教授，主要从事渔业资源研究。E-mail：xjchen@ shou. edu. cn

GAM分析来择取主要海洋环境因子，以BP神经网络模型来建立渔情预报模型，并通过不同的海洋环境因子组合方案作为模型输入层因子，通过比较分析确认最优模型组合，从而准确判断影响智力的竹筴鱼捕捞生产的主要海洋环境因子及预报模型，为智利乃至东南太平洋竹筴鱼生产与管理提供科学的资料参考。

2 材料与方法

2.1 数据来源

1982—2012年智利捕捞竹筴鱼年产量数据来源于联合国粮农组织的生产统计年鉴（http：//www. fao. org/fishery/topic/16140/en）；海洋环境因子、气候因子等数据来源于全球变迁总目录资料库（GCMD，GlobalChangeMasterDirectory）http：//gcmd. gsfc. nasa. gov/index. html。具体为：尼诺1+2指数、尼诺3、尼诺4、尼诺3.4指数标准数据（Nino1.2 Index、Nino3 Index、Nino4 Index、Nino3.4 Index standardized data）和南方涛动指数标准数据（SOIstandardizedata）共5个海洋环境因子与气候因子。

2.2 研究方法

2.2.1 GAM模型分析

以Nino1+2、Nino3、Nino4、Nino3.4以及SOI指数标准化数据作为GAM模型解释变量，智利捕捞竹筴鱼的历史年产量数据作为响应变量，利用模型解释能力以及显著性分析研究他们之间的相关程度，考虑到海洋环境的变化可能对竹筴鱼资源量的变化产生持续性或滞后性影响[8]，因此对因子的影响进行1~3年的滞后处理，对年产量做了3年平滑处理，借此研究海洋环境与气候因子对智利竹筴鱼资源量的影响，数据处理由R语言平台（The R Project）完成。

2.2.2 BP人工神经网络

BP神经网络BP（Back Propagation）神经网络是是一种按误差逆传播算法训练的多层前馈网络，是目前应用最广泛的神经网络模型之一。BP网络能学习和存贮大量的输入-输出模式映射关系，而无需事前揭示描述这种映射关系的数学方程。它的学习规则是使用最速下降法，通过反向传播来不断调整网络的权值和阈值，使网络的误差平方和最小。BP神经网络模型拓扑结构包括输入层（input）、隐含层（hidden layer）和输出层（output layer）[9]。

本文应用DPS数据处理系统进行BP神经网络渔情预报模型的计算，输入层为各气候因子的组合，隐含层1层，并且根据输入层选取的因子不同而选择适当的隐含层节点数。隐含层节点数按输入层节点数的75%上下选取，输出层为1个节点，其他参数根据试验与需要情况，以经验设定为最小训练速度0.1，动态参数0.6，Sigmold参数0.9，允许误差0.000 01，最大训练次数1 000。为了选取适合的神经网络模型，研究中根据GAM模型的分析结果，根据预报因子的模型解释能力、显著性（见表1、表2），选取模型解释能力大于40%的预报因子作为BP神经网络输入层参数，进一步对比确定了以当年度产量与3年平滑产量作为输出层的多种模型模拟方案。具体为：

3年平滑产量：选用9组环境因子中模型解释能力最大9、8、7、6组因子作为输入层；

方案1：选用9-8-1模型；9-7-1模型；9-6-1模型。

方案2：选用8-7-1模型；8-6-1模型；8-5-1模型。

方案3：选用7-6-1模型；7-5-1模型。

方案4：选用6-5-1模型；6-4-1模型。

当年度产量：选用11组环境因子中模型解释能力最大11、10、9、8、7、6组因子作为输入层；

方案5：选用11-9-1模型；11-8-1模型；11-7-1模型。

方案6：选用10-8-1模型；10-7-1模型；10-6-1模型。

方案7：选用9-8-1模型；9-7-1模型；9-6-1模型。

方案 8：选用 8 -7 -1 模型；8 -6 -1 模型；8 -5 -1 模型。

方案 9：选用 7 -6 -1 模型；7 -5 -1 模型。

方案 10：选用 6 -5 -1 模型；6 -4 -1 模型。

BP 神经网络模型输入层环境因子总数的选取是依照该环境因子模型解释能力从大到小依次排列选取的。

3 结果

3.1 R 语言 GAM 模型环境因子分析结果

表 1 通过 R 语言 GAM 模型选取的的预报因子（当年产量）

预报因子	模型解释能力	显著性值
NINO3 -4 - LAG1	48.4%	0.090 9
NINO3 -7 - LAG1	51.7%	0.036 3
NINO3 -8 - LAG1	42.7%	0.097
NINO4 -1 - LAG1	57.1%	0.029 5
NINO3.4 -4	64.4%	0.003 95
NINO3.4 -9 - LAG1	46.2%	0.056 2
SOI - 12	43.4%	0.002 59
SOI - 1	44.7%	0.041 5
SOI -7 - LAG1	53.8%	0.015 4
SOI -4 - LAG2	53.2%	0.038 1
SOI -4 - LAG3	45.2%	0.165

表 2 通过 R 语言 GAM 模型选取的的预报因子（3 年产量平滑）

预报因子	模型解释能力	显著性值
NINO1 +2 -7 - LAG2	40.5%	0.17
NINO3 -4 - LAG1	50.3%	0.072 8
NINO3 -7 - LAG1	44.9%	0.082 8
NINO4 -1 - LAG1	55.9%	0.027 1
NINO3.4 -9 - LAG1	44.9%	0.094 7
SOI - 12	40.6%	0.005 03
SOI -2 - LAG3	43.7%	0.046 7
SOI -4 - LAG2	45.2%	0.086 6
SOI -7 - LAG1	52.1%	0.019 7

注：表 1、2 中，NINO3 -7 - LAG1 表示环境因子 NINO3 在 7 月份的指数滞后 1 年的影响；SOI - 12 表示环境因子 SOI 在 12 月份的影响；SOI -4 - LAG2 表示环境因子 SOI 在 4 月分的指数滞后 2 年的影响，其他类推。

3.2 DPS 平台 BP 不同神经网络方案分析及预报结果

表 3 DPS 下 BP 神经网络结构的拟合残差、相关系数及预报标准差（当年度产量）

神经网络结构	拟合残差	相关系数	预报标准差
11 -9 -1	0.000 10	0.996 8	0.021 496
11 -8 -1	0.000 14	0.998 0	0.017 166
11 -7 -1	0.000 10	0.994 2	0.021 672
11 -6 -1	0.000 18	0.996 1	0.023 447
10 -8 -1	0.000 11	0.995 6	0.021 786
10 -7 -1	0.000 10	0.997 8	0.017 756
10 -6 -1	0.000 14	0.997 2	0.023 139
9 -8 -1	0.000 11	0.992 8	0.160 695
9 -7 -1	0.000 38	0.997 2	0.031 634
9 -6 -1	0.000 31	0.966 1	0.051 473
8 -7 -1	0.000 88	0.980 0	0.060 876
8 -6 -1	0.000 71	0.996 5	0.036 426
8 -5 -1	0.007 94	0.903 8	0.097 187
7 -6 -1	0.007 94	0.941 5	0.133 774
7 -5 -1	0.008 05	0.939 8	0.139 042
6 -5 -1	0.007 42	0.942 8	0.173 215
6 -4 -1	0.018 27	0.852 7	0.225 59
5 -4 -1	0.016 56	0.857 2	0.235 959
5 -3 -1	0.019 84	0.848 4	0.252 639

表 4 DPS 下 BP 神经网络结构的拟合残差、相关系数及预报标准差（3 年产量平滑）

神经网络结构	拟合残差	相关系数	预报标准差
9 -8 -1	0.000 10	0.989 6	0.068 544
9 -7 -1	0.000 10	0.990 1	0.068 879
9 -6 -1	0.001 47	0.977 1	0.104 3
8 -7 -1	0.004 73	0.963 1	0.110 45
8 -6 -1	0.000 18	0.991 3	0.063 832
8 -5 -1	0.005 62	0.962 2	0.137 056
7 -6 -1	0.017 82	0.888 4	0.233 129
7 -5 -1	0.027 96	0.870 2	0.230 695
6 -5 -1	0.019 42	0.804 3	0.295 902
6 -4 -1	0.034 65	0.745 9	0.304 634

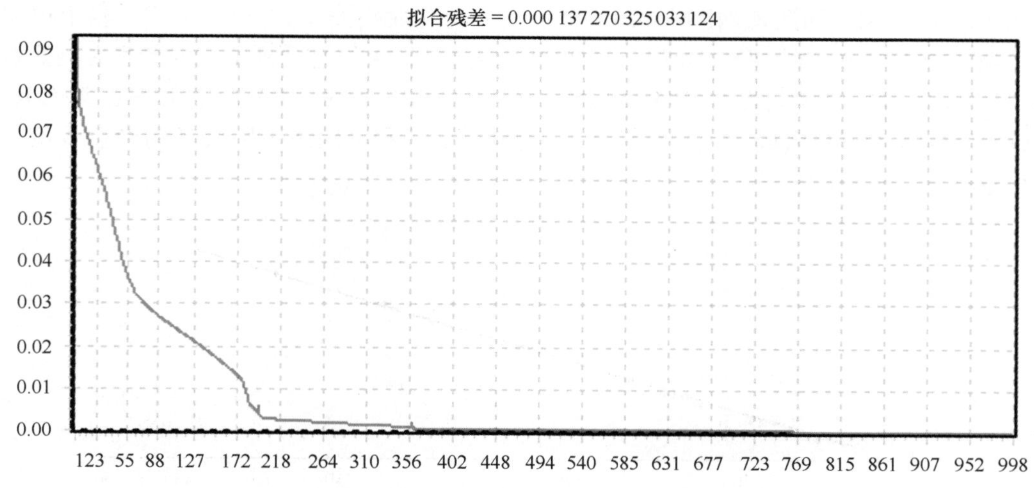

图 1 11 - 8 - 1BP 神经网络训练过程图

由 11 - 8 - 1 训练模型图可见：训练过程收敛较快，且无大系统震荡，模型训练效果良好。

4 讨论与分析

4.1 预报因子选择与分析

从表 1、2 中我们可以看，由于 1985 年至 2011 年期间，智利捕捞竹筴鱼产量波动较大，在将所选环境因子与当年度产量和 3 年平滑产量进行 GAM 模型解释能力分析后，发现当年度产量与环境因子模型解释能力大于 40% 的有 11 个，大于 50% 的有 5 个，最高时模型解释能力能达到 64.4%；而 3 年平滑产量与环境因子模型解释能力大于 40% 的仅有 9 个，大于 50% 的 2 个，最高为 55.9%。这在一定程度上说明了智利国内捕捞竹筴鱼产量与当年度环境因子相关更高。因此在分析当年度产量后，通过环境因子选择发现 SOI - 12，SOI - 1，SOI - 7 - LAG1，SOI - 4 - LAG2，SOI - 4 - LAG3 占据较大比重，这可能是因为智利竹筴鱼属于中等生产力鱼种[10]，其个体在 3 ~ 4 龄完全性成熟[11]，主要产卵盛期在 11 月—翌年 2 月，而在秘鲁和智利沿海水域的智利竹筴鱼鱼龄一般为 2 ~ 3 龄，分布呈南北向[12]，智利竹筴鱼产卵场集中在智利沿岸海域和智利专属经济区外 200 海里[13—14]。而这些客观条件恰恰可能是伴随 SOI 的变化，从而对智利竹筴鱼的产卵存活率或仔稚鱼的成长成熟产生了持续性影响。在分析 Nino 指数时发现，除去 Nino1 + 2 指数，其他指数在延迟一年在 4、7、8、9 月对智利捕捞竹筴鱼的竹筴鱼模型解释能力较大。因为在 1994—2002 年间，智利渔获的竹筴鱼几乎 100% 是在专属经济区内捕获的，但是在 2003—2004 年，竹筴鱼渔获比例急剧下降[15]。此后专属经济区与公海捕捞量比例互有高低。这说智利主要捕捞海域的竹筴鱼鱼龄在 2 ~ 3 龄，综合分析反映出 Nino3，Nino3.4，Nino4 指数可能对其仔稚鱼龄鱼生长或分布有影响较大。这与 Arcos 等[7]的研究结果一致，通过研究发现，ENSO 现象可能会通过影响智利竹筴鱼的洄游，饲料渔场等因素造成捕捞海域次年的智利竹筴鱼仔稚鱼次的增加，影响到竹筴鱼种群资源的年龄结构改变与空间分布。

4.2 预报模型的比较讨论与分析

同样，在通过当年度产量模型与 3 年平滑产量模型的不同 BP 神经网络模型分析发现，当模型输入层环境环境因子数大于 8 时，整个模型的预报标准差小于 0.06，相关系数大于 96%。当环境因子数在 8 个以下递减时，预报标准与相关系数出现明显阶梯性降低。在通过对 9 个及以上环境因子的 BP 神经网络模型的相关系数、拟合残差、预报标准差比较，结合各个模型的神经网络训练过程分析选择了 11 - 8 - 1 作为最佳预报模型，11 - 8 - 1 模型的训练过程见图 1。通过 11 - 8 - 1 模型数据预报年产量和统计年产量的

R^2 相关性图和拟合图见图2和图3，由图可知，整个模型的线性相关性 $R^2=0.9977$，整个模型具有很好的线性相关，但在模拟2011年与2012年时，出现较大偏差。这可能是受到智利的6家大型渔业公司为了应对其本国2011年的竹筴鱼捕捞配额政策的限制，产量从2010年的130万吨大幅度削减至31.5万吨（减幅高达75%）的因素影响造成的预报偏差[16]。这也说明智利本国或国际市场的渔业政策也会对预报模型产生不可忽视的巨大影响。

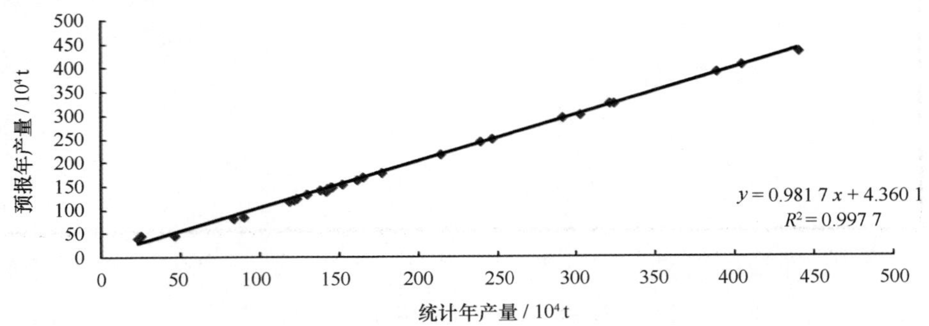

图2　BP神经网络11－81预报年产量与统计年产量相关性

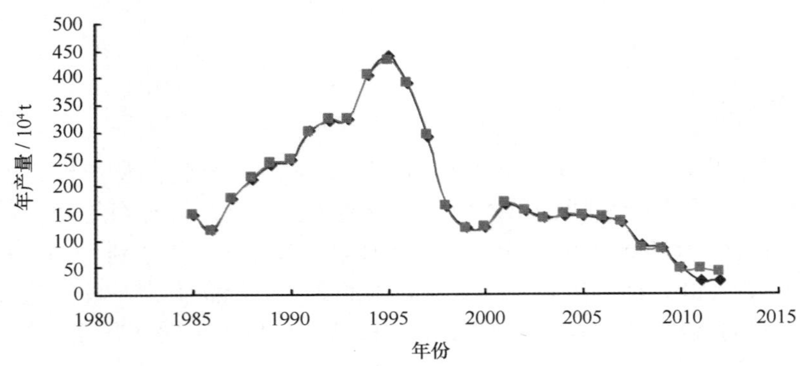

图3　BP神经网络11－8－1拟合曲线

但是从模型整体上看，我们还是可以发现不同海洋环境因子对于智利竹筴鱼的资源量的可能性影响。从而在排除政策性影响后，以期借此预报模型对智利竹筴鱼资源的合理捕捞与科学管理提供对策与参考。

参考文献：

[1] 张敏，邹晓荣．大洋性竹筴鱼渔业[M]．北京：中国农业出版社，2011.

[2] 谢营梁，岳郁峰，张勋，等．智利竹筴鱼渔业和管理现状及趋势[J]．现代渔业信息，2011，26(3)：6—10.

[3] 邹莉瑾，张敏，邹晓荣，等．东南太平洋公海智利竹筴鱼年龄与生长研究[J]．上海海洋大学学报，2010(1)：61—67.

[4] 汪金涛，高峰，雷林，等．基于主成分和BP神经网络的智利竹筴鱼渔场预报模型研究[J]．海洋学报：中文版，2014，36(8)：65—71.

[5] 牛明香，李显森，徐玉成．基于广义可加模型和案例推理的东南太平洋智利竹筴鱼中心渔场预报[J]．海洋环境科学，2012，31(1)：30—33.

[6] Gang L I, Zou X, Chen X, et al. Standardization of CPUE for Chilean jack mackerel (Trachurus murphyi) from Chinese trawl fleets in the high seas of the Southeast Pacific Ocean[J]. Journal of Ocean University of China, 2013, 12(3): 441—451.

[7] Arcos D F, Cubillos L, Núñez S. The jack mackerel fishery and El Niño 1997－1998 effects off Chile[J]. Progress and Oceanography, 2001, 49: 597—617.

[8] Elías S N, Ramírez M C, Pastene S V. Environmental variability of the Chilean Jack Mackerel Habitatin the Southeastern Pacific Ocean[R]. Eighth Science Working Group of SPRFMO, 2009, Auckland, New Zealand.

[9] 蒋宗礼．人工神经网络导论[M]．北京：高等教育出版社，2001：20—40.

[10] 缪圣赐．东南太平洋公海智利竹筴鱼的开发利用可行性分析[J]．远洋渔业,2000(3)：19—26.

[11] Alexeeva E I. Característica comparativa de la madurez y desove de jureles del género Trachurus de los océanos Atlántico y Pacífico[C]//Ciclos de vida, distribución y migración de peces comerciales de los océanos Atlánticoy Pacífico. Informe AtlatNIRO, Kaliningrado, 1986：47—59.

[12] 张敏，许柳雄．开发利用东南太平洋竹筴鱼资源的分析探讨[J]．海洋渔业,2000,22(3)：137—140.

[13] Cubillos L, Paramo A, Ruiz J, et al. The spatial structure of the oceanic spawning of jack mackerel (*Trachurus murphyi*) off central Chile(1998—2001)[J]. Fisheries Research, 2008, 90：261—270.

[14] Serra R. Long-trem variability of the Chilean sardine[M]//Proceeding Softhe International Symposiumon the Long-term Variability of Pelagic Fish Populationsand their Environment. NewYork：Pergamon Press, 1991：165—172.

[15] Information describing Chilean jack mackerel(*Trachurus murphyi*) fisheries relating to the South Pacific Regional Fishery Management Organisation Document SPRFMO－Ⅲ－SWG－16.

[16] 黎雨轩．智利：竹荚鱼配额减少影响资源开发[J]．渔业信息与战略,2012(3)：254.

黑潮对东海鲐鱼渔场分布的影响

韩振兴[1,4]，陈新军[1,2,3,4*]

(1. 上海海洋大学 海洋科学学院，上海 201306；2. 国家远洋渔业工程技术研究中心，上海 201306；3. 大洋渔业资源可持续开发省部共建教育部重点实验室，上海 201306；4. 远洋渔业协同创新中心，上海 201306)

摘要： 根据 1998—2011 年我国东海大型灯光围网企业生产统计数据，结合来自全球海洋遥感资料网站（http://oceanwatch. pifsc. noaa. gov/las/servlets/datasett）有关东海区相应年月的等温图，分析黑潮对东海鲐鱼渔场分布的影响。黑潮是暖水流，对鲐鱼渔场的分布有一定程度的影响。鲐鱼渔场重心多分布在黑潮锋面区，并靠近暖水流侧。多数情况下，同一年不同月份及同一月份不同年之间的渔场重心位置变化均有较大变化，这可能与黑潮的移动有关。

关键词： 鲐鱼；黑潮；海表层水温（SST）；渔场产量重心

1 引言

鲐鱼为远洋，暖水性鱼类，不进入淡水，每年进行远距离回游，游泳能力强，速度大。鲐鱼广泛分布在太平洋西部，及我国东海区域。鲐鱼是我国重要的捕捞资源，对鲐鱼的捕捞主要采用围网的作业方式，因此对鲐鱼渔场分布的预判在很大程度上决定捕捞量的多少。东海鲐鱼主要品种为日本鲐（*Scomber japonicus*）和澳洲鲐（*Scomber australasicus*），主要为中国、日本、韩国等灯光围网船所利用[1]。黑潮暖流是位于北太平洋副热带总环流系统中的西部边界流，是世界海洋上第二大暖流，起源于吕宋岛以东洋面。由于黑潮将太平洋高温、高盐度海水带到近海广大海区，从而对这些海区的海洋、气象、水文产生巨大影响，如渔场的移动、海雾的消长、渤海与黄海的冰情，乃至中国东部洪涝状况都与之有关。在渔场分布及其与海洋环境（如浮游生物、水团、表温、厄尔尼诺现象等）的关系方面，苗振清[2—4]、徐兆礼[5]、李平[6]、方水美[7—8]、杨红[9]、洪华生[10]等做过一些相关研究，卢振彬[11]还对闽南地区灯光围网夏汛渔获量进行了预报，但是有关黑潮对东海鲐鱼渔场分布的影响的研究却鲜有报道。因此，本文结合黑潮的年际变化和渔场中心的时空位置变化对黑潮对东海鲐鱼渔场分布的影响进行研究。本研究中，作者利用 1998—2011 年 7—12 月中国大陆灯光围网船的生产统计资料，结合黑潮的温度数据及其在空间上的变化等海洋数据，分析鲐鱼渔场重心位置的变化与黑潮间变化的关系。

2 材料与方法

2.1 数据来源

东海区域（27°～35°N，123°～125°E）鲐鱼生产统计数据（1998—2011 年 7—12 月）来自于上海海洋大学陈新军教授。生产统计数据按经纬度 1°×1°（称为一个渔区）的空间分辨率进行汇总，并计算得到各月每一渔区的总渔获量、作业船次和单位船次的渔获量。

黑潮水温数据主要来自全球海洋遥感资料网站：（http：//oceanwatch. pifsc. noaa. gov/las/servlets/data-

基金项目： 国家 863 计划（2012AA092303）；海洋局公益性项目（201505014）；国家科技支撑计划（2013BAD13B01）资助。

作者简介： 韩振兴（1988—），男，山东省潍坊市人，硕士研究生，主要从事渔业资源及生物电磁学研究。E-mail：hzx202@126. com

*通信作者：陈新军（1967—），男，浙江省义乌市人，教授，主要从事渔业资源研究。E-mail：xjchen@shou. edu. cn

sett)。海区为 22° ~41°N，120° ~130°E 海域，时间为 1998—2011 年 7—12 月。

2.2 分析方法

2.2.1 渔场重心的计算

计算出 1998—2011 年 7—12 月间的渔场重心坐标，结合渔场重心空间位置的月际变化与黑潮空间位置的变化进行分析，找出两者变化之间的相关关系。渔场产量重心的计算公式为[12]：

$$X = \sum_{i=1}^{k} C_i \times X_i / \sum_{i=1}^{k} C_i \tag{1}$$

$$Y = \sum_{i=1}^{k} C_i \times Y_i / \sum_{i=1}^{k} C_i \tag{2}$$

式中，X，Y 分别为产量重心的位置；C_i 为第 i 个渔区的产量；X_i 为第 i 个渔区中心点的经度；Y_i 为第 i 个渔区中心点的纬度；k 为渔区的总个数。

2.2.2 渔场重心与黑潮等温图叠加

将计算好的渔场重心按照经纬坐标与黑潮等温图叠加，通过对比分析同年不同月以及同月不同年的叠加图，得出黑潮与东海鲐鱼渔场分布的关系。

3 结果

3.1 鲐鱼渔获量、捕捞努力量和 CPUE 的变化

根据图 1 ~3 的数据可以看出，7—9 月期间渔获量和捕捞努力量均成下降趋势，但单位捕捞努力量渔获量成平稳并略有上升的趋势，这可能是由于作业船只数量的减少使得资源量相对较为充足。9—11 月期间，渔获量和捕捞努力量都成上升趋势，但是单位捕捞努力量却成下架趋势。11—12 月期间捕捞努力量和渔获量都有所下降，但是单位捕捞努力量渔获量出现骤增。因此，可以看出渔获量的增加主要是受到了捕捞努力量的影响。

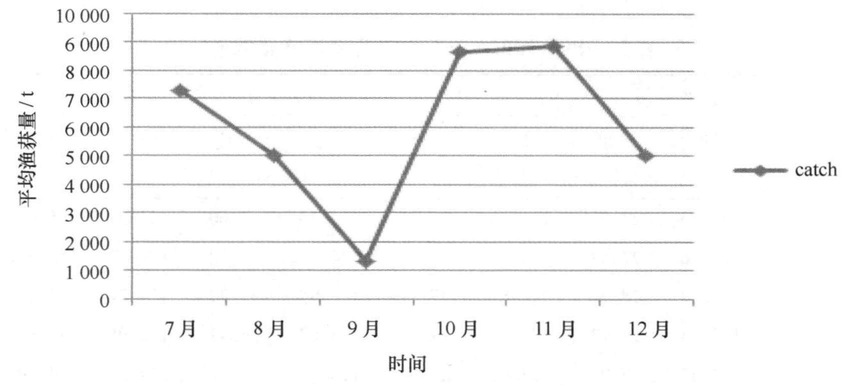

图 1　1998—2011 年东海鲐鱼平均渔获量

3.2 渔场重心的空间分布和变化

3.2.1 渔场重心在经度上的空间位置变化

渔场重心在经度上的变化在 7—12 月份较为明显（如图 4，表 1）。其中，在 7—8 月份变化不显著，基本维持在 124° ~124.1°E 之间。在 8—11 月间呈现出了明显东移现象，东移距离接近 0.5°。在 8—9 月间东移率最高，而在 11 月份经度达到最大 124.5°E。然而，11—12 月却出现了显著的向西移动的现象，且移动率很高，几乎回到了 7 月份所在的经度位置。因此，从变化程度来看，在 8—9 月和 11—12 月间经

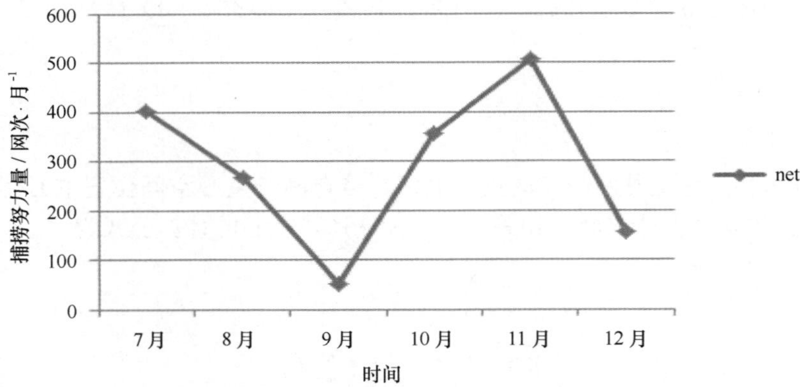

图 2　1998—2011 年东海鲐鱼每月捕捞努力量（网次/月）

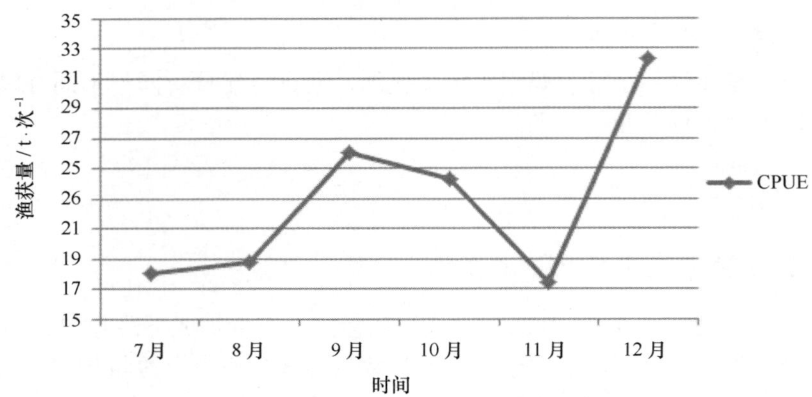

图 3　1998—2011 年东海鲐鱼月单位捕捞努力量渔获量（t/次）

度变化最为明显。

表 1　1998—2011 年 7—12 月渔场产量重心

年份	7 月份		8 月份		9 月份		10 月份		11 月份		12 月份	
	经度 /（°）	纬度 /（°）	经度 /（°）	纬度 /（°）	经度 /（°）	纬度 /（°）	经度 /（°）	纬度 /（°）	经度 /（°）	纬度 /（°）	经度 /（°）	纬度 /（°）
1998	123.83	27.42	123.03	27.07	123.30	27.31	123.59	29.60	124.24	35.95	123.60	34.357
1999	122.69	26.66	123.16	27.44	123.35	27.50	124.04	35.92	124.32	36.07	124.14	34.15
2000	122.82	26.84	123.32	28.22	123.87	37.19	123.95	37.79	124.24	35.87	123.67	35.62
2001	122.93	26.46	123.05	29.13	123.20	34.22	123.62	36.47	122.96	35.60	123.99	33.45
2002	122.88	27.45	123.37	26.94	123.67	28.96	124.64	36.36	124.37	34.49	123.81	33.30
2003	123.16	26.96	123.43	26.96	123.68	31.28	124.36	35.81	124.62	34.47	123.49	33.61
2004	124.02	27.34	124.22	27.56	123.89	32.27	123.65	35.75	124.64	33.11	123.54	33.92
2005	125.50	28.67	126.30	29.84	126.50	29.97	124.73	33.67	124.47	33.92	123.84	33.96
2006	123.89	27.09	124.50	27.40	125.74	28.21	126.16	30.51	124.41	35.94	123.58	33.59
2007	126.14	28.86	124.31	29.74	123.55	30.53	124.47	33.16	124.65	34.92	123.78	29.05
2008	124.89	27.53	125.46	27.49	126.04	29.35	124.37	34.55	124.36	34.26	123.85	33.74
2009	124.94	27.75	123.32	27.47	124.71	28.98	124.85	33.55	124.98	33.41	125.88	31.25
2010	124.99	28.37	124.19	27.47	125.32	28.00	125.18	32.19	125.60	31.82	125.12	29.65
2011	124.26	27.64	125.04	28.09	124.21	29.59	125.29	33.48	125.27	33.33	124.96	33.57

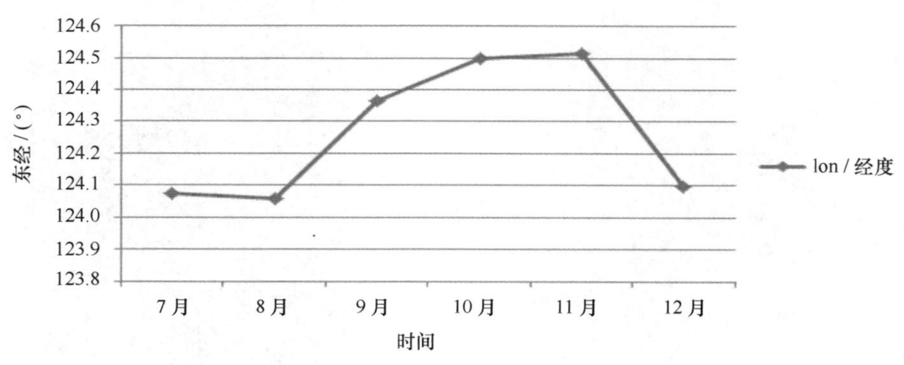

图4 鲐鱼渔场重心经度变化

3.2.2 渔场重心在纬度上的空间位置变化

渔场重心在纬度上的变化在7—12月份也较为明显（如图5，表1）。其中，在7到8月份变化不显著，一直在28°N以南。但是在8—10月间呈现出了明显北移现象，北移距离接近7°。在9—10月间北移率最高，而在11月份经度达到最大的34.5°N。然而，11—12月却出现了向南移动的现象，移动率不是很高。因此，从变化程度来看，在8—9月和11—12月间经度变化最为明显。

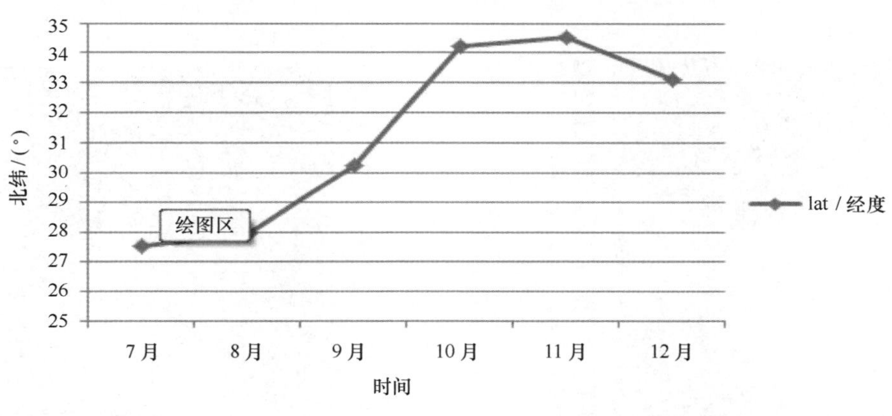

图5 鲐鱼渔场重心纬度变化

根据图4和图5的渔场重心的经纬度变化可以看出，渔场重心从7月份的最西南位置向东北方向移动，移动过程在8—11月份最为明显，其中在11月份达到最大位移，随后在11—12月间开始往西南方向返回移动。

4 结果

4.1 渔场重心与等温图叠加

从数据中看以看出，1998年与2007年7月份的经度变化最为明显，两者之间相差约3.5°。因此选取1998年和2007年7月等温图分别与当年当月的渔场重心进行叠加，结果如下：

从图中可以看出，受黑潮影响，2007年海平面温度高温区较1998年有大幅增加，向西北偏移明显，且温度较为均匀。2007年冷水区较少，仅在朝鲜半岛沿海地区存在，而1998年冷水区范围较广，几乎到达东海区域。鲐鱼是暖水性洄游鱼类，冷水区的扩大必然会影响鲐鱼的行为生活习性。因此，渔场重心的东北方向移动直接受到了海平面温度的影响，而海平面温度的变化直接受到了黑潮势力北移的影响。

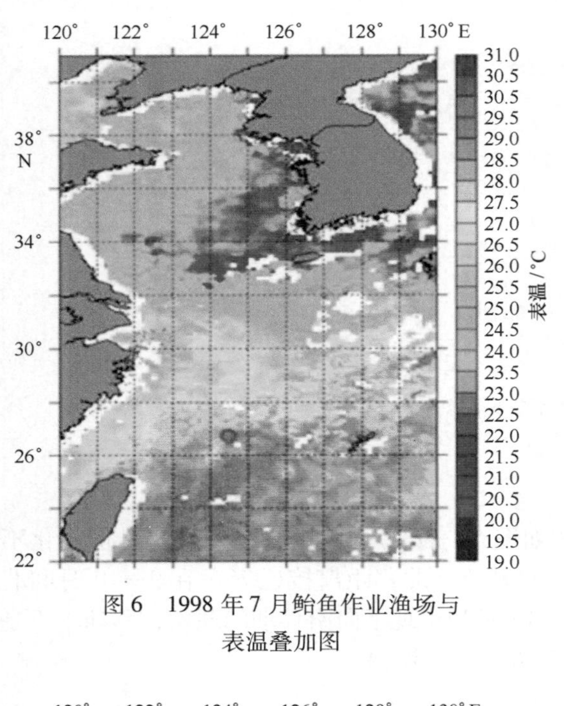

图6 1998年7月鲐鱼作业渔场与表温叠加图

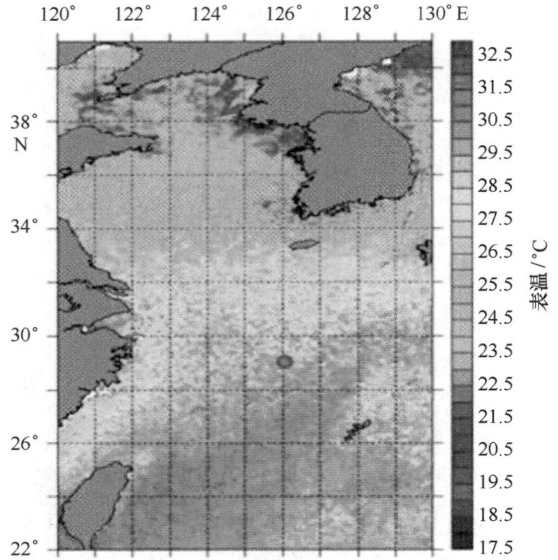

图7 2007年7月鲐鱼作业渔场与表温叠加图作业渔场与表温叠加图

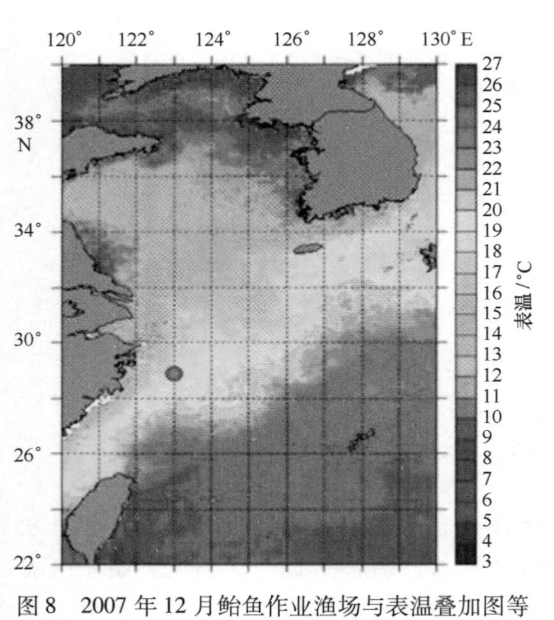

图8 2007年12月鲐鱼作业渔场与表温叠加图等温渔场叠加图（2007.12）

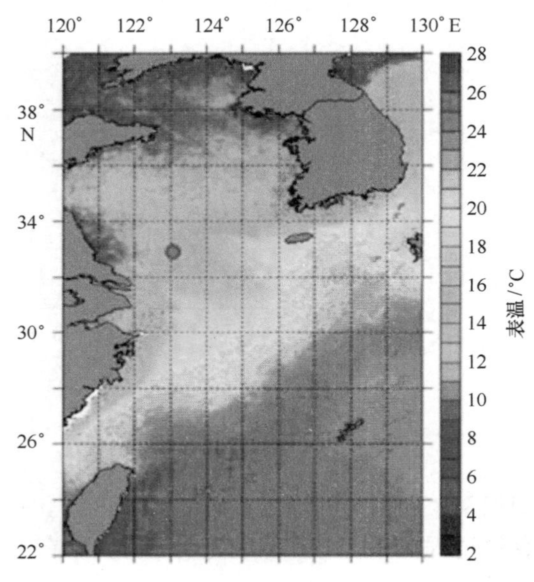

图9 2008年12月鲐鱼作业渔场与表温叠加图等温渔场叠加图（2008.12）

从表1中可以看出，2007年12月份渔场重心纬度与2008年12月份重心纬度相差较大，2008年纬度偏高。将两年的重心渔场分别与对应年月的等温图相叠加，不难看出2007与2008年的渔场重心位置均处于冷暖水交汇处，但2007年位置偏暖水区域，2008年位置偏冷水区域。

4.2 叠加图分析

通过对渔场重心和等温图的叠加可以看出，东海鲐鱼渔场重心会受到温度的影响，温度的改变同样受到黑潮的影响，因此，在一定程度上，黑潮影响了东海区鲐鱼渔场重心的分布。受黑潮影响，2007年较1998年高温区向西北方向扩大，从而使得渔场重心位置向东北方偏移。该现象的出现主要与鲐鱼是暖水性鱼类的特性有关。

根据图6~9渔场重心位置分析，重心位置大多位于冷暖水交汇处，一方面可能受到捕捞船队就近捕捞的影响，在近岸处捕捞团队数量大，捕捞努力量较大。另一方面，在交汇处冷暖海水垂直循环作用明显，海水搅动大，使得浮游生物大量繁殖，为鲐鱼等鱼类提高充足饵料。这也是冷暖水交汇处较易形成大型渔场的原因。

5 讨论与分析

通过分析可以看出，黑潮的年际变化在一定程度上会对东海鲐鱼渔场分布产生影响。黑潮作为世界第二大暖流，在移动过程中会为东海地区带来大量的热量。而黑潮所带来的暖水为鲐鱼的生长、繁殖、洄游和繁育等提供了基本条件，这也促进了东海区鲐鱼渔场的发展。

从以上图中还可以看出，鲐鱼渔场重心多分布在黑潮锋面，因此在鲐鱼资源预测中可以着重考虑该因素，这也为鲐鱼渔场预测提供了有力的帮助。

参考文献：

[1] 李纲,陈新军．东海鲐鱼资源和渔场时空分布特征的研究[J]．中国海洋大学学报,2007,37(6)：921—926.
[2] 苗振清．东海北部鲐鲹中心渔场形成机制的统计学[J]．水产学报，2003,27(2)：143—150.
[3] 宋海棠,丁天明．浙江渔场鲐鱼蓝园鲹不同群体的组成及分布[J]．浙江水产学院学报，1995,14(1)：29—35.
[4] 苗振清,严世强．东海北部鲐鲹渔场水文特征的统计学研究[J]．海洋与湖沼，2003,34(4)：397—406.
[5] 徐兆礼,陈亚瞿．东黄海秋季浮游动物优势种聚集强度与鲐鱼参渔场的关系[J]．生态学杂志，1989,8(4)：13—15.
[6] 李平．夏季汛东海北部近海的饵料生物基础与鲐鱼参鱼中心渔场的关系[J]．浙江水产学院学报，1993,12(3)：192—199.
[7] 方水美,张澄茂,杨圣云．台湾海峡南部灯光围网捕捞的水温选择及其季节变化[J]．台湾海峡，2001,20(2)：245—250.
[8] 方水美,杨圣云,张澄茂．台湾海峡南部灯光围网主要捕捞对象的水温选择及其季节变化[J]．水产学报，2000,24(4)：370—375.
[9] 洪华生,何发祥．厄尔尼诺现象和浙江近海鲐鱼参鱼渔获量变化关系[J]．海洋湖沼通报，1997(4)：8—16.
[10] 杨红,章守宇,戴小杰,等．夏季东海水团变动特征及对鲐鱼参渔场的影响[J]．水产学报，2001,25(3)：209—214.
[12] Lehodey P, Bertiganac M, Hampton J, et al. EI Nino Southern Oscillation and tuna in the westeren Pacific[J]. Nature, 1997,389：715—718.

海冰厚度测量技术进展

康钊菁[1]，叶松[1*]，王晓蕾[1]，李军[1]，刘凤[1]

（1. 解放军理工大学 气象海洋学院，江苏 南京 211101）

摘要：海冰主要是指漂浮在海面上的冰块，它们受风和流的作用而产生运动，其推力与冰块的大小和流速有关。海冰不仅被认为是一种严重的自然灾害，同时在寒冰海域的资源开发利用当中，海冰的物理参数也被认为是重要的环境参数，其中海冰厚度最为重要。为了监视和研究海冰厚度的生消变化，人们采取了很多方法来获取海冰厚度。本文综述了近几十年来国内外具有代表性的测量海冰厚度的方法，并对每种方法的测量误差进行了分析。

关键词：海冰厚度；测量方法；测量误差

1 引言

随着科学技术的发展，海洋资源开发活动规模扩大，海冰灾害造成的经济损失也将会增大[1]。为了研究海冰的生消变化和分布情况，人们主要从重要的物理环境参数—海冰厚度着手，尝试了多种测量方法。按测量原理的不同可以分为：直接测量法、物理学探测法和卫星遥感法等。目前，利用卫星遥感反演出的冰厚数值与现场数据仍存在较大的误差，这里重点介绍前两种现场探测方法。

2 直接测量法

2.1 碎冰采样测量法

该方法是通过破冰船进行碎冰作业，再从船上捞取碎冰进行直接测量。原理简单，数据可靠，常作为其他方法的标定参考。但这种方法测量范围极为有限，操作繁杂，只适用于薄冰的测量，满足不了人们对大范围海冰实时资料的需求。

2.2 钻孔打洞法

该方法是早期获得冰厚数据的重要手段。其测量精确度高，数据可靠，迄今仍被广泛使用。马德胜等人采用了不动孔测桩式[2]冰厚测量仪研究冰厚数据，是对早期钻孔打洞[3]方法的改进，误差基本能控制在 1 cm 左右，但未实现自动化测量。

近些年来，随着自动化水平的提高和神经网络算法的广泛应用，基于径向基神经网络算法技术研发的新一代钻机取代了之前机械化的钻机[4]。其工作原理是：钻头钻入冰层，通过滑轮旋转带动后端的编码器，编码器发出一系列的时间脉冲信号；同时在钻机上安装的压力传感装置通过判断钻机作业对象（冰，冰水混合物，水）的特性来得到启停时间；结合速度标定，得出冰厚测量结果，如图 1 所示。为了克服钻机的抖动对编码器的影响以及人为因素的影响，对脉冲信号和压力传感器采用数据融合的方式[5—7]得出

基金项目：江苏省自然科学基金项目（BK2009062，BK2012513）；国家自然科学基金项目（40976062）。

作者简介：康钊菁（1991—），男，广西省柳州市人，硕士研究生，从事测试与计量技术研究。E-mail：1018966073@ qq. com

[*]**通信作者：**叶松（1970—），男，江苏省南京市人，博士，副教授，从事海洋仪器及其计量技术研究。E-mail：yesong999@ hotmail. com

的启停时间进行处理，得出最终测量结果。其误差最大值为4.38 mm，平均误差0.039 1 mm，准确度大幅提高。但此法不适用于结冰期和融冰期，并且测量冰层厚度有限，一般在1 m左右。

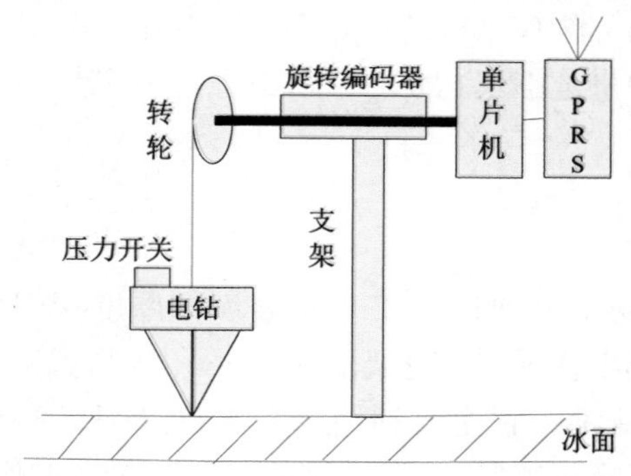

图1　系统整体结构示意

2.3　电阻丝加热法

在已知长度为 L_1 的电阻丝的一端加上一卡位的器件（如横片），将装置垂直于冰层上方，对电阻丝通电，其产生的热量融化测试点处的冰层，直至电阻丝穿透冰层；再旋转一定角度向上拉电阻丝，使卡位器件卡在冰层底部，留在冰层内部电阻丝的长度即为冰层厚度。如图2所示，通过计算 L_1 与 L_2 的差值即可得出冰厚 L_3，其中 L_2 为电阻丝露在海冰表面上的长度，可直接通过刻度尺读出数值。这种方法虽然原理简单，数据可靠，但耗时长，不适用于冰塞和冰脊的情况，同时冰上作业也带有一定的危险性。

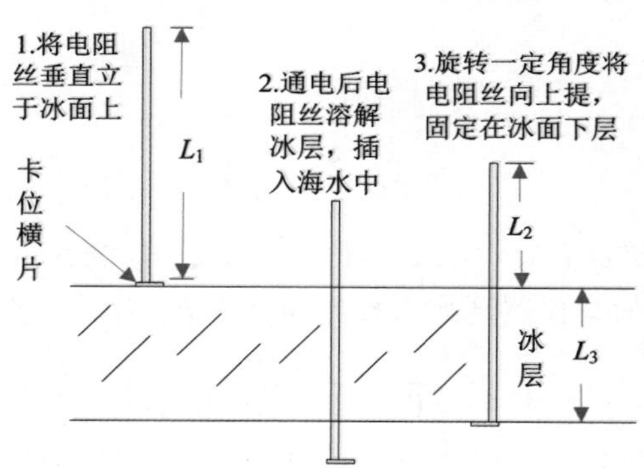

图2　电阻丝加热法的原理

3　物理学探测法

3.1　电容探测法

当不考虑边缘效应时，两块电极板间的电容值可以表示为：

$$C = \frac{\varepsilon S}{d}, \tag{1}$$

式中，ε 为极板间介质的介电常数；S 为极板间的有效面积；d 为极板间距离。

当 S 和 d 的值不变时，C 的值会随着 ε 的值改变而改变。一般情况下，空气的介电常数可以认定为1，海冰的介电常数大约为3~4，海水的介电常数通常为80。探测时，先将仪器嵌入冰层中，再对水平切割后形成的薄层平面进行电容数值检测和判断，可以掌握被检测空间内部的物理状态分布情况，并可以根据结果确定不同区域的分界层面垂直高度位置，进而计算出冰层厚度与冰下水位的数值，如图3所示。

崔玖菊和秦建敏等人[8]提出了利用电容转换器 CDC 将电容传感器测得的值经检测系统转化为冰厚的思想，成功研制出两种不同型号的电容数字式冰层厚度传感器。其最主要的创新在于能够通过对不同介质介电常数差异的检测，判断出其内部物理结构的分布和实时变化。由于受到传感器制作工艺、材料以及电路仍不够完善等因素制约，冰厚测量范围仅在 0 ~ 1 m 之间，在判断冰水界面时仍存在一定的误差，数据的重复性和稳定性也存在不足。

3.2　电磁感应法

我国在第 22 次南极科考中使用了 EM31 - ICE 型电磁海冰厚度探测仪测量普里兹湾处的海冰厚度[9]。该仪器有两种工作模式，即垂直偶极模式（穿透距离 6 m）和水平偶极模式（穿透距离 3 m），如图 4 所示。r 为 3.66 m，工作频率为 9.8 kHz。它主要利用了海水电导率（2 000 ~ 3 000 mS/m）和海冰电导率（0 ~ 30 mS/m）有着明显差异来测量海冰厚度[10]，通过一个线圈发射低频磁场使得在冰下的海水中产生一涡旋电场，涡旋电场又会产生一个次级磁场，采用另一个线圈接收和记录次级磁场。

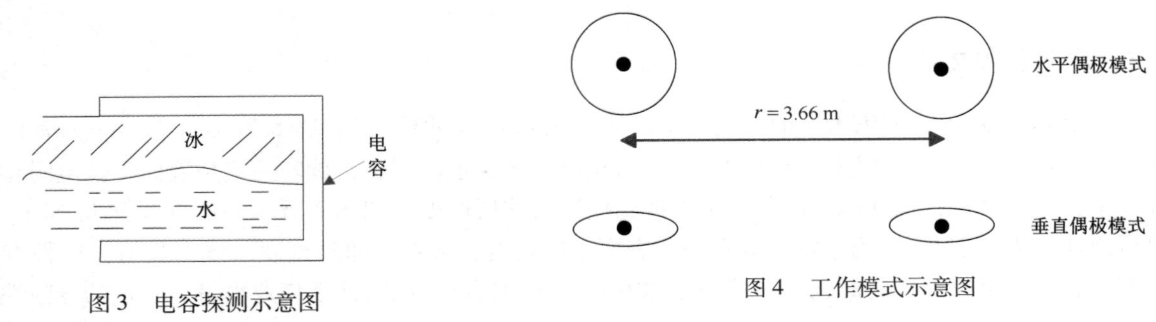

图 3　电容探测示意图

图 4　工作模式示意图

将记录的数据代入公式：

$$\sigma = \frac{4}{w\mu r^2}\left(\frac{H_s}{H_p}\right), \tag{2}$$

式中，σ 为视电导率；w 为角频率；μ 为空间磁场传导系数；H_s 为次级磁场强度；H_p 为低频磁场强度。文献 [11 - 14] 指出视电导率的值与仪器到冰水分界面高度 H_E 有关，并且呈负指数关系。

$$H_E = -\frac{1}{0.4223}\ln\left(\frac{\sigma}{350.03}\right). \tag{3}$$

仪器上还带有一个激光测距仪，它可以测出仪器到达冰面上的高度 H_L。两者相减，就可以得到冰厚的数据，如图 5。

由于海冰上面常常有融化的积雪，导致激光测距仪在测量时存在一定的误差。对此，国外有学者提出了一种新的模块处理方法：先在冰上打洞，测出冰厚数据；然后通过调整模块内部的传导参数直至仪器测出的数据与实际冰厚符合，符合程度可以因需要而定。郭井学将仪器测得的数据与现场标定数据进行比对后发现，当仪器距离冰面 2 m 以下时数据非常吻合。在 2 ~ 4 m 之间时误差逐渐增大，修正量在 8% 到 20% 之间。当超过 4 m 时误差急剧增大[15]。同时，郭井学还给出了仪器在测量平整冰时最大误差不超过 10%，测量压力冰时最大误差不超过 20% 的结论。国外学者 James[16]，Worby[17]，Hass[18] 等人认为电磁感应法在测量冰缝和冰脊时仍存在较大误差，最大时超过 20%。

3.3　冻冰度日法

冰冻度日法[19—20]由德国斯蒂芬于 1890 年提出，通过假设单层平整冰面上的温度与大气温度相等，建立冰的热力学方程求取冰的厚度值。由热量平衡公式：

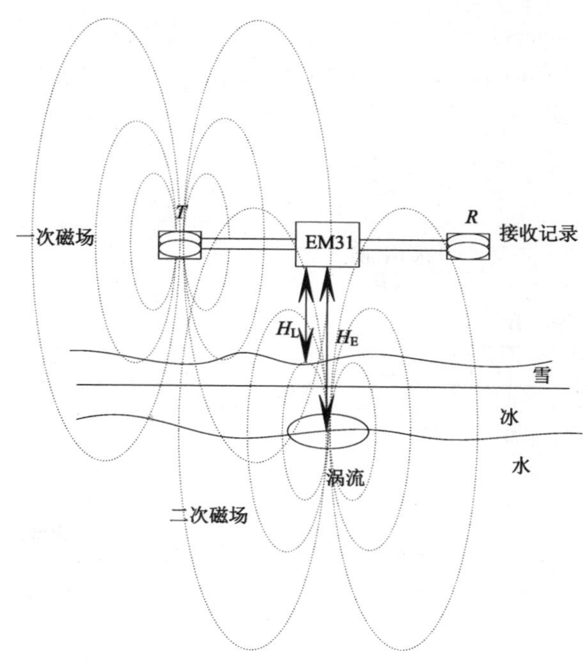

图5 电磁海冰厚度探测仪工作原理图[9]

$$\begin{cases} \lambda \dfrac{d\theta}{dh}dt = L\rho dh \\ 0 < h(t) < h \\ h(0) = 0 \end{cases}, \tag{4}$$

可得出近似解：

$$h = \sqrt{\frac{2\lambda}{L\rho}\int_0^t [\theta_0 - \theta(t)]dt}, \tag{5}$$

式中，h 为冰厚（m）；λ 为导热系数（$W \cdot m^{-1} \cdot K^{-1}$）；$L$ 为冰的潜热（$J \cdot g^{-1}$）；为冰的密度（$kg \cdot m^{-3}$）；θ_0 为结冰温度（K）；θ（t）为大气温度（K）。

对公式（5）进行化简可以得到：

$$h = \alpha\sqrt{I}, \tag{6}$$

式中，$\alpha = \sqrt{\frac{2\lambda}{L\rho}}$，$I$ 为冻冰度日。一般，当 $\lambda = 2.2\ W \cdot m \cdot K^{-1}$，$L = 1\ 401\ J \cdot g^{-1}$，$\rho = 0.916\ 7 \times 10^3\ kg \cdot m^{-3}$时，为标准条件下的冻冰度日公式，式（6）写成：

$$h = 1.720\ 5\sqrt{I}. \tag{7}$$

从20世纪70年代以来，冻冰度日法主要应用于数值模拟当中，在冰情短期预报和年度预报中均取得重大进展。王昕，李志军等人分析了第21次南极科考磁滞伸缩位移传感器[21—22]测量冰厚的数据，发现该仪器在天气良好的情况下最大的误差为1.1 mm，在天气恶劣（最低平均气温 -21.3℃，最大平均风速15.6 m/s，最大平均湿度82%RH，连续16天下雪）的情况下，仪器的最大误差也只有1.8 mm，并以此作为数值模拟的标准数据。王昕等人基于冻冰度日模型通过数据比对分别给出了在实验室静水条件下，南极海冰（包含卤水相变、盐度变化）以及水中含有污染物时的冻冰度日修正模型[23]，经修正后的模型基本上能较好地反映现场冰厚的数据。

3.4 仰视声呐测量法

这种方法主要用于对海冰移动速度，覆盖面积和厚度的监测。目前德国、挪威和澳大利亚等国均采用将坐底式 ULS（upward looking sonars）置于海中一固定深度，通过向上发出脉冲进行探测，如图 6。这样一来，可以免受海上的恶劣天气环境影响，提供长时间连续的资料。但也存在仪器安装困难，不易回收，仍未实现远程遥控作业[24]等问题。

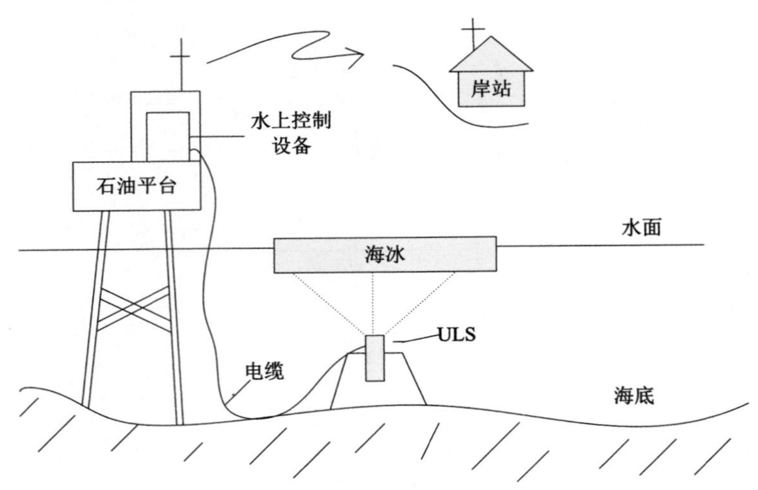

图 6　仰视声呐工作原理

该仪器主要是利用了声波在不同介质中传播速度不同的原理，通过对回波信号进行分析，可以得出垂直处冰水界面和冰气界面的距离，后者减去前者即是冰层厚度[25—26]。由于声波在海水中的传播速度与海水盐度和密度有关，故通过相关仪器得出盐度剖面、温度剖面以及仪器所在处的静压力 P_1 数据后可以求出海水的密度 $\rho_{水}$。

利用公式：

$$s = \frac{(P_0 - P_1)}{\rho_{水} g}, \tag{8}$$

式中，s 为海冰吃水深度；P_0 为海平面大气压力；g 为海平面对应的重力加速度。再利用浮力原理可以推导出海冰的厚度 d：

$$d = \frac{s\rho_{水}}{\rho_{冰}}. \tag{9}$$

有文章[27]指出，通过提高回波信号的精度，可以进一步提高数据的精确度。

3.5　现场图像测量法

辽东湾 JZ20 – 2 平台上建立了海冰定点观测系统，它通过气象站，海流计、雷达监测系统等对气象水文和海冰要素进行全方位的连续同步观测，该系统的构造如图 7 所示。对海冰厚度的测量主要是通过摄像头对海冰图像的采集完成的。图像采集系统包含了 CCD 摄像头，图像采集卡，计算机以及相应的图像处理软件等。

该系统利用了薄透镜成像原理和投影三角原理对海冰厚度进行测量，如图 8 所示。

由物理学公式知：

$$\frac{1}{L} + \frac{1}{h} = \frac{1}{f}, \tag{10}$$

再由投影三角原理可以得出：

$$l = \frac{fL}{H - f}, \tag{11}$$

式中，l 为像高（冰层厚度）；f 为焦距；L 为物高（摄像机照入的区域）；H 为物距（摄像机距离海平面

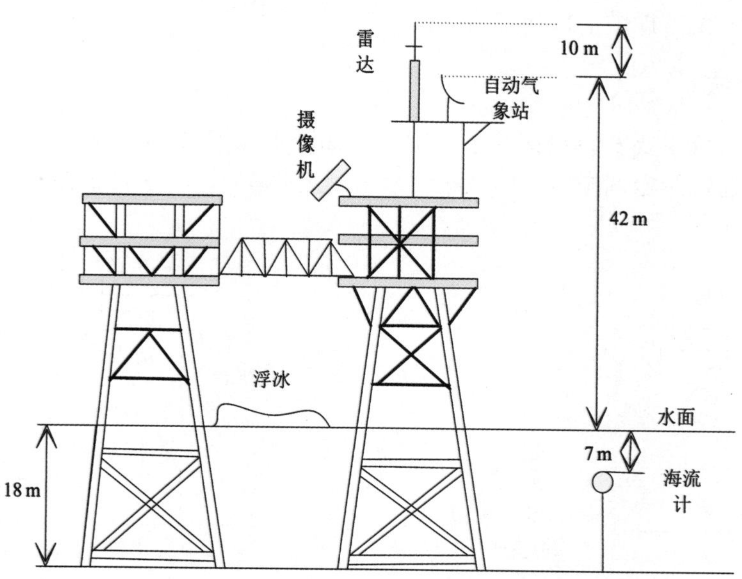

图 7　现场图像测试的工作原理

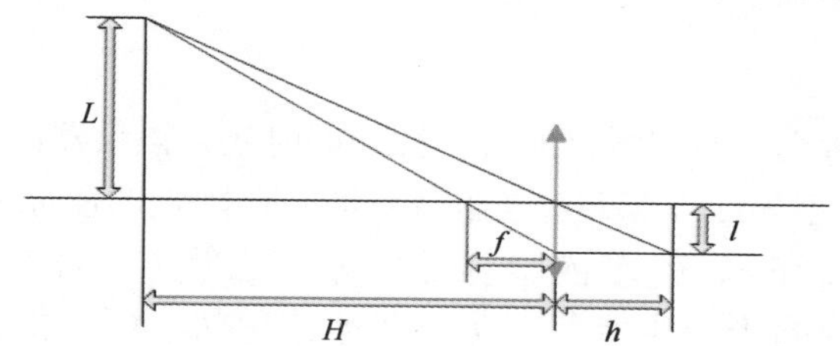

图 8　薄透镜中物与像的几何关系

高度)。

目标的长度可以由图像中的像素点的个数进行确定，为了将图像中的物体尺寸与实物更好地比对起来，一般把消浪孔作为标准差参照物。即记录消浪孔的实际尺寸与到摄像机的距离进行比对，获得较好的比例关系。所以在用图像获得冰厚数据 d_0 后还应进行比例换算，这样才能得到实际冰厚 d。

$$l_0 = \frac{l}{d'} \cdot d, \tag{12}$$

式中，d 为图像中消浪孔的直径；d 为实测的消浪孔直径。

考虑到海面不可能始终保持平静的状态，当出现起伏时，会造成仪器在成像时的误差[28]，如图 9 所示。

由几何关系知 $\frac{L'}{L} = \frac{H'}{H}$，即 $\frac{\Delta L}{L} = \frac{H' - H}{H}$ 得到物距相对误差。目前在实测装备上已经采用了长对焦望远镜头，尽管视角变小，但它可以有效的减小海平面波动带来的误差。对于成像大小，考虑到 Hf，由 $l = \frac{fL}{H - f}$ 推出相对误差：

$$\frac{l' - l}{l} = \frac{H}{\Delta H + H'}, \tag{13}$$

式中，l 为海平面变化后成像的大小。目前这一方法仍未实现全自动化处理，在测量和图像处理上仍需要人工参与。在对冰层断面的选取上，由于在交界处的背景变化不明显，从而造成选取的断面坐标和实际坐标存在差异。毕翔军等人提出将模式识别、人工智能和神经网络等技术引入图像处理系统[29]，从而为开发新一代的现场图像测量仪器提供了指导方向。

3.6 雷达－激光测距法

雷达－激光冰厚测量仪主要安装在钻井平台附近，如图 10。该仪器基于相位测距法和微波散射的原理，采用连续激光器，通过测定调制后的回波相位差来测定冰厚[30]。这种仪器不仅能测量薄冰，同时其精度能控制在厘米级别。

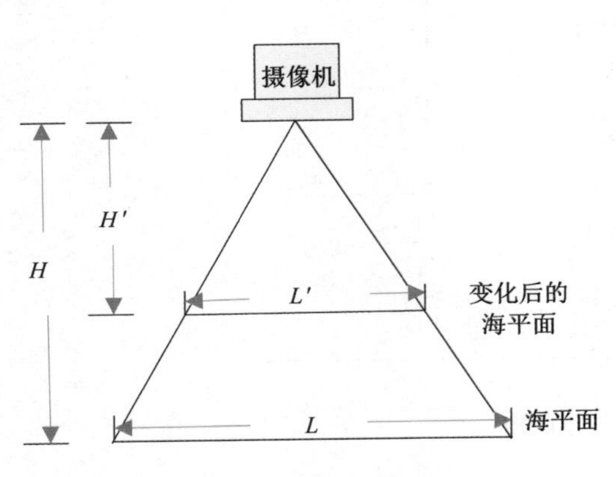

图 9 海平面变化带来的误差

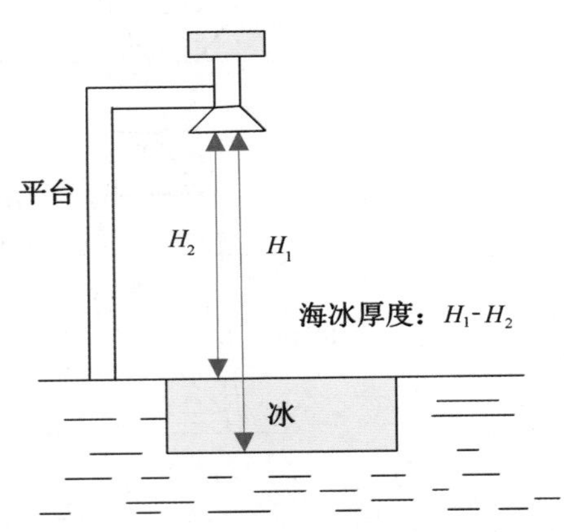

图 10 雷达测距的工作示意图

孙红栋等人验证了雷达—激光冰厚测量仪的可行性，同时还在该仪器的基础上进行了改进，将精度进一步控制在毫米级别[31]。2008 年孙红栋等人对辽东湾石油平台附近的海冰进行了实测，经与现场数据比对后发现仪器的误差只能保证在 1 cm 之内，对尼罗冰，莲叶冰，冰皮测量的平均准确度分别为：91.24%，93.21%，90.91%。由于作业时天气恶劣，海冰流速快，因不能准确地对照射过的海冰取样，从而造成测量误差增大，同时海冰上附着海水造成雷达波的强烈衰减也是误差增大的原因之一。一些研究还指出，雷达—激光法在测量海冰不均一的地方容易出现较大的误差[32]。

4 讨论

根据上述方法，可以看出直接测量法得到的数据准确度高，可靠性好，适合作为标准方法使用。但也存在大量耗费人力物力，测得的数据量有限等缺点，并且容易受到季节和冰层厚度的影响。自动化程度普遍偏低，不能保证对同一地点的连续化监测也是目前存在的主要问题。而物理电磁探测法能在尽可能不破坏冰层的条件下实现长时间的连续监测，其获得的数据精度高，可靠性较好，与直接测量法获得的数据相符合。目前，直接测量法和物理学、电磁探测法的应用较为成熟，并多次应用于我国海域以及南极科考当中。随着海洋资源的开发，对更为广阔的海域进行实时监测的需求将更迫切。这就需要大力开展利用卫星遥感监测海冰的研究，尤其是合成孔径雷达在这方面的应用。

参考文献：

[1] 舒迟．星载 SAR 在防抗海冰灾害中的应用研究[J]．中国水运，2011，11(6)：71—73.

[2] 马德胜，王珍宝，马涛．不冻孔测桩式冰厚测试仪简介[J]．水文，2001，21(2)：61—62.

[3] 雷瑞波，李志军，秦建敏．定点冰厚观测新技术研究[J]．水科学进展，2009，20(2)：287—292.

[4] 刘明堂，张成才，荆羿，等．基于非线性数据融合的冰层厚度自动测量应用研究[J]．应用基础与工程科学学报，2014，22(5)：888—893.

[5] 刘春城，张伟，杨杰．基于数据融合的大型输电铁塔结构损伤识别[J]．应用基础与工程科学学，2011，19(6)：947—955.

[6] 庞敏，朱伟兴．基于 RBF 网络的数据融合在废气数据处理中的应用[J]．传感器与微系统，2007，26(4)：87—89.

[7] 黄春，蒋官澄，纪朝凤，等．基于径向基函数(RBF)神经网络的储层损害诊断技术研究[J]．应用基础与工程科学学报，2010，18(2)：

313—320.

[8] 崔玖菊．新型电容数字式冰层厚度传感器及其检测方法的研究[D]．太原：太原理工大学，2010.

[9] James E R, Anthony P W, Julian V, et a1. Shipborne electromagnetic measurements of Antarctic sea-ice thickness[J]. Geophysics, 2003, 68(5): 1537—1546.

[10] Kovaes A, Holladay J S, Begeron C J. The footprint/altitude ratio for helicopter electromagnetic sounding of sea-ice thickness: comparison of theoretical and field estimates[J]. Geophysics, 1995, 60(2): 374—380.

[11] Haas C. Evaluation of ship-based electromagnetic - induetive thickness measurements of summer sea ice in the Bellingshausen and Amundsen seas, Antarctica[J]. Cold Regions Science and Technology, 1998, 27(1): 1—16.

[12] Kunio S, Kazutaka T, Toru T, et a1. Ship-borne electromagnetic induction sounding of sea ice thickness in the Arctic during summer 2003[J]. Polar Meteorol Glaeiol, 2006, 20: 53—61.

[13] Liu G, Becker A. Two dimensional mapping of sea ice keels with airborne electromagnetics[J]. Geophysics, 1990, 55: 239—248.

[14] Christensen N B. Optimised fast Hankel transform filters[J]. Geophysics, 1990, 38: 545—568.

[15] 郭井学．基于电磁感应理论的极地海冰厚度探测研究[D]．长春：吉林大学，2007.

[16] James E R, Anthony P W, Julian V, et al. Shipborne electromagnetic measurements of Antarctic sea-ice thickness[J]. Geophysics, 2003, 68(5): 1537—1546.

[17] Worby A P, Griffin P W, Lytle V I, et al. On the use of electromagnetic induction sounding to determine winter and spring sea ice thickness in the Antarctic[J]. Cold Regions Science and Technology, 1999, 29: 49—58.

[18] Haas C. Late - summer sea ice thickness variability in the Arctic Transpolar Drift 1991—2001 derived from ground-based electromagnetic sounding[J]. Geophysical Research Letters, 2004, 31, L09402, doi:10.1029/2003GL019394.

[19] Ma X Y, Yoshihiro F. A numerical model of the river freezing process and its application to the Lena River[J]. Hydrologieal Proeesses, 2002, 16: 2040—2131.

[20] 丁德文．工程海冰学概论[M]．北京：海洋出版社，1999.

[21] 李庆山，潘日敏，戴曙光，等．磁致伸缩位移传感器位移测量研究与实现[J]．仪器仪表学报，2005，26(8)：50—56.

[22] Hristoforou E. Magnetostrictive delay lines and their applications[J]. Sensors and Aetuators A. 1997, 59: 183—191.

[23] 王昕．不同种类冰的厚度计算原理和修正[D]．大连：大连理工大学，2007.

[24] Fissel D B, Marko J R. Upward Looking Ice Profiler Sonar Instruments for Ice Thickness and Topography Measurements[J]. IEEE. 2004, 0-7803-8669(8): 1638—1643.

[25] 金惠琴，杨广林，陈丁人．10 cm 微波辐射计测海冰厚度[J]．应用科学学报，1989，7(2)：165—168.

[26] 郑全安，张东，潘家纬．海冰厚度的微波辐射遥感模式研究[J]．海洋学报，1992，14(5)：62—68.

[27] 郭纪捷．应用 Chrip 声呐探测海冰的试验研究[J]．遥感学报，1998，2(3)：285—287.

[28] 毕翔军，于雷，王瑞学，等．海冰厚度的现场图像测量方法[J]．冰川冻土，2005，27(4)：564—568.

[29] 王野，邵秘华，谭靖，等．海冰厚度测量方法及仪器的应用研究[J]．大连海事大学学报，2006，32(4)：114—115.

[30] 张保军，曹永华．激光测距技术研究[J]．湛江师范学院学报，2006，12(7)：41—43.

[31] 孙红栋．渤海海冰厚度测量方法的研究和应用[D]．大连：大连海事大学，2008.

[32] 郭井学，孙波，田钢，等．南极普里兹湾海冰厚度的电磁感应探测方法研究[J]．地球物理学报，2008，51(2)：597—601.

90 MPa 深海高压环境模拟舱的可靠性分析

李超[1]，刘保华[1]，于凯本[1]，丁忠军[1]

（1. 国家深海基地管理中心，山东 青岛 266061）

摘要： 本文运用故障树分析方法对当前国内最大容量 90 MPa 深海高压环境模拟舱的可靠性进行了研究。根据深海高压环境模拟舱的组成、结构和失效关系，建立了模拟舱的故障树，利用定性和定量分析方法求出了故障树的最小割集、基本事件的结构重要度以及顶层事件的失效率，在此基础上，找出了深海高压环境模拟舱的薄弱环节和关键事件，并提出了科学合理的预防措施。

关键词： 深海高压环境模拟舱；故障树分析；最小割集；结构重要度

1 引言

随着我国深海领域调查研究工作的不断增多，大量性能优越的深海技术装备研发任务亟待完成。为了提高设备研制的成功率、降低设备海试失败的风险，2011 年 5 月，国家深海基地管理中心依托国家海洋公益专项开展了迄今为止国内最大容量 90 MPa 深海高压环境模拟系统的研制工作，该系统能够为多种深海仪器设备提供良好、适宜的高压环境模拟试验条件。深海高压环境模拟舱（以下简称模拟舱）作为深海高压环境模拟系统的主体，部件组成和结构复杂，导致其产生失效的因素繁多。本文主要的研究内容是通过参与项目实施，利用可靠性分析方法综合模拟舱的特点找出深海高压环境模拟舱的故障原因、故障模式并编制故障树，利用定性和定量的方法求出故障树的最小割集、基本事件重要度及系统失效率，最终制定了合理的操控方案和维护方法来提高深海高压环境模拟舱的可靠性[1—4]。本文的研究成果对于多数可靠性的研究具有广泛适用性。

2 深海高压环境模拟舱的故障分析

深海高压环境模拟舱（图 1）主要由：模拟舱舱体、密封盖、抗剪环、托架和管道等部分组成，和多数大型高压设备类似，引发模拟舱故障的因素主要有以下几个方面：

（1）应力因素

应力作用是引发模拟舱失效的最主要因素[5—7]，不同应力导致模拟舱产生的失效模式不同，包括：弹性失效、塑性失效、脆性失效、疲劳失效、热疲劳失效、蠕变和磨损等。蠕变失效和热疲劳失效的环境温度在 500℃以上，模拟舱的工作温度是 2～10℃，所有热疲劳失效和蠕变失效可不加分析[5—6]。

（2）腐蚀因素

腐蚀作用是指导致模拟舱发生失效的主要因素之一，可以分为整体腐蚀和局部腐蚀两个方面，局部腐蚀对系统的危害性较大，又包括：点腐蚀、晶间腐蚀、应力腐蚀及腐蚀疲劳等[7—8]。

（3）其他因素

引发模拟舱失效的其他因素有：设计不完善、材料缺陷、结构缺陷、违规操作和维护不合理等[9]。

基金项目： 2011 年度国家海洋公益性科研专项（201105031）。

作者简介： 李超（1985—），男，山东省嘉祥县人，主要从事海底探测技术及相关仪器设备研究。E-mail：lc@ ndsc. org. cn

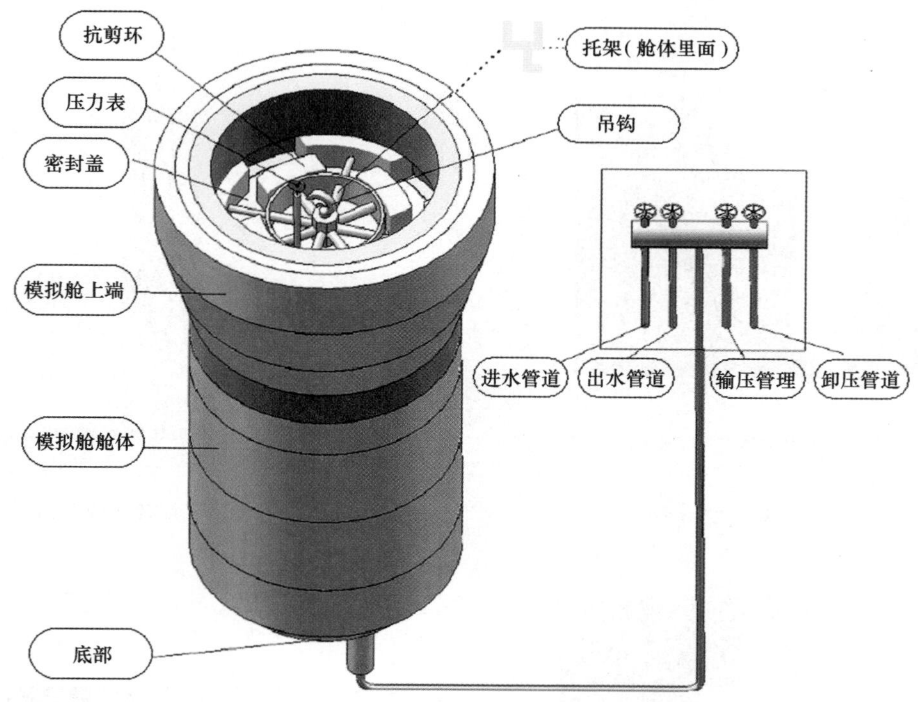

图1 深海高压环境模拟舱组成图

利用 Ansys 软件对模拟舱进行有限元分析，制作模拟舱的等效应力云图（图2～9）并求出模拟舱机械部件应力分析数据（见表1）。综合系统功能特性可判定系统的故障模式和故障原因。工作过程中，密封盖和密封舱顶端承受较大的应力，是发生弹塑性失效的危险区域；托架焊接处同时受到多个不同方向的力，发生强度失效的风险较大；抗剪环、底端、托架以及舱体等组件由于循环加压多发生疲劳失效。

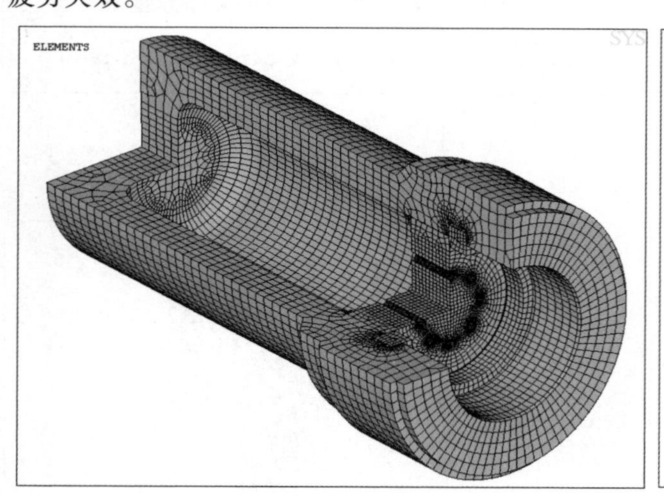

图2 高压密封舱有限元截面图

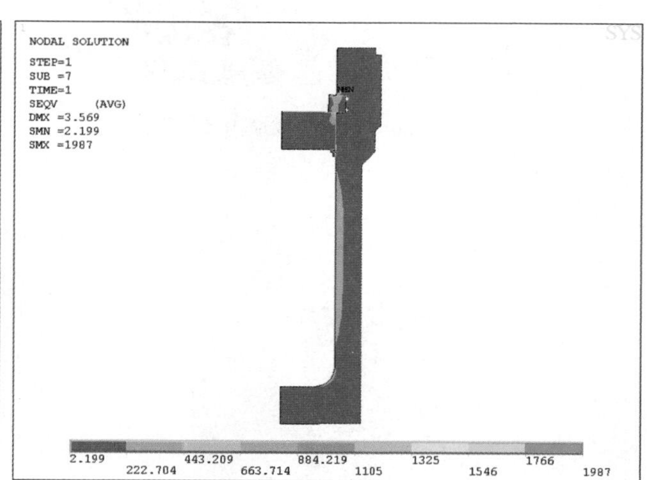

图3 高压密封舱等效应力图

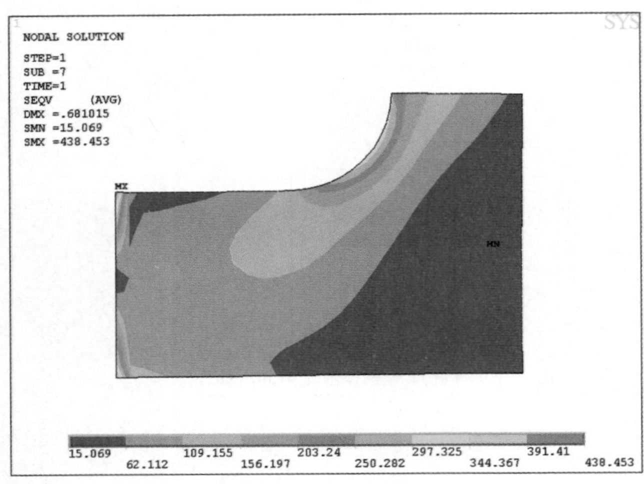

图 4　底端等效应力图

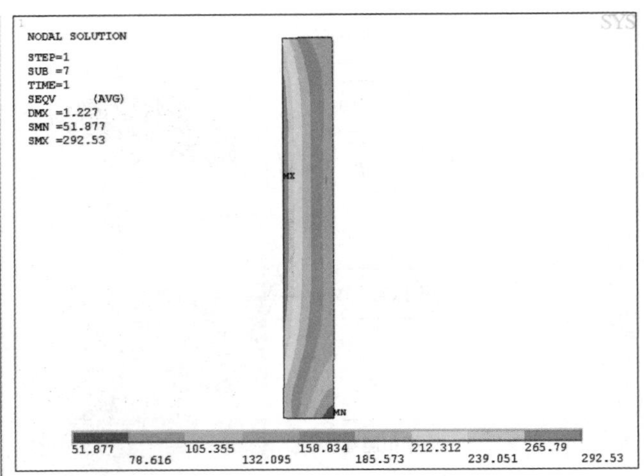

图 5　舱体等效应力图

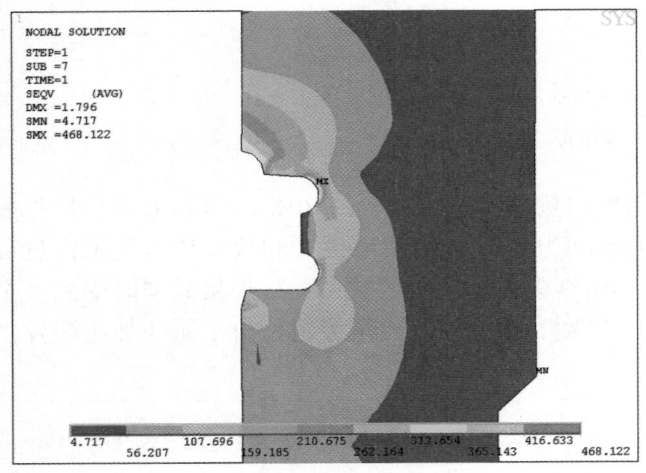

图 6　顶端等效应力图

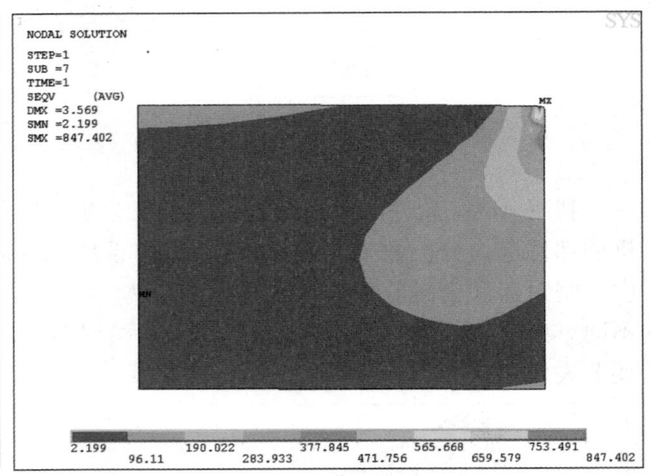

图 7　密封盖等效应力图

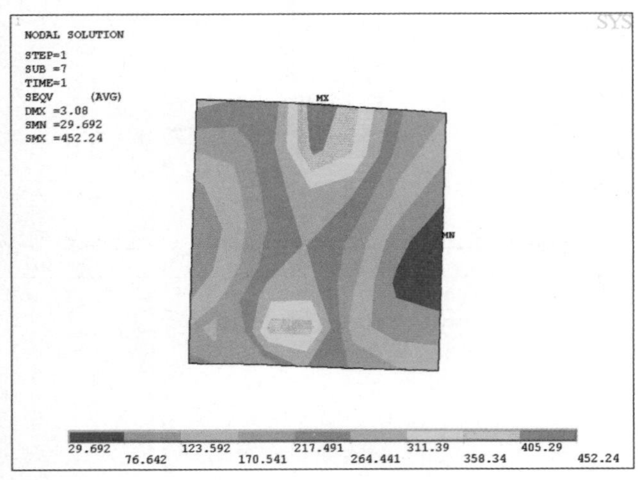

图 8　托架部分等效应力图

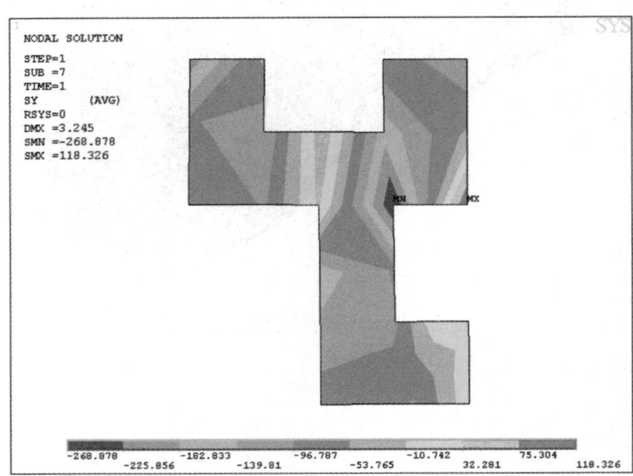

图 9　抗剪环等效应力图

表 1 关键部件的最大等效应力值

组成部件	数值
底端最大值	292.53 MPa
舱体最大值	438.45 MPa
顶端最大值	468.12 MPa
托架最大值	329.42 MPa
剪切环最大值	425.24 MPa

3 关键部件的可靠度计算

深海高压环境模拟舱关键部件的强度失效概率函数符合正态分布，其强度可靠度可通过建立数学模型，利用失效概率函数特征分布式求出[10—12]。定义部件的强度值和应力值分别为 s 和 c，若 $s>c$ 则不会发生强度失效，反之，则发生失效。可靠度 R 为 $s>c$ 的概率值：

$$R=P(s>c)\ =P(s-c>0)\ .$$

强度值与应力值的分布函数分别表示为 $f(s)$ 和 $h(c)$，即：

$$f(s)=\frac{1}{\sigma_s\sqrt{2\pi}}\exp\left[-\frac{1}{2}\left(\frac{s-\mu_s}{\sigma_s}\right)^2\right], \tag{1}$$

$$h(c)=\frac{1}{\sigma_c\sqrt{2\pi}}\exp\left[-\frac{1}{2}\left(\frac{c-\mu_c}{\sigma_c}\right)^2\right]. \tag{2}$$

给定随机变量 $a=s-c$；

$$\mu_a=\mu_s-\mu_c\ ;$$

$$\sigma_a=\sqrt{\sigma_s^2+\sigma_c^2}\ ;$$

随机变量 a 在（$-\infty$，$+\infty$）区间内的概率密度函数表示为：

$$f(a)=\frac{1}{\sigma_a\sqrt{2\pi}}\exp\left[-\frac{1}{2}\left(\frac{a-\mu_a}{\sigma_a}\right)^2\right]. \tag{3}$$

可靠度 R 的值为：

$$R=P(a>0)=\int_0^\infty f(a)\,\mathrm{d}a=\int_0^\infty\frac{1}{\sigma_a\sqrt{2\pi}}\exp\left[-\frac{1}{2}\left(\frac{a-\mu_a}{\sigma_a}\right)^2\right]\mathrm{d}a\,. \tag{4}$$

设：$Z=\dfrac{a-\mu_a}{\sigma_a}$，则有：$d_A=\sigma_A\mathrm{d}Z$；

$a=0$ 时，

$$Z=\frac{0-\mu_a}{\sigma_a}=-\frac{\mu_s-\mu_c}{\sqrt{\sigma_s^2+\sigma_c^2}}\ . \tag{5}$$

$a=+\infty$ 时，Z 同样趋近于 $+\infty$，可知：

$$R=\frac{1}{\sqrt{2\pi}}\int_{-\frac{\mu_s-\mu_c}{\sqrt{\sigma_s^2+\sigma_c^2}}}^{\infty}\exp\left(-\frac{Z^2}{2}\right)\mathrm{d}Z. \tag{6}$$

通过查询标准正态分布表可以求出可靠度，即：

$$R=1-\Phi\left(-\frac{\mu_s-\mu_c}{\sqrt{\sigma_s^2+\sigma_c^2}}\right)=\Phi\left(\frac{\mu_s-\mu_c}{\sqrt{\sigma_s^2+\sigma_c^2}}\right). \tag{7}$$

令：$Z_1=\dfrac{\mu_s-\mu_c}{\sqrt{\sigma_s^2+\sigma_c^2}}$；可靠度为：$R=\Phi(Z_1)$。

模拟舱密封盖的制作材料为 Q345R，强度极限值为 1 112 MPa[13]，由上表可知，90 MPa 工作环境下其所受最大应力为 847.40 MPa，讨论静态状况下密封盖的强度失效模式，取标准差为数学期望值的 0.05 倍[14]，则有：

$$\sigma_c = 847.40 \times 0.05 = 42.37 ,$$

$$\sigma_s = 1\ 112 \times 0.05 = 55.6 .$$

代入公式：

$$Z_1 = \frac{1\ 112 - 874.40}{\sqrt{55.6^2 + 42.37^2}} = 3.61 .$$

查询标准正态分布表：$R=0.999\ 8$。

同理，根据材料的强度和所受应力，忽略由于形变导致的材料强度变化，取标准差为数学期望值的 0.05 倍[14]，可以求出托架处和顶部卡环的强度可靠度分别为 0.999 9 和 0.999 8。

常规的机械部件，如：密封螺丝、抗剪环、液压装置等，可以根据标准机械手册找出特征寿命下所对应的可靠度。

4 深海高压环境模拟舱的故障树分析

4.1 故障树分析法概述

故障树分析方法（Fault Tree Analysis，FTA）最早由 A. H. Waston 教授提出的，经过几十年的不断改进和发展，该方法已相当完善，可应用于电子、核电、军事、航天、土木、交通等多个领域。故障树分析方法作为评价系统安全性和可靠性的重要手段，不仅可以用来预测和诊断系统故障，还可以完善设计、规范操作和维护等。故障树分析方法通常归纳为以下几个步骤[1-4,15]：

（1）准备工作

分析系统各组成部件的结构、原理、功能、故障状态和故障因素，通过查询有关资料并根据可靠度理论和数学方法获得并统计部件的可靠度。

（2）定义顶层事件

找出系统最不希望发生的事件作为顶层事件，制定成功与失效的标准，确定可靠性分析边界和限定事件范围，顶层事件不仅需要有明确的定义，且其失效原因可进一步被深究。

（3）编制故障树

以顶层事件为出发点，逐层找出导致上一层事件发生的直接原因，并用“与”和“或”的逻辑关系连接在一起，直到底层事件（无法考究失效原因的事件）为止。

（4）整理故障树

整理故障树的目的是去除多余事件，简化故障树。从底层事件开始，按照上下级事件的逻辑关系逐步分析直到故障树的顶层事件为止。

（5）故障树的定性分析

定性分析的目的是找出所有可能导致顶层事件发生的最小集合（割集），然后确定导致系统顶层事件发生的失效模式、影响因素及底层事件结构重要度。

（6）故障树的定量分析

定量分析是利用基本事件发生的概率求出顶层事件发生概率以及底层事件概率的重要度和关键重要度，并进行分析和评估。

（7）制定可靠性方案

根据故障树的分析结果制定相应的优化方案和维护措施以提高系统的可靠性。

4.2 故障树的构建与分析

确定深海高压模拟舱失效为顶层事件，逐步建立完整的故障树（图 10），并制定对应的事件对照表（表 2）。

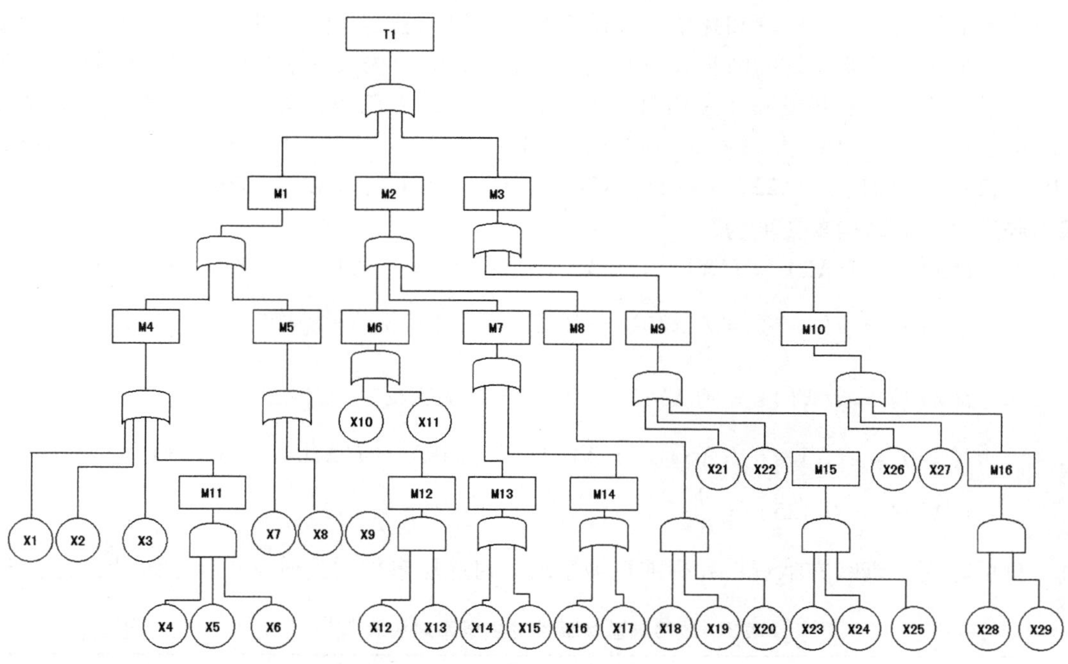

图 10 深海高压环境模拟舱故障树

表 2 事件对照表

符号	事件名称	符号	事件名称
M1	舱体失效	M9	管道断裂
M2	密封装置失效	M10	管道变形
M3	管道失效	M11	碰撞断裂
M4	舱体断裂	M12	碰撞变形
M5	舱体变形	M13	密封盖变形
M6	剪切环失效	M14	密封盖断裂
M7	密封盖失效	M15	碰撞断裂
M8	密封圈失效	M16	碰撞变形
X1	舱体疲劳断裂	X16	密封盖疲劳断裂
X2	舱体强度断裂	X17	密封盖强度断裂
X3	舱体腐蚀断裂	X18	老化系数低
X4	工业现场碰撞	X19	腐蚀环境
X5	机械磨损	X20	机械震动过大
X6	自身缺陷	X21	管道强度断裂
X7	舱体强度变形	X22	管道疲劳断裂
X8	舱体疲劳变形	X23	机械震动过大
X9	舱体腐蚀变形	X24	机械磨损
X10	剪切环变形	X25	自身缺陷
X11	剪切环断裂	X26	管道强度变形
X12	工业现场碰撞	X27	管道疲劳变形
X13	自身缺陷	X28	工业现场碰撞
X14	密封盖强度变形	X29	机械磨损
X15	密封盖疲劳变形	T1	模拟舱失效

由于模拟舱舱体的顶端、底部和托架失效模式和失效原因基本相同，且处于同一个工作环境，为减少计算量，在定量分析模拟舱舱体的断裂失效和变形失效时，只对失效率最高的部分进行分析。利用行列式法求解故障树最小割集，合并相同底层事件，共求出20个最小割集，分别为：{X1}，{X2}，{X3}，{X4，X5，X6}，{X7}，{X8}，{X9}，{X10}，{X11}，{X12，X13}，{X14，X15}，{X16}，{X17}，{X18，X19，X20}，{X21}，{X22}，{X23，X24，X25}，{X26}，{X27，X28，X29}

可求出底层事件的结构重要度为：

$$I(X1)=I(X2)=I(X3)=I(X7)=I(X8)=I(X9)=I(X10)=I(X11)=$$
$$I(X16)=I(X17)=I(X21)=I(X22)=I(X26)=I(X27)=\frac{1}{20}$$
$$I(X12)=I(X13)=I(X14)=I(X15)=I(X28)=I(X29)=\frac{1}{40}$$
$$I(X4)=I(X5)=I(X6)=I(X18)=I(X19)=I(X20)=I(X23)=$$
$$I(X24)=I(X25)=\frac{1}{60}.$$

通过计算可靠度、查阅文献资料和标准机械手册，对底层事件的失效率进行了统计，见表3。

表3 故障树基本事件发生概率对应表[9-13,17]

符号	事件名称	概率值	符号	事件名称	概率值
X1	舱体疲劳断裂	0.000 3	X16	密封盖疲劳断裂	0.000 2
X2	舱体强度断裂	0.000 2	X17	密封盖强度断裂	0. 000 1
X3	舱体腐蚀断裂	0.000 3	X18	老化系数低	0.003 1
X4	工业现场碰撞	0.003 6	X19	腐蚀环境	0.002 4
X5	机械磨损	0.001 1	X20	机械震动过大	0.00 52
X6	自身缺陷	0.002 1	X21	管道强度断裂	0.000 1
X7	舱体强度变形	0.000 2	X22	管道疲劳断裂	0.000 2
X8	舱体疲劳变形	0.000 4	X23	机械震动过大	0.005 2
X9	舱体腐蚀变形	0.000 1	X24	机械磨损	0.002 1
X10	剪切环变形	0.000 7	X25	自身缺陷	0.003 2
X11	剪切环断裂	0.000 2	X26	管道强度变形	0.000 3
X12	工业现场碰撞	0.001 1	X27	管道疲劳变形	0.000 4
X13	自身缺陷	0.003 6	X28	工业现场碰撞	0.003 6
X14	密封盖强度变形	0.000 4	X29	机械磨损	0.002 1
X15	密封盖疲劳变形	0.000 5			

顶层事件发生概率可以表示为故障树最小割集的并集发生概率，利用最小割集法求出。

若某故障树含有n个最小割集：A_1，A_2，A_3，…，A_n，且所含有的底层事件为（X_1，X_2，…，X_r）可知顶层事件发生概率为[16—17]：

$$P(T)=\sum_{r=1}^{k}\prod_{X_r\in A_i}p_i-\sum_{1\leqslant i<j<kX_r\in A_i\cup A_j}\prod p_i+\cdots+(-1)^{n-1}\prod_{i=1}^{n}\overset{X_r\in A}{}p_i, \tag{8}$$

式中，i，j 为最小割集序号；r 为基本事件序号；n 为最小割集的数量。

实际工程应用中，由于基本事件发生概率值精确度有限，同时也为了便于计算，顶层事件发生的概率值可以近似表示为：

$$P(T) = \sum_{r=1}^{k} \prod_{X_r \in A_i} p_i. \tag{9}$$

求出模拟舱的失效概率为：

$$P(T) \approx P(X1) + P(X2) + P(X3) + P(X7) + P(X8) + P(X9) + P(X10) + P(X11) + P(X16) + P(X17) + P(X21) + P(X22) + P(X26) + P(X12)P(X13) + P(X14)P(X15) + P(X22)P(X23) + P(X4)P(X5)P(X6) + P(X18)P(X19)P(X20) + P(X23)P(X24)P(X25) + P(X27)P(X28)P(X29) \approx 0.001369.$$

可靠度 $R(T)$ 及失效率 $\lambda(T)$ 为：

$$R(T) = 1 - P(T) = 1 - 0.003\,369 = 0.998\,631.$$

$$\lambda(T) = -\ln(0.998\,631) \approx 0.001\,368\,.$$

假设模拟舱的维护周期为 t，则：

$$t = \frac{1}{\lambda(T)} \approx \frac{1}{0.0013\,68} \approx 731\ (\text{day})\ .$$

4.3 预防措施

由底层事件的结构重要度系数知，自身缺陷是引起高压密封舱系统失效的重要原因，主要表现为模拟舱在高压负荷和腐蚀介质的环境下，由于材质不过关、设计和装配不合理等原因发生变形、断裂等故障；机械磨损是模拟舱发生失效的最主要因素，常发生在机械部件的连接处，引起机械磨损的主要原因是机械配合的精密程度不够，表现为连接处有空隙、吃力不均匀、有金属颗粒或者粉尘等杂质等；腐蚀对系统的影响也是至关重要的，可引发疲劳、磨损等失效，同时，机械磨损破坏了部件表面的防腐层，加剧了器件的腐蚀。除了机械部件，密封圈、导线等器件更容易受到腐蚀而发生失效，如加速密封圈的老化和破坏导线的绝缘层等。

根据底层事件失效对顶层事件失效影响程度的不同，本文制定了以下措施以提高系统的可靠度：

（1）确定选材和制作工艺严格符合操作规范，模拟舱在出厂前经过如：热处理、裂纹检测、焊接处检测、缺口补强处、密封螺丝规格及零部件连接处配合精密度等严格的安全检测。

（2）防磨损是提升系统可靠性最主要的环节，定期对机械部件连接处进行精密度、形变程度的检测，及时清理部件之间的污垢，做好防粉尘和防金属粒的工作，按照工作时间和工作量及时更换润滑油，减少部件之间的碰撞和摩擦，在系统的特殊部位应选用不易被腐蚀且抗磨损的材料。

（3）对于处在腐蚀介质中的器件，不仅要选用防腐蚀性能好，还要加大防范措施，如：定期翻新防腐层，覆盖防腐材质作为保护层等，及时更换密封圈等可更换器件。

（4）作业现场的管理和操作应严格遵照操作规范和操作流程，清理放置在作业现场的多余器件，尽量保持系统周边环境的空旷，减少机械碰撞、尽量避免工作人员安全事故的发生。

5 结论

文章以 90 MPa 深海高压环境模拟舱为研究对象，分析其组成结构和工作原理及各关键组成部件失效模式，根据可靠度理论和数学方法计算关键部件的可靠度，并利用模拟舱与部件之间的功能关系构建和分析故障树，利用定性和定量方法求出故障树的最小割集、结构重要度以及顶层事件的发生概率，并找出了模拟舱的薄弱环节和失效率，最终制定了一套具有广泛适用性的深海高压环境模拟舱可靠性优化方案和施行措施。

参考文献:

[1] 朱继洲. 故障树原理和应用[M]. 西安:西安交通大学出版社,1989.

[2] GJB 768.1-1989 建造故障树的基本规则和方法[M]. 北京,中国标准出社,1987.

[3] Huang X. Fault tree analysis method of a system having components of multiple failure modes[J]. Microelectronics and Reliability, 1983, 23(2): 325—328.

[4] Lee W S, Grosh D L, Tillman F A, Lie C H. Fault tree analysis, methods, and application a review[J], IEEE Transactions on Reliability, 1985, 34 (3): 194—203.

[5] 汤力行. 压力容器事故分析与预防[J]. 科技风,2012,19: 109,111.

[6] 吴世伟,李国骥,宋祥春. 深海高压试验罐制造技术[J]. 压力容器,2008,25(6): 35—36,47.

[7] 尤毅聪. 压力容器的失效. 准则分析[J]. 劳动安全与健康,1998,9: 27—30.

[8] 徐加壮,邹南棠. 深海模拟装置高压试验筒的研制[J]. 压力容器,1987,4(2): 12—16.

[9] 何旭洪,黄祥瑞. 工业系统中的人的可靠性分析:原理、方法与应用[M]. 北京:清华大学出版社,2007.

[10] 彭鸿霖. 可靠度手册:失效分析技术[M], 2001.

[11] 彭鸿霖. 可靠度手册:可靠度数学理论[M], 2001.

[12] 彭鸿霖. 可靠度手册:正态分布可靠度评估技术[M], 2001.

[13] 王启,王文博. 常用机械零部件可靠性设计[M]. 北京:机械工业出版社,1996.

[14] 曹晋华,程侃. 可靠性数学引论[M]. 北京:高等教育出版社,2006.

[15] 董力宏,黄飞. 压力容器的事故故障树分析[J]. 中国锅炉压力容器安全,2002,19(5): 37—38.

[16] 盛骤,谢式千,潘承毅,等. 概率论与数理统计(第三版)[M]. 北京:高等教育出版社,2002.

[17] 彭鸿霖. 可靠度手册:可靠度概率理论[M], 2001.

浅谈海上溢油污染及预防

朱　曦

（1. 中海石油环保服务有限公司，天津 300452）

摘要： 随着海洋石油业的迅速发展，海上溢油对海洋环境造成的污染日趋严重，引起社会各界的关注。本文介绍了海上溢油的危害，归纳了目前主要的预防措施，对海洋环境保护具有重要的指导作用。

关键词： 海上溢油；污染；预防

1　引言

随着我国沿海陆域石油化工企业的发展、近海油气田的开发、沿海港口等开发活动的不断深入，溢油事故规模和发生概率不断扩大。研究表明，漂浮在海面上的石油能够迅速扩散、漂移为油膜，阻碍海水复氧能力，影响水中浮游生物生长，破坏海洋生态平衡，是海洋环境中最普遍的污染物之一[1−2]。

因此，对溢油污染及现有的预防措施做一概括具有现实意义，对降低溢油事故发生的可能性、维持海洋生态平衡及改善临海居民的生活质量具有重要意义。

2　海上溢油污染

2.1　溢油的概念

海上溢油指在钻井、石油运输、加工等过程中，泄漏或排入海洋环境中任何形式（原油、燃料油、油泥、炼制产品等）的石油。国际上根据其规模和所需资源分为 3 级，分级标准见表 1。而国内根据溢油量的大小区分级别，具体方法见表 2。海上溢油主要来自船舶作业和船舶事故，特别是油船事故以及石油平台储油和输油设施等偶发性事故[3]。

表 1　国际溢油分级

级别	分级标准
1 级	仅需要本地区溢油反应资源处理和控制的较小事故
2 级	需要地区内其他溢油反应资源处理和控制的较大事故
3 级	需要国内外溢油反应资源处理和控制的大型或灾难性事故

表 2　国内溢油分级

级别	分级标准
小型	溢油量 10 t 以下
中型	溢油量 10 ~ 100 t
大型	溢油量 100 t 以上

作者简介： 朱曦（1991—），男，天津人，工程师，主要从事海上溢油防治研究。E-mail：zhuxi@ coes. org. cn

2.2 国内外溢油事故

每年全世界范围内有数百万吨石油流入海洋，国外万 t 以上溢油事故发生频率较高，据不完全统计，总溢油量近 500 万吨 。目前，我国万吨以上的溢油事故未发生，但 500 t 以上的溢油事故发生频率较高。国内外部分溢油事故见表 3[4—8]。

表 3 内外部分溢油事故

时间	事件	溢油量/t	后果
1967 年	“Torrey Canyon” 号	120 000	污染英国 225 km 海岸线
1978 年	“AmocoCadiz” 号	225 000	污染 130 个海滩
1989 年	“ExxonValdez” 号	37 000	污染约 2 100 km 海岸线
1996 年	“ SeaEmpress” 号	72 000	污染彭布鲁克 200 km 海岸线
1983 年	“东方大使” 号	3 343	污染了胶州湾及附近 230 km 海岸线
1999 年	“闽燃供 2” 号	589.7	污染约 300 km^2 海域以及 55 km 海岸线
2010 年	大连输油管起火引发爆炸		污染港口周围 100 km^2 海域
2011 年	渤海蓬莱 19 – 3 油田		污染 5 500 km^2 海水

2.3 溢油危害

海上溢油回收较难，且突发性强、污染范围广、持续时间长。原油主要以碳氢元素组成的化合物为主，其相对分子质量较大。浮油能够隔绝海水与空气，通常，1 L 石油完全氧化需要消耗海水中 40 万升溶解氧，从而引起海域严重缺氧，使大量动物死亡，植物腐败，严重破坏海洋环境的平衡。另外，冲到岸上的浮油，对海滨风景区等也造成污染，甚至还可能引起爆炸等。此外，石油挥发的有机蒸汽扩散到大气会引发光化学烟雾，刺激人类视觉，及引起植物死亡等[9]。因此，溢油造成的不仅是经济损失，更是对海洋及周边环境平衡的破坏，其危害持续时间久、涉及范围广。

3 海上溢油的预防

大量的统计资料表明，只要预防到位，相当大一部分的溢油污染事故是可以避免的。因此，海上溢油的治理过程中，应该把对溢油的预防放在优先位置。预防措施主要包括以下 4 点。

(1) 培养专业化队伍，减少人为过失

增加科研经费，加强船员对系统文件的学习、风险识别及团队协作能力；其次，应组建一支专业的溢油应急团队。

(2) 建立完善溢油应急反应体系

各溢油应急反应体系都应制订相应的应急计划，对应急工作人员、设施与器材的配备都做详细的规定。某些区域还应建立跨区域、国界的溢油应急反应体系。

(3) 建立健全的法律

《中华人民共和国海洋环境保护法》第六十六条明确：国家完善并实施船舶油污损害民事赔偿责任制度；按照船舶油污损害赔偿责任由船东和货主共同承担风险的原则，建立船舶油污保险、油污损害赔偿基金制度。但在具体实施中却举步艰难。因此，应从国家层面颁布有关油污赔偿基金制度的相关法律，其建立不仅需要国家立法的支持，而且需要石油货主资金的支撑及各相关部门的配合，是一个长期、困难的过程。国际规定的“污染者付款”原则即追究当事人责任，我国也应遵循此原则，这样才能真正做到“有法可依、有法必依、执法必严、违法必究”。

（4）现代信息技术的应用

随着现代信息技术的快速发展，为各领域提供了技术支持，在海上溢油预防领域也应结合地理信息系统（GIS）、全球定位系统（GPS）等高新技术手段，以实现溢油应急的科学化、系统化和智能化，以及发挥对各种应急资源和应急力量的调度与指挥作用，有效应对和处置海上溢油事故。

4 结语

新时期，海上溢油污染防治以在合理利用资源的同时，实现经济的可持续发展为宗旨。这就要求我们科学的认识溢油污染及做好预防措施，才能对海洋保护起到积极作用。

参考文献：

[1] 闫季惠．海上溢油与治理[J]．海洋技术，1996，15(1)：29—34.
[2] 田娇娇，田淑芳，汤蓉．基于 GIS 的海上溢油事故影响分析[J]．测绘技术装备，2006，1(8)：20—22.
[3] 国家海洋局编译．海洋污染概况[M]．北京：石油化学工业出版社，1975.
[4] 蒲宝康．船舶油污染防治的 30 年[J]．交通环保，2000，21(5)：30—33.
[5] Rice S D，Short J W，Carls M G，et al. The Exxon Valdez oil spill[R]. Long Term Ecological Change in the Northern Gulf of Alaska，2007：419—520.
[6] Elliott A J，Jones B. The need for operational forecasting during oil spill response[J]. Marine Pollution Bulletin，2000，40(2)：110—121.
[7] 李树华，田庆林．"塔斯曼海"溢油事故索赔案及其深远意义[J]．交通环保，2004，25(5)：45—48.
[8] 吕颂辉，陈翰林．溢油对南海海洋生态系统的影响及珠江口溢油现状[J]．生态科学，2006，25(4)：379—384.
[9] 陈国华．水体油污染治理[M]．北京：化学工业出版社，2002.

中国需要自己的北极战略

高科[1]，刘莉[2]

（1. 吉林大学 东北亚研究院，吉林 长春 130012，2. 山东省新泰市青云高中，山东 新泰 271200）

摘要： 近年来，伴随着北极地区不断转暖的气候，北冰洋海冰的融化速度加快，北极航道的顺畅开通指日可待。北极地区的这一系列变化在引发生态环境恶化的同时又带来可观的经济利益，环北极国家加紧在北极主权与资源领域上的抢占，世界其他国家纷纷开始关注北极，并积极投身到北极活动中来。北极治理作为全球治理的重要组成部分，已不仅是地区性问题，它关乎全球人类的利益福祉，是全球性问题。中国在加强自身软硬实力建设的同时，积极参与北极事务并在其中发挥重要作用，维护并扩大中国在北极的海外利益，积极开展北极地区国际合作，加强与北极国家的贸易往来与环境保护、可持续发展等方面的合作，倡导和谐北极，逐渐增加在北极地区的影响力，争取在未来的国际政治新秩序中赢得更高的国际地位和良好的国际声誉。

关键词： 中国；北极；法律地位；战略争夺；地缘政治

1 引言

北极地区具有重要的交通战略地位，贮藏着丰富的资源。随着气候增暖，北极航道“黄金水道”作用日益凸显。一方面新航道的开辟促进中国的国际海洋运输业，而北极的环境变化也对中国的生态环境、气候带来负面影响。

2 中国制定和实施北极战略的必要性

2.1 北极地区的地缘政治价值

从地缘政治来说，在北半球，北美地区、东亚、作为欧洲地区中心的西欧，是世界上三大战略中心。主要国家和有关区域国家在未来的战略进攻和防御都要经过北极，因而伸手涉足这一地区，是相关国家的诉求。关于北极地区在世界战略格局中的地位，华裔美国学者伍承祖认为，北美与欧亚大陆之间的“地中海”——北冰洋是世界政治、军事、经济的集中地区，它是全球战略中枢，谁控制了它，就征服了世界[1]。当前国际政治格局日趋多极化，美国、俄罗斯、中国、欧洲等作为主要政治力量，相互之间存在着竞争与合作、对抗与妥协等错综复杂的关系。而北冰洋和北极地区在这些大国的战略对抗与平衡中地位尤为重要，这些大国战略威慑不可逾越的战略空间，也是进行战略防御必须考虑的重要方面。在北极地缘政治竞争中，大国充分利用北极独特的区位优势，从空中、冰面以及冰下进行分层次的立体争夺。在美国力主的反导系统问题上，在亚欧大陆与北美之间的地缘战略关系中，北极地位特殊，需要应对来自洲际弹道导弹以及远程战略轰炸机的威胁。北极主要是通过地表和空中的地缘战略空间进行空中力量的争夺，在冰层之下则以核潜艇为代表暗中较量。

作者简介： 高科，男，硕士，教授，从事东北亚区域政治、安全与大国关系研究。E-mail：gaoke@ jlu. edu. cn

2.2 航运价值

在海上航运方面，北冰洋航线是联系大西洋和太平洋北部的最短路线。它主要包括西北航道和东北航道：西北航道东起巴芬湾，向西经加拿大北极群岛海域，经波弗特海，穿过白令海峡与太平洋相连；东北航道西起冰岛，经巴伦支海，沿着俄罗斯北部海域，向东穿白令海峡，连接东北亚。该航道一旦贯通，将极大地缩短亚、欧、北美三大洲的航程，成为一条新的海上交通大动脉。飞越北冰洋的航空线连结欧洲、亚洲和北美洲三块大陆的便利捷径。比如，从纽约到莫斯科经北冰洋比横跨大西洋缩短了近 1 000 km 的航程，从伦敦到东京沿北极圈飞行比途径莫斯科缩短了近 1 100 km[2]。

北极地区的交通价值，可以从空中、水下反映出来。首先，从传统上看，航空航天技术的发展使得越来越多的国家已经开始关注北极航行权益，北极将成为省时省力的空中新干线；其次，北极是一条厚厚冰盖覆盖伪装下的天然地下走廊，隐蔽性特别好。很多国家都在开发潜艇尤其是核潜艇等尖端技术，攫取北极水下开发的控制权。同样，许多国家都开始重视该水域的竞争。随着北极冰层融化加速，其航行价值将变得更加具有吸引力。在一幅以北冰洋为中心的世界地图上，我们可以看到进入欧洲需要从传统的航道绕过印度洋、地中海。如果开辟北极航道，该航线将极大地缩短航程，还大大降低了从传统路线航行所承担的经济损耗以及航行风险，北极航运权的争夺，正成为许多国家窥视的目标。此外，在这一地区，对俄罗斯突破美国核战略平衡具有重要的战略价值，一旦双方冲突升级动用武力，俄国核导弹可直接飞越北极突袭美国本土。

随着气候变暖引起极地海冰融化，北极航线贯通指日可待。北极航道带来的便利、北极航道对开发北极资源的重要作用，对中国而言同样意义重大。中国绝大多数的国际贸易都需要海洋运输来实现，选择一条更经济便捷的航路，预示着能源消耗成本的降低以及经济利益空间的膨胀。据美国宇航局预计，在 50 到 100 年之间，北冰洋可能将会完全没有冰山的屏蔽，航运、渔业和石油天然气开发将畅通无阻[3]。北极将成为一个新的世界经济与航运中心，这对于中国这个当前世界最大的国际贸易国家来说，其蕴藏的经济利益是十分巨大的。

在航空方面，北极是欧亚大陆与北美之间空中往来的必经地，从亚洲国家到美国的空中航线一般选择经阿拉斯加上空抵达美国。欧洲与北美之间则需经冰岛、格陵兰岛上空。北极上空航线交汇，形成诸多重要的航空港。随着民航技术的成熟，近年来“穿极航线”成为现实，飞机经近北极点附近空域实现欧洲、北美洲、亚洲空中走廊的贯通。

2.3 资源价值

随着人类活动范围越来越广泛，进入 21 世纪以来，工业化大生产引起的全球资源能源短缺趋势越来越突出，各国纷纷转移视野加快海洋资源的开发，陷入一场没有硝烟的蓝色圈地运动中。国际社会已经认识到北极地区丰富的自然资源，并对此加以高度重视。北极地区蕴藏着丰富的资源，种类众多、储量可观。既有不可再生的油气资源与矿产资源，又有可再生的生物资源（包括渔业资源），以及像森林、风力、水力等其他资源，被称作“地球的资源宝库”。

据统计，人类目前尚未探明的石油和天然气资源中大约有 1/4 分布在北极地区，原油储量大概有 2 500 亿桶，相当于目前被确认的世界原油储量的 1/4，天然气的储量估计为 80 万亿立方米，相当于全球天然气储量的 45%[4]。在北极地区，陆地上拥有广袤的永久性冻土带，北冰洋深海沉积物中贮藏着丰富的“可燃冰”新型环保能源。可燃冰，顾名思义，是一种可以燃烧的“冰”，实际上它是一种甲烷水合物，是北极严寒低温高压状态下天然气溶于水中结晶的产物。冷战结束以后，主要环北极国家加快勘探北极油气资源，随即发现一些油气储量规模可观的地区，这些调查都具有巨大的战略意义。同样，作为未来能源战略储备，可燃冰的开发能使相关国家在未来的能源危机中处于有利地位。随着经济社会的发展，陆上石油可开采储量的不断下降，包括中国在内的世界能源危机日益加重，北极有望成为今后油气资源大规模开采的能源宝地。北极的煤炭资源多处于未开发状态，它不但储量相当庞大，而且热量高、低硫低温、品质较好，属于高挥发性烟煤，是世界范围内少有的清洁型煤炭，能够直接作为能源和工业原料。俄罗斯西伯利亚地区是北极煤炭资源最为集中的区域，储量超过中国的大同、美国的阿拉斯加，估计达 7 000 亿吨[5]。

北极地区的矿产资源也具有很大优势。俄罗斯的科拉半岛是世界著名的世界级大型铁矿，远东盛产黄金等贵金属和金刚石。白令海峡两岸富含稀有金属，拥有巨大的经济潜力。加拿大威尔士王子岛储有铀、钚等核原料，北极海底分布着大量金属矿产，如锡、锰、铂等等。

北极的生物资源主要分为海洋生物资源与陆地生物资源，在海洋生物资源中，尤以渔业资源地位极为重要。北极的经济鱼类主要包括鳕鱼、鲱鱼、蝶鱼、北极鲑鱼等，鱼类资源丰富多样以北极鲑鱼和鳕鱼最为丰富。该区域近年来的捕鱼量约占世界总量的8% ~10%。除了丰富的鱼类资源外，北大西洋海域的北极虾类资源量也很可观。北极海象、海豹、海狗等也是北极重要的海洋哺乳生物，它们浑身是宝，商业价值很高。在北极广袤的苔原带，分布着许多河流，这不仅蕴藏着巨大的水利资源，而且孕育了丰富的淡水渔业资源，比如灰鳟鱼、茴鱼等，它们是北极整个生态系统中重要的一部分。陆地动物主要有北极熊、驯鹿、北极狐、北极兔和数量巨大的北极旅鼠。

此外，在北极特殊的地理与气候环境下，有着丰富的、潜在利用价值极高的航运资源、水利资源、森林资源、旅游资源等。北极丰饶的物产资源无论对于环北极国家，还是其他非北极国家都产生巨大的吸引力。中国作为世界上最大的矿产资源进口国，开拓北极作为新的能源资源供给渠道，可以有效避免单纯依赖单一原产地的脆弱性；抉择高效便捷的海洋运输线路，可以节省巨大的运输成本，提高经济效益和利润空间。

2.4 北极地区的生态保护与科研价值

北极地区的生态与科研价值主要表现在对全球气候安全带来的不稳定性与不确定性，以及保护北极物种的多样性。北极海冰消融正在并将继续对全球气候变化产生重大影响：以目前北极冰盖的融化速度，再加上温暖的太平洋海水流入，十年后的北极夏季很有可能将不再有冰盖覆盖[6]。北极气候的变化加上北极地区的资源开发，首先给北极带来的就是近乎毁灭性的灾难。原有的气候、生态平衡被打破，许多北极生物将面临失去赖以生存的自然条件，迫于生存它们不得不离开海洋进入陆地。北极原有的生物多样性及其生态环境将会遭到破坏，这对北极原住民的生存乃至地球上中低纬度地区物种的亲缘关系造成的损失都是不可估量的。全球海平面也将会上升，一些海拔较低的岛国和许多国家的沿海地区将会受到淹没威胁，被迫放弃家乡另寻新的居住地。

北极处于寒冷的高纬度地区，其自然条件比较独特，对气候变化极其敏感。随着全球气候变暖、环境变化加快，两极地区对地球系统产生巨大影响，把北极整体作为研究对象尤为重要。这是地理科学领域更是社会科学领域的重要任务。来自北极的冷高压对地处中纬的中国冬季降雪、早春沙尘暴以及夏季旱涝分布有直接影响，并调控中国的冬季风。来自北极的寒流，分 3 股势力分别从中国的西北、北部、东部进入境内，极大地影响着中国的工农业生产、经济建设以及人民生活。此外，全球气候变暖造成的海冰融化增速，使得极地能量收支改变，从长期来看会使中国沿海地区和海岸线面临被淹没的威胁，也影响了中国的气候变化。近年来，中国气候反复出现异常状况，冬季北方干燥无雪而南方频现暴雪等反常现象，无不与之相关。气候的异常导致我国粮食生产不稳定，粮食安全也受到负面影响。

从现有的北极研究资料来看，北极气候变化是造成许多问题的根源。气候变暖导致海冰融化，通航成为可能，因此产生了航道利用与管辖问题；海冰减少，能降低北极资源开发利用成本，对生态产生消极影响，环境恶化。北极环境变化对中国产生的影响是多方面的：一方面海冰消融带来更多捉摸不定的恶劣天气，导致原本就多自然灾害的中国各种极端气候频发，直接影响着中国的生态平衡和粮食安全。另一方面，北极航道的开通又给中国带来参与北极资源开发的机会，使中国的航运事业和国际贸易获益。参与北极治理，加强后哥本哈根时代的全球气候应对协作，发挥中国负责任大国的重要职责又能反过来作用于自身，降低气候变化带来的风险与损失。

2.5 北极地区的军事安全价值

冷战后北极地区的军事价值和战略地位凸显。北极上空的军事意义业已受到各国关注。在“北极八国”中，有3个欧盟成员国——丹麦、芬兰和瑞典，5个北约国家——美国、加拿大、丹麦、冰岛和挪威，两个核大国——美国、俄罗斯，谁控制了北极控，就能够对各国有效地进行“牵制”。在北极理事会中，环北极国家大多数都主张通过和平协商的方式捍卫各自在北极的利益，但各国出于能源开采及其产生的巨大经济利益，可能在资源开发或北极航道管辖等问题上加剧摩擦或冲突，致使国际关系紧张。到目前为止，相关国家在北极的这些利益冲突尚未出现国家间动用军事手段的架式，但这些国家声称并不放弃使用武力捍卫各自在北极的国家主权，并增加在北极的军事部署安排和更新军用设备，加强了在该地区的作战能力。

北极是一条厚厚的冰盖覆盖伪装下的天然地下走廊，具有极强的隐蔽性。很多国家都在开发水下潜艇尤其是核潜艇等尖端技术，攫取北极水下开发的控制权。同样，许多国家都开始重视北极水域的竞争。随着北极冰层融化速度的加快，航行价值将变得更加具有吸引力。

从20世纪中叶起，在美苏军备竞赛和加强军事对抗前提下，美国率先研发导弹防御系统，以此抵挡来自苏联的核威胁。双方都将部署导弹防御系统作为各自军事安排的重心，以防对方的不宣而战。后冷战时代，美国一味寻求“绝对安全”，部署导弹防御系统尤其是在可能的战区（多为本土之外的地区）继而成为美军在21世纪新的战略态势发展和战略力量建设的重要方向[7]。这将会对当前的国际政治格局和战略平衡造成冲击，威胁其他国家的安全。美国国家导弹防御系统主要防范的是亚欧大陆具备远程投掷能力的大国，重点在欧洲与东亚，实为针对俄罗斯和中国，这将严重威胁到中国的国家安全。而北极地区恰恰是介于欧洲、东亚与北美之间的中间地带，美国假想来自前者的导弹无论从东部（经格陵兰）还是西线（经阿拉斯加）都要途经北极地区。北极成为美国军事遏制中国和俄国的新地域。

3 中国制定和实施北极战略的现实基础

中国虽不是北极国家，没有领土直接分布在北极圈以内，但是中国在北极地区的海外利益具有合法性和现实基础。

3.1 国际法依据

中国是1925年《斯瓦尔巴条约》① 的缔约国之一，根据条约规定挪威具有充分和完全的主权、斯瓦尔巴群岛永远不得为战争的目的所利用，各缔约国及其公民有权自由进入和逗留，只要不与挪威法律抵触，就可以在这里从事生产、商业、科考等一切活动。《斯瓦尔巴条约》为中国后来进入北极，奠定了国际法基础。据此，中国政府于2004年夏，在斯瓦尔巴群岛的新奥尔松建立“中国黄河科学考察站”。

此外，1982年《联合国海洋法公约》规定国际海底区域系人类共同享有。北冰洋国际海底区域属于公海，其范围需界定完北冰洋沿岸国家200海里之外的大陆架界限后方可确定，但世界各国都享有利用该区域及其资源的权利。中国作为《斯瓦尔巴条约》和《联合国海洋法公约》两个涉北极国际公约的成员国，也拥有法定的在北极开展活动和获取海外利益的权利。

3.2 现实基础

首先，虽然环北极国家之间在北极享有共同利益并团结“排外”的态势，但在国家利益面前，北极八国并非铁板一块。八国在北极地区的领海与领土方面的主权诉求有交叉重叠部分，域内国家之间的利益冲突与矛盾需要域外国家，尤其是像中国这样的圈外国家加以平衡。同时，随着全球政治经济一体化态势

① 《斯瓦尔巴条约》也称《斯匹茨卑尔根条约》，1920年该条约签署时称《斯匹茨卑尔根条约》，1925年挪威议会通过该条约，更名为《斯瓦尔巴条约》，中国在这次会议上加入该条约

的不断加强，世界各国都不再是孤零零地“各自为政”，国家之间相互依存更加明显，这在客观上也亟需作为国际政治舞台上负责任大国的中国加入北极。

其次，北极气候变化对中国产生明显的负外部效应，即北极气候增暖导致中国的恶劣极端天气增加、自然灾害频繁，威胁中国的粮食安全；同时，对中国的生态安全也产生不利影响。此外，还有可能引发海平面上升，中国沿海地区的城市面临被海水淹没的潜在威胁。

再次，中国已开展的南北极科学考察具备一定的技术基础。中国开展北极科研考察较南极要晚得多。1999 年中国开始组织北极自然科学方面的研究，自此至今中国已经完成五次北极考察，并建立了有关大量环境与气候方面的资料数据库，并于 2004 年在斯瓦巴尔群岛上建立黄河站作为常年考察站。

最后，经济和实力保障。随着中国经济发展的不断增长，北极国家是中国的第一大合作伙伴。改革开放以来，中国发展市场经济卓有成效，作为新兴经济体，中国综合国力不断提高。这为在北极开展一系列的科研活动提供了充足的经济保障。

4 中国在北极事务上的战略应对

北极在地球上处于特殊地理位置，无论从传统安全领域还是环境保护、气候变化等非传统安全领域都有着不可替代的地位，曾经的冰冷寒地正悄无声息的成为时下备受关注的“热土”。中国在地缘上虽然不属于北极国家，但北极与中国的战略利益和长远发展密切相关，作为北极理事会永久观察员的中国必须重视北极变化对中国国家安全的影响，并采取相应的政策。中国应先从环境保护、科学考察等低敏感领域着手，从基础性工作做起，研究并利用现有的国际法和国际机制寻求在北极事务中的合法性，积极开展北极地区国际合作，加强与北极相关国家的贸易往来以及生态保护、可持续发展等方面的合作，倡导和谐北极，逐渐增加在北极地区的影响力，争取在未来的国际政治新秩序中赢得更高的国际地位和良好的国际声誉。

4.1 树立中国北极战略理念

从 2007 年挪威出台自己的北极战略到 2013 年 5 月美国总统奥巴马宣布《北极地区国家战略》，北极国家、欧盟等相继紧锣密鼓的出台北极战略，高调展示在北极的存在，表达在北极地区的国家利益，并采取包括军事行动在内的各种行动来加强各自对北极地区的控制。由于种种原因，中国在北极事务上发挥的作用还不明显，落后的北极科考装备，缺少相关研究数据资料，更谈不上资源勘探与利用。面对如火如荼的北极激烈竞争，作为北极理事会正式观察员的中国应当加快北极相关领域研究，制定与实施北极政策，建立起完整的多方面综合战略体系。否则，中国就会丧失战略主动权，将会导致在北极事务中的海外利益遭到忽视。首先要尽快从社会整体观念上意识到中国在北极地区拥有实实在在的国家利益，众所周知的是北极富饶的资源、航道开辟带来巨大效益，北极环境变化导致中国近年来多恶劣天气与自然灾害。背后暗含的还有北极是天然隐蔽的军事基地，中国要维护国家安全就必须进入北极国际机制中，通过参与北极治理引导或制定有益自身的政策。需要吸纳更多的民间力量壮大极地科考队伍，研习北极国家业已成熟的研究资源、成果，更好地服务于我国的极地科考事业。其次，在树立北极战略意识的基础上，中国还要明确北极战略目标。在当下激烈竞争的北极争夺战中，中国需要未雨绸缪、主动做出积极的战略应对，维护并拓展在北极的海外利益，建立完善的综合战略体系，涉及到经济、政治外交、社会等多方面。

4.2 从“低敏感政治”作为切入点，争取最直接、最实惠的北极利益

北极利益包括航运利益、资源利益、生态和科研利益以及军事利益等多方面，其中资源利益、生态和科研利益比较容易实现，见效快，又不易引起国际纠纷。纵观我国五次北极科学考察，得到许多国外相关领域的科学家支持，北极国家对中国表示欢迎。当前北极领土、大陆架或专属经济区权利日益敏感，高度政治敏感难以介入，选择从科学考察、环境保护等这类“低端政治”敏感区活动，积极参与和北极地区相关的各种活动，是我国介入北极事务的最佳切入点。从环境保护和极地探险队所面临的北极国家问题，

需要建立政府间合作机制与平台，强化在人文领域研究的跨国合作。

2011 年发布的《中国极地考察“十二五”发展规划》描绘出我国未来极地考察事业的前景蓝图。深入开展极地战略研究与环境综合考察，加深对南北极地区的科学认识，科学指导极地考察工作有序发展；参加国际极地事务，维护极地地区的国际法制。此外，中国还将在北极科考、气候研究以及航线开发等方面拥有更大的运作空间。建立与相关国家的有效沟通机制，利用国际组织力量尽量减少在北极的国际摩擦。多管齐下，实现在北极最直接有效的海外利益。

4.3 开展北极国际合作，鼓励政府与民间力量的参与

北极点及其附近水域属于国际公共海域，不受国际公约束缚，其海底资源应为人类共同拥有，中国当然有权也自信参与这一事务。北极地理条件复杂多变，许多事务的实践离不开国际合作。中国作为世界第二经济大国，离不开北极航道航行便利和资源能源支持，而北极治理作为全球治理的重要部分也离不开中国的参与。北极开发也离不开中国的资本、劳动力，积极开展在北极地区的国际合作，有利于实现共同利益。

参与北极治理，既需要参与北极国际组织多边协商，又需要加强与北极域内国家双边多种形式的合作，寻求达成双方共同利益的有效路径。我国作为非北极国家，不能直接参与北极事务的决策，但是中国在北极又享有重要国家利益。我们一方面需要依靠官方政界制定相关政策法规，在规范我国北极科学考察等活动的同时又为中国参与北极治理提供科学的指导方针；与此同时，还需要社会力量的参与，民间活动在北极更加灵活多样，而且不至于引起北极国家的防范与戒备。对于中国而言，签订双边自贸协定、跨国公司以及学术交流都是不错的介入方式。在经济自由贸易上，通过与环北极国家签订自贸协定实现预期效益，以此为契机寻求共同开发北极航道等事宜。2013 年 4 月，中国与冰岛签订自贸协定，这是中国在欧洲首次签订 FTA。此外，通过跨国公司等社会力量探索与北极地区的合作。目前中国已购得加拿大两石油公司的股权，有权利在北极钻井勘探石油。这些都给中国参与北极事务提供了有利的平台。在学术交流方面，北极大学是一个不可多得的有益机会。成员单位之间相互师生交流交换，共享研究信息。目前，中国海洋大学已成为中国首所“北极大学”准成员。开展更多北极领域的学术交流与合作，取长补短、互通有无，学习北极国家的现有研究资源，培养一批精通极地事务的专业科技人才；这是我国创造性介入北极地区的新平台，有利于多渠道加强我国在北极地区“实质性存在”，更多角度地参与北极治理，通过学术外交，提高中国在北极的国际话语权。

此外，还要加强同非北极国家的合作。北极国家由于地理优势领先开发北极，由共同利益驱使形成相对稳固的同盟，协商一致，对非北极国家出于本能的排斥与对抗。域外国家在北极也是具有相关利益的，中国应当与之携手加强协调合作，同北极八国合理竞争。在重点强化同北极国家间合作基础上，加强同韩国、日本、英国、印度等其他北极理事会观察员国之间的沟通。

4.4 积极参加与北极相关的国际组织，参与北极国际法制的建立与完善，在与北极相关的国际组织中发挥积极作用

北极环境保护和人文社科类国际组织名目众多，中国目前参与的北极论坛寥寥无几，只有北极理事会、北极大学等少数几个，在很多重要的国际会议上中国都尴尬“失声”，带来的消极影响不言而喻。中国应积极参加与北极相关的国际组织，参与北极国际法制的建立与完善，在与北极相关的国际组织中发挥积极作用。倡导相关国家以和平谈判方式解决北极争端，建构完善的北极国际制度，对解决北极治理问题有重要作用。中国可以积极创造条件，保护并拓展在北极的相关利益，实现“和谐北极”。

4.5 制定相关法律规范管理极地考察活动

伴随着我国在北极极地考察活动的不断深入，我国亟需制定相关法律规范来管理极地考察活动。这不仅能够因应环北极国家的相关政策法规，还能够使国内官方和民间在北极的活动更加科学化、规范化。基

于我国近北极国家的地理位置和社会主义国家的体制，我国应制定一部行政规章，管理我国各项北极活动，使我国北极活动有法可依。前期要研究学习美国、加拿大等相关北极立法体系较为成熟的北极国家，在充分学习的基础上，适时启动中国北极活动的相关立法工作。

4.6 增强中国自身软硬实力建设

首先，要改进极地科考装备，建造自主国产极地破冰船与国际商业船舶。中国目前极地科学考察的装备不足，目前中国仅有一艘“雪龙”号，穿梭于地球的南北极，每隔三四年才能去北极一次，这极大地束缚中国极地活动的范围、限制极地科考活动的频率。“雪龙”号是中国从前苏联手里接手改建的，船载实验设备陈旧，破冰能力不足。2012 年 7 月底，中国宣布着手自主设计制造一艘破冰船，有望在 2014 年完成并投入使用。相比之下，俄罗斯拥有更多的破冰船——18 艘，其中 5 艘是核动力破水船。我们无论在数量还是造船技术上，中国都是极地探索上的“入门级新人”，与俄、美、加等国差距巨大。其次，培养大批优秀的专业科技人才，改变以往科考人员多兼职出身、将科考作为副业的尴尬处境。近年来中国对北极研究的成果日渐增加，但整体上对北极知识的把握还比较匮乏，这也间接影响到中国至今尚未制定和实施北极战略。一方面，中国需要自身科考活动累积客观极地活动经验，通过教育与培训培养大批的专业优秀人才；另一方面，需要不断学习北极国家业已成型的北极战略与国际法机制，进而从北极博弈规则的参与接受者变为影响者、制定者，为科学决策提供依据。再次，增加北极地区资金与国家力量的投入，让北极科考事业有的放矢，扩大活动范围与参与领域。最后，提高国家综合实力，为北极开发事业提供有力保障。

参考文献：

[1] 伍承祖．国防现代化发展战略研究[M]．军事译文出版社，1987：306.
[2] 方明．北极，军事博弈不断升温[M]．新解放军报，2014-01-13(08).
[3] 刘中民．北冰洋争夺的三大国际关系焦点[J]．海洋世界，2007(9)：21.
[4] 李振福．北极航线的中国战略分析[J]．中国软科学，2009(01)：17.
[5] 陆俊元．北极气温升高凸显中国战略利益[J]．中国战略观察，2011(08).
[6] 从北极海冰看全球气候变化[N]. 2012-04-13 09:41:54 http://www.weather.com.cn/climate/qhbhyw/04/1623744.shtml.
[7] 朱峰．弹道导弹防御计划与国际安全[M]．上海：人民出版社，2001：587.

海洋科技创新与海洋经济发展的互动机制研究

倪国江[1]，文艳[1]

（1. 中国海洋大学 海洋发展研究院，山东 青岛 266003）

摘要：海洋科技创新与海洋经济发展具有互动关系，海洋科技创新为海洋经济发展提供动力支持，海洋经济发展对海洋科技创新形成反哺。同时，两者又存在非线性相关，导致海洋科技创新无效或低效，海洋经济发展乏力。促进海洋科技创新与海洋经济发展有效互动，克服非线性相关，需建立完善、协同、高效的互动机制体系。本文对该机制体系进行了研究分析，主要包括市场机制、政府调控机制、多元融投资机制、海洋人才机制、海洋科技创新机制及海洋产业集聚机制，探讨了这些机制的基本功能。

关键词：海洋科技创新；海洋经济发展；互动机制

1 引言

海洋科技创新与海洋经济发展的互动机制是指影响两者互动的要素构成及其功能、相互关系和发挥作用的原理、方式。主要影响要素有：政府管理协调模式、海洋产业集聚状况、海洋科技创新能力、市场完善程度及创新政策协同度等。如果缺乏良好的互动机制，或者构成要素自身薄弱，就会影响机制功能的正常发挥，使海洋科技创新与海洋经济发展非线性相关，造成海洋科技创新无效或低效，海洋经济发展动力不足。

强化海洋科技创新与海洋经济发展线性相关，实现"科技经济化、经济科技化"，需要建立完善、协同、高效的互动机制体系以提供保障，引导和支撑海洋科技创新与海洋经济发展良性互动，从而提高海洋科技创新效率，引领壮大海洋经济。该机制体系由市场机制、政府调控机制、多元融投资机制、海洋人才机制、海洋科技创新机制、海洋产业集聚机制等构成。这些机制之间具有彼此联系和作用关系，海洋科技创新与海洋经济发展的互动状况取决于机制自身能力和机制间的耦合程度（图1）。

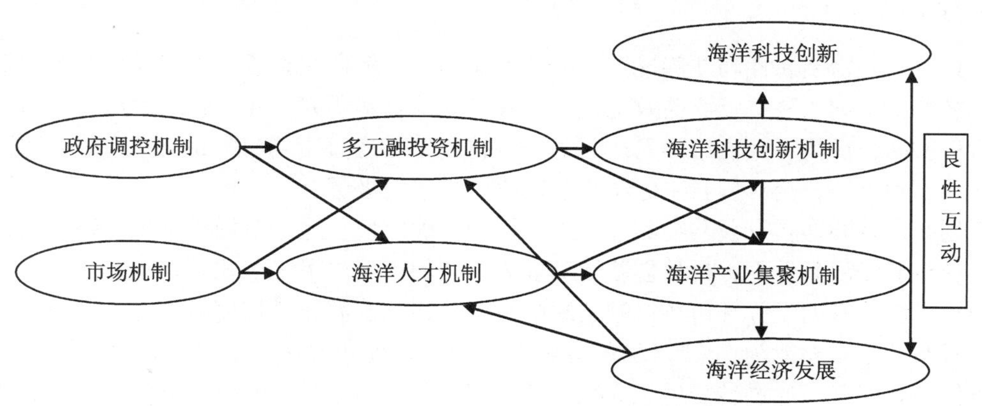

图1 海洋科技创新与海洋经济发展互动机制体系

基金项目：中国海洋发展研究会项目"溢油污染对滨海旅游业的损害及对策研究"（CAMAOUC201405）。

作者简介：倪国江（1972—），男，山东省威海市人，博士，主要从事海洋发展研究。E-mail：gjni@ ouc. edu. cn

2 市场机制

市场是海洋科技成果转移和扩散的桥梁，是海洋经济发展反哺海洋科技创新的动力源，也是海洋科技创新与海洋经济发展实现良性互动的基础条件。市场机制作为市场运行的实现机制，它反映了市场机制体内供求、价格、竞争、风险等要素之间的联系和作用机理。市场机制通过供求机制、价格机制、竞争机制、风险机制等发挥其功能，引导创新主体行为，调节创新资源配置，提高创新效率，促进海洋科技创新与海洋经济互动发展。

市场体系的好坏，直接影响到市场机制作用的发挥。促进海洋科技创新与海洋经济发展互动，需要构建包括海洋技术市场、海洋人才市场、涉海资本市场等的完整市场体系。海洋技术市场是从事海洋技术中介服务和海洋技术商品经营活动的场所，涉及海洋技术的开发、转让、咨询、服务及其它海洋技术交易活动。在促进海洋技术成果产业化和商品化中，技术市场起到了重要的渠道作用；海洋人才市场是进行海洋人才交流的平台和载体，也是一个海洋人才资源库，具有进行海洋人才的开发培训、市场配置和管理服务等基本功能；资本市场是为海洋科技创新和海洋产业发展提供融投资服务的场所。海洋科技创新与海洋经济发展良性互动需要大量的资金支持，完善的资本市场有利于克服资金瓶颈，为顺利开展融投资活动提供保障。

建立完善的市场机制是促进海洋科技创新与海洋经济互动发展的必要条件。市场机制的功能体现在以下方面：（1）优化资源配置。市场机制以价格水平的变化向政府和市场中的各个创新主体提供信息，引导政府根据价格变动调整各项宏观政策，使各个创新主体不断地重组和改变资源配置，从而使资源从收益或效率较低的行业或部门流向收益或效率较高的行业或部门，从而提高资源配置效率；（2）激励提高研发效率。市场竞争与研发效率之间存在正相关的关系[1]。在激烈的竞争环境中，企业总是处于不断地变化和非均衡的状态中。只有依靠不断的创新，才能提高劳动生产率，降低生产成本，优化产品结构，最终获得竞争优势。（3）控制创新风险。海洋科技创新是一项高投入、高风险活动，而市场机制的介入则可以弱化创新风险。通过引入金融投资、创新人才和辅助技术，不但使创新主体创新风险减小，而且也大大增加了科技创新成功的可能性[2]。（4）规范市场秩序。市场机制的有效运行，是以内化入其中的制度规则为基础和前提的。市场对技术创新的动力激励，不仅需要一定的规则来保证。市场体系、市场竞争、市场结构等变量对创新的动力激励，都要借助规则来实现。只有通过建设和运用市场机制体内的制度规则，才可能规范市场竞争秩序，排除市场障碍，激励创新活动。

3 政府调控机制

科技创新具有公共物品属性和外部性。这种特点使科技创新存在利益外溢问题，影响创新主体的获益能力和创新积极性，不利于科技资源高效配置，尤其是基础科学研究，社会收益远远高于私人收益，市场不愿意提供这种物品，往往导致供给不足。同时，科技创新是通过市场机制的自发作用实现资源配置的，具有高风险性和不确定性，会对创新主体实施创新决策带来消极影响。

海洋科技创新活动同样具有公共物品性、外部性和不确定性。这是市场机制难以解决的，反映了市场机制的局限。在市场经济条件下，科技创新活动客观存在的市场失灵，引出了政府干预的“理由”。建立合理的政府调控机制，有助于弥补市场机制的缺陷和不足，克服海洋科技创新中的“市场失灵”。

政府调控机制的基本功能为：（1）加强对创新的宏观管理和协调。政府实施宏观管理和协调是促进创新的重要条件。政府部门通过转变思想观念、政府职能、行为方式，明确自身定位和基本功能，做好宏观调控和统筹协调，以政府公权力推进海洋创新资源配置最优化，激发创新活力；（2）完善海洋领域公共研发设施和服务体系。政府通过对公共科技基础平台、公共信息平台、科技中介服务体系等创新平台和服务平台的建设和扶持，为各类海洋科技创新机构及其活动提供所需的公共物品和公共服务；（3）提供创新政策支持。创新政策体系是政府调控机制发挥作用的“抓手”。政府根据政治、经济、社会等各方面的发展变化及海洋科技创新、海洋经济发展的实际需要，供给相关政策，提供政策服务；（4）优化市场环境。政府通过建立市场规则，推进资金、人才、技术、信息等要素市场和商品市场建设，完善市场体系，并加强市场监督和管理，规范市场秩序，打造开放、竞争、有序的市场环境。

从实践看，单纯的市场微观调节和政府宏观调控都不是万能的，有时都会出现失灵[3]。只有建立以政府宏观调控为指导、以市场为基础的综合协调机制，实现政府与市场机制基本功能的有效结合，才能推进海洋科技创新与海洋经济发展良性互动。

4 多元融投资机制

促进海洋科技创新与海洋经济发展良性互动，是一项需要高强度资金投入的社会经济活动。建立完善的多元融投资机制，可为两者实现良性互动提供资本保障。当前，我国融投资机制还不完善，不能对海洋科技创新、海洋经济发展形成有力的支撑。主要问题有：财政投入不足、金融支持力度小、融投资主体单一、涉海企业投入薄弱等。解决这些问题，需按照市场经济要求，构建以政府投入为引导、企业投入为主体、金融投入为支撑、社会投入为补充的多元化融投资机制。

该机制的作用表现为：（1）保证政府投入稳定增长。在整个投入结构中，政府投入虽不能占据主导地位，但能够起到重要的激励和引导作用。因此，不断提高政府投入占 GDP 的比重是推动海洋科技创新的重要举措；（2）确立涉海企业创新投入的主体地位。政府通过提供外部制度环境，引导和激励涉海企业加大投入，使其成为海洋科技投入的主体和海洋技术创新的主体；（3）强化金融支持。根据海洋科技创新和海洋经济发展需求，在市场规则下，政府出台必要的政策措施，引导金融机构加大投资，支持和鼓励创新创业活动；（4）充分利用资本市场融资。符合条件的涉海企业可以通过整体上市或控股、参股企业上市等方式到境内外股票市场融资。通过创业板和二板市场，涉海中小企业和初创企业可实现融资需求。发展和引进风险投资，完善相关配套政策，能够促进海洋高新技术成果转化，发展涉海高新技术企业；（5）有效吸收民间资本。通过放宽民间投资范围，将闲置的民间资本通过合法的方式筹集起来用于海洋科技创新和海洋经济发展，不仅能盘活社会闲置资本，提高资本收益，而且能有效扩张创新创业的资本规模；（6）引导创立海洋科技创新与海洋经济互动发展基金。通过有效而规范的运作和管理，吸收社会团体、企业、个人资助等各方资金，创立海洋科技创新与海洋经济互动发展基金，能够为创新创业活动提供强有力的资本支持。

在建设多元化融投资机制、拓展海洋领域创新创业资金来源的同时，还要加强一些辅助机制的建设，如科学的投资决策和资本退出机制、融投资风险防范机制、融投资资金使用运作的监管机制等。这些运行机制贯穿并作用于融投资的整个过程，它们的整体协调运行是促进海洋科技创新与海洋经济发展良性互动的基本条件。

5 海洋人才机制

海洋人才是指具有一定的海洋专业知识或专门技能，能够进行创造性劳动并对海洋事业作出贡献的人，是海洋人力资源中能力和素质较高的劳动者。海洋人才由海洋科研教育人才（可细分为海洋科学研究人才、海洋技术开发人才、海洋教育人才）、海洋技能人才、海洋管理人才（可细分为海洋行政管理人才、涉海企业经营管理人才）等类型组成。海洋人才结构和创新能力状况对海洋科技创新与海洋经济互动发展起决定性作用。

有效的海洋人才机制是造就海洋人才成长的沃土，是催生海洋人才辈出的动力保障。优化海洋人才结构，提高海洋人才创新能力，建设区域海洋人才高地，关键在海洋人才机制创新。从海洋人才建设与管理的构成环节看，海洋人才机制创新的内容包括[4]：构建人人能够成才、人人得到发展的人才培养机制；建立以岗位职责要求为基础，以品德、能力和业绩为导向，科学化、社会化的人才评价机制；形成有利于各类人才脱颖而出、充分施展才能的选人用人机制；建立政府部门宏观调控、市场主体公平竞争、中介组织提供服务、人才自主择业的人才流动机制；建立健全与工作业绩紧密联系、充分体现人才价值、有利于激发人才活力和维护人才合法权益的激励机制。

海洋人才机制的基本功能表现为：（1）保证海洋人才资源供给。根据国家和区域海洋科技创新与海洋经济发展需求，通过构建多元化海洋人才培养机制，能够疏通海洋人才培养、引进和学习交流等渠道，吸聚不同层次海洋人才，为海洋科技创新和海洋经济发展提供源源不断的人力资源保证；（2）创造“人尽其才”的机制环境。通过完善海洋人才评价机制、海洋人才选用机制、海洋人才流动机制、海洋人才激励机制，营造鼓励人才干事业、支持人才干成事业、帮助人才干好事业的社会环境和人才辈出、人尽其才、才尽其用的机制环境，可最大限度地激发各种海洋人才的创新激情和活力，提高创新效率。

6 海洋科技创新机制

海洋科技创新是在一定的制度和规则的支持、引导和约束下，由政府、涉海科教机构、涉海企业、金融机构、中介机构等创新主体进行角色定位和分工合作而实施的创造性科研活动。在促进海洋科技创新与海洋经济互动发展中，海洋科技创新起着核心作用。促进海洋科技创新，提高海洋科技对海洋经济发展的支撑力，必须加强海洋科技创新机制建设。其基本功能为：培育和提升海洋科技创新能力，提高科技对经济发展的贡献率，促进高端海洋产业发展，优化海洋产业结构，壮大海洋经济。

海洋科技创新机制建设的主要途径有：（1）建立海洋科技创新与市场需求相结合机制。只有当创新成果被有效、持续地转化为生产力后，海洋科技进步贡献率才能凸显，海洋经济加速发展才能变为现实。因此，应改变游离于市场之外、对创新成果转化应用重视不足的科技研发模式，进行科研机制上的改革创新，建立以市场发展需求为创新导向的研发模式[5]；（2）建立以涉海企业为创新主体的运行机制。市场经济条件下，企业是市场的主体，也是科技创新的主体。为突出涉海企业在海洋科技开发、技术成果转让中的主导作用，在完善以扶持涉海企业发展为导向的政策体系基础上，创设畅通的运行机制，促进产学研合作和创新资源向企业聚集，提高涉海企业科技自主创新能力和市场竞争力；（3）建立海洋科技人才培养、使用和管理机制。人才是促进海洋科技创新与海洋经济互动发展的第一要素。通过对海洋科技人才培养引进、评价发现、任用选拔、流动配置、激励保障等机制的建设和完善，为海洋科技人才营造良好的条件和环境，充分激发海洋科技人才开展科技创新的积极性和潜力，产生出良好的创新效果；（4）建立海洋科技创新融投资机制。在保证国家和地方政府投入不断增长和合理运用的基础上，引导和激励涉海企业增加对创新资金的投入，使之成为海洋技术创新的主体。通过发展风险投资市场、银行信贷、上市融资、民间筹资及接受私人捐赠等途径，构建多元化、多层次的融投资机制，大力发掘海洋科技创新资金源泉；（5）建立政府调控和政策促进机制。明确政府在海洋科技创新中的引导地位和宏观调控作用，加强政府组织管理创新，做好海洋科技创新的顶层设计和战略规划，完善科技、产业、人才、金融、财税等方面的创新法规和政策措施，确保各项政策法规的有效实施，为海洋科技创新提供高效的组织管理和制度支撑；（6）建立科技中介服务机制。中介机构是知识流动、技术应用的重要环节，是科技成果向市场转化的重要媒体[6]。要通过管理模式、政策体系、人才队伍等的建设与发展，建立良好的运行机制，促进科技中介机构的社会化、专业化和网络化，使科技中介机构为海洋科技创新和海洋经济互动发展提供更可靠、便捷、高质的服务；（7）建立产学研合作创新机制。产学研紧密合作，不仅有利于缩短创新周期，推动技术成果迅速产业化，还能产生扩散效应，带动和影响整个行业或产业的发展[7]。应以政策和法规为基础，促进涉海企业、涉海科研院所、涉海高校等创新主体的合作模式创新，建立新型产学研合作关系，发挥互补优势，联合致力于海洋科技创新；（8）建立国内外合作交流机制。以涉海企业、涉海科教机构为主体，发挥政府的引导和支持作用，建立国内外合作交流长效机制，加强国内外相关机构和企业的海洋科学技术交流与合作，使区域海洋科技体系融入到国内、国际海洋科技创新网络，并成为其重要的网络节点，在更广阔的空间中迎接挑战和寻求发展良机。

7 海洋产业集群机制

迈克尔·波特认为，产业集群是指在某一特定领域中（通常以一个主导产业为核心），大量相互关联的企业及其支撑机构在空间上集聚，并形成强劲、持续的竞争优势的现象[8]。根据对这一定义的理解，本文对海洋产业集群作如下界定，它是指称集中于一定区域内海洋产业的众多具有分工合作关系的不同规模等级的涉海企业，和与其发展有关的各种机构、组织等行为主体，通过纵横交错的网络关系紧密联系在一起的空间集聚体。

促进海洋产业集群的培育和形成是推动海洋经济发展的重要途径。海洋产业集群在推动海洋经济发展中的作用表现为：（1）获得外部经济效应。在集群状态下，企业可以在不牺牲"柔性"的条件下获得规模经济和范围经济，比单个企业有更高的经济效率[9]；（2）节约交易费用。通过集群组织的建立，涉海企业可以使市场交易成本内部化，降低交易成本，取得规模经济效益，从而实现预期利润，获得竞争优势；（3）产生群体效应。集群内涉海企业通过联合可以形成实力强大的集合体，其集合效应远远超过单个企业的简单叠加，具有"1+1>2"的效应；（4）实现学习与创新效应。海洋产业的空间集聚可以促进知识、制度和技术的创新和扩散，形成区域创新网络，促进产品的更新换代，培育新的涉海产业组织；（5）培育区域核心竞争力。产业集群所具有的竞争优势有利于形成区域特色海洋产业优势，促进海洋经济持续增长，增强区域核心竞争力；（6）对区域海洋经济发展带来乘数效应。海洋产业集群具有的竞争优势能够吸引更多涉海企业加入，为区域带来更多的资金、技术、人才，促进集群的良性发展，带动相关产业以及文化、教育、金融等其它行业的发展，使区域海洋经济成倍增长[10]。

在经济全球化、知识和科技作用日益增强的背景下，产业集群已成为世界经济发展的主流形式[11]。促进区域海洋产业集群的形成和发展，就要建立集群动力机制，它是海洋产业集群成长的根源。

海洋产业集群动力机制由内源动力机制和激发动力机制组成。前者作为一种自发的内在力量，表现为互补协同、节省交易成本、知识信息共享、外部经济、规模经济、网络创新等；后者主要源于外部环境与政府对集群进行的规划、扶持、调控，表现为外部竞争品牌意识、集群政策和基础设施共享等。海洋产业集群的动力机制由以下几种力量构成：自然优势聚集力、企业逐利的内驱力、企业分工竞争的张力、市场需求牵引力、企业家追求成功的精神动力、产业升级的创新与区域创新文化激励力、政府推力。内源动力和激发动力是相互关联的，它们的非线性关系作用是推动企业集群发展的关键力量[12]。

在海洋产业集群动力机制建设中，政府扮演了极为重要的角色。政府通过建立高效的集群治理结构和协调机制、制定区域集群规划和人才发展规划、促进中介机构发展、建设基础设施，以强化机制建设，从而"广泛调动产业集群中各相关主体的积极性，引导企业以技术创新为基础，参与高端产品和核心产品竞争，扩大产业集群的广度、深度和弹性，促进产业集群的整体升级发展[13]"。

参考文献：

[1] 夏焱．北京高新技术企业成长的政策环境分析[J]．中国青年科技，2007(5)：14—20.

[2] 姜钰．区域科技与经济系统协调发展研究[D]．哈尔滨：哈尔滨工程大学,2008：81.

[3] 陈明宝,韩立民．海洋经济区建设的运行机制研究[J]．山东大学学报(哲学社会科学版)，2010(4)：84.

[4] 中共中央,国务院．国家中长期人才发展规划纲要(2010—2020)，2010－06－06.

[5] 谢向东．对科技创新机制建立的几点探讨[J]．中国西部科技，2008(22)：66.

[6] 朱元成．建立市场经济体制下的科技创新机制[J]．经济界，2000(3)：12.

[7] 段进东．培育我国科技创新机制探析[J]．淮阴师范学院学报，1999(87)：33.

[8] Poner M E. Clusters and the new economics of competition[J]. Harvard Business Review，1998(11)：77—90.

[9] 贺彩玲．产业集群的效应及其形成探讨[J]．陕西工学院学报，2003(3)：61—64.

[10] 李煜华,胡运权,孙凯,等．产业集群规模与集群效应的关联性分析[J]．研究与发展管理，2007(2)：64—65.

[11] 吴丰林，方创琳，赵雅萍．城市产业集聚动力机制与模式研究进展[J]．地理科学进展，2010(10)：1201.

[12] Swann P，Prevezer M. Acomparison of the dynamics of industrial clustering in computing and biotechnology[J]. Research Policy,1996 (25).

[13] 刘明显．企业集群成长的动力机制研究[J]．广西社会科学，2009(10)：45—49.

海上丝绸之路视野下的海洋权益维护

张兰廷[1]，任国征[1*]

（1.　中国社会科学院 工业经济研究所，北京 100836）

摘要：党的十八届三中全会审议通过的《中共中央关于全面深化改革若干重大问题的决定》正式提出建设海上丝绸之路。海上丝绸之路迫切要求增强重视海洋权益的意识和能力。但是学术界很少把海上丝绸之路同海洋权益维护结合在一起论述，本文运用交叉学科方法和归纳总结方法，认为二者结合在一起研究很有必要。我国构建海上丝绸之路体系面临若干海洋权益挑战。全球化背景下的“21 世纪海上丝绸之路”建设机遇与挑战并存。明确底线，划出红线，协调资源，整合力量，展开有效的海上执法，处理海洋争端，为海上丝绸之路建设保驾护航，依法维护我国的正当海洋权益。

关键词：海洋权益；海上丝绸之路；海洋文化；海洋安全；维护

1　引言

党的十八届三中全会审议通过的《中共中央关于全面深化改革若干重大问题的决定》正式提出建设海上丝绸之路，促进中国拓展国际政治经济空间，不断提高国家能力。普鲁士地理学家李希霍芬 19 世纪 60 年代首次提出丝绸之路这一概念，引发了学术界的广泛关注和高度认同。日本学者三杉隆敏 1967 年首次提出海上丝绸之路，同样被世界各地研究人员普遍接受。海上丝绸之路主要是指古代通过南海、马六甲海峡进而抵达印度洋、波斯湾、红海等地的海上交通贸易航线，促进了东西方经济文化交流，是友好通商，彼此互惠共同繁荣的象征[1]。2013 年 10 月 3 日在印度尼西亚国会的演讲中，中国国家主席习近平首次提出中国愿同东盟国家加强海上合作，共同努力，建设 21 世纪海上丝绸之路。这一设想不仅包含丰富的历史意义，更指出了中国东盟未来的合作和共同发展蓝图，具有深刻的现实意义[2]。

海上丝绸之路迫切要求增强重视海洋权益的意识和能力。《联合国海洋法公约》明确了海洋权益的内涵，指出是国家在海洋空间所享有的一切权利和利益的总称，不仅仅包括海洋主权、海洋管辖权、海洋管制权等传统的政治权益，更涵盖开发领海、专属经济区、大陆架的资源、发展国家的海洋经济产业等越来越突出的经济权益，此外还包括使海洋成为真正有效的国防屏障，运用外交、军事等手段预防管控海上军事冲突的种种安全权益。海洋权益直接关乎国家安全，决定着国家的经济繁荣，甚至日益主导国家未来的稳定发展。

而我国海洋权益维护具有更加重要的地位。我国拥有 300 多万平方千米的海域，18 000 多千米海岸线，蕴藏着巨大的矿产资源和各类能源，是我国未来发展的重要战略基础[3]。贸易全球化使得海上战略通道成为制约我国开放发展的关键节点和经济增长的重要保障，虽然国际大局比较和平，但局部冲突仍然存在，尤其是霸权主义和日益突出的恐怖主义都提醒我们应该主动应对，充分准备，积极维护我国的海洋权益，保障我国的经济繁荣和国家安全。

作者简介：张兰廷（1979—），河北省井陉县人，中央党校博士，中国社会科学院工业经济研究所博士后，从事大数据和海洋经济研究。E-mail：myemail19169@126.com

*通信作者：任国征（1975—），河南省虞城县人，青年学者，从事财政学和海洋经济研究。E-mail：rgzh2009@163.com

随着我国国力的增强和开放的深入，国际社会需要我国承担更大责任的呼声也日益高涨，建设丝绸之路离不开必要的公共产品和服务，我国有必要也有能力主动承担相应的责任。我国既是联合国常任理事国，又是最大的发展中国家，完全可以在深入调研与充分沟通的前提下主动提出建设海上丝绸之路的合作方案，建立海上丝绸之路信息平台，提供合作资金，联合相关国家共同参与基础设施建设，提供气象、潮汐、台风等各类公共服务，树立负责友善的国家形象，提高国家和平外交的软实力。

2 问题的提出

我国构建海上丝绸之路体系面临若干海洋权益挑战。具体如下：

（1）周边国家不断挑衅。近年来日本蓄意霸占中国钓鱼岛，不断制造事端，欺骗舆论，严重侵犯我国的海洋权益。中国与越南、菲律宾、印度尼西亚、文莱、马来西亚等邻国在南海均存在不同程度的岛礁争议，在可预期的短时间内很难迅速有效的予以实际解决，尤其是近期菲律宾、越南试图将南海问题复杂化、国际化，导致我国在南海的地缘政治环境不稳定因素增加，更加复杂多变，对建设海上丝绸之路构成重大挑战。

（2）海洋安全形势严峻。美国、日本常常派出间谍飞机、侦查船只活跃在中国海域，追踪我国海军的一举一动，甚至干扰我军的正常训练。美日的间谍卫星全天候监控着我国的广大海域，美国还利用设立在日本军事基地的各种雷达获取我国海军的情报，此外还不断启用最智能无人机实行秘密侦察。美国利用设立在亚太地区诸多盟国的军事基地不断联合其盟国举行各类军事演习，其四处游弋的航母舰队给我国的海洋安全带来严峻的挑战和威胁。

（3）海洋资源严重受损。随着海洋经济的不断发展，海洋资源的竞争也日趋激烈。我国海洋周边邻国近年来对我国海洋资源的掠夺也日趋严重。南海丰富的石油资源引发了菲律宾、越南等国的疯狂盗采，在我国的南沙西沙一带进行掠夺式开发，非法开凿数千口油井，获得巨大的海洋油气资源[4]。而我国在黄海、南海、东海十分重要的传统渔场的渔业资源也有许多被强取豪夺，落入他国手中。中国在东海、南海传统渔场进行捕捞的许多渔船渔轮被菲律宾、日本、越南的军舰无礼拦截，我国的渔民渔工遭到非法搜查、扣压、抓捕、甚至被野蛮殴打，造成严重后果。

（4）海运通道面临风险。我国经济的高速发展带来对贸易、以及能源的巨大需求，而由于历史造成的美国对马六甲海峡的实际控制、愈演愈烈的南海争端、西亚北非的政治动荡、印度谋求对印度洋的更大控制等现实境况都给中国海洋运输通道的安全保障带来巨大隐患，特别是海洋石油运输通道的安全更面临越来越多的不确定因素。近年来地区动荡引发的国际海盗活动日益猖獗，已经成为非战争情况下对海上通道安全威胁的最大因素。特别是在南海、西非海岸、安曼海域，海盗袭击已经对中国远洋航运和远洋渔业造成了很多负面影响[5]。

3 具体问题分析

中国通过30多年的改革开放，国民生产总值位居世界第二，成为世界经济增长的重要动力。我国经济影响力不断上升，成为全球经济治理的重要参与者，在全球经济秩序中占据越来越重要的位置。中国应该将影响力转换为话语权，适当提出合理的海洋权益诉求，扩大中国在国际海洋事务中的主导权。建设海上丝绸之路必将推动海洋经济建设走上新台阶，发展海洋产业是中国经济未来发展的新增长点。建设海洋强国同样需要走可持续发展道路，海洋经济的可持续发展需要从粗放的掠夺式开发走向循环利用的综合开发，注重海洋渔业资源的再生产，提高海洋矿产资源的综合利用率。严格杜绝开采海洋油气资源产生的环境污染，严禁向海洋排放各种生活垃圾，科学治理污染严重的海域，创造环境友好型的海洋经济发展道路。但目前还有诸多因素制约。

（1）海洋立法的发展落伍。纵观世界主要海洋大国，如美国、加拿大、日本、法国、韩国等国均十分重视海洋立法，通过设立海洋基本法实现对海洋的有效治理，很好地维护其国家的海洋权益，值得我们学习。我国虽然制订了一系列海洋方面的法律法规，也有效地促进了海洋权益的维护。但在海洋基本法的立法上重视不足，难以满足我国飞速发展的海洋事业的需求，不仅落后于大多数沿海国，甚至还落后于南海周边的越南、菲律宾等国家[6]。

（2）海洋执法队伍建设滞后。我国现有的海洋执法队伍在日益复杂的海洋权益维护中起着不可或缺的关键作用，但面临新形势下的新常态，仍然暴露出很多不尽如人意的缺憾。由于历史的原因，我国的海洋执法队伍分属于不同的管理部门，力量分散，职责交叉，相互之间存在许多难以协调的矛盾，不利于要求不断升级的海上执法，难以维护日趋丰富多元的海洋权益，影响国际交流与合作。

（3）复杂的地缘政治环境。中东的巴以和谈问题、叙利亚问题、伊朗核问题、伊拉克局势不稳、原教旨主义的恐怖组织是干扰海上丝绸之路建设的严重影响因素。非洲仍然盛行部族主义，市场分割，效率低下，部族矛盾重重，部族冲突时有发生，地区稳定难以实现。海上丝绸之路沿途地区政治经济碎片化严重，历史、宗教、战争造成极为复杂的地缘政治环境，需要极大地耐心和灵活的手腕。

（4）海洋战略的多国竞争。21世纪是海洋世纪，各国纷纷推出海洋战略，建立种种战略合作平台，制定相关制度，建设基础设施。其他国家的强有力竞争是我国建设海上丝绸之路的机遇和挑战。美国作为称霸全球多年的超级大国，早在2004年底就提出《21世纪海洋蓝图》作为指导方针，并精心制定了具体配套的《美国海洋行动计划》具体实施。欧盟提出“海上高速公路”的战略构想，并且包括东方“海上高速公路”的建设计划。日本高度依赖海外资源和国际市场，极为重视海洋航运安全，格外关注海上丝绸之路的建设开发。近年经济增长速度惊人的印度一直有成为地区大国的雄心，一直把中国作为挑战目标[7]。

4 维护海上丝绸之路的海洋权益的目标原则

全球化背景下的“21世纪海上丝绸之路”建设机遇与挑战并存，中国需要充分关注大局，辨明形势，积极创新，主动合作，实现共赢。

（1）加强海洋经济，增强根本动力。海洋经济建设是建设海上丝绸之路的根本动力。海洋经济泛指所有与海洋相关的生产经营活动。地理大发现等探险活动标志着近代海洋经济的开始，尤其是19世纪后期大规模的全球海洋调查更是带来近代海洋强国的海洋经济繁荣。20世纪90年代以来，海洋国家更把海洋经济作为经济增长的重要方式和战略选择。我国的海洋经济自改革开放以来进入快速稳定的持续发展时期，海洋经济总量迅速增长，海洋经济成为国民经济的重要组成部分和社会发展的有机成分。建设海上丝绸之路要求运用更宽广的视野来发展海洋经济，以更全面的考量来推进沿海地区的科学规划和近海资源的全面开发。抓好海洋经济建设要求各级政府出台相关政策扶持海洋新兴产业，采取财税政策推动传统海洋产业转型升级，创造良好环境鼓励企业不断创新，提高市场竞争力，扩大市场空间。

（2）注重基础研究，提供公共服务。维护海洋权益归根结底离不开基础理论的支持，离不开科学研究的推进。我国由于历史的原因，在基础研究领域亟需加大财政支持力度，充分发挥国内各类科研机构的力量。积极引进国外学术资源，扩大学术交流范围，在海洋学、资源学、地理学、气象学等自然学科取得突破性成果，在海洋经济学、国际政治学、国际法学等社会科学做出原创性的的思想结晶。改变当前西方主导的学术范式，形成中国的海洋话语，传播中国声音，表达中国利益，建立中国的学术平台，提出中国的海洋主张，树立中国的健康形象。反击各方的恶意炒作，改善中国形象，化解不必要的误解，积极创造支持海上丝绸之路发展的软环境[8]。

（3）加强调查规划，完善立法依据。建设海上丝绸之路，国家海洋局应该提供相应的科学调查资料，联合国土资源部等部门共同开展进一步的综合科学考察，全面掌握我国海区内的地质状况、矿产资源、气象洋流、人员活动等具体情况。建设数据库，建立信息网，更进一步通过国际合作交流掌握沿线详细资料，为海上丝绸之路的开发提供可靠依据。我国相关部门不仅要警惕传统海洋安全，更要关注新型的非传统海洋安全问题，主动加强调研，提供相应预案。涉外部门需要尽最大努力加快探索海洋政治发展的趋势，发现海洋事务的客观规律，科学分析各国的力量对比，能够提出建设性的解决方案，处理好我国与邻海国家之间的纠纷，培育好我国与海洋强国的友好关系，切实维护好我国的海洋权益，创造有利于海上丝绸之路发展的环境。

（4）尊重各方差异，坚持和平发展。21 世纪海上丝绸之路需要在多元世界中建设，要处理各国之间的差异性。各国互补的资源为 21 世纪海上丝绸之路提供了基础的合作条件，产品特色创造市场利润，文化交融促进创意经济。坚持和平发展求同存异，面向未来实现持续合作。建设海上丝绸之路需要中国主动作为，发挥带头作用，树立战略思维，强化合作共赢，加强地区合作，充分利用巨大市场，把握技术合作的互动效应，实现合作各国经济与技术的共同发展、合理分工与协同演进。

5 维护海上丝绸之路的海洋权益的实施途径

建设海上丝绸之路，科学调研是前提，依法治理是保障。只有尽快制定海洋基本法，编制海洋经济发展规划，才是开发我国海洋经济与维护我国海洋权益的根本途径。我国应该尽快在宪法中增加海洋基本法的内容，为海洋立法提供宪法支撑，出台一系列互相配合的海洋法律法规，完善现有海洋法律，编制海洋发展规划，提供更强大的法律保护和政策保障。参考国际海洋强国经验，我国需要把加强海洋法治工作作为工作重心，通过立法实现依法治海，运用法律手段，明确底线，划出红线，协调资源，整合力量，展开有效的海上执法，处理海洋争端，为海上丝绸之路建设保驾护航，依法维护我国的正当海洋权益。

（1）强化执法力量，增进安全保障。

建设海上丝绸之路，不仅依靠高屋建瓴的海洋立法工作，更需要坚强有力的海上执法力量。为改善我国海洋管理面临的复杂局面。2013 年初全国人大批准设立了归属由国土资源部管理的国家海洋局，并组建了国家海洋委员会作为多层次议事协调机构。通过直接调整管理机构的编制体制，有利于信息整合与人员协调，有力地保障了部门沟通与资源集中，有助于更好地承担责任，履行职能。海洋执法部门的整合与合作有助于保护海洋资源有序开发，促进海洋经济可持续发展，维护海洋秩序和平共处，加强海上救援与交流合作，增进海上丝绸之路的稳定安全。

综观历史，从白江口海战到甲午战争，强大的海军力量是保护海疆特别是建设海上丝绸之路的最坚强后盾。一支高度现代化的海军舰队是维护我国海洋权益的最根本保障，海上军事力量的建设是现代国家海洋经济发展的现实需求[9]。我国应该进一步加速海军现代化建设，快速提高装备研发能力，实现远程投送能力，提高军事技术水平，具备远程打击能力，尽快在关键地域建立海外补给基地，包括必要的维修基地[10]。我国拥有 6 500 多个岛屿，为数众多的岛屿和复杂的海域空间给维护海洋权益带来繁重的任务，强大的海军力量与有力的非军事海洋执法队伍的全方位合作就成为我国建设海上丝绸之路的必要路径，军地合作成为我国维护海洋权益的有效方式[11]。近年来，我国的海军建设进入快速发展的黄金时期，此外，我国重新组建国家海洋局（对外称为中国海警局），两者相互配合，海警进行一线执法维权，灵活运用包括外交手段在内的多种方式维护海上治安与海洋的有序开发；海军作为坚强后盾，做好应急预案，应对突发情况，威慑潜在敌人，形成一套梯次发明合理配置的防卫体系。面对海上丝绸之路所处的复杂局面，根据形势军地各方灵活配合，有效化解各类纠纷，消除潜在危机，是维护我国海洋权益最可靠的现实途径。

（2）宣传海洋意识，繁荣海洋文化。

建设海上丝绸之路，维护海洋权益，不仅需要政府主导和企业推动，更需要所有民众的热情参与。只有整体国民具备深切的海洋意识，主动关心海洋建设，积极创造海洋文化，加强海洋法律普及，才能真正造就强大的海洋强国[12]。海洋文化是人类认识海洋、开发海洋的结果，富于开拓进取、自由兼容的特征；网络时代的社交媒体是平等交流、开放互动的信息平台；两者具有天然的互补性与交融性，两者的有效结合必将大幅提升我国人民的海洋意识，促进我国海洋文化的繁荣昌盛，最终提高普通民众的海洋维权意识，成为我国维护海洋权益的支持者与实践者，成为我国加强海洋管理的推动者和拥护者。海洋意识的觉醒程度与海洋文化的繁荣程度已经成为我国建立海洋竞争优势的重要内涵。面临新形势下愈演愈烈的海洋挑战，中国的海上丝绸之路建设亟需全新的海洋文化来引领。我国需要积极弘扬海洋文化，推进海洋文化创新[13]。发展海洋文化产业，提高民族的海洋国土意识，在国际交流中探索我国的海洋文化传播模式，拓展我国海洋文化发展空间，努力提升我国海洋文化的国际影响力。

建设海上丝绸之路不仅可以增加外贸，促进海洋经济繁荣，更可以增进交流，带来海洋文化的创新。海洋经济创造更多的物质财富，海洋文化建设和谐的海洋社会。海洋社会是学术界面对海洋经济日益重要与海洋文化迅速繁荣的新局面提出的新概念，特指人类在各区域海洋开发、利用和保护中产生的各类实践关系总和[14]。建设海上丝绸之路不仅推动海洋经济的快速发展，也把海洋社会建设作为政府工作和学者研究的重点对象，引发了社会民众的广泛关注，为我国提供了海洋社会建设的难得机遇。海洋社会建设需要树立和平友好、合作互助的发展理念，需要顶层设计制定政策，相关部门投入经费，地方政府大力支持，海洋企业积极探索，实现海洋经济与海洋社会的协调共进。建设海洋社会必须由政府主导协调，以社会组织为主体，采取市场运行机制，充分调动各类涉海群体的积极性，吸引全社会关注海洋发展、重视海域空间，提升海洋意识，维护海洋权益。

（3）注重国际合作，共享丰富资源。

建设海上丝绸之路需要沿线所有国家和地区共同参与，建立充分的信息互联互通机制，成立富有效力的安全保障联盟。进一步强化海上交通安全，加大国际港口建设，联合保障海上丝绸之路的安全畅通，严厉打击海盗与海上恐怖主义，共同杜绝海洋犯罪，把海上丝绸之路建设成为有关国家各个港口自由畅通的优质运输通道，促进所有相关国家和地区的和平友好交流与繁荣稳定发展[15]。建设海上丝绸之路，需要用更灵活的手段参与国际海洋竞争，更坚定的步伐融入国际海洋体系，更广泛的视野协商国际海洋事务，更需要主动合作，提高交流效果，建立对话平台，维护我国的海洋权益。不同区域在建设海上丝绸之路中，应该按照地缘政治与区域经济的互补情况，细致区分相应的战略目标，找到精确的战略重点，挖掘各区域的战略核心内容，采取合适的战略模式，建设互相协调的重点基地[16]。根据不同区域建设海上丝绸之路的具体战略，进行点线结合、轴网配合的合理规划制定有针对性的重点港口建设和沿线交通互联，推进广大腹地的经济交流与互助，形成安定繁荣的区域合作典范，辐射更广泛的临近区域，促进市场规模规范稳定地不断扩大和持续繁荣。

建设海上丝绸之路，需要国际社会共同保护沿线国际水域的海洋生物多样性，合作制订预防油轮泄露污染的制度以及及时清理污染的国际保障机制。各国主动提供技术支持和资金援助，共同维护海洋生态环境。海上丝绸之路推进国际经济合作，科技进步是基础，科技合作是大势所趋。海洋开发呼唤海洋科技的支持，海洋科技拓展海洋开发的尺度，海洋科技是海洋开发的前提和推手，海洋企业越来越成为海洋开发的主力军，海洋企业的国际合作越来越成为海洋科技合作的主要方式和重要渠道。建设海上丝绸之路，我国海洋企业的人才储备与核心技术都面临较大缺口与差距。海洋发展向纵深拓展，需要我国海洋企业放宽视野，面向世界，充分利用全球市场，主动对标世界一流水平，积极吸纳国际先进企业合作，选择全球标杆企业共同参与，学习最前沿的技术，参考最严格的管理，引进最需要的人才。

（4）扩大开放领域，实现贸易自由。

中国和相关国家共同建设海上丝绸之路最终是为了消除各种贸易障碍，改善不合理的贸易制度，促进各国人民的自由交往，实现信息与货物的互联互通与自由贸易。公平的贸易制度和合理的管理体系是维护海洋权益的最佳方式。建设海上丝绸之路，贸易活动是最普遍的交往，应该在国际贸易组织的框架内实现制度化管理。此外还可以通过建立自贸区、保税区、出口加工区等种种更便利的形式消除贸易障碍，简化贸易程序。应用更先进的科技方法采集、保存、分析、整理各类国际贸易活动产生的各种大数据，运用大数据思维促进沟通效果，利用大数据技术解决贸易障碍，优化贸易流程，提高贸易效率。

海上丝绸之路不仅是货物的互通有无，更伴随着大量资金的快速流通和不同货币的相互兑换，涉及汇率变化与资本运作。如何有效管控这类外边资本成为我国现有资本管理制度面临的严峻挑战。建设海上丝绸之路必然推动人民币加速走向国际化，直接参与自由兑换与结算，汇率逐步实现市场化，对外直接投资便捷化常态化。建设海上丝绸之路的主体是沿线国家每个参与交流的公民，尤其是参与各类服务贸易的流动人员，无论货物进出口还是投资融资，无论开拓市场还是技术创新，无论文化交流还是信息沟通，都依赖更加自由的人员流动[17]。各国需要互相协商简化相关流程和手续，彼此配合促进人员的自由流动，全面合作建立更加便捷合理的流动人员管理方案，通过最新的科技手段保障流动人员的安全，为海上丝绸之路创造和谐的交往环境。

参考文献：

[1] 冯定雄．新世纪以来我国海上丝绸之路研究的热点问题述略[J]．理论参考，2014(09)：61—67.
[2] 刘新生．携手打造新“海上丝绸之路”[J]．东南亚纵横，2014(2)：5—7.
[3] 巩建华．海权概念的系统解读与中国海权的三维分析[J]．太平洋学报，2010(7)：94—99.
[4] 任国征．从高考历史题解读海洋思维[N]．光明日报“科技”版，2013－12－02.
[5] 王娟．维护国家海权 建设海洋强国[J]．决策与信息，2013(2)：47—50.
[6] 齐卫，杨乐．我国海洋权益的保护之对策[J]．法制与社会，2013(7)：244—245.
[7] 张林，刘霄龙．异质性、外部性视角下21世纪海上丝绸之路的战略研究[J]．国际贸易问题，2015(3)：46—55.
[8] 张尔升，裴广一，陈羽逸，等．海洋话语弱势与中国海洋强国战略[J]．世界经济与政治论坛，2014(2)：140—152.
[9] 任国征．白江口海战向我们诉说什么？[N]．学习时报“军事科学”版，2013－07－29.
[10] 李靖宇，张晨瑶，任洨燕．关于中国面向世界建设海洋强国的战略推进构想[J]．经济研究参考，2013(20)：12—33.
[11] 陈明义．海洋强国的内涵[J]．政协天地，2013(8)：16—17.
[12] 付海梅．中国海权要素分析与战略选择[J]．理论观察，2012(5)：66—67.
[13] 任国征．中国海洋文明自古有之[N]．人民日报“海外”版，2012－12－12.
[14] 同春芬，韩栋．建设海洋强国背景下海洋社会管理创新模式研究[J]．上海行政学院学报，2013：64—72.
[15] 杨宁，张立．“五位一体”总布局与海洋强国建设[J]．唯实，2013(11)：39—41.
[16] 张立，杨宁．核心要素 整体发展 合力推进——建设海洋强国必须着重把握的三个维度[J]．重庆社会主义学院学报，2013(5)：94—98.
[17] 陈万灵，何传添．海上丝绸之路的各方博弈及其经贸定位[J]．改革，2014(3)：76—85.

我国海洋经济领域研究主题的共词分析

武群芳[1]，郭鑫[1]，王继民[1*]

（1. 北京大学 信息管理系，北京 100871）

摘要：随着国家“一带一路”发展战略的提出，发展海洋经济成为重中之重。文章以中国知网上与“海洋经济”相关的博硕士论文题录信息为数据来源，利用共词分析、聚类分析等研究方法，对论文的关键词进行词频统计，建立高频关键词的共词矩阵；通过层次聚类将海洋经济领域的研究主题划分为海洋产业结构优化、渔业资源与可持续发展、蓝色经济区等9类研究主题；并结合战略坐标图对这些类的密度和向心度进行分析与探讨，得出研究主题地域性差异较明显、成熟研究话题与新兴研究热点并存的结论，以期为海洋经济理论与应用研究提供参考，促进我国海洋经济的持续快速发展。

关键词：海洋经济；共词分析；系统聚类；战略坐标

1　引言

海洋蕴含着巨大的发展潜力，海洋资源的开发越来越引起世界各国的重视，海洋经济成为一个国家或地区发展的重要增长点。2013 年 10 月，习近平总书记访问东盟时提出了“21 世纪海上丝绸之路”的战略构想，与“丝绸之路陆上经济带”合称为“一带一路”，成为我国未来的重要发展战略。随后，沿海各省市积极响应中央的战略决策，依据自身情况和优势，迅速出台了相关的政策和办法，发展海洋经济助力我国经济增长。

国内外学者对海洋经济进行了大量的研究，尤其是“一带一路”战略出台后，关于海洋经济的研究更是不断涌现。近年来，国内学者从全国和区域两个层面、海洋经济核算、国外发展海洋经济对我国的借鉴作用等方面进行了大量研究，既指出发展海洋经济可以促进我国经济的发展，同时也指出海洋经济发展中的负面影响，为进一步推动我国海洋经济研究提出了可行性建议[1]。鉴于此，本文通过收集中国知网（CNKI）中与海洋经济相关的高质量博硕士论文，利用共词分析与层次聚类方法，对海洋经济领域的研究主题进行梳理，探析该领域的研究热点，以期能够对海洋经济的研究现状和研究热点进行揭示，为我国海洋经济理论与应用的深入研究提供一定的参考和借鉴，助力我国海洋经济的持续快速发展。

2　数据收集与预处理

2.1　数据收集

本次研究选取中国知网（CNKI）收录的博硕士论文作为文献信息源，因为博硕士论文普遍来说质量较高，所研究的内容也更加深入。我们以“主题”为检索项，以“海洋经济”为检索词，时间跨度限制

作者简介：武群芳（1991—），女，山东省烟台市人，硕士，主要从事文献计量、数据挖掘研究。E-mail：wuqunfang0802@foxmail.com

*通信作者：王继民，教授，主要从事数据挖掘、海洋发展指数研究。E-mail：wjm@pku.edu.cn

为2005—2015年，检索时间为2015年4月4日，检索得到近10余年以海洋经济为研究主题的硕、博士论文共计1 246篇。之后，我们对这批论文题录信息的字段缺失情况进行核查，结果显示这批论文的关键词不存在缺失现象，所以共词研究的分析对象即为1 246篇论文的关键词字段。

2.2 词频统计与词汇预处理

我们利用自编计算机程序，对这批博硕士论文的关键词字段进行词频统计，得到其中的高频关键词。观察发现，在高频关键词中有一些较为宽泛、通用的词汇，不能有效揭示学科主题，包括“海洋”、“影响”、“发展”、“研究”等等。此外，还有一些关键词存在一义多词现象，即不同的词汇表达的是相同或相近的含义，进行共词分析时有必要将其进行合并，比如“评价指标体系”和“指标体系”、“环渤海”和“环渤海地区”，等等。

针对上述问题，我们对这批论文的关键词进行以下的词汇预处理：

（1）删去不具代表性，不能反映具体研究内容的关键词，本次研究删除的关键词有：海洋经济、蓝色经济、海洋、中国、影响、发展、研究、优化。

（2）人工制定映射规则，并将规则应用到原始题录信息中，进行关键词替换。本次研究共制定了26条映射规则，部分映射规则如表1所示。

表1 关键词映射规则（部分）

原始关键词	替换后关键词	原始关键词	替换后关键词
评价指标体系	指标体系	因子分析法	因子分析
评价体系	指标体系	微卫星标记	微卫星
对策	对策建议	浙江	浙江省
生态环境	海洋生态环境	舟山群岛	舟山
区域经济	海洋区域经济	环渤海	环渤海地区

进行词汇预处理后，需要对替换之后的关键词字段重新进行词频统计，并选取其中的高频关键词进行后续研究。在本次研究中，我们选取词频排名前49的关键词（词频≥7）作为研究对象，预处理之后的部分高频关键词如表2所示。

表2 预处理后的高频关键词（部分）

关键词	词频	关键词	词频
海洋产业	61	因子分析	25
可持续发展	52	山东省	23
蓝色经济区	44	海洋环境	19
舟山	37	海洋区域经济	18
指标体系	36	辽宁省	17
对策建议	31	遗传多样性	16
海洋产业结构	27	发展战略	14

2.3 构造共词矩阵

在上一节中，我们选取了49个高频关键词，目的是为了根据关键词题录信息建立一个49×49的高频词共现矩阵。共现矩阵对角线上的值表示某个关键词出现的次数，非对角线上的值表示词A和词B在同一篇文章的关键词字段中共同出现的次数。本次研究的部分高频词共现矩阵如表3所示。

表 3　高频词共现矩阵（部分）

高频词	海洋产业	可持续发展	蓝色经济区	舟山
海洋产业	61	2	2	2
可持续发展	2	52	1	3
蓝色经济区	2	1	44	0
舟山	2	3	0	37

2.4　构造相关矩阵和相异矩阵

在实际共词分析过程中，关键词共现频次受各自词频大小的影响。为了能够准确揭示关键词之间的共现关系，我们采用 Ochiai 系数将共词矩阵转换为相关矩阵。对于 $w1$ 和 $w2$ 两个关键词，其 Ochiai 系数的计算公式为：

Ochiai（$w1$，$w2$）$= w1$ 和 $w2$ 的共现次数/ $\sqrt{(w1 \text{ 出现次数} \times w2 \text{ 出现次数})}$

根据以上公式，可以计算得到高频关键词的相关矩阵，部分矩阵如表 4 所示。

表 4　高频词相关矩阵（部分）

高频词	海洋产业	可持续发展	蓝色经济区	舟山
海洋产业	1	0.035 5	0.038 6	0.042 1
可持续发展	0.035 5	1	0.020 9	0.068 4
蓝色经济区	0.038 6	0.020 9	1	0
舟山	0.042 1	0.068 4	0	1

可以看到，相关矩阵对角线上的值均为 1，非对角线上的值均在［0，1］区间内。其中，该数值越接近 1 表示两个关键词联系越强；反之，该数值越接近 0 表示两个关键词的联系越弱。使用数值 1 减去相关矩阵中的各个元素，可以得到高频词相异矩阵，部分矩阵如表 5 所示。

表 5　高频词相异矩阵（部分）

高频词	海洋产业	可持续发展	蓝色经济区	舟山
海洋产业	0	0.964 5	0.961 4	0.957 9
可持续发展	0.964 5	0	0.979 1	0.931 6
蓝色经济区	0.961 4	0.979 1	0	1
舟山	0.957 9	0.931 6	1	0

相应地，在相异矩阵中，元素的值越接近 1 说明两个关键词距离越远，联系越强，数值越接近 0 说明两个关键词的距离越近联系越强。利用相异矩阵，我们可以进行后续的聚类分析。

3　研究方法

3.1　聚类分析

根据数据对象的特征属性，聚类分析可以将数据对象集合划分为若干个不同的类，使得同一类中的数据对象具有较大的相似性，不同类中的数据对象具有较大的相异性[2]。在进行共词分析时，可以将高频词相异矩阵导入 SPSS 中进行系统聚类。本次研究将 49 个关键词聚成 9 类，聚类结果如表 6 所示。

表 6 关键词聚类结果

类别	关键词	类别	关键词
第 1 类	海洋产业	第 4 类	舟山
	海洋产业结构		对策建议
	海洋新兴产业		海域使用权
	主导产业		无居民海岛
	产业竞争力		海洋功能区划
	辽宁省		数值模拟
	海岸带		重金属
第 2 类	可持续发展	第 5 类	海洋环境
	指标体系		治理
	因子分析		福建省
	评价		滨海旅游
	层次分析法	第 6 类	遗传多样性
	海洋渔业		微卫星
	海岛		大黄鱼
	海洋渔业资源	第 7 类	发展战略
	聚类分析		SWOT 分析
第 3 类	蓝色经济区		海洋文化产业
	山东省		影响因素
	海洋区域经济	第 8 类	海权
	产业集群		海洋文化
	海洋资源		海洋强国
	海洋生态环境		海洋战略
	协调发展	第 9 类	浙江省
	环渤海地区		海洋旅游
	海洋开发		

3.2 战略坐标图

战略坐标可以概括地呈现一个领域或亚领域的结构，它将每一个研究主题放置到直角坐标系的四个象限中，并据此描述各个主题的发展状况。在战略坐标图中，有两个较为重要的概念：密度和向心度。密度用来衡量各个类别之内的主题词内部联系的强度，反映了一个研究领域自身发展的情况；向心度则用来衡量某一类别的主题词与其他类别的主题词之间的紧密程度，反映了一个研究领域和其他领域相互影响的程度[3]。对于研究主题的密度、向心度的计算有不同的方法，本文采用的计算公式为：

$$\text{密度} = \frac{2 \times \sum_{i,j \in K, i \neq j} E_{ij}}{n}, \quad \text{向心度} = \frac{\sum_{i \in K, j \notin K} E_{ij}}{n},$$

式中，E_{ij}是关键词 i 和关键词 j 共现的次数，K 代表通过系统聚类得到的某一类别，n 是该类别所含关键词的数目。

利用上一节所述的聚类结果和高频词共现矩阵，结合上述计算公式，可以计算得到每个类别的密度和向心度。之后，将密度和向心度的数值进行 Z-score 规范化，根据规范化结果可以绘制“海洋经济”领域的战略坐标图，具体如图 1 所示。

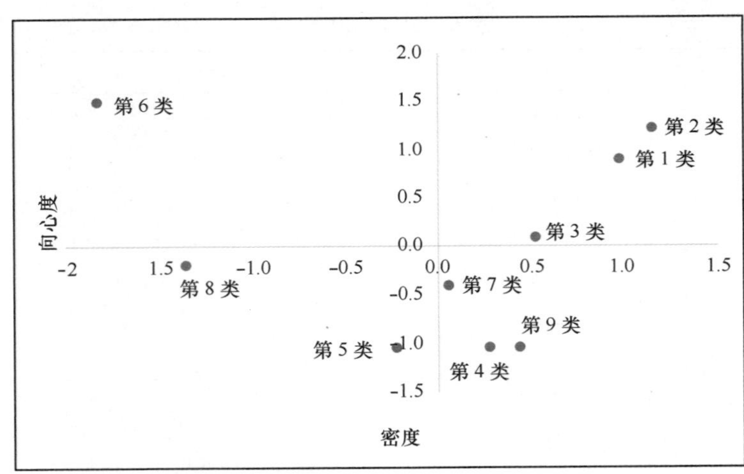

图 1　海洋经济领域战略坐标图

4　结果分析

4.1　聚类分析

根据 3.1 节中的聚类结果，共聚为 9 类，分别是：海洋产业结构优化、渔业资源和可持续发展、蓝色经济区、海域使用权、海洋环境治理、生物遗传多样性、海洋文化产业、海权与海洋战略、海洋旅游。下文将结合相关文献数据的具体内容对这 9 类的研究主题热点进行分析和概述。

（1）海洋产业结构优化。该类的主要关键词有：海洋产业、海洋产业结构、海洋新兴产业、主导产业、产业竞争力、辽宁省等。我国海洋经济虽然得到了一定程度的发展，但是与发达国家相比还有很大的差距，以海洋产业结构的优化带动海洋经济的可持续发展。部分论文探讨了区域海洋主导产业的选择问题，还需优化产业空间布局，提升海洋产业竞争力，形成以主导产业为核心、各产业协调发展的海洋产业体系。辽宁省委省政府提出了建设“海上辽宁”战略目标，海洋产业的发展和实现路径成为热点话题，研究指出辽宁省海洋产业结构变动与辽宁省经济增长的关系很密切，实现海陆产业经济一体化，积极培育战略性新兴产业，加强港口建设，发挥区域比较优势[4]，形成具有特色的沿海经济区。

（2）渔业资源与可持续发展。该类的关键词主要有：海洋渔业资源、可持续发展、指标体系、因子分析、层次分析法、聚类分析等。渔业资源是海洋资源的重要组成部分，目前我国各海域的渔业资源遭到过度捕捞，海洋渔业资源尤其是近海渔业资源应该合理使用可持续发展；同时，我国还存在渔业资源性资产流失问题。大量论文探讨了实现渔业资源可持续发展的方法和途径，提出了可行性建议；此外还有研究可持续发展的评价问题，目前国内外还没有比较完善的方法，研究运用了主成分分析法、因子分析法、层次分析法和聚类分析法等多种方法建立指标评价体系，确定指标权重，实现评价指标体系的科学性和实用性，可持续发展评价方法还需进一步深入研究。

（3）蓝色经济区。该类的主要关键词有：蓝色经济区、山东省、海洋区域经济、产业集群、海洋生态环境、协调发展、环渤海地区等。作为沿海重要省份的山东省，于 2011 年获得了山东省半岛蓝色经济区的国家级战略发展规划，蓝色经济区成为一个研究热点。很多论文从区域海洋经济的角度，探讨了不同区域和城市在蓝色经济区的定位和职能，以沿海各市为主导，如环渤海地区，是我国海洋经济的重要组成部分，经济基础良好，应该起到山东蓝色经济区桥头堡的作用，建设中国海洋科技教育中心、沿海高科技产业带、现代化港口以及海洋文化产业、海洋旅游业等，带动山东整体经济的发展[5]。此外，还有论文探讨了蓝色经济区域产业集群、海洋产业复杂网络以及海洋生态环境保护和协调发展问题。

（4）海域使用权。该类的主要关键词有：海域使用权、海洋功能区划、无居民海岛、对策建议、舟山等。沿海区域拥有丰富的陆海自然资源，是经济最为发达的区域，但正面临着环境生态压力，需要规范海域使用权，合理安排海洋功能区划。有论文研究了海洋生态环境监测数据的获取和分析，能够及时了解海洋生态环境现状及动态变化趋势，对海洋突发事件进行预警预测，从而保护海洋生态环境；也有很多研究从法律的角度探讨了合理使用沿海区域的对策建议，健全法律法规，依法发展海洋经济；此外，舟山地区的无居民海岛的使用和管理也是研究的重点。

（5）海洋环境治理。该类的主要关键词有：海洋环境、治理、福建省、滨海旅游。治理海洋环境，需要促进海洋产业结构的优化升级，该类论文主要探讨了福建省及其他沿海省份海洋环境的恶化和治理。其中，福建省在滨海旅游中具有自身的优势和特色，可有效带动海洋经济的发展，滨海旅游业将成为未来旅游经济和海洋经济的新亮点，也将有效改善当地的海洋环境。

（6）生物遗传多样性。该类有 3 个关键词：遗传多样性、微卫星、大黄鱼，主要是生物学科的研究。大黄鱼是我国重要的海洋经济鱼类，由于过度捕捞，大黄鱼资源严重枯竭，目前我国大黄鱼面临着生长变缓等种质退化的问题，对大黄鱼养殖业造成致命打击。研究利用微卫星 DNA 分子标记等手段，对其繁殖行为、受精生物学、遗传多样性以及繁殖模式等方面进行了研究，旨在提高大黄鱼种质资源的改良选育。还有个别论文运用微卫星技术对我国其他海洋生物的遗传多样性进行了研究。

（7）海洋文化产业。该类的关键词有 4 个，分别是：海洋文化产业、发展战略、SWOT 分析、影响因素。海洋文化产业是具有知识产权高附加值的产业，在海洋经济中发挥着越来越大的作用，学术界对海洋文化产业给予了诸多关注，海洋文化产业正逐步成为各国经济发展新的增长点，但是相关理论研究还很薄弱，未成为成熟的产业。本类主题的论文主要对我国文化产业的发展现状、影响因素、发展战略、潜力指数、具体发展路径等进行了探讨，很多研究运用了 SWOT 分析法进行分析，提出具有现实意义的对策和建议。

（8）海权与海洋战略。该类的主要关键词有 4 个，分别是：海权、海洋战略、海洋强国、海洋文化。海洋作为战略屏障，对一国的安全有重要的战略意义，对海洋的争夺将成为世界政治斗争的中心议题之一。海权是国家主权的重要组成部分，该类论文探讨了海权的产生和含义的发展演变；此外，还分析了中国的海洋权益和定位，应据此制定中国自身海洋发展战略，从海洋大国向海洋强国跨越式发展，如积极发展海洋文化增强软实力等。

（9）海洋旅游。该类只有 2 个关键词：浙江省和海洋旅游。海洋旅游作为海洋经济的重要组成部分，具有很大的发展潜力和空间。目前“浙江海洋经济示范区”、“浙江舟山群岛新区”已写入国家海洋发展战略规划之中，且随着近年来浙江海洋经济强省建设、旅游经济强省建设和“海上浙江”建设的推进，更为浙江海洋旅游业的快速发展提供了良好的政策环境。该类论文围绕着浙江省海洋旅游，主要探讨了旅游产业融合，创建旅游新业态、健全和创新海洋旅游管理体制等问题。

4.2 战略坐标图分析

战略坐标图（见图 1）显示，第 1 类海洋产业结构优化、第 2 类渔业资源与可持续发展和第 3 类蓝色经济区均处于第一象限，其中第 1 类和第 2 类的密度、向心度都远高于其他类别。这说明海洋产业、海洋渔业资源和海洋可持续发展等主题在海洋经济领域的研究已经非常成熟，且与海洋经济的其他研究主题密切相关。海洋产业结构的优化是伴随着我国整体经济结构调整提出的，海洋产业结构优化既是目标也是方法途径，不管是发展海洋旅游还是海洋文化产业，都是经历了海洋产业结构的优化升级，提高我国海洋产业的竞争力；海洋渔业是海洋经济的传统领域，对其研究一直很多，随着可持续发展要求的提出，渔业资源的循环利用也成为了热门话题，因此这两类研究比较成熟完备，且居于核心的位置。第 6 类是唯一一个位于第二象限的主题类，该类拥有极高的密度和极低的向心度。可以看到，这一类的研究主题是利用微卫星技术研究大黄鱼的遗传多样性，主要属于生物学的研究范畴，该主题内部发展非常成熟，但处于海洋经济这一学科的边缘位置。第四象限包括第 4 类海域使用权、第 7 类海洋文化产业和第 9 类海洋旅游这 3 个类，其研究主题分别为海域使用问题、海洋文化产业的发展战略、浙江省海洋旅游，这 3 个类虽然向心度较高，但密度低于各研究主题的平均水平，这也就意味着这 3 个主题和海洋经济领域的其他研究主题联系较为紧密，处在该领域较为核心的位置；但同时这 3 个主题自身的发展还不够成熟，虽然具有一定的发展潜力但仍然有待后续的探索。第 5 类海洋环境治理、第 8 类海权与海洋战略处于战略坐标图的第三象限，其对应的研究主题分别为福建省的海洋环境治理、海权和海洋强国战略，这 2 个研究主题的密度和向心度都很低，说明类团内部成员之间联系松散，且与其他类的联系也不紧密，可能会分解演化至其他类中。

海洋强国战略和“一带一路”战略的实施和推进，学界对于海洋经济的研究势必会迎来新的发展。随着相关研究的不断深入，这种结构关系会发生一定的变化：边缘结构中的关键词可能会进入核心结构，而核心结构中的词也可能会退出，进入边缘结构[6]。

5 结语

本文使用共词分析方法，对以“海洋经济”为主题的优质博硕士文献进行了直观、科学的分析，并进行了一些讨论与解读，具有一定的现实意义。从关键词的共词矩阵出发，将其转化为相关矩阵和相异矩阵，利用 SPSS 进行层次聚类分析，最终获得九大研究主题，分别是：海洋产业结构优化、渔业资源和可持续发展、蓝色经济区、海域使用权、海洋环境治理、生物遗传多样性、海洋文化产业、海权与海洋战略、海洋旅游；在此基础上，根据聚类结果绘制了战略坐标图，对每一个主题的成熟程度、核心程度等进行了分析。进而得出以下结论：

第一，海洋经济研究的地域性差异比较明显，往往不同地区讨论的侧重点不同。研究主题主要受当地政策引导和自然条件的影响，如山东省独有的蓝色经济区，浙江省的小黄鱼遗传多样性研究。应该考虑到各地区各省市的特点，结合当地需紧迫解决的问题，加强经济政策的针对性和引导性，[1]鼓励学术创新；不同地区之间也应相互借鉴和学习，实现海洋区域经济共同发展。

第二，通过聚类和战略坐标分析发现，传统成熟的研究话题与新兴研究热点并存，且成熟研究话题仍然居于核心地位，如海洋产业结构优化、渔业资源和可持续发展，仍然有很多研究成果，是海洋经济的热点话题，在今后的研究中仍然需要得到关注；新的研究热点包括海洋文化产业、海洋旅游、海域使用权等，是较为具体的子话题，目前发展还不够成熟，研究的角度也不全面，在未来应该得到重视。

需要说明的是，本研究属于探索性研究，因此难免存在一定的局限性。首先数据本身还不够完善，由于缺乏该领域的标准主题词表，我们对关键词的映射规则不完全规范，论文发表也有一定的时滞性，使得关键词列表存在一定的偏差；其次如何确定高频关键词的阈值仍是有待讨论的问题，因为低阈值不利于聚类，但有助于一些隐含主题或前瞻主题的外现，而高阈值则恰好相反，容易损失信息，造成理解有误或不完整[7]，今后有待改进。

参考文献：

[1] 张举钢，张彦彦．我国海洋经济研究综述[J]．港口经济，2013（8）：42—45.

[2] Han J W, Kamber M, et al. 数据挖掘：概念与技术（原书第 3 版）[M]．范明，孟小峰，译．北京：机械工业出版社，2012.

[3] 崔鹏，孙宝文，王天梅，等．基于共词分析的网络虚拟社会领域热点及演进态势研究[J]．情报杂志，2013（2）：41—44.

[4] 高学文，许欣欣．辽宁省海洋经济发展问题研究[J]．现代经济信息，2011（4）：254—255.

[5] 冯瑞．蓝色经济区研究述评[J]．东岳论丛，2011，32(5)：189—191.

[6] 魏瑞斌，王三珊．基于共词分析的国内 Web2.0 研究现状[J]．情报探索，2011(1)：1—5.

[7] 马费成，望俊成，陈金霞，等．我国数字信息资源研究的热点领域：共词分析透视[J]．情报理论与实践，2007，30(4)：438—443.

中国渔民收入差距分析

徐忠[1]，李元刚[1]，张翔[1]

（1. 上海海洋大学 经济管理学院，上海 201306）

摘要：本文利用全国渔民家庭收支抽样调查数据，实证分析了不同生产方式下渔民群体的收入差距及影响，以及不同群体的收入差距对整体收入差距的贡献。通过研究发现：渔民收入虽然低于城镇居民收入，但远高于农民收入。渔民收入的提高可以有效缩小农民和城镇居民收入的差距。分项收入中的转移性收入差距对海水捕捞渔民收入差距的影响最大，而家庭经营收入差距对海水养殖和淡水养殖的收入不平等的影响更高。淡水养殖渔民的收入差距对全国渔民收入差距的影响是第一位的。政策含义在于，要缩小渔民总体的收入差距，重点要缩小不同渔民群体的内部收入差距。这可以通过制定合理的转移支付政策、用工政策以及土地、海域使用权流转政策来实现。

关键词：渔民收入差距；基尼系数；泰尔指数

1 引言

收入不平等是社会各个群体都非常关心的问题。它不仅反映不同群体的收入差距，还反映这种差距的严重程度。对不平等问题的分析可以帮助我们认识导致不平等产生的根源，并据此制定政策来缩小这种差距，平衡社会各方的利益冲突。针对我国的实证研究表明，收入不平等对国民经济的增长不利[1]。中国经济的高速增长带来了国民收入的整体提高，与此同时，收入差距不断扩大。这种变化趋势不仅和宏观经济结构变化有关，也同人群从事的具体行业有关。

渔民属于农民群体的一部分。虽然渔民占农业人口的相对比例较低，但绝对人口数量达到2千多万，超过了澳大利亚、荷兰等一个国家的人口，是一个不可忽略的巨大群体。从历史上看，渔民分为“传统渔民”和“新渔民”。“传统渔民”指的是渔业乡、渔业村的渔业人口。这部分渔民基本上世代从事捕捞和养殖生产，没有其他收入来源。2010年这部分渔民有747万，占到渔民总数的35.9%；“新渔民”指的是以前没有从事渔业生产的农民，后来被吸引进入这一行业。新渔民的总数有1 334万，占总数的64%①。因此，渔民的收入情况不仅关系到世代以渔为生的渔民，还关系到转产从事渔业生产的农民。从20世纪80年代初开始，农民进入城市从事非农产业成为改革开放以来的主要潮流。另一方面，农民转产转业从事水产养殖、禽类养殖、园林等产业成为农民增收的主要方向。

对农民收入差距问题研究可谓汗牛充栋，但是对农村中从事渔业生产的渔民的收入差距问题的分析较少。对农民收入差距问题的研究主要分几类：一类是对收入结构的分解，说明分项收入差距对整体收入差距的影响。这方面的研究主要有：刘长庚等分解出构成总收入的各类收入基尼系数及其对总收入差距的贡献率的计算方法，并指出工资性收入和家庭经营纯收入差距对农民纯收入差距的贡献最大[2]。国家统计的收入分类包括主营业务收入、工资性收入、财产性收入、转移收入及其他收入，但是并没有说明这些收入具体来自于种植水稻还是水产养殖，据此分析的结果只能说明收入的类型，并不能够解释导致收入差距产生的行业因素。比如，分析出影响收入差距的主要因素是主营业务收入，那么缩小收入差距的主要任务

基金项目：上海海洋大学人文社科基金（A2－0302－15－500071）。

作者简介：徐忠（1971—），男，四川省西昌市人，副教授，从事海洋产业经济研究。E-mail：zxu@ shou. deu. cn

① 根据《2011年中国渔业统计年鉴》。

就是缩小主营业务收入差距，可是对如何缩小主营业务收入差距并没有给出任何有用的结论，因为主营业务收入来自于什么行业并不知道。

还有一类研究是针对不同省市、城乡或者地区之间的收入差距进行分析。把收入差距分解为区内差距和区间差距，揭示地区差距对整体差距的影响。具有代表性的有 Shorrock 和万广华的研究，他们系统阐述了地区差距分解的理论，并对不同国家的沿海和内陆差距、城市和农村的差距进行了对比，发现针对不同国家的研究结论并不一致[3]。叶彩霞等运用基尼系数方法和泰尔指数方法对中国农民的纯收入和 4 种收入来源进行了比较，指出地区差距是收入差距的主要来源[4]。Rozelle 也通过分解省际内和省际间的收入差距，分析了我国农民收入差距的决定因素[5]。刘纯彬、陈冲以 1996—2008 年全国 31 个省区农民人均纯收入为样本，对省际间农民收入差距进行了研究。这类分析揭示了收入差距产生的地区因素，对缩小地区差距提供了一定的建议，不足之处也是不能指出农民收入差距在具体行业和生产方式上的差别[6]。有学者就认为地理（或空间）位置因素在解释收入差距时是一个相对不重要的要素（比如 Cowell 和 Jenkins[7]）。万广华和张藕香通过对贫困水平的分解，把生产要素投入分为劳动、土地和资本等要素，证明了减少生产要素分配的不均等可以有效降低农民的贫困水平。这就从一个侧面证明了生产要素的不均等会带来农民收入的不均等，而生产要素却是附着在具体的生产方式上的[8]。

本文以 2012 年渔民家庭收支调查统计数据为基础①，分解、分析从事淡水捕捞、海水捕捞、淡水养殖和海水养殖的渔民群体的收入差距以及这种行业差距对渔民整体收入差距的影响程度，这是和以前的相关研究不同之处。

2 数据说明和分析方法

渔民家庭是指农（渔）村和城镇住户中主要从事渔业生产与经营的家庭。凡是家庭主要劳动力或多数劳动力从事渔业生产与经营的时间占全年劳动时间 6 个月以上，或渔业纯收入占家庭纯收入总额 50% 以上的家庭都统计为渔业户。在做渔民人均纯收入的相关分析和计算时，就用渔民家庭收入除以家庭人口数来得到。渔民家庭收入由家庭经营收入、工资性收入、财产性收入、转移性收入和其他收入构成，因此渔民人均纯收入由渔民家庭经营纯收入、工资性收入、财产性收入、转移性收入和其他收入构成。渔民家庭经营纯收入等于渔民家庭经营收入减去家庭经营支出和税费支出之和得到。

2012 年中国渔民家庭收支情况抽样调查最终上报数据的总样本数 8 232 个。因为收入为负只是表明这样的家庭因为经营性亏损导致了净收入为负，把纯收入为负的 210 家去掉②，剩余 8 022 个样本；再去掉家庭人口数大于 10 人的样本，一共 13 户③。剩余样本 8 009 户。

万广华对收入分配的度量及其分解方法进行了完整的归纳和推导，主要包括随机占优分析、基尼系数、泰尔指数和基于回归方程的分解。本文在分析时使用了 3 种方法[9]。一是十等分组法，该方法的一个优点是它可以从数量上表明富人组和穷人组的差距大小。二是基尼系数，这是国内外最为通用的一种测量不平等程度的指数。三是泰尔指数，使用这一方法从行业的角度对收入不平等进行分解。

计算基尼系数，可以用收入分组数据计算，也可用分户数据计算。按人均收入计算的基尼系数要大于按户收入计算的基尼数据。本文在分析时采用的是按人均收入计算的方法。按臧日宏的书中介绍的方法可以得到一个简便易用的基尼系数计算公式[10]：

$$G = 1 - \frac{1}{n}\left(2\sum_{i=1}^{n-1} W_i + 1\right), \tag{1}$$

① 渔民家庭收支情况是反映渔民生活水平、衡量渔业发展整体状况的一项重要统计指标。为全面系统掌握全国渔民家庭收支情况，农业部从 1985 年开始进行渔民家庭收支情况调查。2003 年进行了样本轮换，基本样本户从原来 6 000 户扩充到 10 000 户，覆盖全国除青海、西藏及港澳台地区外的各省、自治区和直辖市。

② 参考王小鲁在“灰色收入和国民收入分配”一文中作的类似处理（比较，2010. 3）。

③ 有的样本户报告家庭人口最多达到 63 人，这从家庭人口数上无论如何都解释不通，只能解释这些数字包含了经营实体中的雇佣劳动力数目，而不是业主的真实家庭人口数。

其中，W_i 表示从第 1 组累计到第 i 组的人口总收入占全部人口总收入的百分比，n 是分组的组数。

对收入构成类别进行分解时，对基尼系数进行分解。将总收入分布的基尼系数分解为分项收入的份额与其集中率乘积之和。这一方法是由 Pyatt，Chen 和 Fei 提出的[11]，该公式表示为：

$$G = \sum_k \frac{\mu_k}{\mu} C_k, \tag{2}$$

其中，μ_k和μ 是第 k 分项收入和纯收入的均值，μ_k/μ 表示该分项收入在纯收入中所占的份额，C_k是第 k 分项收入的集中率，G 是纯收入的基尼系数。分项收入的集中率越高，意味着该项收入越是为富人所占有。如果一种分项收入的集中率高于纯收入的基尼系数，则认为该项收入的不平等状况对整体纯收入的不平等状况具有加剧的效应，反之则被认为具有减弱的效应。那么，各种分项收入对总体纯收入不平等的贡献率可以表示为：

$$e_k = u_k C_k / G, \tag{3}$$

这里的 u_k 表示第 k 分项收入在总体纯收入中所占的份额。

因为在将纯收入分布差距在不同地区或不同人群组之间进行分解时，基尼系数不具有完全可分性，所以在对不同渔民群体收入差距分解时，使用泰尔指数（也称熵指数）。泰尔指数实际是一组参数不同的指数，在参数为 0 值的时候为 $E_0(y)$，又被称为平均对数离差（MLD）。它可以写为以下公式：

$$E_0(y) = \frac{1}{n}\sum_{i \in N} \ln \frac{\mu}{y_i}, \tag{4}$$

其中，y_i 为第 i 个人的纯收入，μ 为全部样本的纯收入的均值，n 为全部样本量。根据 Shorrock（1984）的证明，MLD 指数可以分解为组内差距和组间差距，即可以用以下公式表示：

$$E_0(y) = \frac{1}{n}\sum_{i \in N} \ln \frac{\mu}{y_i} = \sum_{k=1}^{m} \frac{n_k}{n} I_k + \sum_{k=1}^{m} \frac{n_k}{n} \ln \frac{\mu}{\mu_k} = W + B, \tag{5}$$

其中，I_k 是第 k 组的组内差距，n_k是第 k 组的样本量，μ_k 是第 k 组的纯收入均值，μ 是总体纯收入均值。由此可以看出，上式右边有两项组成，第一项 W 是各个组内差距之和，第二项 B 是组间差距。

从 $E_0(y)$ 的公式中，可以看出，当各组所占的收入比例和人口比例相同时值为 0，表示绝对公平。当组中所占收入比例大于其人口比例时，值为正数，表明这组人群对不平等的贡献为正值；而当组中所占收入比例小于人口比例时，值为负数，表明这组人群对整体不平等的贡献为负值。不平等指数值的最终大小，取决于几组人群的综合结果。泰尔指数的最大优点就在于它所代表的公平性可以按人群进行分解，求出不同层次、不同组别的公平性，其缺点在于不像基尼系数一样能够提供一个公平性的合理标准。

3 渔民收入差距分析

3.1 渔民收入的基本情况

3.1.1 改革开放以前，渔民收入缓慢增长阶段

渔民人均纯收入从 1952 年的 26 元增加到 1978 年的 93 元，年复合增长率为 5%。在这段时期内，渔民收入水平略低于农民，主要原因是国家对水产品实行统购统销，限制私商和个体鱼贩采购贩运，鱼价既不反映水产品的价值也不反映市场需求。

3.1.2 改革开放后，渔民收入快速增长阶段

1978 年以后，实行了渔业承包经营责任制，水产品购销政策逐步放宽，市场调节功能逐步加强。渔民收入得到较大增长，年复合增长率达到 15%，是改革开放前渔民收入增长率的 3 倍。这一时间段又可分为两个时间段：上世纪 90 年代中期以前，渔民收入增长较快，但是很不稳定，经常出现大起大落。90 年代中期以后，渔民收入的增长速度虽然没有前一阶段高，但也保持在一个较高的水平上，而且稳定性增加了。见图 1。

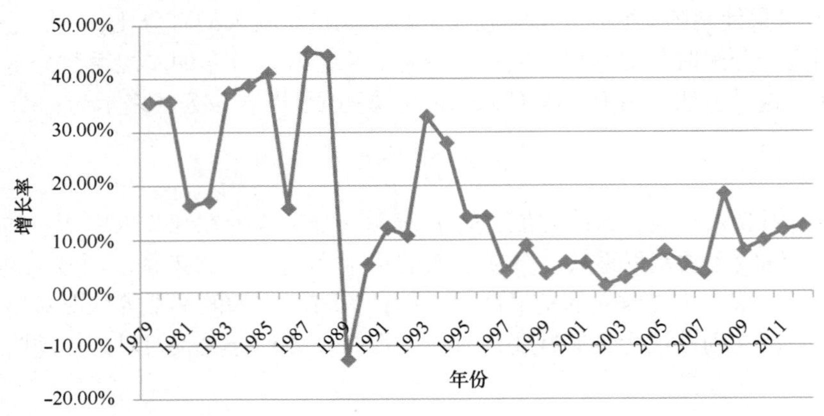

图 1　中国农村渔民人均纯收入增长率

数据来源：中国渔业统计年鉴

3.1.3　渔民、农民和城镇居民的收入差距

对于城乡差距的研究很多。改革开放后的 35 年时间里，城镇居民可支配收入和农民纯收入的比值大部分时间维持在 2 倍以上的水平。这一比值最低是 1985 年的 1.86，此后逐步走高。从 2002 年我国加入 WTO 开始，城镇居民和农民的收入差距拉大到 3 倍以上的水平。虽然近年有所下降，但仍然维持在 3 倍的水平上，见图 2。

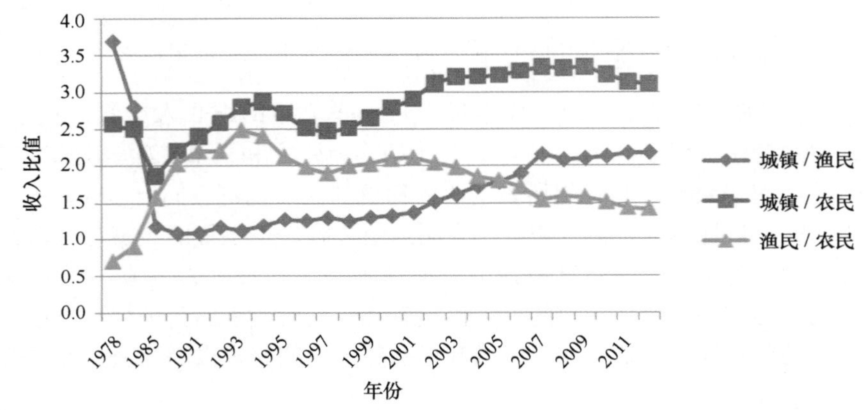

图 2　城镇居民可支配收入、渔民纯收入和农民纯收入的比值

数据来源：《中国渔业统计四十年》、《新中国五十年》、《中国统计年鉴》、《中国渔业统计年鉴》

从图 2 可以看出，除了在改革开放初期很短的一段时间，城镇居民和渔民的收入差距大于城镇居民和农民的收入差距外，城镇居民和渔民收入差距都比城镇居民和农民收入的差距要小很多。在 1985—1990 年期间，城镇居民和渔民的收入差距最小，收入比接近 1∶1。二者的差距在 90 年代以后不断扩大，最高达到 2012 年的 2.18 倍的水平。这种差距的扩大也和城镇居民与农民收入之间差距的扩大有着类似的趋势，都是在 2002 年发生的，原因是：加入 WTO 以后非农人口的生产要素参与了国际分工，要素报酬得到充分体现。而农业生产要素，包括渔业生产要素却并没有在 WTO 的世界竞争格局下得到合理的体现。这可以从加入 WTO 以后，我国工业品、农产品和水产品的贸易的结构变化来进行诠释。加入 WTO 以后，中国的工业制成品出口份额从 90% 增加到 95%，而初级产品出口却从 10% 下降到 5%。在以投资和出口为主要经济增长驱动的模式下，初级产品所指向的初级生产要素部门的竞争力的相对下降就是一种正常的结果。另一方面，中国的农产品贸易从 2004 年开始一直处于逆差的状态，2011 年贸易逆差高达 341 亿美元。令人惊异的是水产品贸易却一直保持贸易顺差的状态，2011 年水产品贸易顺差达到 90 亿美元。如果

没有水产品的贸易顺差贡献，农产品贸易逆差会更加明显。这说明水产品相比其他农产品更具有国际竞争力，能够获得更多的贸易盈余，而贸易盈余经过产业链环节的分配后，一部分成为了渔民的收入。

从2000—2012年，城镇居民和农民的收入比值、城镇居民和渔民的收入比值以及渔民和农民的收入比值平均为3.16、1.85和1.74。渔民和农民的收入差距也保持在一个较高的水平上。加入WTO之前，二者的差距保持在2倍以上，加入WTO以后，差距逐渐缩小。2012年，这种差距缩小到1.42倍，渔民纯收入仍然要比农民纯收入要高出42%。

因此，渔民纯收入总体低于城镇居民可支配收入，但高于农民纯收入。渔民收入和城镇居民收入差距的较小对于缩小或者保持农民和城镇居民的收入差距不进一步扩大是有积极作用的。

3.2 不同生产方式渔民收入的差距

3.2.1 4种生产方式的划分

渔业生产分为淡水捕捞、海水捕捞、淡水养殖和海水养殖四种类型，不同生产方式决定不同的经济效益和渔民收入水平。4种生产方式差距较大，主要体现在几个方面：首先是劳动工具的差距。在联合国FAO的统计口径里，捕捞生产，特别是海水捕捞是没有纳入农业生产的统计范围之内的。WTO的贸易谈判也没有把捕捞渔业问题纳入农业问题的谈判范围之内，主要原因就是海水捕捞使用的生产工具都是较为先进的船和设备，类似于矿产的生产，具有较高的资本构成，被归入工业生产的范畴。因此，这一资本较为密集的特点可能会带来雇主和雇工在收入上较大的差距。其次是生产的地理位置。海水捕捞和海水养殖必须要依赖海洋资源，而淡水捕捞和淡水养殖依赖于土地和内陆的江河、湖泊等资源。地理位置差距也会带来收入上的差距。很多研究者在分析我国农民收入差距时，经常按沿海和内陆省份进行分类。海水养殖和捕捞肯定是在沿海省份才有的生产方式。因此，这里对渔业生产方式的划分，已经包含了沿海和内陆的分类，而且相比较以前的分类方法更为详细。第三，近年来，大规模的集约化养殖，包括海水养殖和淡水养殖，推动了养殖生产方式的现代化。这种趋势是在土地和海洋使用权流转的情况下出现的，这不可避免会导致不同生产者在资源占有和收入上的差距。下面就分别对4种生产方式下的渔民纯收入差距进行分解分析。

3.2.2 4种生产方式渔民收入的分布测量

为了分析不同生产方式下渔民群体内部的收入差距，分别对淡水捕捞、海水捕捞、淡水养殖、海水养殖和全国的渔民收入按照十等分组的收入份额进行比较，同时给出每一群体最高收入组和最低收入组收入份额之比，见表1。

表1 2012年中国农村渔民人均纯收入十等分组份额

十等分组（从低到高）	淡水捕捞	海水捕捞	淡水养殖	海水养殖	全国
1	3.73%	2.03%	2.23%	2.06%	2.17%
2	5.23%	3.25%	3.58%	3.44%	3.49%
3	6.42%	4.08%	4.39%	4.20%	4.30%
4	7.45%	4.80%	5.19%	4.86%	5.06%
5	8.73%	5.69%	6.27%	5.76%	6.01%
6	9.62%	6.53%	7.62%	6.91%	7.12%
7	10.52%	7.79%	9.35%	8.24%	8.63%
8	11.75%	10.22%	11.39%	10.46%	10.80%
9	13.98%	15.02%	15.52%	15.37%	15.17%
10	22.57%	40.58%	34.48%	38.71%	37.25%
最高组和最低组之比	6	20	15	19	17

数据来源：农业部渔业局2012年“渔民家庭收支情况抽样调查”数据。

表1中的数字表明了不同生产方式的渔民群体内部不同分组占有的收入相对份额，从一个侧面显示了收入分布的不均等程度。在最低收入组中，海水捕捞渔民收入所占份额最低，而淡水捕捞渔民所占的份额最高。最高收入组中，海水捕捞渔民收入所占份额最高，而淡水捕捞渔民收入所占份额最低。最高收入组和最低收入组的份额都落在海水捕捞和淡水捕捞这两个渔民群体，这似乎印证了海水捕捞渔民收入差距要远大于淡水捕捞渔民的收入差距。例如，海水捕捞渔民最高收入组和最低收入组的收入份额分别是40.58%和2.03%，比值为20，是4种生产方式中渔民群体中贫富差距最大的群体。海水捕捞渔民最富有的十分之一的渔民的收入超过了整个群体收入总和的40%。淡水捕捞渔民中的最高收入组和最低收入组所占份额分别为22.57%和3.73%，比值是6，是4种生产方式中渔民群体中贫富差距最小的群体。淡水养殖渔民和海水养殖渔民的最高收入组和最低收入组之比分别为15和19，收入差距程度介于前两者之间。全国渔民的这一数据是17，介于从事海水生产和淡水生产的贫富差距水平之间。

如果不考虑淡水捕捞渔民群体，其他三类渔民群体的贫富差距还是比较高的，最高收入组和最低收入组的收入份额之比都超过了15。这当中，从事捕捞的渔民的贫富差距要大于从事养殖的渔民的贫富差距，而从事海水捕捞和海水养殖的渔民群体的收入差距要大于淡水养殖和淡水捕捞的收入差距。这印证了海水捕捞和海水养殖的工业化水平要高于淡水养殖和淡水捕捞。库兹列茨提出的关于经济增长和收入分配之间的关系表明，在经济快速增长的阶段，经济的增长会带来贫富差距的扩大。因此，在中国这样的发展中国家，渔民的收入差距在一定的阶段会增加，在工业化水平较高的行业的收入差距要大于工业化水平较低的行业的收入差距。

3.2.3 不同生产方式渔民收入差距分解

表2给出了2012年从事不同生产方式的渔民纯收入的分项构成以及对总收入差距的贡献。淡水捕捞渔民收入的基尼系数是0.27，说明这一群体的收入差距不大，分配比较平均。几项收入中家庭纯收入占到了总收入的59%，对收入不平等的贡献率为53%。家庭纯收入和转移性收入的集中率小于整个淡水捕捞渔民的基尼系数，说明它们对整个捕捞渔民不平等程度起到了缩小的作用。而工资性收入、财产性收入和其他收入的集中率都大于整体的基尼系数，说明这3项收入对整体的不平等程度起到了扩大的作用。因此，发展生产和增加政府转移支付能够有效提高渔民收入，缩小贫富差距水平。

表2 2012年中国农村渔民个人收入构成、差距和分解结果

类别	不同收入份额/%	基尼系数（集中率）	对收入不平等的贡献率/%
1. 淡水捕捞			
个人纯收入	100.0	0.27	100
家庭纯收入	59.2	(0.24)	53.3
工资性收入	19.9	(0.37)	27.2
转移性收入	17.4	(0.21)	13.3
财产性收入	1.0	(0.62)	2.4
其他收入	2.5	(0.40)	3.8
2. 海水捕捞捞			
个人纯收入		0.47	
家庭纯收入	32.4	(0.31)	21.7
工资性收入	26.4	(0.56)	31.5
转移性收入	36.2	(0.54)	42.0
财产性收入	1.9	(0.43)	1.8
其他收入	3.0	(0.47)	3.0

续表

类别	不同收入份额/%	基尼系数（集中率）	对收入不平等的贡献率/%
3. 淡水养殖			
个人纯收入	100.0	0.42	100.0
家庭纯收入	79.1	(0.45)	84.8
工资性收入	11.9	(0.31)	8.8
转移性收入	4.1	(0.18)	1.8
财产性收入	2.3	(0.40)	2.2
其他收入	2.5	(0.40)	2.4
4. 海水养殖			
个人纯收入	100.0	0.46	100.0
家庭纯收入	77.2	(0.50)	84.9
工资性收入	12.9	(0.23)	6.5
转移性收入	3.3	(0.26)	1.9
财产性收入	4.2	(0.46)	4.3
其他收入	2.4	(0.46)	2.4
5. 全国			
个人纯收入	100.0	0.44	100.0
家庭纯收入	65.4	(0.45)	66.1
工资性收入	16.3	(0.41)	15.1
转移性收入	13.1	(0.46)	13.6
财产性收入	2.6	(0.44)	2.6
其他收入	2.6	(0.44)	2.6

数据来源：农业部渔业局2012年“渔民家庭收支情况抽样调查”数据。

海水捕捞渔民收入的基尼系数达到0.47，收入差距较大，贫富差距远大于淡水捕捞的贫富差距水平。转移性收入、工资性收入和家庭纯收入3项收入占到了海水捕捞渔民总收入的95%。这几项收入当中，转移性收入所占份额36.2%甚至超过了工资性收入和家庭纯收入所占份额26.4%和32.4%。转移性收入对总收入不平等的贡献达到了42%，高于工资性收入和家庭纯收入对总收入不平等的贡献率。从2004年开始，农业部逐年增加对捕捞渔民的柴油补贴，从2006年的31.8亿元增加到2011年的171亿元。5年之间，补贴资金增加了5.38倍，不仅有效地降低了捕捞渔民的生产成本，还维持了收入和生活的稳定。相比起来，淡水捕捞中的转移性收入对淡水捕捞整体收入的不平等的贡献率就要低很多，仅为13.3%。不过，需要注意的是，转移性收入本身的作用是降低渔业生产风险、稳定渔民生活和缩小贫富差距。但是从分析结果来看，转移性收入，特别是柴油补贴的实施并没有实现缩小捕捞渔民贫富差距的目的。实际中，甚至有部分渔民将已经不能正常生产，准备报废的渔船留下骗取补贴资金，或者采取有证无船、一船多证、非法船舶、伪造证件等形式套取补贴资金。这些行为都会加大捕捞渔民群体的收入不平等。

相比捕捞生产的复杂性，养殖生产的收入主要由家庭纯收入构成。海水养殖和淡水养殖的基尼系数分别为0.46和0.42。在海水养殖和淡水养殖模式下，家庭纯收入分别占到纯收入的77%和65%，集中率高达0.5和0.45。家庭纯收入对总体纯收入的不平等贡献率占到了85%和66%。因此，养殖生产的收入差距主要由家庭生产收入的差距所导致。在发展养殖业的大趋势下，没有转移性收入和其他渠道的收入来源，养殖渔民的收入不平等程度还会扩大。

全国渔民纯收入的基尼系数为0.44，收入差距水平要比刘长庚（2012）[2]测算的全国农民的基尼系数

0.30高很多。不过本文计算基尼系数使用的是十等分法，如果使用五等分法，基尼系数就降到了0.41，降低了7%。家庭纯收入占总收入的比例最高，其次是工资性收入和转移性收入，三项收入之和占到总收入的95%，每项收入对总收入不平等的贡献和它们占总收入的份额基本对应，也就是说，哪项收入占总收入的比例较高，这项收入的分项差距对总收入不平等的贡献率就高。不过，在捕捞渔民群体中，工资性收入占总收入的比例要高于在养殖渔民群体中的比例，这是因为捕捞渔业中普遍存在的雇工现象。部分捕捞渔民没有自己的生产工具，只能受雇于其他船主获得工资收入。在淡水捕捞和海水捕捞类别中，工资性收入对总体收入不平等的贡献率都超过它们占总收入的份额，集中率也分别高于它们所在类别渔民收入的基尼系数。这说明工资性收入的不平等对所在的渔民群体收入不平等起到了扩大的作用。类似的分析在淡水养殖和海水养殖类别中的结论却是相反的。因此，要有效缩小收入不平等，对捕捞渔民群体和养殖渔民群体所采取的政策需要有所不同。

3.2.4 不同渔民群体收入差距对总体收入差距的贡献

前面的分析解释了分项收入对不同渔民群体收入分布差距的影响。但是，不同渔民群体收入不平等对全国渔民收入不平等的影响还未知。采用泰尔指数（MLD指数）对这种影响进行分解，结果见表3。从表3可以看出，海水捕捞渔民的收入差距最大，其次是海水养殖和淡水养殖渔民的收入差距，最低的是淡水捕捞渔民收入差距，这和使用基尼系数计算出的结果相符。不同渔民群体的组内差距之和为0.35，而全国渔民的收入差距为0.36。因此，从事不同产业的渔民群体收入的组内差距解释了全国渔民收入差距的97%，组间差距的影响仅占到总体差距的3%。当中又以淡水养殖的组内差距的贡献最大，占到总体差距的45%。其次是海水捕捞和海水养殖，它们对总体差距的影响分别为28%和23%。淡水捕捞对总体差距影响仅为2%。海水捕捞的泰尔指数虽然达到了0.4，可是对于全国渔民收入差距的影响却不是最大的，这主要因为海水捕捞人口比例仅占到全国渔民的25%，而MLD指数是基于人口比例进行分解的。淡水养殖的泰尔指数虽然低于海水捕捞，但由于淡水养殖的渔民人口占到总人口的49%，因此对总体不平等贡献反而比海水捕捞高出许多。

表3 渔民收入不平等构成分解：不同产业群体之间

类别	泰尔指数	人口比例	组内差距	组间差距	贡献率
淡水捕捞	0.12	5%	0.01		2%
海水捕捞	0.40	25%	0.10		28%
淡水养殖	0.33	49%	0.16		45%
海水养殖	0.38	21%	0.08		23%
全国	0.36		0.35	0.01	3%

4 主要结论

中国农村渔民人口达到2 000万以上，是一个不可忽略的群体。以往对农民收入差距的研究直接对渔民进行了“覆盖”。鉴于渔业生产方式等生产要素和农业生产的差异，要把分析农民收入问题的结论直接套用在渔民身上就不合适了。本文利用2012年渔民家庭收入调查统计数据，从生产方式角度对渔民收入差距问题进行了实证分析，得到一些有意义的结论。第一，渔民纯收入的显著增长主要发生在1978年改革开放引入市场机制以后，而这种增长在20世纪90年代以后保持在一个较高和较为稳定的水平上。这解释了渔民收入和城镇居民、农民之间的收入差距的变化。最近10多年，渔民和城镇居民的收入差距是1.85倍，远低于农民和城镇居民的3.16倍。渔民纯收入虽然低于城镇居民可支配收入，但远高于农民纯收入。渔民收入和城镇居民收入的较小差距对于缩小或者说保持农民和城镇居民收入差距不进一步扩大是有一定积极作用的。第二，不同生产方式下渔民收入的不平等的分项收入贡献率很不一样。海水捕捞的资本密集型特点造就了“雇主和雇工”关系的企业型生产方式，因此海水捕捞的渔民收入差距达到了0.47

的水平。这当中柴油补贴等政策带来的转移性收入不平等解释了海水捕捞渔民收入不平等的42%，远高于家庭经营性收入和工资性收入的影响。这说明，转移性支付政策已经影响到了海水捕捞渔民群体的收入不平等，这和转移支付的政策出发点是相矛盾的。因此，政府相关部门需要对相关政策进行调整，以降低政策扭曲效果。家庭经营收入差距解释了海水养殖和淡水养殖渔民收入差距的85%左右，说明这两个渔民群体的收入差距主要是经营性行为所引起的。即便基尼系数高达0.46和0.42，但仍然可以认为是可以接受的，因为在收入增长的一定阶段内出现收入差距的扩大是符合经济发展规律的。需要注意的是，这种家庭经营收入差距的扩大可能和农村土地使用权和海域使用权的流转和集中存在密切关系。因此，在有效提高土地和海域资源的利用效率的同时，还要兼顾公平，制定合理的利益补偿机制以缩小贫富差距。第三，海水捕捞收入差距最大，但是对总体的收入差距贡献低于淡水养殖收入差距对总体收入差距的贡献。中国农村渔民收入差距的97%可以被不同行业内部的收入差距所解释，行业之间的收入差距影响非常小。要缩小总体的收入差距，重点要缩小不同行业内部的收入差距。具体来说，可以通过制定合理的转移支付政策、用工政策以及土地、海域使用权流转政策的途径来达到。

参考文献：

[1] Wan G, M Lu, Chen Z. The Inequality – Growth nexus in the short run and long run: Empirical evidence from China[J]. Journal of Comparative Economics, 2006, 34(4): 654—667.

[2] 刘长庚,王迎春. 我国农民收入差距变化趋势及其结构分解的实证研究[J]. 经济学家,2012,11: 68—75.

[3] Anthony Shorrocks,万广华. 收入差距的地区分解[J]. 世界经济文汇,2005,3: 1—18.

[4] 叶彩霞,施国庆,陈绍军. 地区差距对农民收入结构影响的实证分析[J]. 经济问题,2010,10: 103—107.

[5] Rozelle. Rural. Industrialization and Increasing Inequality: Emerging Patterns in China Reforming Economy[J]. Journal Comparative Economics, 1994, 19: 362—391.

[6] 刘纯彬,陈冲. 我国省际间农民收入差距的地区分解与结构分解:1996—2008[J]. 中央财经大学学报,2010,12: 67—72.

[7] Cowell F A, Jenkins S P. How much inequality can we explain? A methodology and an application to the united states[J]. Economic Journal, 1995,105(429): 421—430.

[8] 万广华,张藕香. 贫困按要素分解:方法与例证[J]. 经济学季刊,2008,4: 997—1012.

[9] 万广华. 不平等的度量与分解[J]. 经济学季刊,2008,10: 347—368.

[10] 藏日宏. 经济学[M]. 北京:中国农业大学出版社,2002.

[11] Pyatt G, Chen C N, Fei J. The distribution of income by factor components[J]. Quarterly Journal of Economics, 1980, 95: 451—473.

北回归线穿越我国福建省的论证

梁达平[1]

（1. 广东省生态学会，广东 广州 510040）

摘要： 北回归线更是一条与人类接触甚显紧密的生态线，它以23°26′17″N为基准。穿越省区疆域必定包括其所管辖的陆地和岛屿、海域等。鉴于被北回归线穿越的省区其相对南端纬度必须要小于23°26′17″N的准则，经测量福建省海域地图并综合有关论证，福建省管辖海域从最北端纬度到最南端纬度约为23°31′N至23°09′N，北回归线穿越福建省漳州市所属诏安县、东山县的管辖海域，从而证实北回归线穿越福建省。通过对北回归线穿越福建省的分析和论证，使我们除了重点研究陆地上的北回归线外，也要关注海域中的北回归线，只有这样，才能更系统、全面地探讨北回归线、认知北回归线、经略北回归线。

关键词： 北回归线；穿越福建省；海域；论证

1 引言

北回归线（Tropic of Cancer）是以太阳光直射到地球最北端作为划分热带和北温带的分界线，更是一条与人类接触更显紧密的生态线。北回归线横贯的地区，具有亚热带气候的得天独厚的光、热、雨量、环境、自然资源的优势。由于北回归线的实用性、知识性、开发性、独特性、神秘性，对天文、地理、生态、环境、城市、经济、人文的科学研究具有重要的现实意义。既然北回归线如此重要，那么，北回归线穿越我国哪些地方呢？多年来，有关书籍、专家、网站，连初中地理课本的选择题，都普遍认为北回归线仅穿越我国云南、广西、广东、台湾四省区，但翻开中国地图看，却发现北回归线也好像划过福建省的海域，那么，北回归线到底是否穿越福建省呢？

2 北回归线穿越省区的界定

2.1 北回归线的标准位置

要鉴定北回归线是否穿越省区，首先要明确的是北回归线的标准位置，但国际上至今仍未有精确到秒、权威认定、普遍公认的北回归线标准位置。因为复杂的是，北回归线并非丝毫不动的，它既是虚拟线，更是漂移线，由于受岁差、章动和极移等天体运动因素以及板块运动的影响，使其成为地球上一条位置周期变化的地理纬线。

北回归线的完整往返周期时间大约是37 158年。形成北回归线的最北纬线出现在北纬24°14′39″N，最南纬线发生在北纬22°37′56″N。尽管北回归线不断极其缓慢地南北来回漂移，其中心值始终保持在23°26′17″N[1]。在1976年第十六届国际天文学联合会上，就决定将2000年的回归线位置定为23°26′21.448″N。而到了2009年6月21日夏至午时，太阳终于在人类历史上第一次直射北回归线周期中点，即

作者简介： 梁达平，男，广东省生态学会人文生态专业委员会秘书长，高级政工师，从事北回归线和人文系列研究。E-mail：dp138@163.com

中心值为 23°26′17.351 7″N。国际天文、地理等权威机构以及我国有关研究单位，常规都是以 23°26′N 作为北回归线的划定。所以，北回归线应以 23°26′17″N 为基准，并作为它的标准位置。

表 1 北回归线变化周期表

北回归线	纬度	时间	距离
环球全长			36 787.6 km
双向漂移周期		约 37 158 年	
单向漂移半周期		约 18 579 年	
上次最北漂移	24°14′38.67″N	约公元前 7283 年	
中心值位置	23°26′17.35″N	2009 年 6 月 21 日 12 时	
下次最南漂移	22°37′56.04″N	约 11301 年	
周期最南最北变化值	1°36′42.63″		178.31 km
目前平均每年向南移动	0.468 45 s		约 14.41 m
平均每世纪移动	47 s		约 1 452.3 m

2.2 北回归线穿越是省区的全部疆域

从理论值分析，被北回归线穿越的省区，其相对南端纬度必须要小于 23°26′17″N 才能视作被穿越。同时还有一点特别要强调的是，穿越省区与穿越国家是一致的，国家领土指主权国家管辖下的全部疆域，由领陆、领水（包括内水和领海的水面、水体、海床和底土，内水民间也有俗称内海）、领空和底土 4 个部分构成。它包括陆地和河流、湖泊以及与陆地相连的内陆湾、海港、岛屿、内水、领海和领空等。也就是说，除陆地之外，岛屿、内水、领海等也是组成一个国家领土的重要部分。穿越国家领土必定包括陆地和岛屿、内水、领海等（我国常规宣传祖国 960 多万平方千米的锦绣河山，其实，这仅仅是陆地面积，必须要加上内海和边海的水域面积约 470 多万平方千米，我国共有 1 430 多万平方千米的锦绣山海（中国政府网　国情栏目））。同样道理，省区管辖下的全部疆域，必须包括陆地和河流、湖泊以及与陆地相连的海港、岛屿、海域等。所以，除陆地之外，岛屿、海域等也是组成一个省区全部疆域的重要部分。根据《中华人民共和国海域使用管理法》，海域属于国家所有，国务院代表国家行使海域所有权。领海基线向陆地一侧至海岸线的海域，即内水，为海洋行政主管部门行使管理权的范围. 地方海域划界界线止于领海外部界线，超越这部分的海域为国家层面管辖范围。简洁明了地说，内水为省区管辖的海域；领海以及毗连区、专属经济区为国家管辖的海域。从此可见，穿越省区疆域必定包括其所管辖的陆地和岛屿、海域等。北回归线穿越的不仅是陆地，还有海域，都同样是穿越，这才是全面的穿越。

3 福建省的地理环境与海域状况

3.1 福建省的地理环境

福建地处祖国东南部、东海之滨，陆域介于 23°31′～28°22′N，115°50′～120°40″E 之间。陆地面积 $12.4\times10^4\ km^2$，东西最大间距约 480 km，南北最大间距约 530 km。福建的地理特点是“依山傍海”。地势总体上西北高东南低，山地、丘陵占全省土地总面积的 80%，东部沿海为丘陵、台地和滨海平原。由于受季风环流和地形的影响，形成暖热湿润的亚热带海洋性季风气候，热量丰富，雨量充沛，光照充足，年平均气温 17～21℃，平均降雨量 1 400～2 000 mm，是中国雨量最丰富的省份之一，全省大部分地区属中亚热带，闽东南沿海地区属南亚热带。气候条件优越，适宜人类聚居以及多种作物生长。

3.2 福建省的海域状况

福建居于中国东海与南海的交通要冲，面临我国的“海上走廊”台湾海峡，是中国距东南亚、西亚、

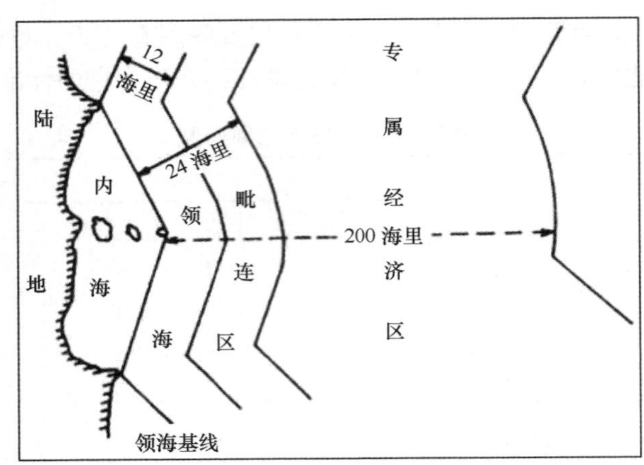

图1　内海、领海、毗连区、专属经济区的划分示意图

东非和大洋洲最近的省份之一，历史上宋元时期是“海上丝绸之路”的起点，当今为中国大陆重要的出海口以及国际交往的主要窗口和基地。福建的海域面积 13.6×10^4 km^2，海域面积比陆地面积还大12.4%。水深200 m以内的海洋渔场面积 12.51×10^4 km^2，占全国海洋渔场面积的4.5%，滩涂面积2 068 km^2。有闽东、闽中、闽南、闽外和台湾浅滩五大渔场，海洋生物种类2 000多种，其中经济鱼类200多种，贝、藻、鱼、虾种类数量居全国前列。全省海岸线总长6 128 km，其中大陆线3 752 km，以侵蚀海岸为主，居全国第二位。海岸线曲折率和深水岸线均居全国第一位。大小岛屿2 214个（其中有居民岛屿98个），居全国第二位，占全国1/5。平潭岛现为全省第一大岛，原有的厦门岛、东山岛等岛屿已筑有海堤与陆地相连而形成半岛。大小港湾125个，其中深水港湾22处，自北向南拥有沙埕港、三都澳、罗源湾、湄洲湾、厦门港和东山湾六大深水港湾。福建的滨海还存在丰富的矿产、能源、旅游等资源。总之，海域、海湾、岛屿、海洋资源和海洋经济对福建省具有举足轻重的地位。目前，福建省正在大力促进“海洋经济强省”战略目标的顺利实施（中国福建网，八闽大地栏目）。这也是为“北回归线穿越的不仅是陆地，还有海域，都同样是穿越，这才是全面的穿越。”论断提供一个充分的佐证。

3.3　北回归线穿过福建省的论证

2013年4月至12月间，在“福建省长信箱”的支持下；2014年8月至9月间，在“福建东南网直通屏山编辑”的协助下，本作者经先后咨询了福建省有关政府、海洋、国土、测绘等部门，部分咨询回复是：

福建省诏安县海洋与渔业局：北回归线纬度为23°26′N，穿过诏安县管理海域；福建省管辖海域（含诏安县）纬度北至陆海界点最北端，南至领海基线最南端。关于诏安和福建最南端为向南延伸至领海基线点的具体经纬度，我局无相关资料可供查阅，建议向漳州市海洋与渔业局或福建省海洋与渔业厅咨询。

福建省测绘地理信息局：北回归线穿过福建、广东相邻海域。由于目前海洋确权划界正在进行，尚不能确定该海域归属。

福建省测绘学会：我们通过查阅各类测绘地理信息资料，核实北回归线穿越我省南部海域。距离北回归线最近的我省岛屿为兄弟屿中的兄岛，纬度约为23° 31′54″N，与北回归线中心值23° 26′17″N相差5′37″。经测算，其南北实地距离约为10.4 km（1′距离约为1.85 km）。

福建省海洋与渔业厅：福建省地处我国东南沿海，位于23°31′～28°18′N，115°50′～121°E，根据《海域使用管理法》，领海基线向陆地一侧至海岸线的海域，即内水，为海洋行政主管部门行使管理权的范围，地方海域划界界线止于领海外部界线，超越这部分的海域为国家层面管辖范围。目前海峡两岸并没有明确的划界，我们所提供的纬度范围为福建省行政管辖的范围，但并不是与台湾分界的范围。

我省内水范围：东侧是领海基线，西侧是大陆海岸线，南面是闽粤海域分界线，北侧是闽浙海域分界线。内水海域最南端点为闽粤海域分界线与领海基线的交点，约为23°08′N，117°32.5′E；海域最北端点为闽浙线与领海基线的交点，由于闽浙线尚未划定，该点未能确定。

北回归线在我国自西向东穿过云南、广西、广东、福建和台湾。由于闽粤海域行政区域界线止于领海外部界线，其交点的纬度为23°09′42″N，是福建海域最南端的纬度。北回归线穿过福建省境内全部为海域，该海域内水深大部分在30 m以上，属漳州市管辖海域范围内。

因福建省南部海岛较少，北回归线虽有经过福建海域但没有穿过海岛，且离最近的大柑山岛（作者注：大柑山岛又名“兄岛”，和小柑山岛又名“弟岛”，共同组成“兄弟屿”）距离约10 km，距东山岛最近点约14 km（以上综合了福建省海洋与渔业厅3次的回复）。

如果往更高的层面去论证，我们可以从国务院所属的农业部、国土资源部、国家海洋局等有关部门、机构发布的文件中所提及的数据去分析。如2013年12月23日农业部通告〔2013〕3号文“农业部关于调整黄渤海区刺网休渔时间的通告”中第二部分休渔作业类型第三点指出：“闽粤海域交界线”是指福建省和广东省间海域管理区域界线以及该线远岸端（23°09′42.60″N，117°31′37.40″E）与台湾岛南端鹅銮鼻灯塔（21°54′15″N，120°50′43″E）连线。其实，多年来农业部调整海洋伏季休渔时间的通告或去年征求将渔业捕捞辅助船纳入伏休管理意见的通知中，均以上面的经纬度为统一标准数据。而农业部的数据和福建省海洋与渔业厅等单位的数据是吻合的，并更精确、更权威。

4 台湾海峡与福建省管辖海域的关系

4.1 福建和台湾曾是连为一体的陆地

在我国福建省与台湾省之间，有一条长约370 km，平均水深约60 m，呈北东—南西走向的宽阔水道，是我国最大的海峡。它属于亚洲大陆板块，地质史上几经多次海陆演变。在约6亿年前古生代以至中生代，该海峡还是“华夏古陆”的一部分，福建和台湾两地曾连为一体，后来中部出现浅海，但两岸间许多地区依然相连接着。它们的地质、地形、自然、气候等方面均非常相象。第三纪始新世的一次大规模海浸，使整个海峡两岸均成为海面；中新世喜马拉雅山造山运动中，台湾和澎湖列岛耸起成为陆地，形成了海峡的基本轮廓；约6 000年前的第四纪冰期之后，世界性的海浸运动又变成了如今的海貌。

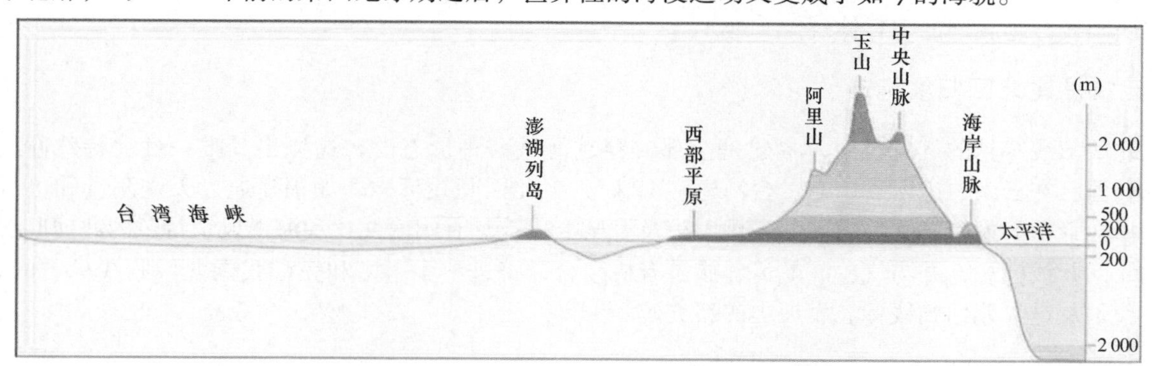

图2 沿北回归线台湾海峡地形剖面图

4.2 台湾海峡状况

台湾海峡北窄南宽，北口宽约200 km，南口宽约410 km，最窄处在台湾岛白沙岬与福建平潭岛之间，仅为130 km左右。总面积约8.3×10^4 km^2。因濒临我国第一大岛台湾，被称为台湾海峡。它纵贯我国东南沿海，由南海北上，或由渤海、黄海、东海南下，都是航运的必经之道。也可以说，台湾海峡理论划归东海海区，处于中国东海大陆架上，是中国福建省与台湾省之间连通南海、东海的海峡。台湾海峡处在季风显著的亚热带气候区，多股流系相互交汇，西北部受大陆和沿岸冷海流的影响较大，东南部受海洋和台湾暖流影响较多。理化环境十分复杂，海洋资源极其丰富。它的大致经纬度范围为南北向：22.9°~25.4°N。东西向：121.3°~120.1°E，台湾省西部海岸线向西到119.4°~118.0°E福建省东部海岸线。地理学上为北起台湾台北县富贵角与福建省平潭岛连线与东海接壤，南至福建东山岛与台湾屏东县鹅銮鼻连线与南海、巴士海峡为界。

4.3 北回归线穿越整体台湾海峡

台湾海峡并非是中国的内海，也不是海峡中间夹着公海。海峡之间，除了我国内海、领海和毗连区以外，是我国管辖的专属经济区海域。从而形成是一个既复杂，又特殊的海峡。由于我国与台湾当局长期处于对峙的分立分治状态，所以暂不可能具体准确划分台湾省与福建省的管辖海域界限。国际上有“海峡中线”的说法，即27°N，122°E至23°N，118°E左右。这只是美国和台湾方面在20世纪50年代提出的概念。台湾是中国的一部分，只是历史的原因，常规双方都是按照中间线各自管理自己的地盘。大陆方面一般不轻易越过海峡中线，但决不会承认这条线。如果大陆方面承认这个概念，等于是承认“海峡两岸，一边一国”、“划峡而治”。福建省海洋与渔业厅的回复中也提及目前海峡两岸并没有明确的划界，所以，福建省内水海域最南端点为闽粤海域分界线与领海基线的交点，他们提供的数据也仅是“约为23°08′N，117°32.5′E”。从此也可证实，北回归线穿越整体台湾海峡，这除了我国管辖的领海和专属经济区海域外，其中也包括福建管辖的西边海域和台湾管辖的东边海域。

5 北回归线穿越福建省的结论及意义

5.1 北回归线穿越福建省的结论

鉴于被北回归线穿越的省区其相对南端纬度必须要小于23°26′17″N的准则，经测量福建省海域地图并综合以上有关论证，福建省管辖海域从最北端纬度到最南端纬度约为北纬23°31′~23°09′N（约为40.7 km），北回归线穿越福建省漳州市所属诏安县、东山县的管辖海域，更准确地说，北回归线具体穿越福建省最南端的兄岛以南约10.4 km的管辖海域，这里距离福建省最南端的管辖海域仍有约30.3 km，从而证实北回归线穿越福建省。在此基础上，进一步确立北回归线穿越我国云南、广西、广东、福建、台湾五省区。这是对北回归线穿越我国的完整体现。

5.2 建筑福建北回归线标志

在北回归线穿越的五省区中，福建是全部仅穿越海域一种形态的，这显出其唯一性、特殊性、珍贵性。现我国已在云南、广西、广东、台湾建有12座以上北回归线标志，如福建通过天文测量和可行性研究，选择在管辖的最南端陆地、岛屿、珊瑚礁及海域上建筑具有闽南文化和海洋风情特色的北回归线纪念标志或北回归线标志，并与气象、航运、旅游有机结合，将进一步丰富和完善我国北回归线标志的分布。也是对我国及世界北回归线标志发展史的新突破。

5.3 通过论证北回归线穿越福建的历史反思

一直以来，我国的海域未被应有重视，究其根源，从地缘角度看，由于地处太平洋西侧，四大海均为边缘海，地理位置和地缘不利，中国走向深蓝障碍重重。同时，长期的农耕经济，形成历史技术文化的局限性，尽管陆海兼备，有很长的海岸线，却迟迟不能超越大陆意识，严重缺乏海洋战略思维。中国传统上数千年一直是“面朝大陆背对海”，面临的威胁主要来自陆地。从来都仅仅是把海洋作为天然屏障[2]，海洋地缘政治没有摆到历朝绝大多数中央政府的重要议事日程。从而逐步演变成一个闭关锁国、囿于大陆的国家，使整个民族的海洋观念薄弱和海权思想缺失[2]，海洋在普通老百姓心目中，往往更是一遍空白。另外，综观国际惯例，领陆是最重要的部分，是领土的主要成分，领水附随于领陆。领空和底土又附随于领陆和领水。所以，这些主客观因素对福建迟迟未被认为是北回归线穿越的省区有着很大的影响。现确定福建为中国北回归线穿越的省区，这是海域研究的一个填补，这是海权意识的一个强化，也是逐步将海洋提升至陆地同等地位的一个历程。

图 3　近年有关海洋战略及海权理论的中外著作

5.4　关注海域中的北回归线

人类开发的必由之路是陆地—海洋—太空。21 世纪为海洋世纪。英国海上战略研究权威专家杰弗里·蒂尔曾有这样一句忠告：一个国家如果忽视开发其海洋能力，就无法掌握自己的命运，任人宰割[3]。当前，世界上许多国家纷纷将海洋视作可持续发展的新空间。世界和中国经济已发展成为更依赖海洋的外向型经济，对海洋资源、科技、空间的开发程度大幅提高，在海洋生态环境，管辖海域外的海洋权益也需要不断加以维护和拓展。所以，作为陆海兼备的中国已经觉醒，正在抓紧思考海洋文明，海洋地缘开始崛起，并从近海向远洋拓展，持续加快建设海洋强国的步伐。近年，我国对钓鱼岛、南海争端的强硬举措以及 21 世纪海上丝绸之路的战略推进均是有力的诠释。在此国际新常态环境下，通过对北回归线具体穿越福建省管辖海域的分析和论证，使我们除了重点研究陆地上的北回归线外，也要关注海域中的北回归线，只有这样，才能更系统、更全面地探讨北回归线、认知北回归线、经略北回归线。

参考文献：

[1]　陈韦成,陈光妙. 漂动的回归线[R]. 台湾:台湾嘉义北回文教基金会,1998.
[2]　刘声东,张铁柱. 甲午殇思[M]. 上海:上海选东出版社,2014.
[3]　杰弗里·蒂尔. 21 世纪海权指南[M]. 上海:上海人民出版社,2013.

美国太平洋海岛利用模式的演变及对我国岛礁权益启示

刘大海[1,2]，张牧雪[2]，刘芳明[1*]

（1. 国家海洋局 第一海洋研究所，山东 青岛 266061；2. 中国海洋大学 经济学院，山东 青岛 266100）

摘要：自 19 世纪以来，亚太地区一直是美国扩大国际市场和维护国家安全的重要区域。太平洋岛礁作为美国经略亚洲的战略支点，其利用方式也随之变迁。本文选取太平洋上夏威夷群岛、关岛等重要岛礁，通过研究岛上设施的变迁过程，总结美国太平洋海岛利用模式的演变，并为我国的岛礁利用和权益维护提供借鉴。

关键词：美国太平洋海岛；岛礁利用；岛礁权益

1 引言

太平洋东临美洲，西濒亚洲、大洋洲。自 19 世纪以来，美国就将太平洋作为经略国家战略的重要区域。太平洋上的岛礁作为海陆兼备的特殊陆地区域，具有多元的价值系统，在亚太地缘政治格局、美国国防安全中也占据重要地位，是美国亚太战略的重要支点。美国在不同时期对岛礁采取不同的利用方式，建造不同类型的设施。岛礁上军用、民用设施的变迁，反映出了美国对太平洋地区的关注程度，间接反映出美国亚太战略的演变。

自 19 世纪起，美国通过各种扩张手段占领了太平洋上的诸多具有重要战略地位的岛礁。本文选取处于美国主权范围之下的夏威夷群岛、关岛、中途岛及 7 个太平洋偏远岛礁做样本，通过分析 3 个历史时期（19 世纪中叶到 20 世纪初、二战到 20 世纪末、21 世纪以来）岛礁及上面的军用、民用设施变化，研究美国太平洋战略的演变历程；同时，美国太平洋海岛的演变模式在岛礁的开发利用上具有鲜明特色，对我国保护和管理海岛、维护岛礁权益和海洋利益具有一定的借鉴意义。

2 第一阶段：19 世纪中叶到 20 世纪初

美国经略亚太可以追溯到 19 世纪中叶，当时的美国刚刚走出内战，正在与欧洲列强争夺整个美洲殖民地的控制权[1]，对太平洋的扩张仍在酝酿之中。对当时的美国来说，至高无上的海洋利益是商业而非安全和威望，海军亦服务于海上贸易[2]。所以，美国对太平洋诸岛的关注，主要在于他们在商业贸易通航中的重要位置。

19 世纪中叶，美国开始涉足太平洋，占领了北太平洋中部的中途岛。中途岛位于火奴鲁鲁西北 2 100 公里处，居太平洋东西航线的中间位置。而 19 世纪 40 年代太平洋中部威克岛上出现了美国的居民点。威克岛地处关岛和夏威夷之间，是横渡太平洋航线的中间站。对这两个岛礁的占领，使美国占据了太平洋航线中的重要支点。

在美国进行亚太贸易活动，扩大国际市场范围的过程中，夏威夷的地位变得更加重要，美国对夏威夷

基金项目：国家海洋局项目“权益海岛管理调研与政策研究”（2200204）；海洋公益性行业科研专项“岛群综合开发风险评估与景观生态保护技术及示范应用”（201305009）。

作者简介：刘大海（1983—）男，安徽省岳西市人，博士，助理研究员，主要从事海洋政策方面研究。E-mail：liudahai@ fio. org. cn

* **通信作者：**刘芳明，硕士，助理研究员。E-mail：liufangming@ fio. org. cn

觊觎由来已久。19 世纪 80 年代，欧洲列国对世界上的重要岛屿、航线展开激烈的竞争，受到威胁的美国开始更多地关注维护国家安全。实现防御需要武力向海外延伸，将兵力从安全的前沿基地直接派出，由此，太平洋上的岛屿被纳入美国国家利益当中。1884 年，美国与夏威夷王国达成协议，美国获准在夏威夷的珍珠港上修建维修站和加煤站，这意味着美国海军在夏威夷获得立足点[3]。

1898 年，美西战争成为美国向太平洋军事扩张的开始。这一年，美国正式吞并夏威夷，夺取西太平洋上关岛，控制东萨摩亚，占领威克岛，并在瓦胡岛、关岛和中途岛上修建海军基地，整个北太平洋边缘地区都处于美国的控制之下。战后，美国正式接管菲律宾，建成由夏威夷到菲律宾之间的海底电缆连结站。通过这一时期的的扩张，太平洋上的 3 大良港（夏威夷的珍珠港、萨摩亚群岛的帕果帕果港和菲律宾的马尼拉港）全部落入美国手中，这 3 个港口分处北、南太平洋腹地和亚洲东南部门户，可以成为最好的战略基地。

美国对海岛的利用，呈现鲜明的“先军后民”的特征。例如，关岛是美国与远东、东南亚和澳大利亚间跨洋的海空交通枢纽，美国占领关岛后，开始在岛上建立军事基地、兵营和相关军事设施；随着军事设施的建立，电报站、民用机场等民用设施也如雨后春笋般出现在关岛上。这种情况的出现有以下几个原因：首先，在一战前，由于西欧列强剑拔弩张的紧张形势，除了防备日本的潜在威胁外，美国将更多的战略关注和军事力量给予了大西洋；其次，20 世纪 20 年代华盛顿国际会议各国达成了限制军备的共识[4]。虽然美国的初衷主要是出于对英国、日本在太平洋上军备力量的限制，但自身也不可避免地受到影响；最后，由于在第一次世界大战中遭受了巨大伤亡，美国在 20 世纪 20—30 年代孤立主义达到顶峰，决心不再参与任何在欧洲发生的军事冲突，国会对太平洋海岛的军事建设带有强烈的抗拒。在这种情况下，民用设施的建设，是限制军用设施的背景下美国控制太平洋海岛的必要手段。

因此，一战前后，美国对已占领的太平洋诸岛，不再进行大规模的军事化建设，而转向民用设施建设，夏威夷群岛、马利亚纳群岛的农业和商业都得益于民用设施的改善而发展起来。尤其是作为太平洋航线中转补给站的瓦胡岛、关岛等岛屿，也建立了民用机场和港口。30 年代，美国占领了约翰斯顿环礁、贝克岛、豪兰岛、贾维斯岛等小岛礁，设置居民点、灯塔等民用设施。泛美航空公司的跨太平洋航线穿过中途岛和威克岛[5]，在岛上建立起民用航空站。美国将扩张之手伸到了中太平洋。

3 第二阶段：二战到 19 世纪末

二战爆发初期，欧洲焦灼的战事使美国一直坚持“欧洲至上”的战略，重点壮大大西洋舰队，重点军事防御大西洋而非太平洋，这使美国在大西洋上处于主动而在太平洋上处于被动。但是在亚洲（包括中国、菲律宾等）的利益上，美国和日本一直处于矛盾状态，尽管陷入被动防御的态势，美国仍在太平洋的中途岛、威克岛、约翰斯顿环礁、贝克岛、金曼礁修建了海、空军军事基地和防御工事，并部署了战列舰和潜艇，太平洋舰队则驻扎在夏威夷。

1941 年 12 月，日本偷袭珍珠港，美国在珍珠港的战列舰队崩溃，空军被摧毁，关岛被日本占领，东南亚和西南太平洋也被日本控制住。但美国在中太平洋的海军基地未受损，4 艘航空母舰也没有受到损失。美国对日宣战后，对太平洋上的海、空军力量做了重新部署。为了保护本土海岸和通往澳大利亚的补给线，美国被迫暂时放弃菲律宾，集中兵力于南太平洋抵挡住日军进攻，先后在珊瑚海（1942 年 5 月）、中途岛（1942 年 6 月）挫败日本[6]，获得战争主动权。1942 年 8 月，美国开始太平洋的上的局部反攻，从中太平洋和西南太平洋双重推进，逐步掌握了太平洋的制空权和制海权。

期间，太平洋的海岛在美国重新进行的军事部署中发挥了军事中转、联络、补给、支援的重要作用。美国在夏威夷瓦胡岛上大力扩建军事设施，对珍珠港进行重点改建和扩建，建立空军和海军基地，并部署了潜艇和海军陆战队。太平洋上的约翰斯顿环礁（珍珠港海军的避风港）、豪兰岛（澳大利亚和夏威夷的中转站）等岛礁都修建了海军航空兵站。1944 年，美国夺回菲律宾、马里亚纳群岛，占领马绍尔群岛，在关岛、塞班岛等岛上重新整修了空军基地，并以此为跳板进攻日本本土。1945 年 6 月，美国攻陷冲绳群岛，为日本本土的登陆作战做好了准备。随后，盟军派遣部队进入亚洲战场和美国向日本本土投下 2 颗原子弹，加速了日本政府宣布投降。

第二次世界大战巩固了美国在世界的海权地位，然而，随着冷战的开始，美苏2个海权大国开始了在世界范围内的领导权竞争和军备竞赛。欧亚大陆、太平洋地区、印度洋沿岸都是两国竞争的焦点。而在亚太地区，美国则以3条岛链为基础实行战略防御：第一岛链是阿留申群岛—日本列岛—琉球群岛—台湾—菲律宾群岛—印度尼西亚群岛的岛屿链；第二岛链为日本列岛—小笠原群岛—硫黄列岛—马里亚纳群岛—雅浦群岛—帛琉群岛—哈马黑拉马等岛群；第三岛链以夏威夷群岛为中心，北起阿留申群岛，南到大洋洲一些群岛，涵盖广阔的西太平洋区域[7]。3条防线实现了对亚太地区的封锁。二战后，太平洋上的部分重要岛屿仍然发挥军事上的作用，例如关岛作为海、空战略要地，在朝鲜战争和越南战争期间发挥着补给站和中转站的作用；威克岛作为关岛到夏威夷之间的补给站和中转站，1962年修建了现代化空军机场，成为美军飞机从檀香山到东京和关岛的加油站、空中补给点，现在仍是飞机紧急着陆站和加油站。同时，由于美国与苏联之间的军备竞赛和核威胁，美国在威克岛、约翰斯顿环礁、马绍尔群岛等岛上都建造了导弹试验基地。

但从整体来看，在冷战期间，美国与苏联的竞争重点还是放在大西洋及其沿岸，海军亦主要针对欧洲、西亚和中东诸国。太平洋上的一些偏远岛礁（例如金曼礁、贝克岛等）的军事设施被撤废，建立起了野生动物保护区。20世纪50—60年代，夏威夷群岛、马里亚纳群岛、东萨摩亚、威克岛等岛屿，开始大力发展民用设施，如民用机场、港口、电缆、飞机补给站等，建造现代化设施，发展旅游业和其他产业，例如夏威夷于1959年正式被列为美国第50州，随着成立州后各产业的发展，民用设施进一步完备，农业、国防工业、旅游业先后发展起来。美国对太平洋的控制已不局限在军事方面，而是同样重视当地经济发展和商业中转地位。

冷战后期，美国海军将大西洋假设为自己的战略进攻目标。而随着太平洋区域形势的稳定，虽然美国的太平洋舰队也是实力雄厚，但在太平洋的行动却一般没有具体的政治目标[2]，太平洋各岛礁也基本未进行大兴土木的建设。20世纪90年代，苏联解体，冷战结束，国际格局发生重大变化，美国开始重新进行战略调整，在试图建设全球性海外军事基地的过程中曾一度放松对太平洋上关岛、夏威夷等军事基地的建设，缩减兵力。

4 第三阶段：21世纪以来

进入21世纪，世界逐渐走向多极化格局，中国崛起，日俄海洋实力增强，亚太地区的重要性越来越突出，美国对太平洋区域关注度再一次提高。

军事上最明显的变化具体表现在对关岛和夏威夷军事战略的重视。自2000年以来，美国加大了对关岛的兵力投入，修整导弹基地和核潜艇基地，并调动更多的导弹、潜艇和航母部署关岛，实现对亚太的防御，建设西太平洋超级军事基地[8]。2005年后美军在夏威夷先后建立了数个赋能司令部，并在瓦胡岛建立弹道导弹防御体系，防御敌方战略导弹。美国在亚太地区的重要地位建立在其强大的海洋力量之上。太平洋司令部负责的区域覆盖了地球上50%以上的领土，从美洲大陆的西海岸到非洲大陆的东海岸[9]，从北极圈到南极圈，前沿部署主要位于日本、韩国、关岛和迪戈加西亚。第7舰队的战舰核心部署于美国在日本和关岛的海军基地，其他战舰轮流部署于夏威夷和美国西海岸基地上。美国在亚太地区拥有大量的海外基地，日本的横须贺、冲绳海军基地，韩国的乌山空军基地和汉城基地，与关岛、阿拉斯加和印度洋上的军事基地相呼应，控制着具有战略意义的航道、海峡和海域。

美国加强对太平洋区域的控制，还体现在美国太平洋保护区的建立和扩大之上。自2006年建帕帕哈瑙莫夸基亚国家海洋保护区（包含中途岛和西北夏威夷）起，美国开始在太平洋上大规模建设海洋保护区。2009年，美国宣布在太平洋上建立3个海洋保护区，包含马里亚纳群岛、东萨摩亚、太平洋偏远小岛礁。2014年太平洋偏远岛屿的保护区范围扩大到200海里海域，该项变化加强了美国对岛礁民事活动的限制，禁止在保护区内进行捕鱼、资源勘探和其他活动，弥补了因未加入联合国海洋法而不被国际认可的专属经济区的权利。这一举措加强了美国对这6个岛礁及附近的控制，从而扩大了美国在太平洋的影响力和控制力。

5 结论和启示

5.1 美国亚太战略演变趋势

美国在不同时期的地区战略是根据当时的世界格局和国家根本利益所制定的。根据以上3个时间段美国太平洋海岛的演变过程，可以看出美国在不同时期对太平洋海岛的利用方式不同，由此体现出美国亚太战略的演变。从19世纪中叶到21世纪初，美国对亚太地区的战略演变大体经过了“战略扩张—战略防御—重返亚太”这样一个大体趋势。

战略扩张（19世纪中叶到20世纪初）：美国从19世纪中叶开始介入太平洋，太平洋是美国从美洲大陆到亚洲商业扩张的转变中一个必须要跨越的衔接点。通过军事扩张、经济渗透、政治干预等手段，美国先后控制了太平洋上中途岛、夏威夷群岛、关岛、东萨摩亚、威克岛等战略岛屿，把扩张的跳板一直搭到了亚洲的东南门户菲律宾。美国海军在太平洋上控制的岛礁以航线的补给站和中转站为主，其中中途岛是夏威夷到菲律宾的中转站，豪兰岛是澳大利亚和夏威夷的中转站，威克岛是夏威夷到关岛的中转站。美国通过控制这些岛礁，进而控制了太平洋上的重要航线。

战略防御（二战到19世纪末）：珍珠港事件后，由于日本的疯狂扩张和美国的海军受到打击，美国被迫收缩防线，放弃菲律宾、关岛，集中兵力保护从美国到澳大利亚的航线及航线上的岛屿。战后，美国收回关岛等被日本占领的岛屿，并占领马里亚纳群岛，太平洋重要航线重新由美国控制。经过第二次世界大战，英国、日本两大海上强国的元气大伤，美国却取得了太平洋上的霸主地位。然而随着冷战中与苏联的对峙，美国并未继续向太平洋扩张，而是在太平洋上形成了以3条岛链为基础的防御态势，防御并封锁欧亚大陆上的主要社会主义国家。直到冷战结束，美国都将军事战略重点放在大西洋沿岸，对太平洋区域的军事关注降低。

重返亚太（21世纪）：21世纪以来，美国突然高调重返亚太。美国对关岛的军事部署不断加强，正体现了美国对亚太地区的军事关注在加强。但冷战结束后，国际秩序一直处于较为稳定的状态，促进和控制一个繁荣、安全、稳定的亚太共同体，将使美国成为受益人。在这种国际背景下，美国在太平洋上的海上力量，除了以强大的军事力量为后盾外，还在于控制太平洋海上通道、重要岛屿和海洋资源，稳定美国在国际贸易中的地位，维护商业和安全。此时，选择安全合作和联合设防，比起美国单方面的军事扩张更加适合亚太地区的形势。除了军事部署外，建设海洋保护区也是加强对太平洋控制的重要手段，这种温和的手段避开了亚太地区其他国家直接相关的利益，却在无形之中保护了美国对海洋资源的专属开采权，增强美国对太平洋地区的影响力，美国在太平洋的海上力量还在不断加强。

5.2 美国太平洋海岛利用的特点

随着美国对亚太地区的战略演变，美国太平洋海岛的控制和利用方式也随之发生改变，一般表现为：军用和民用相结合，经济控制与军事控制并用，政治、法律、军事、科研、国际合作等各种手段协调使用。

（1）军用和民用相结合。海岛上的军用设施主要表现为军事基地、补给站、军港、机场和导弹基地等。美国在最初占领一个具有战略位置的海岛后，一般会首先建造军用设施，派遣驻兵，实际控制整个海岛及周边海域；随后，为了发展海岛经济、巩固对海岛的控制和影响，美国会完善岛上民用设施（例如民用港口、机场，电缆、通讯设施等），促进本土农业、工业、旅游业的发展，尤以夏威夷岛、关岛为代表。

（2）经济控制与军事控制并用。在获取对一个海岛的控制权时，除了军事手段，与之建立经济贸易往来也是一个手段。例如美国在吞并夏威夷时，先利用经济贸易使之对美国产生极大的经济依赖，获取在岛上建立海军驻地的机会，从而实现逐步渗透，实现对夏威夷的控制。

（3）政治、法律、军事、科研、国际合作等各种手段协调使用。冷战结束后，和平与发展成为时代的大趋势，比起军事手段，采取法律、科研甚至环保等缓和手段也是维护自己的海洋权益的有效途径。2014 年的扩大海洋保护区面积之举措就是其中一例。

5.3 启示

同美国相似，我国同样具有很多大大小小的岛礁，如何有效利用和保护岛礁、维护我国岛礁权益和海洋权益成为我国很多政策的出发点之一。维护岛礁权益，既要实现岛礁的实际控制，也要注重岛礁的开发和保护。军事防御与经济发展并行、海岛利用方式多样化会成为我国控制和利用岛礁的有效模式。

军事控制是实际控制岛礁最为直接和有效的方式，海岛军事设施的建设不仅可以保护海岛本身不受侵扰，还可以巩固国家海防，增加威慑力，实现国家的战略防御；但另一方面，军事设施的建设于区域局势的稳定存在一定的风险，所以在使用军事手段时应更加谨慎。

建立民用设施，推动海岛经济发展是实现岛礁长久利用的重要条件。海岛经济的发展，可以使海岛从由依赖低级产业或国家补给转变为自己创收创汇，甚至带动周边区域经济的发展；同时，也有利于吸引居民入住海岛，形成完整的行政系统，使海岛从各方面从属于国家，从而加强对海岛的影响力和控制力。

在我国也存在的大量类似约翰斯顿环礁、贝克岛等美国太平洋岛礁的无居民海岛，对于这些海岛，我国应以立法的形式，加强对海岛的保护与管理，进行有序开发，在实现对岛礁的有效控制和开发后，可以将其作为“一带一路”的战略支点，为国际合作提供新的集散地和贸易空间。

尤其在“一带一路”战略的背景下，国际合作与贸易更加便利，位于国界附近的海岛迎来了经济发展的新机遇。例如西沙群岛生态环境优良，旅游资源丰富，但是由于政策瓶颈的存在，旅游业还未能发展繁荣，但在“一带一路”的背景下，旅游正是增进了解的友好途径，旅游业发展前景广阔。所以当前，一方面应该着力完善岛礁上基础设施建设，为发展旅游经济和贸易经济奠基；另一方面也该增加政策倾斜，为外国友人入境旅游提供便利。在新政策的影响下，海岛经济及对周边区域的带动作用会得到进一步发展。

参考文献：

[1] 王华．近代美国太平洋扩张问题再认识[J]．鲁东大学学报：哲学社会科学版，2011，28(1)：28—33.
[2] [美]乔治·贝尔．美国海权百年——1890—1990 年的美国海军[M]．北京：人民出版社，2014.
[3] 肖鹏．看美国如何摘取“夏威夷熟梨”[J]．海洋世界，2011(9)：53—55.
[4] 张愿．美国远东外交与华盛顿体系下的海军军备限制问题[J]．华中师范大学研究生学报，2007(4)：104—109.
[5] Harold Evans. Trippe the Light Fantastic[J]. The Wall Street Journal，2005 February 24.
[6] 张耀．回首二战——第二次世界大战的亚太战场[J]．世纪，1995(3)：34—35.
[7] 史春林，李秀英．美国岛链封锁及其对我国海上安全的影响[J]．世界地理研究，2013(2)：1—10.
[8] 韩江波．关岛——美军控制西太平洋作战体系的“纲”[J]．当代海军，2006(12)：72—74.
[9] 益明．美国五大战区司令部“瓜分”全球[J]．决策与信息月刊，2007(7)：70—72.

基于博弈论视角的中国与周边国家渔业纠纷解决路径

曾繁强[1]

（1. 浙江海洋学院 经济与管理学院，浙江 舟山 316022）

摘要：近年来，在海洋权益越来越被世界各国重视的背景下，中国与周边国家频繁发生的渔业纠纷不可避免地引起了关注。博弈论可以为理解和分析中国与周边国家之间的渔业纠纷提供一个新的视角。通过领土地缘、自然资源、经济利益、军事战略、民心制度和历史传统的博弈效用比较分析发现，中国与周边国家之间的渔业纠纷问题极易陷入一个囚徒困境，需要双方进行博弈行为协调，妥善处理纠纷，维护地区和平。

关键词：博弈论；渔业纠纷；行为协调；对策

1 引言

近年来，由于历史和现实的原因，中国与周边国家之间的渔业纠纷和海洋权益争议日趋增多，在错综复杂的国际及地区关系中，如何处理好中国与周边国家之间愈演愈烈的渔业纠纷，不仅关系到我国海洋渔业领域1 443.06万渔业从业人员和2 065.94万渔业人口[1]的生计，更关系到中国与周边国家乃至全球区域的国际外交关系以及中国的和平崛起。

博弈论（Game Theory）既是现代数学的新分支，也是运筹学的一个重要学科，现已被广泛地应用于生物学、经济学、国际关系、计算机科学、政治学、军事战略等其他很多学科的研究和分析。将博弈论运用到中国与周边国家之间渔业纠纷问题的分析，是基于博弈论的高度科学性和解释力，可对中国和周边国家在渔业纠纷博弈中的策略选择和影响因素进行综合分析，将中国与周边国家在该问题上选择的不同的策略所获得的收益用“效用”的方式计算出来，使分析更具有精确性。国家利益犹如一枚硬币的两面，对外关系到国家权力的实现，对内关系到国民福祉的提高，因此还将会涉及到经济学中常用的社会福利函数，用于计算博弈双方的效用。

2 中国与周边国家渔业纠纷的缘起与现状

近年来，我国在与周边国家渔业纠纷不断，已经成了一种常态化事件。以中日钓鱼岛撞船事件、中韩渔民暴力冲突、中菲黄岩岛对峙等事态发展为标志，中国与周边国家的渔业纠纷及引致的海洋主权博弈大有愈演愈烈之势，如不加以妥适处理，极易成为影响双边（或多边）经贸关系和西太平洋区域局势稳定的重要因素。

2.1 渔业纠纷缘起

（1）各国政府越来越重视自身海洋权益的维护。《联合国海洋法公约》等国际法对专属经济区划界等问题的规定，客观上使各国调整了其海洋战略。随着陆地能源的枯竭，丰富的油气资源、渔业资源及其他海洋资源加剧了各国对海洋的争夺。

作者简介：繁强（1996—），男，江西省赣州市人，主要从事海洋经济与政治研究。E-mail：358289528@ qq. com

（2）相关国家海上执法机构及人员的粗暴行径，在一定程度上导致了渔业纠纷的升级。《联合国海洋法公约》规定外国渔船违反一国政府根据《公约》所制定的涉海法律和规章时，应该首先采取非武力管制措施，如对进入其专属经济区非法捕鱼的渔船采取拦截、驱逐、紧追、登临、检查、司法审判等管制措施，不得使用武力伤及船上渔民。但在现实中，相关国家在处理中国渔民技术性违规等原因所导致的渔业侵权行为时，往往采用非法扣押、逮捕、甚至使用武力等过激行为，不仅导致中国渔民为逃避追捕而反抗，还屡屡发生伤亡事件，极易激起双方国家的民族情绪。

（3）中国与周边国家在领海划界问题上争议犹存。如中韩对黄海海域专属经济区及苏岩礁的归属各持主张，至今尚未解决。而中日关于东海海域的专属经济区的划分向来敏感，对钓鱼岛主权归属的争夺更是接近白热化状态。在南海诸多岛礁中，至今仍有40多个岛礁被周边国家非法侵占，其中越南占据了29个、菲律宾占了9个、马来西亚占了5个[2]。

2.2 渔业纠纷现状

（1）我国黄海海域与朝鲜和韩国相邻，是渔业纠纷发生的高频地区。中国与朝鲜先后签订了一系列条约和文件，对渔民越界捕鱼、渔业纠纷处理、海上救援等做出了明确的条款规定[3]。即使如此，中朝之间的渔业纠纷仍然频发，尤其集中于邻近东经124度的黄海海域，不仅中国渔船被扣押，而且中国渔民经常遭到朝鲜海警的殴打和虐待。中韩渔业纠纷自《中韩渔业协议》签订以来就逐渐显现，并有愈演愈烈的趋势。

（2）我国在东海海域的渔业纠纷主要集中在中日之间，而钓鱼岛附近海域附近则是中日渔业纠纷的核心地区。中日两国政府虽然于1997年11月签署了两国《渔业协定》，但并没有在解决中日渔业纠纷上起到很好的积极作用。2010年发生的中日撞船事件直接导致中日双边关系的急剧恶化，而后日本政府甚至直接将钓鱼岛及其附近具有争议的水域“国有化”，打破了中日有关钓鱼岛“搁置争议，共同开发”的既有默契，导致两国在钓鱼岛海域对峙局势的持续紧张。

（3）2002年签署的《南海各方行为宣言》中没有涉及渔业问题，而现阶段中国与南海有关声索国①发生的矛盾和冲突大多是因渔业纠纷而起，主因在于中国与南海声索国之间至今尚未签订渔业协定，以致给渔业纠纷埋下了极大的隐患。

3 相关国家在渔业纠纷中的主要利益诉求分析

3.1 国土空间的拓展

在一定程度上，渔权的争夺实际上是海权的争夺。一方面，渔民在相关争议海域进行捕捞可以宣誓主权存在；另一方面，在相关争议海域对渔船进行登船检查、驱离违规船只等海上执法管理，是对相关海域的实际管控，可以有效宣示主权国家对邻近岛礁及海域的所有权。渔业纠纷并不仅仅只是经济和外交问题，更关乎一个国家的海洋主权。因此从领土、地缘因素来讲，渔业纠纷关系着相关国家对海洋空间资源拓展的根本利益。

3.2 渔业资源的争夺

渔业资源是指具有开发利用价值的鱼、虾、蟹、贝、藻和海兽类等经济动植物的总体，是渔业生产的自然源泉和基础，是一种重要的自然资源。渔业纠纷最直接的表现便是对渔业资源的争夺。中国与周边国家的渔业纠纷主要围绕渔业资源的争夺展开，针对渔业资源进行的争夺在今后相当长的一段时间内都将存在下去。尽管渔业资源的丧失不会直接威胁到相关国家的生存与安全，但仍关系到相关国家的重要海洋权益。

---

① 主要指越南、菲律宾、马来西亚、印尼、文莱等国。

3.3 经济效益的追求

渔业资源是一国重要经济资源之一。对于相关国家渔民而言，渔业资源也是他们主要的经济来源，渔业捕获量的多少直接关乎他们的生活水平。对于相关国家而言，渔业经济虽然所占比重不大，却是一种不可或缺的重要经济组成部分。各国尤其是越南、菲律宾等发展中国家对渔业资源的争夺，在相当程度上也是出于对渔业经济效益的追求。从经济发展因素讲，渔业纠纷的处理关系到相关国家的重要利益。

3.4 军事战略的考量

从军事角度上讲，渔业纠纷的处理同样关系到相关国家的重要核心利益。如日本坚持在钓鱼岛附近海域进行对正常捕捞作业的中国渔民进行管理，并高调处理，甚至声称在面对危机时不惜使用海上自卫队，其背后有着强化海上力量、应对所谓“中国威胁”、建立区域“军事大国”的目的。南海声索国也以应对中国渔民为借口，积极发展军事力量，以图更好地维持霸占中国南海岛礁的现状，并在未来可能与中国发生的海上冲突中占据优势。从军事角度上讲，渔业纠纷的处理关系到相关国家的次要利益。

3.5 政治行为的博弈

从民心角度来看，无论是中国还是周边国家的人民都越来越关注和重视海洋权益的维护，一些国家的政客在竞选时，为了顺应本国“民意”，也往往承诺在处理涉及与他国的渔业纠纷问题上采取强硬立场。从制度角度来看，中国分别与日本、韩国、越南签订了相关渔业协定，然而在实际操作过程中，各国往往选择性地引用联合国《海洋法公约》中有利于本国的条款，从而加剧了分歧的扩大。如《中韩渔业协定》生效后，大批渔船被迫从传统外海渔场返回我国近海渔场作业，渔民们短时间无法接受传统渔场的丧失，迫于生计，不得不冒险前往对方海域进行捕捞作业[4]。从民心、制度角度分析，渔业纠纷的处理，对于相关国家尤其是中国国民意识均会产生很大影响，这关系到相关国家的极端重要利益。

4 中国与周边国家渔业纠纷的博弈论分析

4.1 博弈模型的设计

构建中国与周边国家渔业纠纷的博弈论模型的假设条件如下：

首先，博弈双方均未加入任何明确的、公开针对其他国家或国家集团的政治、军事联盟，由此假设双方的策略选择均为独立自主，未受第三方影响。其次，鉴于纠纷相关国家围绕渔业纠纷问题进行了多年的对峙与合作，因此，博弈双方均明了己方和对方的策略。最后，假定博弈双方拥有完全理性，知道各种博弈均衡的结果所产生的支付的大小。

模型中有两个参与人：中国，纠纷相关国。中国有两种选择：对峙，合作；纠纷相关国也有两种选择：对峙，合作。

以前文的利益分析为基础，对不同层次的国家利益设定不同大小的效用值：次要利益效用为1；重要利益效用为2；极端重要利益效用为3；根本利益效用为4。① 假设博弈双方在经济发展上的利益只有在相关国选择合作时才能实现，其在模型中的表现为双方效用均增加1。

除民心、制度因素的博弈外，所有博弈均为非合作博弈，即一方得利必有一方受损。在民心、制度的博弈中，由于双方均受到较多非理性因素的影响，因此在效用上表现出以下特点：双方民众不仅关心渔业纠纷解决的结果，更关心官方在解决纠纷过程中的姿态。因此中方对峙的效用为3，合作的效用为2；相关国家对峙的效用为3，合作的效用为2。在完成各因素的博弈效用计算后，依据前文提到的“功利主义”社会福利函数，对双方各选择结果的效用值进行加总，得出双方各行为选择的总效用，即：

① 效用值大小的不同仅表示各层次国家利益相对不同的重要性，不表示不同层次国家利益重要性的绝对差距。

$$U_{\text{total}} = U_{\text{lan}} + U_{\text{rec}} + U_{\text{eco}} + U_{\text{mil}} + U_{\text{x}},$$

其中，U_{total}表示总的效用①；U_{lan}表示领土地缘方面的效用；U_{rec}表示自然资源方面的效用；U_{eco}表示经济效益方面的效用；U_{mil}表示军事方面的效用；U_{x}表示民心、制度和文化方面的效用。

根据以上情况，可以构建出上述中国与周边国家关于渔业纠纷的博弈模型，具体见图 1。

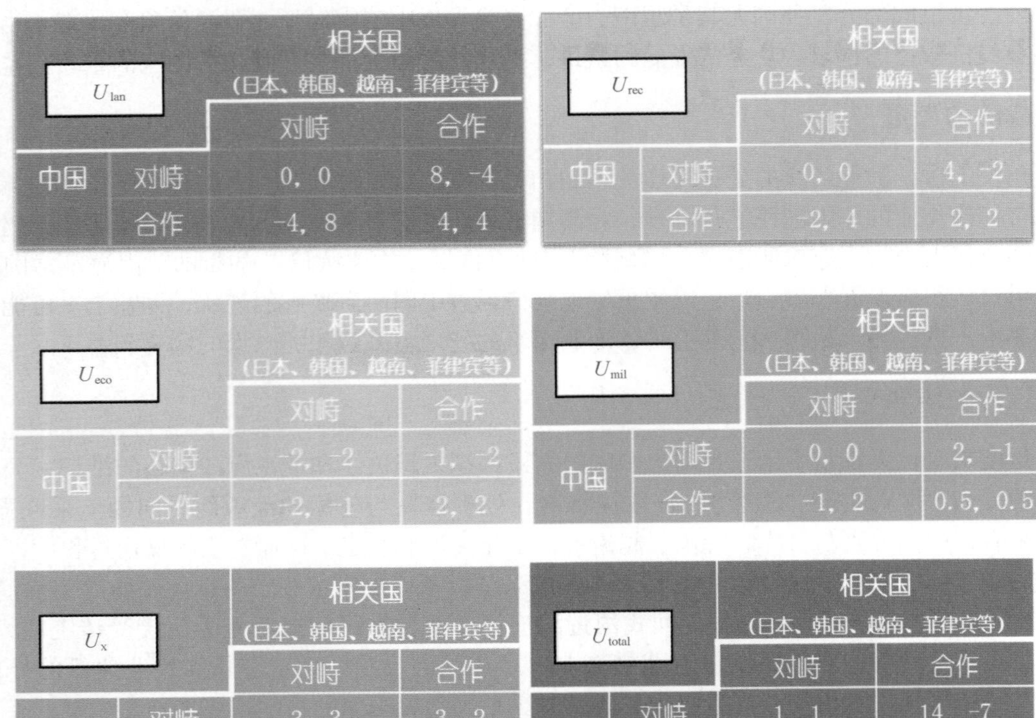

U_{lan}		相关国（日本、韩国、越南、菲律宾等）	
		对峙	合作
中国	对峙	0，0	8，-4
	合作	-4，8	4，4

U_{rec}		相关国（日本、韩国、越南、菲律宾等）	
		对峙	合作
中国	对峙	0，0	4，-2
	合作	-2，4	2，2

U_{eco}		相关国（日本、韩国、越南、菲律宾等）	
		对峙	合作
中国	对峙	-2，-2	-1，-2
	合作	-2，-1	2，2

U_{mil}		相关国（日本、韩国、越南、菲律宾等）	
		对峙	合作
中国	对峙	0，0	2，-1
	合作	-1，2	0.5，0.5

U_{x}		相关国（日本、韩国、越南、菲律宾等）	
		对峙	合作
中国	对峙	3，3	3，2
	合作	2，3	2，2

U_{total}		相关国（日本、韩国、越南、菲律宾等）	
		对峙	合作
中国	对峙	1，1	14，-7
	合作	-7，14	10.5，10.5

图 1

4.2 中国与周边国家渔业纠纷博弈模型选择分析

对以上博弈矩阵加以分析：该博弈存在两个纯策略纳什均衡①（1，1）和（10.5，10.5）。

我们已经假定博弈的参与方是理性的，都期望获得更多的收益，在进行选择的时候仅仅只考虑自己，而不关心对方。以中国为例，如果中国选择“对峙”，有可能获得 1 和 14 的收益，选择合作则可能获得 -7 和 10.5 的收益。相对而言，“对峙”比“合作”更安全，获得的收益更多，而“合作”有可能损失收益（即对方选择不合作），风险较大。因此，对于中国来说，不论对方采取什么样的战略，自己的最优选择都是“对峙”。同样，对于其他相关国家而言也是一样的。

在这个博弈中，双方的占优战略都是“对峙”。当双方都采用“对峙”战略时，（对峙，对峙）便成了双方的占优战略均衡，得到的收益为（1，1）。显然，均衡（1，1）的收益较差，这意味着协调失败，因为存在（10.5，10.5）这个对双方来说都更好的选择。一般而言，（1，1）策略组合被称为风险占优策略，（10.5，10.5）则被称为得益占优策略。在现实中，人们往往会选择风险占优而非得益占优策略，因为均衡（10.5，10.5）具有较大的风险性，自己无法判断对方的行为选择，万一对方没有采取“合作”的策略，自己将损失 7 的收益；相较而言，选择“合作”策略则可以保证有 1 的收益。这种个体理性与集体理性之间的悖论被称为“囚徒困境”。“囚徒困境”反映了个体理性与集体理性之间的冲突关系：每

① 纯策略纳什均衡是指在一个纯策略组合中，如果给定其他的策略不变，该节点不会单方面改变自己的策略，否则不会使节点访问代价变小。

个博弈方都从自身利益最大化出发选择行为，结果却没有实现两人总体的最大收益，也没真正实现自身的个体最大利益[5]。

4.3 中国与周边国家的策略选择现状分析

在中国与周边国家渔业纠纷愈演愈烈的背景之下，有必要对我国对外渔业合作现状的策略选择现状进行分析和总结。在现实中，中国与周边国家在渔业纠纷中呈现“对抗与合作并存”、“对抗多于合作”、“合作层次不高”的局面。

中国与周边国家既有以中日、中韩、中越渔业协定为代表的渔业合作，也有涉及中日钓鱼岛、中菲黄岩岛和中韩东海渔业的激烈对抗。相较而言，双方的对峙远多于合作，尤其是在争议海域。自日方逮捕中国船长詹其雄和钓鱼岛“国有化”始，双方的对抗愈演愈烈；中国渔民刺死韩国海警和韩国抓捕中国渔民引发两国民间情绪的爆发。双方之间既有民间之间的对抗，如抗议游行；也有政府间的对抗，如双方海事船的对峙，菲律宾甚至多次逮捕中国渔民并判刑。既有政治对抗，如外交抗议；也有经济文化对抗，如中国游客赴日降温，双方文化交流减少等。在这一系列冲突的爆发和升级的背景下，相关渔业协定早已形同虚设。双方的合作在水平和层次上也是极为有限的，且并没有在解决纠纷中发挥该有的作用。到目前为止，中国虽然与日本、韩国和越南签订了渔业协定，但这些协定对中国而言是不太公平的，中国渔民丧失了大量传统作业渔场。然而相关国家却以协定为据，加大对本国专属经济区和钓鱼岛等争议水域的执法巡察力度。这样的“合作”，不仅没有缓和局势，反而加剧了“对抗”。纵然双方都有协商解决纠纷的意愿，但其中涉及的利益纠葛以及双方的不信任却往往裹挟着中国与周边国家在实际操作中选择对峙而非合作。

然而，“对峙”极易引发进一步的冲突，甚至引发局部战争，在“和平与发展”成为世界主题的今天，对抗所带来的成本和支付的代价是极其昂贵的。中国与周边国家围绕渔业纠纷所进行的博弈并不是一次性博弈，而是一个长期的重复博弈的过程。中国或者相关国家并不能保证每次都在选择“对峙”时占据优势。虽然在博弈中选择“对峙”策略可以获得单次博弈的效用最大化，但一旦博弈失败将损失惨重。

5 有效解决中国与周边国家渔业纠纷的对策建议

无政府性质是国际体系的自然属性[6]，在盛行权力政治和机会主义以及偏好相对效用的国际社会，如何跳出这种囚徒困境，是化解中国与周边国家渔业纠纷的关键所在。

5.1 进行有效的博弈协调是解决中国与周边国家渔业纠纷的关键

一般而言，造成博弈行为不协调的主要因素有两个，一是信息问题，即无法判断对方采取何种行动；二是约束问题，那些违背协定者往往受不到处罚。据此，解决中国与周边国家渔业纠纷的对策建议有三。

（1）建立有效的信息交流机制。信息的不完全是博弈协调性不高的最主要原因。如果博弈各方将对方的偏好、选择等信息完全掌握，则不会造成个人理性之间的冲突，因为完全信息保证了对可能冲突的预测。博弈双方的信息沟通可通过建立双边、多边对话机制，尤其是加紧建立纠纷应急处理机制如联络机制，加强驻外使领馆、涉外机构、远洋渔业企业和渔船之间的联系，以处理中国与周边国家之间可能的突发性渔业纠纷。第三人的信息传达则可由中立第三方进行斡旋协调或建立多边对话机制实施。隐性信息交流机制则是国际社会处理类似冲突的规则和惯例，包括国际法和国际规范，这是双方合作的坚实基础。

（2）建立有力的违信惩罚机制。一国对国家利益的维护和争夺是国家对外政策的出发点和落脚点。国家的理性和由此产生的机会主义行为是对合作构成威胁的主要因素。因此，应该通过违约惩罚的方式，改变博弈的效用矩阵，让合作成为更优的选择。这种约束和惩罚机制可由 3 种类型：自我约束、对方约束和第三方约束。

（3）强化博弈双方的共同利益。共同利益是一切合作的基础和前提，缺少共同利益往往导致博弈双方在博弈中采取单方面行动而无所顾忌，博弈矩阵因缺少共同利益而没有产生帕累托最优纳什均衡，却存在帕累托劣解纳什均衡。强化双方的共同利益，进而夯实合作基础，可以更好地解决纠纷。

5.2 正确认识和解决渔业纠纷背后的利害关系是解决渔业纠纷的根本

中国与周边国家之间的渔业纠纷并不仅仅是单纯的资源争夺，其中涉及国土的拓展、经济效益的追求、军事战略的考量和政治行为的博弈。倘若将这些问题割裂开来，只会陷入矛盾复矛盾、纠纷复纠纷的死循环。

（1）合理处理海洋主权争端。有效地解决渔业纠纷，需要中国政府主动推动与周边国家的对话与谈判，合理解决海洋主权争议，并在可能的条件下积极推进与周边邻国的海洋划界。当主权界定清晰之后，渔业纠纷便不再是一个难解之题。

（2）建立相关对话解决机制。研究建立双边或多边渔业合作政策和机制是解决中国与周边国家之间渔业纠纷的保障。这需要中国政府重新审视既往的渔业合作政策，为研究建立新的渔业合作框架和机制积累经验教训。第一，在政府层面，可以考虑双边或多边海上联合执法队伍，共同执法，以避免违规执法行为的发生。第二，民间层面，可以加强双方民间团体尤其是渔业团体的沟通和交流，建立多层次、多渠道、多领域的合作网络。第三，法律层面，有效的法律机制和管理部门是推动渔业合作的重要保障。各参与国在目前现状下，应对当前的渔业协定等相关条约和协议进行完善。

综上所述，中国在发展海洋经济，建设海洋强国乃至实现中华民族伟大复兴"中国梦"的道路上，会遇到一系列诸如渔业纠纷之类的非传统安全问题，如何处理和应对与周边国家之间的渔业纠纷超越了渔业问题本身，同时也是对中国全球治理能力的考验。在当前"一路一带"战略规划，中日韩自贸区建设，中国—东盟自由贸易区稳步推进和美国"重返亚太"的背景下，营造和谐的周边安全环境和地区稳定秩序对中国的建设和发展至关重要。为此，中国应加强与周边国家之间的经贸合作，主动发展与其他国家的经济合作关系，共同打造政治互信、经济融合、文化包容的利益共同体、命运共同体、责任共同体。通过共享合作成果，扩大共同利益，增强彼此互信，淡化矛盾和冲突，改变博弈矩阵，解决中国与周边国家之间的渔业纠纷。

参考文献：

[1] 农业部渔业局. 2014中国渔业统计年鉴[M]. 北京:中国农业出版社,2013: 3.
[2] 朱坚真,陈泽卿. 南海发展问题研究[M]. 北京:海洋出版社,2013: 23.
[3] 邱昌情. 中国与周边国家的渔业纠纷及其对中国周边外交的影响[J]. 社会主义研究,2013(6): 147—154.
[4] 熊涛,车斌. 中韩渔业纠纷的原因和对策探析[J]. 安徽农业科学,2009,37(19): 9165—9166.
[5] 朱富强. 活学活用博弈论[M]. 北京:经济管理出版社,2013: 270.
[6] 阎学通,阎良. 国际关系分析[M]. 北京:北京大学出版社,2008: 24.

从管理角度浅谈海岸带的保护

高　杰[1]

（1. 山东港通工程管理咨询有限公司，山东 烟台 264099）

摘要： 海岸带破坏日益严重，各级海洋部门在积极采取措施进行海岸带环境保护的同时，健全的管理制度对维护海岸带可持续发展的作用也是不容忽视的。本文结合我国海岸带保护的现状、存在问题，结合发达海洋国家的管理机构设置，提出我国海岸带管理的建议。

关键词： 管理；海岸带；保护；建议

1　引言

海岸带作为海洋、陆地、大气相交的地带，与人类的生存与发展有着至关重要的联系，它以其丰富的自然资源被誉为“天富之地”，有着巨大的经济、生态和社会效益，是沿海地区的生命带。然而，随着社会经济的不断发展，海岸带承受的开发建设压力越来越大，生态环境所受破坏日益严重。作为景观优势资源核心地带，加强海岸带环境保护，已迫在眉睫。目前，国家各级海洋部门通过返还海域使用金等方式支持、鼓励地方通过工程手段加快对海岸带的修复整治工作。与此同时，健全的管理制度对于维持海岸带的可持续发展也是至关重要的。

2　我国海岸带保护存在的问题

生产、生活和资源利用等固然是造成海岸带环境问题的直接原因，但是我国在海岸带环境保护管理方面的不足也同样是形成海岸带环境问题的重要因素。我国海洋管理主要包括海洋权益管理、海洋资源管理和海洋环境管理三大部分。海洋权益管理是从国家的利益出发，按照有关的法律制度，与邻国划定海域的界限，维护这些海域的权力，保障国家的海洋利益。其主要目的是获得更多的海洋资源，并保护这些资源。海洋资源管理包括海洋区域内的生物资源、非生物资源和有关的空间，目的是合理利用资源，促进国民经济发展。海洋环境管理的目的是永续地利用开发海洋资源。

中华人民共和国政府根据 1992 年 2 月 25 日《中华人民共和国领海及毗连区法》，公布中华人民共和国南海和钓鱼岛及其附属岛屿的领海基线，明确了以领海基线为基础的领海、大陆架、专属经济区、海岛的管辖范围，并宣布海域执法常态化。

3　美国海岸带管理案例

美国是较早进行有关海岸带立法工作的沿海国家之一。在世界海岸带立法发展史上，美国的海岸带立法最为完备、最具代表性。1972 年 10 月美国颁布的联邦《海岸带管理法》，是世界上第一部综合性海岸带法，它使海岸带综合管理作为一种正式的政府活动首先得到实施，标志着美国“海岸带管理”掀开了新的一页，从此也推动了世界各国 ICZM 的发展。

美国自实施《海岸带管理法》以后，在海岸带资源和环境的保护等方面，确实取得了显著的成效。

作者简介： 高杰（1981—），女，辽宁省营口市人，工程师，从事港口航道与海岸工程研究。E-mail：1063073954@ qq. com

但随着时间的推移，由于能源和其他经济问题的困扰，美国《海岸带管理法》的重心逐渐转向了环境保护和资源利用兼顾的均衡指导方针。现行美国联邦《海岸带管理法》规定的主要内容，包括以下几个方面：

3.1 海岸带范围

美国海岸带系指邻接若干沿岸州的海岸线和彼此间有强烈影响的沿岸水域（包括水中的及水下的土地）及毗邻的滨海陆地（包括陆上水域及地下水）。向陆从海岸线延伸到滨陆利用对沿岸水域直接影响所及的范围，向海延伸到美国领海的外部界限（即3海里）。

3.2 海岸带管理体制

美国是一个实行联邦制的沿海国家。联邦、州和地方政府分享海岸带管理职责，但以州为主。联邦的主要作用，是向州提供财政援助，制定州海岸带管理规划的指导方针。《海岸带管理法》据此精神较为详细地规定了联邦、州和地方政府以及其他利益相关团体之间的相互协调与合作的关系[1]。

3.3 海岸带政策

美国海岸带基本政策是：（1）保全、保护、开发、并在可能的条件下恢复和增加海岸带资源；（2）鼓励和帮助各州制定和实施海岸带管理规划；（3）所有从事有关海岸带工作的联邦机构要同州和地方政府及地区机构通力合作，并参与它们的工作；（4）鼓励公众、联邦政府、州和地方政府及地区机构共同参与制定海岸带管理规划，鼓励各州区域机构合作执行海岸带管理规划。

3.4 海岸带管理规划

制定海岸带管理规划，是美国海岸带立法的宗旨之一。《海岸带管理法》规定了制定国家海岸带管理规划的指导方针，州海岸带管理规划必须具备的条件、内容和程序等。

3.5 海岸带补助金制度

《海岸带管理法》的大部分篇幅，是关于联邦海岸带补助金颁发和受领的条件程序、数额比例、记录及审计等问题的规定。按规定，联邦海岸带补助金王要用于制定和执行州海岸带管理规划、沿岸能源影响规划、州际海岸带管理合作项目、河口自然保护区和海滩通道、海岸带管理的研究与技术援助等[1]。

3.6 海岸带执法检查报告制度

商务部长应持续地检查执行情况，向总统提交（并转国会）一份海岸带行政管理情况的年度报告。

4 我国海岸带管理的建议

我国是一个海洋大国，在海洋上有着广泛的战略利益。根据《联合国海洋法公约》，我国可主张近300万平方千米的管辖海域，其中具有完全主权的领海和内水面积约38万平方千米。这些“蓝色国土”是我们巨大的资源宝库，可以建成我国自然开发的战略基地。为把我国建设成为海洋经济发达、海洋科技先进、海洋生态环境健康、海洋综合实力强大的现代化海洋强国必须强化海洋意识，加强海洋管理，使海洋永续利用。

4.1 强化海洋意识，促进海洋经济发展

加强宣传，增强各级领导和广大群众的海洋权益意识、海洋经济意识、海洋资源意识、海洋国土意识、海洋环境意识，使开发海洋成为全国人民自觉行动，使开发海洋、管理海洋真正成为政府意识。

4.2 理顺海洋管理体制

针对我国海洋资源开发利用法律法规体系不完善的状况，应学习借鉴海洋资源开发先进国家的有关立法经验。首先，要在宪法中体现海洋意识，补充海洋及其资源开发的条款。其次，逐步建立健全包括海洋资源能源利用开发、海洋环境保护、海洋经济发展、海洋资源能源开发的市场准入、海上安全等全面的并与其他法律相互衔接的法律法规体系，为海洋资源的有序开发保驾护航；制订急需的海洋资源开发利用法律法规；颁布司法解释或者相关规定，解决法律交叉与空白的问题。

海洋管理是国家行政管理机关根据国家的有关法规、海洋发展战略和方针政策，通过行政、法律、政策、规划、区划、经济、科技、教育等手段，对其管辖范围内的海洋资源开发利用，保护等活动进行组织、指导、协调、控制、监督、干预和限制，以达到合理开发利用海洋资源，保护海洋环境，获得最佳的社会效益、经济效益、环境（生态）效益和资源效益。我国的海洋管理地理范围，包括我国享有主权和管辖权的内海、领海、大陆架、专属经济区、海岛和其他与海洋资源开发有关的必要依据的陆域，以及根据国际法有关规定我国有权进行开发利用活动的区域。

理顺海洋管理体制。加强各级海洋行政管理机构建设，建立新的领导和管理体制模式。明确各级政府、各有关部门在海洋管理中的职责，调动各部门的积极性，配合协作，合力推进，建立适应海洋经济发展要求的行政协调机制。

4.3 重视海洋法制建设

海洋经济的快速发展使得相关用海主体之间在海域使用方面的关系复杂化。这种利益关系如果没有系统完整的法律制度来进行协调，对我们经济的发展、社会和谐稳定和国力增强都将产生不利影响。各级人大和政府法制机构要大力加强海洋法制建设，尤其是从立法、执法的角度，尽快制定和完善一批海域管理、海岛管理和海洋环境保护的法律、法规和规章。建议尽快制定海岸带管理法，该法将海域和与海有关的陆域，如沿岸堤、连岛坝、沙嘴、潟湖、河口、湿地、陆源污染等的管理、治理与保护联系在一起，形成一部海陆统一的法律，以便使海岸带的管理更进一步的纳入法制轨道。实现海岸带的可持续发展。

5 结论

综上所述，要实现海岸带的有效管理，确保有序、良性开发，就必须加强法制建设。海岸带牵涉到方方面面，必须有一部涵盖海域、海岸带的法律来调解和协调各有关方面的利益。也只有通过立法确定海岸带的法律地位和海上各种行为规范，并以此为基础确立海岸带的管理原则和制度，实施海岸带有效管理。中国目前尚没有专门的海岸带管理法，但我国目前已经有了《中华人民共和国海域使用管理法》，这对于缺少海洋方面法律的我国来讲，当然是一个很大的进步，但也不能不看到，在海域使用管理方面仍存在许多问题。如与海域有密切关系的“陆域”问题无权管理，如陆源排污问题、湿地问题、滨海矿产采掘问题等。

参考文献：

[1] 朱坚真，王锋．海岸带经济与管理[M]．北京：科学出版社，2013.

江苏省渔船更新改造工程中遇到的问题及对策

姚宏伟[1]，袁士春[1]，王玉权[1]

（1. 江苏渔船检验局，江苏 南通 226006）

摘要： 本文对江苏省渔船更新改造过程中发现的问题进行列举和分析，对当前渔船更新改造过程中出现的船东缺乏渔船更新资金、现有的功率指标政策过于死板教条，渔船修造企业产能相对不足、技术力量薄弱，船用产品配套不规范，渔船检验人手严重不足，基层渔船检验力量相对薄弱，渔船检验手段滞后等问题进行分析，并结合实际情况提出了合理化解决这些问题的对策，为相关部门制定相关的政策提供思路，促进这个保障渔民生命财产安全、节约能源、提高渔民收入、减少污染、保护生态环境的项目更好更快地向前发展。

关键词： 渔船；更新改造；节能；安全

1 引言

中国是世界渔业大国，也是世界渔船大国，据统计中国渔船总数95.76万艘，其中机动渔船50.96万艘，占世界渔船总量的24%[1]，但是却存在着木质小吨位渔船居多、装备技术落后、船舶老龄化和污染现象严重、油耗高、安全技术状况极差等现实问题，这种高能耗和渔业安全生产事故频发的现状已经成为制约我国海洋渔业发展的主要因素。调整渔船品种和数量，提高渔船机电配备水平成为当前最为急迫的问题[2]。根据《中长期渔业科技发展规划（2006—2020年）》、《全国渔业发展第十二个五年规划》围绕国家节能减排和平安渔业建设要求，合理调整捕捞作业结构和渔船、渔具规模，合理规划项目工程目标，2012年5月江苏省政府出台了《江苏省渔业安全生产管理办法》对江苏省各类渔船的使用年限给出明确限制，江苏省海洋与渔业局也提出了“万艘渔船更新改造工程”，由省财政列出专项资金进行补助，用10年的时间对我省达到限制使用年限的渔船完成更新改造任务。

截至2014年7月，江苏省已完成更新改造渔船1 500多艘。很大程度上改善了江苏省渔船安全与节能技术落后的情况，对减少渔业安全事故，提高渔船的节能减排水平，发展远海捕捞生产，减轻近海资源压力，提高渔获物保鲜质量，提升渔船能源利用效率，促进渔民增产增收等诸多方面起到了明显的经济效益和社会效益。但是我们也看到在江苏省实施渔船更新改造过程中也遇到了很多现实问题，本文就对这些问题进行分析研究，并提出相应的对策。

2 渔船更新改造中存在的问题

2.1 功率指标是制约渔船更新改造的首要问题

“双控”制度的实施，在宏观上对控制捕捞强度，规范捕捞作业方式，促进海洋资源可持续利用等方面起到了积极的作用，但另一方面，在微观中的矛盾也日益显现。一是催生了渔船功率指标民间交易，抬高了渔船功率价格，增加了渔民船舶更新改造成本。二是因为功率指标极度紧张，船东在选用渔船主机时

作者简介： 姚宏伟（1981—），男，江苏省南通市人，江苏渔船检验局副处长，工程师，验船师．从事渔船检验、渔业保险研究。E-mail：yaohongwei@189.cn

受到很大的限制，常常因为购置不到小额的功率指标，严重挫伤了渔民进行渔船更新改造的积极性，同时也产生了我国独有的“大机小标”现象，所谓“大机小标”就是渔船主机标识上的功率数字小于主机的实际功率[3]。

2.2 筹集巨额的改造资金成为渔民进行渔船更新改造的重要难题

据统计，以原主机功率99.3 kW木船为例，更换成38 m，220 kW的钢质渔船，按现有行情船东需自筹资金达到300万元支付网具指标、造船成本、网具成本、人工工资等费用。近年来，随着海洋渔业资源的急剧衰退，渔民的捕捞收入不断下降，海洋捕捞业的利润很低甚至绝大多数渔船是亏本经营，仅靠国家财政补贴才能够勉强维持。而船未造成未进行产权登记之前，所有银行都不愿意提供抵押贷款，政府提供的船舶更新改造补贴资金要在船舶建成检验合格发证验收后才给予下发，巨额的改造资金成为渔民进行渔船更新改造的重要难题。

2.3 船厂的产能不能满足渔船更新改造需要

根据江苏渔港监督局江苏渔船检验局转发省海洋与渔业局关于实施《江苏省渔业安全生产管理办法》有关问题的通知，对达到使用年限渔船实行过渡期的规定，对达到和即将达到限制使用年限的渔船采取禁止出海生产的方式。根据渔船登记机构统计，到2013年6月30日必须强制报废更新改造的渔船达到2 630艘，到2014年6月30日必须强制报废完成更新改造的渔船达到7 000艘。而目前全省经过审查认可公示后，批准允许建造渔船建造的企业虽不少，但大多数规模较小，有的船厂仅仅能够承担3～4艘新建渔船同时开工的产能极限。因此，现有江苏省渔船建造企业受场地、设备承受能力的限制，完全承担渔船更新改造任务稍有困难。

2.4 船厂的技术力量薄弱

在20世纪80年代末期和90年代初期，因为海洋资源丰富，海洋捕捞产值很高，曾经迎来江苏省机动钢质渔船建造的高峰时期，之后20多年的时间内因为原海洋钢质渔船数量也已经饱和，与此同时，海洋渔业资源的急剧衰退，海洋捕捞产值逐年下滑，很多渔民转产专业，从事养殖或者其他行业，渔船需求也大幅下降，渔船建造企业也因此持续了将近20年的寒冬期，大批熟悉渔船机械、渔船建造的技术人员和技术工人纷纷流失，造成了目前渔船修造企业科研设计力量薄弱、技术人员和技术工人急缺、生产设备设施破旧、生产工艺和管理水平原始落后的局面。

2.5 船用产品配套供应不规范

根据渔业船舶检验规则和相关法律条文规定，所有新建渔船上使用的材料、设备必须是渔检认可并检验的船用产品（少部分船检产品因特殊原因，经申请批准后也可替代使用）。但由于缺乏市场的正确引导和相关部门的有效监管，造成了船用产品参差不齐的情况。很多不法供应商见有利可图，借全省渔船更新改造之机采取不当手段扰乱正常船用产品配套供应，出现了很多低质量船用产品套用假冒产品证书高价兜售、垄断供货渠道造成产品短缺趁机肆意抬高产品价格赚取高额利润等行为，给标准化渔船更新改造带来很多不利影响。

2.6 船检人员严重不足

江苏的渔船检验机构、渔港监督机构、渔业互保机构是三块牌子一套班子，行政上隶属于江苏省海洋与渔业局的参照公务员管理的事业单位，受编制人数的影响，验船师人数严重不足，渔船检验、渔港监督及当地政府都有“力不从心”的感觉[4]。以江苏渔船检验局吕四分局为例，根据分局近3年来年均检验渔船工作量，按《中华人民共和国渔业船舶检验机构资格认可与管理规定》的要求，应配备船体验船师5人，机电验船师9人，总人数应为14人。而实际情况是分局正式在编人员7人，其中具备验船师资质的仅 5 人，这 5 人中还有验船师主抓行政工作，还有人兼顾港监、互保、财务和后勤工作。和日益繁重的标准化渔船更新改造检验任务相比，具体从事船检工作的人员严重不足。

2.7 基层船检机构检验力量薄弱

目前江苏省县市级船检站为全额拨款的事业单位，待遇和当地平均收入水平挂钩，由于待遇过低压力太大，船舶制造、轮机、船舶电气专业的科班人员更宁愿去船厂、船舶设计院或者通过公务员考试进入海关、海事部门工作，很少有愿意去县市级渔船检验机构从事渔船检验，县渔船检验站事业单位招录成为多年来最冷门的岗位之一，没有科班出身的专业人员新鲜血液的加入，仅凭一群毫无专业背景的渔监员出身的验船员从事渔船检验任务，尤其是小型新建渔船建造检验任务，基层船检机构检验力量显得过于薄弱。验船师是很特殊的人才，不仅需要专业理论知识，更需要丰富的经验积累。培养一个合格的验船师需要较长的时间[5]，而这个问题在短期内并不能得以解决。

2.8 渔船检验手段传统而又落后

当前我国渔船检验的手段相对落后，依然停留在“眼看”、“耳听”、“手摸”、“锤子敲”阶段，不仅耗时耗力，而且影响到检验结果的精确性和严谨性。比如对渔船主尺度的丈量是渔船检验工作的一项基本内容，目前各渔船检验机构却依然通过拉皮尺的传统手段进行丈量，如果配齐了激光测距仪的话会大大增大丈量的精度，也会减少检验的时间。对于超声波探伤、主机废弃排放氮氧化物含量检测、污水处理效果监测等更是因为设备的缺乏而无法得以实施。

3 标准化渔船更新改造推进中应采取的对策

3.1 积极争取功率指标灵活运用的政策

（1）坚持海洋捕捞“双控”政策底线，在确保省内渔船功率指标总体平衡或减少的前提下，向上级反映我省渔民群众更新改造渔船的迫切心情和现实困难，允许更新改造后的渔船主机功率在一定范围调整。否则，无力更新渔船的渔民要么白白浪费旧船的功率指标，要么参与主机功率作假，第一种情形于保障民生不利；第二种情形于渔船管理不利。

（2）建议拿出报废拆解渔船的省控功率指标，弥补更新改造渔船的功率指标空缺。建议对渔船建造过程中的功率指标采取更加灵活机动的方式，允许上下浮动 10% ~20%，多余的部分或者不足的部分不作为享受燃油补贴等惠渔政策的依据。

（3）政府参与收购社会闲置的渔船功率指标。渔业主管部门设立渔船功率指标流转交易平台，坚持公开公平公正，以拍卖或其他方式出售。拍卖收入超出政府收购价部分，投入到全省失船失海失业渔民社会保障基金、全省海洋渔船更新改造工程专项补助资金中去。

（4）扶持建立海洋渔船交易中介服务机构。结合江苏的情况，建议按照市场经济的特点和规律，政府部门可以考虑扶持经工商部门登记、合法经营的社会中介开展渔船交易活动，以实现渔船规范交易、规范管理的目的。

3.2 帮助渔民多渠道筹集渔船更新改造资金

（1）建议提高省级财政补助资金占船价的比例。由于渔民自筹资金能力十分有限，大多数渔民无法更新渔船，全省渔船更新改造工程的进程和效果会受到很大影响。增加的补助资金可从全省海域使用金中列支，因为海洋渔船更新改造工程具有较高的生态效益，有利于海洋渔业资源合理利用，有利于提高渔船节能减排技术水平与环境保护。

（2）建议国家将渔船柴油机纳入农机补贴对象，争取中央财政的支持。渔船捕捞机械的更新已纳入农机补贴范围。目前，农机补贴份额达到 40%。我们认为，国家正在积极推进渔业的节能减排工作，通过努力争取国家将渔船主机更新纳入渔业节能减排项目是比较可行的。

（3）建议市、县级财政对海洋捕捞渔船更新改造工程给予支持。南通市通州区对建造400马力以上渔船的补贴标准为500元/马力，相当于提供了10%的船价补贴。

（4）建议金融机构加大对渔船更新改造项目的支持。增进银行部门对项目经济效益、社会效益、生态效益和政府支持力度的了解，为渔民申请融资和银行开拓业务开辟快速通道，实现渔民需求与金融资本的有效对接，必要时为渔民申贷提供担保。

（5）建议尽快批准实施船东小额贷款业务工作规程。协调省渔业互助保险协会和江苏银行，加快船东小额贷款业务试点步伐，向渔民提供免息或贴息小额贷款。

3.3 提高渔船建造企业的产能和技术装备水平

（1）对渔船建造企业的管理采取优胜劣汰制。加大我省渔船建造企业扶持力度，督促企业改善生产设备、引进专业技术和管理人才，把更多的有发展潜力和空间的船厂纳入到渔船建造队伍中来；同时加强对已经进入渔船建造企业名录的渔船修造厂的监管力度，对出现重大造船违规的行为的或者多年来实施低质量造船未有明显起色的渔船建造企业给以停业整顿甚至吊销渔船建造资质的处分。

（2）积极争取大型的造船集团和造船企业加入到渔船建造的队伍中来。近年来，随着我国海洋维权事业的需要，海监、渔政船造船的需求也越来越大，省内多家大型造船集团和造船企业诸如江阴中船澄西造船集团、道达重工等先后申请了渔船建造资质的申请，他们也逐步把眼光放到了我省渔船更新改造的市场潜力，有这些技术力量雄厚、管理严格规范的造船集团的加入，定然会大力推动渔船更新改造项目的迅速发展。

（3）借鉴交通船检部门的监理制度，把船舶建造监理制度引进到我们渔船建造工程中来。发挥造船监理的船厂与船检之间的桥梁和纽带作用，加强船舶检验的力度，使检验的内容更加细致、详实，进而弥补船厂技术力量的相对不足，进一步规范渔船修造企业的造船行为，减轻一线验船师船检时的工作压力[6]。

（4）加大和高等院校、船舶研究设计院的合作关系，充分发挥高校和科研机构在科研力量和人才技术上的优势，和我们渔船生产实际紧密结合起来，把最新的科技成果转化为渔船应用实际，开发出更多的新船型以适应我省渔民对不同作业类型渔船更新改造的需要。

（5）对2012年编写的《江苏省渔业船舶设备选型手册》上的船用产品种类和介绍内容进一步给以扩编和丰富，打通船厂采购人员和船用产品生产企业之间的联系渠道，让船厂、船东有更多更丰富的比较和选择。联合工商、质检、公安等部门对生产和销售假冒伪劣船用产品、伪造船用产品证书的厂家、商家及个人进行打击处罚并追究相应的刑事和民事责任，进一步规范全省船用产品市场。

（6）对辖区内各船厂和船用配套厂家进行资源整合。在同一地区，建立为渔船建造的组合型的专业集配中心，如钢材加工配送中心、管系制作配送中心、机舱设备配备中心、甲板机械配备中心等等，为渔船组装船厂统一配货，不仅提高了各船厂船厂建造的效能、也确保了渔船建造的统一、合规和标准，很大程度上降低了渔船建造企业的生产成本，提高了劳动生产率。

3.4 塑造一支政治可靠、素质过硬的渔船检验队伍

（1）通过放权减船，即通过把一部分小功率小吨位渔船检验任务下放到县级渔船检验机构，让省级渔船检验部门能够集中精力搞好船型较大、主机功率较大的渔船的建造检验工作；通过规范船厂船厂管理、细化检验流程、采用渔船建造监理、适当外聘员工协助完成辅助性工作等方式减少验船师进行渔船检验的工作压力。

（2）建议各地政府加强渔船检验机构体制建设，加强和各县市渔业主管部门的沟通和协调，逐步落实并解决县市机构改革中涉及到渔船检验部门的机构性质、人员编制、经费来源等重大问题，解决基层一线渔船检验验船师的后顾之忧，吸引更多的专业技术人才加入到渔船检验队伍中来，壮大基层渔船检验机

构的技术力量。

（3）加大验船师培训交流力度，尤其是加强以钢质渔船建造检验的训练内容，要求年轻的验船师加强渔船检验规则、规范的学习，多到船厂，多到渔船建造一线，能够理论联系实际，在渔船更新改造检验作为督促自己学习、提升业务水平的契机。

（4）加大基层渔船检验机构基础设施和检验设备的投入，采用现代船舶检验设备和技术，开展新技术新设备使用技能培训，推广现代检验技术和检验设备的普及率．借助先进的科技设备与条件来增强和完善检验手段，提高船检队伍自身的业务素质[7]，在较短的时间内实现船检人员向现代技术监督管理型转变，检验方式向现代检验检测装备型转变。

参考文献：

[1] 杨培举．60万艘渔船安全状况堪忧[J]．中国船检，2006(01)：34—38.

[2] 郭梁．我国渔船现状及发展[J]．中国船检，2001(02)：7—8.

[3] 胡学东．我国渔船管理中存在的问题及其解决途径[J]．中国渔业经济，2008(05)：5—11.

[4] 魏韵卿，黄硕琳．对我国渔业船舶检验制度的思考[J]．上海水产大学学报，2003(01)：92—96.

[5] 杨培举．渔检发展凸显体制困局——访中国渔业船舶检验局局长周彤[J]．中国船检，2009(05)：26—29.

[6] 安飞．造船监理酝酿船检体制之变[J]．中国船检，2007(07)：36—39.

[7] 韩文博．丰富交流培训形式 造就高素质船检队伍[J]．中国水产，2010(11)：11.

国家海洋频道规划研究

陈建军[1]，汤峻清[2]

（1. 国家海洋局 宁德海洋环境监测中心站，福建 宁德 352100；2. 厦门厦华科技有限公司，福建 厦门 361006）

摘要：中央电视台在我国社会公众媒体中起到了核心作用，对文化传播和舆论导向具有不可替代的作用。为了促进我国海洋文明传播，本文通过对央视七套主题冠名的修改、频道涉海内容栏目的设计、海洋文明宣传的内涵等方面的解析与描述，规划架构了国家海洋频道的基础框架。

关键词：海洋文明；海洋频道；央视七套；海洋信息

1 引言

2009年2月，笔者受到“海监46”、“海监51”船巡航钓鱼岛，实现维权工作历史性突破（2008）的触发，提出了建设国家海洋频道的设想，并作为全国人大的海洋提案建议，提供给海洋战略研究所，高之国所长委托助手与笔者进行了联系，认同了建议内容的意义，把该建议列为第十届全国人大海洋提案方案。

随着党的十八大召开，及“一带一路”战略构想的提出与实施，我国海洋事业发展进入了一个新的历史时期，国家海洋频道建设迎来一个新的历史机遇。本文就如何实现国家海洋频道做出理论分析和规划设计。

2 国家海洋频道概念及价值

2.1 国家海洋频道概念

频道概念来自无线电和电视传播学领域，是传播我国社会主义文化的重要载体。所谓国家海洋频道，就是以“海洋”冠名的、主题以宣传海洋文化与海洋文明的国家级电视台专业频道。

中国中央电视台（以下简称“央视”）作为国家宣传重器、社会主义文化与文明的传播途径，代表着我国社会的政治构成和时代形势变化和呼声。央视各频道反映了相关的宣传主题倾向。1995年1月1日，中央电视台体育频道、少儿频道、电影频道等频道正式开播，并于当年10月1日上星覆盖全国。从此，由中央电视台这一国家电视台带动的电视频道专业化的改革春风便开始吹向祖国的大江南北。如今，中国电视的发展已走过了50多个春秋，电视频道专业化发展也愈加深化和成熟。

海洋文化泛指为与海洋相关的各种人类活动，包括经济模式、社会关系和文化形式，它不同于警察文化、气象文化、企业文化等行业或部门文化。海洋文化不是海洋部门的部门文化，而是一个民族和国家的重要基础元素的体现，其内涵更为广阔、战略层面更高；海洋部门文化不过是海洋文化的内容之一，海洋文化内涵大于海洋部门文化。因而在驾驭海洋文化的载体形式上，需要有更高的形式，才能体现我国发展海洋文明的国家意志，这一点犹如国防、农业、工业一样，是民族之根本，忘却这种根本，则动摇国家柱石，诚为国之危也！

作为我国社会文化中的一种形式，海洋文化在央视各频道中得到了一定体现，但并不系统集中，显得

作者简介：陈建军（1972—），男，理学学士，工程师，主要从事海洋减灾、海洋信息研究。E-mail：cjj@eastsea.gov.cn

比较分散，比如海洋新闻在新闻频道、综合频道、国际频道，海军、渔民、渔村生活在军事·农业频道，海洋影视在电影、电视剧频道，海洋科普在科教频道，海洋预报在新闻频道、旅游频道得到播送。分散的形式难以形成我国系统的海洋文化，对推进海洋社会建设不利，海洋文明得不到国家战略媒体的体现。

2.2 国家海洋频道的价值

国家海洋频道是一个创新的概念，而这个新概念的生命力来自于其价值。下面就国家海洋频道的价值，从 4 个方面加以分析：

①海洋频道是统筹我国海洋工作的重要平台

我国海洋工作是一个较为分散型的体制，涉海工作遍布海洋、渔业、国土、海关、外事、环保、港航、气象、科教、海事、边防等多部门与机构，涉海管理的统一殊为不易。历届人大均把国务院海洋行政主管部门作为统筹管理海洋事务的牵头部门，这充分说明了这一国家职能机构对我国海洋事业的重要作用，也充分说明了国家海洋行政主管部门在推动我国海洋文明发展历史进程的关键作用。现阶段，我国的海洋文化集中体现在国务院海洋行政管理部门所引领的表现形式上，因而，海洋行政管理部门对海洋文化的规划具有代表性、象征性的特征。然而统筹管理国家海洋事务、发展海洋文明的使命和任务是一个跨行业部门的工作，这就客观上要求国家海洋行政主管部门通过一个有效的宏观平台去推动有关工作。

海洋频道这一重要的平台，能够为各涉海部门提供强有力的宣传工具，做好该平台的工作，有利于促进涉海工作的互联共通，实现和谐海洋的新气象。

②海洋频道是海洋科普宣传、海洋文化建设的重要载体

如何保护好我们的这片海洋，既需要国家战略层面的统筹规划，亦需要加强百姓民众对海洋的科学认识。没有海监渔政等民事执法机构和渔民群体的参与，海洋权益的维护保障是难以想象的，海军、执法、渔民的共同参与，是我国海洋权益保障体系的 3 个基石，是中国特色海洋权益体系的重要内容。

国家海洋频道的设立有助于促进民众了解海洋生活、海洋文化和海洋科学，对海权的理解更加科学和透彻。海洋频道的设立，将使远离普通大众生活的海洋世界常态化，大众化。

电视媒体作为我国舆论宣传的主要工具和渠道，具有强大的宣传效力。据调查统计，中央电视台整体节目的全国人口覆盖率达到 97.28%。显著的数据表明了强大的传播影响力。实现央视的海洋专题节目频道，对海洋文化建设、促进海洋文明的发展，具有重要的作用。

图 1 海洋院校大学生社会实践国家海洋局基层单位

③进一步彰显海洋预报减灾工作的价值，促进电视海洋预报事业的发展

探求适应海洋变幻莫测的环境，期盼预测海上风云，是自古以来以海为生的人们夙夜的梦想，因此东方诞生了妈祖，西方诞生了海神波塞冬。王荣国教授在其《明清时期海神信仰与海洋渔业的关系》一文

中写到：（渔民）出海捕鱼前要祭祀海神，祈求海神保佑平安。早在先秦，我国沿海渔民已远航深海捕鱼，为了谋取海洋经济利益而“宿夜不出”。明代，我国远海渔业得到发展，以福建为例，渔民已多往浙江捕鱼。从福建到浙江凤尾洋面需要多日时间，而且一路风涛莫测，捕鱼的丰欠亦不可知。所以渔民重视渔汛期出航前对海神的祭祀。据记载：福建沿海渔民在择定出海日期后，“要从神庙（即妈祖庙）中将香火带到船上”的神龛，且“渔家要备三牲，带香烛、金箔、鞭炮等到海滩上设位祭神，由船主点香跪拜，祷告神灵恩泽广被，顺风顺水，满载而归。接着焚烧纸钱，鸣炮喧天……渔船缓缓驶向大海。”

海洋预报技术与业务的发展，在对海洋环境灾害的预测方面一定程度圆了渔民海员们对妈祖的求祷。有调查表明，电视是渔民主要的娱乐生活方式和信息渠道，央视是其中最主要的电视频道。实现以海洋为冠名的央视主题频道，对于推动沿海各地实现共建海洋预报机构，发展海洋防灾减灾事业，以及推进海洋环境预报上电视进程具有不可替代的作用。

图2 东海北礵岛渔民观看海洋预报信息

④央视频道冠名海洋是国家意志体现

海洋区域和生活居民（尤其指以海为业的人），是我国海洋文明最为重要的人的因素。假如我们的海岛、滨海村镇失去百姓的居住，海员离海上岸，全部迁到城市，那么我们的海洋文明就将失去其孕生的空间，海洋文明就将泡沫化、空心化。从本质来讲，只有基于海洋生活生产模式的文化内容和体系才是海洋文明的核心，比如作为海洋文明的代表——妈祖文化，主要是以海为生的海洋渔民、船员才能有深刻的体会；城市居民即便是沿海城市的居民，也是不能完全了解真正的海洋生活的，海洋对其往往只是一个风景。

从我国五千年社会和文明发展史来看，海洋文明的退化和海洋国防的薄弱是其中一个断裂带和黑洞。早期海洋文明的发祥，到后来海禁闭关，国家意志在海洋文明的历史演变中退缩了。在新的历史时期，海洋文明的发展需要一个国家主流权威媒体渠道为其宣传和鼓呼，因而在央视设置海洋频道是发展海洋文明的国家意志体现，是保障海洋文化发展的重要手段。党的十八大将建设海洋强国列入大会报告，为中华民族海洋文明发展揭开了新的历史篇章，我们的央视空间为体现这一历史潮流，需要一个海洋专题天地。

巩固和发展海洋文明必须是一个重要的国策。艰苦的环境容易失去居民，只有权衡了生活的难易程度，才会有一部分人在滨海和海岛地区定居生活下来。仅是基本的生存，对海洋文明发展是不利的，需要一个主流的媒体去宣传他们、引导他们，边缘化的局面只能导致文明的衰退。而海洋社会和文化的退化，对我国的海军建设也是极为不利的。根植于人民群众的建军原则是我党建军根本之一，同样，世界海洋军事大国也都是基于强大的国民海洋文化为基础的。

黑格尔在其哲学名著《历史哲学》一书中描述了对中国的海洋文明的印象：“尽管中国靠海，尽管中国古代有着发达的远航，但是中国没有分享海洋所赋予的文明”。且不论此观点的正确与否，但它的确说明了我国海洋文明的尴尬地位。同春芬教授在其《我国海洋渔民社会地位及其影响因素分析》这样分析到：“渔民较少的文化资本使他们在社会文化结构中居于劣势地位，间接影响了他们在社会经济结构和社会政治结构中的地位。”海洋渔民所代表的海洋社会一个重要成员处于被实际边缘化的局面。

海洋渔民和海员是我国海洋社会构成2种最基本、也是最重要的社会群体，他们直接与海洋接触，感受着大海的一呼一吸，切身体验海上生活的一丝一毫。但是，渔民在我国国民的社会身份管理上归类于农民，渔村等同于农村，海洋社会的管理“消解在‘三农’之中”，但事实上，渔民和农民有着不同的生活、生产方式，而且，海洋渔民承载着我国海洋文化与文明的存在基本形式与表现，是一个更为广阔的意识形态空间。同样道理，这种现象也发生在海员身上，而事实上，“65万海员承担93%外贸运输”。

渔民和海员的生活和工作代表着海洋社会最基础的生活和劳动。失去渔民和海员，我们的海洋文明将只能是无源之水、无根之木。只有海洋社会强，海洋文明才能强；海洋文明强。海洋权益才能稳固。因而，我们需要把海洋文明建设上升到一个国家高度，这才能充分体现国家维护和建设海洋文明的意志。

3 频道建设的途径——专门频道和共用频道的比较分析

频道设置有专门频道和共用频道两种方式：专门频道就是独立地享有整个频道空间，相关主题的节目在频道时段安排上占优，例如气象频道就是一个独立的专业频道；共用频道就是多个主题节目共同享有一个频道空间资源，各相关主题节目交叉安排在时段空间上，例如央视频道所设置的军事农业频道（央视7套），社会与法（央视12套）频道。当然，频道主题冠名并没有完全禁止其他主题节目的播送。

3.1 专门频道的优劣势分析

现在电视频道改革始于20世纪90年代中期。经过20年的发展，现在电视频道趋向于多元化、商业化，对频道空间使用的要求愈来愈高。设立专门频道有两个基本要求：一是丰富的节目源；二是足够的经济效益。

频道空间的独立享有是一个优势，但同时也是一个劣势，众所周知，随着央视体制改革，频道成为一个既要注重社会效益，更要注重经济效益的问题，独享频道资源，也意味着要驾驭好频道资源，能创造相应的经济效益和商业价值。这对受众较为特殊的海洋类节目将带来严峻的考验，据调查，目前受到较为广泛瞩目的海洋节目只有海洋旅游和海洋军事主题。此外，涉海类新闻数量也难以满足日日更新的电视节目需求。

3.2 共用频道的优势

共用频道最大优势就是分摊了驾驭频道的风险。通过节目互补和内容相关，享用频道的一部分空间可以以特殊的方式实现主体频道空间，这种机制成为海洋类节目设立专业频道的一个较好选择。

4 基于央视七套的国家海洋频道规划设计

4.1 央视七套的历史演变与现状

央视七套（CCTV7）于1995年11月30日开播，最早冠名为中央电视台少儿·军事·农业·科技频道，2001年7月9日央视十套科教频道开播之后改称中央电视台少儿·军事·农业频道，2003年12月28日CCTV少儿（后改称CCTV14）开播之后正式向以军事农业节目为主的频道迈进。2011年1月1日，正式定为中央电视台军事·农业频道至今。

中央电视台军事·农业频道是我国重要的新闻舆论载体，是党、政府和人民的重要意志意愿与事实的表达窗口，是我国重要的思想文化阵地，是当今中国最具竞争力的主流媒体之一，具有传播新闻、社会教育、文化娱乐、信息服务等多种功能，是全国公众获取特定社会阶层时政、经济和文化信息的渠道之一。央视七套自开播至今，以良好的节目定位，服务对象的基础性和公益性，成为央视频道群的优质节目，拥有较广阔的观看客户群。在互联网发达的今天，中央电视台对人民的生活中的分量受到一定冲击，份额有所降低。

（1）CCTV7 受众分析：中高年龄群居多、中等文化程度。中央电视台军事·农业频道 CCTV7 面向农村，整体观众学历、职位、收入等较低。

①性别结构：以男性为主。男性读者占 71.3%，女性读者占 28.7%。

②年龄结构：15～24 岁 15.5%，25～34 岁 37.1%，35～44 岁 22%，45～54 岁 14.8%，55～64 岁 10.6%。25～44 岁读者比例约占读者总体的 60%。

③教育程度：大专以上学历超过 10%。大学或以上 5%，大专 15%，中专/技校 20%，高中 20%，初中 30%。低学历读者远远高于总体水平。

（2）CCTV7 收视率：中央电视台军事·农业频道 CCTV7 收视率高达 3.6%。

（3）CCTV7 频道传播方式和覆盖情况：CCTV7 是目前唯一与 CCTV1 使用相同方式广播实施覆盖的频道，接收方式有 3 种：①用普通数字接收机接收亚太 1A 卫星播出的 CCTV－7 数字节目，下行频率 3840MHz，水平极化，前向纠错（FEC）3/4，符号率 27.5 Msps；②接收国家光缆干线网中传输的 CCTV－7 数字节目；③“村村通”用户和部队边远哨所也可接收鑫诺 1 号卫星 CBTV 平台上的 CCTV－7 数字节目。

4.2 央视七套主题元素的文化意象分析

公益性和亲民性是央视七套的根本特色，贯彻民生和民本思想是本频道根本特征，可以说，央视七套主旨就是反映了我国国家和民族生存的基本元素。央视七套冠名一定程度上也体现了我国国情、社会结构和政治体系。3 个主题共频道的历史表明该频道存在增设新主题的空间，只要内容相关相容、主题明确，完全可以共用频道。

从一定角度而言，农业代表我们生存基础，军事代表我们的生存保障，少儿代表我们的未来。少儿频道作为一个专门频道独立运作后，可以替代频道空间位置的就是海洋，作为我们的未来更为客观。军事可以理解为国防，是民生保障；农业可以理解为土地和农业活动，是民生根本，农业代表土地文明，海洋则代表海洋文明；海洋是中国未来的空间，是开放文明的象征，也是民生发展之路。从这些文化和哲学意象来看，土地和农业生产、海洋文明和国防军事构成了中华民族的生存、发展及保障 3 个方面，共同形成央视七套历史使命和文化内涵的频道文化。实际上，海洋节目与军事、农业节目存在交集，是可相容的，增加了一个海洋主题词，频道内容空间则更加广阔。

因而，军事、农业、海洋 3 个主题词具有本质上类同的内涵，可以共存于同一个频道空间，起到内容互补的作用。海洋环境预报和农业气象预报一样，作为本频道公益服务重要信息和技术内容，是我们了解我们民族生存所在这片地球空间的自然状态的专业渠道，是民生物质生产所不可或缺的地球环境信息。

综上所述，将央视七套的冠名从现在的“军事·农业”更名为“军事·农业·海洋”，从而实现国家海洋频道的设置，理论上是可行的。

4.3 海洋频道的节目栏目设计

国家海洋频道既是一种政治和文化领域的上层建筑，又是一个以技术设计为表现形式的物质基础，是一个政治意识形态和技术载体高度结合的产物，可以通过开设《海洋环境预报》和《海洋时空》两个栏目来实现海洋类主题节目的组织和播送。

涉海节目具有政治和海权意义的就是海洋预报节目，开设海洋环境预报，对我国被争议海域的主权维持有着重要意义，外事部门的宣言是不定时的，而海洋环境预报是“日日讲、月月讲、年年讲”，具有不可替代的海洋权益公示价值，是不应该被我国国家政策的宣传阵地——央视所忽视的。

《海洋时空》栏目则可以灵活地策划设计栏目内容，不受具体形式的局限，以最小的频道空间传播广阔的海洋文化内容，促进海洋文明的进步。

因而，《海洋环境预报》和《海洋时空》2 个栏目可以作为现阶段央视海洋频道的 2 个基本节目，以此推进我国海洋社会和海洋文明的发展。随着我国海洋文明的逐渐强盛，海洋类节目的社会效益和经济效益得到挖掘和扩大，必将会进一步享有更多的频道空间资源。

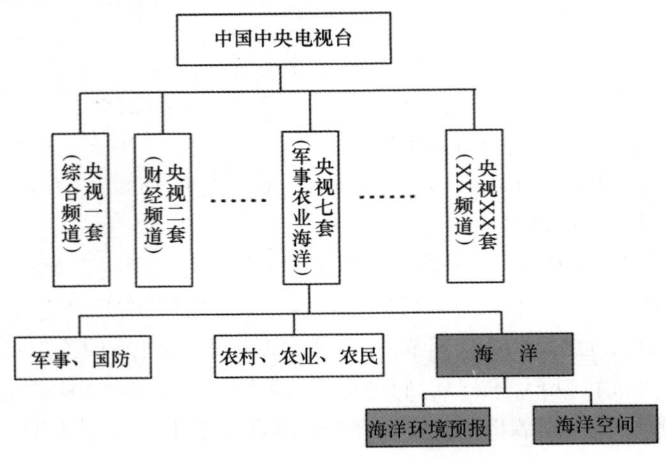

图 3 海洋频道实现系统框图

5 当前国家海洋频道建设的 SWOT 分析

➢ 优势（S）

（1）近代史的惨痛经历为国家海洋频道的设立提供了一个坚实的历史背景。

（2）我国国务院机构设立有相对集中统一的海洋事务管理行政机构，为在海洋信息的获取和发布的归口化管理提供了成熟的途径。

（3）海洋成为新的媒体热词，海洋类栏目素材资源丰富。

➢ 劣势（W）

（1）海洋主题内容门类较多，但是信息服务品种简单粗化，缺乏良好的实用性。海洋信息业务部门自身参与市场的主体意识不强，很少主动地争取市场份额。

（2）海洋信息受众面较小，用户群尚未形成规模化。

（3）海洋节目制作要求较高，技术水平有待提高。

➢ 机会（O）

（1）数字电视作为新兴媒体发展前景广阔，为视听感佳的海洋节目提供了技术条件。

（2）海洋经济业已形成为新的经济发展领域，各沿海省市海洋经济规划方兴未艾，毗邻内陆省份或以远地区以对接海洋经济区为发展战略，为海洋频道未来的整合发展提供温床。

（3）党的十八大首次把“建设海洋强国”写入党的全国代表大会报告，开启了海洋文明建设新篇章。

（4）“一带一路”战略构架为实现“海洋梦”提供了一个全新的历史机遇。

➢ 威胁（T）

（1）海洋经济仍处于模糊发展阶段，海洋文化尚在推进深化阶段，在一段时间内还难以适应现在电视频道制度的改革，获得足够经济效益。

（2）海洋信息服务技术发展滞后和信息数据需求者的个性化要求之间存在矛盾。

6 总结

国家级电视专业频道设计是一件审慎的工作，是我国精神文明建设的重要内容，这就要求我们做好顶层设计工作，为中华民族的社会主义海洋文明的推进和建设创造一个文化高地和战略平台，是一种基于文化内涵和表现形式的技术平台设计。

与气象频道相比，海洋频道由于自身的特点，有着不一样的技术实施路线。本文通过对央视七套主题冠名的更改、频道涉海内容栏目的设计、海洋文明宣传的内涵等方面的解析与描述，架构了国家海洋频道的基础框架。这一方案能够在不对央视频道结构做大的改动情况下，实现国家海洋频道的设想，相信这一规划设计，为推进海洋频道建设起到一定的启迪作用！

参考文献：

[1] 彭波涛．电视频道专业化思考[J]. 2009,新闻前哨,54(3)：53—54.

[2] 互联网．有关中国电视频道专业化的思考[OL],2008.

[3] 同春芬．我国海洋渔民社会地位及其影响因素分析[J]. 发展战略,2011,4：64—71.

[4] 刘勤．海洋社会学:兴起、问题与新生.

[5] 陈爱平．在中国海员发展战略研讨会上讲话．人民网,2014 年 6 月 25 日.

[6] 樊曦．航海日前探访海员生活[OL]. 新华网,2013 年 7 月 7 日.

[7] 严俊,等．海洋预报与气象预报的电视节目对比研究[J]. 海洋开发与管理,213,30(1)：75—77.

[8] 王荣国．明清时期海神信仰与海洋渔业的关系[J]. 厦门大学学报(哲学社会学版),2000,143(3)：130—135.

[9] 黑格尔．历史哲学[M]. 上海:上海书店出版社,2001.

[10] 中国环境与发展国际合作委员会．中国海洋可持续发展的生态环境问题与政策研究[M]. 2010.

[11] 国家广电总局．关于亚太 1A 卫星上 CCTV -7 模拟节目停止播出的通知[N],2003.

[12] 戴路．行业报的出路在于转变观念[J]. 中国报业,2006(2).

3S 技术在我国海岸带综合性规划与管理中的应用

何舸[1]，王可[2]，俞云[1]，周文[3]，蒋国翔[1]

（1. 中国城市规划设计研究院深圳分院，广东 深圳 518040；2. 中山市城市建设档案馆，广东 中山 528403；3. 江苏省城市规划设计研究院，江苏 南京 210036）

摘要： 海岸带作为滨海城市的重要组成部分，是国民经济与社会发展中的“黄金地带”，面临着自然灾害频发和人类开发利用活动引起的各类资源与生态环境问题。海岸带综合性规划与管理作为解决这些问题的有效手段，能够协调区域社会经济发展、资源开发利用与生态环境保护之间的关系。目前我国已经进入海岸带综合性规划与管理的阶段，由遥感（RS）、地理信息系统（GIS）和全球定位系统（GPS）构成的3S 技术在其中得到广泛应用。针对3S 技术在我国海岸带综合性规划与管理中的应用现状和发展趋势进行了探讨。

关键词： 海岸带；综合性规划与管理；3S 技术；遥感；GIS

1 引言

海岸带是以海岸线为基准、向海陆两侧扩展而具有一定宽度的地带，包括近海水域、潮间带和潮上带的沿岸陆地部分[1]。作为海陆交互作用的特殊区域，海岸带不仅具有海陆过渡、资源丰富、生态脆弱等自然地理属性，而且兼具独特的社会经济属性[2]，是人类工业、商业、居住、旅游、军事、渔业和运输等活动高度密集的地区，被誉为社会经济领域中的“黄金地带”。我国海岸带仅占国土面积的 13%，却集中了全国 70% 以上的大城市、约 50% 的人口以及 55% 左右的国民收入[3]。进入 21 世纪以后，我国进一步加强了对海岸带整体的综合开发，逐渐在沿海地区形成一条发展经济带[4]。同时，随着“建设海洋强国”战略和“一带一路”战略的提出，保障海岸带地区健康、可持续发展的重要性愈发突出[5—7]。然而，海岸带独特的区位和自然地理条件导致地震、台风、风暴潮等自然灾害频发，并且人类活动在海岸带的高度集聚容易引发环境污染、资源枯竭、生态退化等诸多生态环境问题[8—9]，对人民生活和社会经济发展造成严重影响。近年来，海岸带综合性规划与管理作为能够有效解决上述问题的工具和手段，已逐渐成为指导滨海区域人类活动及相关管理的重要方法[10—11]。

由遥感（Remote Sensing，RS）、地理信息系统（Geographic Information System，GIS）和全球定位系统（Global Positioning System，GPS）构成的3S 技术自动化程度高、时效性强，能够快速、准确地进行海量空间信息数据的获取、管理和分析，被广泛应用到全球海岸带综合性规划与管理中[12—14]。目前，3S 技术作为关键技术在我国海岸带调查、海岸带保护利用规划、海岸带城市空间格局分析、海岸带环境监测与评价、海岸带信息系统建设等方面得到广泛应用[15—17]，成为信息技术当中支撑我国海洋事业发展的重要工具。本文主要介绍 3S 技术在我国海岸带综合性规划与管理中的应用现状，探讨其在滨海城市海岸带综合性规划与管理中的应用及发展趋势。

2 海岸带综合性规划与管理概述

“海岸带规划”迄今亦无公认的定义，对其内涵的认识也不尽相同。一般认为，海岸带规划是在一定

作者简介： 何舸（1985—），男，湖南省长沙市人，硕士，注册城市规划师，主要从事生态规划、城市与景观生态学和湿地生态学研究。E-mail：hege. caupd@ gmail. com

时期和地域内进行的，与海陆交错带密切相关的经济发展规划以及自然资源开发、利用、保护等各项建设的综合部署[18]。目前，我国海岸带及相关地区的主要规划类型包括：滨海地区发展规划、城市总体规划、生态环境保护规划，海洋功能区划、海岸带保护和利用规划、海岸线城市设计等，各种类型的规划对海岸带地区研究的侧重点有所差异[19—20]。海岸带综合规划是对海岸带各项管理行动的综合部署，是控制管理过程的规范和准则，对行业以及相关专项规划具有指导作用[21]。

海岸带管理起步于20世纪60年代末，初期仅用管理手段陈述社会中重要的个别环境问题，发展至今已经进入海岸带综合管理的成熟阶段，注重海岸系统的整体性和可持续发展[22—23]。海岸带综合管理是建立在海洋区域整体利益上的管理工作，主要包括收集信息、制定决策以及实施管理和监督等内容，具有全局性、指导性和协调性的特点，重点是针对海岸带所涉管理和利益部门的复杂性和多样性进行有效协调，保障海岸带资源合理利用，维持海岸带生态系统稳定，实现海岸带地区“社会—经济—自然”的协调、可持续发展[24—25]。海岸带综合管理有别于传统管理方式，一方面增加了对海岸带自然资源及其在人类活动影响下可持续利用前景的了解，另一方面通过统筹社会、经济、自然信息，使海岸带资源的综合利用达到最优化[26]。

3 3S 技术在我国海岸带综合性规划与管理中的应用

3.1 提供多源信息保障

海岸带综合性规划与管理的目标、步骤、管理重点、措施等的制定，都是建立在对环境、社会和经济的综合评价的基础之上，因此在海岸带综合性规划与管理实践中，多源信息的保障十分重要。由于3S 技术具有快速、准确、实时获取空间信息，以及加工、处理、分析强大的空间信息和管理海量数据等方面的优势，作为海岸带综合性规划与管理多源信息采集和存储的有效手段，为规划与管理提供了良好的基础数据，有助于增强规划和管理的合理性，提高规划和管理战略的有效性[27—28]。

3S 技术可以为海岸带综合规划与管理提供良好的技术支撑，在海岸带调查和研究中的应用主要包括：海岸带土地利用/覆盖的动态变化监测、海岸线的演变监测、海岸带环境监测数据反演、岸线定位和剖面地形测量、海量海岸带空间数据的存储管理等[29—32]。目前，我国已经利用3S 技术开展了多项与海岛、海岸带相关“908”专项和“863”专项等调查和研究类项目，部分沿海省份以及滨海城市也进行了一定的调查研究工作[16,33—36]。随着高精度的全球定位技术，多光谱、高分辨率和高光谱综合的遥感数据以及支持海量数据处理的海岸带地理信息系统等3S 技术日趋紧密地结合，可以更加及时、准确地为海岸带综合规划与管理提供多源信息支持[37—39]。

3.2 创新技术方法和管理机制

传统的城市规划更多的是基于社会经济统计数据，而3S 技术为规划提供了更多准确而实时的真实地面数据，有效的扩展了海岸带规划与管理的数据源。利用3S 技术进行如遥感影像解译等多种信息获取的工作，结合收集的自然、地理、生态、环境、社会、经济等资料，可形成涵盖各类生态景观数量、质量、空间分布等信息的海岸带基础数据库[40—41]。同时，GIS 具有强大的空间数据处理分析、三维模拟与分析显示能力，可以协助规划与管理部门更好地建立相关的规划管理空间关系模型和规划管理信息系统，为海岸带规划与管理提供了更好、更多的分析工具[41]。

目前，3S 技术已经介入我国海岸带综合规划与管理设计的全过程，包括管理区域与管理现状分析、海岸带系统评价、海岸带利用预测、管理战略研究、海岸带利用分区、重点利用项目环境影响评价与管理、宏观运行体系等[39,42—44]。张萌等[45]在 GIS 技术的支持下，构建了海岸带开发利用强度综合指标体系，对山东省内 7 个滨海城市海岸带开发利用相对强度进行了分析。刘小喜等[46]基于废黄河三角洲特征和脆弱性指数法，利用 RS 和 GIS 技术，评估了苏北废黄河三角洲的海岸侵蚀脆弱性。黄慧萍[47]利用 GIS 技术建立了涵盖资源环境现状分析、评价预测、保护规划、开发利用等功能的广东省海岸带湿地资源与环境信息系统。

此外，我国还在广泛利用3S技术建立海岸带遥感应用信息系统、海岸带资源与环境管理信息系统、海洋信息基础平台和海洋综合管理信息系统等[48—50]。3S技术的应用使得海岸带综合性规划由定性走向定量，有效地创新了海岸带技术方法和综合性管理机制[51—52]。

3.3 综合性规划与管理

沿海城市的滨海区域是海岸带经济发展的核心区，已经成为沿海城市新的发展极，推动着整个城市快速、可持续发展[53]。我国利用3S技术对滨海城市规划与管理中关于城市空间格局、景观生态规划及海岸带地区开发的环境评价等方面已经开展了大量的研究。王德智等[54]在RS和GIS技术的支持下，利用分层次、多种算法相结合的研究方法，对海口市海岸带土地利用时空格局变化进行了分析。张恒等[55]在GIS和RS技术的支持下，以城市实体地域扩张为视角，以探索性空间数据分析工具为依托，构建了天津滨海新区城市空间增长格局的研究框架。浦静姣等[56]利用GIS技术进行了港口总体规划的景观生态学分析，结合景观指数研究了营口港口地区景观结构在规划实施前后的变化特征，并探讨了变化对海岸带生态过程可能产生的影响。陈小华等[44]以景观生态学原理为指导，利用GIS技术和叠加分析法，对厦门市海岸线进行了多目标的景观生态适宜性分析，并提出了厦门市海岸带的景观生态规划方案。闫维等[57]在GIS的支持下，运用景观格局分析、网络结构分析以及斑块间的相互作用力分析法，研究了天津滨海新区规划对区域生态网络结构的影响。王伟伟等[58]基于ArcGIS的空间分析功能，利用因子加权评分法和综合指数法，对辽宁海岸带开发活动的综合环境效应进行了评价。

4 讨论

我国的海岸带综合性规划与管理起步较晚，现正处于高速发展阶段。3S技术集成了GPS技术空间准确定位、RS技术快速获取多源信息和GIS技术强大的综合分析能力等各方面的优势，在海岸带综合性规划与管理中得到广泛应用。但海岸带综合性规划与管理的不断发展和完善对3S技术提出了更高的应用要求，在今后的发展中，需要从以下几个方面着力进行推动。

（1）加强3S技术在海岸带综合规划与管理中相关行业标准的制定。

（2）促进3S技术与其他规划与管理相关技术的结合，推进海岸带示范项目建设。

（3）完善海岸带数据库建设，整合海岸带地区的社会、经济、生态、环境、资源等信息。

（4）建立运行良好的海岸带规划与管理信息系统，以便更好地为政府规划与管理部门提供可靠的技术支撑，为社会公众提供参与海岸带综合规划与管理的网络信息平台。

除此之外，还需要借鉴国外海岸带综合性规划与管理的先进经验，加强与3S技术以及其他先进技术的创新和融合，确定好海岸带综合性规划与管理边界问题，促进管理机制和规划方法的改进，共同推进海岸带资源环境的可持续利用和经济社会的可持续发展。

参考文献：

[1] 陈述彭．海岸带及其持续发展[J]．遥感信息，1996(3)：6—12.

[2] 姚丽娜．我国海岸带综合管理与可持续发展[J]．哈尔滨商业大学学报(社会科学版)，2003，3：98—101.

[3] 陈彬，等．基于海岸带综合管理的海洋生物多样性保护管理技术[M]．北京：海洋出版社，2012.

[4] 杨保军，陈怡星，吕晓蓓，等．"一带一路"战略的空间响应[J]．城市规划学刊，2015(2)：6—23.

[5] 周丽亚，秦正茂，樊行，等．试论海洋资源观的演进与城市发展——以深圳为例[J]．城市发展研究，2015，22(4)：59—64.

[6] 骆小平．"沿海新区带"：弓箭理论下的海洋发展立体布局[J]．浙江海洋学院学报(人文科学版)，2015，32(2)：1—5.

[7] 杨丽坤．海洋强国战略的顶层设计研究[J]．大连海事大学学报(社会科学版)，2015，14(2)：73—77.

[8] 李杨帆，朱晓东．我国海岸带灾害类型划分及灾害信息系统设计[J]．海洋通报，2002，21(2)：55—61.

[9] Post J C, Lundin C G. Guidelines for Integrated Coastal Zone Management[M]. Washington, DC: World Bank, 1996.

[10] 王东宇，刘泉，王忠杰，等．国际海岸带规划管制研究与山东半岛的实践[J]．城市规划，2005，29(12)：33—39.

[11] Xue X Z, Hong H S, Charles A T. Cumulative environmental impacts and integrated coastal management: the case of Xiamen, China[J]. Jour-

nal of Environmental Management, 2004(7): 271—283.
[12] 孙雷刚. 3S 技术在海岸带资源环境中的应用概述[J]. 科技资讯, 2012, 14: 145—146.
[13] Shalaby A, Tateishi R. Remote sensing and GIS for mapping and monitoring land cover and land—use changes in the Northwestern coastal zone of Egypt[J]. Applied Geography, 2007, 27(1): 28—41.
[14] 侯英姿, 陈晓玲, 李毓湘. 基于3S 技术的海岸带综合管理研究进展[J]. 海洋测绘, 2005, 25(3): 24—27.
[15] 高珊, 傅命佐, 马安青. 3S 技术在海岸带调查中的应用[J]. 海洋湖沼通报, 2009, 4: 110—122.
[16] 熊永柱, 夏斌, 包世泰, 等. 海岸带可持续发展决策支持系统的关键技术探讨[J]. 科技进步与对策, 2005, 22(3): 46—48.
[17] 赵建华, 陈沈良. 数字海岸与海岸带综合管理[J]. 海洋通报, 2003, 22(1): 50—56.
[18] 孙荣生. 海岸带规划与开发利用若干问题讨论[J]. 海岸工程, 1985, 4(1): 78—83.
[19] 王江涛, 郭佩芳. 海洋功能区划理论体系框架构建[J]. 海洋通报, 2010, 29(6): 669—673.
[20] 魏正波. 中国特色的城市海岸带规划体系初探[C]// 生态文明视角下的城乡规划——2008 中国城市规划年会论文集, 2008.
[21] 张灵杰. 区域海岸带综合管理体制与运行机制——玉环县案例研究[J]. 海洋通报, 1999, 18(3): 68—76.
[22] 陈林生. 区域经济发展研究的新兴领域: 海岸带规划与管理理论综述[J]. 理论与改革, 2010(1): 140—142.
[23] Vallega A. Sustainable Ocean Governance: A Geographical Perspective[M]. London: Routledge, 2001.
[24] 黄康宁, 黄硕琳. 我国海岸带综合管理的探索性研究[J]. 上海海洋大学学报, 2010, 19(2): 246—251.
[25] 范志杰, 薛丽沙. 略论海岸带综合管理[J]. 海洋信息, 1995(6): 1—2.
[26] 张灵杰. 海岸带综合管理的信息需求[J]. 海洋信息, 2001(1): 4—6.
[27] 陈淑兴. 遥感和 GIS 支持下的海岸带资源综合管理[J]. 科技信息, 2008, 20: 57—57.
[28] 杨晓梅, 周成虎, 杜云艳. 海岸带遥感综合技术与实例研究[M]. 北京: 海洋出版社, 2005.
[29] 杜建国, 陈彬, 周秋麟, 等. 以海岸带综合管理为工具开展海洋生物多样性保护管理[J]. 海洋通报, 2011, 30(4): 456—462.
[30] 恽才兴. 海岸带及近海卫星遥感综合应用技术[M]. 北京: 海洋出版社, 2005.
[31] 刘宝银, 苏奋振. 中国海岸带与海岛遥感调查: 原则方法系统[M]. 北京: 海洋出版社, 2005.
[32] 潘德炉, 林寿仁. 海洋水色遥感在海岸带综合管理中的应用[J]. 航天返回与遥感, 2001, 22(2): 34—39.
[33] 许祝华, 张铁军, 刘媛. 近20 年连云港市海岸带土地利用动态变化分析[J]. 海洋开发与管理, 2014, 9: 54—57.
[34] 田义超, 陈志坤, 梁铭忠. 北部湾海岸带植被覆盖时空动态特征及未来趋势[J]. 热带地理, 2014, 34(1): 76—86.
[35] 杜云艳, 杨晓梅, 王敬贵. 中国海岸带及近海多源数据空间组合和运行的基础研究[J]. 海洋学报, 2003, 25(5): 38—48.
[36] 姜义, 李建芬, 康慧, 等. 渤海湾西岸近百年来海岸线变迁遥感分析[J]. 国土资源遥感, 2003, 4: 54—58.
[37] 刘荣杰, 张杰, 李晓敏, 等. ZY-3 影像在我国海岸带区域的定位精度评价[J]. 国土资源遥感, 2014, 26(3): 141—145.
[38] 杨晓梅, 杜云艳, 陈秀法. 中国海岸带高分辨率遥感系统技术基础研究[J]. 海洋学报, 2003, 25(6): 61—68.
[39] 黄金良, 洪华生. 地理信息技术在海岸带资源环境管理中的应用[J]. 台湾海峡, 2003, 22(1): 79—84.
[40] 吴晓莉. 利用遥感技术拓展城市规划数据源——兼谈遥感技术在城市规划中的应用[J]. 城市规划, 2001(8): 24—27.
[41] 王成芳. GIS 和 RS 技术在城市规划设计中的应用探讨[J]. 测绘科学, 2008, 33(5): 218—219.
[42] 徐谅慧, 李加林, 袁麒翔, 等. 象山港海岸带景观格局演化[J]. 海洋学研究, 2015, 33(2): 47—56.
[43] 黎树式, 黄鹄, 戴志军, 等. 广西北部湾"流域—海岸—海湾"环境集成管理研究[J]. 广西社会科学, 2014(12): 55—59.
[44] 陈小华, 张利权. 基于 GIS 的厦门市沿海岸线景观生态规划[J]. 海洋环境科学, 2005, 24(2): 53—58.
[45] 张萌, 谢小平. 山东省滨海城市海岸带开发利用强度评价[J]. 海洋开发与管理, 2015(6): 61—65.
[46] 刘小喜, 陈沈良, 蒋超, 等. 苏北废黄河三角洲海岸侵蚀脆弱性评估[J]. 地理学报, 2014, 69(5): 607—618.
[47] 黄慧萍. 应用 GIS 技术研究广东省海岸带于资源与环境[J]. 热带地理, 1999, 19(2): 178—183.
[48] 茅克勤, 车助镁. "数字海洋"浙江省节点成果与应用[J]. 海洋开发与管理, 2013(7): 37—39.
[49] 杨晓梅, 刘宝银. 我国海岸带及近海卫星遥感应用信息系统构建和运行的基础研究[J]. 海洋学报, 2002, 24(5): 36—45.
[50] 邓春朗, 阎鸿邦. 基于 GIS 的海南岛海岸带资源与环境管理信息系统[J]. 热带地理, 1997, 17(4): 359—363.
[51] 毛蒋兴, 闫小培, 李志刚, 等. 深圳城市规划对土地利用的调控效能[J]. 地理学报, 2008, 63(3): 311—320.
[52] 刘欣, 宋波. GIS 和多目标决策技术在海岸带管理中的整合应用模式[J]. 海洋开发与管理, 1997, 14(3): 36—39.
[53] 陈小华. 沿海城市滨海区域的发展规划研究——以厦门市为例[D]. 上海: 华东师范大学, 2004.
[54] 王德智, 邱彭华, 方源敏, 等. 海口市海岸带土地利用时空格局变化分析[J]. 地球信息科学学报, 2014, 16(6): 933—940.
[55] 张恒, 李刚. 基于 GIS 及 RS 天津滨海新区城市空间增长格局研究[C]//转型与重构——2011 中国城市规划年会论文集. 南京: 东南大学出版社, 2011: 6963—6971.
[56] 浦静姣, 史晓雪, 张浩, 等. 基于 GIS 的港口总体规划景观生态学分析[J]. 环境科学研究, 2007, 20(2): 130—135.
[57] 闫维, 李洪远, 蔡喆, 等. 滨海新区规划对区域生态网络结构的影响分析[J]. 城市环境与城市生态, 2010(2): 9—13.
[58] 王伟伟, 李方, 蔡悦荫. 辽宁省海岸带开发活动的综合环境效应评价[J]. 海洋环境科学, 2013, 32(4): 610—613.

我国海洋信息化工作的研究探索

张蒙蒙[1,2]，于文涛[1,2*]，于庆云[1,2]，高磊[1,2]

（1. 国家海洋局北海环境监测中心 山东 青岛 266033；2. 国家海洋局海洋溢油鉴别与损害评估技术重点实验室 山东 青岛 266033）

摘要：本文从目前我国海洋信息化的现状入手，介绍当前形势下海洋信息化工作对于我国海洋事业发展的重要性，探寻海洋信息化进程中遇到的问题，提出我国海洋信息化统筹建设新的工作思路。

关键词：海洋；信息化；建设；探索

1 引言

中共十八大报告提出，提高海洋资源开发能力，发展海洋经济，保护海洋生态环境坚决维护国家海洋权益，建设海洋强国。纵观全国海洋系统，海洋信息化建设尽管取得了一定的成绩，然而相对于海洋经济建设、海洋生态文明建设依然稍显滞后。近几年来，国家层面对于海洋信息化工作给予很高的期望，明确提出“加快海洋信息标准化建设，推进信息资源的统一管理和共享，依托国家电子政务网络，整合改造海洋信息业务网。建设海洋环境与基础地理信息服务平台，以海域海岛管理、生态环境保护、海洋防灾减灾、海洋经济监测、基础科学研究为主题，推进海洋管理与服务信息化工作[1]。”

2 我国海洋信息化现状分析

2.1 海洋信息化基础设施建设日臻完善

海洋资源的开发利用活动已经成为我国经济发展新的增长点，与此同时海洋生态保护、海洋权益维护也成为新的关注热点。“十一五”期间，各级海洋行政主管部门对海洋信息化工作的重视程度普遍提高，对信息化工作基础网络建设的投入也越来越大，基本实现内网、外网、专网等用途分级明确的网络基础设施；机房建设方面服务器、存储、网络环境也有了质量和数量上的较大提高，对于今后进一步开展海洋信息化工作打下了坚实了基础[2]。

2.2 海洋信息化软件得到较大普及

目前海洋系统常用的信息化工具软件如 MapInfo、ARCGIS、surfer、Dundas Chart 等工具软件得到了较大程度的普及，极大的方便了专业技术人员的工作需要。与此同时各海洋单位也针对自身业务工作开发或委托开发了相应的海洋信息化系统，如实验室信息管理系统、海洋生态监视监测系统、海洋科技管理系统等业务系统，利用计算机技术将实验数据、各类报告、方案等海洋技术资料管理起来，提高了管理效率，方便了科技工作者对于历史资料的查找使用，提升了历史数据的使用价值[3]。部分海洋单位自主研发或购置了高度信息化的海洋调查、分析仪器，通过仪器与样品的相互作用产生电子信号并转换形成数字信

作者简介：张蒙蒙（1988—），男，学士，助理工程师，主要从事海洋信息化研究。E-mail：zhangmengmeng@ bhfj. gov. cn

***通信作者：**于文涛，硕士，助理工程师。E-mail：yuwentao@ bhfj. gov. cn

号，其经由内置软件系统借助高性能内置芯片快捷精确的获取数据并进行分析处理。海洋信息化软件的普及，提高了工作效率，减少了人为因素造成的数据误差，为我国海洋事业的纵深发展提供了技术支撑。

2.3 海洋信息化人才队伍储备

在海洋信息化过程中，海洋信息化人才队伍的建设逐步引起了海洋行政及技术单位的重视。目前较为普遍的模式是虚拟团队管理模式，即针对具体的信息化建设项目成立了信息化的项目团队，将具有遥感、测绘、计算机等与信息化相关专业知识背景的技术人员集中在一起成立一个项目团队，团队成员编制上属于原有业务科室，为了当前某次具体的信息化项目的建设管理而组建[4]。此类相关专业背景的技术人员具有一定的信息化知识背景，同时在海洋专业方面有足够的工作经验积累，对于海洋信息化的建设具有较好的推动作用。也有部分单位设立了正式的信息化业务科室，通过从其他业务科室调动或外部引进的方式逐渐发展壮大自己的信息化人才队伍。

3 我国海洋信息化进程中的主要问题

3.1 海洋信息化基础投入多而不精

现有海洋技术单位信息化基础设施的投入，例如服务器、存储、网络等的建设，多少多是基于课题项目采购，限于经费问题，服务器性能一般、存储小、网络安全防护措施不足。短期看投入少，能够完全支持相关项目的正常运行，然而长远看，随着业务系统的更新升级以及数据量的增加很快就不能满足正常使用。集中体现为基础设施投入多而不精、广而无序，业务承载能力缺乏持续性。

3.2 缺乏顶层设计，各自为政重复建设

现有海洋行政主管单位为国家海洋局，下属 3 个海区分局及其他技术支持单位，具有行政监管职能的 3 个海区分局下又有垂直管理的技术支持单位。3 个海区分局为正厅级单位，行政干预力度有限，在海洋信息化建设过程中，与沿岸各省市级人民政府及其下属技术支持单位统筹规划、协同建设存在一定难度。

有别于传统领域相对完善和成熟的信息化建设体系，我国海洋信息化建设依然处于起步阶段。如同其他领域信息化建设之初自下而上的信息化发展模式，我国海洋信息化发展过程中依然走了类似的弯路。由于海洋的流动性和联通性，数据资料的信息共享和交互对于国内海洋单位显得尤为重要，目前基础性的数据资料难以实现集中、高效、便利的管理和使用。由于缺乏顶层设计，各涉海单位根据业务需求，开发不少业务系统，但是这些系统开发运行的环境不一致，采用的数据库不一样，各单位之间难以实现信息交互和集成，技术人员重复录入数据，造成人力物力的浪费[5]。

3.3 缺乏信息化专业技术人才

目前海洋单位争相大力引进海洋类专业技术人才，对于信息化专业技术人才的引进程度不够。信息化工作往往是由业务工作人员兼职，一方面开设海洋信息化相关专业的高等院校较少，基本上集中在少数海洋类院校，甚至海洋类院校开设信息化相关专业时很少进行海洋方面信息化的课程开展，另一方面海洋单位业务人员信息化方面专业技术水平有限，信息化在海洋单位处于边缘学科，相关成果难以得到足够重视，在职称评定、成果鉴定方面处于劣势。这一现状直接导致信息化专业技术人才不愿进入海洋单位，出现了信息化专业技术人才匮乏的局面。

4 我国海洋信息化建设的新的工作思路

4.1 加强海洋信息化的重视程度，加大基础设施投入

海洋信息化逐步实现了海洋工作的信息化、网络化、智能化，各级海洋主管部门及涉海企事业单位及

科研院所应该充分认识到海洋信息化对于海洋工作的强大推动力。加大投入，建设一批完全自主、先进、实用、功能强大的海洋信息化技术，并将其快速应用于海洋工作，满足海洋活动中各方需求，推动海洋事业健康快速的发展[6]。软件的升级离不开硬件的支持，还应持续加大基础设施投入，如卫星、网络设施、硬件服务器、融合先进信息化技术的仪器设备等。立足长远、整体推进、确保重点，为海洋信息化步入“快车道”提供安全稳定的轨道。

4.2 顶层设计海洋信息化建设，集约当前离散信息化系统

2013 年我国设立了高层次议事协调机构国家海洋委员会，其具体工作由国家海洋局承担。建议由国家海洋委员会层面成立海洋信息化专家组，统筹规划全国海洋信息化系统建设，推进海洋信息化顶层设计，发挥指导作用、协调作用和监督作用。从根本上解决海洋信息化建设各自为政、相互集成困难的现状[7]。针对目前各单位已经开发完成的信息化系统，建立一个全国性的海洋信息化集成平台，将各单位的信息化系统进行集，最大程度的发挥原有离散的信息系统的功能。

4.3 强化海洋信息化复合型人才队伍的建设

海洋强国需要信息化支撑，海洋信息化是一个较为复杂的交叉学科，既要懂得海洋学科知识又要掌握信息化知识，因而学科建设存在较大难度。因而笔者建议海洋高等院校加快海洋信息化学科建设并实施人才激励计划，鼓励学生投身海洋信息化事业。国家层面增加海洋信息化相关课题基金，鼓励海洋信息化技术人员甚至其他对海洋信息化感兴趣的技术人员积极参与，让从事海洋信息化的技术人员得到发展和成长。加强国际合作，与具有先进海洋信息化水平的国家进行交流学习，推进校企合作，联合培养高层次懂业务的海洋信息化科技人员，通过双边和多边的科技支持、人员交流等多方面的合作，提高海洋信息化人才的视野，提升业务水平[8]。

5 结束语

党和国家高度重视海洋事业的发展，并将海洋事业提升至国家战略高度。海洋信息化是实现我国海洋强国战略的重要保障，因此要高度重视海洋信息化的发展，加大基础投入；整合资源、统筹规划，顶层设计海洋信息化的建设工作，分步重点实施，以点带面，逐步建立一个自上而下、规范条理的全国性海洋信息化平台；同时通过国家支持、国际合作、校企合作多方面强化海洋信息化复合型人才队伍的建设，确保我国海洋信息化工作稳步推进，为海洋强国战略提供技术支撑。

参考文献：

[1] 国家海洋局．国家海洋事业发展“十二五”规划[R]．2013－04－11.
[2] 崔晓健，刘玉新，崔轮辉．我国海洋信息化建设探析[J]．海洋信息，2013(3)：1—3.
[3] 柴玉萍，陈绍艳，张多．网络环境下海洋技术资料的管理与应用[J]．海洋信息，2011(3)：7—10.
[4] 高静，涂庆华．浅谈高校信息化专业人才队伍管理[J]．计算机时代，2013(10)：56—58.
[5] 祁冬梅，于婷，邓增安．IODE 海洋数据共享平台建设及对我国海洋信息化进程的启示[J]．海洋开发与管理，2014(3)：57—61.
[6] 林勇．数字海洋[J]．科学，2007，59 (1)：10—12.
[7] 刘旭霞．福建代表焦念志就国家海洋委员会的设置和运行提出八项建议[OL]．人民网，2013－03－12.
[8] 邓俊英，张继承，李晓燕．对我国海洋可持续发展的政策建议[J]．海洋开发与管理，2014(2)：16—20.

一种新型的野外海岸带实时监测技术 – Argus 系统

刘海江[1]，时连强[2]

（1. 浙江大学 海洋学院，浙江 杭州 310058；2. 国家海洋局 第二海洋研究所，浙江 杭州 310012）

摘要：区别于传统的定时定点野外观测方法，近年来基于岸线的近岸实时实地视频监测技术 – Argus 系统因其可获取大范围、长时间的海岸带动力环境要素实测资料（诸如波浪、水流、岸线、地貌特征等），在海岸带科学研究和开发管理领域被广泛应用。本文通过对 Argus 系统的回顾，叙述了该技术的发展概况、采集视频数据类型和特点，及图像分析方法，并举例说明其在海岸科学和海岸工程实际研究中的应用情况。本文还介绍了在浙江舟山朱家尖海滩所构建的我国第一套 ARGUS 监测系统的基本情况。此外，本文也简要介绍了 X 波段雷达影像系统和红外线摄像系统在海岸带科学研究和开发管理中的应用。通过本文的介绍期望进一步推动上述各种近岸视频观测技术在我国海岸带研究中的应用，为海岸带的综合管理利用和合理开发规划提供相应的科学支撑，同时促进各相关学科间（如海岸工程、测量测绘、图像分析等）的交叉合作。

关键词：野外观测；实时监测技术；Argus 系统；图像处理；海岸工程；学科交叉

作者简介：刘海江（1978—），男，教授，从事海岸工程研究。E-mail：haijiangliu@ zju. edu. cn

基于 GIS 的天津市海岸带海水淡化工程选划适宜性评价

杨志宏[1]，黄鹏飞[1]，单科[1]，初喜章[1]

（1. 国家海洋局 天津海水淡化与综合利用研究所，天津 300192）

摘要：本文以天津市海岸带为例，在对海水淡化工程进行了充分的调查研究的基础上，建立了海水淡化工程选划适宜性评价指标。基于 GIS 的加权叠加模型，通过对单因子图层的评价与分级，生成了天津市海岸带海水淡化工程选划适宜性评价的综合图层。研究表明，天津市海岸带适宜发展海水淡化的区域集中在岸段的中南部区域，天津市海岸带的南北两端不适宜建设海水淡化工程，河口区和天津市海岸带的中北部区域为海水淡化工程建设的一般适宜区。

关键词：GIS；天津市；海水淡化；适宜性

1 引言

天津市海岸带位于环渤海经济圈的中心地带（图 1），是中国北方对外开放的门户、高水平现代制造业和研发的转化基地、北方国际航运中心和国际物流中心、宜居生态型新城区，被誉为“中国经济的第三增长极”。从 2005 年开始，天津市滨海新区被写入“十一五”规划并纳入国家发展战略，成为国家重点支持开发开放的国家级新区；“十二五”以后，随着京津冀发展一体化步伐的加快，天津市海岸带在工业制造、物流航运方面将有更为长足的发展。

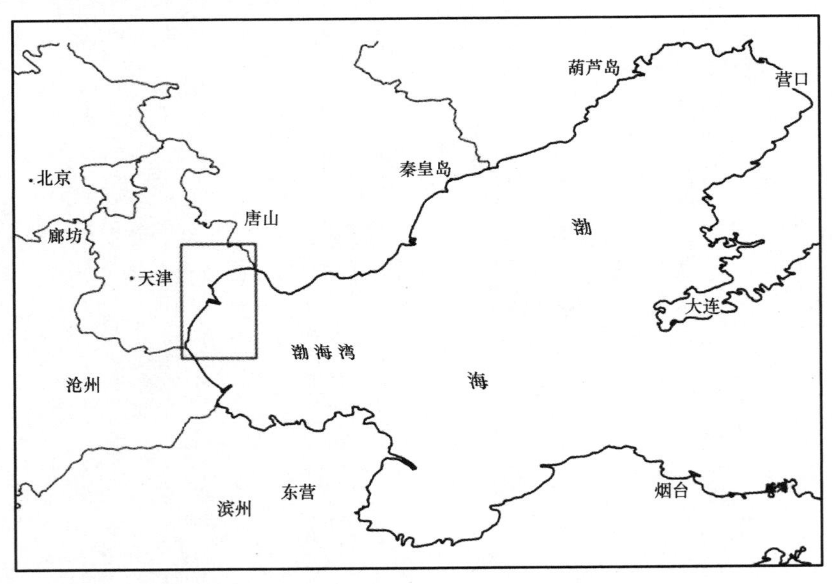

图 1　天津市海岸带位置示意图

作者简介：杨志宏（1986—），男，山西朔州人，助理工程师，主要从事海岛海岸带开发管理研究。E-mail：yzh0349@126.com

但是随着天津滨海区的高速发展，淡水资源紧缺已成为制约这一地区社会经济可持续发展的严重障碍，势必要求当地政府以及企业在淡水资源的利用方面开源节流。海水淡化作为海岸带地区重要的淡水开源渠道，在保障水资源持续利用、优化用水结构、促进经济发展方式转变等方面具有重大意义。但是海水淡化工程的选划不能凭主观臆断，必须建立在对海水淡化工程全面调查研究的基础上。通常海水淡化工程的选址要考虑多方面的的因素，包括否能够缓解所在地区的缺水状况；是否符合当地经济的发展水平；是否与当地的远景规划与国家的海洋功能区划相协调；是否改变当地的海洋环境状况等[1—2]。因而，如何通过自然条件、发展需求和社会条件，筛选建立海水淡化工程的评价指标体系，并得出科学的评价结果，对全面提升海水淡化工程的建设和促进海水淡化产业的发展具有重要的现实意义。从国内外研究结果来看，多目标决策分析方法[3—5]和地理信息系统技术[6—7]可为淡化工程适宜性选划研究提供很好的技术手段。

本文即是在全面了解海水淡化工程建设的影响因素后，结合天津市海岸带的实际状况，从自然条件、发展需求、和社会条件 3 个方面着眼，提出区位适宜性和资源环境适宜性 2 个较高级别的指标，进一步细分，建立海水淡化工程选划适宜性的指标评价体系；在 GIS 技术的支持下，通过加权叠加模型，得出天津市海岸带海水淡化适宜性选划的综合评价图层，从而为将来海水淡化工程的规划和发展提供借鉴。

2 海水淡化工程选划适宜性评价流程

2.1 评价指标的选取

海水淡化工程选划适宜性评价，应该根据海水淡化产业的特点，从前期规划到投入运行，从不同的环节着眼，科学合理地选取评价指标。本文主要从区位适宜性和资源环境适宜性两方面来选取指标。区位适宜性主要是指，海水淡化区的规划应该符合区域的经济社会发展状况，并且与当地的海洋功能区划相协调；资源环境适宜性主要是指，从取水角度考虑，海水淡化区的选划应该选取水质较好，适宜发展海水淡化产业的区域；从对海洋环境的影响方面考虑，海水淡化区的选划应该选择海水交换能力较强的岸段。所以，基于以上出发点，结合天津市海岸带的实际情况，本文建立海水淡化工程选划的适宜性指标评价体系，主要有 4 个，分别为：区域产业的规划与布局；与周边海洋功能的协调性；周边海域的水质状况；周边海域的海水交换能力。

2.2 单因子评价图层的适宜性分级

建立适宜性评价指标以后，收集相关的源数据图层，通过 ArcGIS 10.1 软件，统一采用 WGS－84 坐标系，经过配准，数字化等步骤，建立单因子评价图层的空间数据库，经过分级和赋值，建立单因子评价图层的属性数据库，形成单因子评价适宜性分级图。

2.2.1 基于产业规划布局的适宜性分级图的建立

天津市海岸带产业规划布局数据来源于《天津市海洋功能区划图（2011—2020)》，沿岸线主要分布有海洋保护区、滨海旅游区、工业与城镇用海区、港区、河口区等等。表 1 为天津市海岸带区域产业规划详细评分与分级表，适宜性评级分为 3 级，依次为不适宜、一般适宜和适宜，对应的评分标准为从 0 到 2。适宜性评价等级图如图 2 所示。

表 1 区域产业规划分级与赋值

区域产业规划	适宜性评级	分值
大神堂保护区	不适宜	0
汉沽工业与城镇区	适宜	2
滨海旅游区规划陆域部分	一般适宜	1
中新天津生态城	一般适宜	1
滨海旅游休闲区	一般适宜	1
天津港区	适宜	2
海河河口区	不适宜	0
天津港散货物流中心	适宜	2
中部新城远期规划区域	适宜	2
南港轻纺工业园	适宜	2
独流减河河口区	不适宜	0
南港工业区规划陆域部分	适宜	2
大港滨海湿地保护区	不适宜	0

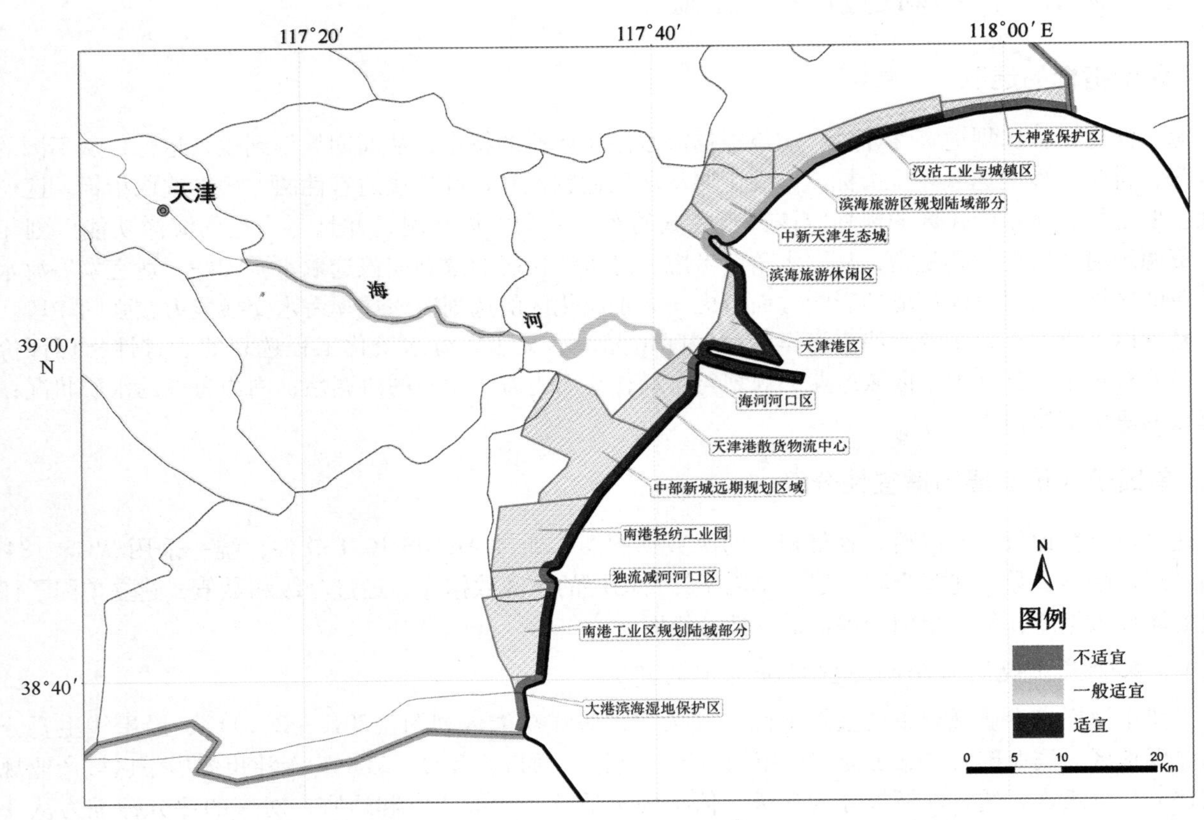

图 2 基于产业规划的适宜性评级图

2.2.2 与周边海洋功能协调性的适宜性分级

与周边海洋功能协调性适宜指标源数据来源于《天津市海洋功能区划图（2011—2020）》，具体分级及评分标准也分为 3 级，分别为不适宜、一般适宜和适宜，相应的评分标准为从 0 到 2，具体如表 2 所示。适宜性等级评价图如图 3 所示。

表 2　与海洋功能区划协调性分级与赋值

与海洋功能区划协调性	适宜性评级	分值
大神堂保留区	不适宜	0
汉沽工业与城镇用海区	适宜	2
汉沽浅海生态特别保护区	不适宜	0
滨海休闲娱乐区	一般适宜	1
临港经济区—工业与城镇用海区	适宜	2
高沙岭旅游休闲区	一般适宜	1
高沙岭工业与城镇用海区	适宜	2
南港港口航运区	适宜	2
南港工业与城镇用海区	适宜	2
大港滨海湿地海洋特别保护区	不适宜	0
马棚口农渔业区	不适宜	0

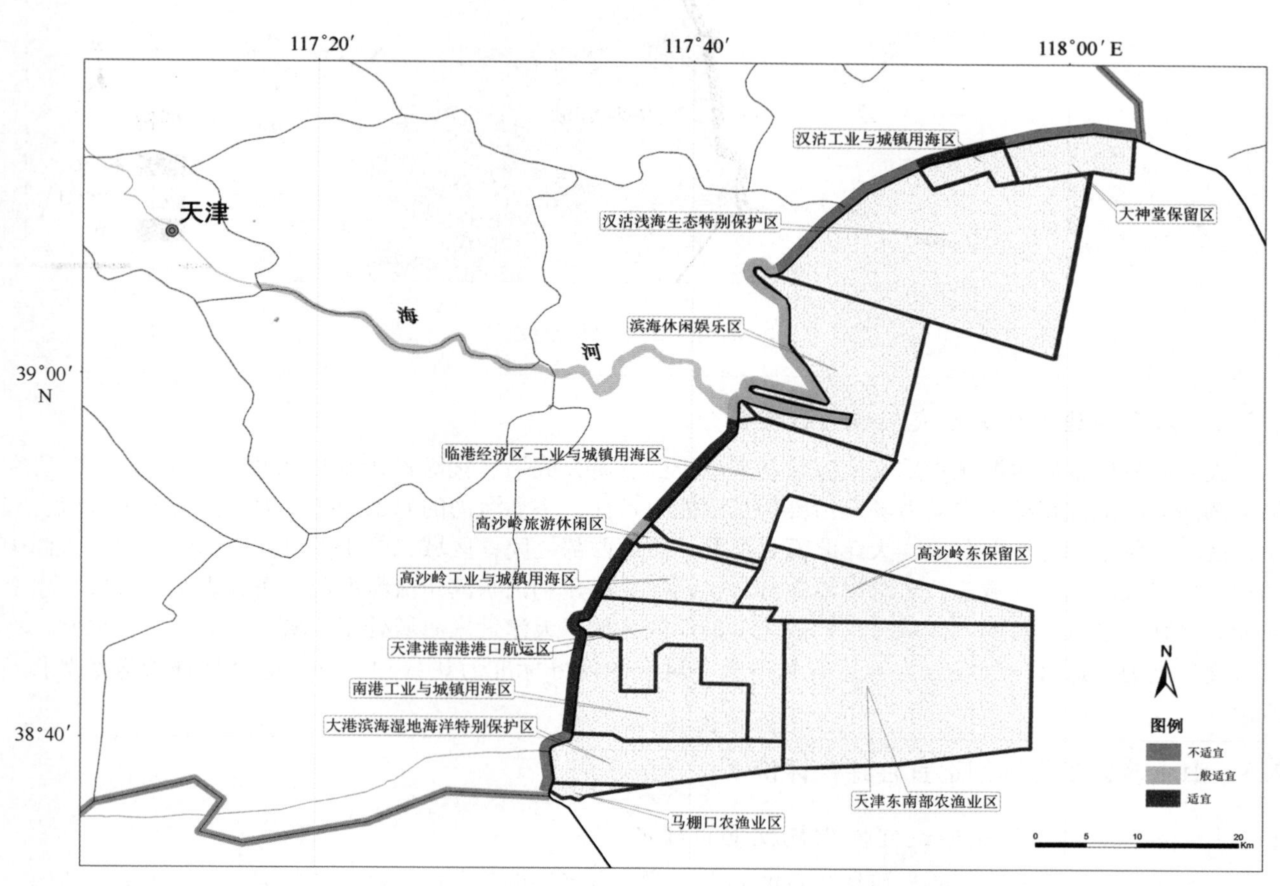

图 3　与周边海洋功能协调性评级图

2.2.3　基于周边海域水质状况的适宜性分级

天津市海岸带周边海域水质状况源数据来源于《2013 年中国海洋环境状况公报》，天津市海岸带周边海域主要为三类水质、四类水质和超四类水质，相应的适宜性评级分为适宜、一般适宜和不适宜，对应的分值为 2、1、0。适宜性等级评价图如图 4 所示。

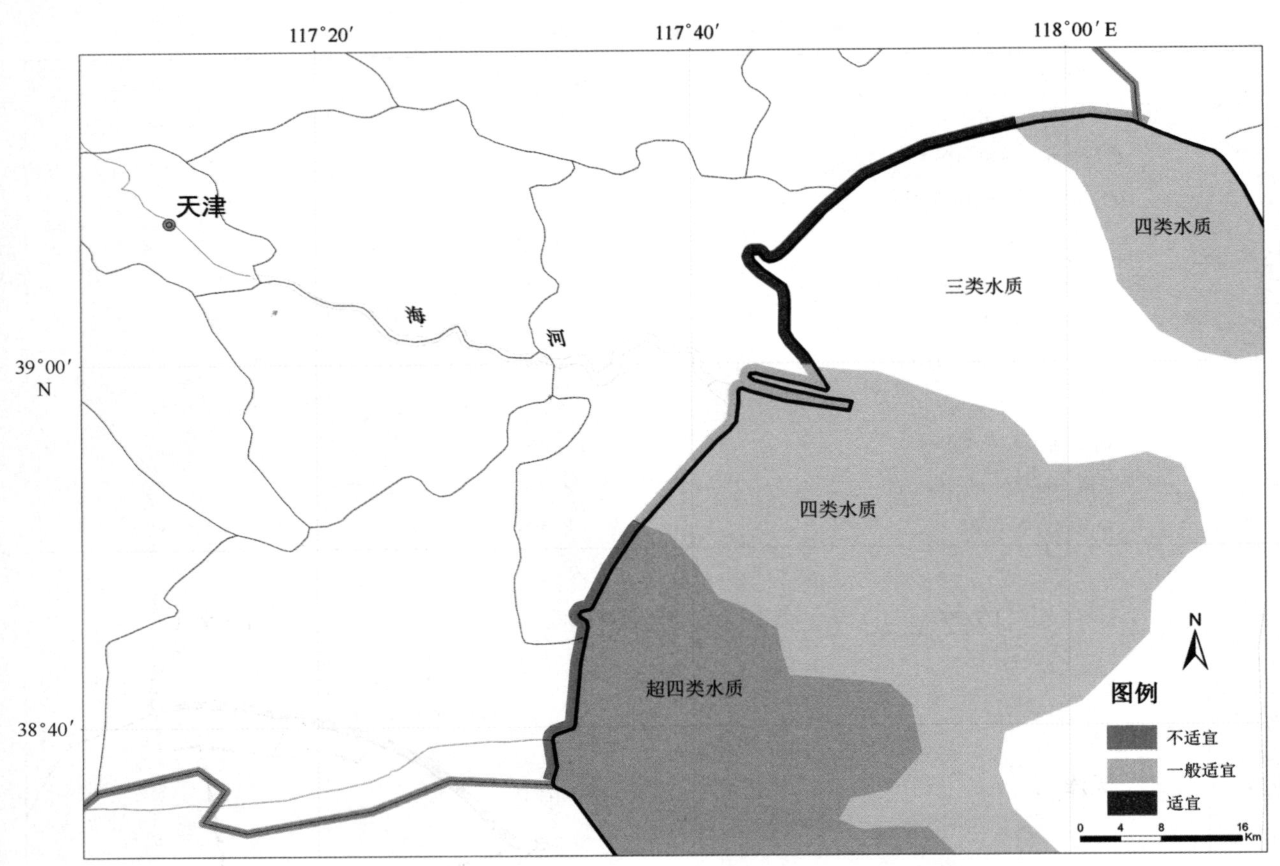

图 4 周边海域水质状况评级图

2.2.4 基于周边海域海水交换能力适宜性分级

天津市海岸带周边海域水质交换源数据来源于已有研究成果《渤海湾水交换的数值研究》[8]，此研究根据渤海湾的地理特征、水动力场及污染物扩散能力特征，将渤海湾的海水交换能力划分为 3 个区域。其中，区域一位于渤海湾西北角，天津北部和河北、唐山西部之间；区域二位于渤海湾中部，主要为天津中部和南部以东海域；区域三位于渤海湾南部，包括河北沧州和山东滨州沿海海域。研究表明，区域二水交换能力最强，区域一较弱，区域三是扩散速度最低的区域，天津近岸海域处于区域一和区域二，据此，将海水交换能力的适宜性分级分为不适宜和适宜，对应的评分标准为 0 分和 2 分。适宜性评价等级如图 5 所示。

2.3 海水淡化工程选划适宜性综合评价

2.3.1 海水淡化工程选划适宜性指标权重的确定

对海水淡化工程建设适宜性指标权重的确定，采用专家咨询的方法，确立各单因子权重如表 3 所示。

表 3 适宜性指标权重表

因子	区域产业规划	与周边海洋功能区划协调性	周边海域水质状况	周边海域海水交换能力
权重	0.40	0.25	0.15	0.20

2.3.2 基于加权叠加模型的海水淡化工程选划适宜性综合评价

加权叠加模型是以因子加权叠加法为理论方法，以 GIS 的空间叠加技术为实现途径进行的。指标体系

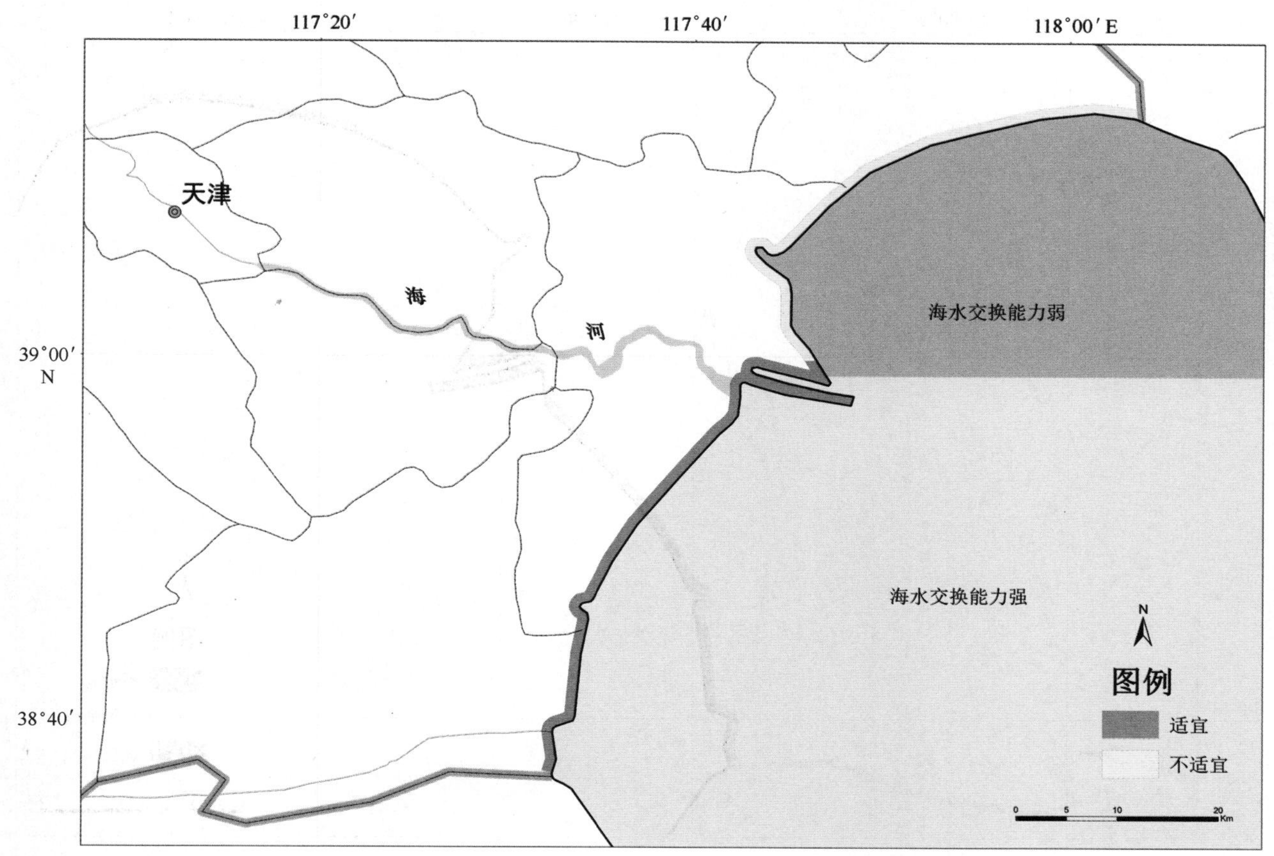

图 5　基于周边海域海水交换能力的适宜性评级图

以及对应的权重确定以后，即可以进行海水淡化工程选划的综合评价与分级工作。加权叠加模型的数学公式为：

$$Si = \sum_{k=1}^{n} (Wk \times Ci(k)), \tag{1}$$

式中，i 为评价单元编号，k 为评价因子编号，n 为评价因子总数，Si 为第 i 个评价单元的综合值，Wk 为第 k 个评价因子的权重，Ci（k）为第 i 个评价单元的第 k 个评价因子适宜性评价值。

ArcGIS 10.1 中，加权叠加模型是通过 Weighted Overlay 命令实现的，本文中，将区域产业规划、与海洋功能区划协调性、周边海域水质状况、周边海域海水交换能力等 4 个因子的适宜性分级图层进行叠加运算，得到天津市海岸带海水淡化工程选划的综合评价图，如图 6 所示。

3　结果与分析

从图 6 可以看出，天津市海岸带适宜建设海水淡化工程的区域主要集中于海岸带的中南部区域，主要原因是该区域处于工业与城镇用海区的核心地带，水资源需求旺盛，而且中南部海域海水交换能力强，海水淡化产生的浓排水可以快速扩散，最大限度地减少对海洋环境的污染。不适宜建设海水淡化工程的位置主要为海岸带的南北两端，主要原因是这两部分区域都有保护区的存在，对于保护区和农渔业区，周边严格禁止建设海水淡化厂。在海岸带的中北部为海水淡化工程发展的一般适宜性区域，主要原因是该区域海水交换能力较弱，而且周边海洋功能区划一定程度限制了淡化产业的发展，要慎重考虑海水淡化产业的发展。另外，河口区作为生物洄游的特殊区域，也要谨慎建设海水淡化工程。

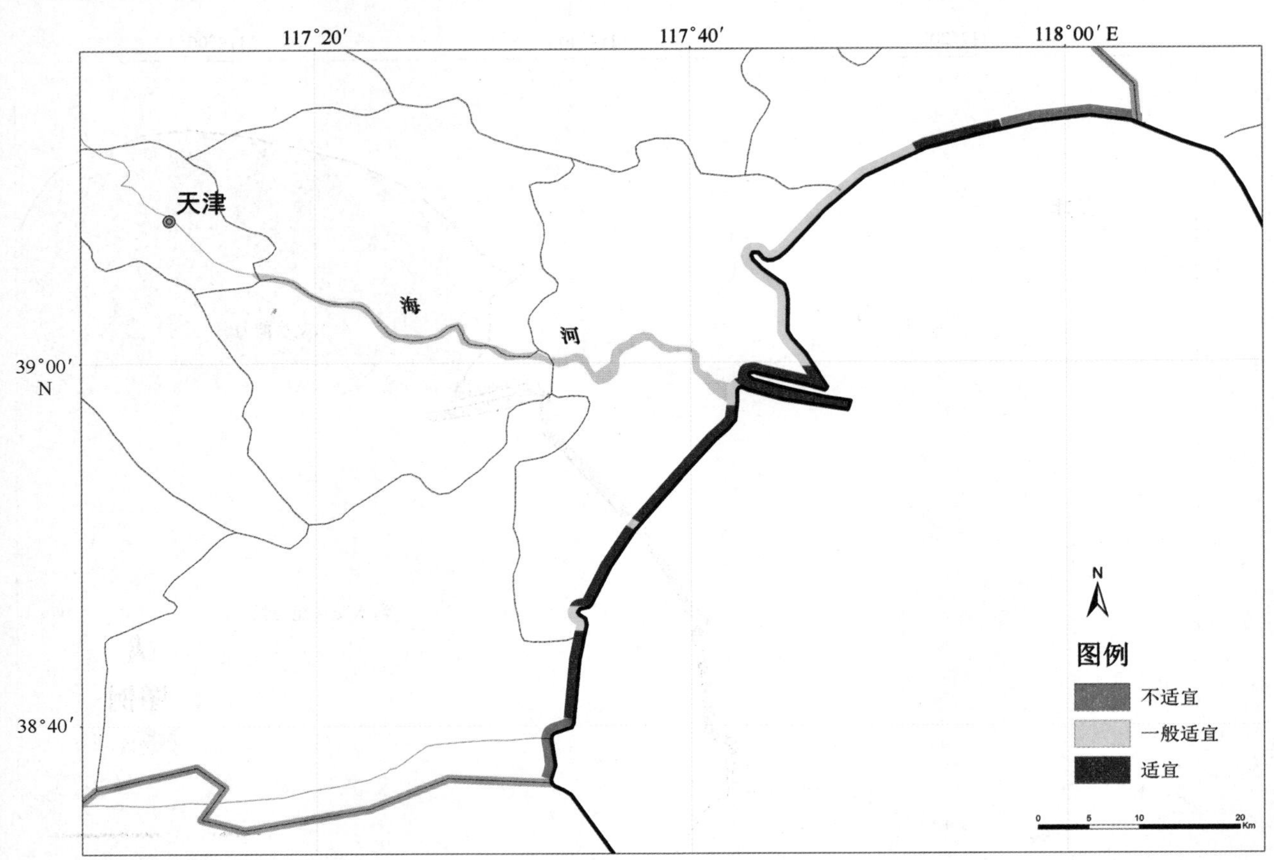

图6　天津市海岸带海水淡化工程选划适宜性综合评价图

4　讨论

文中基于对海水淡化产业的不同环节进行研究，筛选出影响天津市海岸带海水淡化产业发展的四个指标，并通过GIS软件强大的处理和分析功能，得出天津市海岸带适宜于发展海水淡化产业的岸段，对天津市海水淡化产业的发展具有重要的指导意义，但是，在以下方面，笔者认为还需要做更进一步的研究。

第一，影响海水淡化工程选划的指标包罗万象，针对天津市海岸带的实际情况，本文选取了最具有概括性的四个指标。对于不同的空间区域，指标的选取应该因地制宜，不能生搬硬套，必要时考虑地质条件，自然灾害，人均水资源状况等等。

第二，文中指标权重的确定，采用专家咨询的方法，经验主义在一定程度上存在主观性，对于5个以上因子权重的确定，应该采用熵值法、隶属度法或层次分析法，尽量客观科学地反映不同因子对适宜性综合评价的影响。

第三，文中没有考虑周边海域的水动力状况，水动力对海水淡化工程浓排水的扩散运移至关重要，涨潮和落潮以及冬季和夏季，海水水动力状况不同，从而对浓排水的扩散的方向和范围也不尽相同，需要做进一步的研究。

参考文献：

[1]　Nicos X. Tsiourtis. Criteria and procedure for selecting a site for a desalination plant[J]. Desalination,2008,221 (1/2/3): 114—125.

[2]　Melbourne Water. Seawater desalination feasibility study executive summary[R]. 2007.

[3]　Afify A. Prioritizing desalination strategies using multi – criteria decision analysis[J]. Desalination, 2010,250 (3): 928—935.

[4] 胡海燕. 潍坊市海水淡化厂选址研究[D]. 济南:山东大学,2011.

[5] 于永海,王延章,张永华,等. 围填海适宜性评估方法研究 [J]. 海洋通报,2011,30(1):81—87.

[6] Mahmoud M R, Fahmy H, Labadie J W, et al. Multicriteria Siting and Sizing of Desalination Facilities with Geographic Information System[J]. Journal of Water Resources Planning and Management,2002,128(2):113—120.

[7] Charabi Y, Gastli A. GIS assessment of large CSP plant in Duqum, Oman[J]. Renewable and Sustainable Energy Reviews,2010, 14(2):835—841.

[8] 李希彬,张秋丰,牛福新,等. 渤海湾水交换的数值研究 [J]. 海洋学研究,2013,31(3):83—88.

大规模围垦后珠江磨刀门河口拦门沙演变研究

刘锋[1,2]，谭超[1,3]，刘坤松[1]，陈晖[1]，杨清书[1]

（1. 中山大学 海洋学院 河口海岸研究所，广东 广州 510275；3. 华东师范大学 河口海岸学国家重点实验室，上海 2000625；3. 广东省水利水电科学研究院，广东 广州 510630）

摘要：围填海是海岸带开发利用的重要方式之一，但严重干扰了海岸带自然发育演变过程，其对近岸沉积地貌的影响作用已成为国际围填海研究的前沿和趋势。作为中国经济发达的珠江三角洲来说，海岸带围垦成为开拓空间的重要手段。对珠江最大的入海口——磨刀门河口的大规模口门围垦始于20世纪60年代，于20世纪90年代初完成，河口由内海区变为受人工导堤控制的河道，口门迅速向海延伸，河口拦门沙处于不断调整状态。基于珠江磨刀门河口1994、2000、2005和2008年地形图，建立数字高程模型，分析口门大规模围垦后河口拦门沙演变过程。结果表明：1994—2000年拦门沙整体处于淤积状态，拦门沙顶端淤高，而深槽呈冲刷状态，西汊和东汊冲刷强度最大；2000—2005年东汊和西汊冲刷明显，向海延伸，且走向向西偏转，而西侧拦门沙呈现淤积，受波浪作用改造影响，拦门沙外坡呈现冲刷状态；2005—2008年东汊、西汊继续保持冲刷，向海延伸，且走向基本稳定，变幅较小。磨刀门河口拦门沙的演变受到河口动力特别是径流动力和波浪动力的影响，洪季径流动力占主导，拦门沙向海推进，而枯季波浪动力对拦门沙的塑造作用显著，拦门沙外坡受到冲刷，泥沙在波浪和沿岸流的作用下向西南输运，导致拦门沙沉积中心向西南转移。

关键词：珠江磨刀门河口；围垦；拦门沙；发育演变；波流动力

作者简介：刘锋（1986—），男，山东省曲阜市人，博士，副研究员，从事河口海岸学研究。E-mail：liufeng198625@126.com

长江口－杭州湾潮流能可开发量研究

李丹[1]，姚炎明[1,2*]

（1. 浙江大学 海洋学院，浙江 杭州 310058；2. 浙江大学 舟山海洋研究中心，浙江 舟山 310600）

摘要：我国关于潮流能资源估算研究取得了一定进展，但多针对理论蕴藏量，对潮流能资源的开发利用缺乏实际指导意义。本文基于 FVCOM 数值模式对长江口－杭州湾进行了较为准确的潮汐潮流模拟，采用 FLUX 方法对该海域主要潮流通道的潮流能资源进行了评估。针对有效影响因子（SIF），本文通过分析一维简单渠道断面总功率和可获取量之间的数学关系，结合实际模型所提供的阻力和地形参数，确定 SIF 的值，求得长江口－杭州湾海域的潮流能可开发量。

关键词：潮流能；FVCOM；FLUX；有效影响因子

作者简介：李丹，从事潮流能开发方向的研究。

* **通信作者**：姚炎明。E-mail：hotfireyao@163.com

浅析城市规划和海洋规划对海岸带规划编制的借鉴

曲林静[1]

（1. 广东省海洋发展规划研究中心，广东 广州 510220）

摘要： 海岸带是资源丰富的陆海过渡地带，也是海陆之间相互作用的地带，对海岸带地区科学合理的规划，是实现海陆统筹，一体化协调发展的关键一环。当前国内海岸带地区规划和管理分属于国土、城市规划、海洋等多个部门，各部门分别对海、陆进行系统性规划和管理，尚缺少有效的衔接。本文从分析海岸带范围的界定出发，确定海岸带涉及的海、陆范围及其管理主体，并对滨海城市规划和海洋规划中有关海岸带区域的规划思路、原则及规划方法等进行梳理，总结目前海岸带管理及规划编制存在的问题，提出对海岸带专项规划编制有针对性的对策建议。

关键词： 海岸带规划；海洋规划；海岸带管理

作者简介： 曲林静（1984—），女，硕士，工程师，从事土地资源管理研究。E-mail：qulinjing1984@163.com

长江口九段沙湿地动力地貌变化过程研究

梅雪菲[1]，魏稳[1]，戴志军[1]

（1. 华东师范大学 河口海岸学国家重点实验室，上海 200062）

摘要： 长江河口的滩槽一直处于动态变化状态。其中，洪水是引起滩槽发生重大变化的主要因素，一次大的洪水事件很可能将河口先前处于动态平衡的沉积及地貌重新进入调整过程。基于此，本文以长江口九段沙湿地为例，研究1998年洪水后的九段沙动力地貌变化过程，由此探讨可能的控制因素。研究基于1998—2014年实测的高精度地形资料，并收集相关的分水分沙等水文数据，结果发现：（1）1998—2004年期间，九段沙整体上从快速增长状态转变为相对慢增长状态且淤高趋势显著于扩宽趋势。与 −5 m 及 −2 m 等深线包络面积变化相比，0 m 等深线包络面积增长最为显著。其从1998年的117.4 km^2 增长到2014年的189.34 km^2，年增长速率为4.57 km^2。（2）对 −5 m 等深线包络面积的振荡变化进行小波分析，发现九段沙地貌演变存有显著季节性及3~4年的周期性变化。（3）根据 −5 m，−2 m 及0 m 包络线面积变化规律，1998—2014年九段沙的动力地貌演变可划分为3个阶段：第一阶段1998.09—2002.02，沙体北部强烈淤积且向北延伸，江亚南沙向南槽延伸且呈逆时针旋转。−5 m 等深线包络面积增长最为显著；第二阶段2002.08—2006.08，江亚南沙继续演变，九段沙尾部重塑，下沙南部侵蚀，0 m 及 −2 m 等深线包络面积增长相对显著；第三阶段2007.02至今，江亚南沙持续演变，下沙南侧呈现上蚀下淤，−2 m 和 −5 m 等深线包络面积变化趋势出现分歧，前者减小后者增大。九段沙近期周期性的振荡很可能受控于上游径流的变化；而上游泥沙的减少与九段沙的淤积无必然联系，其更多的是与江亚南沙的下移有关，深水航道南导堤的构建在较大程度控制了九段沙的未来变化趋势。

关键词： 长江口；地貌演变；九段沙湿地

基金项目： 国家自然科学基金（41576087）。

作者简介： 梅雪菲（1983—），女，博士后，从事河口海岸研究。E-mail：xfmei@geo.ecnu.edu.cn